LA EMERGENTE FELICIDAD DEL COLIBRÍ

O UNA HISTORIA DE LA MATERIA ORGÁNICA

(QUÍMICA, VIDA Y CULTURA)

Ramón Vilalta López

'What is Life?' **(¿Qué es la vida?)**
Título de dos relevantes libros del s. XX: el primero del físico Erwin Schrödinger (1944), el segundo de la bióloga Lynn Margulis y su hijo Dorion Sagan (1996).

'¿Qué es la vida?
Unfrenesí¿Quéeslavida?Unailusión,unasombra,unaficciónyelmayorbienespequeño;quetodal avidaessueñoylossueños,sueñosson'.
'La vida es sueño'. Calderón de la Barca.

'Un día definiremos la vida como una propiedad del átomo de carbono'.
'Todo el Universo está tratando de crear vida'.
Cyril Ponnamperuna.

'Gracias a la vida, que me ha dado tanto,
me ha dado el oído, que en todo su ancho
graba noche y día, grillos y canarios ...
...Me ha dado el sonido y el abecedario
con él, las palabras que pienso y declaro, ...

Gracias a la vida, que me ha dado tanto,
me dio el corazón que agita su marco
cuando miro el fruto del cerebro humano, ...
...Me ha dado la risa y me ha dado el llanto,
así yo distingo dicha de quebranto, ...'
Violeta Parra.

Agradecimientos personales:
A Lía, por sus magníficas ilustraciones
A María, por compartir la vida

ÍNDICE

Evolución cultural:

INTRODUCCIÓN

'Pero hemos sido hechos de luz, además de carbono y oxígeno y mierda y muerte y otras cosas, y al fin y al cabo estamos aquí desde que la belleza del universo necesitó que alguien la viera'.

Eduardo Galeano (Las palabras andantes)

Posiblemente, muchas personas identifican la expresión 'materia orgánica' directamente con una de las fracciones en que se clasifican los residuos domésticos; y, recientemente, es habitual oír expresiones como 'algodón orgánico', 'tomate orgánico' y otras acepciones similares, de claro uso comercial, que aprovechan, también, una inquietud o preocupación por lo 'natural'.

Muchos años después de presentar mi tesis doctoral en Química Orgánica, recuerdo el impacto que me supuso una cita que encontré en el extraordinario libro de la bióloga Lynn Margulis y de su hijo, Dorion Sagan, qué en la versión en castellano, se titula '¿Qué es la vida?'. La frase era del bioquímico cingalés Cyril Ponnamperuna y, tal como allí se traducía, decía: *'Dios es químico orgánico'*. Incluso desde la perspectiva de un ateo declarado, no puedo imaginar una metáfora más certera para ilustrar una gran evidencia y, desde esta perspectiva, no puedo evitar darle la vuelta: 'Todos nosotros, los seres vivos, somos química orgánica', incluido, por supuesto, cualquier tipo de algodón o tomate... (cultivados con o sin pesticidas). Somos fruto de la materia orgánica y producimos materia orgánica, 'materia de los organismos' que, como pronto veremos, se basa en la química del carbono; átomos de carbono formados, por cierto, en antiguas y desaparecidas estrellas[1], como la mayoría del resto de átomos que nos forman (excepto los que ya se habían formado en los primeros instantes del Universo). Investigando la fuente bibliográfica de la que se había extraído aquella frase de Ponnamperuna, llegué a la versión en italiano de un viejo libro de Gene Bylinsky (*'La vita nell'Universo di Darwin'*), donde se recogían, efectivamente, diversas afirmaciones del propio Ponnamperuna, y de las que seleccioné dos, también muy contundentes: la primera, que tal vez pueda impactar por el fuerte reduccionismo que destila, pronosticaba que *'un día definiremos la vida como una propiedad del átomo de carbono'*; la otra, en consonancia con la frase de Galeano que encabeza esta introducción decía: *'todo el Universo está tratando de crear vida'*.

Ciertamente, somos fruto del Universo y de una química muy específica, la química del carbono; pero esta materia requería otro elemento indispensable en la formación de la vida: el tiempo. Ya decía Jorge Luis Borges, desde la literatura, que *'estamos hechos de tiempo'*. Para ser más

---

[1] Ya sabemos que, a nivel atómico, somos 'polvo de estrellas'.

exactos deberíamos decir que estamos hechos de información, la información que se ha ido acumulando, precisamente, a lo largo del tiempo en sucesivas evoluciones; información guardada en las macromoléculas de carbono (junto con otros 'asistentes necesarios') que, aquí en la Tierra, identificamos como base de la vida; información que nos define a cada uno de nosotros como especie y como individuo[2]. Esas evoluciones a lo largo del tiempo fueron promovidas entre el azar y la necesidad[3]; entre algunos eventos que solo era cuestión de tiempo que ocurrieran tal como lo hicieron y otros más aleatorios que, tal vez, pudieran haber evolucionado en otras direcciones. Delante de ese balance, aún nos preguntamos si estamos aquí gracias a un cúmulo de casualidades, posibles pero muy improbables, o era inevitable como respuesta del Universo a su propia entropía, de igual forma que aparecen los vórtices (huracanes, tornados,...) en respuesta, como veremos más adelante, a determinadas condiciones de temperatura diferencial y humedad, o como se forman los fuegos como manifestación de reacciones químicas que, una vez desencadenadas, tienden a continuar mientras no consuman el combustible que las alimenta[4].

Por supuesto, a la hora de investigar, no vamos a tener el tiempo que se tomó 'todo el Universo' para reproducir todos y cada uno de los eventos significativos, aunque eso no impide que podamos llegar a intuir algunas de las condiciones requeridas en una larga sucesión de escenarios, al menos de los que creemos identificar como trascendentales. En cualquier caso, resulta evidente que, a lo largo de esas evoluciones, la materia fue adquiriendo la complejidad necesaria para dar origen a la vida; y que, en su propia evolución (a la que, propiamente, llamamos biológica), fue ahondando en esa complejidad de forma tan asombrosa que, como bien dijo Albert Einstein: '*El mayor milagro es que no hay milagros*'. Efectivamente, la complejidad es una característica de la vida, de los seres vivos, por lo menos en dos sentidos que conviene diferenciar. En el más inmediato, complejo como adjetivo (casi un sinónimo de complicado), pues es obvio que la vida requiere múltiples procesos y funciones en buena coordinación y a diferentes escalas. Pero también (y seguramente más interesante), complejo como sustantivo; en el sentido como en las ciencias físicas se definen los '**sistemas complejos**',[5] es decir, sistemas constituidos por diversas partes que se relacionan entre sí de tal forma que el conjunto puede presentar propiedades y/o comportamientos que no se pueden explicar partiendo, simplemente, del análisis de cada parte por separado. En definitiva, sistemas que en conjunto se comportan de modo diferente a la simple suma de sus componentes; aparecen, pues, propiedades que en ciencia se conocen como '**emergentes**', lo que justifica que la propia evolución de la materia sea objeto de múltiples disciplinas científicas según la entidad, más propiamente, según la escala de observación, tal como se puede deducir de la tabla 1.

---

[2] Aunque, como veremos más adelante, hay que añadir otras fuentes de información a la 'ecuación de la vida', relacionadas con la epigenética, microbiota, ambiente, cultura, etc.

[3] En referencia a un libro crucial publicado, en 1970, por el premio Nobel de Medicina Jacques Monod y titulado, precisamente, 'El azar y la necesidad'.

[4] Nuevamente, no puedo evitar recordar a E. Galeano y la preciosa (y en cierto sentido, precisa) metáfora con que describía, en boca de uno de sus personajes de 'El libro de los abrazos', la vida humana vista desde el 'alto cielo' como un 'mar de fueguitos', pues compartimos combustión (ver cap. 11). En otro sentido, tampoco es casualidad que velas y candelas fueran (junto a esqueletos, calaveras y relojes de arena) símbolos muy empleados en los cuadros clásicos que nos advierten sobre lo efímero de la vida, los 'vanitas'.

[5] En esta acepción, habría que distinguir entre 'sistemas complejos' y 'sistemas complicados', aunque no vamos a afinar tanto sobre este tema. Por cierto, el Nobel de Física de 2021 fue, precisamente, para tres investigadores que trabajan en este campo de los sistemas complejos: S. Manabe, K. Hasselmann y G. Parisi.

Ya es un hecho bien conocido que las propiedades químicas de los elementos químicos, de sus átomos, son emergentes, son propiedades que no encontramos en las partículas subatómicas constituyentes (protones, neutrones, electrones,...)[6]; e, igualmente, en nuestra escala hay propiedades de la materia (como la temperatura o la presión) que son el resultado de enormes agrupaciones de átomos[7] que forman cualquier cuerpo que podamos ver o tocar, pero que carecen de sentido para un átomo aislado[8]; en definitiva, que son consecuencia de la pura mecánica estadística. Pasaron muchos años, pero aún recuerdo como un 'minuto de especial lucidez' aquel instante en que, después de estudiar, durante meses y meses, innumerables reacciones de Química Orgánica, después de haber memorizado tantas reacciones con nombres propios (generalmente en alemán o inglés, excepto algún que otro en italiano, ruso, sueco,...), aquel instante, digo, en que comprendí que detrás de todas esas reacciones, de una u otra forma, estaba el electromagnetismo: la forma en que los átomos pierden, ganan o comparten los electrones con otros grupos de átomos, y los múltiples contextos en que ocurren tales transacciones (ver Apéndice Final 1). Por supuesto, hay otros condicionantes (como el tamaño de los grupos atómicos participantes, etc.) pero, *grosso modo*, es el electromagnetismo el principal móvil o impulsor que da sentido a las reacciones químicas. Aún dentro de la propia química básica, sin entrar en los 'auténticos sistemas complejos', es fácil comprender que las propiedades de un determinado compuesto pueden diferir muy notablemente de las propias de los elementos que lo conforman; simplemente pensemos en la sal común, la sal de mesa que empleamos como condimento, el cloruro de sodio formado por dos elementos (cloro y sodio) que, consumidos por separado, como tales elementos resultarían mortales para nuestros organismos[9].

Tabla 1: Escalas y diferentes niveles organizativos

Nivel	Ejemplos
Partícula elemental(?)	Quark, leptón (electrón, neutrino), bosón (fotón, gluon, ...)
Partícula subatómica compuesta	Protón, neutrón, ...
Nivel atómico	Átomos de carbono, oxígeno, nitrógeno, ...
Nivel molecular básico	Agua, aminoácidos, fosfatos, glucosa, bases nitrogenadas, ...
Nivel macromolecular	ADN, ARN, proteínas, polisacáridos, ...
Orgánulos celulares	Mitocondrias, núcleo celular, cloroplastos, ...
Célula	Procariota (bacterias), eucariota (vegetales, animales, ...)
Tejido	Tejido óseo, muscular, ...
Órgano	Ojo, corazón, riñones, hígado, cerebro, músculo, ...
Sistema	Sistema nervioso, muscular, ...
Organismo	Individuo humano, gato, colibrí, abedul, repollo, ...
Especie	*Felix sp.*, *Homo sapiens*, ...
Población	Ciudades, bandadas, cardúmenes, ...
Comunidad	Illas Cíes, Parque Nacional 'Los Glaciares', 'Yellowstone', ...
Ecosistema	Laurisilva, bosque valdiviano, desierto, ...
Biosfera	Conjunto de **CITROENS** terrestre.

---

[6] Esto nos indica la importancia que tienen los átomos como partículas fundamentales de la Química, pese a no ser verdaderamente partículas fundamentales.

[7] Átomos o cualquier otra variante como iones, moléculas, etc.

[8] Es posible que el propio tiempo sea una propiedad emergente y carezca de sentido para partículas aisladas.

[9] De hecho, el gas cloro, como veremos en el último capítulo, es un potente veneno que, en la primera guerra mundial, fue empleado como arma química; y el sodio, como elemento, explota violentamente al contacto con el agua, como recordarán quienes vivieron la tragedia del Casón en la costa de Fisterra, en diciembre de 1987.

Dando un paso más allá, la evolución de la química del carbono llevaría a la aparición de moléculas mucho más grandes y complejas, macromoléculas que, agrupadas eficazmente y en un salto significativo desde la propia nanoescala, llegarían a conformar, ahora sí, 'auténticos' sistemas complejos que, poco a poco, irían presentando nuevas **propiedades emergentes**, derivando en las que hoy identificamos en los seres vivos.

Una de esas propiedades emergentes, probablemente de las más inmediatas en los primeros estadios evolutivos, fue la 'forma', más bien el reconocimiento de las formas, ya incluso en las escalas más diminutas como la nanoescala. Como veremos, la forma adquiere gran importancia a la hora de considerar las complejas estructuras de las macromoléculas, especialmente de las proteínas. Y veremos que el reconocimiento de esas formas puede jugar papeles determinantes en muchas áreas de la vida, hasta nuestra escala: desde cómo se relacionan las **enzimas**[10] con sus sustratos en todos los seres vivos a cómo funcionan los sistemas inmunológicos para reconocer posibles 'invasores', desde cómo se transmiten las señales nerviosas entre neuronas a como se disparan los olores gracias a los receptores olfativos, de naturaleza proteica. En cualquier caso, sin olvidar que esas formas son el resultado de múltiples interacciones fisicoquímicas (léase electromagnetismo) entre la multitud de átomos que participan en esas macromoléculas.

Tomemos, pues, como ejemplo, o hilo conductor, el caso del olfato (sobre el que se habla con más detalle en el capítulo 7). En el paseo por la playa, ese agradable olor a mar es inconfundible. Veremos en posteriores capítulos que, como muchos aromas de productos naturales o de derivados manufacturados (p.e., café, vino,...), el olor es el resultado de una mezcla muy compleja, que puede tener ciertas particularidades en cada situación concreta aunque, a veces, en esos olores hay algún compuesto químico que destaca; con la complicidad de nuestros sentidos, en el caso del olor a mar, ese compuesto es el dimetilsulfuro **(DMS)**, que predomina sobre otros compuestos presentes en el aerosol marino. Atendiendo a los grupos químicos que definen cada molécula (en el ejemplo del DMS que nos ocupa, influye la presencia de un átomo de azufre) y a las propiedades químicas derivadas (mayor o menor solubilidad en agua, mayor o menor polaridad, ...), nuestros receptores olfativos detectan la presencia de este compuesto (disuelto en nuestras mucosas nasales, como una reminiscencia de cuando en los primeros estadios de la vida, probablemente en el mar, eran detectados compuestos químicos disueltos en el medio); y sabemos que, sobre todo, la forma de la molécula de DMS (como la de cualquier otro compuesto que llegue a nuestra nariz), va a jugar un papel determinante en esa detección y, consecuentemente, en la generación de señales eléctricas que, en comunicación con el encéfalo (bulbo olfativo, cerebro, ...) configuran o construyen eso tan complejo que conocemos como sentido del olfato. En la percepción van a participar no solo los elementos anteriormente citados ('formas', propiedades químicas, etc.), sino también otros más subjetivos o de contexto como nuestras experiencias pasadas, la memoria y/o las emociones que nos evoca el mar, o la presencia de otros integrantes en la mezcla que detectamos, etc. En definitiva, tenemos una 'propiedad emergente', el sentido del olfato, que requiere de múltiples partes e interacciones (órganos concretos formados durante la evolución), y que, a su vez, proceden de otras propiedades emergentes que irían surgiendo con mucha anterioridad (como el mencionado reconocimiento de las 'formas', ...).

---

[10] Como veremos, mayoritariamente proteínas que, catalizando las innumerables reacciones químicas que mantienen la vida, la hacen viable.

Por razones evidentes de relación con el medio, el DMS también juega un importante papel en el olor de muchos mariscos, pero en el mundo de la gastronomía está presente en otros aromas. Así, de un modo más sutil, participa en el aroma de varios tipos de vinos y cervezas[11] ya que se puede formar, también, durante la elaboración de estas bebidas a partir de un compuesto (la S-metilmetionina)[12], presente en la malta de cebada y de otros cereales empleados en el proceso; de hecho, en determinados contextos puede recordar al mar pero, en otros, a maíz cocido. Los seres humanos somos muy sensibles al olor del DMS y, por esto, se emplea como aditivo de ciertos gases inodoros y peligrosos que podrían pasar desapercibidos de no ser por este 'marcador olfativo'.

Por cierto, detrás del DMS que detectamos en el medio marino hay una historia de supervivencia; lo forman determinadas bacterias a partir de otro compuesto, el DMSP (fig. 17a), que el fitoplancton, las algas y determinados organismos marinos usan como regulador para evitar que la salinidad marina les afecte, en definitiva, para poder sobrevivir en un medio tan salado. Es que, minuto a minuto, sobrevivir es el primer objetivo de cualquier ser vivo y hay infinidad de situaciones verdaderamente extraordinarias que podríamos incluir aquí. Veamos otro ejemplo, casi de signo contrario al anterior del DMS marino: hay poco leí, con sorpresa, que la planta de la sandía, algo tan generoso en agua como para que en inglés o en alemán merezca el nombre de 'melón de agua'[13] , podría ser originaria de un lugar tan seco como el desierto del Kalahari, término que en *tswano*, la lengua local, significa 'gran sed'[14]. ¿No sería sorprendente una planta que acumule tanta agua en un lugar así? Pues, ¡así es la vida! Una extensa y compleja red con infinitas estrategias de supervivencia. Al parecer, esta planta tiene una gran capacidad para tolerar largos períodos de seca, entre otros factores, gracias a que extiende sus raíces muy profundamente, en busca de agua subterránea, y a la especial estructura de las hojas (¡nuevamente las 'formas'!) que permite reducir las pérdidas de agua por transpiración.

En la misma línea, podríamos citar el **petricor**, ese agradable olor a tierra mojada que detectamos en las primeras lluvias después de un cierto tiempo de sequía. Y también oculta una historia de supervivencia: en tiempos de sequía, algunas plantas segregan determinados compuestos grasos para evitar que las semillas germinen y, por falta de agua, se malogren. Con la vuelta de las lluvias, la humedad resultante favorece la volatilidad de algunas de esas moléculas que nos transmiten ese olor[15]. Además de esos aceites vegetales, en esa sensación puede participar un compuesto producido por determinadas bacterias (ver fig. 11), la **geosmina**[16], que también contribuye al olor a tierra húmeda en otros contextos; así, es un aliado de determinadas especies de animales (p.e., camellos, elefantes, …) que, en desiertos o épocas de sequía, pueden detectar zonas de agua. Supervivencia y adaptabilidad; ¡en la vida, el más mínimo detalle importa!

---

[11] Aunque se puede encontrar en cualquier tipo de cerveza, el DMS destaca particularmente en las cervezas Lager, especialmente tipo Pilsen, y en algunas cervezas de trigo (*Weissbier*), sobre todo en las *Hefeweizen*.

[12] Un compuesto que deriva de la **metionina**, uno de los 20 **aminoácidos** fundamentales para la vida (cap. 4).

[13] '*Watermelon*' y '*Wassermelone*', respectivamente.

[14] También es cierto que el término 'sandía' parece derivar de 'Sind', una zona del actual Pakistán y hay evidencias de que fue una planta muy extendida por África y Eurasia (encontrándose, p.e., restos de semillas en asentamientos, de la edad de Bronce, próximos al Mar Muerto o, incluso, en la misma China).

[15] La propia etimología de la palabra es hermosa, **petricor** es un término reciente pero derivado del griego clásico: 'petri-' (de piedra) e 'icor' (sangre de los dioses).

[16] La **geosmina** también aparece en vinos, como un defecto, dando un desagradable olor a humedad (cap. 9).

Volviendo al caso del DMS marino, hay que decir que, liberado a la atmosfera, juega un papel importante en la formación de las nubes, participando, indirectamente, en el ciclo del agua. De hecho, la cantidad de fitoplancton, de DMS y, por lo tanto, de cielos cubiertos de nubes, van a marcar un sistema de autorregulación del tiempo meteorológico[17], de gran importancia para la vida en los océanos y para la vida en general. Curiosamente, ese sistema de autorregulación que implica atmosfera y océanos recuerda a otros mecanismos de autorregulación que son muy propios de los organismos, de los seres vivos (como veremos a lo largo del libro, pero sin tanto formalismo nominal): uno de ellos, la **homeostasis,** hace referencia a todos los esfuerzos y recursos necesarios para mantener la estabilidad de los diversos parámetros que a cada organismo le permiten vivir en un equilibrio dinámico (p.e., determinados valores de temperatura, de pH en los fluidos corporales, de oxígeno y muchas otras sustancias en las células, ...)[18]. Podría parecer paradójico, pero el otro mecanismo de autorregulación define, precisamente, los cambios que en determinadas situaciones de estrés debe acometer un organismo para volver a conseguir una situación de equilibrio estable y compatible con la vida; es lo que se conoce como **alostasis** e implica cierta adaptabilidad a corto plazo. En el capítulo 7 se dan algunos detalles y ejemplos concretos en nuestros organismos sobre estos dos mecanismos, discutiendo en qué medida se contraponen o complementan.

En la vida caben, pues, respuestas extremas a determinadas situaciones, pero también, y sobre todo, adaptabilidad. Llega un punto en que, asegurada la supervivencia, el objetivo puede ser una mejora de la vivencia, un mejor encaje en el lugar. Por dar un ejemplo más cotidiano, no me extraña que los antiguos egipcios tuvieran veneración por los gatos; personalmente, me fascina su simple contemplación, sentados en aparente meditación o durmiendo, pidiendo atención, realizando un salto acrobático, ... da igual. La evolución dotó a los felinos en general de unas cualidades físicas espectaculares y no hay duda de que son unos depredadores eficaces cuando necesitan buscar alimento en la caza. Diría que presentan unas prodigiosas 'propiedades emergentes'. Pero, en el caso concreto de los gatos, una vez decidieron compartir casa y comida con los humanos, la respuesta a esa necesidad resulta algo más compleja en ciertos aspectos. Quien tuvo o tiene gatos que disfruten de cierto grado de libertad fuera de la casa, sabe que, además de cazar, les gusta dejar 'muestras' de sus presas a la vista, como si alardearan de su acción. El instinto permanece, pero lo que en otro momento fue una necesidad biológica, mera supervivencia, en otro contexto pasó a ser algo, probablemente, mucho más sutil y, 'culturalmente' elaborado. Una propiedad, en este caso una pauta de comportamiento, emergente a través de otro mecanismo evolutivo muy diferente al biológico. La vida se adapta y no exclusivamente por simple supervivencia. Imaginemos pues, ¡la cantidad de elementos adaptativos que podríamos citar relacionados con el mundo de nuestras emociones o de la evolución cultural e interacciones sociales, ...!

Puede que los gatos, al igual que ocurre con nuestra especie, tengan muchos y variados recursos para vivir, pero no ocurre así con todos los seres vivos; los hay tan estrictamente adaptados, tan estrechamente vinculados a un determinado hábitat y a determinados hábitos, que un pequeño

---

[17] Simplificando esa autorregulación: más radiación solar que llega al mar implica más fitoplancton y DMS, lo que lleva a la formación de más nubes; eso hará disminuir la radiación que incide y el fitoplancton; y viceversa.
[18] De hecho, la conocida como 'hipótesis Gaia', defendida por James Lovelock (y otras personas significativas en el mundo de la ciencia, incluida la ya citada Lynn Margulis), es una forma de ver al planeta Tierra en su conjunto como un macroorganismo con capacidad de autorregulación y el ejemplo del DMS en la atmosfera sería un caso de homeostasis planetaria, mientras que el papel del citado DMSP, como regulador de la salinidad en diversas especies marinas, sería un ejemplo concreto de acepción más clásica de homeostase.

cambio, incluso estacional, puede resultar catastrófico; y en ese caso, el encaje es mucho más comprometido. De nuevo pondré como ejemplo un animal que me fascina: el colibrí, y a lo largo del libro veremos algunas de sus extraordinarias habilidades, justificando el título. **Colibrí** es un nombre general que incluye diversas especies de avecillas[19], los animales de sangre caliente más pequeños de nuestro planeta y todos ellos con un extraordinario control del vuelo (de hecho, es la única ave que puede volar hacia atrás) y con picos perfectamente adaptados para libar las flores que abundan en sus ecosistemas. Por cierto, recientemente, acaba de demostrarse que los colibríes emplean un finísimo olfato para detectar la presencia de insectos con los que, peligrosamente, podrían tropezarse en el interior de la flor a libar. En cualquier caso, animal y planta se necesitan mutuamente, fueron evolucionando en paralelo, todo un ejemplo de simbiosis, y la desaparición de uno u otro, podría suponer un serio problema o, incluso la extinción de la otra especie; aunque en este ejemplo concreto, hay que decir que la mayoría de las especies de colibrí complementan su dieta, en mayor o menor medida, ingiriendo insectos y otros pequeños artrópodos. Los lazos entre especies pueden llegar a ser extremos o más laxos, pero la conclusión siempre es que la vida es, también, una experiencia colectiva, que implica a muchos seres diferentes en constante relación. Un colibrí y una flor de ceibo, un oso panda y el bambú que come, o un ser humano y su microbiota, da igual; la interacción como una característica de la vida. Un ser vivo, por sí solo, no cumpliría nunca el primer objetivo, aquel de la supervivencia; esta requiere intercambio de materia, requiere de la química y siempre a través de mecanismos que pueden ser muy complejos y no siempre directos o evidentes a nuestros ojos (recordar, p.e., el papel, antes citado, del DMS y las lluvias que incita).

La materia orgánica, como constituyente base y como material intercambiable, es, pues, junto con el agua, una característica fundamental entre las que definen la vida, cuando menos aquí en la Tierra. Y su intercambio entre especies, como alimento o como residuo (términos relativos en la medida en que el residuo de una especie puede ser el alimento de otras), es un elemento fundamental a la hora de definir ecosistemas concretos.

Así, pues, debemos evitar el reduccionismo simplista y asumir la complejidad de la vida, sin confundirla con una simple agregación de materia o como una mera prolongación de la química del carbono, contradiciendo en parte una de las afirmaciones citadas de Ponnamperuna. Pero, aun admitiendo que la vida no es, efectivamente, una simple prolongación de la química del carbono y que la historia es algo más compleja, el principal objetivo de este libro será centrarse en la observación de la materia orgánica que, evidentemente, sí constituye el elemento material de la vida (como el 'hardware' que diríamos en computación) y, sin embargo, puede que sea menos reconocible frente a otros aspectos más difundidos, cara al público en general (y más relacionados con la evolución biológica). Seguramente, a lo largo de estas páginas aparecerán muchos nombres de compuestos que pueden resultar familiares, otros no lo serán tanto, pero la pretensión es presentar cómo se relacionan unos y otros, qué tienen todos ellos en común y en qué se diferencian o cómo pueden surgir a partir de unos pocos compuestos base o cómo muchas sustancias pueden diversificar funciones en distintos contextos. En definitiva, la propuesta de centrarse en la Química del carbono se justifica por el convencimiento de que algunas de las claves de esta rama de la ciencia, aunque no tenga la exclusiva del enfoque, pueden ayudar a comprender mejor ciertas características de la vida en la Tierra; y, sobre todo, hacer que podamos apreciar mucho más algunas

---

[19] Con más de 300 especies, la familia de colibríes es la segunda más extensa entre las aves de toda América.

de las maravillosas propiedades que acompañan a la vida, así como entender cómo pueden emerger en los saltos entre diferentes escalas[20].

En la estructura del libro encontraremos, pues, tres partes bien identificables. En los primeros capítulos se hace una breve introducción al propio concepto de 'Química orgánica', a las numerosas familias de compuestos propios de la Química del carbono (pero sin ser exhaustivos); y veremos porque es tan extraordinaria, en comparación con la química de los demás elementos. Presentados los principales grupos necesarios para la vida tal como la conocemos en la Tierra, haremos un breve recorrido sobre el origen de la vida, con un repaso a algunas de las emergencias (o propiedades emergentes) que fueron definiendo esta historia, la de la evolución biológica. Veremos que, de alguna forma, si somos 'una historia de la materia orgánica', tal vez, una de tantas posibles. Sabemos que en otras regiones del Universo hay materia orgánica, pero, de momento, fuera de la Tierra solo la tenemos identificada en su versión más simple, como pequeñas moléculas. Quizás en algún rincón espacial evolucionó hasta formas complejas, pero, muy probablemente, de hacerlo, habría tantas circunstancias puntuales que pudieron influir en esas transformaciones (como ocurrió en la Tierra), que lo más probable es que esa evolución diera formas algo diferentes, o muy diferentes, a las que nosotros conocemos; algunas podemos imaginarlas, pero otras, seguramente, ni se nos ocurre como podrían ser.

Más allá de cómo surgió la vida partiendo de la materia orgánica más simple, es legítimo preguntarnos, también, como esa materia comenzó a percibir su entorno, a sentir y a emocionarse, pensar, sentir miedo o felicidad; como el conjunto de átomos que forman tu cuerpo o el mío, puede sentir fascinación en la contemplación de un gato o de un colibrí, o como llegamos a identificar problemas planetarios que nos amenazan (¡y también a crearlos!) e, incluso, a preguntarnos ¿qué hacemos aquí? Obviamente, son muchas las 'emergencias', las propiedades emergentes que, como la felicidad del colibrí, quedan muy lejos de una simple molécula orgánica. En este caso, simplificando notablemente la complejidad inherente a los 'sistemas complejos' que se corresponden con nuestros organismos, se hará una breve aproximación a algunos compuestos químicos y mecanismos que participan en los sentidos, emociones y otras características solo atribuibles a seres vivos y no a moléculas aisladas[21]. No deja de ser increíble como, en individuos de muchas especies de animales, muchos gestos o comportamientos de otros individuos pueden provocar innumerables reacciones químicas en su organismo; en nuestra especie, hasta el simple uso de las palabras puede activar o desactivar cascadas de reacciones químicas en otros individuos: provocar felicidad, miedo, ira, placer, …

Gestos, palabras, comportamientos, objetos, y toda la simbología que emerge cuando construimos, como especie, las 'realidades sociales'. Podemos recordar el difícil origen de la sandía anteriormente citado, pero hoy en día, y con la ayuda de los humanos, es una planta que se expandió por el planeta y su fruto puede representar diversos símbolos en distintas zonas. Ahí está la presencia de esta fruta en diversas obras de pintores mexicanos, donde adquirió un significado abstracto y

---

[20] Siendo consciente, además, de que la Química orgánica no está muy presente, por diversos motivos, en la enseñanza secundaria en este país: en la ESO por su complejidad y en el Bachillerato por falta de tiempo y prioridades en los currículos ante la evidente e histórica escasez de horas, tanto de Física como de Química.
[21] Nuestras percepciones, como interacción con el exterior o con nuestro propio cuerpo, son propiedades emergentes (por lo tanto, lo son los colores, los sonidos, etc., que atribuimos a los cuerpos); y también son emergentes las emociones, los pensamientos o la memoria.

propio de diversas emociones y sentimientos (amor, pasión, dolor, vida, ...)[22]. Tal vez, el máximo exponente de esta simbología podemos encontrarlo en el bodegón que Frida Kahlo pintó poco antes de su muerte, aquel que lleva el nombre de 'Viva la vida' y que, años después, daría título a una conocida canción de Coldplay. Pocos años antes, Frida Kahlo había pintado también un 'autorretrato con collar de espinas y colibrí', donde aparece acompañada de su gato, un mono y un colibrí, entre otras especies de animales y vegetales ya en segundo plano. Ciertamente, la presencia de los colibríes en la simbología precolombina es muy potente: p.e., para los mayas estas avecillas eran una especie de 'mensajeros de los dioses', como los encargados de hacer que se cumplieran los buenos deseos que una persona le podía transmitir a otra, mientras que, en la mitología azteca eran aves sagradas de gran simbolismo, especialmente denotando energía, fuerza y valentía[23].

En esa línea y siendo conscientes de que en nuestra especie también tuvo gran importancia la evolución cultural, que transformó y transforma nuestra forma de relacionarnos (tanto entre nosotros como con el resto de los seres vivos del planeta), se dedican los últimos capítulos a diversas facetas de la química del carbono relacionadas con el mundo de la alimentación y de la cocina, así como de la farmacología. Durante varios miles de años, una mínima fracción de tiempo en la vida del planeta, aprendimos a vivir de los recursos disponibles y a adaptarnos a medios muy diferentes, de tal forma que, hoy por hoy, somos como una plaga para el planeta. Y son muchos los peligros derivados de un mal uso o de una mala gestión de estos recursos que, además de no ser infinitos, pueden ser mucho más vulnerables y limitados de lo que durante miles de años pudimos sospechar. Es necesario aprender y adaptarse a las nuevas situaciones y evidencias, como un mandato más de la vida que, por supuesto, seguirá evolucionando mientras no se llegue a una catastrófica extinción. A este tema se dedica parte del último capítulo, en la química de la muerte.

---

[22] Incluso un significado político al identificar los colores de esa fruta con los tres colores de la bandera nacional; así se asoció como un símbolo en la causa palestina cuando su bandera fue prohibida por las fuerzas ocupantes. También es cierto que en otras geografías (p.e., en los USA), algunos medios, declaradamente o no, racistas y xenófobos, se le da un significado bien diferente y repugnante. Veremos en el capítulo 8 mucho más sobre la química de las emociones y la cultura.

[23] De hecho, en nahuatl, el colibrí se llamaba 'huitzilin', que literalmente significaba algo próximo a 'espinas divinas', apareciendo sus plumas entre los atributos del dios de la guerra Huitzilopochtli.

EVOLUCIÓN QUÍMICA

Capítulo 1

¿DE QUÉ ESTAMOS HECHOS NOSOTROS Y LOS COLIBRÍES?

Hoy por hoy, es sabido que más allá de las apariencias toda la materia que vemos (olemos, tocamos, etc.) está hecha de átomos. Los ingredientes químicos básicos de un colibrí, de un gato, de una coliflor o de cualquier otro ser vivo (también de buena parte de la materia inerte) son los mismos: determinadas familias de moléculas que forman lo que llamamos compuestos químicos. Así, pues, en los primeros pasos de esta historia tendrán que aparecer los átomos en el Universo y, luego, formarse los enlaces estables entre ellos para dar esas moléculas. El siguiente paso sería identificar aquellos compuestos que caracterizan la vida y como pudieron evolucionar hasta llegar a lo que conocemos como un ser vivo.

Unicidad dentro de la diversidad

Superadas las primeras visiones (ciertamente pan-animistas), puede que parezca fácil distinguir entre lo que está vivo y lo que no. De hecho, la inmensa mayoría de animales basan su propia supervivencia en distinguir entre cuerpos vivos e inertes, y no les va mal. En general, excepto errores puntuales (o pautas obsesivas), ni gatos ni colibríes se dedican, día a día, a comer piedras para saciar el hambre y el instinto les funciona bastante bien.

Vivir tiene muchos 'automatismos', acciones que no requieren consciencia, y esto seguramente nos lleva a pensar que, a la hora de ahondar en su conocimiento, podremos reconocer la vida en cualquier contexto y definirla de forma completa. Pero, sorprendentemente, no es tan fácil. Aquella conocida y recurrente frase en francés, *"C'est la vie"* ('así es la vida'), suena muy bien en determinados contextos, pero hay que admitir que no añade significado alguno al término y no es por casualidad que existan, por lo menos, dos conocidos e importantes libros de divulgación que, buscando reflexionar sobre el tema, llevan como título una pregunta tan básica como "¿Qué es la vida? (en sus respectivos originales en inglés: '*What is Life?*'

La primera de estas obras, publicada en 1944, fue escrita por uno de los fundadores de la mecánica cuántica, Erwin Schrödinger, después de impartir varias conferencias sobre el tema en el

Trinity College de Dublín[24]. El segundo libro es de 1996 y ya fue citado en la introducción; se lo debemos a la conocida bióloga Lynn Margulis y a su hijo Dorion Sagan (hijo, también, del muy admirado científico y divulgador Carl Sagan). Salvando las distancias temporales y sus contextos, los dos inciden, entre otros aspectos, en los campos de la biología molecular y de la termodinámica como soportes de la vida.

La dificultad para dar una respuesta definitiva a esta pregunta radica en que la ciencia requiere patrones sistemáticos, regularidades a partir de las cuales poder obtener conclusiones claras y, por muy sorprendente que resulte, ante la biodiversidad que encontramos en la Tierra, los elementos básicos de eso que llamamos 'vida' son comunes a todos los seres vivos de nuestro planeta; consiguientemente, es difícil extraer una definición completa del término 'vida' más allá de la enumeración de ciertas propiedades compartidas por todos los seres vivos. No sabemos, pues, hasta que punto resultarían esenciales para la vida, más allá de las formas que nosotros reconocemos. Como ya dijimos, tal vez en un lejano lugar de este Universo, otros patrones de vida dieron lugar a seres que, con nuestras premisas básicas, nos costaría identificar como 'vivos' o, tal vez, solo habría diferencias de matices en su química base; no lo sabemos. De momento, debemos centrarnos en lo que conocemos, en lo que compartimos todos los seres vivos de este planeta y avanzar en las posibles claves que permitan dar respuesta a las preguntas que nos van surgiendo.

Repasando algunos puntos clave de nuestra historia del conocimiento, vemos que hay un largo camino que nos llevó a reconocer una evidente biodiversidad que, de momento, aún podemos apreciar en nuestro planeta y que tanto nos sorprende; camino que ocupó siglos de descripciones y clasificaciones en disciplinas como la botánica, la zoología, la microbiología, … Sin dejar ese estado de fascinación por lo diverso, otro camino nos lleva hasta una unicidad vital, oculta en el mundo de lo muy pequeño pero que determina esto que llamamos vida, en campos como la biología molecular o la genética.

Durante muchos siglos empleamos productos derivados de los seres vivos, fundamentalmente como alimento o combustible, pero, también, para la obtención de colorantes, jabones, perfumes, … Pero el conocimiento de la naturaleza química íntima de los mismos solo fue posible en los dos últimos siglos y, atendiendo a esa primera clasificación de seres vivos y materia inerte, el químico J. Berzelius sugirió llamar 'orgánicos' a los productos derivados de los organismos vivos; el resto serían inorgánicos.

En aquella época, se consideraba necesaria la intervención de una desconocida 'fuerza vital' (vis vitalis), en los tejidos vivos, para convertir los productos inorgánicos en orgánicos. Esta creencia, que recibió el nombre de **vitalismo**, establecía una barrera aparentemente infranqueable entre la Química Orgánica y la Inorgánica, implicando además la idea de que la vida no seguiría las leyes del Universo tal y como lo hace, al menos, la materia inerte.

Dos importantes trabajos, históricamente reconocidos, contribuyeron a derribar esta barrera. El primero fue realizado, en 1828, por un discípulo del propio Berzelius, el químico Friedrich Wöhler, que obtuvo, accidentalmente, cristales de urea, un compuesto evidentemente orgánico (presente en la orina de los animales), simplemente calentando una disolución acuosa de un compuesto claramente inorgánico (el cianato de amonio). Pero más definitiva resultó, alrededor del

---

[24] El original, publicado en Dublín, llevaba de subtítulo *The Physical Aspect of the Living Cell* ('El aspecto físico de la célula viva').

1844, la síntesis del ácido acético, compuesto orgánico que abunda en los vinagres (procedente de la oxidación del alcohol del vino y de otras bebidas alcohólicas); fue realizada por Adolph W. Hermann Kolbe a partir de un compuesto inorgánico como es el disulfuro de carbono.

Derribada la barrera del vitalismo y ahondando algo más en la química de los compuestos orgánicos, encontramos pronto un elemento en común: todos poseen, en sus moléculas, átomos de carbono, de ahí que se hable, con más exactitud, de la **Química del carbono**, en referencia a la Química Orgánica. Llegamos, pues, a la primera observación curiosa: todos los seres vivos que fuimos identificando (que, a día de hoy, alcanzan decenas de millones de especies) se basan, nos basamos, en la química del carbono. ¡Difícilmente podría ser una casualidad!

Como es bien sabido, un paso decisivo para empezar a comprender que esto no es, efectivamente, una mera casualidad, fue la publicación, en noviembre del 1859, del libro de Charles Darwin, 'El origen de las especies'; un libro que resultó fundamental para impulsar la idea de una evolución biológica, esa que motivó y justifica la espléndida biodiversidad que podemos encontrar en nuestro planeta. Ciertamente, Darwin no fue el primero que defendió tal evolución, su gran mérito fue explicarla mediante un mecanismo de selección natural, relacionado con la adaptación de las especies a su ambiente, y ese mérito fue compartido por Alfred R. Wallace, quien también llegó, de forma independiente, a la misma idea.

Apenas había transcurrido seis años de la publicación de aquel libro de Darwin cuando Gregor J. Mendel hizo públicos sus trabajos sobre hibridación en especies vegetales, la esencia de lo que, años después, se conocería como las leyes de Mendel. Ciertamente, tales resultados pasaron de forma muy discreta hasta que, a comienzos del siglo XX, gracias a los trabajos de William Bateson[25], alcanzaron la importancia que les correspondía y dieron pie a la ciencia de la 'genética'.

Con toda seguridad, los avances en la química y en la genética de aquellos primeros tiempos alcanzaron uno de sus momentos cumbre cuando, en 1953, el biólogo James Watson y el físico Francis Crick, presentaban la estructura tridimensional, en doble hélice, de la macromolécula del **ADN**, uno de los grandes hitos de la ciencia moderna, punto de partida de la **genómica**, y por el que llevaron el Nobel de medicina de 1962. Aquel premio, por cierto, supuso una de las varias injusticias que recoge la historia de estos galardones, al no incluir a la química y cristalógrafa Rosalind Franklin quien, verdaderamente, había obtenido las imágenes de difracción de rayos X, indicadoras de la estructura de doble hélice de esa macromolécula[26].

Tal como veremos en el capítulo 4, hoy sabemos que todos los seres vivos de la Tierra compartimos un mismo sistema de codificación para almacenar la información que nos conforma como miembro de una o de otra especie, y como individuos; que usamos las mismas cinco 'letras base' (realmente, cinco compuestos químicos base) como un alfabeto con el que 'escribir' y guardar toda esa información en nuestras células. Y esto es una de las muchas características que compartimos todos los miembros de esta macrofamilia que forma la vida terrestre, la biosfera. Esta fue la razón de porqué, en los años setenta del pasado siglo XX, desde el campo de la exobiología (o

---

[25] Aunque no fue el único, Bateson resultó determinante en la recuperación de los trabajos de Mendel al incluir, en su propia obra, de 1902, una traducción y extender las leyes de Mendel a la zoología.

[26] También hay que decir que, con anterioridad, el químico Linus Pauling ya había propuesto una estructura helicoidal para el ADN, aunque con algún error en su modelo. Lo curioso es que Pauling recibió ese mismo año el Nobel de la Paz; el Nobel de Química ya lo había llevado en 1954, por sus trabajos sobre el enlace químico.

astrobiología) algunos investigadores, como L.E. Orgel, propusieron el término **CITROENS**[27], acrónimo de las palabras inglesas que significan 'Objetos Complejos Transformadores de Información y Reproducibles que Evolucionan por Selección Natural'.

Comenzando por lo más simple y básico, en la búsqueda de respuestas a esa pregunta inicial (¿Qué es la vida?), al menos tal como la entendemos aquí en la Tierra, diremos, sin agotar los atributos de la vida, como un primer paso para su esclarecimiento, que tiene como base la Química del carbono, tal como afirmaba el ya citado bioquímico Cyril Ponnamperuna.

Evoluciones que se solapan

La aparición de la vida e, incluso, de la 'química orgánica' tuvo que venir precedida, lógicamente, de otros acontecimientos, verdaderamente, de otras evoluciones. La primera, atendiendo al modelo cosmológico actual y a la idea del **Big Bang**, fue una **'evolución física'** que llevó desde las primeras partículas elementales, las primordiales que se formaron en el Universo más primitivo, hasta la formación de los primeros átomos, isótopos de los tres elementos más ligeros de la actual tabla periódica: hidrógeno, helio y trazas de litio. Posiblemente, esto ocurrió aproximadamente hace unos 13.800 millones de años, dando lugar a la conocida como **nucleosíntesis primordial** (ver recuadro adjunto). Efectivamente, en aquellos tiempos del Universo, la tabla periódica de los elementos era muy, muy reducida, con solo tres elementos químicos (fig. 2).

Una introducción más detallada de esas primeras etapas evolutivas se puede encontrar en mi libro 'El modelo del Big Bang y la gestación del Universo' (Bubok ed.). Allí también se trata de una nueva evolución, fundamental, que sería iniciada con la 'ignición' de las primeras estrellas en el Universo, después de la llamada 'Época oscura'. Efectivamente, en el interior de aquellos astros comenzaron a formarse los siguientes átomos de la tabla, partiendo de los tres elementos primordiales. Fueron el 'horno' donde se cocieron los primeros átomos de carbono, nitrógeno, oxígeno o fósforo que, solo miles de millones de años después jugarían un papel fundamental en la aparición de la vida; ahora mismo, las estrellas que vemos siguen 'cociendo' estos elementos y, únicamente en enormes explosiones supernovas, uno de los finales predecibles para las estrellas con una masa que supera ciertos límites, tiene lugar la formación de los elementos más pesados de la tabla periódica, aquellos con átomos que superan al del hierro en masa (fig. 2). Aunque todos estos procesos responden al campo de estudio de la Física nuclear (pues hablamos de la formación de núcleos atómicos y no de verdadera química), podríamos 'ver' esa expansión en el número de elementos de la tabla periódica como una evolución trascendente para la Química. La actual tabla periódica contiene hasta 118 elementos químicos[28].

---

[27] Verdaderamente, la definición de **CITROENS** iba más allá de los seres vivos: p.e., un virus o una molécula de ADN entrarían, también, en esa definición de *Complex Information-Transforming Reproducing Objects that Evolve by Natural Selection'*.

[28] En cualquier caso, los últimos elementos de la tabla, los más pesados, solo se tienen obtenido, artificialmente, en los laboratorios de Física de altas energías y la vida media de los mismos resulta, normalmente, muy, muy corta.

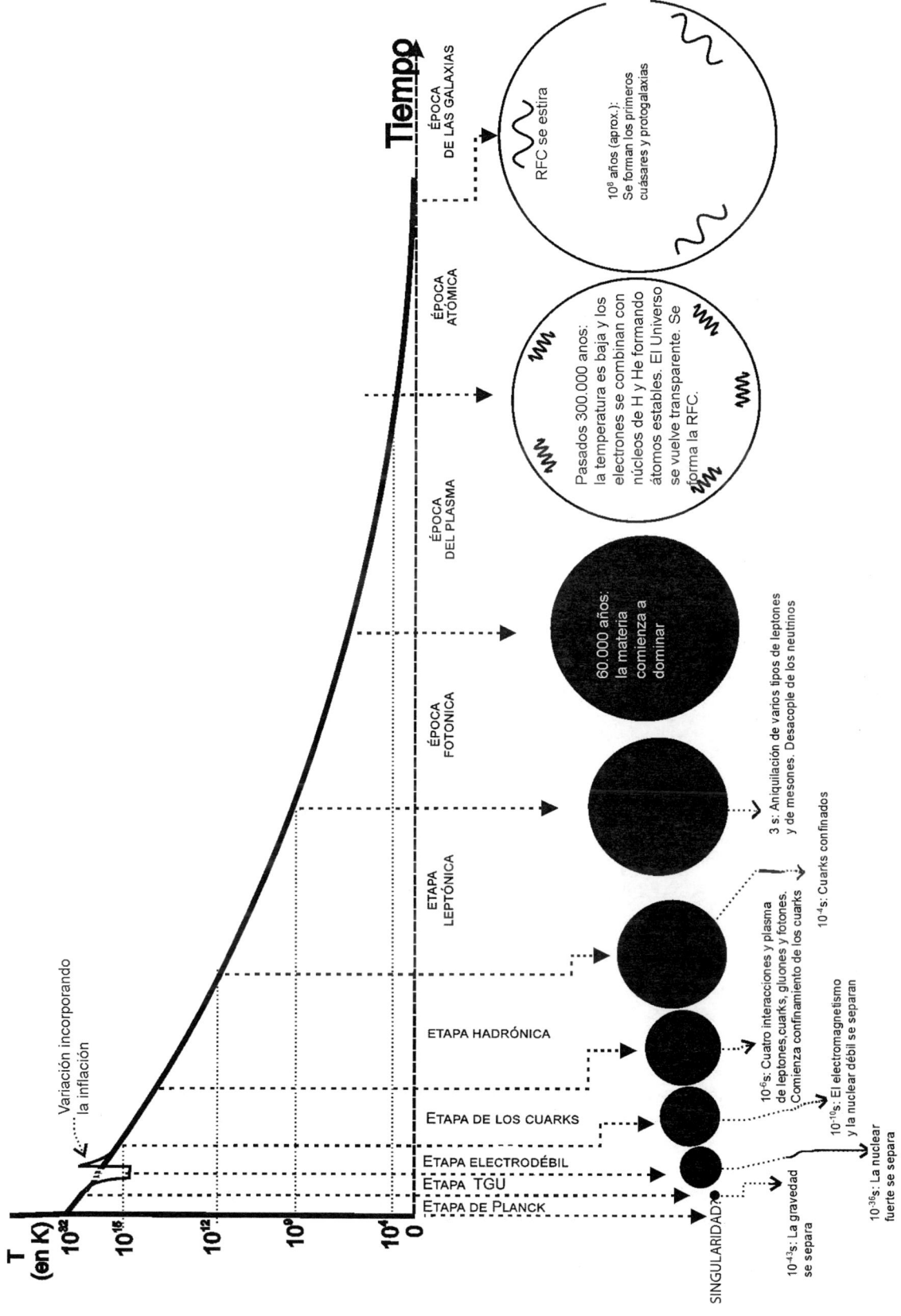

Fig. 1.- Primeras etapas en la formación del Universo.

De los restos de las dos primeras generaciones de estrellas se formarían nebulosas, con un material extremadamente ligero pero enriquecido en nuevos elementos químicos. Y del colapso gravitacional de una de estas nebulosas, hace aproximadamente unos 5.000 millones de años se formó el Sol (seguramente, acompañado de muchas más estrellas) y, en sus proximidades, los planetas y otros cuerpos menores que conforman lo que conocemos como Sistema Solar. En ese reagrupamiento del material procedente de una anterior nebulosa, el enriquecimiento en los elementos químicos diferentes a los mayoritarios es evidente en algunos planetas, particularmente en los más pequeños y rocosos que, como en la Tierra, no presentan campos gravitacionales muy elevados; por este motivo no pudieron retener en su atmosfera los gases inicialmente mayoritarios, pero muy ligeros como, p.e., el hidrógeno (elemento) y el helio, al menos en cantidades significativas[29]. De hecho, actualmente, en la parte sólida de la Tierra, la llamada litosfera, los elementos mayoritarios resultan ser el oxígeno y el silicio (ver tabla 2).

Preparando el escenario. Los primeros instantes del Universo

Tal como se comenta en el texto principal, para una introducción de cómo se pudo gestar el Universo en el que vivimos, dada la complejidad del tema, se recomienda leer alguno de los diversos libros publicados que se dedican específicamente al tema (alguno recomendado en la bibliografía).

En cualquier caso, una idea básica es la de que desde los primeros instantes en que el Universo alcanzó unas temperaturas extraordinariamente altas[30], la temperatura global fue descendiendo y, acompañando ese enfriamiento, determinados equilibrios dinámicos fueron decantándose en uno u otro sentido[31], dando lugar a varias rupturas de simetría y a la separación o distinción de las que hoy conocemos como cuatro interacciones básicas[32]; de ahí fueron emergiendo diversos tipos de partículas subatómicas y varias propiedades (como, p.e., la carga eléctrica o la masa, ...) que sirven para definir estas partículas, en definitiva, las escalas más diminutas de la materia; el campo propio

---

[29] Por el contrario, los planetas más grandes de nuestro sistema, como Júpiter o Saturno, están mayoritariamente compuestos de hidrógeno y helio.

[30] Entre los detalles del modelo que admiten aún diferentes hipótesis está, precisamente, el hecho de si ya inicialmente la temperatura de aquel protouniverso era excepcionalmente alta o si, inicialmente frío, fue después de un muy breve pero intenso período de inflación (minúsculas fracciones de segundo, entre 10^{-35} y 10^{-15} s), cuando la temperatura alcanzó esos valores extremos para, luego, iniciar el descenso que caracteriza, desde entonces, la expansión del Universo.

[31] Un par de ejemplos: a ciertas temperaturas de las primeras etapas, la formación de partículas elementales a partir de la energía entonces disponible estaba en equilibrio con la aniquilación de esas partículas para dar, nuevamente, energía; en un determinado momento, el descenso de la temperatura (y, por lo tanto, de la energía disponible) cesó la formación de ciertas partículas frente a su aniquilación. Igualmente, una fracción de segundo más tarde, con los cuarks ya formados y confinados en protones y neutrones, habría un equilibrio inicial que permitiría la formación de un nuevo neutrón (y un neutrino) al reaccionar un protón con un electrón y, al mismo tiempo, la formación de un protón y un electrón, partiendo de un neutrón y un neutrino. Nuevamente, un descenso de la temperatura hasta cierto valor, bien conocido, dejó definitivamente 'congelada' la proporción entre protones y neutrones atendiendo a la mayor estabilidad de los primeros. Y así, sucesivamente, para muchos otros procesos, bien identificados en la Física de altas energías.

[32] Resumiendo, de una única interacción fundamental irían desgajándose, progresivamente: la gravitación (en la etapa TGU, de Gran Unificación), la interacción nuclear fuerte (en la Etapa electrodébil) y, ya en la llamada 'Etapa de los cuarks' (antes de que el Universo cumpliera una millonésima de segundo), tuvo lugar la división de la interacción electrodébil en las dos últimas reconocibles hoy en día: la nuclear débil y el electromagnetismo, dando sentido, p.e., a lo que hoy definimos como carga eléctrica y otras propiedades fundamentales de la materia.

de la Física. Todo esto en los primeros segundos de existencia de aquel protouniverso, en el que una enorme cantidad de energía fue transformada, atendiendo a las ecuaciones de la propia Relatividad General y de la Física Cuántica, en las partículas más elementales que forman la materia ordinaria y que hoy bien se conocen: electrones, positrones, neutrinos, cuarks (que, rápidamente, darían lugar a la aparición de los primeros protones y neutrones y otras partículas no fundamentales), ...

Cuando, en ese enfriamiento, la temperatura de aquel protouniverso alcanzó los 800 millones de grados, alrededor de los 3 minutos de su existencia, pudo comenzar la formación neta de deuterio (un isótopo del hidrógeno formado por un protón y un neutrón), abriéndose de esa forma a la aparición de otros núcleos de elementos muy ligeros: como los de helio-4 (muy estable) y algunos de litio; es lo que se conoce como la **nucleosíntesis primordial**. El posterior enfriamiento permitiría la formación neta de aquellos primeros átomos neutros (de hidrógeno y algunos isótopos de helio y litio); con el tiempo, pues, serían liberados los fotones existentes (hasta entonces fuertemente sujetos en aquel plasma de partículas) dando lugar a la conocida como Radiación de Fondo Cósmico, predicha por los primeros modelos del Big Bang, detectada hoy en día en la región de las microondas y profusamente estudiada por varios proyectos de investigación. El proceso culminaría, aproximadamente, cuando el Universo cumplía los primeros 380.000 años de existencia. Tal como muestra la figura 2, la tabla periódica de los elementos evolucionaría desde cuando solo contenía los tres primeros elementos hasta la que, hoy en día, presenta 118 elementos.

Entre aquellos primeros 380.000 años en que se liberaron los fotones y los 100 millones de años, cuando comenzaron a brillar las primeras estrellas, se localiza la que se conoce como 'época oscura'; la radiación imperante en ese intervalo era la del hidrógeno neutro y, hoy en día, hay varios proyectos que tienen como objetivo recopilar observaciones de aquellos tiempos y justo en el momento de formación de las primeras estrellas[33]. Dos de estos proyectos están vinculados al conjunto de interferómetros ALMA, que la Agencia Espacial Europea tiene en el desierto de Atacama (Chile) y al megaproyecto internacional SKA, localizado en Sudáfrica.

En cualquier caso, las primeras estrellas que se formaron comenzaron a cocinar otros elementos ligeros en su interior[34]. Así aparecieron los primeros núcleos de átomos de carbono, oxígeno, nitrógeno, ... Efectivamente, un amplio conjunto de reacciones nucleares, que da pie a lo que se conoce como **nucleosíntesis estelar**, justifica la formación de los elementos químicos de la tabla periódica hasta la aparición del hierro, de número atómico 26, es decir, núcleos con 26 protones en su interior. Dado que en la primera generación de estrellas debieron abundar las de gran masa, estas se vieron abocadas a una vida muy corta[35] y en sus últimos momentos, grandes cataclismos, como las conocidas supernovas, consiguieron liberar enormes cantidades de energía, en muy cortos intervalos de tiempo (en términos relativos a la vida de una estrella), dando lugar a la formación de los elementos más pesados de la tabla; cuando menos a los que conocemos como naturales, ya que entre los 118 elementos de la tabla actual, hay un buen número de ellos que solo se consigue detectar en laboratorios de física y presentan una vida media muy corta[36].

Justamente, en esos grandes cataclismos, violentas explosiones, chorros de radiación y partículas, se fueron esparciendo grandes cantidades de átomos formando nebulosas que, posteriormente,

---

[33] Recordemos que mirar a distancias tan lejanas en el Universo es mirar acontecimientos del pasado.

[34] Comenzando por la formación de helio, como en nuestro Sol, pero al irse agotando el hidrógeno, pasaron a emplear el helio como 'combustible' para dar otros núcleos ligeros como los de carbono, oxígeno, ...

[35] Efectivamente, el equilibrio que mantiene estable a una estrella durante miles de millones de años, entre la gravitación por un lado y la presión y radiación emitida en las reacciones nucleares por otro, hace que las estrellas más masivas, para compensar tengan que emitir mucha más radiación por unidad de tiempo, agotando así el combustible nuclear mucho antes.

[36] A finales del 2023 saltó la noticia de que en procesos aún mucho más energéticos que las supernovas (como el choque entre dos estrellas de neutrones) podrían producirse elementos aún más pesados que los conocidos e incluidos en la actual tabla periódica, más allá incluso del ununoctium (Uuo) o oganesón, el número 118.

acabarían formando nuevas estrellas, repitiéndose el ciclo de la nucleosíntesis estelar, pero enriqueciéndose más en ciertos elementos el medio interestelar con nuevos cataclismos de estas estrellas; así hasta que, por fin, en la formación de estrellas de tercera generación, como es el caso del Sol y sus planetas, la acumulación de átomos (atendiendo a diversas propiedades, como su densidad, afinidad química, ...) daría pie a lo que, con el tiempo sería la base de la química de la vida, tal como la conocemos en la Tierra, la química del carbono.

En esta nueva etapa evolutiva, que podríamos considerar como el inicio de una 'evolución geológica', se fue conformando el planeta Tierra en sus diferentes aspectos (litosfera, atmosfera, hidrosfera, ...). Y aunque ya se superaron los primeros y más violentos estadios de la misma, esta evolución geológica continúa, a veces de forma lenta e imperceptible, otras de forma brusca como podemos comprobar, de cuando en vez, con violentas erupciones volcánicas.

Fueron muchos los procesos físicos y químicos que acompañaron los primeros estadios de esa **'evolución geológica'** y que llevaron a la estabilización (dinámica) de diversos ciclos químicos, entre ellos, el 'ciclo del carbono', un elemento químico que, en masa, se estima que representa menos del 0,04% del material de la corteza terrestre, pero que, gracias a sus peculiares y diversas propiedades químicas, resultó ser el gran protagonista de una nueva evolución, ahora sí, una **evolución química**, que desembocaría en la más reconocida **evolución biológica**. Como veremos pronto, la propia existencia de la vida en la Tierra participó en esa evolución geológica, modificando diversos aspectos de nuestro planeta. Efectivamente, podemos considerar lo importante que resultó la adaptación de la vida a las condiciones ambientales y geológicas que iba ofreciendo el planeta, pero también, debemos considerar como la vida fue determinando esas mismas condiciones: p.e., como veremos más adelante, hace casi unos 2.400 millones de años apareció el oxígeno en la atmosfera terrestre gracias a la actividad de las cianobacterias. El biólogo Vladimir I. Vernadsky hacía referencia a la 'materia viviente' como una fuerza geológica que moviliza y transforma la materia en general (y también la energía). De alguna forma, relacionada con el entorno, podríamos imaginar esa materia viviente como actores que fueron acondicionando o decorando el ambiente 'a su gusto y confort'; y, en ese sentido, puede que las actuaciones y alteraciones de nuestra especie pueden estar llegando a un límite en el que, sin conocer bien los planos de edificación, estemos tocando algunos elementos constructivos básicos, poniendo en riesgo una buena parte de esa 'construcción'. Una de esas alteraciones afecta a un cambio climático antropogénico y acelerado (con relación a los cíclicos cambios geológicos anteriores) e implica, precisamente, algunos compuestos derivados del carbono, ese elemento singular que vertebra la vida en la Tierra.

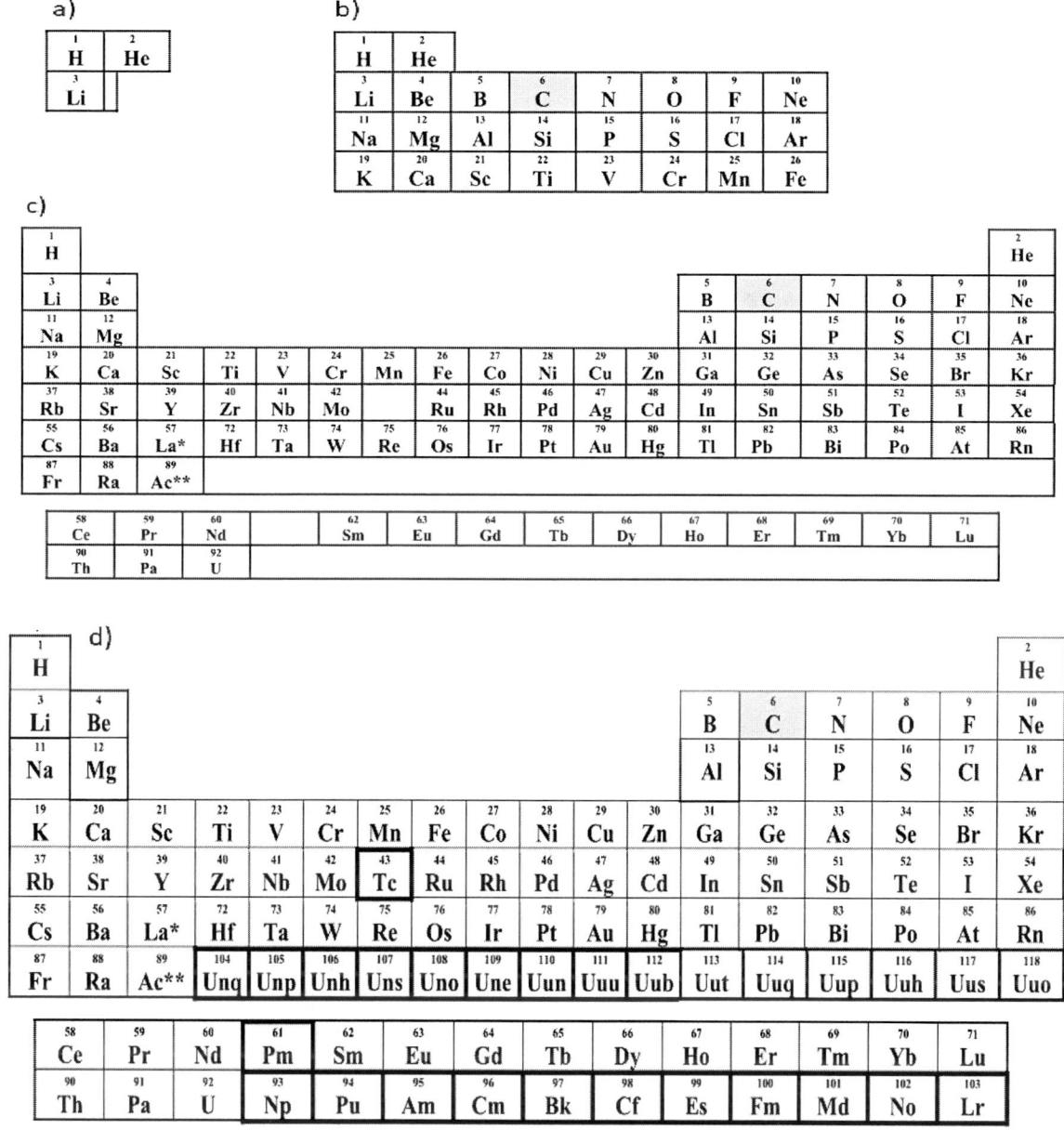

Fig. 2.- Evolución de la tabla periódica: a) primeros minutos después del 'Big Bang'; b) después de que en las primeras estrellas se hayan formado los elementos más ligeros (hasta el hierro); c) tras la formación de otros elementos naturales en sucesos muy energéticos como, p.e., supernovas; d) tabla actual con los 118 elementos conocidos (remarcando los artificiales, de vida media muy corta).

El carbono, un elemento único

Cuando una gata o un colibrí buscan alimento, lo que procuran son moléculas 'con carbono' muy específicas que sirven para mantener las reacciones de sus propias moléculas, las que forman su cuerpo, también estructuradas por átomos de carbono. Naturalmente, lo mismo ocurre para todos los seres vivos heterótrofos. Pero ¿por qué carbono?

Según los datos espectroscópicos que fuimos acumulando en décadas, el carbono es el cuarto elemento en abundancia tanto en nuestra Galaxia, la Vía Láctea, como en el Sistema Solar, pero en ninguno de los estudios que valoran su abundancia relativa, en la corteza terrestre, aparece entre los diez primeros (ver tabla 2); el oxígeno y el silicio son mucho más abundantes en masa y, por número de átomos, el mayoritario en nuestros cuerpos sería el hidrógeno. Sin duda, pues, no es su abundancia lo que hace especial al carbono; son algunas propiedades emergentes con la química de este tipo de átomo las que explican el extraordinario papel que juega en la Naturaleza, formando parte de todos los compuestos orgánicos y constituyendo la base de la vida tal como la conocemos.

Tabla 2. Abundancia relativa de elementos en el Universo, en la corteza terrestre y en el cuerpo humano (en % en masa, y la posición del carbono en estas listas.

Abundancia:... en el Universo		...en la corteza terrestre[37]		...en el cuerpo humano	
1.Hidróxeno-1	70,6	1.Osíxeno	46,1	1.Osíxeno	65,0
2.Helio-4	27,5	2.Silicio	28,2	**2.Carbono**	18,0
3.Osíxeno-16	0,6	3.Aluminio	8,2	3.Hidróxeno	10,0
4.**Carbono-12**	0,3	4.Ferro	5,6	4.Nitróxeno	3,2
5.Neón-20	0,15	5.Calcio	4,2	5.Calcio	1,5
6.Ferro-56	0,12	6.Sodio	2,4	6.Fósforo	1,2
7.Nitróxeno-14	0,11	7.Magnesio	2,3	7.Potasio	0,4
8.Silicio-28	0,07	8.Potasio	2,1	8.Xofre	0,3
		.... 17. **Carbono**, cun 0,02%)			

Sin entrar en competencia con los manuales de Química, podemos citar algunas de esas propiedades. La primera de esas características es la notable estabilidad que presentan los enlaces entre dos átomos de carbono (que podemos representar como C-C) y le sigue en importancia la posibilidad de cada átomo de este elemento de unirse con uno, con dos, con tres y hasta con cuatro átomos diferentes, hecho que permite crear diversas estructuras moleculares, que bien se pueden extender en varias direcciones espaciales o formar estructuras cerradas (anillos o ciclos) de diferentes tamaños (fig. 3). En los dos casos, estas propiedades abren la puerta a la formación de largas cadenas de átomos que, como veremos más adelante, resultan fundamentales para poder almacenar la información necesaria para definir la vida.

Así mismo, los átomos de carbono forman enlaces muy estables con otros elementos próximos y habituales, a los que, en contraposición a los de carbono e hidrógeno, llamamos **heteroátomos** (oxígeno, nitrógeno, azufre, fósforo, ...); y, por si fuera poco, entre dos carbonos se pueden formar enlaces simples (C-C), dobles (C=C) o triples (C≡C) y, también, entre un carbono y algunos heteroátomos (ver Apéndice Final 1). Sin entrar en el detalle, cada una de estas opciones, de enlaces simples o múltiples, presenta una geometría espacial diferente y esto añade, como si fuese un gran juego de piezas (tipo Lego), aún más diversidad a las posibilidades constructivas con átomos de carbono (fig. 3).

---

[37] Considerando la totalidad del planeta, el hierro sería el más abundante (se estima que con un 33%), seguido del oxígeno (31%), silicio (19%), magnesio (13%), níquel (2%), calcio (1%) y aluminio (0,9%).

Esa posibilidad de formación de largas cadenas de carbono permite, pues, el esqueleto de una enorme variedad de moléculas diferentes, pero con una química en común, y este es el campo de estudio de la Química del carbono o Química orgánica[38]. Así, no es de extrañar que se tengan identificados decenas de millones de compuestos propios de la Química del carbono, mientras que el número de compuestos inorgánicos (formados por los demás elementos químicos) no llega al millón[39].

Todas las sustancias y compuestos comestibles contienen carbono excepto, por supuesto, el agua y la sal común, tal como recuerda el título del gran libro de Mark Kurlansky, 'Sal, historia de la única piedra comestible'. Así, los componentes más abundantes de todos los alimentos que comemos (descontando el agua), es decir, hidratos de carbono, proteínas y grasas son derivados de esas propiedades del carbono; e, igualmente, miles y miles de otras sustancias, menos abundantes, pero de gran importancia bioquímica (vitaminas, esteroides, ...) juegan la misma liga de la Química. Y, por supuesto, ocurre lo mismo con la inmensa mayoría de sustancias que son combustibles.

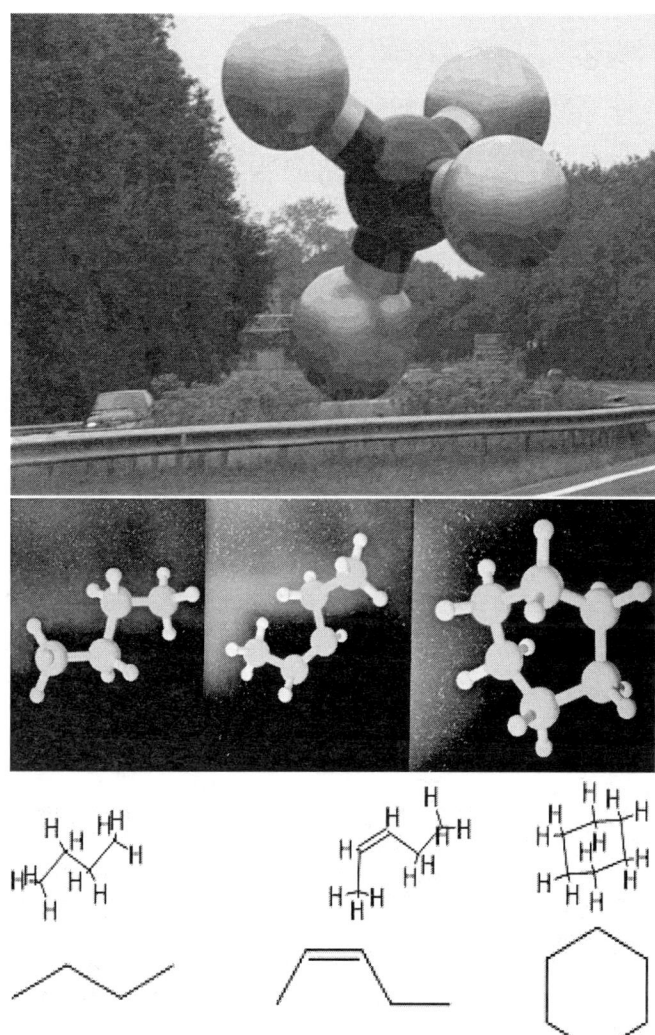

Fig. 3.- (Arriba): Representación de una molécula de metano (CH_4) en una autopista de Países Bajos (Foto: RV). (Abajo): Estructuras tridimensionales y las respectivas fórmulas (desplegadas y simplificadas) del butano, de un penteno y del ciclohexano (ver Apéndice Final 1).

Aún hay que añadir otra propiedad del carbono que lo hace tan especial: precisamente las formas en que se presenta en el mundo inorgánico, importantes para cerrar el ciclo de la vida. Un ejemplo concreto, en negativo, de la importancia de este hecho es el del silicio, el elemento químico que aparece justo por debajo del carbono en la tabla periódica (lo que significa que posee una química con ciertas semejanzas a la del carbono). Al igual que el carbono, efectivamente, cada átomo de silicio puede formar hasta cuatro enlaces con átomos vecinos y dar lugar a largas cadenas,

---

[38] Ya vimos que el adjetivo de 'orgánica' procede de una clasificación inicial incorrecta.

[39] Un dato concreto: el 23 de junio del 2015, en el registro de sustancias del CAS (*Chemical Abstract Service*) se alcanzaban los cien millones de sustancias registradas. No es comparable con lo que se dice en el texto en la medida en que no debemos confundir una sustancia con un compuesto químico; en la primera entran aleaciones y otro tipo de mezclas. Pero, por otro lado, hay que añadir que, con toda seguridad, el número de sustancias registradas es muy inferior a las que existen ahí fuera y, desde luego, a las que podemos imaginar.

pero tiene algunas limitaciones: sus átomos son mucho más grandes y tienen dificultades para formar dobles o triples enlaces con la facilidad del carbono; además, aquí en la Tierra, no sería viable en el rango de temperaturas de nuestro planeta y menos, aún, con la presencia masiva de oxígeno: por un lado, los enlaces silicio-silicio son muy reactivos con el oxígeno atmosférico y, lo fundamental, el dióxido de silicio (que sería el equivalente al dióxido de carbono[40]) es sólido[41] y no daría el mismo 'juego' de intercambio organismo-ambiente, al menos en las condiciones de este planeta. Pese a todo, algunos compuestos sintéticos se basan en esa propiedad del silicio de formar, también, largas cadenas como, p.e., las siliconas y, ¿quién sabe?, a lo mejor, en otros lugares del Universo podría darse la substitución de átomos de carbono por átomos de silicio en la formación de macromoléculas que desembocaran en nuevos tipos de vida; eso sí, lugares con otros rangos de temperaturas y con otras condiciones químicas, muy diferentes a las de la Tierra.

Tabla 3: Longitud de algunas cadenas carbonadas.

Compuesto	Longitud de cadena (en n.º de átomos de C)
Butano	4
Gasolina (mezcla combustible)	6-12
Hemoglobina (en la sangre)	5.000
Celulosa (en vegetales)	≈20.000
Polietileno de alta densidad (plástico)	≈200.000
ADN humano[42]	Varios billones

El ciclo del carbono en la Tierra

Lo anteriormente dicho sobre la química del silicio, afortunadamente, no es aplicable al carbono. Este último forma un pequeño grupo de compuestos considerados inorgánicos; son muy pocos, pero algunos resultan de gran importancia en el mantenimiento de muchos equilibrios favorecedores de la vida en la Tierra.

Como elemento libre, el carbono puede encontrarse en estado puro o casi, tanto en forma cristalina (mayoritariamente, como diamante y grafito) o, con más impurezas, en forma amorfa, constituyendo los carbones naturales: antracitas, hullas, lignitos, turbas, etc.

En lo que a derivados inorgánicos se refiere, destacan, con mucho, el dióxido de carbono y el monóxido de carbono (CO_2 y CO), gases presentes en la atmosfera y en la hidrosfera, el ácido carbónico y sus derivados salinos (en disolución en las aguas de mares, ríos y lagos) y los carbonatos (principalmente de calcio o de magnesio) que forman parte de numerosos minerales y rocas como, p.e., las calizas y dolomitas.

---

[40] Recordemos que el dióxido de carbono juega un papel fundamental en procesos básicos de obtención de energía en los seres vivos, p.e., en la fotosíntesis o en la respiración celular.

[41] De hecho, el dióxido de silicio es base del cuarzo y de multitud de minerales y rocas.

[42] En contra de lo que se pueda pensar, hay ADNs mucho más grandes que el humano, especialmente en el mundo de las plantas. Así, el ajo tiene un ADN unas diez veces más largo que el nuestro, y el récord actual lo tiene un helecho, *Tmesipteris oblanceolata*, unas 50 veces más largo que el humano.

Lo interesante es que la mayoría de estos depósitos intercambian constantemente carbono, constituyendo el llamado **ciclo del carbono**. En este ciclo, el dióxido de carbono es uno de los grandes protagonistas pese a significar solo un 0,05% (en masa) del aire; la razón es que, mediante la **fotosíntesis**, los vegetales incorporan el CO_2 al mundo vivo y, más tarde o más temprano, en la 'combustión' de los compuestos orgánicos (incluida la **respiración celular**, incendios, putrefacción, etc.), el carbono volverá a la atmosfera en forma de dióxido de carbono.

Fig. 4.- Foto familiar de pingüinos en Isla Magdalena (Chile). (Foto: RV).

Precisamente, este constante equilibrio en la incorporación del CO_2 atmosférico y los seres vivos, es la base de un sistema de datación: la prueba del carbono-14, muy empleada en arqueología y, también, en paleontología (aunque, en este caso, con ciertas limitaciones temporales). Así mismo, el dióxido de carbono atmosférico cumple un papel fundamental en el control térmico del planeta mediante el llamado '**efecto invernadero**' (ver recuadro adjunto).

De no darse el efecto invernadero, la temperatura media del planeta estaría muy por debajo de la actual[43]; así que, para la vida tal como la conocemos, resulta beneficioso. De hecho, a lo largo de la historia del planeta, las variaciones extremas del CO_2 atmosférico llevaron a situaciones límite y dejaron huellas identificables en estratos rocosos e en los registros fósiles. Así, repentinos incrementos de este gas en la atmosfera debidos a una brusca actividad volcánica pueden explicar algunas de las grandes y relativamente rápidas extinciones de seres vivos que tenemos identificadas en la historia del planeta[44]; en contraposición, la mucho más lenta y progresiva eliminación de CO_2 debido a procesos de meteorización química lo va retirando de la atmosfera e incorporando a los sedimentos calizos. Y su brusco descenso llevó, en algunos casos, a determinados glaciaciones. Para ahondar en este tema, siempre en el mundo de la divulgación científica, es muy recomendable leer el maravilloso libro de A.H. Knoll, 'Breve historia de la Tierra'.

Actualmente, el problema es que la actividad humana de los últimos siglos está suponiendo un desplazamiento de este delicado equilibrio, en el ciclo del carbono, disparando el contenido de CO_2 atmosférico (también del hidrosférico) y produciendo un incremento extra de la temperatura media del planeta; este 'calentamiento global', de origen antropogénico, supone diversos desajustes

---

[43] Varios estudios estiman que el efecto invernadero debido a varios gases (dióxido de carbono, metano, vapor de agua, ...) puede suponer el incremento de unos 33ºC en la temperatura media del planeta en relación a la que tendría nuestro planeta sin la presencia de estos gases en la atmosfera.

[44] Cuando menos, las grandes extinciones ocurridas a finales del Pérmico y del Triásico (hace, respectivamente, unos 250 y 200 millones de años) sabemos que guardan relación con una notable actividad volcánica (con huellas bien identificables, p.e., en Siberia, China y otras zonas del planeta). Y sabemos, también, que hace unos 66 millones de años, el impacto del gran meteorito que causó la más conocida extinción de finales del Cretácico, esa que supuso la desaparición entre otras muchas especies de los dinosaurios, contó con la complicidad de una gran actividad volcánica, como veremos en un próximo capítulo.

en los equilibrios dinámicos que mantienen los ecosistemas planetarios, en un tiempo relativamente muy corto, y son de esperar graves alteraciones climáticas a lo largo del planeta, con diferentes características locales que afectan a muchas especies de seres vivos y, también, a la adaptación de nuestra especie en ciertos entornos (ver recuadro adjunto).

Efecto invernadero

Como es sabido, la radiación solar es radiación electromagnética que abarca diversas longitudes de onda o frecuencias que definen propiedades bien diferenciadas[45] (fig. 5a). Afortunadamente, la atmosfera filtra una buena parte de las radiaciones más energéticas y peligrosas para la vida[46], y la radiación visible resulta la más importante a la hora de calentar la superficie terrestre. Pero, obviamente, la Tierra devuelve prácticamente toda la energía recibida al espacio exterior; de no ser así, después de llevar 5.000 millones de años irradiada por el Sol, la superficie terrestre alcanzaría muy altas temperaturas. Solo una minúscula fracción (el 0,34%) de la que llega hasta la superficie (tanto en océanos como en tierra), es absorbida por los seres vivos que practican la fotosíntesis (plantas, algas, fitoplancton, ...) y queda almacenada en los enlaces químicos de la materia orgánica que producen (azúcares, grasas, ...), y acaba siendo la energía química que circula con la cadena trófica que sostiene la vida en el planeta. El resto de la energía vuelve al espacio, pero en longitudes de onda mayores (por lo tanto, frecuencias más bajas), que se corresponden, fundamentalmente, con las propias del infrarrojo.

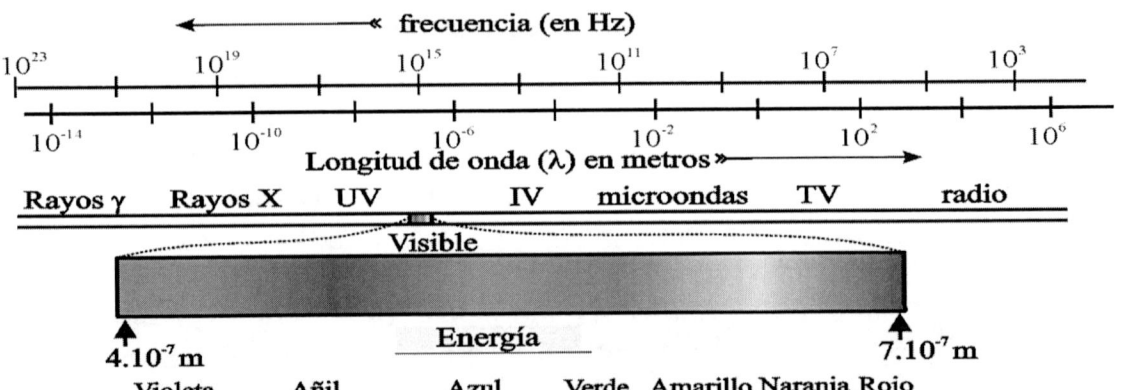

Fig. 5a.- El espectro de ondas electromagnéticas (OEM) abarca desde las ondas de radio hasta los rayos gamma, pasando por las microondas, infrarrojos, luz visible (por nuestra especie), ultravioleta y rayos X.

Simplificando, mayoritariamente entra luz visible, pero sale infrarrojo; en un símil, es como si recibiéramos la energía solar en forma de billetes de 5, 10, 20 o 50 euros (pues los de 100 y superiores serían los rayos X, gamma y parte de los UV, que casi no llegarían hasta la superficie) y, al final, la Tierra devolviese la misma cantidad recibida (o casi), pero en monedas de 1 y 2 euros.

Dado que casi coinciden la energía que entra y la que sale, ¿qué ganamos los seres vivos y el planeta? Pues, además de esa muy pequeña fracción de energía citada, retenida en forma de energía química, la radiación llega más ordenada y sale (recordar la visualización de las monedas)

---

[45] La mayoría de la radiación emitida por el Sol dentro de lo que consideramos luz visible por los humanos (entre los 400 y 700 nm de longitud de onda); de hecho, nuestros ojos evolucionaron para aprovechar, precisamente, esas longitudes de onda, más abundantes, pero no las únicas. Otros animales pueden ver en otras longitudes de onda: p.e., las serpientes prolongan su visión hasta parte del infrarrojo y las abejas a parte del ultravioleta.

[46] Las propias moléculas de nitrógeno y oxígeno, en las altas capas filtran ya la mayor parte de la radiación con longitudes de onda menores a los 200 nm (rayos gamma, X y parte de los UVA) y otras, como p.e., el ozono estratosférico, es conocido por su papel como filtro para buena parte de los rayos UVA.

más desordenada y, por lo tanto, ganamos, o recibimos del Sol, sobre todo, la oportunidad de vencer parcialmente a la **entropía** (una medida del desorden de un sistema). Precisamente, una característica de la vida, propiamente de los seres vivos, es lo que uno de los fundadores de la mecánica cuántica, Schrödinger, en su ya citado libro (*'What is life?'*), llamó **negantropía** o 'entropía negativa', esa capacidad de mantener la entropía baja, en contra de la tendencia de la materia en general por aumentarla; posteriormente fue propuesto el término de 'neguentropía'.

En cualquier caso, volviendo al efecto invernadero, hay gases (como el dióxido de carbono, el metano y el propio vapor de agua, entre otros), conocidos como 'gases invernadero' que bloquean el paso de los rayos infrarrojos, dificultando la salida al espacio exterior. Estos gases, pues, actúan de forma semejante al plástico de un invernadero, que deja entrar la luz visible, pero dificulta la salida de los infrarrojos, alcanzándose una temperatura más elevada en el interior. Es la razón del incremento de temperatura que viene provocado por el aumento de la presencia de estos gases en la atmosfera y que, en la medida en que nuestra especie es la causante de tales incrementos con nuestras actividades, merece el nombre de cambio climático antropogénico; o crisis climática, ya que se trata de un cambio mucho más rápido que los habituales y progresivos que sabemos que ocurrieron a lo largo de la historia geológica de este planeta.

Aunque el CO_2 no es el único gas que provoca este efecto, es evidente que juega un papel muy relevante en el proceso, más de lo que cabría esperar inicialmente. P.e., el vapor de agua, presente en el aire en cantidades muy variables, puede absorber tanta radiación infrarroja como el CO_2, pero cuando por las diversas actividades de los seres humanos (quema de combustibles fósiles especialmente) se libera dióxido de carbono y aumenta un poco la temperatura media del aire, este es capaz de contener más vapor de agua (técnicamente, diríamos que aumenta la

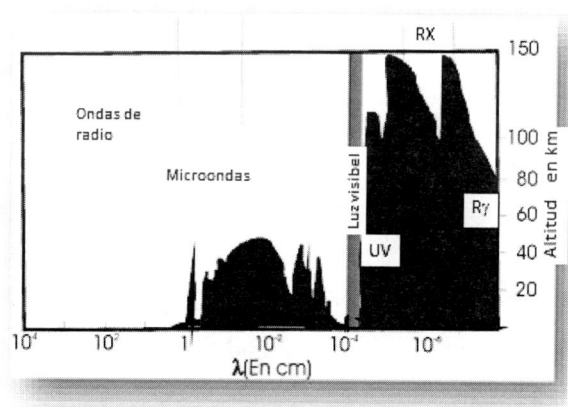

Fig.5b.- Las OEM son absorbidas de forma muy diferente en la atmosfera terrestre.

presión de vapor del agua) y, consiguientemente, habrá más absorción de infrarrojos y mayor temperatura. Es decir, hablamos de un proceso que se autoacelera a partir del disparador inicial del CO_2. Igualmente, el metano (CH_4), que permanece retenido en el **permafrost** (terrenos congelados durante años, especialmente en las zonas polares) y en los fondos oceánicos, es liberado al aumentar las temperaturas y, una vez en la atmosfera, contribuye también muy significativamente al efecto invernadero. Como es sabido, cierta parte del metano procede de las flatulencias de los animales (de los que viven en libertad y de los que se crían en las explotaciones ganaderas), pero hay, como veremos, otras fuentes de este gas invernadero que resulta muy activo.

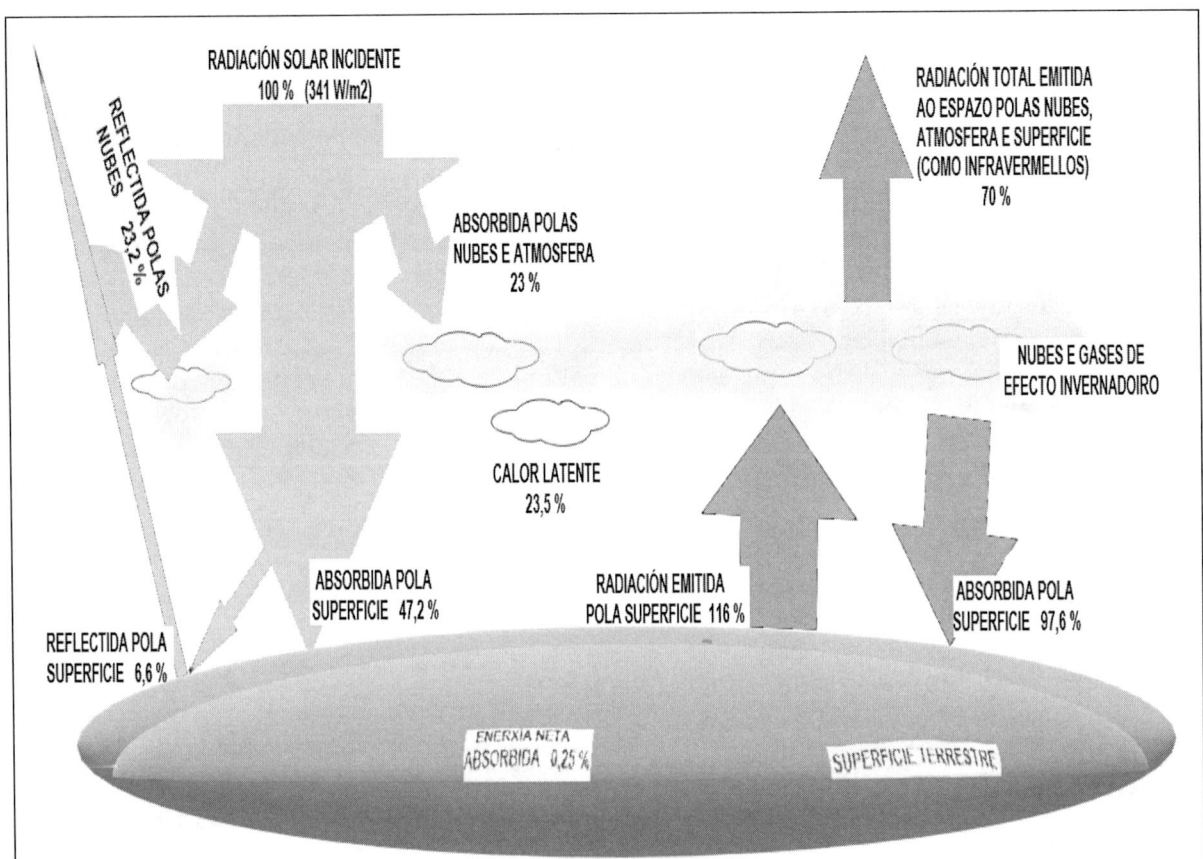

Fig. 6.- A la izquierda, balance de la radiación solar que llega a la Tierra (de promedio unos 341 W/m²): el 29,8% es reflejado (por nubes, atmosfera y superficie) y el 70,2% es absorbido. A la derecha se ve que esta radiación será devuelta al espacio casi en su totalidad como infrarrojos, aunque una parte importante es antes retenida por las nubes y gases invernadero, calentando más la superficie. Finalmente (abajo), algo más del 0,2% es absorbida como energía por los seres vivos autótrofos en la fotosíntesis (fig. 8).

El ácido carbónico y sus derivados inmediatos (carbonatos y bicarbonatos) pueden reaccionar con diferentes metales, especialmente el calcio, magnesio o bario, precipitando numerosos carbonatos que se incorporan a los fondos marinos y lacustres. Precisamente, la formación de los enormes depósitos de rocas sedimentarias presentes en la litosfera, principalmente calizas y dolomitas, guardan una estrecha relación con el CO_2 atmosférico y, también, con la actividad de primitivos organismos acuáticos dotados de esqueleto o concha de carbonato de calcio. Precisamente, el CO_2 atmosférico puede disolverse en el agua (en la de lluvia y en las superficiales), dando ácido carbónico y sus derivados, interviniendo, así, en el control de la acidez de ríos y mares[47]. Debido al CO_2 disuelto, el agua de lluvia presenta una ligera acidez[48] mientras que el agua de mar es ligeramente básica (un pH entre 8 y 8,3), pero, como una parte del incremento del dióxido de carbono es disuelto por el agua de los mares, el pH tiende a bajar, es decir,

---

[47] Por término medio, se calcula que un 40% del CO_2 procedente de la combustión de combustibles fósiles e incendios permanece en la atmosfera y el resto es absorbido, a partes iguales, por la vegetación y los mares.
[48] En un Apéndice Final se presenta una breve introducción al concepto de acidez en química y a la idea de **pH**.

las aguas se vuelven algo más ácidas[49]. El aumento de la acidez de los mares está suponiendo, ya hoy, un problema para la supervivencia de algunas especies marinas, particularmente para aquellas que, como dijimos, necesitan carbonato de calcio[50] (para sus conchas como en el caso de los bivalvos, esqueletos de este material en algunos corales, etc.); pero, sobre todo, para algunos organismos que componen el plancton marino y que están revestidos de finas placas de este material como, p.e., ciertos foraminíferos y cocolitofóridos, que resultan fundamentales en la cadena trófica al ser el alimento de muchos peces y de algunos mamíferos marinos.

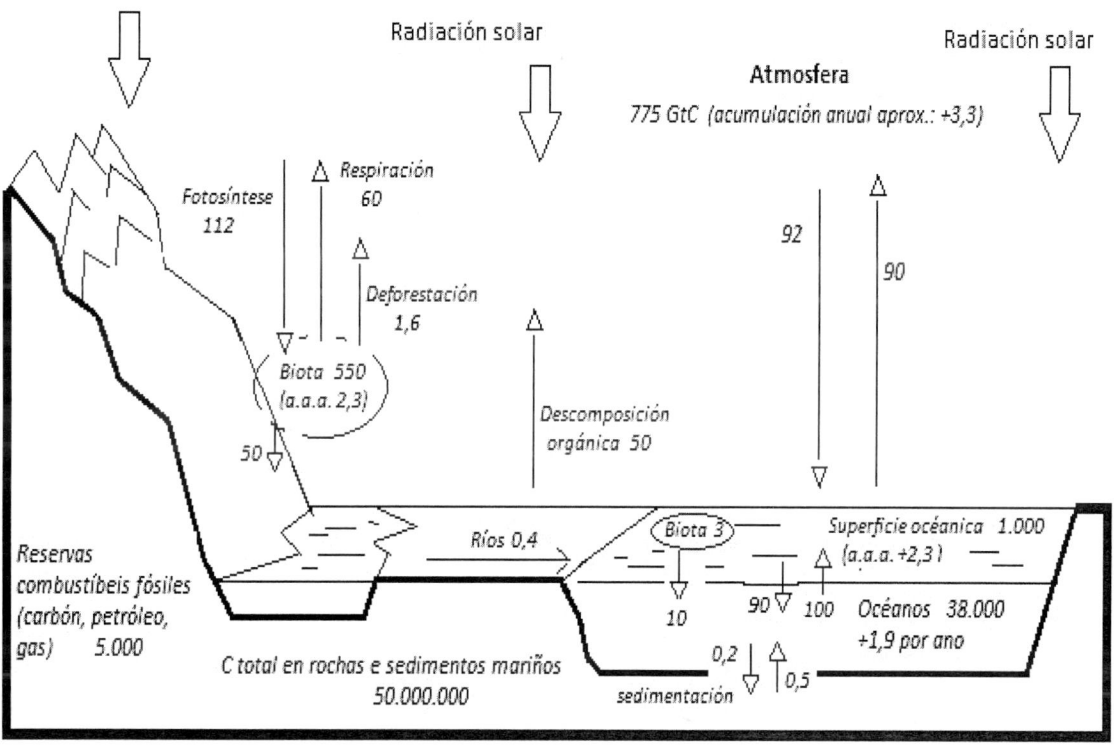

Fig. 7.- Esquema aproximado del **ciclo del carbono** en la Tierra. Las cantidades vienen en unidades de Gt (Gigatoneladas de C) y, en el caso de los flujos de CO_2, en Gt/año. Confeccionado con datos de la década de 1990, del libro de Química Medioambiental de Thomas G. Spiro y William Stigliani. Ante la conocida 'crisis climática', algunos datos concretos (relacionados con la atmosfera y la hidrosfera) pueden haber sufrido variaciones, poco importantes geológicamente, pero muy significativas a nivel de clima y en otros aspectos de gran importancia para los seres vivos en muchos lugares del planeta.

En cualquier caso, el clima de un planeta como la Tierra es un buen ejemplo de sistema complejo y precisamente, en el 2021, tres estudiosos de este tipo de sistemas llevaron el premio Nobel de Física: Giorgio Parisi, por sus trabajos sobre materiales desordenados y procesos aleatorios, y Syukuro Manabe y Klaus Hasselmann, por sus trabajos sobre el cambio climático[51].

---

[49] Los datos indican que, desde la época preindustrial hasta comienzos de este siglo XXI, el pH bajó 0,1 unidades y las predicciones de algunos modelos dan, para finales de siglo, una bajada de más de 0,4 unidades.
[50] La cuestión es que el incremento de CO_2 disuelto, al acompañarse de un incremento de la acidez (es decir, de iones H_3O^+ o H^+) favorece más la formación de bicarbonatos que de los carbonatos.
[51] En la década de los años 60 del pasado siglo, Manabe fue uno de los pioneros en el desarrollo de modelos físicos para el estudio del clima terrestre y, en la demostración de cómo puede afectar el incremento de CO_2

Volviendo al ciclo del carbono en la Tierra, tal como veremos más adelante, hace varias décadas que diversos experimentos químicos han demostrado que, en otros tiempos, fue posible la formación de compuestos orgánicos básicos para la vida (como aminoácidos y azúcares) a partir de los probables componentes inorgánicos presentes en una primitiva atmosfera terrestre, diferente de la actual, y en un contexto climático violento[52]. El experimento más conocido, por iniciar la serie, fue el realizado por Stanley Miller, en 1953, en el laboratorio dirigido por Harold Urey (cap. 6).

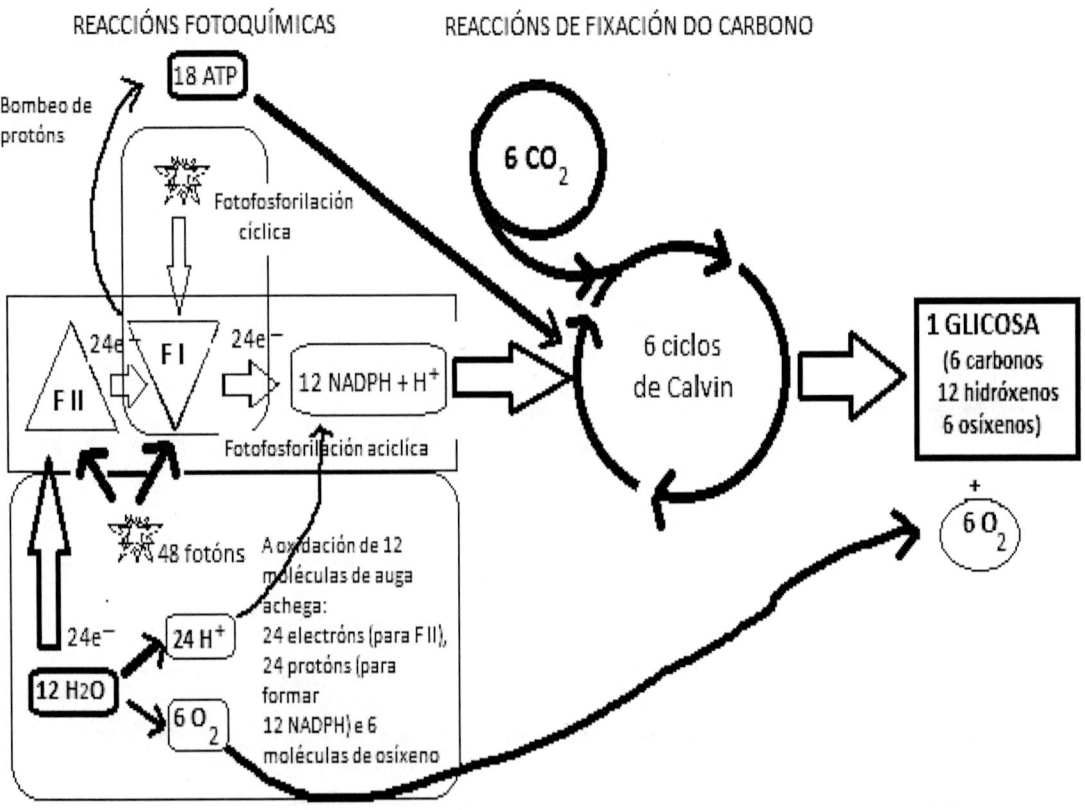

Fig. 8.- En la **fotosíntesis**, determinados organismos (plantas, algas, ...) producen la materia orgánica básica (glucosa), donde se almacena la energía que sostiene a casi todos los seres vivos del planeta. Es un proceso en el que participan multitud de reacciones, algunas fotoquímicas, que aprovechan la energía de la radiación solar (fotones), con dos Fotosistemas, I y II, que responden a diferentes tramos de longitudes de onda. Resumiendo: las 12 moléculas de agua (abajo a la izquierda) se oxidan dando 6 moléculas de oxígeno, 24 electrones y 24 protones (H+). Los 24 electrones son captados por los fotosistemas (que incluyen pigmentos fotosensibles, clorofilas, y captan los 48 fotones de luz solar). Los protones participan en la formación de 12 moléculas de NADPH y con estas moléculas y las 18 de ATP, encargadas de aportar la energía necesaria para el proceso, se pueden captar 6 moléculas de CO_2 del aire (parte derecha). Mediante 6 ciclos de Calvin (una rueda de reacciones bien conocidas), se consigue la síntesis de una molécula de glucosa, el producto final (fig. 29), junto con las 6 moléculas de oxígeno.

---

atmosférico a las temperaturas medias del planeta. Mientras que Hasselmann, además de ser fundador del Instituto Max Planck de Meteorología, destacó por su elaboración de modelos que permiten relacionar variaciones climáticas con el más inmediato tiempo atmosférico.

[52] En un contexto de temperaturas mucho más altas, con una gran actividad volcánica planetaria y mucha radiación ultravioleta procedente del Sol que era menos filtrada al no haber ozono estratosférico.

Agua. Un colaborador necesario

Los compuestos de carbono tienen, en la Tierra al menos, un cómplice necesario: el agua. El agua actúa como el disolvente casi universal de los materiales implicados en la vida y, desde luego, también actúa como soporte donde transcurren las reacciones químicas vitales y como el medio de transporte, tanto de los nutrientes como de los residuos formados en las células; además, es el producto y/o reactivo básico en diversas reacciones energéticas fundamentales para la vida como, p.e., la respiración o la fotosíntesis, ...

Algunas propiedades fisicoquímicas del agua, diríamos que excepcionales, le permiten jugar un papel importante en el origen y en el mantenimiento de la vida. Así, ese carácter de disolvente casi universal lleva a discriminar entre compuestos **hidrófilos** (moléculas atraídas por el agua y, por lo tanto, solubles en ella) y compuestos **lipófilos** (que repelen el agua); como veremos, este factor debió jugar un papel muy importante en el origen de los primeros 'entes vivos' al permitir aislar suficientemente un conjunto de compuestos orgánicos (p.e., una macromolécula) del resto del entorno próximo.

Una característica de la Tierra es que sus rangos de temperatura habituales permiten la existencia de agua en los tres estados físicos bien reconocibles y, fundamentalmente, como líquido, dando lugar al conocido **ciclo del agua**. En estado gaseoso, efectivamente, el agua se presenta como moléculas simples de H_2O, pero en estado líquido aparecen enlaces entre esas moléculas, no tan fuertes como los oxígeno-hidrógeno (O-H) intramoleculares, pero lo suficiente como para presentar estructuras locales más amplias (detectadas en diversos estudios de rayos X), estructuras que están en constante formación y desintegración[53]. Esta relativa ordenación hace que el agua presente una densidad máxima a una temperatura muy próxima a los 4°C y hace que su propio hielo flote en el agua líquida, cosa que no es habitual en la relación de otros líquidos con sus respectivos hielos, lo que reviste también una gran importancia para la vida; p.e., a la hora de bajar mucho las temperaturas en una zona y congelarse el agua de una laguna, en el fondo se va a mantener un resto de agua líquida, fundamental para preservar la vida.

Es posible que, en otros objetos celestes, las temperaturas sean tales que otro compuesto asuma esas múltiples funciones que ejerce el agua en nuestro planeta. En este sentido, p.e., se apunta al amoníaco (o azano) para temperaturas muy inferiores a las de la Tierra, pero esto, de momento, es pura especulación y, por supuesto, implicaría, como podemos adivinar ante todo lo anteriormente descrito, una bioquímica muy diferente de la que conocemos y difícil de imaginar sus posibles y múltiples derivas.

---

[53] Estos enlaces intermoleculares, entre un oxígeno y un hidrógeno de otra molécula, se conocen como **enlaces de hidrógeno** y están, constantemente, oscilando; duran picosegundos (billonésimas de segundo).

El cambio climático y la captura y almacenamiento de dióxido de carbono

Ya se trató el papel del dióxido de carbono en el efecto invernadero atmosférico y en la actual crisis climática. Es sabido que se produce en los motores de combustión, en las centrales térmicas, incendios e industrias químicas como productoras de cemento o de celulosas, … y, también, en la propia respiración de los seres vivos. La mejor opción, obviamente, sería la de reducir esa producción tal como se lleva décadas pidiendo desde foros científicos y ecologistas; pero, en los últimos tiempos algunos apuntan, como alternativa o estrategia complementaria de la reducción, la posibilidad de capturar el dióxido de carbono producido y guardarlo fuera de la atmosfera. En este sentido hay diversos proyectos en marcha.

El Proyecto Longship del Centro Noruego de Investigación en Captura y Almacenamiento de Carbono (SINTEF), localizado en Trondheim, propugna almacenar el CO_2 bajo tierra, en areniscas cubiertas de esquistos, a unos 4.000 metros de profundidad. En Estados Unidos, se están estudiando otros posibles candidatos para secuestrar dióxido de carbono como, p.e., yacimientos de salmueras ricas en metano (de forma que la introducción del CO_2 liberaría el metano que sería empleado, a su vez, como combustible).

En cualquier caso, se están desarrollando diferentes tecnologías de captura atendiendo a las diversas fuentes productoras de este gas. Una muy interesante emplea **aminas** líquidas en las chimeneas y ya hay aplicaciones concretas de esta técnica, como el TCM (Tecnhology Centre Mongstad) que captura el CO_2 producido en una refinería noruega, haciéndolo reaccionar con las aminas y, luego, por calentamiento en el lugar adecuado, vuelven a separarse las dos substancias; el dióxido de carbono se inyecta en areniscas y las aminas se reutilizan, volviendo a empezar el proceso.

Hay, también, proyectos que estudian como capturar el CO_2 directamente del aire, no de las chimeneas productoras. Pero, para mí, uno de los más interesantes es el que está desarrollando un químico de la Universidad de Harvard: Daniel Nocera busca alcanzar una fotosíntesis con 'hojas artificiales'. Para esto, emplea bacterias transgénicas capaces de imitar la fotosíntesis natural, es decir, empleando el CO_2 del aire y agua, y produciendo, de nuevo, un combustible que cierra el ciclo. Recientemente, saltaba la noticia de que un equipo de investigadores de la Universidad de Michigan conseguía fabricar un panel, a base de nanoestructuras de nitruro de galio e indio sobre una estructura de silicio, que puede captar ciertas frecuencias de la luz solar y producir hidrógeno. Una versión más modesta o, tal vez, 'cutre' de esta alternativa es la que parecen ofrecer algunos experimentos que apuntan a la obtención de combustibles sintéticos o 'e-fuel', a partir de metanol sintético, obtenido de hidrógeno procedente de la electrólisis del agua (empleando fuentes renovables para la electricidad), y CO_2, obtenido directamente del aire (esta sería la única alternativa medianamente 'neutra') o de otras fuentes productoras[54]. Sobre este tema volveremos en el capítulo final, al tratar la contaminación atmosférica.

En cualquier caso, ya vamos tarde y hay que tomar ya medidas necesarias para recortar de forma realmente significativa las emisiones de dióxido de carbono a la atmosfera, junto con otros gases invernadero (como, p.e., el metano).

---

[54] A la hora de escribir la primera versión de este libro (en gallego), saltaba la noticia de que Alemania e Italia (seguramente, con la presión de los potentes sectores del automóvil y del petróleo), conseguían revertir la decisión de la UE de prohibir la venta de todo vehículo de combustión a partir del 2035, introduciendo la excepción de los vehículos que pudieran emplear estos combustibles sintéticos.

Capítulo 2

INFINITAS ESTRUCTURAS IMAGINABLES EN QUÍMICA ORGÁNICA

Abro el tarro del café y el aroma que percibo responde a la combinación de casi mil compuestos orgánicos que contribuyen a esa placentera sensación; pero son únicamente los volátiles, en el líquido quedan miles de compuestos solubles en agua. Y esto en un café, en unos pocos granos tostados procedentes de una planta concreta. Como ya se tiene comentado, hay decenas de millones de compuestos orgánicos conocidos, y los que podemos imaginar se parecen al infinito. Pero todos tienen en común la presencia de átomos de carbonos, diferenciándose unos de los otros, obviamente, en su estructura; en la estructura de sus **moléculas**[55], es decir, como están enlazados los átomos constituyentes, pero, también, como se orientan estos en el espacio.

No se trata de hacer aquí un estudio exhaustivo sobre la Química Orgánica, simplemente vamos a tratar de ver lo extraordinario que resulta la existencia de esta Química del carbono y su potencial para la vida. En cualquier manual de Química Orgánica vamos a encontrar los incontables compuestos de carbono agrupados en familias, bien conocidas (hidrocarburos, alcoholes, aminas, ...). Para los propósitos de este libro, llegará con presentar aquí algunos pocos ejemplos, seleccionados por su importancia para la vida o por algún aspecto curioso que, desde el punto de vista cultural, nos anticipe próximos capítulos; en cualquier caso, será como rascar, con una cucharilla de café, la pared de una cadena montañosa. El principal objetivo de este capítulo es, pues, familiarizarnos, aunque muy ligeramente, con la extraordinaria diversidad química que la Naturaleza nos ofrece y, tal vez su lectura resulte algo más dura, por la concentración de nombres que se recogen. Obviamente, no es imprescindible su dominio para continuar con el resto del libro, pero cabe apuntar que familiarizarnos con estos nombres puede ayudar a la hora de comprender porque muchas personas consideran que la estrategia para la síntesis de compuestos algo complejos llega a ser todo un arte, y para valorar, aún mucho más, la maravilla de estructuras que soportan la vida en la Tierra. Así mismo, en el Apéndice Final 1 se puede encontrar una muy breve iniciación a la lógica de esta nomenclatura y al mundo de los átomos y enlaces químicos. Veamos, pues, algunas de las familias de compuestos más simples e importantes.

---

[55] Recordemos que cada **molécula** resulta de la unión de dos o más átomos y es la partícula más elemental en la que, aún, se puede identificar cada compuesto químico.

Hidrocarburos

Los compuestos orgánicos más sencillos son aquellos que únicamente poseen átomos de carbono y de hidrógeno. Son los que se conocen como **hidrocarburos** y este nombre, seguramente, resulta familiar pues la mayoría de los combustibles empleados (o que empleábamos), p.e., en los distintos medios de transporte (gasolinas, gasóleos, fuel, ...) son, precisamente, mezclas complejas de diversos hidrocarburos.

De entre todos los compuestos orgánicos (obviamente, hidrocarburos incluidos), la molécula de **metano** es la más simple: como se indica en el Apéndice Final 1, está formada por un único átomo de carbono ligado a cuatro átomos de hidrógeno (ver figura 3a). Una molécula sencilla pero que ya da mucho de qué hablar; es el principal componente del gas natural, pero frecuenta, también, otros lugares, desde el permafrost (el suelo congelado de las regiones más frías del planeta), hasta las cálidas zonas pantanosas, pasando por las flatulencias del ganado (producido por la fermentación microbiana de su alimento); y es uno de los principales gases que provocan el efecto invernadero.

El metano encabeza la serie de hidrocarburos más sencilla, la de los hidrocarburos lineales saturados (o **alcanos** lineales) (solo enlaces C-C simples y enlaces C-H); en esta serie, le siguen el etano (2 carbonos y 6 hidrógenos), el propano (3 C y 8 H), los butanos (4 C y 10 H), pentanos, hexanos, etc. (ver Apéndice Final 1). Obsérvese que 'butanos' está en plural, por qué hay dos posibles: el más simple tiene los cuatro átomos de carbono en línea mientras que el otro presenta tres en línea y el

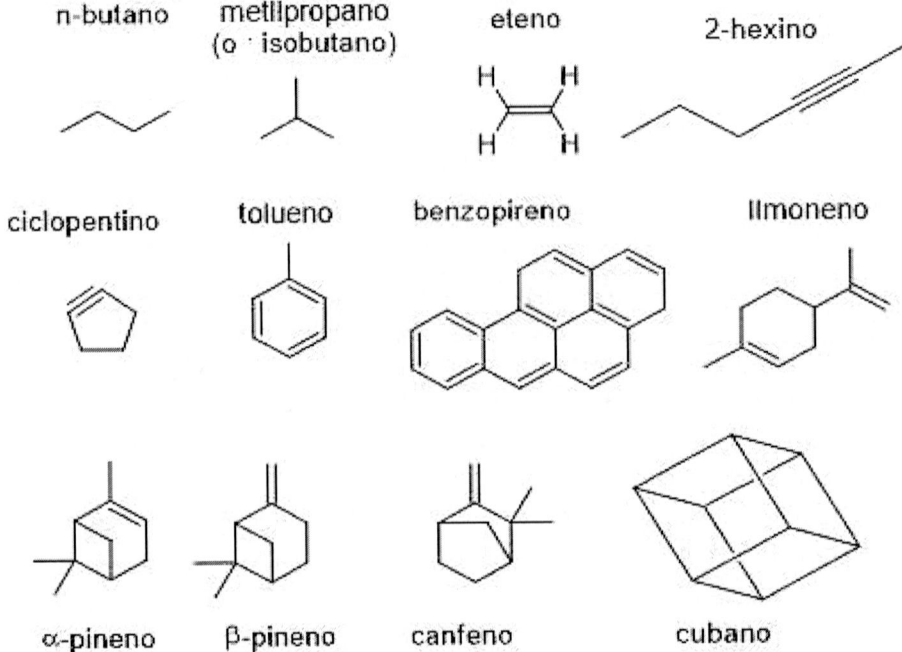

Fig. 9.- Ejemplos de **hidrocarburos**: dos simples y saturados (n-butano e isobutano o metipropano); dos insaturados lineales (eteno y 2-hexino) y uno insaturado cíclico (ciclopentino) junto a dos aromáticos (tolueno y benzopireno). El limoneno es hidrocarburo ejemplo de **terpeno**, al igual que los pinenos y el canfeno; todos presentan olores característicos (cap. 3) y los pinenos están presentes en la resina de muchas coníferas (y de no coníferas como Artemisa o Cannabis) y actúan como **feromonas** de muchos insectos (cap. 3 y 6); el canfeno también se encuentra en diversas plantas (valeriana, citronela, ...) y frutas. El cubano es un hidrocarburo saturado (de fórmula general C_8H_8), no natural y muy difícil de sintetizar por los ángulos muy forzados de los enlaces entre sus carbonos.

cuarto como una rama lateral (fig. 9). Aunque son compuestos químicos distintos, con nombres específicos diferentes, los dos responden a la fórmula general C_4H_{10}, pero esta no distingue entre orientaciones espaciales; decimos que son **isómeros** y esta característica de la **isomería** es otra de las razones que explican la infinidad de compuestos orgánicos imaginables, tal como se comenta en el recuadro adjunto.

Por supuesto, la variedad aumenta, aún más, al incluir dobles y triples enlaces entre carbonos y formar hidrocarburos insaturados, que pueden ser: **alquenos** (C=C) o **alquinos (C≡C).** De la serie de los alquenos, el primero es el eteno (o etileno), un compuesto que actúa, p.e., como hormona vegetal e interviene en los procesos de estrés de las plantas y en la maduración de los frutos[56]. Le siguen inmediatamente el propeno, los butenos, pentenos, … Análogamente, el primero de la serie de los alquinos es el etino, seguido del propino, butinos, pentinos, …Tiene lógica, ¿no?

En cualquiera de estos casos, en una misma serie, cuantos más átomos de carbono tenga un hidrocarburo, mayores van a ser sus puntos de fusión y de ebullición, es decir, van a fundir y hervir a mayor temperatura; es la razón de porqué los primeros de cada serie son gases a temperatura ambiente y los siguientes, líquidos, hasta que, a partir de un determinado número de átomos de carbono, que va a depender de la estructura completa (cadena lineal, ramificada, con dobles o triples enlaces, ciclos)[57], ya serán sólidos untuosos que forman parafinas, asfaltos, chapapotes, etc.

Existe una serie especial de hidrocarburos cíclicos poliinsaturados (es decir, con varios enlaces dobles alternando con los simples) que presentan una estabilidad especial y una reactividad claramente diferenciada de otros hidrocarburos; se conocen como **hidrocarburos aromáticos** pues los primeros compuestos de este grupo que fueron identificados tenían olores agradables, pero, en la actualidad, se conocen millones de compuestos que, químicamente, forman parte del grupo y son inodoros; luego, el término 'aromáticos' es aquí simplemente un referente para la clasificación química de esta subfamilia, sin relación con el sentido del olfato. El benceno y el tolueno, con un único ciclo, son ejemplos sencillos de este tipo de hidrocarburos; otros presentan varios ciclos unidos, como el naftaleno o el benzopireno (fig. 9). Por cierto, este último, al igual que otros **hidrocarburos aromáticos policíclicos** (HAP), está presente en el humo del tabaco, en los tubos de escape de muchos vehículos o en partes muy quemadas de los alimentos y, como veremos más adelante, resulta especialmente peligroso por su demostrada acción cancerígena. ¡Ojo!, es cierto que el tabaco mata; pero ¡la carne o el pan quemados pueden tener, también, sus riesgos para algunas personas predispuestas!

Algunos hidrocarburos especiales forman parte de un amplio grupo de compuestos naturales que se conocen como **metabolitos secundarios** y, como veremos más adelante, son los responsables de muchos colores y olores en la Naturaleza, además de tener otras funciones de comunicación entre especies o entre individuos de una misma especie, bien como feromonas, alomonas, etc. Y esto es, simplemente, el comienzo.

---

[56] Razón por la que algunas frutas (como, p.e., los kiwis) maduran más rápido envueltos con otras frutas.
[57] En la serie más simple, alcanos lineales, los cuatro primeros son gases (del metano al butano) a temperatura ambiente, luego son líquidos hasta el eicosano (con 20 átomos de carbono); con más carbonos son sólidos.

Isomerías

En el texto principal se habla de que hay dos tipos de 'butanos', que responden a la misma fórmula general o molecular: C_4H_{10}; en la figura 9 podemos comprobar, efectivamente, que los dos primeros compuestos tienen 4 átomos de carbono (y 10 de hidrógeno implícitos), pero que sus moléculas desplegadas con más detalle son diferentes: son el n-butano y el isobutano (o 2-metilpropano). Son un ejemplo de **isómeros**, es decir, compuestos que, pese a tener la misma fórmula general, se diferencian en la disposición o en la orientación de sus átomos. Existen diferentes tipos de **isomerías**; la de estos dos isómeros butanos se conoce como isomería de cadena, por razones obvias. Con más átomos de carbono en la molécula, mayor es el número de isómeros de cadena posibles y/o imaginables. Para hacernos una idea de la cantidad incontable de posibles hidrocarburos (y, por extensión, de compuestos orgánicos imaginables) solo tenemos que pensar, p.e., el número de hidrocarburos lineales que responden a la fórmula general $C_{20}H_{42}$, es decir, que se pueden formar con 20 átomos de C (y 42 de hidrógeno) sin ningún enlace doble o triple: son posibles unos 366.319 isómeros diferentes, todos con esa misma fórmula general.

Otro tipo de isomería se refiere al lugar que ocupa un heteroátomo o un grupo funcional (ver Ap. F. 1) a lo largo de la cadena o ciclo y se conoce como **isomería de posición**; en la figura 10a hay un ejemplo y los dos pinenos de la figura 9 son otro ejemplo de esta isomería. Otros isómeros se diferencian en el grupo funcional (como los de la figura 10b),

Algunos tipos de isomería tienen la característica de que, aún con la misma secuencia de enlaces y átomos presentes (mismos grupos funcionales), la diferencia es más sutil y afecta solo a la orientación relativa de un determinado grupo de átomos de la molécula; es el caso de la **estereoisomería**. Un ejemplo habitual es la **isomería geométrica cis-trans,** que pueden presentar los dobles enlaces (C=C) que, como se explica en el Apéndice Final 1, tienen

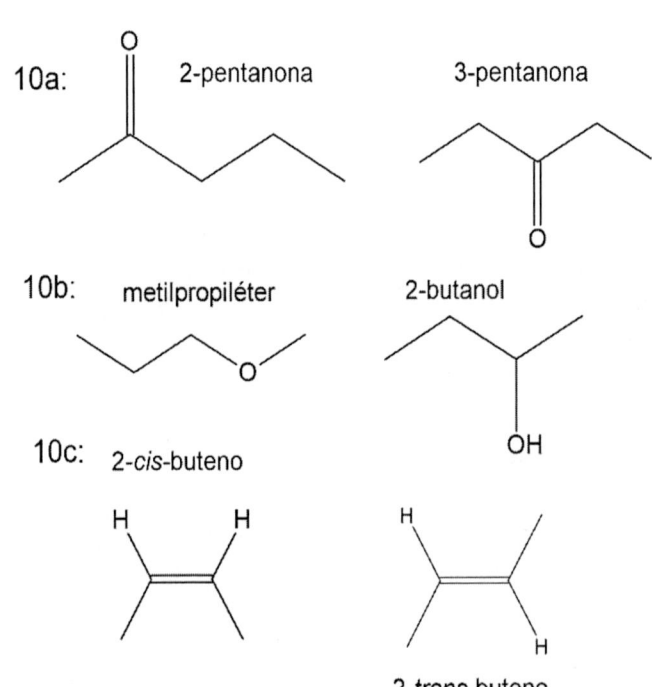

Fig. 10.- En a: ejemplo de isomería de posición (pentanonas); en b: isomería de función (un éter y un alcohol); y en c: ejemplo de isomería cis-trans (2-cis-buteno y 2-trans-buteno).

una geometría plana; así, cuando en cada uno de estos carbonos hay un grupo sustituyente igual, pueden darse dos orientaciones: la *cis*, si esos grupos iguales coinciden en el mismo lado, o la *trans*, cuando quedan en lados contrarios del plano que contiene a ese doble enlace[58] (fig. 10). Este tipo de isomería es muy importante en la química orgánica en general y, seguramente, a algunas personas les sonará, p.e., en alimentación, el caso de las **grasas trans**, con ácidos grasos insaturados, semisintéticos frente a los naturales, en los que prevalece la forma *cis* (cap. 4 y 9).

---

[58] A diferencia de los enlaces simples, en los que los átomos participantes pueden rotar sobre su eje, que coincide con el enlace, en los dobles enlaces esta rotación no es posible y, por esta razón, la orientación de los grupos unidos a esos carbonos hace que sean auténticamente compuestos diferentes.

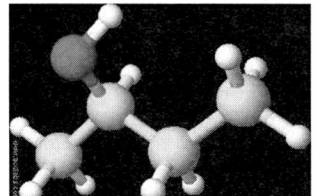

Fig. 10d (Arriba): Estructura y fórmula desarrollada del 2-butanol, mostrando que hay un carbono quiral (el 2º carbono tiene cuatro sustituyentes distintos). **10e (Abajo):** Isómeros ópticos del ácido láctico. En **10f:** el R-limoneno y el S-limoneno son ejemplo de estereoisómeros.

10e: isómeros ópticos do ácido láctico

10f: R-limoneno e S-limoneno

Otro ejemplo de estereoisomería es la que presentan los compuestos que contienen un átomo de **carbono quiral**[59], es decir, unido a cuatro grupos diferentes (fig. 10d). En algunos casos esto da lugar a **isómeros ópticos**, que pueden girar el plano de la luz polarizada en sentidos diferentes y químicamente sus estructuras son como imágenes especulares no superponibles entre si (como ocurre, p.e., con nuestras manos[60]). Mientras que en el laboratorio puede resultar muy difícil sintetizar de forma aislada uno de estos isómeros, en la Naturaleza existen multitud de ejemplos de isómeros ópticos y, de hecho, unos estereoisómeros son perfectamente distinguibles de otros por los organismos que los sintetizan y/o emplean para distintas funciones de la vida, en general, como veremos más adelante, gracias a la intervención tan selectiva y específica de diferentes enzimas, que promueven las reacciones en los seres vivos. Dada la diversidad de tipos de estereoisomería, obviaremos los detalles, pero es importante saber que hay compuestos muy habituales que solo se presentan de forma natural, en nuestro planeta, en una de las formas posibles, y hay varios convenios que permiten darle nombre a una o a otra forma. Así, p.e., existe el **convenio D-L**, empleado para distinguir pares de estereoisómeros; y curiosamente, todos los **aminoácidos** que empleamos los seres vivos en la Tierra, para fabricar nuestras **proteínas** (como veremos en el capítulo 4), se presentan en la forma L, mientras que, entre los monosacáridos (tanto libres como formando parte de polisacáridos, etc.), triunfó la forma D como, p.e., la D-glucosa. Otro convenio importante que se emplea para distinguir estereoisómeros (atendiendo a otro criterio que afecta a los centros quirales) es el que distingue entre las formas R y S, pero innecesarias para una primera aproximación al tema.

Así, pues, en química orgánica, las estructuras de las moléculas son tan sutiles que el cambio en la orientación de un único enlace entre átomos puede suponer cambios sustanciales de gran importancia biológica. Podemos ver un ejemplo concreto en el caso del limoneno (fig. 10f), presente en la corteza de los cítricos. Verdaderamente, no es un compuesto si no dos diferentes: el R-limoneno, que huele a limón y el S-limoneno, que huele a pino; tal vez, ahora, se pueda entender algo mejor la referencia que se hace en la Introducción a la relación entre la 'forma' y el 'olfato'. En relación con la vida, esta diferenciación tan sutil puede resultar, en muchos casos, trágicamente importante, tal como ocurre en el caso de la **talidomida** (fig. 26), que se cita en el

---

[59] El concepto de quiralidad puede generalizarse a otros átomos (como los de nitrógeno o de fósforo).

[60] De hecho, los términos 'quiral' y 'quiralidad' deriva del prefijo 'quiro-', en griego 'manos'.

capítulo 3 al hablar de las dificultades que puede presentar la síntesis, en el laboratorio, de compuestos con centros quirales, frente a la exquisita especificidad de los organismos vivos que seleccionan una u otra forma de estereoisómeros fácilmente; de nuevo, debemos resaltar la importancia del 'reconocimiento de las formas', citado en la Introducción.

Químicamente, los hidrocarburos son la primera gran familia de compuestos orgánicos atendiendo a su composición simple (recordar, solo carbono e hidrógeno); pero, en cierto sentido, en la Naturaleza y atendiendo a determinadas condiciones ambientales y geológicas, podríamos decir también que son la última 'expresión' de la materia orgánica pues, sea la forma de vida que sea, al final todo puede acabar en forma de hidrocarburos, agua, dióxido de carbono, amoníaco y algún que otro compuesto inorgánico muy básico (como el ácido sulfhídrico y el fosfórico y sus respectivos derivados). Este es el origen de los combustibles fósiles que llevamos quemando hace décadas tan masivamente: carbón, petróleo, gas natural, etc. A diferencia de lo que hacemos últimamente en las sociedades humanas, en la Naturaleza todo se recicla. Hoy en día, resulta toda una muestra de lo gran visionario que pudo ser uno de los fundadores de la Química, Antoine-Laurente de Lavoisier cuando, a finales del s. XVIII, dejó escrito (poco antes de ser guillotinado):

"Los vegetales sacan los materiales necesarios para su organización del aire, del agua y, en general, del reino mineral. Los animales se nutren de vegetales y de otros animales que, a su vez, se alimentaron de vegetales. Por último, la fermentación, la putrefacción y la combustión devuelven, perpetuamente, al aire de la atmosfera y al reino mineral, los principios que los vegetales y animales fueron tomando prestados. ¿Qué procedimientos operan en la Naturaleza esta maravillosa circulación entre los tres reinos?"

Compuestos oxigenados: alcoholes, éteres, cetonas, aldehídos ...

La incorporación de un simple átomo de oxígeno en las estructuras definidas por los anteriores hidrocarburos abre el camino para definir nuevas familias de compuestos. Según como se una ese oxígeno a los carbonos (a uno o a dos diferentes, con enlaces simples o dobles, etc.), tendremos diferentes tipos de compuestos oxigenados; los más inmediatos son los **alcoholes, éteres, cetonas** y **aldehídos.**

El **etanol** (CH_3CH_2OH) es el **alcohol etílico** presente, p.e., en todas las bebidas obtenidas por fermentación de azúcares naturales (vino, cerveza, sidra, ...) o, en concentraciones más elevadas, en los licores destilados (aguardiente, güisqui, vodka, tequila, coñac, ...); desnaturalizado (por lo tanto, no apto para ser bebido), es el que empleamos como alcohol desinfectante, el típico 'alcohol de 96º' de las farmacias (ver más adelante, extracción de productos naturales).

En la vida cotidiana, el etanol se ha apropiado del nombre genérico ('alcohol'), pero en Química, la familia de los alcoholes es muy extensa; cualquier compuesto que tenga un grupo -OH unido a un carbono puede ser un alcohol. El primero de la serie más simple, el **metanol** o alcohol metílico (CH_3OH) es muy tóxico para los seres humanos y, desde tiempos remotos, es conocido como 'espíritu de la madera', ya que se obtiene de la misma por diferentes métodos[61]. Tiene muchos usos industriales, como disolvente, anticongelante, ... y, en pequeñas cantidades, está presente en

---

[61] Era habitual obtenerlo por destilación de la madera, pero ya en el antiguo Egipto se obtenía por **pirólisis** de la madera, es decir, sometiéndola a altas temperaturas en ausencia de oxígeno.

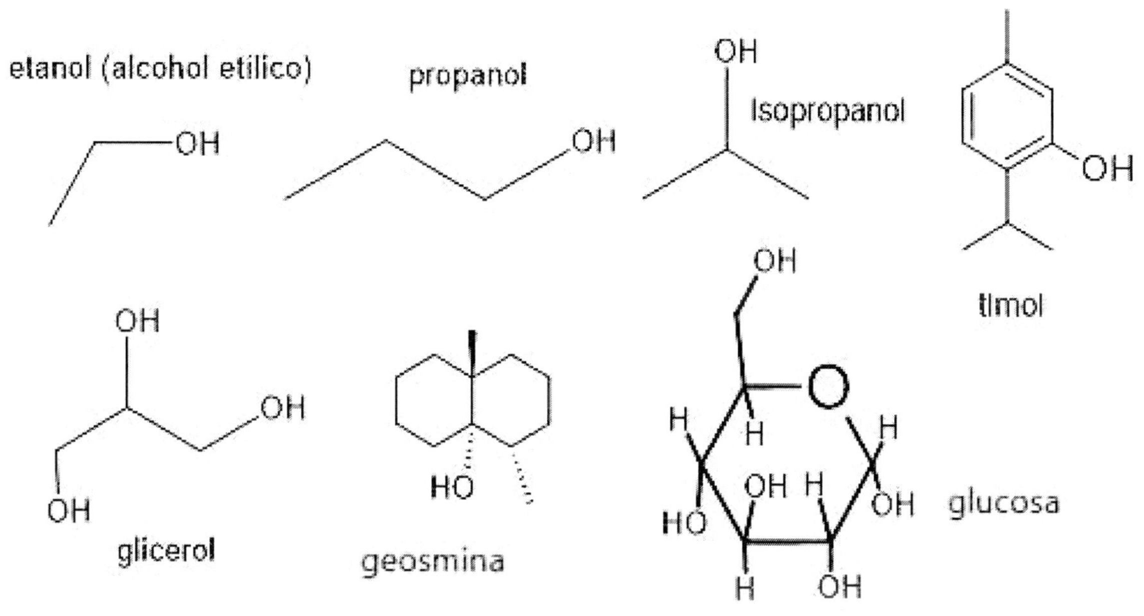

Fig. 11.- Algunos alcoholes de la serie más simple: el **etanol** (CH_3-CH_2-OH) y el propanol (CH_3-CH_2-CH_2-OH); un ejemplo de alcohol ramificado es el isopropanol o alcohol isopropílico. El **glicerol** ($HOCH_2CH(OH)$-CH_2OH) es esencial en la formación de los triglicéridos propios de las grasas; el timol participa en el olor de las mandarinas y otras frutas, y la **glucosa** es un polialcohol absolutamente imprescindible para la vida en la Tierra. La **geosmina** (etimológicamente, 'aroma de la tierra') es producida por algunas cianobacterias y por *Streptomyces coelicolor*; su olor es característico (a tierra húmeda) y, en tiempos de fuerte sequía, puede ayudar a la supervivencia de ciertos animales de fino olfato; aparece también en algunos vinos como un defecto (cap. 9).

el vino; de hecho, en aquellos que proceden de uvas con mucha semilla, y su cantidad aparece muy incrementada, pueden tener problemas para su comercialización por problemas de salud.

Los alcoholes son mucho más solubles en agua[62] que los hidrocarburos, aumentando su solubilidad cuanto más grupos -OH hay en la molécula y, disminuyendo a lo largo de una serie al tener más átomos de carbono. Así, el colesterol (ver fig. 18) que, biológicamente, podemos situar como una sustancia grasa, químicamente es un alcohol, pero con tantos átomos de carbono que lo hacen casi insoluble en agua, mientras que los azúcares más simples son polialcoholes con una función aldehído o cetona, y resultan, por esto, muy solubles en agua (ver la fórmula de la glucosa, fig. 11). Esto explica porque, en el metabolismo, muchas sustancias orgánicas, presentes en los organismos vivos y muy poco solubles en agua, deben sufrir determinadas transformaciones químicas (incorporando uno o varios grupos -OH en su molécula), para ser eliminadas correctamente del organismo[63] (fig. 52).

_____

[62] El grupo -OH de un alcohol es el mismo que contiene la molécula de agua (H_2O), vista como H-OH.

[63] Es el caso, por poner un ejemplo, de las vitaminas liposolubles (como las formas de la vitamina D), que precisan de una lenta metabolización para ser eliminadas. Por lo contrario, una vitamina hidrosoluble, como la **vitamina C**, será mucho más fácilmente eliminable en la orina, por ser soluble en agua en su forma original.

La oxidación suave de un alcohol acaba, normalmente, en la formación de una **cetona** o de un **aldehído,** que presentan un átomo de oxígeno unido, mediante un doble enlace, a un átomo de carbono. Si el carbono unido a ese oxígeno es terminal hablamos de aldehídos y, en el caso contrario, de cetonas. Así, pues, la cetona más simple de la serie es la propanona (conocida, habitualmente, como **acetona,** fig. 12), muy empleada en la industria y también como disolvente. El aldehído más simple es el metanal o formaldehido ($H_2C=O$), también con múltiples usos industriales. Diversos tipos de aldehídos y cetonas participan en la composición química de muchos aromas habituales en nuestra vida (p.e., aromas de frutas, café, vino, pan, ...).

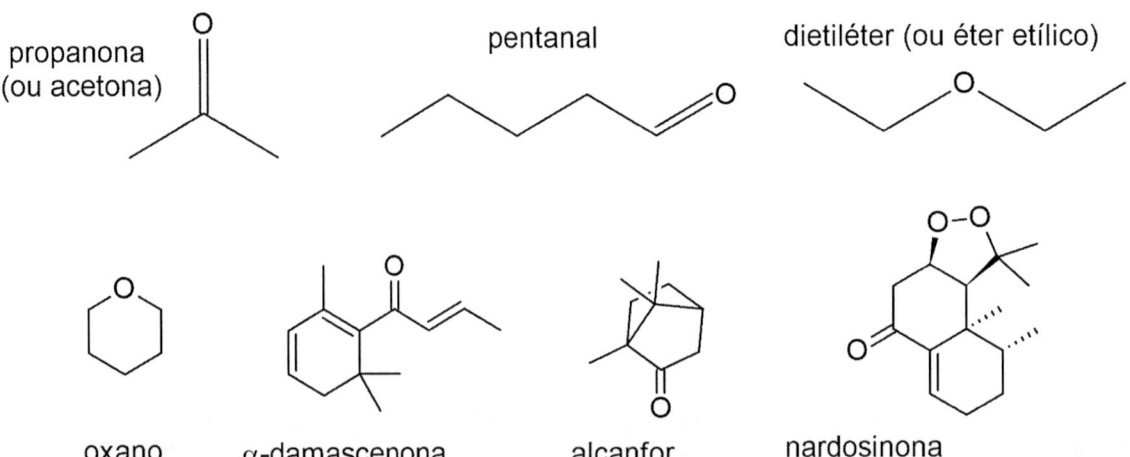

Fig. 12.- Ejemplos de **cetonas, aldehídos** y **éteres**: la propanona o **acetona** (muy empleada como disolvente), el pentanal (o pentanaldehido), el éter etílico (o dietiléter) y el oxano (un éter cíclico). Ejemplos más complejos de cetonas naturales son: la β-damascenona (presente en diversos aceites esenciales y frutas, también en derivados como el café o el vino), el alcanfor (además de repelente de polilla tiene múltiples usos en la industria química y en síntesis farmacológica) y la nardosinona (responsable del aroma de los nardos y, a la vez, ejemplo de cetona y peróxido, -O-O-).

Otros compuestos oxigenados: ácidos, grasas, olores y jabones

Cuando la oxidación de un alcohol es algo más fuerte, se forman **ácidos carboxílicos**; el grupo que les caracteriza está formado por dos átomos de oxígeno unidos a un mismo carbono, de una forma muy específica y, como veremos en próximos capítulos, son muy abundantes e importantes en los seres vivos y, obviamente, también en muchos productos procedentes de los mismos, al igual que otros compuestos oxigenados derivados, como es el caso de sales y ésteres. Veremos que muchos de estos ácidos tienen un importante papel en los organismos y en la alimentación. Su grupo característico es -COOH (un carbono unido a un oxígeno mediante un doble enlace y a un grupo -OH.

El ácido más simple, el **metanoico** (o **ácido fórmico**) (HCOOH) es el que emplean muchas especies de hormigas y también las ortigas como sustancia de defensa, pues es muy urticante. Y todos reconoceremos el olor del segundo de la serie, el **etanoico** o **ácido acético**, CH_3COOH, característico de los vinagres y vinos acidulados (en términos enológicos, 'oxidados'), y que no solo resulta fundamental en muchos procesos metabólicos si no que es el precursor de una enorme cantidad de compuestos fundamentales para la vida, tal como se comenta en el capítulo 5. A la misma serie simple pertenece el ácido butírico (o butanoico), presente en la manteca rancia[64], pero son muchos los ácidos orgánicos de importancia en alimentación como, p.e., el **ácido cítrico**, que abunda en muchos vegetales, especialmente cítricos y otras frutas, o el **ácido láctico**, presente en el suero de la leche y que también juega un importante papel en el metabolismo de nuestro organismo; de hecho, es el responsable de las agujetas que sentimos en nuestros músculos cuando se acumula y puede cristalizar en ellos después de un ejercicio intenso no habitual.

Pero los ácidos, y derivados de los mismos, omnipresentes en todos los seres vivos son los **ácidos grasos**, mezclados en las diferentes grasas de animales y vegetales, etc. Son ácidos de cadena lineal, habitualmente con un número par de átomos de carbono y que pueden tener una cadena saturada como, p.e., el **ácido palmítico** (o tetradecanoico), abundante en el aceite de palma (pero habitual en muchos más), o pueden ser **insaturados** (con dobles enlaces carbono-carbono[65]), como p.e. el **ácido oleico**, componente mayoritario en el aceite de oliva. De hecho, como veremos

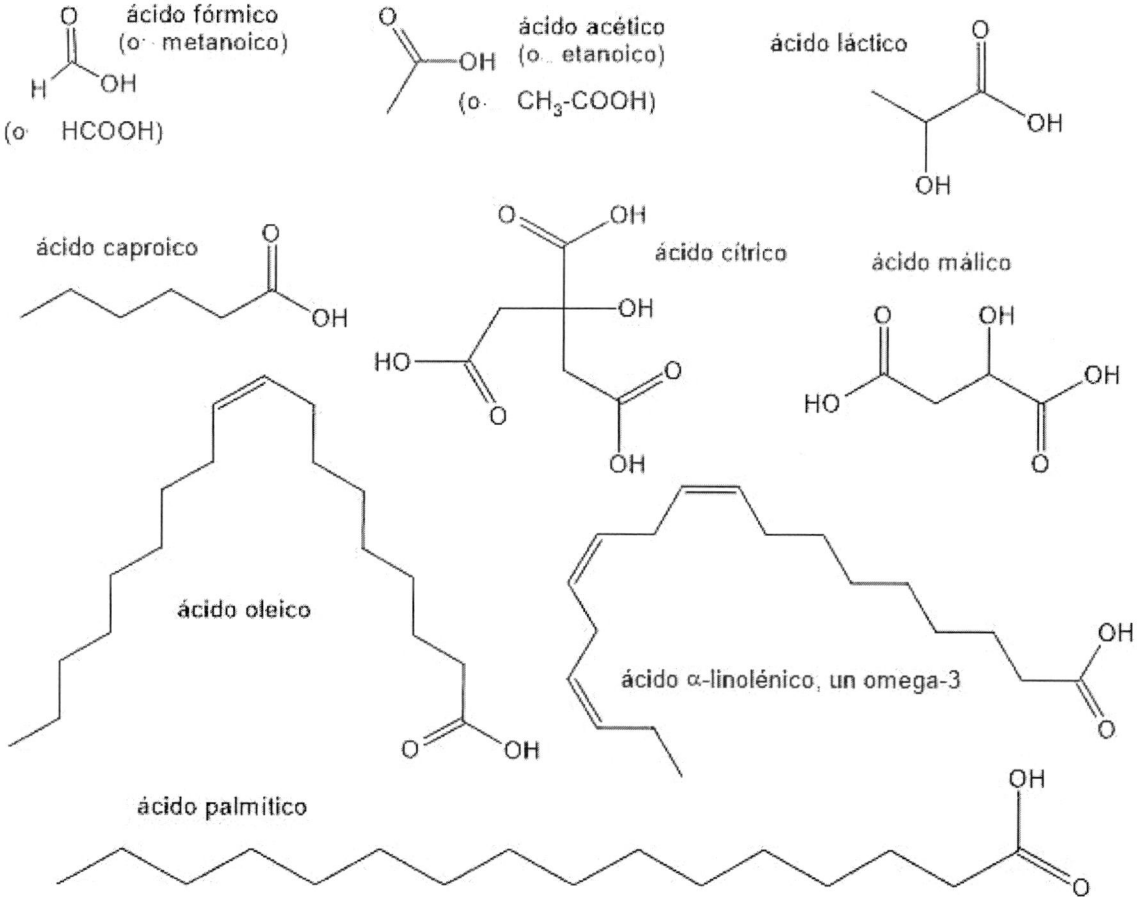

Fig. 13a.- Ejemplos de ácidos carboxílicos frecuentes: **fórmico** (o metanoico), **acético** (o etanoico); **láctico**, **málico** (un dicarboxílico, con dos -COOH) y **cítrico** (un tricarboxílico). Ejemplos de **ácidos grasos** son el ácido caproico (o hexanoico, presente en grasas animales y también responsable del olor de los calcetines sucios), el **ácido oleico** y un **omega-3** (el alfa-linolénico), así como el palmítico (o hexadecanoico).

---

[64] El prefijo 'but-', indicador de cuatro átomos de carbono, procede del término inglés 'butter' (='mantequilla).
[65] Químicamente, también podríamos incluir ácidos con triples enlaces carbono-carbono, pero en la Naturaleza no aparecen de forma significativa. La inmensa mayoría de los ácidos grasos naturales y con dobles enlaces presentan la configuración *cis*, siendo muy raros los ácidos *trans* (capítulo 9, sobre alimentación).

en los capítulos sobre alimentación base y cocina, resulta muy importante para la salud que, en nuestra dieta habitual, abunden los ácidos grasos insaturados (tanto monoinsaturados como poliinsaturados[66]) y, muy especialmente, la presencia de los llamados **'omega-3'**, como p.e. el **ácido gamma-linolénico**[67] (fig. 13a).

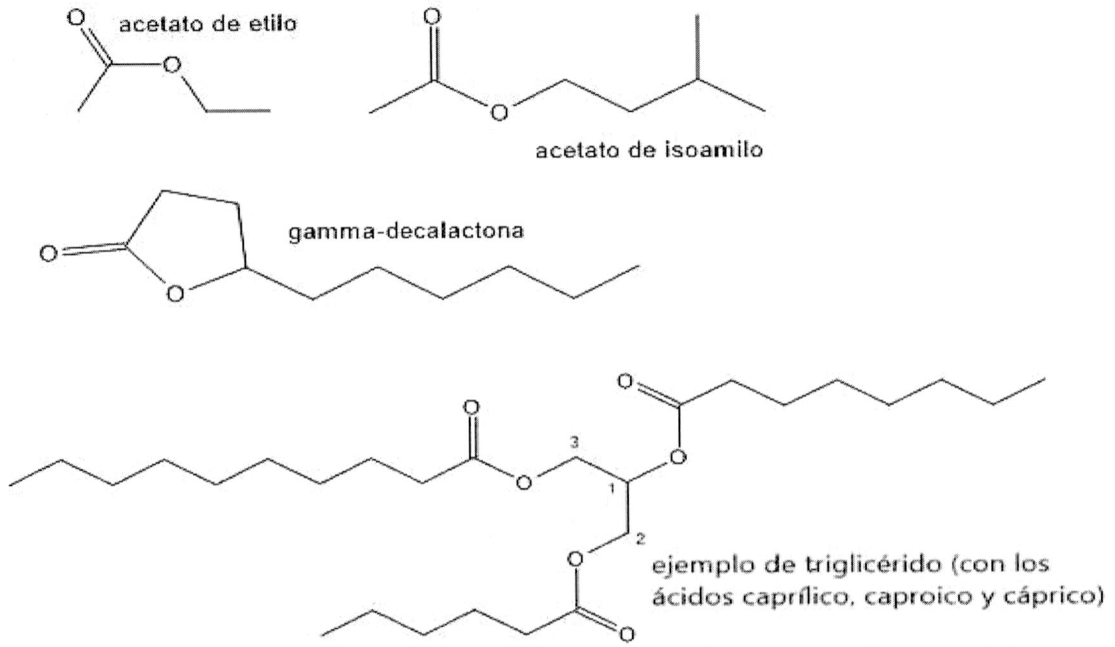

Fig. 13b.- Ejemplos de **ésteres**: acetato de etilo; acetato de isoamilo (presente en plátanos, también se conoce como 'aceite de banana'); **lactona** (γ-decalactona, un **éster** cíclico presente en los melocotones y otros derivados del género Prunus, también en fresas, etc.); y un **triglicérido** (con los tres carbonos del glicerol numerados); en este, al glicerol se unen (de abajo a arriba): el ácido caproico (hexanoico), cáprico (decanoico) y caprílico (octanoico).

Químicamente, los ácidos y los alcoholes, que tienden a neutralizarse mutuamente (ver Apéndice Final 2), pueden reaccionar dando **ésteres**. En general, los ésteres son mucho menos solubles en agua y sus mezclas complejas abundan en la Naturaleza; las propias grasas, presentes en todos los seres vivos en mayor o menor medida, son ésteres formados por diversos ácidos grasos y un polialcohol conocido como **glicerol** (fig. 11), de ahí el nombre de **'triglicéridos'** (fig. 13b)[68]. Por otro lado, en muchos vegetales los ésteres específicos son los responsables de su olor, aroma o sabor, particularmente en frutas, flores, etc.

---

[66] Cuando en la cadena de carbonos de un ácido graso hay un único doble enlace C=C, se habla de **monoinsaturado**, si hay más de un doble enlace se habla de **poliinsaturado**.

[67] Se llaman **'omega-3'** los ácidos grasos que presentan, en su molécula, un doble enlace entre los carbonos 3 y 4, comenzando por el final (de ahí el empleo del término 'omega', última letra del alfabeto griego). Así, los **omega-6** (como el **ácido linoleico**) tienen el primer doble enlace a 6 carbonos de 'distancia' (ver cap. 9).

[68] Las grasas naturales poseen también moléculas de glicerol con dos o con un único graso unido, falando de diglicéridos o monoglicéridos, respectivamente. Pero los más abundantes son triglicéridos.

Tensioactivos, jabones y detergentes

Observando la molécula de un ácido graso podemos encontrar como dos partes bien diferenciadas químicamente: la que lo define como ácido (es decir, el grupo -COOH) y lo hace soluble en agua (se habla de 'parte **hidrófila**'), y la larga cadena lineal de carbonos que, como ocurre en los hidrocarburos típicos, es insoluble en agua (parte **lipófila**, es decir, soluble en grasas). Es muy frecuente este tipo de 'doble comportamiento' en los ácidos grasos, ésteres y sales que adopten ordenaciones muy características en medio acuoso, las llamadas **micelas** (fig. 14a); de hecho, las membranas celulares, como veremos, tienen mucho que ver con esta ordenación.

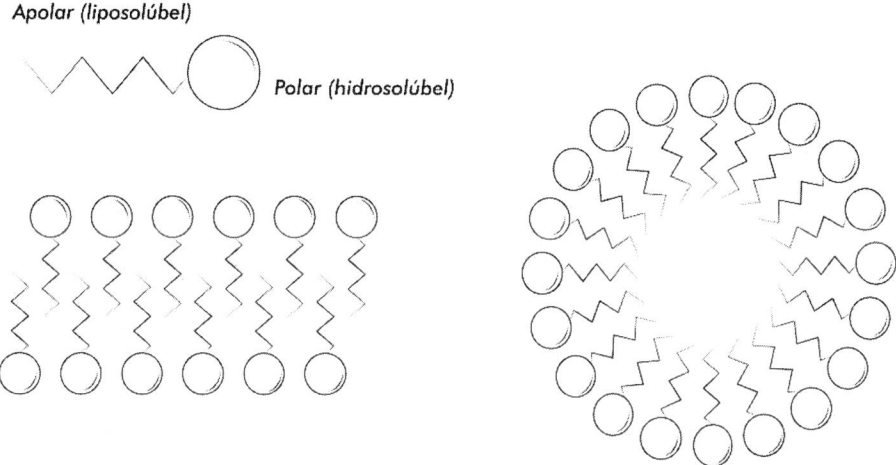

Fig. 14a.- La existencia de un grupo funcional polar (hidrófilo) y la cadena carbonada apolar (lipófila) en los ácidos grasos (y sus derivados) explica la formación de capas y micelas que les caracteriza en un medio acuoso (ilustración: Lía Liñares).

Esa doble tendencia también explica porque, tradicionalmente, a partir de los ácidos grasos podemos obtener sustancias como el jabón, que pueden actuar como intermediarias entre el agua y una mancha de grasa (obviamente, lipófila) y pueden bajar la **tensión superficial** del agua (para que esta "moje" más), de ahí que hablemos de **tensioactivos**. Como en general suelen tener cadenas de carbono largas y la presencia de un único grupo -COOH no compite con la gran lipofilia de esa cadena, para aumentar la hidrofilia de esa parte, se emplean derivados de los ácidos: lo más habitual es el uso de las sales de sodio o de potasio que, al formar enlaces iónicos (polares, como -COO⁻Na⁺, ver apéndice final 1), son mucho más afines por el agua.

Se sabe que ya los romanos fabricaban jabón calentando grasa de animal con cenizas obtenidas de la madera del fresno[69], que contienen sustancias fuertemente básicas. Hoy en día, estas últimas son sustituidas por compuestos como, p.e., la sosa cáustica (el hidróxido de sodio, NaOH); la idea es romper la unión de los enlaces que forman el **éster** de un triglicérido, dando sales de sodio.

---

[69] De ahí el nombre, en inglés, de este árbol: '*ash tree*' (árbol de la ceniza).

Cuando añadimos jabón en el lavado (fig. 14b), la larga cadena carbonada de estas moléculas se fija a las manchas de grasa, rodeándolas; como resultado, los grupos hidrófilos quedan orientados, cara al exterior de esas estructuras que así, pueden ser perfectamente disueltas y arrastradas por el agua. Los jabones son un caso particular de **detergente**[70] y, en muchos casos, la cadena carbonada de un ácido graso es sustituida por otros grupos liposolubles como, p.e., derivados de hidrocarburos aromáticos.

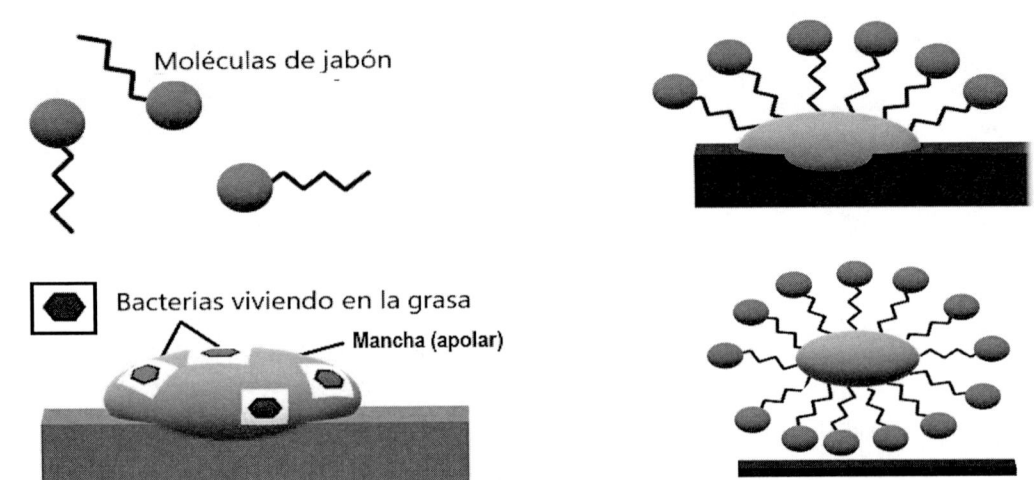

Moléculas de jabón

Bacterias viviendo en la grasa

Mancha (apolar)

Fig. 14b.- La coexistencia de dos grupos antagónicos en la misma molécula explica una de las acciones del jabón: sus moléculas rodean la mancha de grasa con la parte lipófila (a la izquierda); de esta forma, el agua puede 'engancharse' a la parte exterior (hidrófila) y, así, arrastrar al conjunto grasa-jabón (a la derecha).

Compuestos nitrogenados. Aminas y amidas

La incorporación de un átomo de nitrógeno a las estructuras hidrocarbonadas permite definir una extensa familia de compuestos nitrogenados, como es el caso de las **aminas**. La más simple de todas es la **metilamina** (CH_3NH_2). En general, son bastante solubles en agua y, en muchos casos, particularmente las más sencillas, tienen un olor característico que recuerda a pescado podrido; de hecho, como veremos más adelante, no es casual que haya muchas aminas tóxicas que aparecen en los procesos de putrefacción de los alimentos, como la **putrescina** o la **cadaverina** (fig. 15a).

Tal como veremos en capítulos posteriores, muchos derivados de las aminas presentan una gran actividad bioquímica y/o fisiológica como, p.e., diversas **vitaminas**, hormonas y **neurotransmisores** (como la dopamina o la serotonina), o **alcaloides**, extraíbles de numerosas especies vegetales (cocaína, nicotina, cafeína, morfina, teobromina, ...), sustancias antibióticas, ... Pero el papel estelar de las aminas en la vida viene dado por el hecho de que forman parte de los **aminoácidos** que actúan como los 'ladrillos' con los que se forman las proteínas, presentes en todos los seres vivos del planeta, ya sea bacteria, repollo, gata, humano o colibrí, ...

---

[70] Un **detergente**, en general, es una sustancia que disminuye la tensión superficial del agua, permitiendo su penetración en las prendas de ropa o superficies a limpiar.

Ejemplos de aminas:

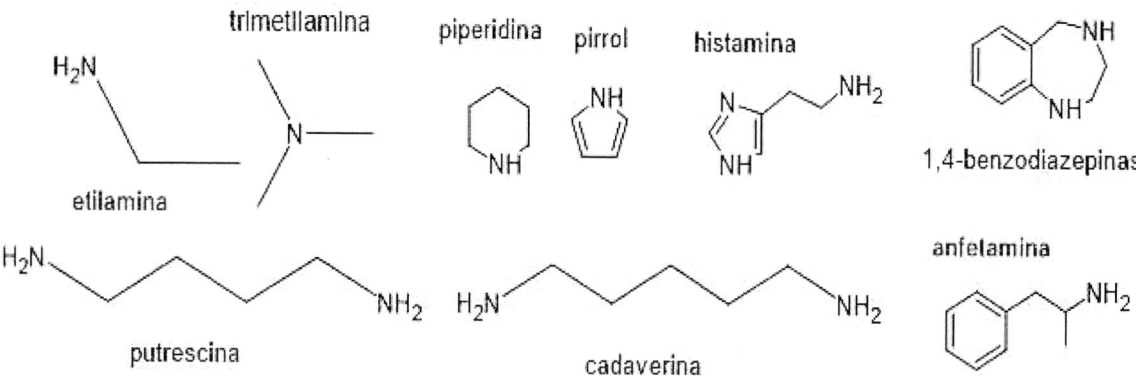

Fig. 15a.- Ejemplos de **aminas** simples: etilamina, trimetilamina (uno de los responsables del olor a pescado pasado), **piperidina** (extraído inicialmente de la pimienta negra y muy empleado como disolvente industrial) y el **pirrol** (base de la molécula de **clorofila**); las dos últimas son base de varios **alcaloides** naturales; la **putrescina** (o 1,4-butanodiamina) y la **cadaverina** (o 1,5-pentanodiamina) son dos tipos de toxinas que se general durante la putrefacción (por la degradación de **aminoácidos**). Ejemplos de aminas más complejas son la **histamina** (que juega importantes papeles en el organismo como neurotransmisor, en las alergias, etc.) y muchas estructuras generales de dos familias de fármacos, muy numerosos y consumidos: las benzodiazepinas y las anfetaminas (ver cap. 10).

Los **aminoácidos** son compuestos que presentan en la misma molécula un **grupo amina** y un **grupo ácido**. De las infinitas estructuras de aminoácidos imaginables, únicamente veinte son la base de todas las proteínas presentes en la totalidad de los seres vivos conocidos, aunque hay algún otro aminoácido específico que, excepcionalmente, puede aparecer en especies muy concretas. De los veinte aminoácidos habituales, doce pueden ser sintetizados en nuestro cuerpo a partir de otros compuestos que ingerimos, pero hay ocho que es necesario ingerirlos como tales en nuestros alimentos, son los **aminoácidos esenciales** (ver fig. 16).

La reacción o unión de un grupo amina y un grupo ácido da lugar a otra gran familia de compuestos de gran importancia para la vida: son las **amidas** (fig. 15). Precisamente, las **proteínas** son largas cadenas de aminoácidos que se unen, básicamente, mediante enlaces de tipo amida (fruto del enlace entre un **ácido** y una **amina**). Y lo mismo ocurre con cadenas de aminoácidos más pequeñas, tipo **péptidos**. Proteínas o péptidos son la inmensa mayoría de los **enzimas** que, como veremos en el capítulo 5, dirigen de forma muy específica y selectiva la inmensidad de reacciones químicas en las células, pero, también, muchas **hormonas** que controlan multitud de reacciones metabólicas o fisiológicas en los organismos. Y proteínas son muchas estructuras de la Naturaleza, p.e., la tela que tejen las arañas, que resulta más fuerte que un hilo de acero que tuviera el mismo grosor[71]. Otros polímeros muy habituales en nuestra vida son las **poliamidas** que, como en el caso de las proteínas resultan de la unión repetida de grupos ácido y amino, pero con un o dos monómeros en lugar de la variedad propia que la Naturaleza nos ofrece en las proteínas.

---

[71] De hecho, el Kevlar, un material de extraordinaria resistencia, sintetizado por primera vez por la química Stephanie Kwolek, es una poliamida usada en la fabricación de chalecos antibalas y se espera que, pronto mediante ingeniería genética, se puedan hacer con material proteico de las telas de araña, aún más resistente.

Formación de amidas:

ácido acético
(etanoico)

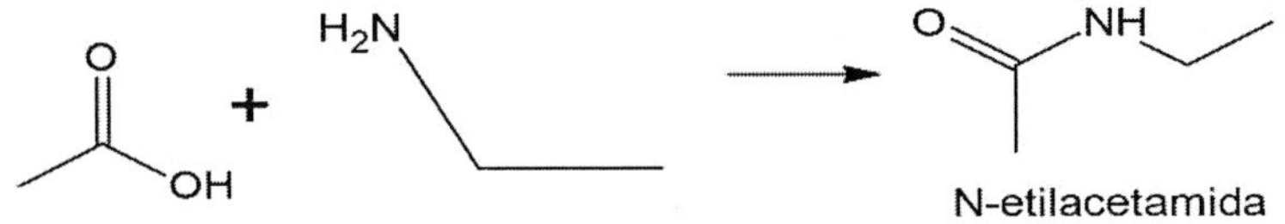

N-etilacetamida

Exemplos de amidas:

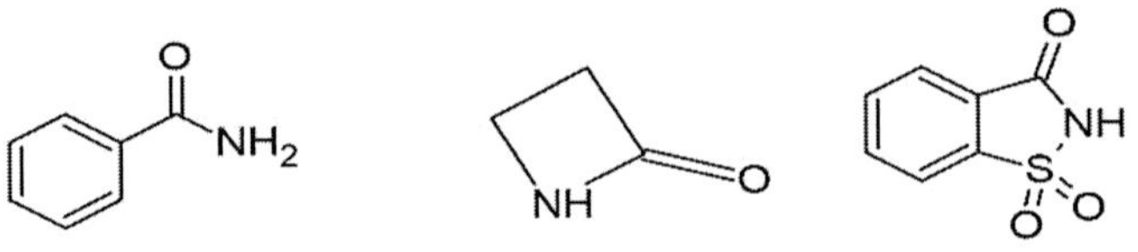

benzamida | β-lactama | sacarina

Exemplo de formación dunha poliamida:

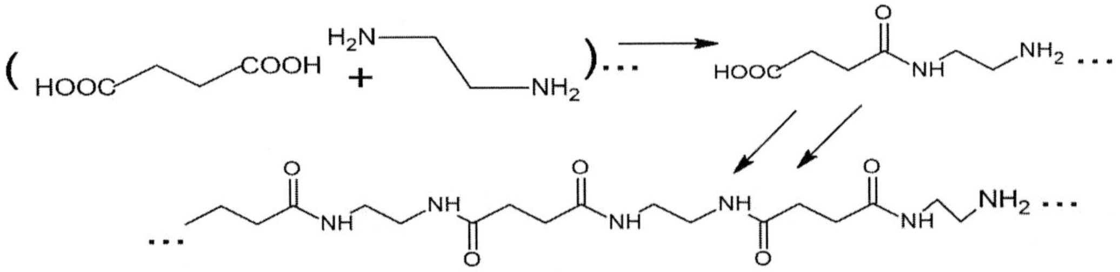

Fig. 15b.- Las amidas resultan de la combinación de un ácido con una **amina** (en el ejemplo, formación de la N-etilamida). La **benzamida** es la base de diversos fármacos (como, p.e., la salicilamida de la figura 23 o del paclitaxel de la fig. 74) y de otras estructuras como la de la **sacarina**. Las **amidas cíclicas** se conocen como **lactamas:** en la figura, la β-lactama, con 3 carbonos, es la base, p.e., de las **penicilinas** (fig. 73). Más abajo: las **poliamidas** resultan de la sucesión repetida de uno o dos monómeros (ácido y amina).

Otros heteroátomos que enriquecen las opciones: fósforo, azufre, etc.

En la química del carbono, llamamos **heteroátomos** a todos aquellos que no son de carbono o de hidrógeno y, seguramente, después del oxígeno y el nitrógeno, hay dos elementos químicos que, en la Naturaleza, juegan un gran papel complementando al carbono: son el fósforo y el azufre. El azufre forma parte de las extensas familias de los **sulfuros** orgánicos, sulfóxidos, sulfonas, sulfamidas, etc. Tal vez, para apreciar de forma inmediata la importancia del azufre, en la química de la vida, podemos recordar que, entre los 20 aminoácidos generales, dos contienen azufre (la metionina y la cisteína) y diversos compuestos que participan en algún aspecto de nuestro metabolismo tienen uno o varios átomos de azufre.

Fig. 16.- Estructura general de los 20 aminoácidos proteicos (codificados en la mayoría de genomas de los seres vivos de la Tierra), diferenciándose solo en la estructura de cadena, **R**-. Hay otros 4 que pueden aparecer en algunas proteínas concretas por hidoxilación (hidroxilisina e hidroxiprolina) o solo en determinadas proteínas de algunas especies. En cualquier caso, excepto la glicina, todos presentan actividad óptica y adoptan la configuración L. Los esenciales para nuestra especie (que no podemos sintetizar), aparecen con un asterisco.	O, menos desarrollada: R-CH(NH₂)-COOH
Alanina (Ala): CH_3-	**Arginina** (Arx)*: $HN=C(NH_2)NHCH_2CH_2CH_2$-
Asparagina (Asn): H_2NCOCH_2-	**Ácido aspártico** (Asp): $HOOCCH_2$-
Cisteína (Cys): $HSCH_2$-	**Ácido glutámico** (Glu): $HOOCCH_2CH_2$-
Glutamina (Gln): $H_2NCOCH_2CH_2$-	**Glicina** (Gly): H-
Histidina (His):	**Prolina** (Pro) (estructura completa)
Isoleucina (Ile)*: $CH_3CH_2CH(CH_3)$-	**Leucina** (Leu)*: $(CH_3)_2CHCH_2$-
Lisina (Lys): $H_2NCH_2CH_2CH_2CH_2$-	**Metionina** (Met)*: $CH_3SCH_2CH_2$-
Fenilalanina (Phe)*:	**Serina** (Ser): $HOCH_2$-
Treonina (Thr)*: $CH_3CH(OH)$-	**Triptófano** (Trp)*:
Tirosina (Tyr):	**Valina** (Val)*: $(CH_3)_2CH$-
Hidroxilisina (Hyl): $H_2NCH_2CH(OH)CH_2CH_2$-	**Selenocisteína** $HSe-CH_2$-
Hidroxiprolina	**Pirrolisina**

Uno de los sulfuros orgánicos más sencillos, el **dimetilsulfuro (DMS)** es el principal responsable del olor a mar que sientes cuando paseas por la playa (como se comenta en la Introducción) y juega un papel fundamental en el llamado ciclo del azufre, de gran importancia en la biosfera. Es un gas producido por determinadas bacterias que se alimentan del fitoplancton, algas unicelulares y otros organismos marinos que emplean una sustancia para protegerse de la salinidad del mar y de la radiación solar, el DMSP[72], y cuando mueren, las bacterias lo transforman en el DMS.

---

[72] Siglas del dimetilsulfoniopropionato, de fórmula $(CH_3)_2SCH_2CH_2COO$-.

Pero son muchos los derivados del **sulfuro de dihidrógeno** (o ácido sulfhídrico, H_2S), con estructuras que podrían recordar a la de un alcohol, pero sustituyendo el átomo de oxígeno por uno de azufre; son los **tioles** o **mercaptanos**; muchos de ellos tienen olores desagradables (típicos de las chimeneas de refinerías de petróleo o de los huevos podridos).

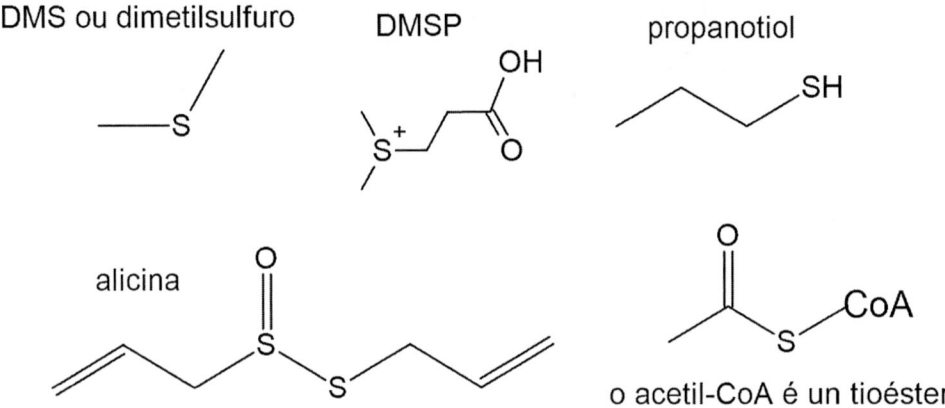

Fig. 17.- Ejemplos de compuestos derivados del **azufre**: **DMS**, **DMSP**, un tiol o mercaptano (en concreto, el propilmercaptano o propanotiol) y la alicina, que aparece cuando se corta o machaca un ajo, a partir de la alíina. Figura también un tioéster (el **acetil-CoA**, una forma biológicamente activa presente en todos los metabolismos, como veremos en el capítulo 5). Los aminoácidos básicos para la vida que tienen azufre aparecen en la fig. 16. Abajo: dos compuestos con **fósforo**, sin duda los más importantes en todos los seres vivos: el ácido fosfórico (o H_3PO_4), de ahí el ion fosfato, y la compleja molécula de **ATP**, que actúa como 'moneda energética' en la mayoría de los organismos de la Tierra.

Entre las múltiples opciones de como introducir un átomo de azufre en un compuesto orgánico, últimamente resulta de gran interés para el tema que nos ocupa (sobre el origen de la vida), la familia de los **tioésteres**; compuestos que resultan de unir un sulfuro (R-SH) con un ácido orgánico tipo R'COOH, por lo que su grupo funcional es R'C(O)-S-R (que recuerda a la de un **éster**, formado por un ácido y un alcohol). La importancia de los tioésteres radica en la posibilidad de que compuestos de este tipo podrían ser los precursores de los actuales ácidos nucleicos y, así mismo, de la química del propio **ATP** (ver capítulo 6 sobre 'Mundo tioéster').

Tal vez encontremos menos compuestos orgánicos derivados del fósforo, pero no por esto resulta menos importante su papel en la bioquímica o química de la vida. Llega con pensar que la molécula de **ATP** (trifosfato de adenosina o, de la traducción directa del inglés, adenosintrifosfato), fundamental en la obtención y transferencia de energía en todas las células, contiene átomos de fósforo y su papel se debe a que los enlaces fósforo-oxígeno pueden almacenar, efectivamente, mucha energía, lista para ser liberada cuando es preciso. Además, como veremos pronto, es un **nucleótido** base de los fundamentales **ácidos nucleicos** (**ARN**s y **ADN**s); y, por si fuera poco, otra molécula relacionada, el **AMPc** (monofosfato de adenosina cíclico o ácido adenílico cíclico), participa como mensajero intracelular de varios neurotransmisores (el propio ATP funciona también, en algunos casos concretos, como neurotransmisor). Por si esto no llega para valorar la importancia de la química orgánica del fósforo, habría que recordar que forma parte de los **fosfolípidos**, un tipo de lípidos que vamos a encontrar en todas las **membranas celulares** y que están formados por la unión de un grupo fosfato, un determinado **alcohol** y dos **ácidos grasos**.

En la química de los seres vivos podemos encontrar más heteroátomos; puede que no resulten tan relevantes debido a su menor extensión y a la menor diversidad de los compuestos presentes y, de ahí, que parezcan teóricamente y a priori, menos imprescindibles en el conjunto de los seres vivos; pero no por eso son, una vez incluidos en la historia de la vida, menos fundamentales. Tenemos el ejemplo en algunos **compuestos organometálicos** que resultan indispensables como, p.e., la **hemoglobina**, necesaria para el transporte de oxígeno y la respiración celular y que incorpora átomos de **hierro**; o la hemocianina, que juega un papel semejante en ciertos invertebrados (crustáceos, moluscos, ...) pero incorpora átomos de **cobre;** o las **clorofilas**, necesarias para la fotosíntesis y que incorporan átomos de **magnesio**[73].

Por último, en este rápido repaso por distintos grupos funcionales, propios de la química orgánica, habría que citar a los **derivados halogenados** que resultan de sustituir, en un hidrocarburo, uno o varios átomos de hidrógeno por otros tantos átomos de un **halógeno** (cloro, flúor, bromo o yodo). De esta familia de compuestos existen, desgraciadamente, multitud de ejemplos de estructuras incorporadas en la biosfera por los humanos, resultando, en algunos casos, muy difícil su posterior degradación y eliminación; es el caso de los famosos **freones** o clorofluorcarbonados (CFCs), empleados como propelentes en aerosoles o como medios refrigerantes, o el caso de diversos pesticidas y plaguicidas (como el triste ejemplo del **DDT**), o las muy tóxicas **dioxinas** que se generan en la incineración de diversos plásticos, ... sustancias de las que se habla en el último capítulo, al tratar sobre la contaminación planetaria.

---

[73] Más allá de los metales implicados (hierro o magnesio), es sorprendente la semejanza entre las estructuras carbonadas de la hemoglobina y de las clorofilas.

Capítulo 3

¿TE GUSTAN LOS PIMIENTOS? BELLEZA EN LA QUÍMICA

Metabolitos secundarios. Innumerables estructuras existentes

Como vemos, hay muchas familias de compuestos orgánicos y muchas de ellas incluyen, a su vez, miles o millones de sustancias diferentes. Pero, obviamente, hay diversos grados de necesidad. Cuando un **colibrí** va a libar una flor, no busca los compuestos que le confieren color o olor a ese organismo vegetal; aunque formen parte del atractivo de la flor y seguro que no es consciente de esto, lo que realmente busca el colibrí son los azúcares (y agua)[74] que resultan fundamentales para su dieta. Pero unos y otros son importantes en esa relación ave-flor, unos como alimento y otros como indicadores o atractores sin los que, probablemente, el colibrí no se acercaría a la planta.

En general, los compuestos que protagonizan la bioquímica admiten una clasificación biológica general como metabolitos: o primarios o secundarios. Pero vayamos por partes; entendemos por **metabolismo** el conjunto de reacciones químicas que tienen lugar en las células de los seres vivos para sintetizar sustancias complejas, partiendo de otras más simples o, en el camino inverso, para degradar esas sustancias complejas en otras más simples. Hay un **metabolismo primario** que, como veremos en el siguiente capítulo, es fundamental para todos los seres vivos, y presenta muchos elementos comunes en todos ellos, ya que es imprescindible para mantener la vida; pero, además, hay un **metabolismo secundario** mucho más localizado, según especies, géneros, reinos de seres vivos que, al mismo tiempo, es mucho más diverso, cumpliendo una infinidad de funciones (colores, olores, de defensa, como repelentes frente a otras especies, ...).

Los compuestos implicados en el metabolismo primario son, pues, los que se conocen como **metabolitos primarios** y a ellos dedicaremos el siguiente capítulo; son los aminoácidos y las proteínas que resultan de su combinación secuencial, y son los hidratos de carbono, las grasas y los nucleótidos que participan en la formación de los ácidos nucleicos; en definitiva, compuestos directamente implicados en la vida de los organismos, en la formación, por secuenciación exhaustiva, de las grandes moléculas de la vida.

---

[74] Según aparece en 'La gran enciclopedia de las aves', coordinada por el profesor de la Universidad de Oxford, Cristopher Perrins, las particularidades energéticas y metabólicas de los colibríes hacen que un individuo pueda requerir, al día, una cantidad de agua (néctar incluido) que supera el 150% de su propia masa corporal.

Verdaderamente, el concepto de metabolitos primarios surgió como contraposición al más dispar, en cuanto a estructuras diferenciables e imaginables, el de los metabolitos secundarios, en los que vamos a centrar aquí nuestra atención. Un **metabolito secundario** es un compuesto que no está directamente implicado en el desenvolvimiento vital del organismo que lo produce y, por lo tanto, su ausencia no supone la muerte inmediata del mismo, pero ayuda en una o varias funciones importantes, p.e., en la interacción entre especies o entre individuos de una misma especie (protección, atracción, competencia, comunicación, ...). Obviamente, esto no significa que su presencia o ausencia deje de tener consecuencias importantes para el individuo productor; un ejemplo, entre las varias estrategias de las plantas para resistir una sequía prolongada está la de alargar lo máximo posible la conservación del agua y esto puede conseguirse con la presencia de una hormona, el **ácido abscísico**, que provoca el cierre de los estomas de la planta; es un ejemplo de cómo un metabolito secundario puede hacerle la vida más fácil, o simplemente mejor, a un organismo. No son un grupo de sustancias homogéneas y resultan mucho más específicas, encontrándose compuestos propios y exclusivos de una determinada especie, de una familia de especies o género, particularmente en el mundo de los vegetales, algas, hongos y multitud de microorganismos, de ahí la gran variedad que podemos encontrar.

Así, pues, en este primer contacto con la química de la vida, vamos a centrar los ejemplos escogidos entre algunos metabolitos secundarios que, normalmente, se clasifican en grandes familias, atendiendo tanto a su estructura química y a su origen metabólico como a las funciones específicas que desempeñan.

El primer gran grupo, repartido por toda la biosfera, pero particularmente abundante en las plantas, es el de los terpenos y terpenoides[75]. Los **terpenos** presentan estructuras propias de hidrocarburos concretos (recordar: solo átomos de carbono e hidrógeno), mientras que, si tienen átomos de oxígeno en su estructura, con toda la variedad funcional imaginable, se habla de **terpenoides**. En cualquier caso, se han identificado hasta ahora más de 25.000 compuestos diferentes de estos dos grupos, que actúan como metabolitos secundarios y, asombrosamente, todos derivan, químicamente, de un compuesto primigenio, un hidrocarburo llamado **isopreno** (o 2-metil-1,3-butadieno)[76]. Consecuentemente, como veremos más adelante, todos comparten, también, el mismo origen bioquímico[77].

Terpenos y terpenoides son constituyentes de muchos aromas y colores en la Naturaleza; el olor de un limón, del romero, del orégano, la lavanda o de un geranio y las coloraciones de una naranja, de un tomate o de una zanahoria, así como miles de flores, frutas y otros productos vegetales, animales, etc., se deben, en su mayor parte, a combinaciones de terpenos y/o terpenoides. De los muchos ejemplos elegibles, en la figura 9 aparecen ya el limoneno y dos isómeros de pineno; y en la figura 18a podemos ver la estructura de un **caroteno** y de un **licopeno**. El primero es un pigmento, presente en la zanahoria y en otros muchos vegetales y da nombre a una extensa subfamilia de pigmentos biológicos, los **carotenoides**, de los que el licopeno, que da el color

---

[75] Su nombre deriva del alemán, 'terpentin', que es como se llama en esa lengua al aguarrás o trementina.

[76] Químicamente, los terpenos son fruto de la repetición de unidades de **isopreno**, ya sean lineales o cíclicos.

[77] Es decir, bioquímicamente, todos se forman a partir del isopentenil difosfato que, en los organismos implicados, actúa como transportador del grupo isopreno.

rojo a los tomates, es un ejemplo; también son terpenos el canfeno, geraniol, linalool o citral[78], habituales en muchos aceites esenciales y aromas vegetales (p.e., cítricos, salvias, mentas, ...).

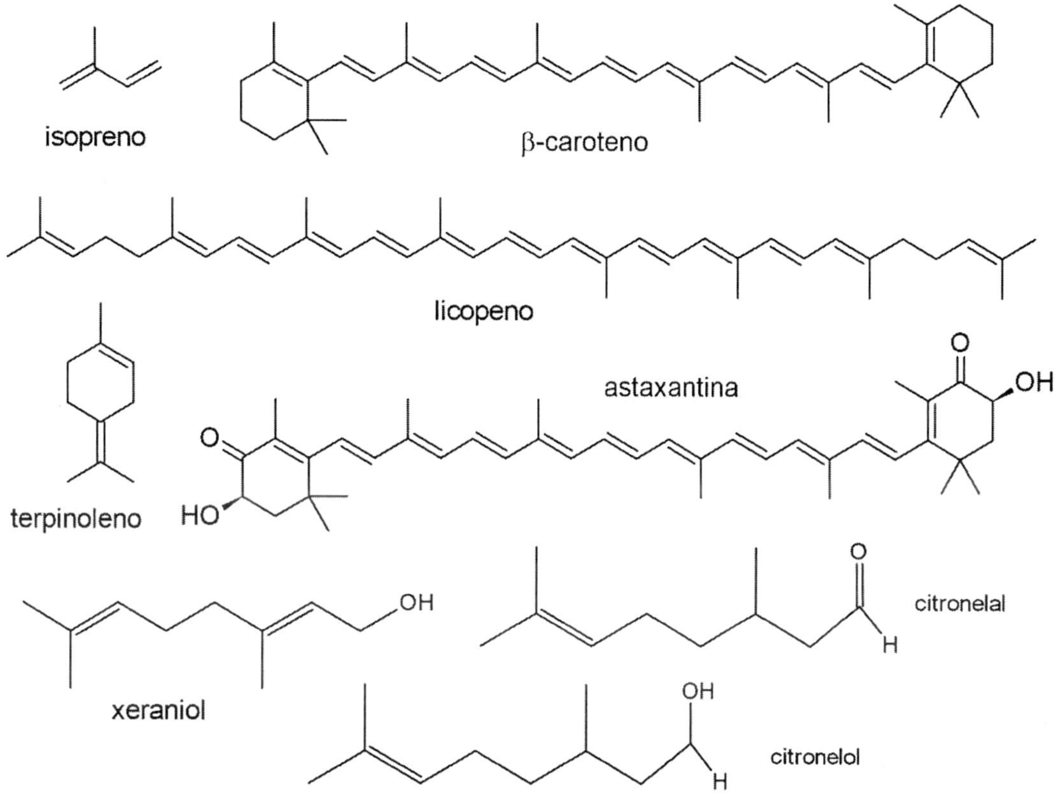

Fig. 18a.- Ejemplos de **terpenos** y **terpenoides**: el **isopreno** es la unidad básica; el β-**caroteno** y el **licopeno** son pigmentos muy abundantes en diversos vegetales (zanahorias y tomates, p.e.); el terpinoleno, geraniol y citronelal (presente en la esencia de citronela) están muy presentes en diversos aceites esenciales (los dos primeros, junto con el citronelol, participan en el aroma de ciertos vinos); y la **astaxantina**, un pigmento terpenoide derivado del caroteno (ver las semejanzas), es producido por ciertas algas en situaciones de estrés (alta salinidad o temperatura, etc.), participando en el color de determinados animales que las consumen (como salmones, flamencos y varios crustáceos como la langosta, cangrejos, etc.).

Los terpenoides y terpenos pueden actuar, también, en especies concretas, particularmente en invertebrados (insectos, lepidópteros, etc.), en diferentes tipos de interacciones intraespecíficas, como feromonas (sexuales, sociales, de alarma, ...) o interespecíficas, como alomonas (atrayentes, repelentes, venenos, ...); así, en la figura 9 vemos el α-pineno y el β-pineno y en la figura 18a aparecen otros ejemplos, como el terpinoleno o el citronelal, activos en especies de termitas y en otros insectos. En cualquier caso, sus funciones no se agotan en estos grandes apartados; p.e., las **vitaminas A**, **K** o **E** son también terpenoides, más o menos típicos, que en ocasiones participan en el metabolismo primario y, muchos subgrupos biológicamente muy activos, como las saponinas, curcubitacinas, glucósidos cardíacos y muchas lactonas terpénicas derivan de los terpenoides más reconocibles. Como veremos, muchas de estas estructuras o otras derivadas, vía síntesis de laboratorio, son empleadas como fármacos.

---

[78] El **citral** es el aldehído correspondiente al geraniol (un terpeno con un grupo funcional alcohol).

Aunque los **esteroides** provienen, también, de terpenos precursores (serían triterpenos), es habitual considerar este grupo como independiente y derivado de una estructura compleja y perfectamente identificable[79]. Esta estructura base es un hidrocarburo de 4 anillos (ver 'esqueleto base' en la fig. 18b), pero con los correspondientes grupos de átomo de carbono y/o de oxígeno añadidos en la Naturaleza, da pie a multitud de esteroides naturales y sintéticos (fig. 18b).

Sin duda, entre los esteroides destaca el **colesterol** como constituyente celular en la inmensa mayoría de los organismos vivos, ya que forma parte de la membrana de la célula (junto con los fosfolípidos) excepto en el caso de los seres más primitivos, como algunas especies de bacterias. Pese a que en la vida cotidiana, la palabra es sinónimo de problemas arteriales y otras dolencias cardiovasculares, el colesterol es, como veremos más adelante, un compuesto imprescindible para la mayoría de la vida tal como la conocemos; desde los insectos, incapaces de sintetizarlo, pero que lo necesitan como predecesor de la **ecdisoma**[80] y como factor de crecimiento, hasta nosotros, los humanos y muchos mamíferos, que podemos biosintetizarlo a partir de ácidos grasos (cap. 9). En

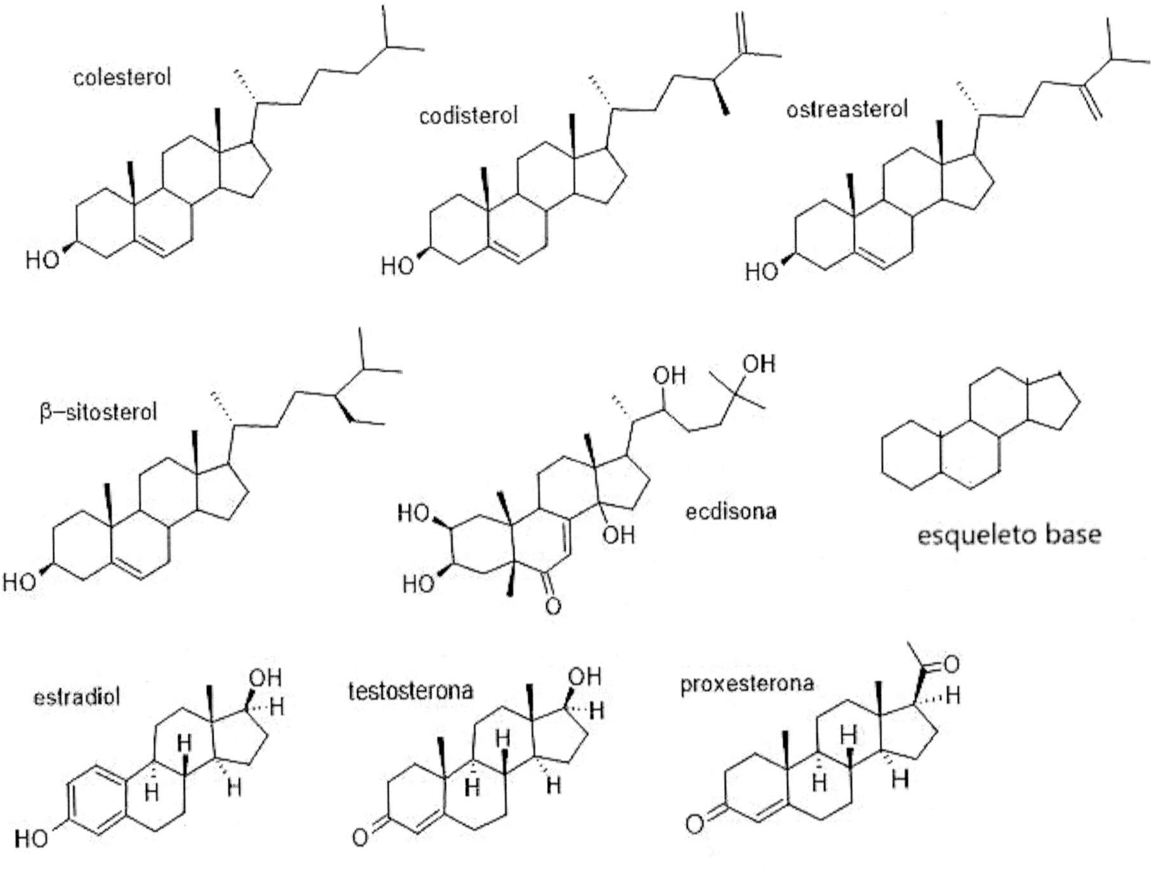

Fig. 18b.- Esteroides. Colesterol y ejemplos de otros **esteroles**: el codisterol (presente en el alga *Codium tomentosum,* abundante en las costas gallegas), el ostreasterol y el β-sitosterol, presentes en muchas plantas, algas y animales marinos. La **ecdisoma** es una hormona muy importante en muchos artrópodos y en los mamíferos son importantes hormonas sexuales: el **estradiol**, la **testosterona** y la **progesterona** (ver cap. 8).

---

[79] De nombre sistemático ciclopentanoperhidrofenantreno (indicado en la figura 18b como esqueleto base).
[80] Curiosamente, algunos helechos sintetizan la ecdisoma para defenderse frente a determinados insectos. Y en muchos insectos y otros artrópodos (arácnidos, ...), actúa como hormona de muda y/o en su metamorfosis.

general, es el precursor de todos los esteroides naturales (p.e., hormonas sexuales y ácidos biliares, presentes en la bilis) y, también, actúa como regulador de los niveles de agua y sal en el organismo. En plantas, hongos, algas e invertebrados es omnipresente, pero en cantidades muy variables.

Precisamente, los trabajos de mi tesis doctoral trataban, en buena parte, de la química de los **esteroles**, una extensa familia de derivados del propio colesterol; trataba de su presencia en determinadas especies de algas e invertebrados marinos y de la forma en que pueden ser eliminados del organismo, dado que son sustancias afines a las grasas y, por lo tanto, muy poco solubles en el agua. Precisamente, para hacer posible su solubilización en el agua, en los organismos sufren incorporaciones de varios grupos propios de los alcoholes (-OH), tal como muestra la figura 80. La historia del estudio de los esteroles muestra, también, un ejemplo de esa unificación de ideas, ante lo que parece un mundo inicialmente tan dispar: inicialmente, parecía quedar clara la clasificación de los mismos en fitoesteroles (habituales en vegetales y algas, con 28 o 29 átomos de carbono) y zooesteroles (propios de los animales y con 27 carbonos), pero pronto supimos que no es tan simple y encontramos ejemplos totalmente intercalados. En mi trabajo de tesis se comentaba, también, la importancia de algunos esteroles que, como productos naturales marinos (como el clerosterol o el codisterol, detectados en el alga percebe, *Codium tomentosum*), pueden actuar como biomarcadores de interés. Hoy en día se conocen miles de compuestos de naturaleza esteoidal y más de 300 de estos compuestos son empleados como fármacos.

Se conocen más de 12.000 compuestos nitrogenados que forman parte de la familia de los **alcaloides** y actúan como metabolitos secundarios, especialmente en los vegetales, aunque seguramente, el número real de alcaloides sea muy superior y, por supuesto, los imaginables teóricamente resultarían innumerables. Se trata de un grupo muy heterogéneo de compuestos que presentan en común tener, además de carbono e hidrógeno, uno o varios átomos de nitrógeno en su molécula y un carácter básico (como contraposición a ácido) que, precisamente, les da el nombre general[81]. Muchos pueden presentar también átomos de oxígeno, pero no es lo más frecuente ni inherente al concepto de alcaloide. El café, té, chocolate, mate o cola (nuez de cola), que se beben, o el tabaco que se fuma, contienen sustancias estimulantes del sistema nervioso central y son, como veremos, alcaloides. El opio, la coca y muchos venenos, como la cicuta o el estramonio, presentan las propiedades por la que se conocen debido a los alcaloides que contienen; también veremos que multitud de medicamentos son alcaloides.

Existen otros muchos grupos de metabolitos secundarios; algunos relativamente homogéneos y poco esparcidos como es el caso de aminoácidos no proteicos especializados, que generalmente actúan como toxinas vegetales; p.e., la β-cianoalanina o la L-DOPA, muchos propios de leguminosas. En contraposición, hay un grupo muy heterogéneo de toxinas vegetales de estructura compleja y no nitrogenada (muchos derivados de policetonas) como las aflatoxinas (la B_1 puede aparecer en los cacahuetes infectados por *Aspergillus flavus*), o las quinonas (como la hipericina, de la hierba de San Juan, ver figura 20).

---

[81] 'Alcaloide', que recuerda a un 'alcalí', que reacciona con un ácido para neutralizarse, ver Apéndice Final 2.

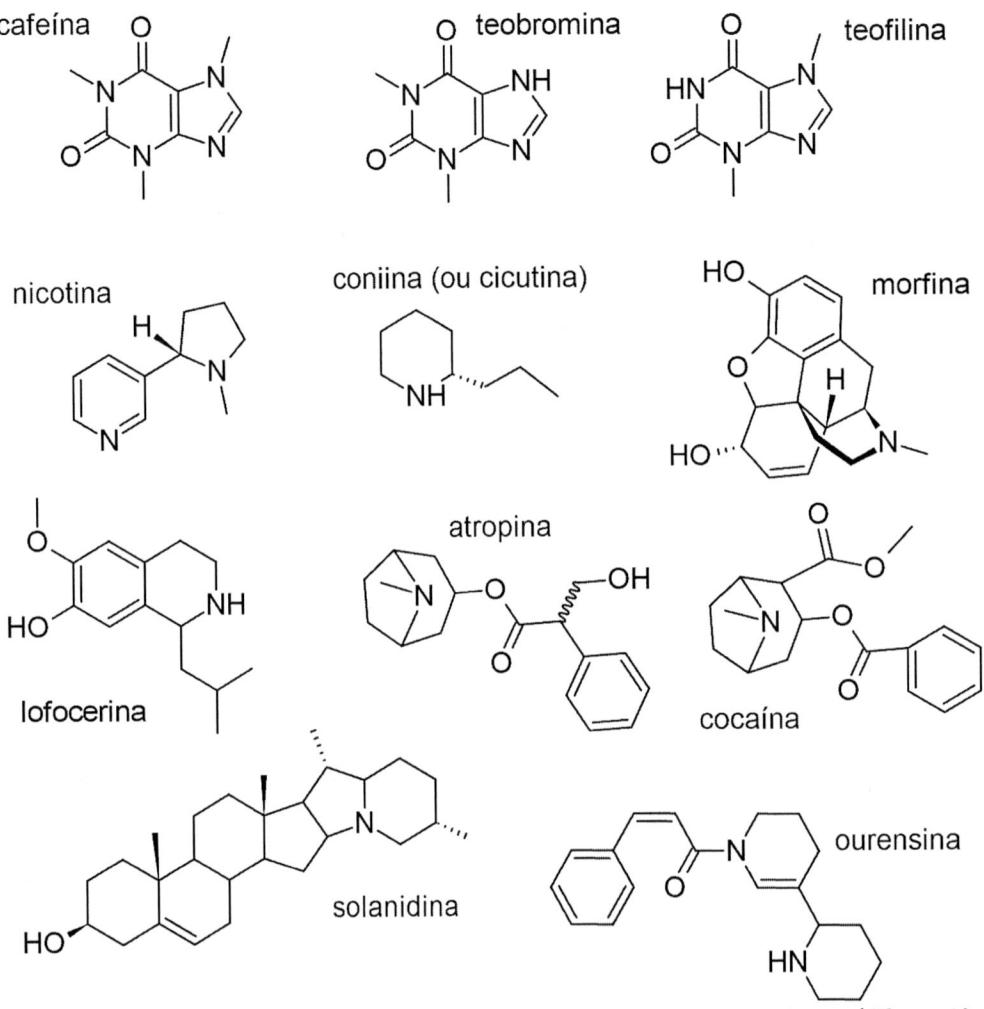

Fig. 19.- Alcaloides: cafeína, teobromina y **teofilina** tienen estructuras muy semejantes (diferenciándose en la posición de un grupo **metilo**). La **nicotina**, la **coniina** (o cicutina, presente en diversas plantas del género *Conium*), la **morfina** (un **opiáceo**, ver cap. 10) o la **lofocerina** (que algunos cactus del género *Senita* emplean como repelente de insectos) son otros ejemplos de alcaloides; también lo son muchas **toxinas** de las plantas Solanáceas como, p.e., la **atropina** (presente, p.e., en la belladona), la **cocaína** y la **solanidina**, un alcaloide esteroidal que combinado con ciertos azúcares forma la **solanina**, un tóxico presente, p.e., en las berenjenas y en las patatas que presentan un característico color verde. La **ourensina** es un ejemplo de alcaloides extraídos del codeso (*Adenocarpus sp.*), en el Departamento de Química Orgánica de la Universidad de Santiago de Compostela, junto con otros como la santiaguina, pontevedrina, coruñina, viguina, etc.

También hay algunos hidratos de carbono, ácidos grasos y péptidos especializados que integran el metabolismo secundario. Un ejemplo es el de las **prostaglandinas**[82], derivadas de ácidos grasos y que juegan un importante papel en los procesos de inflamación (también como protectoras de determinados tejidos) como veremos en los capítulos 5 y 10.

---

[82] Las prostaglandinas, junto con las prostaciclinas y los tromboxanos, forman el grupo de los **eicosanoides**, derivados de los ácidos grasos naturales.

Otro grupo que aporta miles de compuestos identificados e identificables es el de los derivados fenólicos, biosintetizables en muchas plantas y microorganismos, a partir del **ácido shiquímico**, como se verá pronto. En este grupo encontramos muchos policíclicos como **taninos**, **cumarinas**, **cianidinas** o multitud de **flavonoides** (relacionados con los colores, aromas y sabores de muchas plantas y otros organismos), etc.

Para rematar esta presentación sobre la increíble diversidad de la química de la vida, decir que hay muchos compuestos que difícilmente encajan en una clasificación por grupos como los anteriores; es el caso de muchas estructuras de defensa del organismo productor, a veces con aprovechamiento antibiótico (como las **penicilinas**) o como repelente (caso de las **piretrinas**), etc. A lo largo del texto iremos viendo el papel que juegan muchas de estas sustancias en la vida de nuestro planeta.

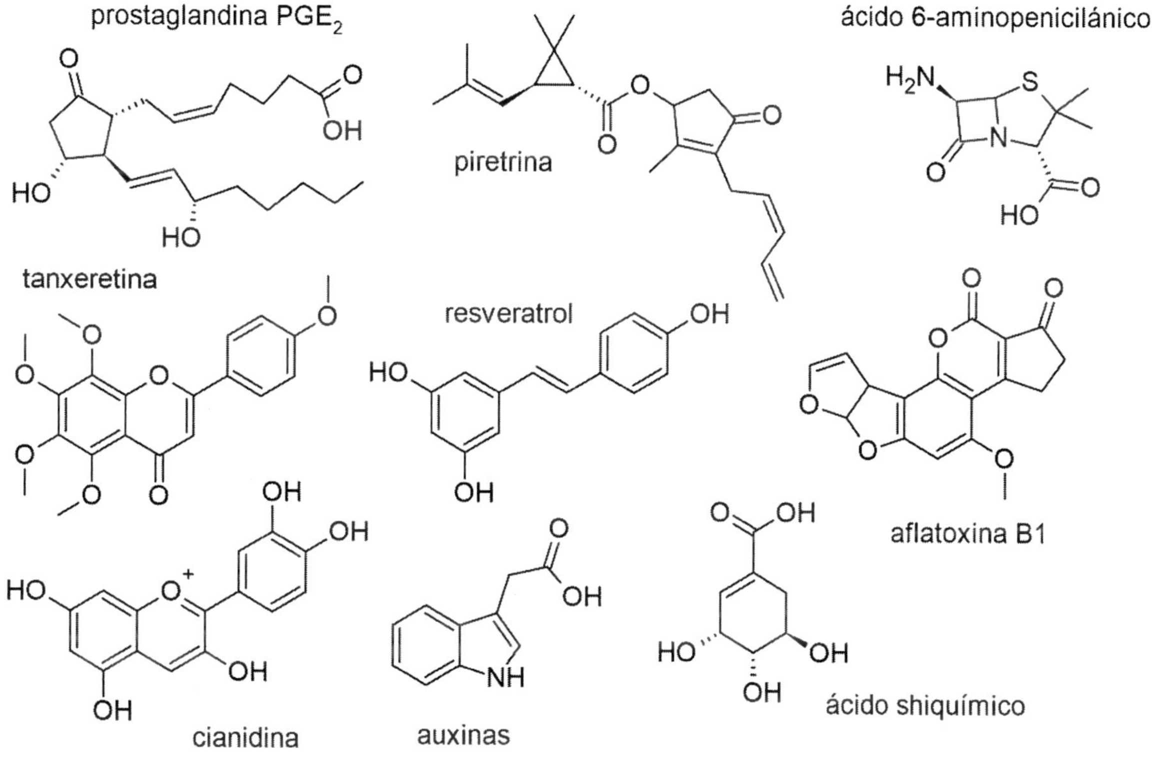

Fig. 20.- Otras familias de metabolitos secundarios frecuentes: como las **prostaglandinas** (importantes en los procesos de inflamación) o las **piretrinas** (abundantes en los crisantemos y de utilidad como insecticidas); el ácido 6-aminopenicilánico, del que derivan muchas **penicilinas** (de los primeros antibióticos); la tanxeretina, un **flavonoide** de los que se habla en la química de la cocina (cap. 9), al igual que el **resveratrol** (los dos producidos, respetivamente, por especies de Citrus y por uvas, para defenderse de parásitos); la **cianidina** es también un flavonoide, en este caso una antocianidina, compuestos que forman las antocianinas responsables del color de muchas flores y frutas, especialmente azules, violetas, etc. Figura también una **aflatoxina**, toxinas producidas por hongos *Aspergillus* (y algunos *Penicillium*), que pueden infectan ciertos alimentos (p.e., cacahuetes); abajo en el centro, el ácido indolacético es la base de varias **auxinas** (hormonas vegetales) y el **ácido shiquímico**, un metabolito clave en la biosíntesis de muchos compuestos en plantas y microorganismos (p.e., de aminoácidos aromáticos y buena parte de los anteriormente citados, ver cap. 5).

Extracción de Productos Naturales

Cuando preparamos una infusión, por ejemplo, de té verde (*Camelia sinensis*), estamos extrayendo varias centenas de compuestos de las hojas de esa planta, un procedimiento químico de **extracción** muy habitual también en el laboratorio. Como veremos en los capítulos 9 y 10, obtenemos centenas de compuestos que dan sabor, olor y que pueden presentar diferentes efectos en nuestro organismo. Aquí fijaremos la atención en esta técnica ya que, entre las empleadas en la extracción de productos naturales, aprovechar la solubilidad en agua es una de las más antiguas de la Química[83]. Ya en los antiguos alquimistas era habitual, pues diferentes preparados medicinales eran obtenidos por extracción con agua caliente. P.e., era sabido que cocer corteza de determinados sauces y preparar emplastos con el líquido obtenido permitía calmar el dolor y desinflamar zonas de nuestra piel después de algunos accidentes como, p.e., un fuerte golpe. Con el desarrollo de la Química supimos que en la corteza de ese género de árboles (*Salyx*), abunda el **ácido salicílico** (precisamente, el nombre proviene de Salyx) que, efectivamente, tienen propiedades antiinflamatorias y analgésicas (cap. 10).

En el laboratorio, esta técnica extractiva se ve enormemente ampliada con el uso de multitud de disolventes, con diferentes propiedades, que nos permiten extraer, mayoritariamente, unas sustancias u otras atendiendo a su mayor o menor solubilidad específica en cada uno de ellos[84]. Pasé los dos primeros años de mi tesis de doctorado recogiendo muestras de diversas especies de algas, también de invertebrados marinos (mejillones, anémonas de mar, actinias, holoturias, ...), y extrayendo de sus tejidos diversas fracciones de esteroides, empleando como disolventes, entre otros: benceno, acetona, diclorometano, éter etílico y varias mezclas entre ellos.

Obtenidas esas fracciones, mezclas de diferentes compuestos, el siguiente paso consiste en separar sus componentes y para eso hay una técnica ancestral, posiblemente ya conocida en la antigua Babilonia y usada por los alquimistas del antiguo Egipto: la **destilación**. De nuevo, en los actuales laboratorios pueden presentarse diversas variantes, más complejas y sofisticadas, pero, en resumen, todo consiste en hervir la mezcla recogiendo los vapores producidos y, posteriormente, condensar esos vapores, aprovechando los diferentes puntos de ebullición de sus componentes. Aún hoy en día obtenemos así, p.e., el alcohol de 96º (100 ml contienen 96 ml de etanol y 4 ml de agua), lo que se comercializa como antiséptico y desinfectante. Precisamente, ese alcohol (etílico) procede de la fermentación de los azúcares presentes en las plantas empleadas y, posteriormente, se separa del agua por sucesivas destilaciones: el producto obtenido en una es destilado en la siguiente etapa. En cada caso, el producto obtenido se va enriqueciendo en alcohol (que hierve antes que el agua, a 80ºC), hasta llegar hasta esa concentración de 96º; la mezcla con esta última proporción ya no es posible enriquecerla más en alcohol por simple destilación.

---

[83] Según los objetivos podemos emplear agua fría, caliente o hirviendo. En este último caso, como ocurre cotidianamente en el café, hablamos de **decocción**.

[84] Aunque muy elementales, también podemos encontrar referentes de esta ampliación en el pasado, p.e., en la extracción de sustancias aromáticas de flores, almacenándolas en un lugar cerrado y con grasas, aprovechando su mayor solubilidad en este tipo de sustancias, es una técnica conocida como *enfleurage*.

Fig. 21a.- Montaje de un aparato de destilación simple. **21b.-** La destilación por arrastre se emplea cuando no podemos someter la mezcla inicial a temperaturas tan altas y no hay un dispositivo de vacío (Fotos R.V.).

La destilación simple permite, p.e., la obtención de diversas bebidas alcohólicas (vodka, güisqui, ron, tequilas, ... ver capítulo 10) y tiene aplicación en el laboratorio, pero, como ya se ha dicho, existen variantes específicas. Así, la **destilación fraccionada**, muy útil en las refinerías para obtener diversas fracciones derivadas del petróleo crudo. O la **destilación por arrastre** de vapor, muy interesante para obtener compuestos delicados y que al hervir a altas temperaturas se degradarían. O la **destilación al vacío**, también útil para evitar la destrucción de algunos compuestos delicados (o para destilados con puntos de ebullición muy altos), y que consiste en reducir la presión de la mezcla a hervir, consiguiendo rebajar fuertemente los puntos de ebullición de los componentes.

Pero, para la separación de compuestos, hoy en día disponemos de un conjunto de técnicas muy potentes basadas, también en la solubilidad diferencial de cada componente. Son las diversas variantes de la **cromatografía** que, verdaderamente, es toda una familia de técnicas que van desde la más simple, la cromatografía en papel, hasta las mucho más sofisticadas y complejas cromatografías de gases o cromatografías HPLC (*High Pressure Liquid Cromatography*). Podemos fijarnos en la cromatografía en papel para ver cómo funciona (fig. 21); imaginemos una tira de papel colgada verticalmente en la que pusimos, en su parte inferior una muestra de sustancias a separar y, más abajo, el papel sumergido en un disolvente adecuado que irá subiendo por el papel, por capilaridad (como el café lo hace en un terrón de azúcar parcialmente sumergido). En su subida, el disolvente irá arrastrando de forma diferente cada uno de los componentes de la mezcla en cuestión, atendiendo a las distintas solubilidades. El nombre general de 'cromatografía' procede de que uno de los primeros usos de esta técnica fue para separar pigmentos coloreados de plantas, lo que resultaba, evidentemente, muy visible; pero, hoy en día, combinadas con otras técnicas de identificación, las cromatografías HPLC y de gases resultan imprescindibles en los laboratorios de química orgánica y, p.e., en los laboratorios de control de calidad de alimentos, medicamentos, etc. Muchas pruebas disponibles en farmacia y que consisten en colocar gotas de una muestra (saliva, orina, mocos, ...) y esperar hasta que aparece una determinada marca son, también, ejemplos de cromatografías simples.

Buena parte del trabajo más rutinario de mi tesis consistía en la separación mediante destilación fraccionada al vacío y cromatografías de placa o de columna, de diversos compuestos esteroidales (colesterol, codisterol, clerosterol, ostrasterol, etc.). Compuestos que, posteriormente, una vez purificados, eran identificados mediante técnicas de RMN (Resonancia Magnética Nuclear), espectrometría de masas y otras técnicas espectroscópicas. Por aquel entonces, en el Departamento de Química Orgánica y en la misma línea de obtención de productos naturales marinos, había personas trabajando en la extracción de derivados halogenados de *Aplysias* y muchos otros invertebrados marinos; aquellas investigaciones básicas fueron el germen de lo que se convertiría en una prometedora línea de investigación farmacológica, particularmente con la comercialización de varios antitumorales y antineoplásicos de origen marino como, p.e., la plitidepsina (*Aplidin©*), la lurbinectedina (*Zepzelca©*) o la trabectedina (*Yondelis©*), ver capítulo 10. Esto debería mostrar la importancia de cuidar la biodiversidad y aprovechar las posibilidades que, en diferentes campos, pero sobre todo en farmacología y medicina, ofrecen las incontables estructuras químicas que forman parte activa de los seres vivos. Se estima que cada día que pasa desaparecen unas 150 especies diferentes y, tal como llevan denunciando diversos organismos de la ONU, la crisis climática está acelerando tales extinciones.

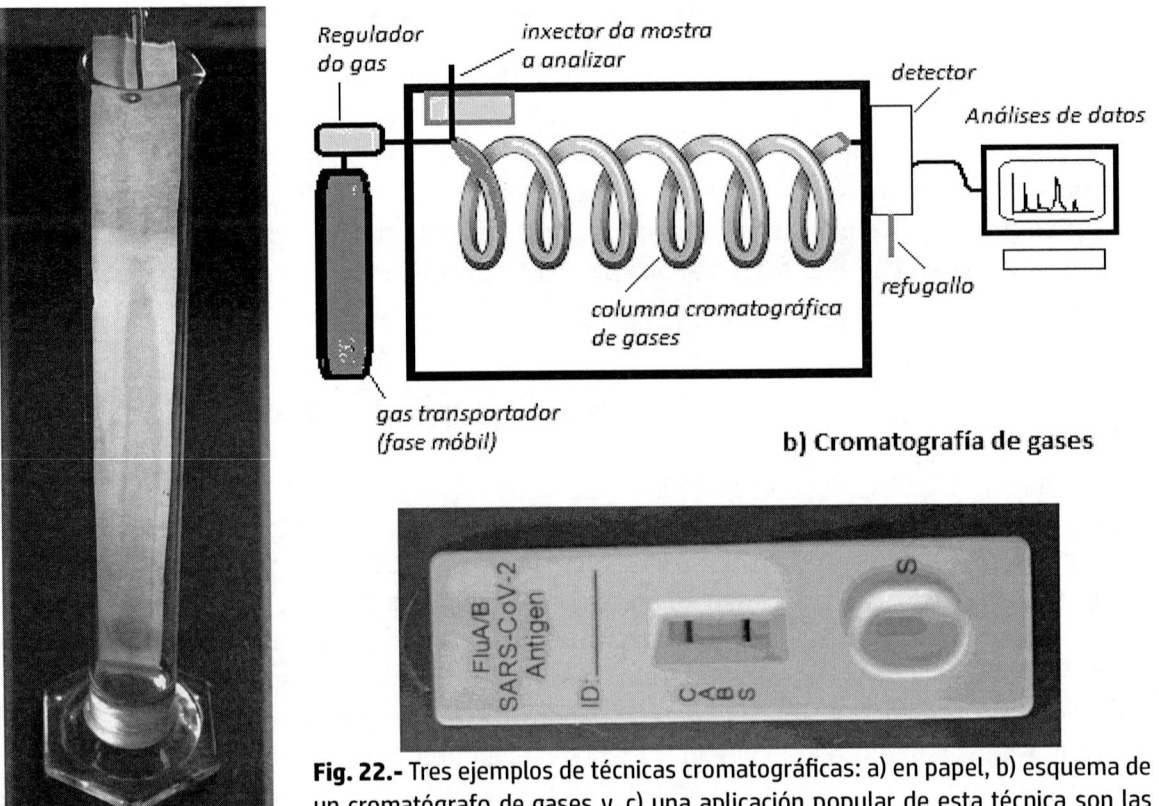

Fig. 22.- Tres ejemplos de técnicas cromatográficas: a) en papel, b) esquema de un cromatógrafo de gases y, c) una aplicación popular de esta técnica son las pruebas caseras de covid, gripe, embarazo, etc.

En cualquier caso, desde la extracción e identificación de un compuesto natural hasta su ensayo médico, para posibles aplicaciones, deberán transcurrir muchas etapas. Y, seguramente, ese camino podrá incluir pequeñas modificaciones estructurales que mejoren sus propiedades. Por seguir con el ejemplo del **ácido salicílico**, una vez identificado en la corteza de los sauces y reconocida su actividad antiinflamatoria y analgésica, había que superar un problema serio: este compuesto resulta muy agresivo en nuestro cuerpo, produciendo hemorragias y otras molestias en el aparato digestivo (ver cap. 10). Para mitigar estos efectos secundarios, se introdujo un grupo acetilo en su estructura y nació el **ácido acetilsalicílico**, el principio activo de un medicamento mundialmente reconocible, u otros antiinflamatorios como la salicilamida y los salicilatos, respectivamente, una amida y ésteres, derivados del ácido salicílico (fig. 23).

Independientemente de las modificaciones de una estructura de origen natural, a veces, comprobada su aplicación médico-farmacéutica, es necesario buscar en el laboratorio una ruta de síntesis a partir de otros productos más alejados en su estructura, muchas veces por cuestiones de rendimiento y de costes de producción o por una demanda muy alta. Es el mundo de la síntesis orgánica, que bien merece un apartado específico, tanto por estas consideraciones prácticas como por la 'belleza' intrínseca de las estrategias que se siguen en estos procesos.

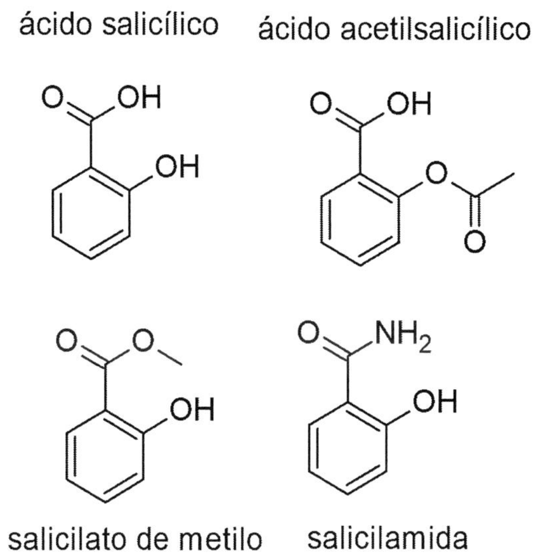

ácido salicílico   ácido acetilsalicílico

salicilato de metilo   salicilamida

Fig. 23.- Una familia de antiinflamatorios: del ácido salicílico (presente en especies de *Salyx sp.*) al acetilsalicílico, junto a un salicilato y la salicilamida.

¿Te gustan los pimientos? El arte de la síntesis orgánica (I)

Imagino que debe ser difícil, para quien no estudió nunca Química Orgánica, apreciar la 'belleza' que puede representar la búsqueda de la mejor estrategia a la hora de planificar la síntesis de un compuesto de carbono con cierto grado de complejidad. Tampoco es fácil transmitir el 'arte' de esta actividad en un libro de divulgación científica y, de hecho, no es habitual intentarlo. Lamentablemente, para el público en general, lo que más se aproxima acostumbra a aparecer en algunas series protagonizadas por químicos que 'cocinan' algún tipo de droga ilegal, en un ambiente inmerso en la delincuencia; recordemos como en la serie *Breaking Bad*, el principal protagonista, que se hacía llamar *Heisenberg*, se mostraba orgulloso de la 'calidad' de su producto.

Tal vez, un ejemplo concreto nos permita una aproximación a este 'juego' de estrategias ante una determinada síntesis. Entre las muchas, muchísimas estructuras químicas que podemos encontrar en los seres vivos vamos a escoger un compuesto alejado de las tramas televisivas, aunque puede resultar, ciertamente, próximo y 'doliente'. Usaremos el ejemplo de la **capsaicina** que es, tal como veremos en el capítulo 9, el compuesto que da nombre a un grupo de sustancias (los capsaicinoides) responsables del picante que presentan los pimientos y chiles, del género *Capsicum* y que, además, resulta ser un analgésico muy eficaz, un fármaco útil contra determinados dolores (lumbalgias y algunas neuralgias, ...); incluso, estudios recientes apuntan la posibilidad de que podría resultar útil para combatir determinados tipos de cáncer. Dado que puede resultar muy irritante para los mamíferos, es muy probable que, en la Naturaleza, juegue un papel de metabolito secundario sintetizado por las plantas como un mecanismo de defensa contra los herbívoros.

Como ya vimos, decir que la fórmula molecular de la capsaicina es $C_{18}H_{27}NO_3$ no llegará como descripción ya que puede haber miles de imaginarios compuestos que responderían a esta combinación de 49 átomos (ver el recuadro sobre **isomería** del anterior capítulo). Esto es lo primero que debemos destacar de los compuestos orgánicos: la importancia de la ordenación que adoptan los átomos en una molécula; y recordar que, incluso, con el mismo orden en las uniones de esos átomos, en muchos casos resulta decisiva la orientación espacial que adopten; todo esto se debe tener en cuenta a la hora de planificar una síntesis orgánica.

La estructura de la capsaicina viene representada en la figura 24a. Obviamente, metiendo en un recipiente átomos de carbono, hidrógeno, nitrógeno y oxígeno (los que nos indica su fórmula general), aunque sea en la proporción adecuada, no podemos pretender que espontáneamente se forme esa molécula en concreto, por mucho que hiciéramos reaccionar todos esos átomos. Estadísticamente, resultaría absurdo esperar que tales partículas se ordenasen, sin más, al azar, formando la capsaicina.

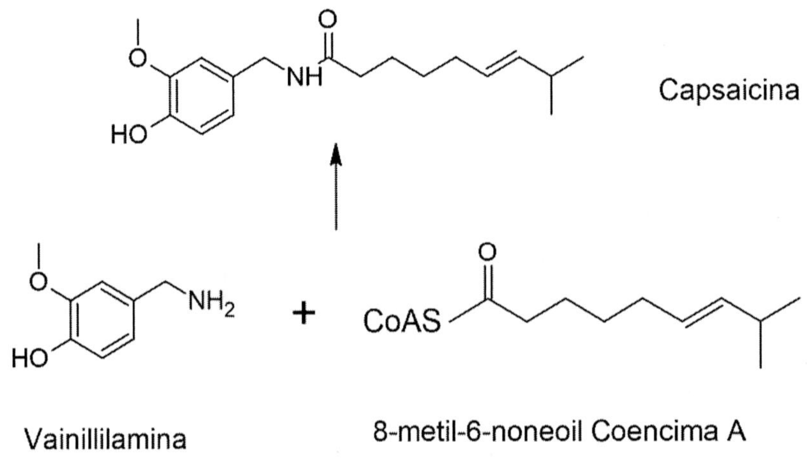

Fig. 24a (arriba): Estructura de la **capsaicina** y de las dos subestructuras previas en la planta. **24b (abajo):** Ejemplos de otros capsaicinoides derivados.

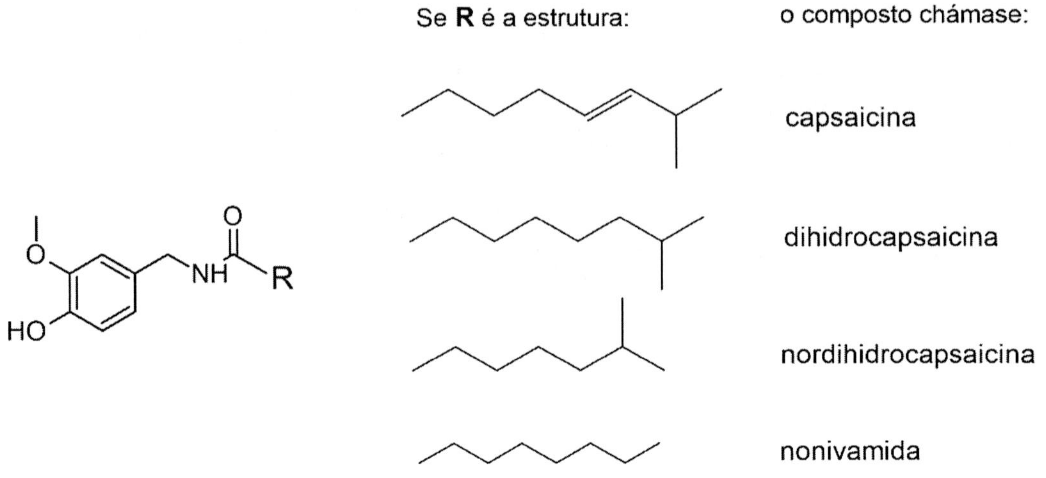

Para comenzar, si analizamos la molécula de capsaicina[85], podemos verla como el resultado de fusionar dos subestructuras, las indicadas en la figura 24a. En la planta, esas subestructuras, antes de fusionarse son moléculas independientes y se van formando por separado bajo la acción de diversas enzimas (fig. 25a): la vainillilamina (un derivado de la vainillina, donde podemos ver un anillo aromático y grupos alcohol, aldehído y amina), y una cadena lineal que deriva de un ácido graso (el nonanoico o ácido pelargónico)[86]. Al final, la unión o ensamblaje de esas dos estructuras, controlada por una enzima (la capsaicinoide sintasa), lleva a la formación de la capsaicina que, con su presencia, puede hacer que, comiendo pimientos de Padrón, 'uns piquen e otros non'. Esta conexión entre dos moléculas biosintetizadas por vías diferentes y que, posteriormente, se unen para formar una nueva molécula puede identificarse con la llamada 'Química Click'[87] por la que, en 2022, Carolyn Bertozzi, Morten Meldal y Barry Sharpless llevaron el Nobel de Química.

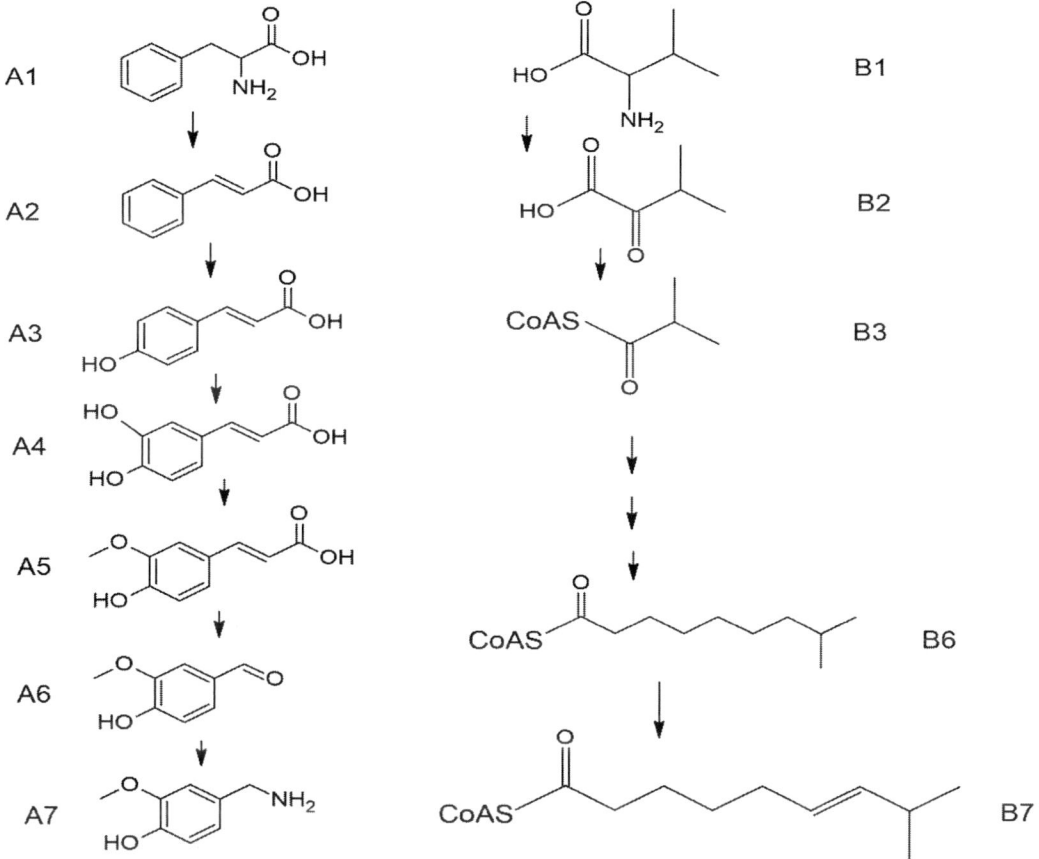

Fig. 25a.- Biosíntesis de la **capsaicina** en las plantas (género *Capsicum*), partiendo de dos aminoácidos: **fenilalanina** (A1) y **valina** (B1). Con la intervención de diversas enzimas, las estructuras se van transformando y aparecen, por la primera vía, p.e.: el ácido cinámico (A2), el ácido cafeico (A4), la vainillina (A6) y, por la segunda vía, formas activas (unidas a la coenzima A) de ácidos grasos como el isobutírico (B3), etc. Al final, gracias a otra enzima (la capsaicinoide sintasa), se unen las dos subestructuras finales (A7 y B7), como se indica en la fig. 24a.

---

[85] El nombre sistemático de la capsaicina es 8-metil-N-vanilil-6-nonenamida.

[86] Tal como indican, en un interesante trabajo, varios bioquímicos del Centro de Investigación Científica de Yucatán (México), esos dos compuestos previos derivan de dos aminoácidos habituales: la vainillina se forma, a partir de la **fenilalanina**, y el ácido graso deriva de la **valina** (ver figura 25a).

[87] La 'Química Click' es una química basada en reacciones específicas que funcionan muy eficientemente y que tiende a emplear bloques de construcción molecular que se juntan con gran rendimiento, reduciendo o eliminando la formación de otros secundarios y/o no deseados.

Pero ¡claro!, la Naturaleza fue recogiendo estos pasos a lo largo de millones de años de evolución y para esto presenta enzimas que catalizan, de forma muy eficaz (y, como veremos en el siguiente capítulo, imposible de superar), cada uno de los pasos, cada una de las etapas participantes en esta larga cadena de transformaciones, orientando el proceso. En el laboratorio (incluso antes, en la etapa de planificación previa en el papel), lo que tenemos es un extenso conjunto de reacciones, cientos de posibles reacciones generales conocidas, que fuimos identificando a lo largo del estudio de la Química en poco más de cien años; su aplicación resulta algo próximo a la estrategia que podría seguir una persona que juega al go coreano o al ajedrez (con el añadido de conocer no los posibles movimientos de seis piezas, si no centenas de posibles reacciones). ¿Qué podemos hacer? ¿Por dónde empezamos?

Siguiendo con el ejemplo, veamos cómo podríamos sintetizar la vainillina partiendo de un compuesto fácilmente accesible: el **benceno** (I, el anillo aromático, núcleo de esa estructura). En la figura 25b podemos ver algunas posibles vías de actuación, un esbozo de algunas ideas base; en el Apéndice Final 3, para quien desee profundizar algo más en este ejemplo, se dan más detalles sobre los pasos sugeridos en una de las estrategias escogida (aunque omitiendo algunos detalles por prudencia); podremos comprobar que la rutas de laboratorio son siempre más difíciles y mucho menos eficaces que la ruta biosintética y, desde luego, requieren condiciones que serían muy agresivas y tóxicas para cualquier ser vivo, plantas incluidas (ver fig. 92).

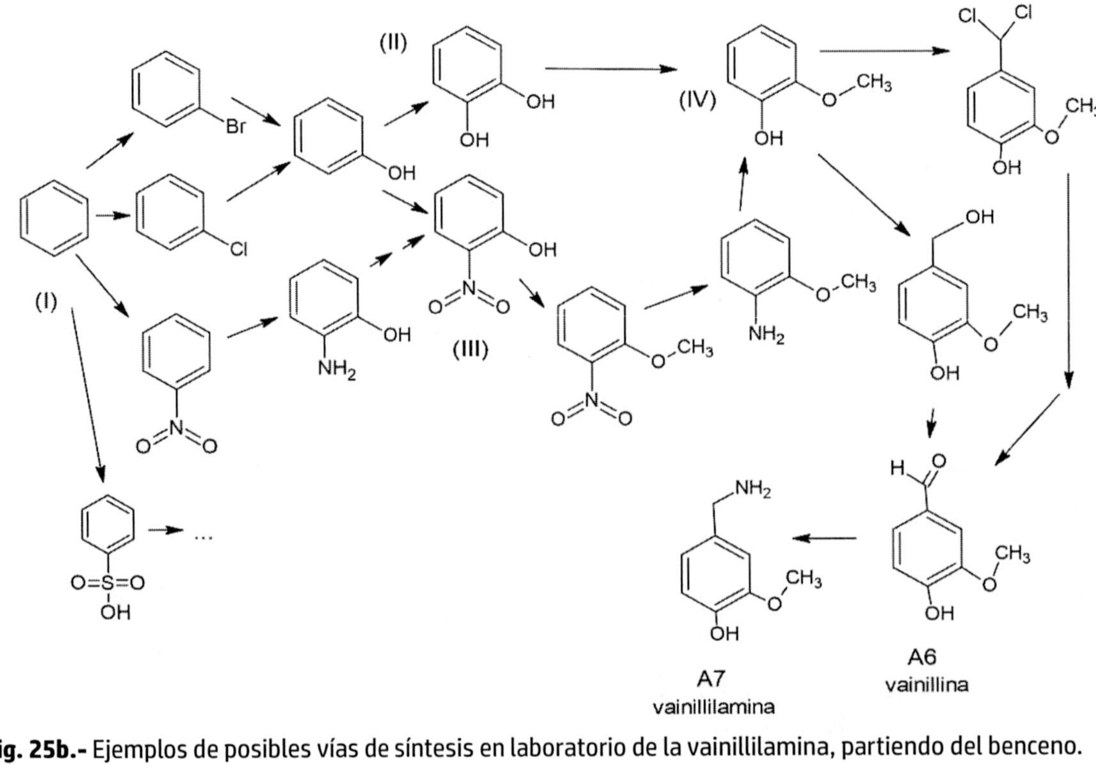

Fig. 25b.- Ejemplos de posibles vías de síntesis en laboratorio de la vainillilamina, partiendo del benceno.

Tal como indican las flechas de la figura 25b, partiendo del benceno tenemos varias opciones, es decir, hay varias reacciones químicas que permiten sustituir un átomo de hidrógeno del anillo bencénico por un grupo más reactivo (un halógeno, un grupo nitro, ...) con el que poder trabajar después. Una de las mejores opciones, por el rendimiento conocido de esa reacción, es emplear un átomo de cloro. En cualquier caso, con mejor o peor rendimiento y calidad, al final de esas primeras opciones podríamos obtener el catecol (II) o un nitrofenol (III); cada uno de estos compuestos abriría nuevas posibles vías (obviamente, podría haber muchas más de las aquí expuestas), hasta llegar al guayacol[88] (IV), donde nuevas vías (también, con diversas opciones) llevarían hasta la vainillina (A6) y, por fin, a la vainillilamina (A7). Igualmente, en la otra rama (B, en la figura 25a), para la derivada del ácido graso, podríamos recurrir a diversas reacciones de laboratorio y obtener el compuesto deseado, tal como veremos, directamente, en el Apéndice Final 3 y figura 92, solo que allí, para simplificar, escogeremos un ácido graso más fácil de sintetizar que el propio de la planta. Por cierto, ese compuesto nuevo, la **nonivamida** (fig. 24b y 92b), tiene propiedades parecidas a las de la capsaicina, incluso alguna propiedad mejorada para su uso como analgésico.

Procesos de síntesis semejantes se pueden dar con miles de compuestos, de los que conocemos su estructura gracias a investigar productos naturales presentes en seres vivos; es un nuevo argumento sobre la importancia de la biodiversidad y la riqueza de información que estamos perdiendo, día a día, con la extinción de especies. Así, incluso desde una perspectiva muy egoísta o egocéntrica, cuando se pierden ecosistemas enteros y se extinguen especies al ritmo en que está ocurriendo estamos perdiendo oportunidades de conocer nuevas estructuras, posibles fármacos, etc., por mucho que la llegada de la 'inteligencia artificial' pueda aportar nuevas vías a la hora de planificar nuevas estructuras.

Así mismo, en las teóricas vías de reacción escogidas, podemos apreciar, también, como podemos ir introduciendo pequeñas modificaciones para, al final, obtener productos similares, pero no exactamente iguales a los naturales, y que pueden, incluso, mejorar algunas prestaciones que nos interesan. Otra cuestión es que no mejoren nada, pero que se produzcan y empleen por cuestiones de mercado, en detrimento de la calidad real del producto (razones de patentes, abaratar costes y mejorar beneficios, ...). Pero aquí entramos en una faceta ajena a la perspectiva del conocimiento científico, la perspectiva del 'valor de uso y el valor de cambio'.

El arte de la síntesis orgánica (II)

El ejemplo anterior trata de cómo ir colocando los átomos adecuados en el lugar adecuado de una estructura química, mejor dicho, intenta mostrar lo complejo que puede resultar un proceso de síntesis; y, ¡ojo!, el ejemplo escogido no es un caso especialmente difícil. Pero este ejemplo, más allá de la colocación de los átomos, no muestra una complicación adicional que, frecuentemente, aparece a la hora de sintetizar un compuesto orgánico: como discriminar si hay **isómeros ópticos** u otro tipo de isomería especial, es decir, si la molécula tiene algún átomo en el que su orientación pueda tener varias opciones, dando compuestos diferentes (**isómeros**) de difícil separación. Un ejemplo habitualmente citado en la historia de la farmacología, relacionado con esta sutileza en la síntesis, es el de la **talidomida**, un fármaco que, a finales de los años cincuenta del pasado siglo, era empleado como sedante y en el tratamiento de náuseas en los primeros meses de embarazo. Realmente había dos formas (dos tipos de estereoisómeros): la R-talidomida, el verdadero **sedante**, y la S-talidomida, con graves efectos teratogénicos; al no separarse correctamente, este último provocó miles de abortos o nacimientos de bebés con anomalías congénitas, particularmente en las

---

[88] El guayacol y algunos de sus derivados se encuentran, también, p.e., en el aroma del café.

extremidades[89]. De hecho, fue después de hacerse el estudio de aquellos trágicos hechos que se comenzó a diferenciar estas moléculas idénticas excepto en la orientación espacial de un átomo o pequeño grupo de átomos. Nuevamente, un ejemplo de la sutil relación de las estructuras químicas y la vida: forma y vida.

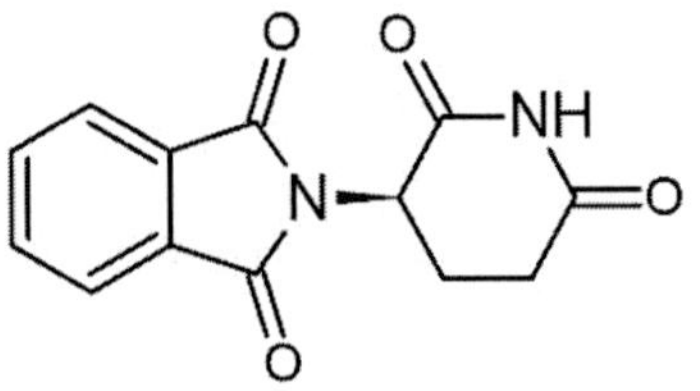

R-talidomida 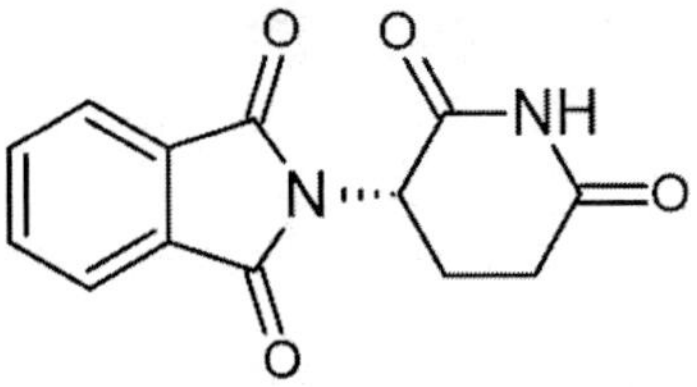   S-talidomida

Fig. 26.- La **R-talidomida**, un **sedante**, y la **S-talidomida**, un tóxico con trágicos efectos teratogénicos, son otro ejemplo de estereoisómeros. Al mirar esas dos estructuras, imaginar que los dos anillos de la izquierda son planos; siendo así, el anillo de la derecha, en una de estas estructuras, se orientaría por encima del papel y en la otra por debajo.

Entre otras variantes (ver capítulo 5), en las reacciones catalizadas por **enzimas**, las que ocurren en los seres vivos, la asimetría aparece de forma natural; las enzimas 'encajan' y actúan sobre un determinado isómero y no sobre el otro, y la cadena de la asimetría puede mantenerse intacta. Pero en el laboratorio de química es especialmente difícil dar con reacciones que distingan entre dos isómeros ópticos obteniéndose, habitualmente, una mezcla de todos los posibles. Esto complica, y mucho, la síntesis de los compuestos que presentan carbonos asimétricos. Precisamente, el premio Nobel de Química del 2021 ha recaído en dos investigadores, el alemán Benjamin List y el británico David MacMillan, por sus trabajos en la catálisis orgánica asimétrica, que atiende, precisamente, a estas cuestiones. Hasta finales del pasado siglo XX, se pensaba que había dos tipos de **catalizadores**: los metálicos (como, p.e., los que se emplean en los coches para transformar algunas sustancias tóxicas de los gases de escape) y las enzimas (multitud de **proteínas** que catalizan las reacciones, de forma muy específica, en los organismos). Investigando sobre la catálisis asimétrica, List y MacMillan desarrollaron un tercer tipo de catalizadores: pequeñas moléculas orgánicas que pueden actuar de forma algo parecida a las enzimas, pero sin su compleja estructura química. De esta forma, dotaron a la síntesis orgánica de nuevas herramientas para avanzar en la eficacia de las reacciones empleadas y poder superar algunos de los inconvenientes que hasta ahora se presentaban en este sentido como, p.e., obtener moléculas asimétricas específicas de forma relativamente sencilla y, además, con métodos mucho más respetuosos con el medio ambiente. Por poner un ejemplo citado en la prensa de esos días: cuando en los años 50 del pasado siglo, se sintetizó la **estricnina** (una sustancia venenosa empleada como pesticida), hacía falta una secuencia de 29 reacciones químicas consecutivas hasta llegar a la estructura de este compuesto y, obviamente, su eficacia era muy baja: para obtener 1 g de estricnina, el total de

---

[89] Más allá de los aspectos científicos, a julio del 2023 en el Estado Español, el gobierno acaba de aprobar indemnizaciones para los afectados, los que sobreviven 60 años después de que, oficial y teóricamente, fuera prohibido el uso de este medicamento en este territorio, pero sin el reconocimiento de culpa de la compañía farmacéutica, la *Grünenthal GmbH*, que sí asumió con las personas afectadas en otros países.

reactivos empleados superaba los 110 kg (por supuesto, en las proporciones necesarias). Gracias a los trabajos de List y MacMillan, el proceso se redujo a 12 etapas, con una eficacia miles de veces superior a la de la primera síntesis.

Por cierto, en ese mismo año, 2021, el Nobel de Medicina fue para el biólogo armenio Ardem Patapoutian y el fisiólogo estadounidense David Julius, por sus trabajos sobre los receptores de la temperatura y del tacto, avanzando en el conocimiento de como el calor o el frío pueden generar los impulsos nerviosos. Curiosamente, el equipo de Julius empleó la **capsaicina** para conseguir identificar el receptor de las terminaciones nerviosas (el gen y la proteína correspondiente) que, presentes en la piel, responden al calor (como veremos en el capítulo 7); se trata de una proteína (conocida como TRPV1) que responde tanto a la sensación de calor como del picante de los capsaicinoides. El mismo equipo demostró la existencia de otro receptor (de la misma familia TRP) que detecta el frío y la presencia de algunos compuestos como, p.e., el mentol.

Capítulo 4

LO MÁS BÁSICO DE LA NUTRICIÓN. METABOLISMO PRIMARIO

Un requisito de la vida es demandar energía y materiales para su mantenimiento. Puede que los gatos y los perros prefieran comer carne mientras que a los colibríes les gusten mucho más los azúcares propios del néctar de las flores, pero el objetivo final de su comportamiento, su 'currículo oculto' es el mismo: dotarse de los compuestos de carbono necesarios para mantener la vida. Esa es la misión del **metabolismo primario** en el que participan, además del agua y del oxígeno del aire[90], los alimentos que ingerimos. Así, en lo más básico de los alimentos, más propiamente de la nutrición que incumbe a este metabolismo primario, encontramos tres grandes grupos de nutrientes: lípidos, hidratos de carbono y proteínas, absolutamente fundamentales para la vida tal como la conocemos, junto con minerales y otras sustancias de actividad más ajustada como, p.e., las vitaminas o los ladrillos de los imprescindibles ácidos nucleicos. Repasemos lo más básico de estas familias de compuestos más complejos, pero, al mismo tiempo, más frecuentes en la Naturaleza.

LÍPIDOS

El grupo de los lípidos o grasas (en el sentido más amplio) resulta químicamente muy heterogéneo, más allá de que todos son compuestos insolubles en agua y que aportan una gran cantidad de energía (cada gramo supone hasta unas 9 kcal, en contraposición a las 4 kcal de los otros dos grandes grupos). En cualquier caso, como veremos, sin lípidos no existiría la membrana que envuelve a todas las células vivas y simplemente esto ya denota su importancia para la vida.

Entre los más simples, encontramos los **ácidos grasos** libres y los **ésteres** que estos forman con el **glicerol** (o propanotriol) y que, como ya vimos, según el número de moléculas de ácido participantes, pueden ser: mono-, di- o triglicéridos; estos **glicéridos** son los constituyentes básicos mayoritarios de los aceites y grasas que empleamos en la cocina y un reservorio energético para el organismo.

---

[90] No siempre fue así, el oxígeno fue una incorporación posterior, de esto se hablará en el cap. 6.

Tabla 4: Algunos de los principales ácidos grasos y tres (de varios) sistemas de nomenclatura

Nombre común	Nombre IUPAC (Ácido...)	Sistema Delta
butírico	butanoico	C4:0
caproico	hexanoico	C6:0
caprílico	octanoico	C8:0
cáprico	decanoico	C10:0
láurico	dodecanoico	C12:0
mirístico	tetradecanoico	C14:0
palmítico	hexadecanoico	C16:0
esteárico	octadecanoico	C18:0
araquídico	eicosanoico	C20:0
miristoleico	*cis*-9-tetradecenoico	$C14:1\Delta^9$
palmitoleico	*cis*-9-hexadecenoico	$C16:1\Delta^9$
oleico	*cis*-9-octadecenoico	$C18:1\Delta^9$
elaídico	*trans*-9-octadecenoico	$C18:1\Delta^{9\,(t)}$
trans-vaccénico[91]	*trans*-11-octadecenoico	$C18:1\Delta^{11\,(t)}$
linoleico	*cis,cis*-9,12-octadecadienoico	$C18:2\Delta^{9,12}$
α-linolénico	*cis,cis,cis*-9,12,15-octadecatrienoico	$C18:3\Delta^{9,12,15}$
araquidónico	*todo cis*-5,8,11,14-eicosatetraenoico	$C20:4\Delta^{5,8,11,14}$

Es un hecho bien conocido que, en nutrición, resulta importante considerar la naturaleza química de los ácidos grasos que participan en las grasas que consumimos. En general, resulta muy beneficioso para nuestras arterias que, frente a los ácidos grasos saturados, en nuestra dieta abunden los ácidos insaturados, es decir, los que tienen en su molécula uno o varios dobles enlaces carbono-carbono (C=C), respectivamente llamados monoinsaturados y poliinsaturados); y esto es debido a su relación, p.e., con la biosíntesis de colesterol que, en nuestro organismo, es favorecida por las grasas saturadas. Especialmente recomendables son los llamados **omega-3**, es decir, aquellos ácidos insaturados que poseen un doble enlace entre el tercero y el cuarto carbono de su cadena molecular comenzando por el extremo contrario al que contiene el grupo propio de esta familia (por esto se habla de carbono final o omega). En general, para una misma temperatura ambiente, las grasas con más ácidos insaturados (*cis*) van a ser más líquidas debido a que su estructura dificulta que las moléculas se agrupen más eficazmente (fig. 27).

Como es sabido, en la grasa que acompaña a las carnes rojas (como la de vacuno u ovino) abundan los ácidos saturados mientras que, las grasas vegetales y de pescado tienden, en general, a ser más ricas en insaturados, pero hay importantes excepciones a esta regla; algunas como, p.e., las derivadas del coco o de la palma son muy ricas en saturados y, por otro lado, la alimentación y calidad de vida de determinado tipo de cerdo permite un mayor porcentaje de grasa insaturada. Igualmente, la proporción de ácidos grasos insaturados (y propiamente de los omega-3) en pescados va a depender de diversos factores: los marinos contienen más que los de agua dulce y, entre los primeros, el pescado azul es más rico en omega-3. Resulta curiosa la relación encontrada entre el contenido de insaturados en pescados y la temperatura de las aguas en las que viven, comprobándose que los arenques propios de aguas más frías contienen un mayor porcentaje de poliinsaturados. Añadiendo más factores, hay variaciones conocidas según especies y su alimento habitual, según el tamaño y la edad de los individuos o atendiendo a la época del año en que desovan

---

[91] En pequeñas cantidades está presente en algunas carnes y en la leche.

y/o migran. Un ejemplo concreto: en Galicia hay el dicho de que 'No San Xoán, a sardiña molla o pan', aludiendo a que contiene mucha más grasa en esta época, lo que guarda relación con una mayor abundancia en nuestras costas del plancton que le sirve de alimento, permitiéndole acumular grasa; por la contra, en invierno, la sardina en estas latitudes suele resultar mucho menos sabrosa.

Fig. 27a (arriba).- Ejemplos de mono- y diacilglicéridos (los carbonos numerados son los tres propios del **glicerol**; **R** y **R'** varían para cada **ácido graso** sustituyente (en la fig. 13b hay un ejemplo concreto de **triglicérido**). **27b (abajo).-** Fórmulas desarrolladas de un ácido saturado (**a: palmítico**) y de dos insaturados: b) un '**trans**', como el **elaídico** y c) un '**cis**', como el **oleico**. Las estructuras de los dos primeros presentan una mayor linealidad y las grasas en las que se encuentran pueden formar más fácilmente una estructura cristalina compactada; esto es mucho más difícil con la 'curvatura' del 'ácido insaturado cis' y, por esto, los puntos de fusión de las grasas más insaturadas tienden a ser más bajos (a igualdad en la longitud media de las cadenas, pues también influye su tamaño).

a) ácido palmítico ou hexadecanoico (C16:0)

b) ácido elaídico ou trans-9-octadecenoico (C18:1^{9t})

c) ácido oleico ou cis-9-octadecenoico (C18:1^{9})

Más allá de los ácidos grasos y glicéridos, están los llamados lípidos compuestos, que resultan de la unión de un lípido simple y una molécula no lipídica. De especial interés y extensión en la Naturaleza resultan los **fosfolípidos**, formados por un diglicérido en el que el tercer grupo alcohol del glicerol, el que quedó libre, va unido a un grupo de **ácido fosfórico** que, a su vez, en el otro extremo está ligado a una molécula muy específica, bien nitrogenada (como la colina, la serina o la etanolamina) o con un grupo alcohol (como el inositol). La extraordinaria importancia de los fosfolípidos reside en que, junto con determinadas proteínas, forman la membrana celular que envuelven a todas las células vivas; en la formación de esta membrana podemos localizar los primeros seres vivos como un organismo separado del medio ambiente que lo rodea.

En el grupo de los lípidos se incluyen también otros compuestos asociados como, p.e., el de las vitaminas liposolubles y el extenso conjunto de esteroles que incluye variantes y derivados del colesterol, de gran importancia para la vida, a pesar de que con el actual sedentarismo social aparezca como una sustancia estigmatizada. La razón es que su exceso en nuestro organismo lleva a una acumulación en las paredes arteriales, incrementado los riesgos de múltiples enfermedades y/o accidentes cardiovasculares. Pero hay que indicar que la mayoría del colesterol de nuestro cuerpo es sintetizado por nuestras propias células, especialmente en el hígado y en el intestino, y que esa síntesis se ve favorecida, entre otros factores, por un consumo impropio, excesivo de ácidos grasos saturados (y, como se ha dicho, al tipo de vida sedentaria[92], así como a la genética de cada persona). El colesterol viaja a través de nuestras arterias unido a determinadas proteínas y en los análisis de sangre es habitual distinguir entre el colesterol LDL (propiamente, colesterol unido a proteínas de baja densidad, LDL) y el HDL (unido a proteínas de alta densidad). Estos datos revelan, pues, dos realidades diferentes (ver, en este capítulo, el recuadro dedicado al hígado): el LDL se refiere al colesterol que se incorpora a las células de nuestro organismo (procedente del hígado e intestino) y se conoce, popularmente, como 'colesterol malo', mientras que el HDL es colesterol que está siendo retirado de las células camino del hígado, de ahí que un mayor porcentaje de este último puede resultar, ciertamente, un dato positivo (fig. 52).

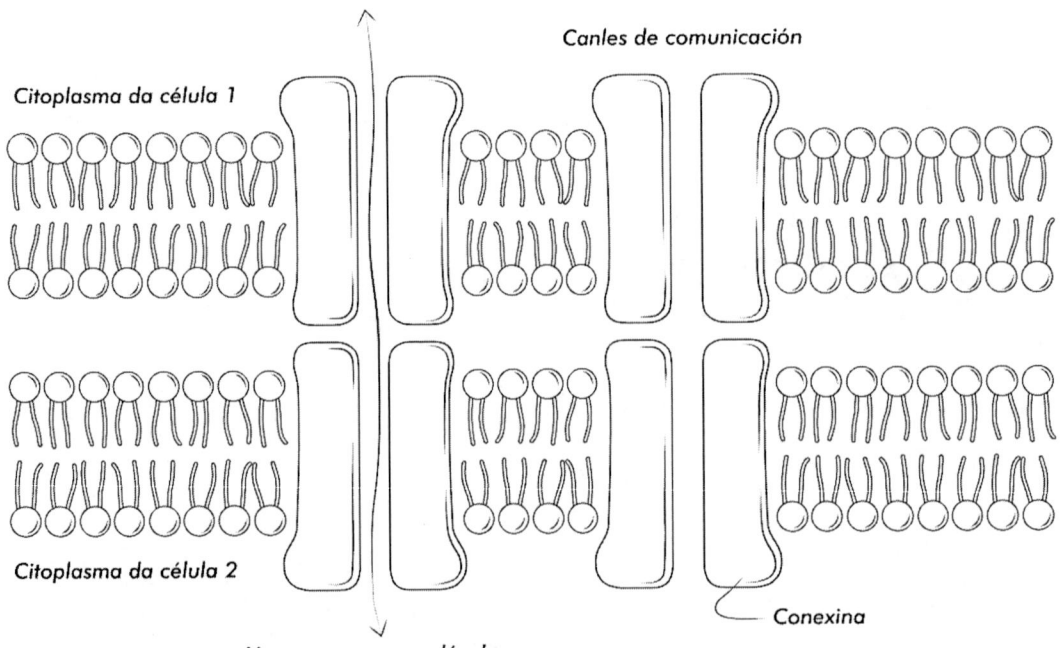

Fig. 28.- Arriba: Esquema de dos membranas celulares próximas, con las bicapas lipídicas paralelas y con canales (proteínas) para el transporte o paso de iones y pequeñas moléculas (Ilustración: Lía Liñares). A la izquierda: Estructura general de una fosfatidilcolina, un ejemplo de fosfolípido típico de las membranas celulares.

---

[92] De hecho, el colesterol que poseen los alimentos puede actuar como un inhibidor de esa biosíntesis.

HIDRATOS DE CARBONO. NADA COMO LA GLUCOSA

El nombre de **hidratos de carbono** o **carbohidratos** deriva del hecho de que los primeros compuestos de esta familia identificados respondían a la proporción $C_n(H_2O)_n$, es decir, parecían el resultado de combinar *n* átomos de carbono con el mismo número (*n*) de moléculas de agua; pero, dilucidadas sus estructuras, resultaron ser, en los casos más simples, **polialcoholes** con un grupo **aldehído** o **cetona**, son los **monosacáridos** (como glucosa, fructosa, ...). En otros casos, son combinaciones de esos monosacáridos formando bien estructuras discretas, con unas pocas unidades (**oligosacáridos**, como la **sacarosa**), o grandes **polímeros** en los que se repite uno o varios de esos monosacáridos dando macromoléculas que pueden servir para dar estructura a los vegetales (como ocurre con la **celulosa**) o de reserva de monosacáridos (como el caso del **glucógeno** o el **almidón**); son los **polisacáridos**.

Un criterio para clasificar los monosacáridos es atender al número de átomos de carbono presentes en su molécula, hablando de **triosas, tetrosas, pentosas, hexosas,** ... o de **tetrulosas, pentulosas, hexulosas,** según sea, respectivamente, un grupo funcional **aldehído** o **cetona** el que define a su molécula (en general, como **aldosa** o **cetosa**), como se puede comprobar en la figura 29.

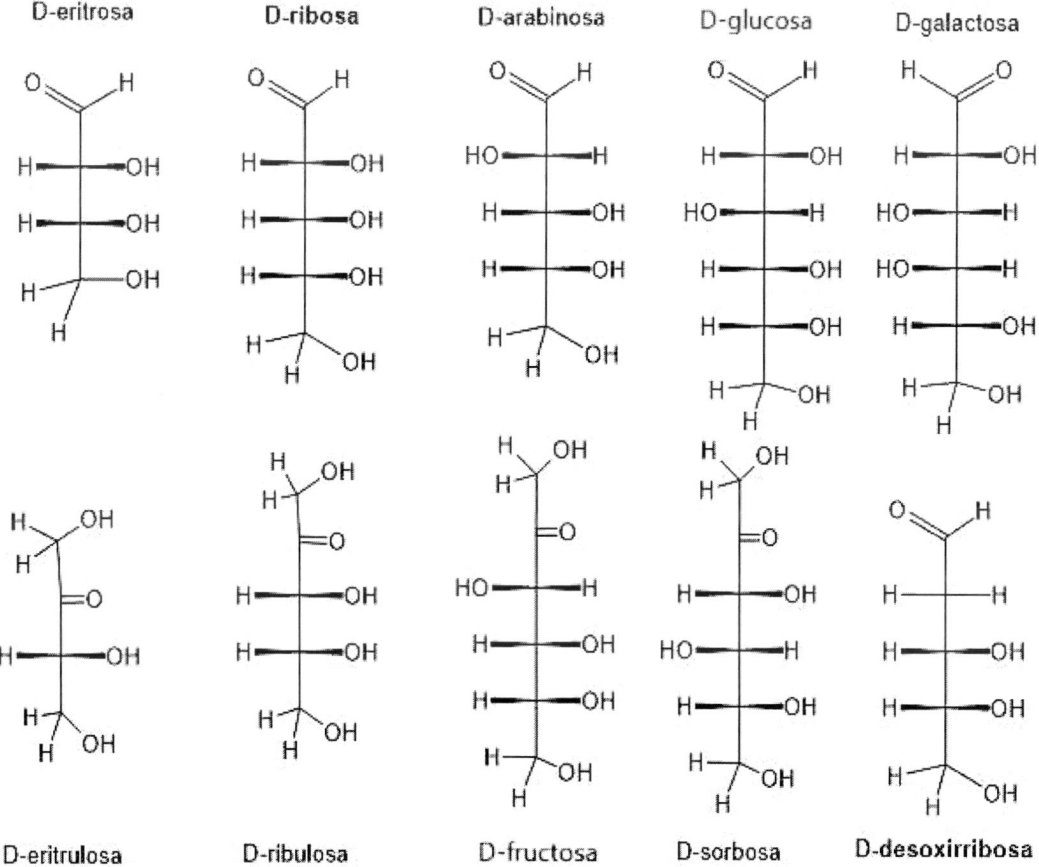

Fig. 29a.- Algunos **monosacáridos**: **aldosas** (como la D-eritrosa o la D-ribosa) y **cetosas** (como la D-eritrulosa o la D-fructosa, etc.). La D-desoxirribosa deriva de la **ribosa** y resulta muy importante en la formación de los **ADNs**. Observar que hay **carbonos quirales** (indicados con enlaces orientados) y todos los monosacáridos naturales que aprovechamos los seres vivos de la Tierra tienen la configuración D en el último carbono quiral. Pese a estas estructuras lineales, es habitual que los monosacáridos formen anillos o ciclos (ver fig. 29b).

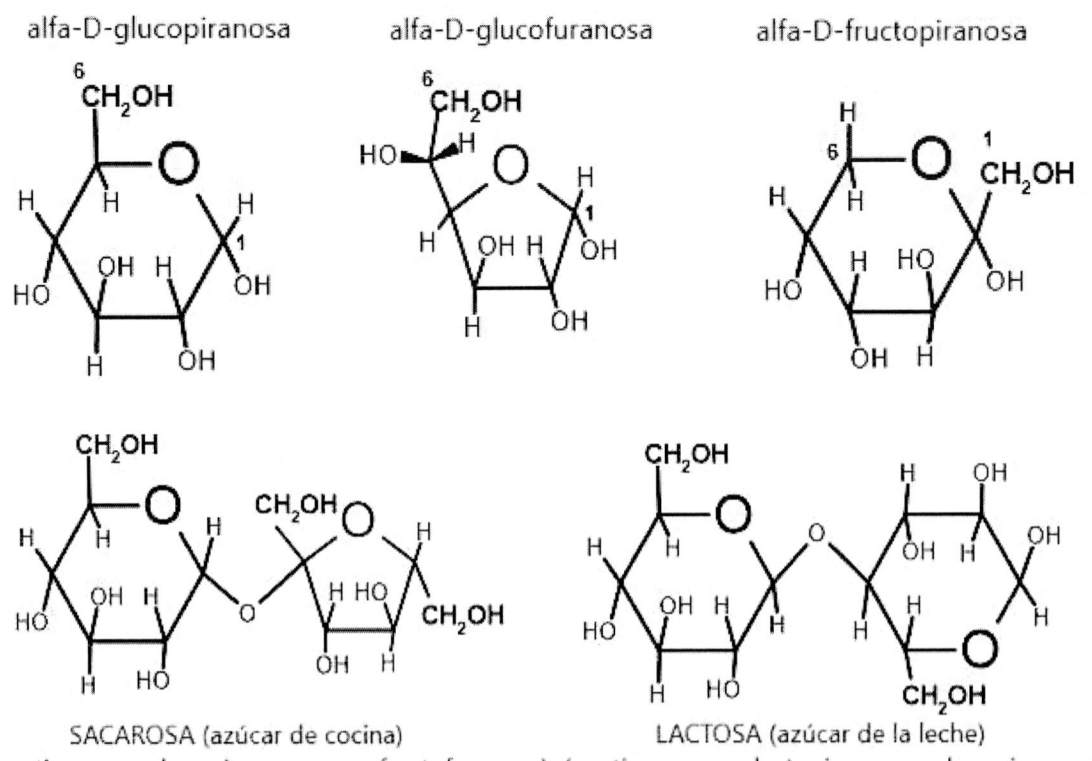

alfa-D-glucopiranosa   alfa-D-glucofuranosa   alfa-D-fructopiranosa

SACAROSA (azúcar de cocina)   LACTOSA (azúcar de la leche)
(contiene una glucopiranosa y una fructofuranosa) (contiene una galactopiranosa y glucopiranosa)

Fig. 29b.- Es habitual que, debido a la reacción entre el grupo -C=O y e uno de los OH de la propia molécula, los monosacáridos formen ciclos (con 5 carbonos, tipo piranosa, o con 4, tipo furanosa); en la fila de arriba se presentan tres ejemplos (dos de la glucosa y uno de la fructosa). En la fila de abajo se muestran dos ejemplos de **disacáridos** muy abundantes: la **sacarosa** (o azúcar de cocina) y la **lactosa** (azúcar de la leche).

Para evidenciar la importancia de los hidratos de carbono para la vida solo debemos recordar dos datos concretos: por un lado, día tras día, mediante la **fotosíntesis**, las plantas y algunos microorganismos captan una fracción de la energía solar y la almacenan en moléculas de **glucosa**, partiendo de las más simples moléculas de agua y dióxido de carbono, presentes en la atmosfera (ver figura 8). Es la base energética de la inmensa mayoría de los ciclos vitales que se desenvuelven en el planeta Tierra[93]. Además, a través de diversas rutas bioquímicas según diferentes especies, la glucosa es el punto de partida para la formación de los demás metabolitos primarios (otros hidratos de carbono, lípidos y aminoácidos) y, también, de gran mayoría de los secundarios, tal como veremos en el siguiente capítulo.

Y, por otro lado, la glucosa es el 'combustible preferente' que emplean las células, en sus mitocondrias, para obtener la energía requerida para toda su actividad y la de los organismos a los que pertenecen. En concreto, parte de la energía almacenada en los enlaces carbono-carbono de la glucosa da lugar, por **glucólisis** y el **ciclo de Krebs**, a la formación de moléculas de **ATP**, la 'unidad

---

[93] Solo quedarían fuera algunos sistemas biológicos excepcionales como es el caso, p.e., de ecosistemas que se mantienen alejados de la luz solar y/o la atmosfera oxidante como las fumarolas volcánicas sumergidas en las dorsales oceánicas, ...

energética' o 'moneda' de los sistemas biológicos. Dada su importancia, vital, en los organismos existen reservas de glucosa: el **glucógeno** (en músculos y, sobre todo, en el hígado) en los animales y el **almidón** en los vegetales, polímeros que van liberando moléculas de glucosa según sea la demanda (ver, en el capítulo 7, el recuadro sobre la **homeostasis**).

De hecho, y como ya dijimos, ademáis del papel fundamental de la glucosa y derivados como subministradores de energía para la vida, algunos hidratos de carbono (almidón, celulosa, pectinas, ...) son biopolímeros que forman parte de la propia estructura de las plantas, integrando un importante componente de nuestra alimentación: la **fibra**. Hay también otras moléculas de esta familia de nutrientes que ejercen funciones fundamentales para la vida en combinación con otras sustancias como, p.e., la **ribosa o la desoxirribosa**, constituyentes de los ácidos nucleicos, base de toda la información genética.

PROTEÍNAS Y PÉPTIDOS

La diversidad de funciones y de moléculas posibles, así como su increíble especialización, convierten a las proteínas en una buena representación de la vida misma. No solo forman parte fundamental de la estructura de nuestros cuerpos[94] si no que, péptidos y proteínas juegan infinidad de papeles imprescindibles para la propia existencia de la vida: son las **enzimas** que catalizan las innumerables reacciones químicas que mantienen la vida (capítulo 5) o conforman las puertas que, en las membranas plasmáticas, regulan el tránsito de sustancias entre el interior y el exterior celular, transportan sustancias imprescindibles por el cuerpo, actúan como receptores, identificando de forma muy selectiva determinados mensajeros, ...; y, además, no solo actúan en la codificación y expresión de la información genética que guardan los ácidos nucleicos si no que son, propiamente, el contenido de la expresión misma de esa codificación, como veremos pronto.

Como ya vimos en el capítulo 2, las **proteínas** son polímeros formados por largas, muy largas cadenas de **aminoácidos** (ver figura 16) que actúan como monómeros, siendo únicamente veinte los básicos que participan en la construcción de todas las proteínas que forman la vida en nuestro planeta. Cuando se trata de cadenas de aminoácidos mucho más pequeñas se habla de **oligopéptidos** (o simplemente péptidos), pero, en cualquier caso, los aminoácidos aparecen unidos mediante **enlaces peptídicos**, es decir, tipo **amida** (fig. 15). La secuencia de los aminoácidos que forman una proteína se conoce como su **estructura primaria**. Pero, más allá de esa secuencia de aminoácidos, para el correcto funcionamiento de una proteína resulta vital la forma en que esa estructura se pliega o encarta en el espacio y esto depende, obviamente, de una inmensidad de interacciones, siempre electromagnéticas, entre los muchísimos grupos químicos presentes en esa cadena de átomos que conforman la macromolécula. Precisamente, a esa disposición espacial de los átomos constituyentes y a la orientación espacial de esas cadenas se refieren las **estructuras secundaria y terciaria** (fig. 30). Son, naturalmente, determinantes en el reconocimiento biológico en multitud de facetas (como una llave y su correspondiente cerradura, el reconocimiento de las formas

---

[94] Junto a las que forman parte de las fibras musculares (como la **actina** o la **miosina**), otras forman parte de los citoesqueletos típicos de muchas células (p.e., de las neuronas) dándoles formas propias características (como la tubulina, actina, ...), otras forman parte de los poros en las membranas celulares, etc.

del que se habla en la introducción y, también, en próximos capítulos), p.e., en los poros que permiten el paso selectivo de iones y diversos compuestos a través de membranas celulares (en uno u otro sentido), o en los receptores que reconocen determinados compuestos mensajeros en la comunicación entre células del sistema nervioso. Su estudio es, ciertamente, muy complejo; pensar que para un simple polipéptido de 100 monómeros (aminoácidos), se calcula que determinar la forma correcta entre las innumerables configuraciones posibles, a un ordenador convencional le llevaría un tiempo superior a la propia edad del Universo (alrededor de los 13.700 millones de años). Lo más curioso es que, al formarse una proteína en una célula, apenas le lleva milisegundos adoptar la configuración termodinámicamente correcta; es lo que se conoce como **la paradoja de Levinthal**.

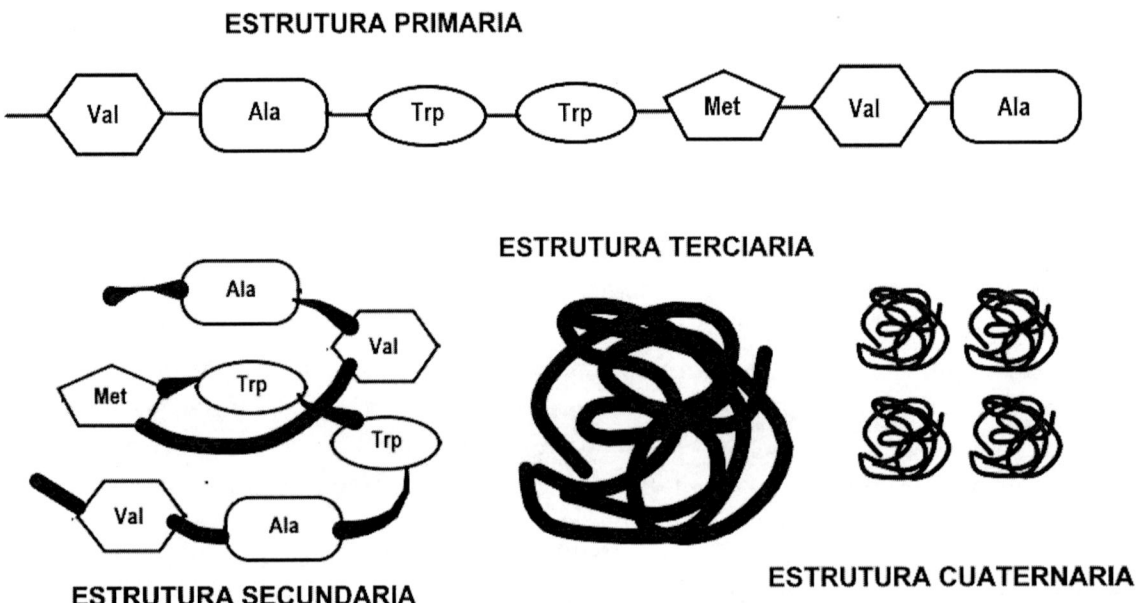

Fig. 30.- La estructura primaria de una proteína se refiere a la secuencia de **aminoácidos** que la forman; la secundaria es la forma en que se agrupan (helicoidal, lineal, etc.); la terciaria nos indica cómo se enrolla esa estructura secundaria, como una madeja tridimensional; en muchas proteínas, la anterior estructura se repite una o varias veces dando lugar a la estructura cuaternaria de la proteína.

Algunas proteínas presentan una **estructura cuaternaria**, es decir, forman agregados de varias subunidades (definidas por la estructura terciaria) como, p.e., la **hemoglobina**, formada por cuatro largas cadenas que, dada su disposición espacial, pueden captar átomos de oxígeno para su transporte por su cuerpo. Así mismo, distinguimos entre proteínas simples o **homoproteínas**, formadas exclusivamente por aminoácidos (la **insulina** es un ejemplo), y proteínas conjugadas (o **heteroproteínas**); en estas últimas, además de la secuencia de aminoácidos encontramos un grupo no proteico como es caso de las metaloproteínas (hemoglobina o mioglobina con hierro), lipoproteínas (unidas en general a fosfolípidos, colesterol o triglicéridos), fosfoproteínas (como la caseína de la leche), glucoproteínas o nucleoproteínas (particularmente, en el material genético de la mayoría de las células),...

El estudio de todas estas estructuras constituye un campo de extraordinario potencial, la **proteómica**[95] y, dada la inmensidad de opciones posibles que podríamos asignar como estructuras secundarias y terciarias para una secuencia de aminoácidos concreta, estos estudios requieren de las herramientas de la bioinformática y de la biología computacional. En las casi siete décadas de estudios en este campo se llegaron a determinar, correctamente, las estructuras de algo más de 170.000 proteínas diferentes. Precisamente, acaba de hacerse público un potente algoritmo, asociado a la empresa Google[96] y conocido como **AlphaFold2** que, basado en la inteligencia artificial, es capaz de predecir con una cierta fiabilidad, la estructura de hasta 200 millones de proteínas, partiendo de los datos que se fueron acumulando a lo largo de estos últimos años. La cuestión es que, para cada proteína en concreto, se trata de una predicción que hay que confirmar posteriormente, ya que el algoritmo no hace los cálculos correspondientes a las innumerables interacciones que tienen lugar entre todos los grupos químicos presentes (en definitiva, átomos) en esa macromolécula (recordemos que tales cálculos llevarían, de momento, un tiempo impensable).

Vitaminas

Junto a los nutrientes principales revisados en el texto, hay un pequeño grupo de compuestos orgánicos que nuestros organismos no pueden sintetizar por sí mismos[97], pero que resultan esenciales para la vida, aunque, ciertamente, las cantidades requeridas son mucho más pequeñas. Químicamente, forman un grupo muy heterogéneo de estructuras y, además del nombre químico que le correspondería, la mayoría suele identificarse con una simple letra del alfabeto: son las **vitaminas**.

Las vitaminas están a mitad de camino entre los metabolitos primarios y los secundarios. Debido a sus funciones biológicas en el cuerpo, muchas participan como **coenzimas** (necesarios para la actividad de una u otra enzima), son consideradas dentro del primer grupo; de hecho, su carencia en la dieta puede provocar importantes y graves patologías. Pero, por su origen químico y las secuencias biosintéticas a la hora de estudiar las fuentes de donde provienen (mucho más específicas que el caso de los metabolitos primarios), podrían incluirse en el segundo grupo.

En la tabla adjunta se muestran las principales vitaminas, indicando ciertos alimentos en los que se encuentran y el tipo de compuestos al que pertenecen. En esta tabla se puede advertir la naturaleza tan heterogénea de sus estructuras químicas y si son liposolubles o hidrosolubles, hecho de gran importancia pues, las hidrosolubles son más fácilmente eliminables por el organismo cuando se toman en exceso, cosa que no ocurre con las liposolubles, resultando también un inconveniente su exceso.

---

[95] Por contraposición a la **genómica**, propia del estudio de las macromoléculas que contienen los genes.

[96] En colaboración con el Laboratorio Europeo de Biología Molecular. En 2020, John Jumper y Demis Hassabis, de Google DeepMind, presentaban el modelo de IA, AlphaFold2, por el que, precisamente ahora, al preparar la versión en castellano de este libro (octubre del 2024) acaban de recibir el Nobel de Química, junto a David Baker, quien venía trabajando en el diseño computacional de nuevas proteínas, de gran importancia en diversos campos como, p.e., farmacología.

[97] Algunas se incorporan al organismo en una forma diferente a la propia vitamina activa y requieren algún 'retoque' en el organismo, como, p.e., la provitamina D que, por la acción de la radiación solar en nuestra piel, podemos transformar en la forma activa.

Tabla 5: Principales vitaminas

Vitamina y nombre químico	Tipo de compuesto	Principales alimentos
Liposolubles		
Vitamina A o retinol	Carotenoides (terpenos)	Aceite de hígado de pescados, lácteos, frutas y verduras
Vitamina D o colecalciferol	Esteroides	Aceite de hígado de pescado y fracción grasa de los lácteos
Vitamina E o tocoferol	Fenolmetilados	Aceites vegetales
Vitamina K o filoquinona	Naftoquinonas	Aceites vegetales, verduras de hoja verde y algunos frutos (arándanos, higos, etc).
Hidrosolubles		
Vitamina B_1 o tiamina	Derivada del tiazol	Cereales, legumbres, …
Vitamina B_2 o riboflavina	Flavinas (pigmentos)	Lácteos, hígado, legumbres y verduras
Vitamina B_3 o niacina	Derivada de la piridina	Pan y cereales. Carnes y frutos secos
Vitamina B_6 o piridoxina	Derivada de la piridina	Cereales, legumbres, lácteos
Vitamina B_9 o ácido fólico	Derivada de la pteridina[98]	Verduras de hoja, frutos secos
Vitamina B_{12} o cobalamina	Derivada de un anillo corrina y un ion Co^{+1}	Sintetizada por la microbiota intestinal
Vitamina C o ácido ascórbico	Polihidroxilactona	Frutas y verduras

La **vitamina A** tiene diversos carotenoides precursores y su carencia provoca problemas en la formación de los huesos, dientes y tejidos blandos; resulta fundamental en la visión (y su deficiencia provoca nictalopía).

La **vitamina D** suele presentarse de forma natural como colecalciferol (o vitamina D_3), pero en formulaciones sintéticas también existe la D_2 o ergocalciferol, de síntesis más fácil. Funciona más como hormona que como coenzima. Solo con una adecuada exposición a la radiación solar, la piel puede sintetizar la vitamina partiendo de provitamina, por lo que, en algunas zonas del planeta, Galicia incluida, es frecuente su déficit, especialmente en ciertas franjas de población (especialmente mujeres y personas mayores).

Son varios los tocoferoles y tocotrienoles que forman parte de la serie de la **vitamina E**, unos potentes antioxidantes que participan en la prevención de daños celulares que producen los **radicales libres** (capítulo 11). Además, son anticoagulantes y estimula el sistema inmunitario.

La **vitamina K** se presenta, también, en varias formas (filoquinona, menaquinona, menadiona), todas derivadas de la naftoquinona, y se conoce como la vitamina de la coagulación, pues ayuda a coagular la sangre en las heridas, evitando hemorragias. Algunas bacterias, presentes en la microbiota habitual, pueden sintetizar una parte de esta vitamina, aunque la mayoría de la dosis procede directamente de los alimentos que la contienen.

La **vitamina B1** o tiamina abunda en muchos alimentos en pequeñas cantidades (incluidas carnes y pescados), pero son mucho menos los que la contienen en cantidades importantes como para considerarse buenas fuentes; en general, los ricos en hidratos de carbono. Y esto es así porque actúa como **grupo prostético** (componente no peptídico de una proteína) de varias **enzimas** que catalizan la descarboxilación por oxidación de varios ácidos en una de las principales rutas metabólicas de la respiración, el **ciclo de Krebs**. Su carencia provoca el beriberi.

Al igual que la anterior, la riboflavina o **vitamina B2** participa como grupo prostético de enzimas respiratorias que ayudan en la obtención de energía a partir de los alimentos. Su déficit puede provocar diversos síntomas como ulceraciones y otras patologías de la piel, así como diversos trastornos en los sistemas nervioso, reproductivo o digestivo.

---

[98] La pteridina es una estructura formada por la fusión de dos anillos nitrogenados: pirimidina y pirazina.

Las dos formas principales de la **vitamina B3** (el ácido nicotínico abundante en las plantas y la nicotinamida en las carnes) participan, al igual que las dos anteriores vitaminas, en el metabolismo oxidativo de los principales nutrientes (grasas, hidratos de carbono y proteínas). Su carencia provoca la pelagra, pero el hígado puede sintetizar (de forma no muy eficiente) cierta cantidad de esta vitamina a partir de un aminoácido esencial, el **triptófano**.

La **vitamina B6** se presenta en los alimentos en tres formas (piridoxina, piridoxal y piridoxamina), pero en los tejidos funciona como grupo prostético de varias enzimas en la forma de fosfato de piridoxal, participando en el metabolismo de los principales nutrientes. Su carencia puede provocar anemias entre otros trastornos (como, p.e., problemas de desarrollo del sistema nervioso, etc.).

El **ácido fólico** (o **vitamina B9**) participa en la maduración de los glóbulos rojos, por lo que su falta puede provocar un tipo de anemia (la megaloblástica); un derivado del ácido fólico resulta fundamental en la síntesis de bases nitrogenadas constituyentes de los ácidos nucleicos, siendo un factor importante de crecimiento.

Entre las vitaminas, la **B12** o cobalamina, es la que presenta una estructura química más compleja, con un anillo semejante a la de las **porfirinas**, un ion metálico (cobalto) coordinado y una estructura semejante a la de un nucleótido. El átomo de cobalto va ligado, además, a un sustituyente que puede ser un grupo metilo o un derivado de la adenina (metilcobalamina, adenosilcobalamina, ...), o un grupo ciano (cianocobalamina, la forma semisintetizada empleada como fármaco) o un grupo hidroxi (hidroxicobalamina, presente de forma natural, pero también semisintética). Aunque se puede encontrar en varios alimentos, especialmente en las carnes, es sintetizada por diversos microorganismos del intestino. Su carencia provoca la anemia perniciosa; resulta fundamental en la biosíntesis del ADN en los organismos.

La **vitamina C** o ácido S-ascórbico no es una vitamina para la mayoría de los animales en la medida en que estos pueden sintetizarla; pero si lo es para los primates (incluida nuestra especie), en los que su carencia produce, p.e., el escorbuto. Es un cofactor de varias enzimas (hidroxilasas) por lo que juega un importante papel en el crecimiento y reparación de los tejidos en todo el cuerpo, y ayuda en la absorción del hierro, participando en diversos procesos metabólicos. Es un importante antioxidante y favorece, también, ciertas funciones del sistema inmunitario.

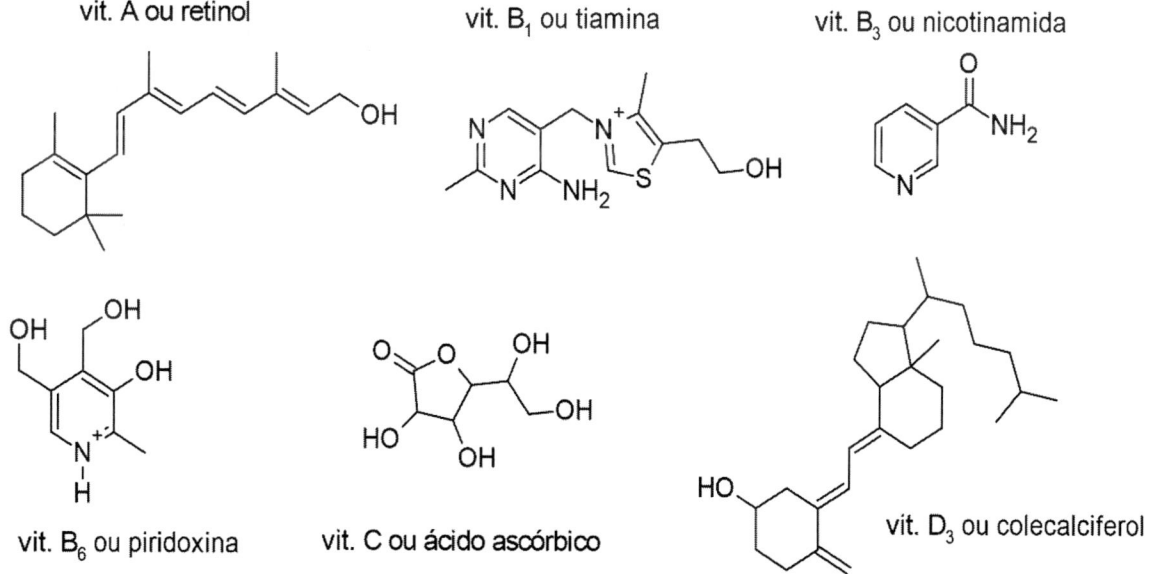

Fig. 31.- Fórmula de algunas vitaminas. Se presenta uno de los compuestos activos, pero en muchos casos es habitual que existan varias formas derivadas.

NUCLEÓTIDOS Y ÁCIDOS NUCLEICOS

Además de los tres grandes grupos anteriormente citados, nutrientes sobre los que se requiere mantener una presencia equilibrada en los alimentos que ingerimos, debemos considerar otro gran grupo de metabolitos primarios, igualmente imprescindibles para la vida ya que son los encargados de almacenar y expresar toda la información genética que la hace posible; se trata de los **ácidos nucleicos**: los **desoxirribonucleicos** (**ADNs**) y **ribonucleicos** (**ARNs**), así como de las unidades o monómeros que los conforman, los **nucleótidos**.

Los **nucleótidos** están formados por la combinación de un nucleósido y uno o varios grupos fosfato[99]; a su vez, cada **nucleósido** resulta de combinar una base nitrogenada (de entre cinco posibles)[100] y un azúcar de cinco átomos de carbono (es decir, una pentosa), que puede ser **ribosa**, en el caso de los **ARN**s o **desoxirribosa**, en el caso de los **ADN**s. En el ADN, las bases nitrogenadas pueden ser **adenina**, **guanina**, **citosina** o **timina**, mientras que, en los ARNs, la timina es sustituida por **uracilo** (fig. 32a). Los nucleósidos propios de cualquier ADN (los ribonucleósidos) se conocen respectivamente como **adenosina**, **guanosina**, **citidina** o **uridina**, representados, por las letras A, G, C, o U (junto con la T de la **timidina**, propia de los ADNs[101]). Precisamente, es la secuencia de estas bases (representadas por la correspondiente letra) lo que caracteriza, en una primera instancia, la información que viene contenida en una macromolécula de ADN[102] o de ARN.

Entre las diversas formas de nombrar los nucleótidos correspondientes, lo más práctico es añadir el número de grupos fosfato unidos a la base empleando las siglas resultantes: p.e.: AMP (monofosfato de adenosina), ATP (trifosfato de adenosina), GDP (difosfato de guanosina)[103], ...

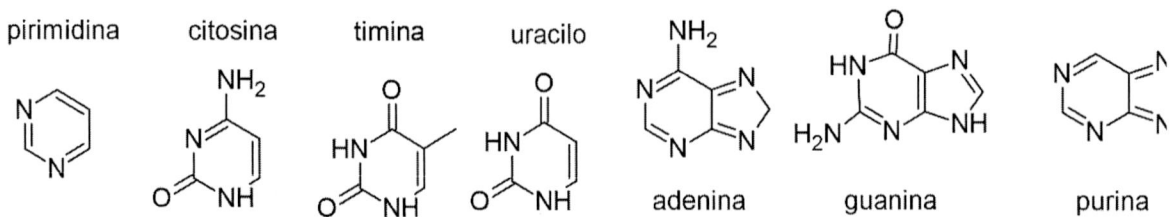

pirimidina　　　citosina　　　timina　　　uracilo　　　adenina　　　guanina　　　purina

Fig. 32a.- Estructura de la **pirimidina,** de la **purina** y de las 5 bases nitrogenadas, propias de los **ADNs** y **ARNs**.

De forma aislada, los nucleótidos juegan también un papel decisivo en la transferencia de energía química dentro de las células, especialmente, el **trifosfato de adenosina** o **ATP**. Efectivamente, a partir de la energía liberada en las oxidaciones metabólicas de nutrientes que entran en la célula, se sintetizan moléculas de ATP y sus enlaces fosfoéster, que son especialmente

---

[99] Es decir, un **nucleótido** es un **éster fosfórico** del correspondiente **nucleósido**.

[100] En los ácidos nucleicos, de cuando en vez, aparecen algunas bases modificadas, siendo las más frecuentes las que resultan de la **metilación** de algunas bases.

[101] Para el caso de los ADN, los nombres correspondientes de los nucleósidos (o desoxirribonucleósidos) se formarían anteponiendo el prefijo "2'-desoxi-": p.e., 2'-desoxiadenosina, 2'-desoxicitidina, ...

[102] Recientemente, se encontró que hay virus bacteriófagos que incluyen en su ADN una base diferente, la 2-aminoadenina, representada por la letra Z; un caso muy raro, circunscrito a este tipo de virus.

[103] Otro sistema empleado deriva de la traducción del inglés, así para los ejemplos dados: adenosin monofosfato, adenosin trifosfato, guanosin difosfato, ...; o también emplear el nombre de los iones que formarían esos compuestos tratados como ácidos: AMP sería adenilato, GMP guanilato, CMP citidilato, etc.

energéticos; cuando el momento es requerido por las funciones vitales de la célula, pueden romperse mediante hidrólisis y liberar toda esa energía almacenada.

Volviendo a los ácidos nucleicos y a la importancia de los nucleótidos como unidades estructurales constituyentes tanto de los ADNs como de los ARNs, la estructura primaria o secuenciación de esos nucleótidos, atendiendo a las letras (A, G, C, T o U), alcanza, especialmente en el caso del ADN, miles de millones de estas unidades y determina la información genética que estos ácidos nucleicos almacenan, constituyendo el llamado **genoma**. Esa polimerización ocurre mediante reacciones químicas muy concretas que dan lugar a un largo esqueleto o cadena formada por la alternancia de un grupo fosfato y de un azúcar (ribosa o desoxirribosa, según se trate de ARN o de ADN), donde cada unidad de azúcar va ligada a una u otra de las cinco bases nitrogenadas conocidas (fig. 32c).

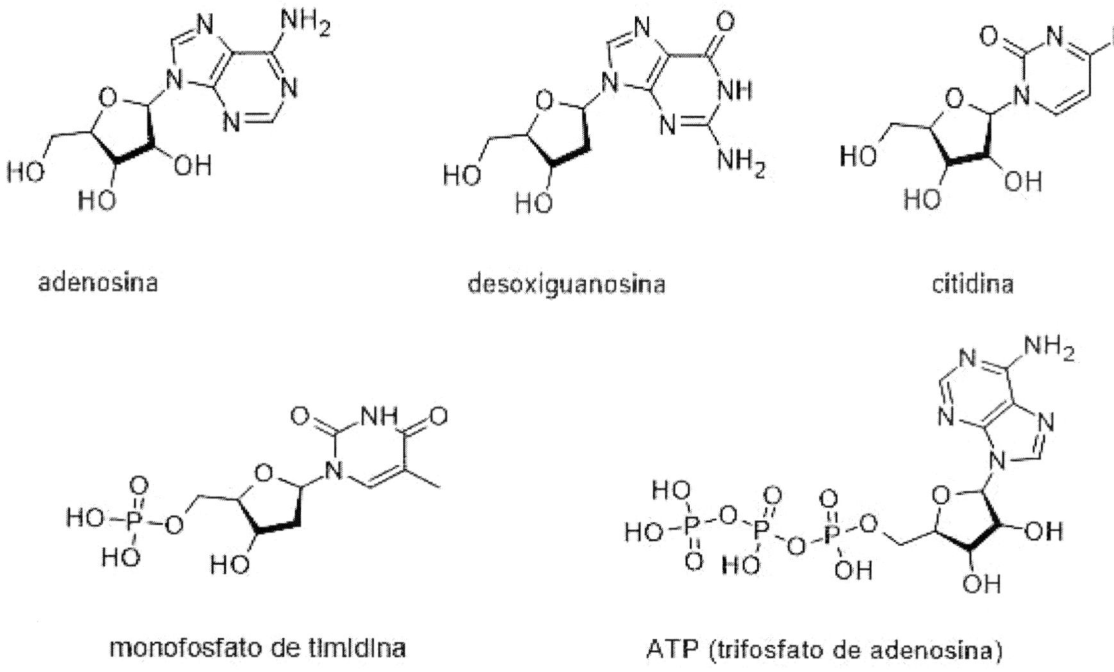

adenosina   desoxiguanosina   citidina

monofosfato de timidina   ATP (trifosfato de adenosina)

Fig. 32b.- Ejemplos de dos **nucleósidos** y un **desoxinucleósido**. Abajo, un **desoxinucleótico** y el **ATP** (un **nucleótido** con tres grupos fosfato, empleado como 'unidad energética' por los organismos).

Atendiendo a las **estructuras secundarias y terciarias**, el ADN se presenta, tal como indicaron en 1953 Watson y Crick (partiendo de la información obtenida por Rosalind Franklin mediante difracción de rayos X), formando una doble hélice en la que aparecen enrolladas dos hebras que se complementan de tal forma que cada citosina (C) de una hebra se enlaza con una guanina (G) de la otra mientras que cada adenina (A) se une a una timina (T) de la otra hebra. No obstante, más allá de la estructura estándar, llamada B-ADN, existen otras posibles estructuras (A-ADN, Z-ADN, etc.) que pueden variar, p.e., en el sentido en que giran las hebras y en el que se pueden presentar en determinadas condiciones fisicoquímicas, como diferentes estados de deshidratación, la presencia de determinados iones activos, etc.

Por otro lado, en la propia **estructura terciaria** del ADN participan proteínas que ayudan a organizar y compactar el enrollamiento de esta macromolécula. En el caso de las células procariotas participan en una pequeña cantidad, pero en las eucariotas, el complejo empaquetamiento en estructuras superiores (como en la cromatina o en las cromátidas y cromosomas) requiere de la intervención de importantes proteínas, como es el caso de las **histonas**, para conseguir un enrollamiento tan ordenado. Y, como veremos más adelante, estas proteínas pueden jugar un importante papel en la propia expresión de los genes.

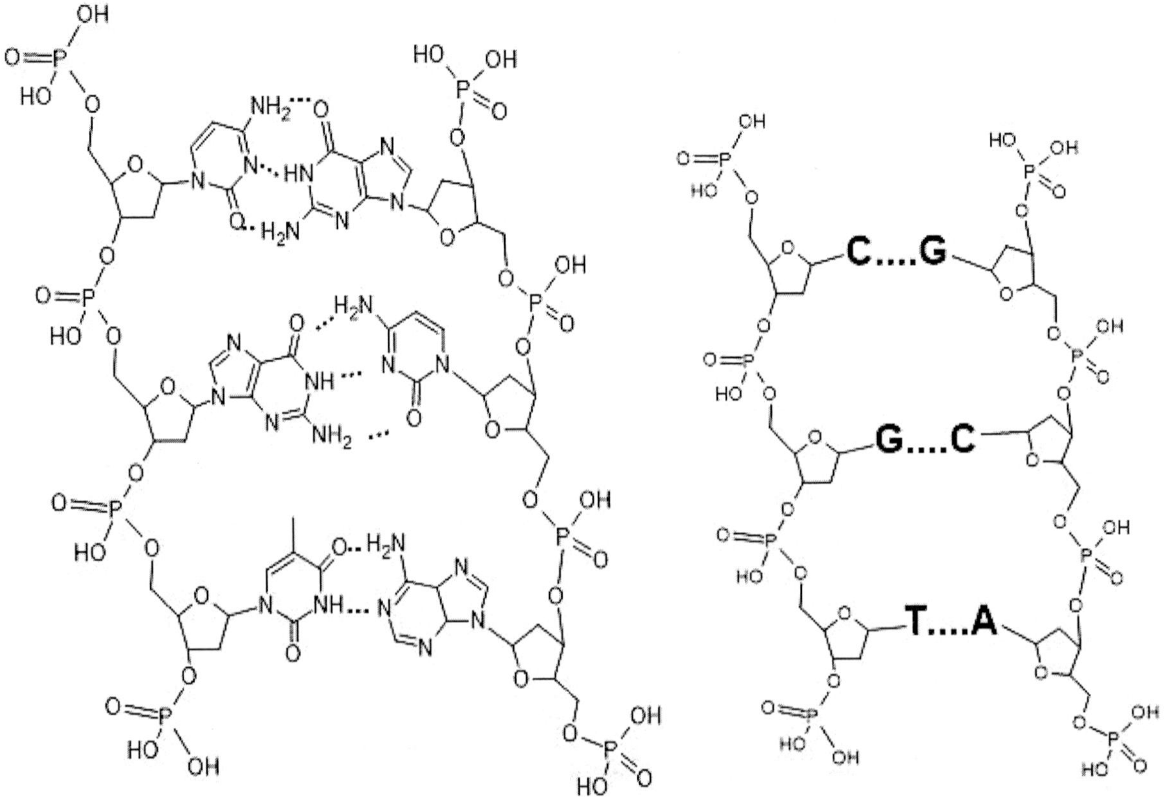

Fig. 32c.- Cada una de las hélices que forman parte de nuestro **ADN** es una larga estructura que alterna moléculas de desoxirribosa y fosfato; a cada desoxirribosa se une una base nitrogenada (C, G, T en el ejemplo). La otra hélice, con una estructura semejante de fosfatos y azúcar, presente bases complementarias a las de la otra hélice (G, C, A en el ejemplo), formando parejas CG (o GC) y TA (o AT) unidas mediante **enlaces de hidrógeno** (marcados con línea de untos), mucho más débiles que los **enlaces covalentes** (líneas continuas).

Otro elemento importante en la estructura del ADN (y que, de alguna forma, marca el tiempo biológico de nuestras células) aparece justamente en los extremos de los cromosomas. Son los **telómeros** (del griego 'telos', final, y 'meros', parte) que, al igual que hacen los pequeños tubos plásticos que llevan los cordones de los zapatos en sus extremos, protegen y dan estabilidad a los cromosomas. Estos **telómeros** suelen ser pequeñas estructuras nucleotídicas (como, p.e. TTAGGG) que se pueden repetir en los extremos de cada cromosoma hasta miles de veces. En el capítulo final, veremos algo más sobre su papel en la determinación del tiempo biológico.

Para rematar, debemos recordar que en cada una de nuestras células tenemos dos tipos de ADN pues, además del que encontramos en el núcleo celular, encargado principal de la información genética, existe un ADN mitocondrial (presente en las mitocondrias) que heredamos por línea materna ya que no está sujeto a la misma división que el nuclear en la reproducción sexual. Incluso, en determinadas especies, hay ADN en otros orgánulos como, p.e., los plastos, propios de las células eucariotas vegetales y, también, de las algas.

El código genético. Copias, transcripciones, traducciones, etc.

La información genética de cada uno de nosotros (humano, colibrí, repollo, gato, calamar, ...) viene almacenada en el ADN. Cada uno de nosotros posee un ADN nuclear único, en el que se localizan los genes. En el interior del núcleo, en la célula eucariota, el ADN aparece unido a ciertas proteínas, formando la cromatina y esta, en ciertas fases de la división celular, forma los cromosomas. Precisamente, cada trozo o segmento de cromosoma, con las instrucciones para sintetizar una proteína, es lo que conocemos como **gen**.

Este ADN puede **replicarse**, es decir, hacer copias exactas de sí mismo. Pero, también, puede **transcribirse**, servir de 'molde' para hacer cadenas de ARN mensajero (recordar que el ARN emplea ribosa como azúcar base en lugar de la desoxirribosa del ADN). Después de la transcripción, el ARN mensajero (ARNm) sale del núcleo con la información necesaria para poder sintetizar las proteínas que cada individuo emplea en infinidad de procesos (p.e., la enorme cantidad de enzimas que facilitan las reacciones que mantienen la vida), pero también, como soporte material de nuestros músculos, etc. Es lo que se conoce como **traducción**.

Tabla 6: Código genético (correspondencia entre tripletes en el ARNm y aminoácidos).

Glicina (Gli): GGU, GGC, GGA, GGG	Alanina (Ala): GCU, GCC, GCA, GCG	Arginina (Arg): CGU, CGC, CGA, CGG, AGA, AGG	Asparagina (Asn): AAU, AAC	Ácido Aspártico (Asp): GAU, GAC
Cisteína (Cis): UGU, UGC	Histidina (His): CAU, CAC	Lisina (Lis): AAA, AAG	Glutamina(Gln): CAA, CAG	Ácido Glutámico (Glu): GAA, GAG
Leucina (Leu): CUU, CUC,CUA CUG,UUA,UUG	Isoleucina (Ileu): AUU, UC, AUA	Prolina (Pro): CCU, CCC, CCA, CCG	Metionina (Met): AUG	Fenilalanina (Fen): UUU, UUC
Tirosina (Tir): UAU, UAC	Treonina (Tre): ACU, ACC, ACA, ACG	Valina (Val): GUU, GUC, GUA, GUG	Triptófano (Tri): UGG	Serina (Ser): UCU, UCC, UCA

Como ya vimos, las proteínas son también macromoléculas pero formadas por otro tipo de ladrillos base: los aminoácidos; aquí en la Tierra, son veinte los aminoácidos que combinamos, también, casi hasta el infinito para hacerlas.

Pues, bien, esa traducción se lleva a cabo en orgánulos especiales del citoplasma, los **ribosomas**. Cada ribosoma coge la información del ARNm, la lee y traduce de forma que cada 3 letras del ARNm (que se corresponden con tres del ADN del núcleo del que se copió) representan un determinado aminoácido. Cada uno de esos tríos de letras (nucleótidos) se conoce como **triplete** o **codón**. Así, p.e., como podemos comprobar en la tabla, la combinación 'TCT' del ADN (o UCU del ARNm) lleva a la incorporación de una molécula de serina.

Precisamente, el 'diccionario' que emplean los ribosomas para pasar o traducir cada uno de esos tripletes al correspondiente aminoácido es lo que se conoce como **código genético**. Y, ¡sorpresa!, ese código genético, ese diccionario o correspondencia es absolutamente universal, se extiende a todo nuestro **CITROENS**: tres letras determinadas en el ADN representan el mismo aminoácido en un humano, en un gato o en una planta de tomates. ¿No es asombroso?

¡Ah, por cierto!, sobre este tema, descartar la idea de que los humanos somos el objetivo último de toda la evolución: hay vegetales con un ADN mucho más largo y complejo.

EPIGENÉTICA

En el interior de las células, la estructura de sus ácidos nucleicos guarda un inmenso volumen de información de los organismos de cada especie. Pero la parte donde se encuentran propiamente los genes, la información que codifican es una fracción no mayoritaria de esa macromolécula. La otra fracción, la mayoritaria, guarda información de cómo, dónde o cuándo se deben expresar esos genes. En cualquier caso, toda la información del ADN es lo que garantiza que de un gato y de una gata nazca una gatita o gatito y no una lubina. Y, dentro de cada especie, la estructura de los diferentes ácidos nucleicos (ADNs y ARNs) determina muchas características de cada individuo; todos los humanos compartimos algo más del 99,9% de los genes, hecho que nos define como especie.

Pero, más allá de la secuencia de nucleótidos presentes en el ADN y más allá de los genes que esta macromolécula define, desde hace ya unos años se sabe que hay condicionantes químicos, incluso ambientales que pueden influir en la expresión última, o no, de cada gen. Es lo que se conoce como la **epigenética**, término que hace referencia a todas las reacciones químicas que pueden modificar la actividad del ADN sin alterar su secuencia. En definitiva, la información que contiene el ADN en cada organismo debe ser traducida y este proceso puede estar condicionado o regulado, en algunos casos, por factores no genéticos, pero que, efectivamente, se manifiestan también mediante alteraciones químicas. Como bien dice el investigador López Otín, en su libro 'El sueño del tiempo': '*el **epigenoma**[104] se encarga de organizar la información almacenada en el genoma, dando sentido gramatical al mensaje genético*'.

Se conocen varios procesos epigenéticos que pueden participar en esta regulación de la expresión genética, pero los tres más importantes son, sin duda: la **metilación del ADN**, la modificación de las **histonas** (recordar: las proteínas que, en las células eucariotas, participan en el enrollamiento del ADN), o la intervención de moléculas de ARN no codificantes.

De especial interés es la **metilación del ADN** que consiste en la incorporación de grupos **metilo** (recordar del capítulo 2, grupos CH_3-) en algunas **citosinas**, una de las bases nitrogenadas que forma nucleótidos. La metilación es una forma, muy habitual, de condicionar la función del ADN y reprimir la expresión de un determinado gen, definiendo lo que se conoce como el **metiloma**. Además, guarda relación con los procesos de envejecimiento y en la aparición de cánceres que, en muchos casos, se presentan relacionados con metilaciones aberrantes, que pueden aparecer tanto como hipermetilaciones (más elevadas de lo necesario) o como hipometilaciones. De hecho, en Setiembre del 2022, investigadores de la Universidad de California (Los Ángeles) publicaron, en *Nature Communications*, el desenvolvimiento de un test sanguíneo combinado que puede detectar, de forma temprana, varios tipos de cáncer basándose en los diversos fragmentos de ADN que los tumores pueden liberar al riego sanguíneo, con la circunstancia de que cada tipo de cáncer puede asociarse a un metiloma característico, es decir, las metilaciones aberrantes identificables. Por otro lado, las histonas pueden ser modificadas tanto por procesos de metilación como de acetilación (introduciéndose un grupo **acetilo**), procesos que alteran, también, la expresión génica.

---

[104] '**Epigenoma**' es a la epigenética lo que el término 'genoma' a la genética.

Otros participantes en el metabolismo primario

Además de los grupos ya citados (nutrientes y nucleicos) en este capítulo como base del metabolismo primario y requeridos para mantenernos vivos, tal como veremos en el capítulo 9 (dedicado a la cocina), existen otros compuestos aislados y que necesitamos en mucha menor cantidad, pero que también pueden resultar necesarios para nuestra vida como, p.e., las **vitaminas** (ver recuadro adjunto) o diversas **sales minerales**, entre los que destaca, sin duda, la sal común que, como ya dijimos, con carácter general[105], es 'la única piedra que se come'. Entre los elementos químicos esenciales para la vida animal, cabe hacer una clasificación inmediata entre los macroelementos (de los que se requieren cantidades más importantes) y los microelementos (de los que necesitamos menor cantidad, aunque, no por esto, resulten menos importantes). Entre los primeros destacan, como veremos, el sodio, el potasio, el magnesio y el calcio (todos ellos como iones) o el fósforo (como fosfatos) y el cloro (como cloruros), asumiendo que ya incluimos, en los compuestos orgánicos, al oxígeno, nitrógeno y azufre. Entre los microelementos destacan el hierro, el cobre, el cinc, el yodo o el selenio. Más allá, aunque tal vez no resulten imprescindibles para toda vida animal, habría que incluir muchos otros elementos de la tabla como, p.e.: cromo, manganeso, cobalto, níquel, vanadio, silicio, ... aunque ya pequeñas cantidades pueden convertirse en tóxicas.

Un órgano que 'sabe' mucha química: el hígado

Fruto de la evolución, los seres vivos multicelulares fueron desarrollando diferentes tejidos y órganos especializados. La importancia de algunos órganos internos es muy evidente; seguramente, si hay que dar dos ejemplos de los más reconocidos aparecerían: el cerebro (o, como veremos más adelante, más propiamente el complejo que llamamos encéfalo[106]), fundamental como órgano de control de todo el organismo, y el corazón, encargado del bombeo de la sangre que resulta vital para el transporte de todos los nutrientes, oxígeno, hormonas y otros compuestos que necesitan las células de nuestro cuerpo (y, también en sentido contrario, para retirar todos los residuos que estas generan).

Pero, obviamente, hay otros órganos internos y tejidos que juegan un papel fundamental, aunque su labor pueda resultar más discreto y puedan parecer (solo parecerlo) más prescindibles. Entre estos últimos habría que citar, en el aparato digestivo, los intestinos y el hígado. Después de una primera 'parada' en el estómago, donde comienza la digestión de los alimentos, los intestinos, especialmente el delgado, continúan ese proceso y van absorbiendo buena parte de los nutrientes (descritos en este capítulo: hidratos de carbono, grasas, proteínas, vitaminas y sales minerales). El hígado recibe la sangre ya enriquecida en nutrientes desde el intestino delgado (vía vena porta[107]) y es el encargado de acabar la 'faena digestiva', afinando el proceso hasta el punto de que bien podríamos decir que, por la variedad de compuestos que gestiona y procesos que centraliza, es el órgano que más 'sabe' de química orgánica. Recuerdo cuando en 1987, el médico y por aquel entonces alcalde de Ferrol, Jaime Quintanilla, levantó un monumento al hígado en esa ciudad. En el

---

[105] Ciertamente, en situaciones de penuria hay más ejemplos que se pueden comentar; p.e., recuerdo que, hace varios años, en un pequeño centro de atención a la población, sede de una ONG en una montaña de Marruecos, nos comentaban que había mujeres que tomaban tierra de la zona, rica en hierro, ante la carencia de este mineral en su, ya de por sí, escasa dieta.

[106] Básicamente, en los capítulos 6 y 7, al tratar la química de los sentidos y de las emociones.

[107] También recibe la sangre oxigenada desde el corazón, vía arteria hepática.

pedestal de ese monumento habla del hígado como 'sede de la vida'; es obvio que no es la única 'sede', pero sin duda como ocurre con los operarios de la sala de máquinas de un barco, su trabajo será discreto y desconocido, pero también imprescindible[108].

Haciendo recuento de las funciones encargadas al hígado (al menos, en nuestra especie y en otras evolutivamente próximas), llegamos fácilmente a una centena de funciones, que se pueden resumir en varias líneas básicas: digestión de los alimentos, biosíntesis de diversos compuestos de importancia vital, almacenamiento de energía y de algunas sustancias fundamentales, y eliminación de sustancias tóxicas.

En lo que se refiere a la digestión de los alimentos y biosíntesis de compuestos, el hígado completa la digestión de los nutrientes básicos (tanto hidratos de carbono, como de lípidos y proteínas) y produce sustancias de gran importancia para su transporte y aprovechamiento por todo el cuerpo como, p.e., la **bilis**[109] (que ayuda a descomponer las grasas en el intestino, actuando como emulsionante de los lípidos). Aunque no tiene la exclusiva, pues todas las células del cuerpo pueden producir **colesterol**, en el hígado (y también en el intestino), hay una especial dedicación a la producción del colesterol necesario para diversos procesos vitales (entre ellos la propia producción de las hormonas sexuales y de la citada bilis). Pero sí tiene la exclusiva en la producción de diversas proteínas fundamentales; por citar algunos ejemplos, varias **lipoproteínas** implicadas en el transporte de las grasas por el cuerpo: desde las conocidas LDL y HDL (encargadas de transportar colesterol, respectivamente, hacia las demás células del organismo o desde las mismas) hasta las VLDL (encargadas de transportar triglicéridos a otros órganos del cuerpo).

El hígado es el encargado, también, de producir otras proteínas fundamentales no relacionadas con la digestión. Es el caso, p.e., de la alfa-1-antitripsina, que juega un papel vital en la protección del tejido pulmonar (y del propio hígado), de la que se habla en los capítulos 5 y 11.

Así mismo, en el hígado se almacenan sustancias tan importantes como la **glucosa**[110] (incluida la gestión de su liberación según se vaya demandando) o el hierro, fundamental en el transporte del oxígeno a todas las células del cuerpo.

Pero donde más 'se luce la química del hígado' es en el reconocimiento y eliminación de sustancias tóxicas. Es el encargado de filtrar la multitud de metabolitos secundarios que le llega, bien con los alimentos o por otras vías (como los medicamentos que tomamos, el alcohol que bebemos, etc.). En general, se encarga de depurar muchas sustancias tóxicas; p.e., transforma el colesterol a eliminar, introduciéndole grupos hidroxilo (-OH) para hacerlo algo más soluble en las heces (figuras 52 y 80), transforma el amoníaco derivado de la descomposición de aminoácidos en urea (eliminable en la orina), etc.

Hay otras funciones en las que participa el hígado que aquí no citaremos y son, también, diversas las enfermedades derivadas de un mal funcionamiento de este órgano; y también del intestino. Por cierto, de este último derivan varias **intolerancias alimentarias** como los problemas de algunas personas para digerir la **lactosa** (al tener niveles bajos de **lactasa**, la enzima encargada de actuar sobre ese azúcar de la leche), o los problemas de las personas celíacas, a la hora de digerir ciertas proteínas, presentes en varios cereales y que forman el gluten, …

Volviendo al hígado, no podemos olvidar la extraordinaria capacidad de autorregeneración que presenta a la hora de los trasplantes.

---

[108] Otra cuestión es que el hígado sea uno de los pocos tejidos que mejor se regenera cuando se recorta una fracción significativa del mismo.

[109] Formada por agua (hasta un 98%) y ácidos biliares (varios esteroides derivados del ácido cólico, a su vez, derivado del colesterol), grasas (entre ellas el propio colesterol), bilirrubina (en su forma amarilla y en su forma oxidada, la biliverdina, que mezcladas dan el color marrón de las heces), y algunas sales minerales.

[110] Que almacena en forma de un polímero (el **glucógeno**), aunque también es almacenada una pequeña parte en los propios músculos.

Capítulo 5

EL MILAGRO DE LA VIDA

El milagro de la vida, 1ª parte: la unicidad u origen común de tantos compuestos diferentes

Vista toda la química anterior, relacionada con la vida, podríamos buscar una primera aproximación a la pregunta inicial: ¿qué es la vida? Según la biología molecular, aquí en la Tierra, atendiendo a lo que hasta ahora vimos, podríamos pensar que los seres vivos somos sistemas que contenemos información hereditaria reproducible y codificada por ácidos nucleicos, y que, a su vez, somos capaces de metabolizar diversas sustancias químicas, controlando la velocidad de las reacciones gracias a la participación de proteínas específicas que actúan como catalizadores (obviando otras funciones ya mencionadas, como la formación de estructuras muy específicas, regulación de la expresión genética, etc.). En próximos capítulos intentaremos afinar algo más esta definición, de momento, solo aplicable a la vida en nuestro planeta.

Pero, antes de continuar, entre lo sorprendente que resulta la vida, hay dos milagros de la bioquímica que no podemos ignorar; independientemente de cómo fueran las primeras etapas de la vida hay miles de millones de años, sin esos dos hechos, la vida actual no se sostendría. El primero es que, a través de una infinidad de procesos (que, obviamente, no se dan en todas las especies), todos los metabolitos, primarios o secundarios, tienen un origen común pues, rebobinando tales procesos de biosíntesis, nos llevan hasta un pequeño grupo de compuestos orgánicos primordiales, o precursores claves que, a su vez, derivan de una fuente única de carbono: la **glucosa**; más propiamente, la D-glucosa que, como es sabido, fabrican los vegetales y unas pocas especies de otros reinos, a partir del dióxido de carbono del aire y del agua, con la ayuda de la luz solar, en el proceso de la **fotosíntesis** (v. figura 8).

Obviamente, la **fotosíntesis** es una forma de captar energía solar y almacenarla (en forma de energía química). Naturalmente, una vez formada la glucosa, esta puede emplearse, en las células, como fuente de energía a través de varias rutas metabólicas que la oxidan, rompiendo enlaces carbono-carbono de su molécula; el proceso más habitual es el que se conoce como **glucólisis**. Por esta vía, tras una larga secuencia de reacciones, de una molécula de **glucosa** (con 6 átomos de carbono) se obtienen dos moléculas de **ácido pirúvico** (con 3 carbonos), de las cuales, con una nueva oxidación, la célula puede obtener algo más de energía y una nueva molécula de dos carbonos, el **ácido acético**, aunque unido, en su forma biológicamente activa, a una molécula de **coenzima A**, formando lo que se conoce como **acetil-CoA** (o acetil-coenzima A).

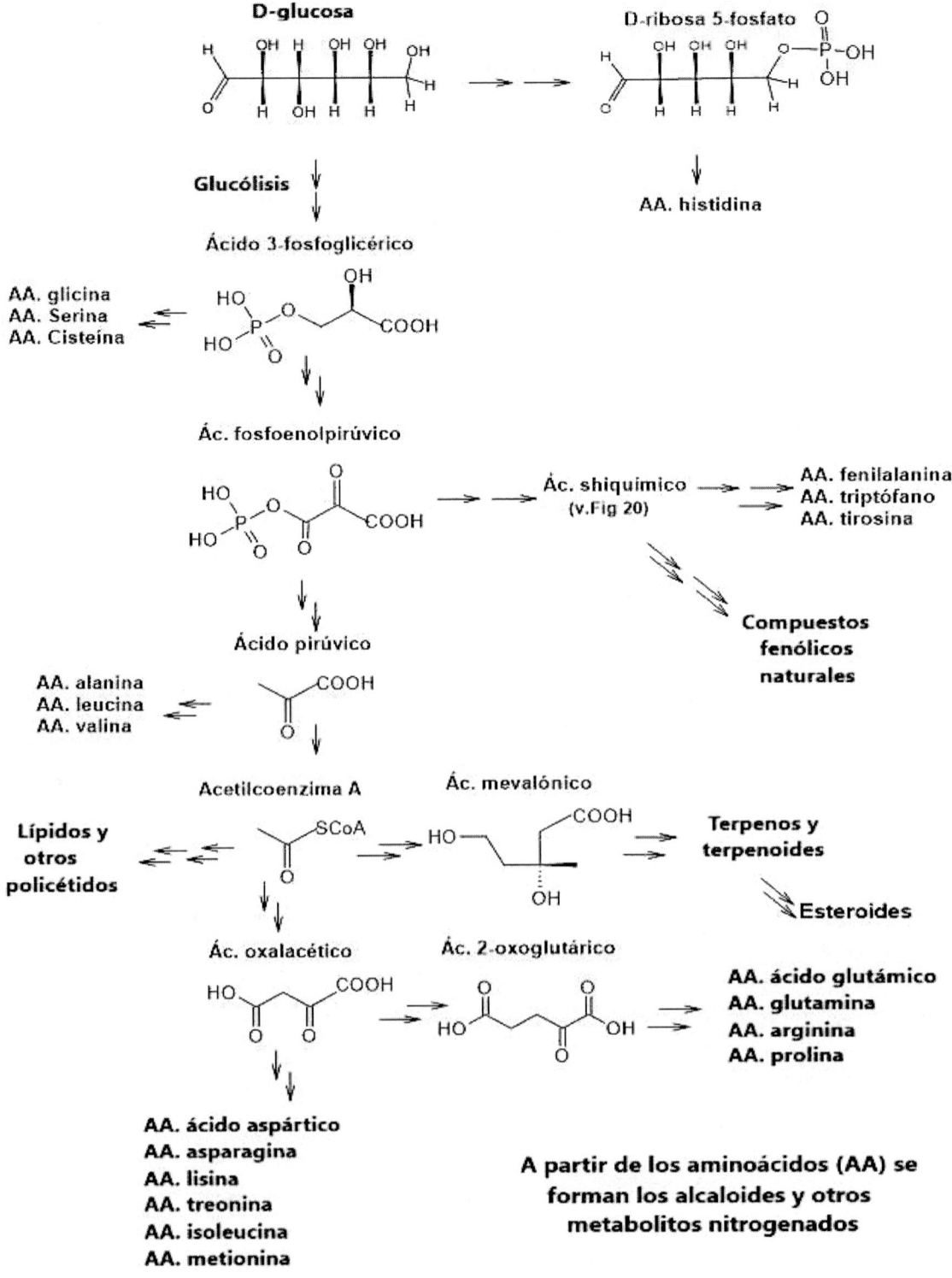

Fig. 33.- La **D-glucosa** (formada en la **fotosíntesis** en especies **autótrofas**) actúa como un compuesto precursor de casi todos los productos naturales que conocemos. En el esquema se muestran algunas vías de biosíntesis de los aminoácidos proteicos, lípidos, terpenos, esteroides, alcaloides, etc.; el término **policétidos** abarca todos los derivados del **ácido acético**: lípidos (ácidos grasos incluidos, flavonoides, prostaglandinas, etc.). Elaborado a partir de la información del libro de J. Alberto Marco, 'Química de los productos naturales'.

Precisamente, el **ácido acético** (en su forma activa citada) es uno de los grandes precursores clave, que da lugar, por diferentes procesos, a una infinidad de compuestos químicos propios de la vida que, por proceder de este ácido, se conocen como **policétidos** (o **acetogeninas**). De ese ácido derivan, a través de una multitud de reacciones químicas, todos los ácidos grasos y lípidos en general, diez de los veinte aminoácidos que forman nuestras proteínas y una gran cantidad de metabolitos secundarios como los **terpenos** y **terpenoides**, **flavonoides**, prostaglandinas, etc.

Y por el camino ya mencionado de degradación de la glucosa hasta el ácido acético, como se puede comprobar en la figura 33, hay desviaciones que llevan a otros precursores clave como es el ya citado ácido pirúvico, del que derivan tres aminoácidos (Val, Ala, Leu)[111], el ácido D-glicérico-3-fosfato, del que se forman otros tres aminoácidos (Ser, Gly y Cys), o el **ácido shiquímico**, un importante nudo en las rutas metabólicas que llevan a la formación de otros tres aminoácidos (Phe, Tyr, Trp) y de infinidad de compuestos fenólicos (derivados del fenol) naturales, cuya importancia vital iremos viendo en próximos capítulos.

Incluso antes, de la propia D-glucosa derivan los demás monosacáridos y, a través de uno de ellos (la D-ribosa, en forma de fosfato) se forma el aminoácido Hys, que completa la lista de los veinte identificados en todas las proteínas que forman parte de los seres vivos. Y, por cierto, de los aminoácidos acaban derivando todos los miembros de otra de las grandes familias de productos naturales: los **alcaloides**.

Vemos aquí, pues, el origen de tanta diversidad 'orgánica', a partir de las moléculas más simples que podemos imaginar (dióxido de carbono y agua) y la energía radiante que aporta la luz solar; claro que, para esta maravillosa producción, los seres vivos requerimos una, no menos, maravillosa maquinaria que forma parte de otro de los milagros de la vida: las **enzimas**.

El milagro de la vida. 2ª parte: la particularidad de las reacciones químicas en los seres vivos

En el apartado '¿Te gustan los pimientos?' del capítulo 3 se habla de cómo se biosintetiza la **capsaicina** en las plantas de pimientos y, también, como se podría sintetizar en el laboratorio. En el Ap. F. 3, se ofrecen más detalles de las posibles etapas a seguir en ese proceso de síntesis. Y, si observamos bien los datos de ese Apéndice final, a la hora de sintetizar la capsaicina en el laboratorio hay etapas que requieren condiciones totalmente impensables en el interior celular como, p.e., altas temperaturas (alguna supera los 200°C), valores extremos de acidez o la presencia de compuestos muy tóxicos para las células. En definitiva, solo podemos sintetizar la capsaicina en el laboratorio en condiciones que no serían compatibles con la vida y, aun así, esa síntesis es muchísimo menos eficaz que la biosíntesis que consigue hacer la planta sin tanto material; simplemente considerar la cantidad de subproductos que se obtienen en las etapas descritas en el laboratorio (que debemos separar y descartar en cada uno de los pasos intermedios) y que en la planta casi no se producen ya que las reacciones son mucho más selectivas y específicas.

Todas estas ventajas de las reacciones bioquímicas, tal como ocurren en el interior de los seres vivos (especificidad, selectividad, eficacia, estabilidad en los rangos de temperatura, presión,

---

[111] Las fórmulas de los 20 aminoácidos se pueden ver en la figura 15.

acidez, etc.), se debe a la acción de las **enzimas** presentes en el interior de las células y que **catalizan** todas y cada una de las reacciones requeridas en cada proceso de biosíntesis. En general, una **enzima** es una proteína[112], con una estructura tridimensional muy específica que le permite unirse al substrato (uno o varios reactivos) y hacer que la reacción transcurra de forma adecuada. A la hora de nombrarlas vamos a ver que siempre acaban con el sufijo '-asa'. Si volvemos a mirar aquel apartado del capítulo 3, un ejemplo es el de la capsaicinoide sintasa que controla el ensamblaje de las dos estructuras previas a la formación de la capsaicina en la planta, y cada una de las que cataliza los pasos necesarios para llegar a esos dos compuestos.

Otro ejemplo, este seguramente mucho más conocido, es el de la '**lactasa**', una enzima producida en el intestino delgado de los mamíferos que promueve la conversión de la **lactosa** (un disacárido) en sus componentes más básicos (glucosa y galactosa); como es sabido, su ausencia provoca la conocida intolerancia a la lactosa, en general, muy habitual en los humanos adultos, aunque hay mutaciones geográficamente muy extendidas que permiten que buena parte de la población no tenga tal intolerancia.

Más allá de esta anécdota de la lactasa, la mayoría de las enzimas son imprescindibles para la vida, aunque sus substratos no sean tan reconocibles por el público en general. Así, hay **deshidrogenasas**, encargadas de catalizar la eliminación de dos átomos de hidrógeno del substrato sobre el que actúan; hay **oxigenasas**, que inducen la incorporación de átomos de la molécula de oxígeno (O_2) al substrato y pueden ser **monooxigenasas** (o hidroxilasas) que incorporan oxígeno en forma de grupo -OH, o **dioxigenasas**, que transfieren los dos átomos de oxígeno al substrato. Un grupo de las anteriores lo forman las **ciclooxigenasas** (COX); precisamente, estas participan en la transformación de un ácido graso específico, el ácido araquidónico, en **prostaglandinas**, iniciando los típicos procesos de inflamación y, como veremos en el capítulo 10, muchos antiinflamatorios y analgésicos actúan inhibiendo la acción de estas enzimas.

No debemos confundir las oxigenasas anteriores con las **oxidasas**, que son enzimas que catalizan también la eliminación de hidrógenos del substrato (como las deshidrogenasas), pero en este caso, transfiriéndolos al oxígeno molecular o, a veces, al peróxido de hidrógeno (H_2O_2). Y así podríamos continuar citando nombres de grupos de enzimas y muchísimos nombres, concretos y específicos (a veces muy raros) como, p.e., la glucosa oxidasa (que cataliza la oxidación de la glucosa), la HMG-CoA reductasa (que controla la velocidad de reacción en la vía metabólica que conduce a la formación del colesterol y otros derivados), o la metilentetrahidrofolato reductasa (MTHFR), que participa, de forma muy específica, en un paso de la formación del aminoácido metionina y que su disfunción puede provocar diversas enfermedades de especial gravedad.

Pero aún hay más. Muchas enzimas, la mayoría, requieren un ayudante o cómplice en su acción catalizadora. Son los que se conocen como **coenzimas o cofactores**, es decir, moléculas (en general, no proteicas) que ayudan en esa acción catalizadora, aunque pueden experimentar alguna transformación durante esa reacción como, p.e., aceptar o ceder electrones o un determinado grupo funcional, etc. Por citar un ejemplo familiar: la **vitamina C** es un cofactor de varias hidroxilasas.

---

[112] Entre la multitud de enzimas conocidas, hay muy pocos ejemplos de no proteicas; uno de estos ejemplos, fundamental para la vida, es la peptidil transferasa: una molécula de ARN presente en los **ribosomas** y que se encarga, curiosamente, de la formación de los enlaces peptídicos entre aminoácidos, durante la traducción del ARN mensajero, para sintetizar las proteínas de la célula.

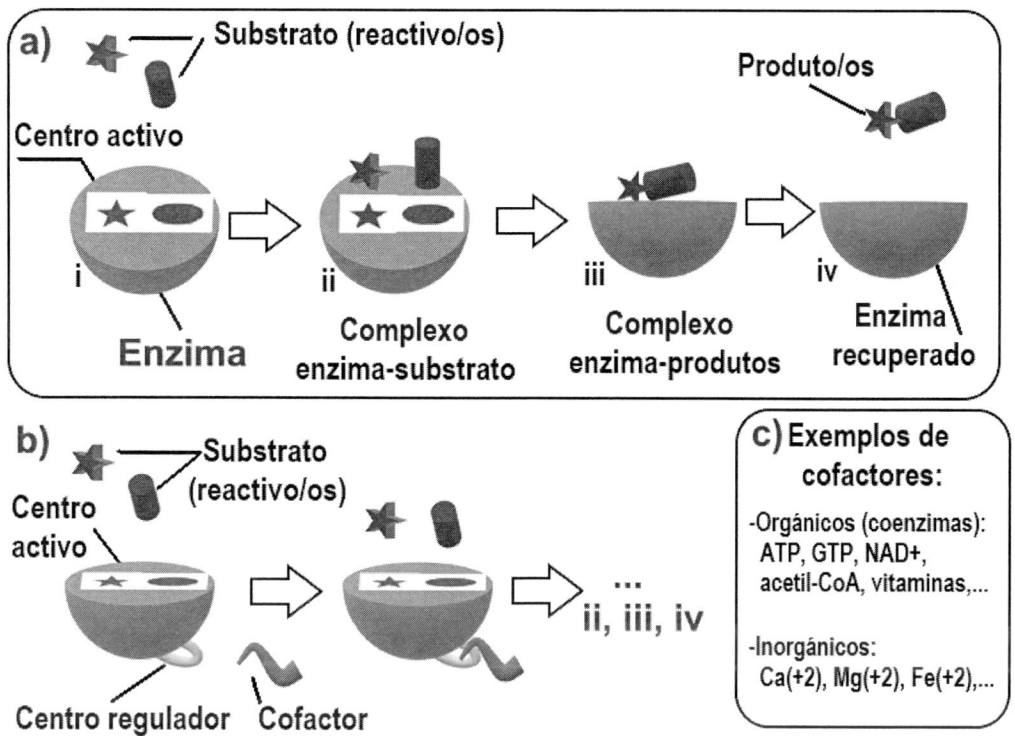

Fig. 34.- Las **enzimas** actúan como **catalizadores** en la mayor parte de reacciones que ocurren en el organismo (disminuyen la energía de activación que requiere una reacción para iniciarse). Su **centro activo** interactúa con el sustrato (reactivos) de forma muy específica (i) formando un complejo (ii) y, con una pequeña alteración de la conformación de la enzima (iii), se da paso a la formación de los productos, recuperándose la enzima para iniciar otro proceso (iv). Algunas enzimas, para ser activadas, requieren un **cofactor** (que actúa sobre otro centro de la enzima, el **centro regulador**), como en b). Existen diversos cofactores (tal como se muestra en c).

La vida es aún más compleja y hay compuestos (muchos también proteínas) que actúan inhibiendo la acción de ciertas enzimas. Así, hay una proteína, la alfa-1-antitripsina (AAT), fabricada en el hígado, que se encarga de proteger a los pulmones y al propio hígado, ya que inhibe la acción de ciertas peptidasas (o proteasas); estas enzimas se encargan de romper los enlaces peptídicos de las proteínas y podrían perjudicar tales órganos en determinadas situaciones (como en la acción recuperadora de los tejidos después de una infección). El déficit de AAT puede heredarse y, de hecho, hay un gen mutante, conocido como el 'gen vikingo' (al aparecer con más frecuencia en el norte de Europa), que, por razones históricas conocidas, abunda más en Galicia que en el resto del Estado Español.

En definitiva, la vida es un complejo y delicado equilibrio en el que participan muchas y diversas sustancias con una fuerte autorregulación. Presentados, pues, los principales protagonistas químicos, acerquémonos más a ese extraño fenómeno que llamamos 'vida' y a su posible origen, que se pierde, como decíamos en la Introducción, entre la materia orgánica y el tiempo de miles de millones de años de evolución.

EVOLUCIÓN BIOLÓGICA

Capítulo 6

¿DE DÓNDE VENIMOS? EL ORIGEN DE LA VIDA

El objetivo de los anteriores capítulos era percibir la extensión, potencial y real, de la Química del carbono; al mismo tiempo, apuntar como el origen de todos los compuestos orgánicos guarda relación con unos cuantos precursores básicos y, en última instancia, con la **glucosa**, producida por los organismos **autótrofos** (a través de la **fotosíntesis** o de la **quimiosíntesis**). Y toda esa diversidad de compuestos es posible gracias a las reacciones químicas que sostienen la vida con la participación de miles de **enzimas** diferentes. Así, pues, por muy numerosos y variados que resulten, podemos explicar cómo se forman ahora que hay una enorme variedad de seres vivos, autótrofos y **heterótrofos**, y una cadena alimentaria que conecta a unos con los otros, viviendo de esas reacciones; pero, ... ¿cómo comenzó todo? Obviamente, sin toda la 'maquinaria orgánica' preparada, muchas de esas reacciones que sostienen la vida no ocurren.

No debemos permitir que 'los árboles nos impidan ver el bosque' y, si queremos preguntarnos sobre el origen químico de la vida, debemos quedarnos con lo esencial; desprendernos, por un momento, de todos aquellos compuestos que fueron apareciendo a lo largo de múltiples procesos evolutivos (pequeñas o grandes mejoras que, en muchos casos, aportan ventajas adaptativas), y quedarnos con los que, propiamente, podrían definir químicamente la vida más primitiva terrestre. ¿Cómo pudieron aparecer los constituyentes del metabolismo primario? ¿Cómo comenzó toda esa 'maquinaria' de la vida, que impulsó, e impulsa, esa evolución? Ya es hora de tocar esta cuestión.

Resulta evidente que, por muy sencillo (no simple) que resulte un organismo, la vida requiere unas determinadas condiciones. Hoy por hoy, sabemos que la célula es el elemento básico de todos los seres vivos. Todos los animales, vegetales y demás organismos que podemos ver a nuestro alrededor somos seres multicelulares, con multitud de células especializadas, pero evidentemente, esto no fue siempre así. Los primeros seres multicelulares que podrían tener células especializadas, formando lo que llamamos tejidos, aparecerían hace más de 1.900 millones de años y se cree que podrían corresponder a los fósiles del género *Grypania*, tal vez un tipo de alga o una simple colonia gigante de cianobacterias. De hecho, de este otro tipo de colonias pluricelulares, con células no especializadas, tenemos constancia en fósiles mucho más remotos en el tiempo como los **estromatolitos**; son comunidades microbianas fosilizadas como carbonato de calcio y ampliamente identificados en diversas zonas del planeta, con un abanico que comenzó hace unos 3.700 millones de años (como los encontrados recientemente en Groenlandia) y que llega hasta nuestros días (aún en formación en diversos arrecifes, p.e., en costas de Australia).

Obviamente, todas las sustancias que hoy juegan un papel en la comunicación intercelular aún no resultaban necesarias por aquel entonces y muchos compuestos (p.e., la dopamina que, como veremos, juega un importante papel como neurotransmisor), probablemente, aparecieron en escena mucho más tarde a lo largo de la evolución; lo mismo ocurre con todas las hormonas, feromonas, sustancias de defensa, pigmentos, etc., desde luego, la mayor parte de los metabolitos secundarios. Pero hay que decir que, incluso en este caso, algunos de estos compuestos se anticiparon a la aparición de los primeros seres pluricelulares con otras funciones; p.e., ciertas proteínas, conocidas como moléculas de adhesión celular, que se encuentran en la superficie de la mayoría de las células y participan en la unión y comunicación de una célula con sus vecinas, inicialmente, eran empleadas para capturar algunas moléculas del exterior. Existen varios ejemplos de moléculas de adhesión celular como las **integrinas**, las **cadherinas** o las **selectinas**[113].

Fig. 35.- Representación de un fragmento de **ADN** y la figura de Spiderman en la 'Ciudad de las Ciencias' de Valencia (foto: R.V.).

Aún más atrás en el tiempo, los primeros seres vivos, todos unicelulares, sufrirían diversos procesos evolutivos; lo más importante fue, sin duda, la aparición del núcleo celular: el salto de las células **procariotas** (sin núcleo), características de arqueas y bacterias, a las **eucariotas** o nucleadas, como las que reconocemos formando parte de nuestros tejidos vivos y de la inmensa mayoría de las actuales especies directamente visibles. Este paso fue muy bien descrito, en 1967, por la bióloga Lynn Margulis con el mecanismo de la **endosimbiosis** que explica la aparición de diferentes orgánulos, como mitocondrias, cloroplastos y el propio núcleo celular, a partir de la fusión y simbiosis de células diferentes; hoy por hoy, es una hipótesis mayoritariamente aceptada: se piensa que las primeras eucariotas pudieron formarse a partir de una primitiva arquea y bacterias que, inicialmente, compartían un mismo medio. Entrando al detalle, existen diferentes formas de imaginarse tal fusión simbiótica; uno de los primeros mecanismos sugeridos fue el de la fagocitosis: una célula que, literalmente, engulle a otra que, en lugar de ser digerida, permanece en el interior de la más grande, con un ADN propio y con una función

---

[113] Las **integrinas** conectan la matriz extracelular con el citoesqueleto de la célula y juegan un importante papel en la multiplicación, en el movimiento y en otras funciones celulares, participando, p.e., en la cicatrización de heridas o en la diseminación de células cancerosas. Las **cadherinas** se encuentran en la superficie celular y, efectivamente, juegan un importante papel en la adhesión entre células, donde también participan las **selectinas**, proteínas transmembrana que adquieren una especial importancia en los procesos inflamatorios.

especializada[114]. En este proceso podemos imaginar que la membrana exterior de una arquea se va retrayendo cara al interior, formando invaginaciones que, posteriormente, se van cerrando y pueden atrapar (fagocitar) a una bacteria vecina; en ese mismo proceso, algunos compartimentos podrían unirse hasta envolver el ADN celular en lo que sería un núcleo futuro. Otra hipótesis, propuesta más recientemente por los primos Baum (David y Buzz), imagina que la célula de una arquea desarrolla extensas prolongaciones superficiales que, posteriormente, se repliegan y pegan formando un nuevo límite celular; en ese repliegue podrían engullir bacterias vecinas, mientras que la zona central de la primitiva arquea pasaría a comportarse como el recién inventado núcleo celular de la eucariota.

Viajando aún más atrás en el tiempo, cabe preguntarse por la aparición de aquellos primeros seres unicelulares, los más simples, las arqueas y las bacterias sin núcleo. Las actuales células bacterianas contienen, en si mismas, los mecanismos básicos propios de la vida celular más compleja (en términos relativos, pues carecen del núcleo y de una química de comunicación vinculada al mismo); en cualquier caso, su aparición ya fue, obviamente, un hito evolutivo primordial. Seguramente, ese paso tendría lugar con la formación de las primeras membranas lipídicas semipermeables, hace más de 3.700 millones de años. Inicialmente estas serían simples, como las **micelas** lipídicas que aparecen, de forma natural (debido a interacciones electromagnéticas bien conocidas), p.e., cuando se organiza una grasa en el seno del agua (ver fig. 14). Las membranas celulares más complejas, vinculadas a los organismos eucariotas actuales aparecerían hace poco más de 1.500 millones de años (ver fig. 28); membranas con proteínas de canal que permiten el paso selectivo de determinadas sustancias a su través, al tiempo que impiden el paso de otras que podrían resultar tóxicas o innecesarias.

Aquella primitiva membrana semipermeable tan simple debió atrapar en su interior un mecanismo químico básico. Así, pues, explicar el origen químico de la vida en la Tierra implica entender cómo pudieron formarse las primeras moléculas que fueron capaces de 'inventar' el metabolismo primario más básico, donde deben incluirse, seguramente, complejas macromoléculas que almacenan información genética (como los ácidos nucleicos), algunas proteínas imprescindibles para mantener determinadas reacciones bioquímicas y algunos compuestos que sirven de soporte, tanto material como energético, esto es, determinados hidratos de carbono y lípidos esenciales. Es lo que se conoce como la **química prebiótica**. El siguiente paso sería conocer como esas macromoléculas se autoorganizaron para dar paso a lo que hoy definiríamos como un ser vivo, una célula. Pero, como ocurre con todos los procesos evolutivos, este paso podría no ser tan fácilmente definible; podrían aparecer estadios intermedios como los '**organoides**'.

---

[114] Es un hecho bien conocido que las mitocondrias de nuestras células tienen un ADN propio, el ADN mitocondrial, diferenciado del propio 'ADN celular' que se encuentra en el núcleo. Y lo mismo ocurre, p.e., con los cloroplastos.

QUÍMICA PREBIÓTICA. PRIMERAS MOLÉCULAS ORGÁNICAS

La edad de la Tierra se sitúa en más de 4.500 millones de años y todo apunta a que los primeros 500 millones fueron de una actividad geológica intensa; la superficie terrestre fue sometida a un fuerte bombardeo de meteoros (que participaron en la propia formación de esa superficie e, incluso, en zonas más internas), con una fuerte actividad volcánica y temperaturas demasiado elevadas como para mantener agua en estado líquido de forma estable; además, bajo una intensa radiación solar, particularmente en la región del ultravioleta. Ciertamente, esas condiciones no eran las apropiadas para la vida, pero antes de la aparición de esta, era realmente preciso que se formaran las macromoléculas necesarias (por su papel como soporte de la vida) y, precisamente, aquellas condiciones, en principio tan adversas para la vida, permitirían crear múltiples focos reactivos, que podían dar lugar a muchos compuestos orgánicos de cierta complejidad. Por fin, hace aproximadamente, unos 4.000 millones de años, aparecerían las rocas sedimentarias y la superficie terrestre iría diversificándose y estabilizándose, dando lugar a una explosión de 'experimentos químicos' que permitirían un gran avance en la química prebiótica.

Es habitual señalar los trabajos del bioquímico ruso Alexander I. Oparin como los primeros experimentos significativos en los que se proponía ese origen abiótico, gracias a una evolución química que tendría lugar en los primitivos océanos. En su obra 'El origen de la vida', Oparin defendía la posibilidad de una síntesis primaria (sin intervención de organismos vivos) de los hidrocarburos que, como vimos, son los compuestos orgánicos más elementales; tales compuestos, tras múltiples pasos en infinidad de escenarios terrícolas de aquella época, darían paso a '*la formación de compuestos albuminoideos*[115] *y, ulteriormente, a sistemas coloidales susceptibles de experimentar un progresivo perfeccionamiento de su organización interna gracias a la selección natural*'.

En el mismo sentido se pronunciaba el genetista británico John B.S. Haldane en 1929. Y, precisamente, serían detectados hidrocarburos de diversos tipos en atmosferas de los grandes planetas y de algunos grandes satélites como, p.e., en Titán, hasta donde llegó la sonda Cassini[116] en el 2005. En esa misma dirección, sobre la evolución química que precedió a la biológica, trabajaron (y pronto se hicieron notables aportaciones teóricas al respecto) diversos científicos; p.e., H. Urey o J. Bernal. Pero era importante demostrar que, de aquellos primeros compuestos, tan simples y entonces presentes en la atmosfera y océanos de nuestro planeta, podrían formarse otros compuestos más complejos que, posteriormente, actuarían como los ladrillos básicos e imprescindibles para la formación de las grandes macromoléculas que sostienen la vida tal como la conocemos. En definitiva, eventos significativos que deberían dar lugar a la formación de los aminoácidos (necesarios para la generación de las proteínas), a la formación de los azúcares más sencillos (como la glucosa, ribosa, ...) y a la formación de los grandes polisacáridos, a la formación de los nucleótidos constituyentes de los ácidos nucleicos (ARNs y ADNs) y, a la aparición de los ácidos grasos y algunos lípidos más complejos; tal como se indicó en el capítulo 5, hoy en día hay relaciones evidentes entre unos y otros ladrillos elementales.

---

[115] En referencia a las proteínas.
[116] La sonda Cassini fue un proyecto conjunto, de la NASA y la ESA. Lanzada en 1997, llegaría hasta Titán en enero del 2005, donde descendió el módulo Huygens, mostrándonos una atmosfera rica en hidrocarburos simples (metano, etano, ...) y lagos de hidrocarburos líquidos en las zonas polares.

Hay una imposibilidad evidente de reproducir hasta el más mínimo detalle experimentos que indiquen paso a paso lo que entonces ocurrió pues, evidentemente, tales pasos de evolución química, anterior a la formación de las primeras células, no deja fósiles o huellas que permitan una confirmación directa de cada hipótesis propuesta. Por el contrario, en cualquier ambiente actual de nuestro planeta, la formación de aquellos compuestos primordiales se vería con mayor o menor rapidez colapsada, precisamente, por la acción de los innumerables microorganismos que pueblan nuestro planeta actual y múltiples oxidantes presentes; aunque sabemos que este no era el problema de aquel primitivo estadio. La formación de compuestos de carbono permitiría, entonces, que se mantuvieran relativamente estables y sujetos a múltiples 'experimentos', abriendo numerosas formas de concentración en determinados puntos de la superficie terrestre y de la hidrosfera, y diversas líneas de nuevas síntesis con nuevos compuestos de carbono.

Con algunos precedentes experimentales de gran interés, es habitual mencionar los trabajos de Stanley Miller, basándose en las ideas del ya también citado Harold Urey[117] y partiendo de la posible composición química que caracterizaba a la atmosfera terrestre de aquellos primeros tiempos, fuertemente **reductora**, con una significativa ausencia de oxígeno. En su primero y más citado experimento, realizado en 1953, Miller hizo pasar a través de un aparato específicamente diseñado para tal fin (fig. 36), una mezcla de gases (metano, amoníaco, hidrógeno y vapor de agua), los que supuestamente formarían parte de aquella atmosfera primitiva; en ese aparato, la mezcla de gases era sometida a descargas eléctricas que intentan reproducir la acción de las tormentas que, por aquel entonces, deberían ser muy abundantes. Y resultó que, efectivamente, en aquel experimento se acabó formando un residuo viscoso que contenía varios **aminoácidos** (entre ellos, trece de los veinte que sabemos básicos y presentes en todos los seres vivos). Tales experimentos fueron repetidos en varias ocasiones confirmando los resultados, mientras que otros investigadores experimentaron la formación de aminoácidos, azúcares y **nucleótidos** a partir de diversas mezclas de compuestos inorgánicos, también simples y, previsiblemente, presentes en aquellas primeras eras geológicas. Recordemos, p.e., la demostración que hizo, en 1961, Juan Oró sobre la posibilidad de formación de **adenina** (recordar, base de nucleótidos como la **adenosina**) a partir de la unión de moléculas tan sencillas como las del cianuro de hidrógeno (HCN). Por dar otro ejemplo, hay varios trabajos iniciados por A. Butleroff y continuados por E. Fischer y H. Euler, donde se demostraba que, a partir simplemente de una mezcla de agua de cal y **formaldehido** en disolución, se obtienen varios azúcares (p.e., la fructosa). Pero en todos estos casos hay que considerar la cuestión de la **isomería óptica** y, en general, de la estereoisomería, comentada en el recuadro del capítulo 2 sobre isomerías. Efectivamente, en un momento determinado, bien durante la evolución de esa química prebiótica o, posteriormente (con la aparición de las primeras **enzimas**), debió tener lugar la aparición de la asimetría molecular que hoy en día define la prevalencia de unas formas de estereoisómeros frente a otros: los **L-aminoácidos** frente a los D-aminoácidos o la **D-glucosa** frente a la L-glucosa, etc. Desde luego, en los primeros pasos de aquella química prebiótica, los experimentos aquí citados llevan a la formación de dos tipos de compuestos y ya vimos en el recuadro citado, sobre isomerías, que en el caso de los isómeros ópticos es muy difícil obtener exclusivamente una de las formas de forma aislada, empleando únicamente las reacciones químicas más convencionales; parece razonable suponer que, existiendo inicialmente las dos formas en el medio, la evolución y formación

---

[117] De hecho, Urey dirigía el laboratorio de la Universidad de Chicago donde se desarrollaron los experimentos.

de macromoléculas (como proteínas y ácidos nucleicos)[118] llevó al uso de una de esas formas y no de la otra por simple encaje espacial[119], siendo el resultado de la que perduraron simple fruto del azar; en cualquier caso, esto supuso un nuevo paso en el 'reconocimiento de las formas' que, como decíamos en la Introducción, es una propiedad emergente a diferentes niveles o escalas.

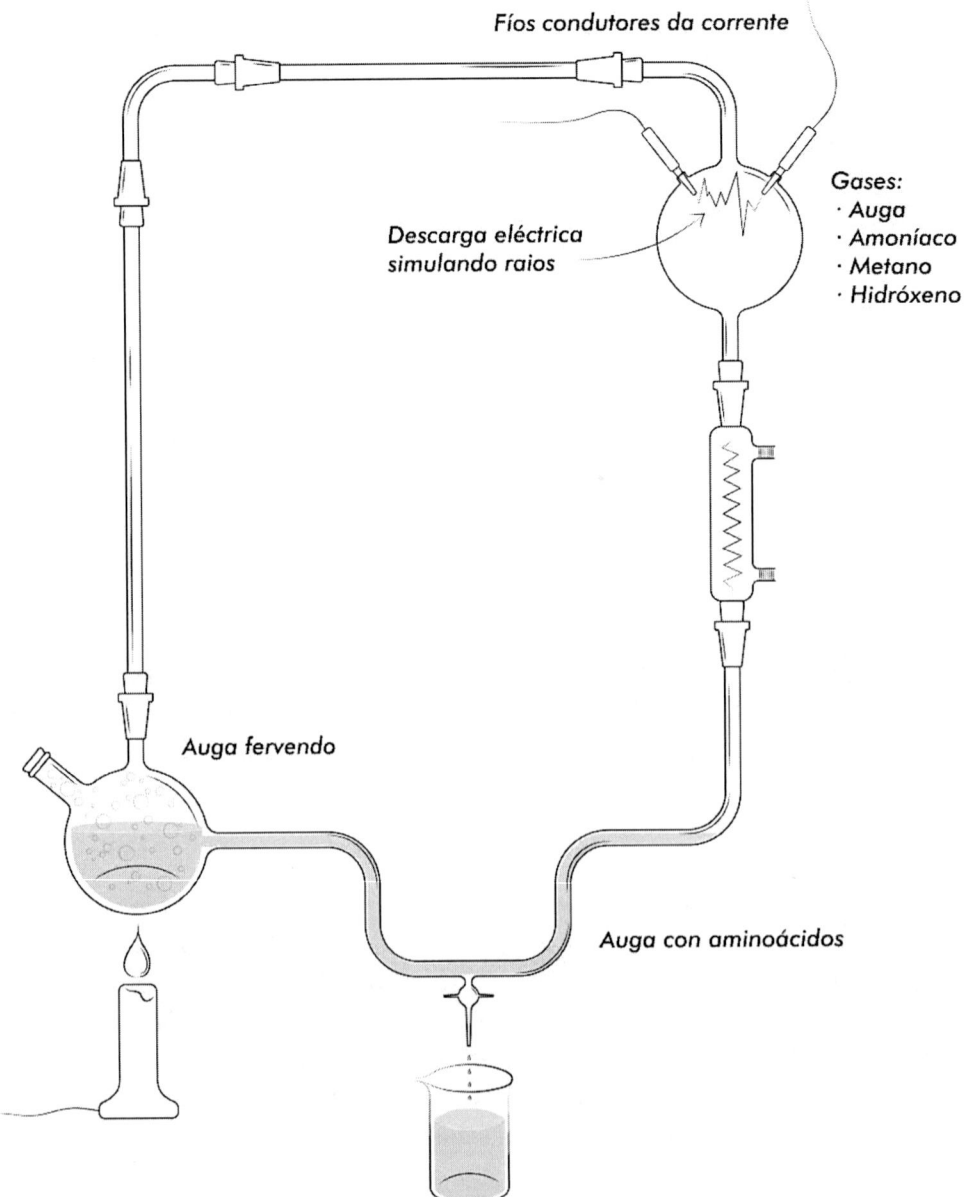

Fig. 36.- Diversos experimentos han demostrado que es posible la formación de compuestos orgánicos básicos para la vida, partiendo de los probables componentes inorgánicos presentes en la primitiva atmosfera terrestre. El más conocido, sin duda, fue el realizado en 1953 por Stanley Miller; en este experimento se consiguió sintetizar aminoácidos y azúcares con un dispositivo como el del esquema, sometiendo la mezcla de gases que suponemos había entonces a descargas eléctricas que simulan las fuertes tormentas eléctricas de aquellos tiempos (Ilustración: Lía Liñares).

---

[118] O, tal vez, de otros materiales que pudieron servir, inicialmente, de soporte y que ya resultaban selectivos para el encaje espacial de una u otra forma.

[119] Un símil para visualizar la relación entre dos **isómeros ópticos** es el caso de las manos: izquierda y derecha son como imágenes especulares no superponibles; el guante de una mano no sirve para la otra.

Hoy por hoy, ya sabemos que estos compuestos de carbono más elementales, materia prima para obtener los más complejos 'ladrillos', son muy frecuentes y abundantes en el espacio exterior; desde su presencia en el propio medio interestelar, nebulosas o nubes moleculares, hasta las envolturas y capas externas de ciertas estrellas y, por supuesto, en atmosferas y materiales sólidos de cuerpos rocosos (planetas, satélites, cometas, ...) del propio Sistema Solar. En el caso de las nebulosas, extensas nubes de muy baja densidad (formadas por gases, hielos y partículas de polvo) son muchos los ejemplos de compuestos orgánicos detectados que contienen entre dos y trece átomos de carbono[120] y, entre los gases y las partículas de polvo, se encontraron incluso huellas de diversos **hidrocarburos aromáticos policíclicos (HAPs)**. Moléculas precursoras de este tipo se encontraron, también, en diversos objetos estelares como, p.e., envolturas de estrellas, discos protoplanetarios y núcleos calientes de protoestrellas masivas. Pero, también, en cometas y en meteoritos (es decir, restos de asteroides y otros pequeños cuerpos espaciales que llegan hasta la superficie terrestre); precisamente, en meteoritos del tipo condrita carbonácea[121] se tienen encontrado diversos aminoácidos, así como otras sustancias orgánicas del tipo **aminas**, **amidas** (lineales y cíclicas), **alcoholes**, **aldehídos** y **cetonas** e, incluso, **purinas** y **pirimidinas**, incluidas las bases de los cinco **nucleótidos** que conocemos, aquí en la Tierra, como constituyentes de los **ácidos nucleicos**. El más interesante y conocido tal vez sea el caído en Murchison (Australia)[122], en 1969, y sometido a diversos análisis.

A la hora de escribir este libro, en un interesante artículo publicado en la revista Nature se anuncia que en los análisis de las muestras extraídas del asteroide Ryugu, por la sonda Hayabusa2 (de la JAXA, Agencia Japonesa de Exploración Aeroespacial), y traídas a la Tierra en una cápsula cerrada, se encontraron diversos compuestos orgánicos; entre ellos unos 15 aminoácidos y uracilo, una de las cuatro bases nitrogenadas que forman los nucleótidos en los ARNs. Haciéndose eco de ese artículo de Nature, en varios medios de comunicación se recuerda la hipótesis de la formación de este tipo de compuestos orgánicos a partir de otros más simples que acompañan a los minerales en las condritas carbonáceas, con la intervención de la radiación ultravioleta a la que son sometidos, constantemente, por el Sol. Y, ahora mismo, leo que investigadores de la NASA intentan abrir la cápsula con las muestras extraídas del asteroide Bennu; la sonda regresó a la Tierra a finales del pasado Setiembre. En otra línea de investigación, diversos modelos de computación permiten explicar cómo se pueden formar en aquellos ambientes de tan baja temperatura y presión, propios de las nebulosas interestelares, moléculas relativamente complejas como las de los aminoácidos.

Encontrar sustancias prebióticas en nebulosas, estrellas y meteoritos alimentó un cierto tiempo, en la segunda mitad del pasado siglo, una hipótesis con importantes defensores como Fred Hoyle, Francis H. Crick o Leslie E. Orgel: la llamada **panspermia**. Según esta hipótesis (que, al parecer, había sido propuesta inicialmente por el químico sueco Svante Arrhenius a comienzos del

---

[120] En el 2005 se tenían ya identificados más de 130 compuestos prebióticos en nebulosas.

[121] Un tipo de meteorito no metálico, es decir, rocoso y que presenta algunas estructuras características como, p.e., cóndrulos o pequeñas esferas compuestas de varios minerales.

[122] En el meteorito de Murchison, se detectaron diversos aminoácidos base (entre casi 400 compuestos orgánicos diferentes, incluidos nucleótidos y alguna vitamina como la B3). La importancia de este análisis radica en que, inicialmente, se pensó que el meteorito había sido contaminado con estas sustancias en la Tierra, durante la caída, pero más tarde, se observó que había en esa muestra aminoácidos de la forma D (recordar que los que forman parte de las proteínas en la Tierra son, exclusivamente, de la forma L); además, las abundancias isotópicas relativas de carbono y de otros elementos eran diferentes a las terrestres: en definitiva, todo indica que esos aminoácidos llegaron con el meteorito.

s. XX), los primeros estadios de la vida pudieron surgir fuera de la Tierra y llegó a nuestro planeta vía cometas y/o meteoritos. La cuestión es que tal hipótesis no resuelve el verdadero origen de la vida, simplemente, traslada la explicación a otro lugar[123].

PRIMERAS POLIMERIZACIONES Y ... ¿QUÉ FUE PRIMERO?

Una vez formados esos primeros ladrillos, seguramente en zonas concretas de la hidrosfera (océanos, mares, lagos, ...) o de la propia atmosfera, el siguiente paso es entender cómo se fueron **polimerizando** hasta formar las grandes **macromoléculas**, es decir, los ácidos nucleicos (ADN y/o ARN) a partir de nucleótidos o los polipéptidos y proteínas a partir de aminoácidos libres. Para este segundo gran paso evolutivo se barajan varias posibilidades, pero diversas evidencias experimentales, así como consideraciones tanto energéticas como cinéticas, excluyen una fácil polimerización de aminoácidos o de nucleótidos en un medio esencialmente acuoso; más bien, hacen pensar que debió ocurrir en escenarios más específicos como, p.e., los fondos oceánicos y marinos o la superficie de determinados tipos de rocas, como las silicatadas, arcillas o otros sedimentos aluviales inorgánicos (p.e., sulfuros metálicos), tal como adelantó en su día J. Bernal en su libro 'Bases físicas de la vida'. Tales materiales inorgánicos pudieron actuar como los primeros catalizadores de las reacciones de condensación entre aminoácidos para formar proteínas o entre nucleótidos para formar ácidos nucleicos, antes, obviamente, de la aparición de las enzimas que, como ya vimos, son los actuales catalizadores en estas reacciones. De hecho, se ha comprobado, p.e., la capacidad de superficies de pirita (mineral de sulfuro de hierro) con trazas de selenio para actuar como catalizador en la síntesis de polipéptidos a partir de aminoácidos; son muchas las posibilidades que fueron apuntadas al respecto y algunos modelos defienden, precisamente, la importancia del hierro y del azufre, abundantes en las calientes fuentes hidrotermales, en el metabolismo más primitivo, anterior a las células actuales.

Aún hay debate sobre la naturaleza de la primera macromolécula: si fue un polipéptido (proteína, con su papel como catalizador, dinamizando el metabolismo básico) o un ácido nucleico, es decir, la función de autorreplicación. La hipótesis más extendida es la inicialmente propuesta por Leslie E. Orgel, Francis H. Crick y Carl R. Woese en la década de los sesenta del pasado siglo XX y que, posteriormente, fue conocida como **'Mundo ARN'**. Atendiendo a esta hipótesis, habría varios motivos para pensar que fue una molécula de ARN la que se anticipó a las anteriores. El principal argumento es el hecho de que el ARN, aunque con menor eficacia, puede jugar esos dos papeles esenciales, el que caracteriza a las enzimas proteicas y el propio del ADN. Efectivamente, por un lado el ARN puede asumir el papel de genoma (de hecho, lo hace aún en 'virus ARN' y en viroides actuales), archivando la información genética, y puede, también, asumir funciones como catalizador en reacciones químicas propias de un incipiente metabolismo; esto último fue comprobado experimentalmente por varios grupos de trabajo que descubrieron organismos actuales que poseen enzimas de ARN, conocidas como ribozimas, como la ya citada enzima peptidil transferasa que, realmente, es una molécula de ARN presente en los ribosomas y se encarga de la formación de enlaces peptídicos entre aminoácidos en una etapa de la síntesis de proteínas. Además, es lógico

---

[123] Aunque, ciertamente, permite estirar algo más en el tiempo (hacia atrás) el inicio de esta química prebiótica.

pensar que el ARN debió anticiparse al ADN ya que la **desoxirribosa**, que forma parte del ADN, puede sintetizarse en todas las células a partir de la **ribosa** (el azúcar propio de los ARNs), pero este último monosacárido, en muchos casos, es necesario tomarlo del exterior celular.

Algunos investigadores defienden la posibilidad de que antes del propio ARN hubiese otras macromoléculas que pudieron haber jugado ese papel fundamental como, p.e., algunos **ácidos nucleicos peptídicos** o **ácidos peptidonucleicos** (APN), que presentan un esqueleto 'semejante' al de las proteínas pero que va unido a bases nitrogenadas (como las propias de los ácidos nucleicos). Recordar que el esqueleto de un ADN o de un ARN es una sucesión de pares 'fosfato y azúcar' al que se le unen las bases nitrogenadas cuya secuencia característica puede contener la información que define el papel de estos ácidos en la vida actual (ver fig. 32b). Una de las versiones propuestas de APN, y la más estudiada en los actuales laboratorios, es un polímero que, en lugar del esqueleto de fosfato-azúcar en alternancia, emplea un esqueleto formado por monómeros de un derivado de la **glicina**[124], al que se unen, perfectamente, las bases nitrogenadas habituales en los ácidos nucleicos. Fue en 1991 cuando un equipo de investigadores de la Universidad de Copenhague consiguió sintetizar este polímero y comprobar que, efectivamente, tiene la estabilidad química propia del esqueleto de cualquier proteína, con enlaces peptídicos, y la capacidad de almacenar información al incorporar esas bases nitrogenadas.

Otra hipótesis es la del llamado '**mundo tioéster**'. Aquí el esqueleto estaría formado por un dipéptido (dos aminoácidos) que, igual que en el caso anterior del APN, actuaría como un monómero (en lugar del par fosfato-azúcar); uno de los aminoácidos sería la **cisteína**, un aminoácido que posee un átomo de azufre y que queda disponible para que se le unan las bases nitrogenadas a través de un enlace tipo **tioéster**. Fue el bioquímico Christian de Duve, premio Nobel de Medicina en 1974, quien destacó la importancia que podría tener este tipo de enlace en el origen de la vida debido a la gran cantidad de energía química que almacena en su formación (como ocurre con el **ATP**, la actual 'moneda energética' en todos los organismos vivos); y, también, debido a que hay varios tioésteres que funcionan, en todos los organismos actuales, como intermediarios necesarios en diversos procesos bioquímicos que llevan a la producción del ATP. Pero este interés aumentó mucho más cuando, en 1996, investigadores de La Jolla (California), dirigidos por Reza Ghadiri, consiguieron crear un análogo del ADN con ese tipo de esqueleto: un ácido nucleico de péptido tioéster (tPNA, de las siglas en inglés) en el que las bases se unen y separan sin la participación de enzimas; así mismo, comprobaron que, introduciendo una de las hebras separada de ADN actual en una disolución que contiene unidades de ese tPNA, estas se van uniendo al ADN complementándolo de igual forma que lo harían los nucleótidos habituales. Una hipótesis interesante en la que el 'mundo tioéster' precedería al 'mundo ARN'.

En cualquier caso, no debemos olvidar que aquella 'sopa o caldo primordial' tuvo un ingrediente indispensable, que resulta imposible de añadir en cualquier experimento actual, y que presentamos al inicio del libro: el tiempo. Ciertamente, fueron precisos cientos de millones de años para que aquellos pasos decisivos tuvieran éxito y con toda seguridad hubo innumerables 'pruebas' y procesos que no llevaron a ninguna parte; y otros que fueron abriendo camino aún que, también con el tiempo, irían desapareciendo por ser menos eficientes por diversas razones.

---

[124] Concretamente, la N-(2-aminoetil)glicina, un aminoácido como la propia glicina.

EL PASO DE 'ENTES QUÍMICOS' A 'SERES VIVOS' Y MÁS ALLÁ

El salto de aquella simple **evolución química** a lo que luego sería, propiamente, una **evolución biológica** va desde la aparición de uno o varios tipos de esas macromoléculas, ya mencionadas, hasta la aparición de la primera célula, como unidad vital; células que, posteriormente y como ya se adelantó, a lo largo de miles y miles de millones de años irían evolucionando hasta llegar a lo que hoy conocemos como tales, constituyendo la base de todo organismo. Pero la célula más sencilla es ya un ente extremadamente complejo y en ese salto debió haber, obviamente, pasos intermedios.

De hecho, aún hoy en día convivimos con diversos entes no vivos pero que podríamos situar en esa etapa intermedia (varios entrarían en la categoría de **CITROENS** de Orgel; son los llamados **organoides**[125] como: los priones (recordar aquellos que dieron pie al episodio de encefalitis espongiforme, popularmente conocido como la enfermedad de las 'vacas locas'), los viroides o, mismamente, los virus. Los **priones** están formados, simplemente, por una molécula de naturaleza proteica, los **viroides** por una cadena de ARN mientras que los **virus** van un paso más allá y pueden presentar una cadena de ADN o de ARN, proteínas e, incluso, una membrana lipídica. Entonces, estos organoides bien pudieron ser eslabones o granos en aquel específico proceso evolutivo que daría pie a la vida, pero no son considerados aún seres vivos ya que, simplemente, parasitan organismos que si incluimos como tales seres vivientes. Estos organoides carecen, pues, de una propiedad fundamental para la vida (como la vemos hoy en día): la idea de la **autopoiesis**, esto es, la idea del automantenimiento y autorreplicación de las células u organismos; precisamente, el término 'autopoiesis' fue introducido en la década de los años setenta del pasado siglo XX por los biólogos chilenos Francisco Varela y Humberto Maturana, para referirse a la capacidad de los seres vivos de 'producirse' a si mismos, capacidad relacionada (obviamente hoy en día) con las propiedades y funciones propias de la molécula del ADN y de toda la maquinaria propia del metabolismo primario y que implica a las enzimas.

Evidentemente, los organoides aquí referidos (virus, priones, viroides) no tienen alcanzada tal propiedad vital, pero vamos avanzando: lo más básico de la célula más simple seria la existencia de una macromolécula capaz de almacenar la información genética para una autorreproducción (un ácido nucleico), cerrada en el interior de una membrana fosfolipídica simple y, cuando menos, algunas proteínas y/o polipéptidos actuando como catalizadores de las reacciones más primordiales que pudieran mostrar un metabolismo básico, propiedades inherentes a la definición de la vida. Obviamente, en la posterior evolución biológica irían perfeccionándose mecanismos y apareciendo nuevas y más sofisticadas funciones, con sus respectivos materiales químicos hasta llegar a la complejidad actual de cualquier célula viva. Pensemos, p.e., que una simple célula bacteriana se estima que contiene, de media, alrededor de 42 millones de moléculas proteicas y eso incluye miles de proteínas diferentes[126]; p.e., sabemos que hay levaduras que poseen alrededor de 6.000 proteínas codificadas por su genoma. Para el caso de animales complejos (nuestra especie incluida), aun no

---

[125] No confundir con el mismo término, **organoides,** que reciben, en medicina, tejidos creados en laboratorio a partir de células madre (o troncales), para estudiar la acción de medicamentos en fase de experimentación.
[126] Así lo reveló un estudio realizado por investigadores de la Universidad de Toronto, publicado en 2018.

es tan fácil obtener un recuento de este tipo, ya que cada tipo de célula contiene una fracción de las proteínas totales que pueden codificar nuestros genes.

Xaneiro	Febreiro	Marzo	Abril	Maio	Xuño
Big Bang				**Fórmase a Vía Láctea**	
Xullo	**Agosto**	**Setembro**	Outubro	**Novembro**	**Decembro**
	Fórmase o Sistema Solar	Xurde a vida na Terra		A fotosíntese 'contamina' a atmosfera con osíxeno. Aparece a célula eucariota	Aparecen seres multicelulares

Decembro

1	2	3	4	5	6	7	8	9	10
11	12	13	14	15	16	**17** Explosión do Cámbrico	**18** Primeiros vertebrados mariños e primeiras plantas terrestres	**19** Primeiros insectos	20
21 Final do Ordovícico	22	23	**24** Aparecen dinosauros	**25** Primeiros mamíferos	26	**27** Primeiras flores	28	**29** Primeiras aves e extinción dos dinosauros	30

Día 31:

21:30 h.. Primeiros primates bípedos coñecidos (*Ardipithecus ramidus*).

22,00 h.. Primeiros homíninos (australopitecinos como Lucy).

22:30 h.. Aparece o xénero Homo .

23:00 h.. Aparece Homo erectus.

23:56 h.. Comeza a migración de Homo sapiens desde a actual Africa a Euroasia.

23:59 h.. Homo sapiens chega a América.

23:59:30: Remata a última idade de xeo e comeza o Holoceno.

23:59:43: Comeza o Neolítico e aparece a agricultura.

23:59:52: Comeza a Historia antiga.

23:59:59,99: Pandemia de Covid-19.

Fig. 37.- Para hacernos una idea de las escalas geológicas (y más allá) es habitual emplear la 'metáfora del calendario cósmico': imaginando que el Universo tuviera 1 año de existencia, de forma que a las 00:00 h del 1 de enero ocurrió el inicio del Big Bang y ahora mismo son las 24:00 h del 31 de Diciembre de ese mismo año; así los principales sucesos que nos trajeron hasta aquí aparecen en una escala (aproximada) más intuitiva.

Y recordar que, en esa evolución celular, resultó fundamental el salto de las células procariotas, carentes de núcleo celular, a las eucariotas; un mecanismo bien explicado por la bióloga Lynn Margulis con la teoría de la **endosimbiosis**, ya citada. Pues bien, un mecanismo semejante parece ser el más probable en la aparición de otros órganulos celulares actuales como las **mitocondrias**, encargadas de la obtención de energía para la célula o los **cloroplastos** que, con el tiempo, resultaron los encargados de la **fotosíntesis** en aquellos organismos que presentan esta propiedad.

Posteriores 'evoluciones' y simbiosis supondrían el paso de los organismos unicelulares a otros multicelulares, y sabemos que fueron bacterias las que dieron este primer salto, con seguridad hay ya más de 2.100 millones de años, o seguramente antes[127]. En cualquier caso, creemos saber, pues así lo demuestran los análisis de diversas secuencias de algunos genes presentes en la mayoría de los organismos actuales, que todos los seres actuales (no procariota) tenemos un antepasado común, un organismo unicelular y eucariota que, en inglés, recibe el nombre de **LUCA** (siglas de *Last Universal Common Ancestor*). Probablemente vivió hace más de 3.000 millones de años y ya presentaría todas las reacciones químicas básicas, las muy básicas y características del metabolismo primario. En el ya citado libro de Margulis y su hijo D. Sagan, '¿Qué es la vida?', expresan maravillosamente bien el hecho de que cada uno de nosotros, cada ser vivo, en cierta medida, es como un fósil, el fósil de una química muy antigua pues, en las reaccions bioquímicas más básicas que tienen lugar en nuestras células, se esconde aquella bioquímica primordial que se fue 'cociendo' muy lentamente y solo después de millones de años daría paso a lo que conocemos como 'vida'; sin duda, unas de las cumbres en la aparición de 'propiedades emergentes' en sistemas complejos, pero un primer paso para nuevas 'emergencias' y 'complejidades'. Recientemente, se publicaba en la revista científica *Cell* un trabajo sobre especies de placozoos, seguramente los animales más simples (excepto algunos parásitos) que ya vivían hace más de 800 millones de años. Aún hoy en día podemos encontrarlos en el mar, con un aspecto que recuerda a minúsculas 'tortillas de gambas' y con no más de 50.000 células (con unos 10 tipos diferentes de células), sin órganos o sistemas diferenciados. Precisamente, la noticia científica era que entre esos tipos de células hay unas (conocidas como peptidérgicas) que pueden intercambiarse mensajes entre si empleando determinadas moléculas (péptidos), como hacen nuestras neuronas y las de los animales que conocemos; serían, pues, como los precursores simples de las neuronas actuales.

Así, pues, la inmensa cantidad de información que nos define, a cada especie y a los individuos dentro de estas, fue acumulada durante millones y millones de años, y reside en las complejas y específicas estructuras moleculares, junto con otras escalas de organización de esa información. La biodiversidad es el resultado de una infinidad de pequeñas transformaciones ocurridas a lo largo de esa evolución biológica, que culminó una evolución química previa. En cualquier especie, las características heredables de una generación a la siguiente estuvieron, y siguen, sujetas a pequeñas variaciones, que surgen aleatoriamente y que, en algunos casos, resultan ventajosas para las generaciones siguientes, aunque en muchos casos, en la inmensa mayoría, no lo sean.

---

[127] Recientemente, un grupo de investigadores suecos encontró, en sedimentos volcánicos de Sudáfrica, fósiles de organismos con una datación próxima a los 2.400 millones de años; semejantes a los actuales micelios propios de los hongos (aunque no serían propiamente hongos), serían los organismos multicelulares más primitivos de los que tenemos noticia hasta ahora.

De hecho, a lo largo de la historia de la vida en la Tierra hubo momentos de claro retroceso, de grandes extinciones (como algunas de las citadas en el recuadro sobre el efecto invernadero) y momentos de gran explosión de vida. Las tres veces que visité el *Emerald Lake* (o Lago Esmeralda) en el Parque Nacional de Yoho, en la Columbia Británica del oeste de Canadá, me encontré con las impresionantes montañas que lo rodean. En una de esas laderas se encuentra la famosa estación de fósiles de *Burgess Shale* (esquistos o lutitas de Burgess), donde se encontraron las más importantes muestras de explosión de vida que tuvo lugar en el Cámbrico (hay entre 540 y 485 millones de años); allí aparece una multitud de fósiles de especies ya desaparecidas, muchos artrópodos (entre otros, los conocidos trilobites[128]), gusanos, esponjas, diversos moluscos, ... Representan muchas formas bien reconocibles y asociables a unas u otras formas de vida actual, pero que en su gran mayoría desaparecerían en la gran extinción que tuvo lugar a finales del Ordovícico, hace poco menos de 450 millones de años (ver fig. 38). Aunque, seguramente, de las grandes extinciones en la historia del planeta, la más conocida sea la que tuvo lugar a finales del Cretácico y que supuso la desaparición de un 70% de las especies que entonces habitaban el planeta; entre ellas destacan los dinosaurios y los amonites[129]. Sabemos que fue provocada por la caída de un gran meteorito (localizado en el actual Golfo de México) en combinación con una elevada actividad volcánica (que incrementó significativamente la concentración de dióxido de carbono en la atmosfera y en las aguas oceánicas, con la consiguiente acidificación de estas y calentamiento global). Las evidencias de aquel meteorito pueden encontrarse hoy en día en diversas zonas del planeta, en una fina capa de sedimentos anómalamente enriquecida en iridio (un elemento químico raro en la Tierra, pero abundante en determinados tipos de asteroides); uno de esos lugares es el interesante flysch[130] de Zumaia (Gipuzkoa), que muestra sus estratos como un auténtico 'libro abierto' de geología (fig. 38).

Pese a las puntuales extinciones masivas ocurridas a o largo de la historia, hubo continuidad en la química básica de los seres vivos, y la evolución biológica de las 'formas' es bien reconocible en multitud de casos, mayoritariamente desde las 'primeras formas' marinas hasta la posterior colonización del suelo terrestre: de especies de algas llegamos a las plantas terrestres, de los peces pulmonados a los primeros vertebrados en tierra[131], etc. Como veremos más adelante, todos los seres vivos, incluidos obviamente nosotros mismos, tenemos un líquido extracelular (lo que se encuentra entre nuestras células) especialmente rico en sodio, como un recuerdo o consecuencia de este origen marino.

Pero, volviendo a las grandes líneas evolutivas, en relación con la herencia genética, habría una novedad importante que garantizó un aumento de la diversidad genética: la **aparición del sexo**, que algunos investigadores defienden que ocurrió hace más de 1.200 millones de años. Hasta entonces, y como aún ocurre en general en las bacterias, la reproducción celular consistía en la simple división de la célula en dos mitades iguales, dos copias exactamente iguales a la célula

---

[128] Recordar aquello que cantaba el grupo de Siniestro Total: 'Ya no hay trilobites en el mar'.

[129] Reconocibles como fósiles con concha espiral y posibles antepasados de los actuales nautilus.

[130] En geología, un **flysch** denota un grupo de estratos sedimentarios formados en antiguos fondos marinos (horizontalmente), con alternancia de materiales duros y blandos (margas, areniscas, arcillas, calizas, ...) y que luego fueron inclinándose bajo la acción geológica hasta llegar a orientaciones casi verticales.

[131] Son muy interesantes las historias de fósiles como la del Tiktaalik, o la del propio celacanto, que se pensaba extinguido en la época de los propios dinosaurios y, en la década de los pasados 1930, fueron descubiertos individuos vivos en la costa oriental de África.

original, sin novedades. Con la aparición del sexo, los genes derivados de dos células eucariotas, progenitoras, se mezclan y ese intercambio de material genético da lugar a nuevos individuos, distintos de cada uno de sus progenitores. Sería, sin duda, un salto en la diversidad genética de las especies que practicaban esta modalidad y una protección contra la aparición de diversas condiciones adversas para tales especies. Con anterioridad a la reproducción sexual, lo más parecido (aunque no se considera aún reproducción como tal) sería la **conjugación procariota**, un proceso mediante el cual una célula procariota (bacteria o arquea) puede transferir material genético a otra célula receptora; fue descubierto en la década de 1940 por Joshua Lederberg y Edward Tatum.

LA ATMOSFERA TAMBIÉN JUEGA

Es seguro que el camino de la evolución biológica, el propio camino de la vida, no debió ser fácil y directo; es seguro que hubo intentos errados, vías iniciadas que, como un callejón sin salida, no llegaron a ningún puerto y no dejaron huella detectable o que, tal vez, se torcieron súbitamente. Sabemos que la actual generación de **CITROENS** no se corresponde con la primera que surgió en la primitiva atmosfera terrestre, muy diferente a la actual; como ya vimos, inicialmente era una atmosfera rica en metano, amoníaco, hidrógeno molecular, dióxido de carbono y, también, en nitrógeno molecular, pero exenta de oxígeno; era lo que en química llamamos una atmosfera reductora (en contraposición a la oxidante, ver A.F. 2); pero esto cambió debido a una gran contaminación global de oxígeno, un nuevo protagonista atmosférico que se iría formando gracias a uno de esos cambios de rumbo (anteriormente apuntados), a una nueva estrategia adaptativa que suponía otra forma de obtener energía del medio y que resultó más eficiente: la **fotosíntesis**.

Seguramente, los primeros organoides que aparecieron en la Tierra, incluso los que ya merecerían el nombre de organismos, al estar formados por las primeras células básicas, serían **heterótrofos**, esto es, requerían de la materia orgánica del medio en el que se encontraban, para obtener la energía y los materiales indispensables para su mantenimiento y replicación; es decir, su metabolismo estaría basado en las reacciones de fermentación o de respiración de compuestos orgánicos reducidos. Es evidente que, con el paso del tiempo, esa materia orgánica 'libre' iría agotándose y acabaría siendo, sin duda, un factor limitante para la vida; la velocidad de síntesis química sería muy inferior al ritmo de la creciente demanda de aquellos nutrientes[132].

Diversos experimentos[133], con dióxido de carbono marcado con átomos de carbono radioactivo, demostraron que determinadas bacterias actuales, pese a ser heterótrofas y necesitar de los materiales orgánicos más básicos para su existencia, pueden 'fijar' el dióxido de carbono formando moléculas de **ácido acético**, es decir, construir enlaces carbono-carbono a partir de moléculas más simples (como el CO_2). Así pues, esta fijación de CO_2 sería un proceso mucho más antiguo de lo esperado, anterior a la aparición de organismos propiamente **autótrofos**, es decir, capaces de obtener materia orgánica partiendo de sustancias inorgánicas más simples.

---

[132] Con todo, aún hay autores que defienden que los primeros organismos debían ser ya autótrofos, obteniendo energía, probablemente, de ciertos minerales, es decir, de **enlaces químicos** inorgánicos energéticos.

[133] En su libro 'El origen de la vida sobre la Tierra', Oparin cita los trabajos de K. Wieringa, H. Barker, S. Ruben y J. Beck. Añadamos los publicados por S. Ruben, S.F. Carson, M.D. Kamen y J.W. Foster en la década de 1940.

Datación en millóns de anos atrás:

4.500	4.000		2.500		540	0
Eón Hádico ou Hadeano	Eón Arcaico ou Arqueano *	•	Eón Proterozoico	* *	Eón Fanerozoico	

Eras e Períodos do Eón Fanerozoico

PALEOZOICO							MESOZOICO		CENOZOICO		
540	485	445	420	360	300	250	200	145	66	23	2,6	0
Cm	Or	Si	De	Car	Pér	Tri	Xu	Cre	Pa	Neo	Cua
	*E		*E *** **		E		E		E		*

Fig. 38.- Arriba: **eras geológicas** (datación en millones de años). <u>Abreviaturas</u>: Cm-Cámbrico; Or-Ordovícico; Si-Silúrico; De-Devónico; Car-Carbonífero; Pér-Pérmico; Tri-Triásico; Xu-Jurásico; Cre-Cretácico; Pa-Paleógeno; Neo-Neógeno; Cua-Cuaternario. <u>Símbolos:</u> E-Extinción masiva identificada; *-Glaciación identificada. **Abajo**: Foto fragmento del flysch de Zumaia (Euskadi), donde diferentes capas de rocas sedimentarias guardan datos de millones de años, incluyendo una fina capa negra que coincide con la extinción de un gran número de especies en la Tierra, dinosaurios incluidos; una capa rica en iridio, posiblemente, la huella del impacto de un gran meteorito que ha marcado lo que hoy es la península del Yucatán.

En la actualidad, la luz solar es, casi en exclusiva, la fuente de obtención de energía, tanto para transformar materia inorgánica en orgánica como para ser almacenada (como energía química en determinados compuestos). Y esto ocurre mediante el proceso conocido como **fotosíntesis** (fig. 8), lo que realizan infinidad de organismos **autótrofos** como las plantas, algas y muchas especies de bacterias en unos orgánulos muy concretos y especializados, los **cloroplastos**. Estos organismos están, pues, en la base de la cadena trófica, como productores de materia orgánica y como agentes capaces de incorporar, al ciclo de la vida, una fracción de la radiación solar que llega a la superficie del planeta; son la fuente de alimentación y la base de todo nuestro **CITROENS**. Diversos estudios llegaron a estimar que cada año, los organismos fotosintetizadores pueden fijar unos cien mil millones de toneladas de carbono en forma de materia orgánica[134].

---

[134] P.e., un trabajo de C.B. Field, M.J. Behrendfeld, J.T. Randerson y P. Falkowski, publicado en 1998.

Estudiamos en la escuela que la vida depende fundamentalmente de la luz solar a través del proceso de la fotosíntesis (fig. 8), proceso que, de forma muy simplificada, se suele representar mediante la conocida ecuación química que, en su día, nos dejó el científico Julius Sachs:

$$6\,CO_2 + 6\,H_2O \rightarrow C_6H_{12}O_6 + 6\,O_2$$

Esta ecuación (resumen de muchas más elementales) nos dice que, a partir de seis moléculas de dióxido de carbono y seis moléculas de agua, bajo la acción de la luz solar adecuada, los organismos autótrofos obtienen una molécula de azúcar como la **glucosa** y liberan oxígeno. De alguna forma, esas moléculas de hidratos de carbono formadas en la fotosíntesis actuarán como 'moneda energética' a lo largo de toda la **cadena trófica** que une a todos los seres vivos de nuestro **CITROENS.** De hecho, la reacción inversa que representaría esta ecuación (la combustión de azúcar con oxígeno para dar dióxido de carbono y agua con liberación de energía) representaría la respiración celular.

Así pues, en algún momento fue preciso fijar el dióxido de carbono, abundante en la atmosfera, y combinarlo con el hidrógeno correspondiente para obtener la materia orgánica que tales organismos requerían, junto, naturalmente, con la energía necesaria para vivir. Pero, con toda seguridad, este proceso de la fotosíntesis que, actualmente, es muy mayoritario, no fue el primero en aparecer en la Tierra; tampoco es el único existente en la actualidad, aunque los organismos que emplean otros mecanismos, también fotosintéticos o no, quedan relegados a ambientes muy determinados como los fondos oceánicos, ambientes volcánicos extremos, etc.

Este proceso de la fotosíntesis más habitual emplea el agua como fuente de hidrógeno y libera oxígeno, de ahí que se conozca como **fotosíntesis oxigénica**. Pero, aún hoy en día, se pueden localizar muchas especies de bacterias que practican la llamada **fotosíntesis anoxigénica**, es decir, no producen oxígeno como subproducto de su fotosíntesis pues, como fuente de hidrógeno, en lugar de agua emplean otras sustancias (p.e., el sulfuro de hidrógeno, H_2S). Es el caso de las 'bacterias púrpuras del azufre' o el de las 'bacterias verdes do azufre', así llamadas ya que liberan azufre elemental, en las primeras acumulado en el interior de la bacteria y, en las segundas, expulsado al medio acuoso exterior[135].

Es muy probable que estos mecanismos fotosintéticos no oxigénicos se anticiparan al más extendido actualmente y que genera oxígeno. Pero, más allá de emplear la luz solar como elemento disparador del proceso, tienen otros muchos nexos en común. Así, p.e., requieren de pigmentos fotosensibles que capten la luz solar, que tengan una molécula que se pueda excitar bajo la acción de esa radiación y, precisamente, este es el papel de las **clorofilas** presentes en los cloroplastos[136]. Otros organismos emplean, o pudieron emplear, diferentes pigmentos sensibles a otras zonas del espectro de la radiación solar, como hacen algunas especies actuales de arqueas, las Halobacterias, que emplean la **rodopsina**.

Todos los anteriores organismos fotosintéticos citados comparten la utilización de ciertas moléculas como intermediarias en la reserva a corto plazo de la energía, moléculas como el **ATP**

---

[135] De hecho, las actuales bacterias verdes del azufre (p.e., las del género Chlorobium) no soportan muy bien el oxígeno y la mayoría de las 'púrpuras' apenas toleran algo de oxígeno, pero en la escuridad.

[136] Por cierto, como las mitocondrias, los cloroplastos presentan un ADN propio, diferenciado del nuclear, lo que señala su origen también mediante **endosimbiosis.**

(trifosfato de adenosina) y/o el **NADPH** (de Nicotín Adenín Dinucleótido Fosfato). Así pues, este mecanismo de transporte o almacenamiento de energía a corto plazo debió aparecer con anterioridad al propio de la fotosíntesis en cualquiera de sus variantes; y, efectivamente, aún hoy en día podemos encontrar otro tipo de organismos autótrofos que emplean estas moléculas y en los que su energía no procede de la luz solar si no de una fuente química, son los seres **quimioautótrofos** o **quimiosintéticos**.

Precisamente, lo más probable es que fuesen organismos quimiosintéticos los primeros en aparecer y extenderse por el planeta Tierra. Hoy en día encontramos bacterias autótrofas 'acurrucadas' en lugares muy específicos, con esa habilidad quimio productora y con diversas opciones. Todas fijan el dióxido de carbono[137], pero pueden emplear unas moléculas inorgánicas u otras, siempre formas reducidas, para oxidarlas y obtener los electrones necesarios para participar en la cadena transportadora de electrones que desemboca en la producción del energético ATP. Así, podemos encontrar bacterias oxidantes del hidrógeno molecular (H_2), oxidantes del azufre elemental, del amoníaco[138] (NH_3), del ion hierro(+2) (forma reducida que pasaría a ion hierro(+3)), del ion nitrato(+3)[139] o bacterias que oxidan el sulfuro de hidrógeno (H_2S), entre otras opciones extremas. Es muy probable que organismos, como las actuales bacterias oxidantes del hidrógeno (que emplean directamente el propio H_2 presente como traza en la atmosfera actual), fueran unos de los primeros seres autótrofos surgidos en el planeta y aún hoy en día, podemos encontrar bacterias con esta habilidad en diversos ambientes: ciertas aguas termales, fuentes hidrotermales en los oscuros fondos oceánicos, suelos y lodos activos y diversos sedimentos[140], ... Pero, pronto pudieron aparecer organismos con la habilidad de extraer el hidrógeno de otros compuestos inorgánicos elementales como, p.e., el sulfuro de hidrógeno, presente en fumarolas y ambientes volcánicos extremos.

Recientemente, se encontraron en Sudáfrica, huellas de bacterias fosilizadas, con una antigüedad superior a los 2.500 millones de años y que vivían en aguas profundas, sin luz, capaces de vivir de la oxidación del azufre. Hablando de microorganismos dependientes del ciclo del azufre, se considera que pueden estar entre los más antiguos del planeta. Así, microorganismos (bacterias y arqueas) reductores de sulfato (ión SO_4^{2-}), es decir, que literalmente respiran ese ion sulfato, pudieron existir ya hay más de 3.500 millones de años y obtenían su energía oxidando, tanto hidrógeno molecular como otras de las sustancias ya citadas, incluso pequeñas moléculas orgánicas. En la actualidad hay más de 60 géneros de bacterias de este tipo en diversos medios, algunos en condiciones extremas.

En cualquier caso, hace más de 2.300 millones de años ya había triunfado la vía de la fotosíntesis oxigénica propulsada por las cianobacterias y esto supuso una progresiva y colosal liberación de oxígeno a la atmósfera. En los primeros tiempos, el oxígeno liberado iba combinándose con el hierro en estado reducido (Fe^{+2}), disuelto y muy abundante en los océanos, es decir, oxidándolo a Fe^{+3} (ver Apéndice Final 2 sobre oxidación y reducción). La precipitación de estas formas

---

[137] La fijación del dióxido de carbono a la materia orgánica viene realizada, por estas bacterias actuales, de forma semejante a como se hace la llamada fase oscura de la fotosíntesis oxigénica.

[138] Organismos nitrificantes, como algunas bacterias que usan el ion amonio convirtiéndolo en ion nitrato.

[139] Organismos desnitrificantes, como bacterias que convierten nitratos en nitrógeno molecular (gas).

[140] Actualmente, hay diversos géneros de bacterias capaces de oxidar el hidrógeno molecular. P.e., entre los géneros *Aquifex, Ralstonia, Venenibrio,* ... Unas pueden encontrarse en ambientes aerobios (emplean el oxígeno como aceptor de electrones) y otras son anaerobias (usando sustancias como el ion sulfato, o NO_2).

oxidadas del hierro provocó depósitos sedimentarios que, en épocas recientes, aparecen en las llamadas **formaciones de hierro bandeado** (FFB) donde se ven, claramente, franjas alternas de hierro reducido y oxidado. Y, precisamente, la datación de estas FFB las sitúa entre los 3.000 y 2.000 millones de años de antigüedad.

Una vez oxidado aquel hierro reducido y retirado ampliamente de las aguas oceánicas, el oxígeno que seguían generando y liberando los organismos autótrofos de aquel entonces, cada vez más abundantes, fue acumulándose en la atmosfera y cambiando radicalmente el carácter de esta. La atmosfera pasó, entonces, de ser fundamentalmente reductora a tener un carácter, sin duda, oxidante. Así, pues, la expansión de organismos que empleaban la fotosíntesis oxigénica se puede considerar una gran contaminación global, que supuso la extinción de muchos organismos que se veían afectados por el oxígeno atmosférico o, cuando menos, que sufrían la reclusión en espacios y hábitats extremos; algunos extremófilos, descendientes de aquellos organismos desaparecidos, podemos encontrarlos aún hoy en ciertos lugares de la Tierra. La nueva moda para la supervivencia de aquellos tiempos cambiantes sería 'respirar oxígeno', la alternativa era desaparecer o recluirse en lugares muy específicos.

Desde aquel momento, las proporciones de oxígeno en la atmosfera fueron sufriendo oscilaciones significativas y cada aumento o disminución de ese oxígeno fue llevando a algunas extinciones masivas y catastróficas para muchos organismos que no fueron capaces de adaptarse a las nuevas condiciones.

Recientemente un equipo de científicos, realizando investigaciones relacionadas con los nódulos polimetálicos (ricos en manganeso, cobre, níquel, cobalto, etc.) muy habituales en las dorsales oceánicas, hicieron un descubrimiento que podría aportar cierta luz sobre oxígeno no derivado de cianobacterias u otros organismos vivos. En concreto, investigando una zona, a 4.000 m de profundidad en el Océano Pacífico (entre México y Hawaii, denominada Zona Clarion-Clipperton), descubrieron que las aguas en esas profundidades eran extremadamente ricas en oxígeno (una profundidad que hace descartar la fotosíntesis oxigénica como fuente de este elemento y al que llamaron 'oxígeno oscuro' al no estar relacionado con la luz solar); además, descubrieron una tasa de formación de oxígeno muy alta, incompatible con la explicación más evidente (posibles corrientes marinas que podrían transportar el oxígeno desde aguas más superficiales). La explicación al parecer podría estar relacionada con la abundante presencia de esos nódulos polimetálicos. Efectivamente, al igual que en las clases de Física y Química de Secundaria se suelen hacer pilas de limón (o de patata, etc.), empleando simplemente un trozo de esa fruta o hortaliza y dos piezas de metales adecuados (p.e., cobre y cinc) que actuarían como electrodos[141], en ese fondo oceánico, la presencia de estos y otros metales podrían estar dando lugar a diversas reacciones electroquímicas que

---

[141] Efectivamente, en el laboratorio es muy habitual hacer experimentos con este tipo de pilas caseras sencillas. En mi libro '*Todo Vai (III). ¡Funciona!*', se explica cómo hacer una pila voltaica con tiras de cobre y cinc que se alternan y llevan intercaladas (separando los metales) tiras de igual tamaño de fieltro o cartón empapadas en vinagre o en una disolución de cloruro de amonio. O la propia pila de patata (o de limón) citadas, con un electrodo de cinc y otro de cobre insertados en la fruta. En estos dos casos, al unir con un cable la última pieza de cinc (o la única en la patata) con la pieza de cobre en el otro extremo, pasan electrones del cinc (que se oxida) al cobre (que se reduce), es decir, generamos una corriente eléctrica que va desde el cobre al cinc (ver Apéndice Final 2). La electricidad generada por estas 'pilas' podría explicar, en el caso que nos ocupa de los fondos marinos, el origen de este llamado 'oxígeno oscuro', de igual forma que reacciones electroquímicas explican la electrólisis típica del agua en laboratorios.

acabarían con la liberación de oxígeno procedente del agua. Hecho que, con toda probabilidad, podría haberse anticipado al de la aparición de los primeros seres vivos capaces de producir este gas a través de la fotosíntesis oxigénica (como, p.e., las citadas cianobacterias). Queda mucho camino por recorrer para poder hacer un balance sobre las contribuciones relativas de ese 'oxígeno oscuro' y del oxígeno derivado de la fotosíntesis, pero obviamente, es muy probable que la producción de este gas se hubiera iniciado mucho antes de la aparición de la vida en el planeta (aunque de forma menos significativa que con la fotosíntesis).

En la actualidad, como consecuencia de las actividades humanas, que incluyen un acelerado e incontrolado consumo de combustibles fósiles en los diferentes transportes, una mayor incidencia de incendios por múltiples causas, desforestaciones masivas y otras actividades (industriales y agropecuarias), sabemos que estamos inmersos en un cambio climático, especial por lo acelerado del proceso, que supone un fuerte y rápido aumento, particularmente, en las concentraciones del dióxido de carbono y de metano en la atmosfera, gases que, por efecto invernadero, conducen a serias alteraciones climáticas y grandes perjuicios derivados para diversas especies de seres vivos y para los modos de vida de nuestra propia especie; en realidad, toda una crisis climática (ver en el cap. 1, 'El ciclo del carbono en la Tierra' y en el cap. 11, la contaminación).

EXOBIOLOGÍA (O ASTROBIOLOGÍA)

Nuestra curiosidad nos lleva a la búsqueda de vida y de condiciones apropiadas para la misma, fuera de la Tierra; es uno de los objetivos básicos de la astrobiología o exobiología. Pero esto requiere una cierta definición de lo que buscamos, sobre qué es la vida; pero, a su vez, lo que aprendamos en esta búsqueda ayudará, sin duda, a que comprendamos mejor la vida como concepto. Como ya dijimos, no es fácil, pero parece claro y bastante intuitivo que cualquier ser vivo, por muy diferente que resulte con respecto a lo que conocemos como tal, deberá ser un organismo complejo y de gran especificidad. Como ya vimos, una simple bacteria, por muy elemental que nos pueda parecer, contiene grandes macromoléculas de ácidos nucleicos y proteínas, que guardan una enorme cantidad de información y complejidad, así como enzimas muy específicas.

La complejidad, entendida como la necesidad de una gran cantidad de información para describir un sistema, es un elemento esencial para la vida. Y no se consigue, de la nada, en un corto instante de tiempo; a estas alturas del texto llevamos muchas 'propiedades emergentes' identificables. Ya vimos que inicialmente cabe pensar en la aparición de moléculas orgánicas simples, posteriormente, la formación de determinadas moléculas algo más complejas (que en otros **CITROENS** podrían ser muy diferentes), moléculas que actuarían como ladrillos para la posterior formación de macromoléculas, ahora sí, capaces de reproducirse, catalizar reacciones, servir de estructuras, almacenar información, etc.

De los diferentes niveles de complejidad que exhibe la vida es, naturalmente, en el molecular donde tuvimos más suerte. Y, como ya vimos en 'Química prebiótica', descubrimos la presencia de moléculas orgánicas en diferentes ambientes en el espacio exterior. Nada aún sobre otros niveles de mayor complejidad.

Tenemos ya muchas fotos y registros espectrométricos combinados con telescopios sobre los planetas y satélites en el Sistema Solar y llegamos ya hasta alguno de ellos. Varias naves no tripuladas pisaron la superficie marciana e hicimos algunas exploraciones en su terreno. Tuvieron éxito las exploraciones de los 'robots Rover', laboratorios exploradores rodantes de la NASA, como el *Spirit* y el *Opportunity,* que 'amartizaron' en el 2004 bajo la misión *Mars Global Surveyor* y que luego fueron seguidos por el *Curiosity* (en el 2012) y los más recientes (del 2021): el *Perseverance* de la NASA y el *Zhurong* de la CNSA (Administración Espacial Nacional China). Sabemos que hay agua en Marte y que hubo mucha más. Incluso, el análisis de un meteorito procedente de ese planeta, el ALH84001, muestra depósitos de minerales sobre los que se debate si son huellas o restos de nanobacterias o fue contaminado en la atmosfera terrestre.

No menos espectacular fue la llegada, en el 2007, a la superficie de Titán, satélite de Saturno, de la sonda Huygens de la ESA, con la nave Cassini de la NASA. Los análisis confirmaron la existencia de grandes cantidades de **metano** y otros **hidrocarburos** simples en la superficie, con lagos y océanos y fuertes nieblas sobre la superficie sólida, todas formadas por metano, etano y otros hidrocarburos que, aquí en la Tierra, en condiciones normales, son gases (cuestión de temperatura y presión ambiental).

En la misma línea, sabemos que Europa, un satélite de Júpiter, está lleno de agua, océanos de agua líquida bajo una capa de hielo; y quedan cosas por saber de aquel entorno. Y lo mismo ocurre, cuanto menos en las zonas polares, con otro satélite de Saturno, Encélado; allí se tienen identificado enormes géiseres y fumarolas que escupen agua (en estado vapor y líquida) hasta grandes alturas (cayendo de nuevo en forma de nieve) y la posibilidad de agua líquida, en algunas zonas calentadas por volcanes sumergidos, mantienen ciertas expectativas al respecto. En cualquier caso, queda mucho por explorar, pero que nadie piense en encontrar vida muy evolucionada en el 'patio' del Sistema Solar. ¡No parece probable!

Saliendo del Sistema Solar hay dos naves espaciales de la NASA, las Voyager 1 y 2, lanzadas en agosto del 1977. En 2013, la Voyager 1 se convirtió en el primer objeto fabricado por los humanos que salía fuera del Sistema Solar al alcanzar la heliopausa, donde deja de prevalecer la influencia del viento solar (la combinación de las partículas emitidas por el Sol y del campo magnético producido por este astro). Luego le siguieron: la Voyager 2 (su gemela), y las Pioneer (10 y 11), lanzadas, respectivamente, en el 1972 y 1973. A noviembre del 2022, la Voyager 1 se encuentra a casi 159 UA (unidades astronómicas[142]) de la Tierra, es decir, a unos 23,79 mil millones de kilómetros o unas 22 horas-luz, mientras que la Voyager 2 supera las 18 horas-luz; ambas están, prácticamente, en el comienzo de su larga viaje interestelar, aunque se calcula que, para el 2025, se perderá el contacto con ellas. La Pioneer 10, con la que se perdió la señal en el 2003, va camino de la estrella Aldebarán, donde llegará si no choca antes contra un objeto espacial, en unos 2 millones de años.

---

[142] Una Unidad Astronómica (UA) es la distancia media que hay entre la Tierra y el Sol, unos 149.597.870 km.

Así pues, ¿qué podemos hacer para detectar vida a más distancia? Obviamente, si de lo que se trata es indagar sobre la existencia de seres vivos inteligentes, con una tecnología como la nuestra o más avanzada, habrá que explorar en el mundo de las radiofrecuencias. Pero recordar que, aún viajando a la velocidad de la luz en el vacío, tardan mucho tiempo en llegar a las estrellas más próximas a nosotros. La más próxima, Alfa Centauri, se encuentra a unos 4,2 años luz de nosotros. Es decir, que una conversación sería algo así como enviar un 'Hola' y si, con suerte, justo hubiese un 'Sistema Centaurial' y, en uno de esos planetas, una vida evolucionada tecnológicamente que entendiera el mensaje, recibiríamos su 'Hola, ¿qué tal?' unos 8,4 años después. Y reitero, esto en la mejor de las situaciones posibles e imaginables, aunque no sabemos cómo de probable sería que haya vida en el sistema estelar más próximo al nuestro. En cualquier caso, la senda de las radiofrecuencias es un camino que hay que intentar en esta búsqueda y hay proyectos internacionales tan interesantes como el proyecto SETI[143].

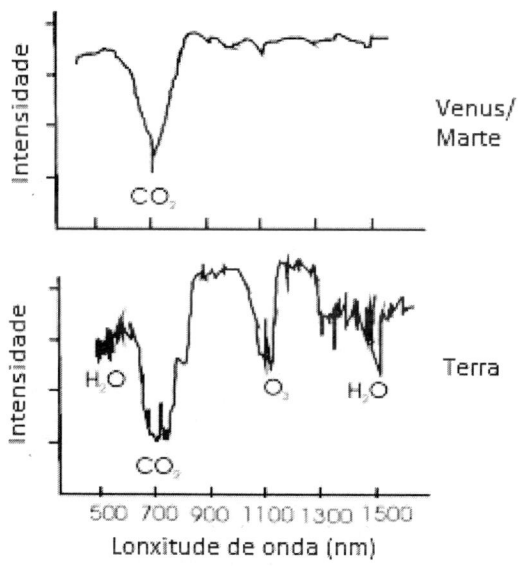

Fig. 39.- Espectros que se obtienen de las atmosferas de la Tierra (abajo) y de las de Venus (y muy parecida) de Marte. Es una representación aproximada de la intensidad de la radiación frente a la longitud de onda.

Siendo más modestos y conformándonos con cualquier estadio de la vida, para su búsqueda en exoplanetas podemos tener otras vías de exploración, alguna aplicable ya hace tiempo a los cuerpos del Sistema Solar, sin necesidad de llegar hasta allí; una curiosa es la dimensión termodinámica de los espectros de la luz reflejada por un astro. La idea es analizar el espectro de la luz que recibimos de un cuerpo (de un exoplaneta cuando podamos técnicamente). Si hay vida, sabemos que la atmosfera va a tener unas características diferentes pues una de las propiedades de la vida es la de mantener un cierto 'no equilibrio' termodinámico, una situación metaestable; esto se puede comprobar viendo los espectros de las atmosferas de la Tierra y de sus vecinos inmediatos, Marte y Venus. Dicho de otra forma, la vida crea un cierto orden local, una entropía negativa característica

[143] SETI son las siglas de *'Search for Extra Terrestrial Intelligence'* (Búsqueda de Inteligencia Extraterrestre). Fue iniciado por un grupo de científicos bien conocidos como Frank Drake (presidente emérito del Instituto SETI) o el destacado Carl Sagan, uno de los pioneros de la exobiología. Hoy en día es un proyecto diversificado en diferentes subproyectos, pero, inicialmente, fue promovido por la NASA. Por ejemplo, uno de los proyectos derivados, el SETI@home, es un salvapantallas gratuito que se instala en los ordenadores de voluntarios y analiza las señales, procedentes del espacio exterior, captadas por radiotelescopios asociados (mientras funcionó lo más destacado fue el radiotelescopio de Arecibo, en Puerto Rico). Es un proyecto coordinado por la Universidad de Berkeley y llegó a contar con varios millones de usuarios inscritos.

que, bien puede servir de 'firma' de la misma. Incluso, atendiendo a los argumentos defendidos por Eric Schneider y Dorion Sagan (hijo de Margulis), en su interesante libro 'La termodinámica de la vida', una de las principales características de la vida estaría, precisamente, en esa capacidad de 'disipar entropía' y de reducir gradientes (p.e. térmicos), como otros sistemas termodinámicos abiertos y metaestables, más o menos alejados del equilibrio; conceptos que abarcan, desde el punto de vista de la termodinámica, tanto a la vida que conocemos como a los vórtices propios de los tornados o al fuego, como ya se comentó en la Introducción.

La mayoría de los libros de Astronomía, cuando tratan la astrobiología, suelen citar la ecuación de Drake o, como alguien le llamó, la ecuación de la existencia de seres extraterrestres. Ciertamente, se trata de una ecuación muy imaginativa, propuesta por el radioastrónomo Frank Drake (quien ha sido presidente del Instituto SETI), y que permitiría estimar cuantas civilizaciones tecnológicamente avanzadas (capaces de captar nuestras emisiones de radio) podría haber en nuestra galaxia, la Vía Láctea. El problema es que los valores de los parámetros que incluye son estimaciones con demasiadas incertezas, y tampoco podemos estar seguros de que sean los únicos parámetros que debemos considerar.

De momento, desconocemos si hay vida fuera de la Tierra. Dado el gran número de estrellas que puede haber en una galaxia (p.e., en la nuestra, del orden de los cien mil millones) y, dado el gran número de galaxias localizadas, se estima que puede haber en el Universo sobre 10^{20} estrellas (unos 100 trillones). A la vista de esta cifra, y ante la reciente constatación de que existen muchos sistemas planetarios como el nuestro (llevamos identificados miles de ellos en los últimos años), no es difícil suponer que puedan existir seres vivos fuera de nuestro planeta: extraterrestres.

Por otro lado, dado el gran número de transformaciones esenciales que sabemos se dieron a lo largo de la historia de la Tierra y de la evolución biológica que aquí acontece, es también lícito creer que hay pocas probabilidades de que existan seres extraterrestres de la complejidad, p.e., de un animal terrestre. Aún más si pensamos que hay condiciones adicionales e inesperadas a priori que no tuvimos en cuenta y que podrían ser necesarias para mantener la vida en un planeta como la Tierra. Así, más allá de condiciones obvias (como la necesidad de que un planeta candidato a albergar vida tiene que estar situado dentro de un determinado rango de distancias de su estrella, para así garantizar valores de temperatura compatibles con la vida), sabemos que un planeta gigante como nuestro vecino Júpiter, se encarga de desviar la mayoría de los cometas y otros cuerpos menores, verdaderamente errantes, que proceden de zonas más externas y que pudieran ser un peligro para nosotros y el resto de la vida, esto es, limpia, en cierta medida nuestra vecindad; o que puede que la propia existencia de la Luna sea necesaria para conseguir una mayor estabilización de la rotación terrestre, haciendo de este planeta un mundo mucho más agradable de lo que sería sin este satélite.

Sea cual sea la respuesta, lo que sí parece claro es que es muy probable que, actualmente, nuestra gran familia de CITROENS terrestre sea la única del Sistema Solar. De no ser así, cualquier descubrimiento que revelase la existencia de vida extraterrestre, aunque fuese simplemente microscópica y/o fósil, podría ayudarnos, sin duda, a comprender algo más 'qué es la vida'.

Capítulo 7

QUÍMICA DE LOS SENTIDOS Y DEL SISTEMA NERVIOSO

Más allá de las diferentes formas y, también, de algunas peculiaridades (que haberlas ¡las hay!), los órganos sensoriales de un colibrí, de una gata o de cada uno de nosotros se basan en los mismos principios base, principios fisicoquímicos y fisiológicos que, evidentemente, en todos los casos, son fruto de una evolución[144].

Desde que apareció la vida en el planeta no ha dejado de evolucionar. La necesidad de moverse para buscar los nutrientes necesarios y para otras funciones que, con el tiempo, se harían imprescindibles para su mantenimiento (resguardarse de las situaciones adversas, buscar alimento, buscar pareja, reproducirse, migrar, ...), obligó a los organismos a reconocer el medio en el que se mueven, interactuar con los elementos de ese medio, y esto implicó la evolución natural de los sentidos. Ese reconocimiento de su entorno y la identificación de situaciones que pueden acontecerle, así como el propio control motor de su movimiento llevó, en la evolución de los animales, al desarrollo de un sistema nervioso y, en la cúspide de esta rama concreta de evolución, de un encéfalo. Así, pudimos recopilar y almacenar información, seleccionar lo que es, o no, conveniente para la vida, establecer estrategias vitales, etc.; y, con la magia del tiempo, esa gestión directa e inmediata de cada fracción de información fue evolucionando y conformando emociones y sentimientos cada vez más complejos junto con la memoria y, en algunos casos, pensamientos, desde los más concretos hasta los más abstractos.

Al final el cerebro, con la ayuda de otras zonas del encéfalo, acaba construyendo un mundo propio a partir de una fracción de la información sensorial que recibe en cada instante, junto con la que fue almacenando en su pasado, las emociones y los sentimientos que le mueven y sus interacciones con el resto del cuerpo. Y, cuando menos en nuestra especie, la evolución del lenguaje ha permitido incorporar otra fuente de información en esa construcción del mundo: de alguna manera, permitió acercarse a la experiencia que, otros organismos (humanos), habían almacenado en sus propias experiencias y con sus propios sentidos, emociones y pensamientos. Obviamente, la extensión de nuestros sentidos, gracias al empleo de la tecnología (telescopios, microscopios, infinidad de detectores, etc.), supone variaciones importantes a la hora de construir lo que

---

[144] Obviando los efectos que, en nuestra especie, pudieran derivarse de la evolución cultural en los últimos miles de años.

percibimos ya que, como veremos pronto, hay varias retroalimentaciones a la hora de interpretar lo que, físicamente, nos llega hasta nuestros sentidos.

Volviendo al inicio o disparador de esta construcción mental, volviendo a los sentidos, es habitual hablar de que hai **cinco sentidos: visión, olfato, gusto, tacto** y **audición**, pero no deja de ser una clasificación básica que, ya en el s. IV a.n.e., propusiera Aristóteles en la Grecia clásica. Hoy sabemos que el encéfalo tiene otras formas de adquirir información tanto del exterior como de nuestro interior; p.e., el llamado **sistema somatosensorial**, que se extiende por todo el cuerpo, responde a varios tipos de estímulos y abarca, por lo menos, cinco modalidades sensoriales (o propiamente sentidos) a considerar: por supuesto el **tacto**, pero, también, la percepción del propio cuerpo o **propiocepción**[145], la **termorrecepción** (que nos permite distinguir entre cosas frías y calientes)[146], la **nocicepción** o sentir el dolor en determinadas circunstancias, la **interocepción** o información de nuestros propios órganos y sus acciones en el interior del cuerpo. Más allá de los sentidos clásicos y de los aquí citados, como 'variantes del tacto', bien podríamos pensar en otros posibles sentidos como, p.e., la gravitocepción o sentido de la gravedad (y, por extensión, definir unos, relativos, abajo y arriba)[147], un sentido del tiempo, ...; y sabemos que otras especies tienen **magnetocepción** (algunas aves, mariposas y mamíferos detectan el campo magnético terrestre), o que otras (como los murciélagos) emplean sistemas a los que, solo recientemente, nos pudimos aproximar nosotros gracias a la tecnología y que llamamos radar y sonar. De todas formas, aquí, por razones de espacio, nos centraremos en los sentidos más tradicionales y, dada su imprescindible participación en la gestión de la información obtenida y, de hecho, en la propia construcción del propio sentido, entraremos brevemente en el sistema nervioso.

QUÍMICA DE LA VISIÓN

Ya vimos que la radiación electromagnética que nos llega del Sol ha jugado un papel fundamental en algunos mecanismos básicos que acabaron triunfando en el mantenimiento de la vida como, p.e., la **fotosíntesis** y el subministro de energía en la cadena trófica. Pero, para la inmensa mayoría de especies del reino animal, la luz adquirió, también, mucha importancia como principal fuente de información, lo que ha llevado a desenvolver determinados mecanismos, que acabaron conformando lo que conocemos como visión y, obviamente, órganos específicos que permitieran emplear la luz como tal fuente de información. Lógicamente, el primero de tales órganos, el ojo, es lo que permite la detección de la luz procedente de los objetos de nuestro entorno[148]. Pero nuestros ojos, los de las vacas, los de los calamares y cualquier otra especie que nos podamos imaginar tuvieron un origen mucho más modesto.

Seguramente, todo comenzó con un simple y básico sensor de luz, un compuesto fotosensible que, en presencia de determinadas frecuencias de la radiación electromagnética,

---

[145] Podemos mover una mano o un pie sin tener que mirar, necesariamente, esa extremidad.

[146] Como se comenta al final del capítulo 3, las mismas proteínas que actúan como receptores del calor se activan con el picante de los **capsaicinoides** y las que actúan como receptores del frío detectan la presencia del mentol y otros compuestos; dos proteínas de la familia TRP, estudiadas por el equipo de David Julius.

[147] Aunque guarda relación con el sistema del oído, hoy sabemos que es otra modalidad sensorial diferenciada.

[148] Obviamente, excepto los cuerpos incandescentes o luminiscentes, será la luz reflejada por los objetos.

reaccionaba y daba lugar a una cadena de sucesos en el interior de la célula hasta disparar algún mecanismo de respuesta. En el propio mundo mineral hay compuestos que reaccionan de forma inmediata con la luz; quien estudió algo de Química recordará, p.e., como se ennegrecen las disoluciones de nitrato de plata por la luz, y ¡como manchan las manos! Pero en el mundo de los seres vivos actuales al menos, este papel lo juegan determinados pigmentos, especialmente **proteínas fotosensibles**. Así, podemos encontrar, hoy en día, bacterias que detectan la luz gracias a la presencia de compuestos **carotenoides** ligados a proteínas o de algunas proteínas fotosensibles más específicas; y recordemos también el fototropismo de las plantas, que emplean proteínas de este tipo para iniciarse, o algunas protistas unicelulares (como las del género *Euglena*) con un orgánulo fotorreceptor, llamado mancha ocular, que les permite detectar la luz; o animales como algunos gusanos planos (las planarias) que, a partir de la propia piel, llegan a desarrollar un par de estructuras pigmentadas (llamadas **ocelos**[149]). Un par de ocelos pigmentados y simétricamente dispuestos (junto a otros muchos ocelos adicionales en el resto del cuerpo) presentan, también los cefalocordados o **anfioxos** que, como veremos posteriormente, resultan de gran interés en el estudio de la evolución biológica pues, siendo aún invertebrados están ya dentro de la familia de los animales cordados[150], es decir, que tienen un 'cordón nervioso' que puede recordar ligeramente a nuestra médula espinal; estos pequeños animales marinos, semejantes a gusanos y sin cerebro, sabemos que ya vivían hace más de 500 millones de años y aún existen hoy en día[151], de ahí su gran interés.

En cualquier caso, 'inventado' el orgánulo fotorreceptor, es de esperar que un siguiente paso consistiera en agrupar tales orgánulos fotosensibles y protegerlos con alguna estructura que los mantuviera encapsulados, así como establecer o avanzar en los mecanismos de conexión con el resto del organismo. El primer sistema sería semejante al de una cámara oscura, el mecanismo más básico con el que funciona una cámara fotográfica elemental (fig. 40). En un taller de fotografía básica que llevé en los primeros años de mi trabajo como profesor de Física y Química, fabricábamos sencillas cámaras oscuras con una caja de zapatos, papel de aluminio y, claro está, una sustancia fotosensible (una placa fotográfica).

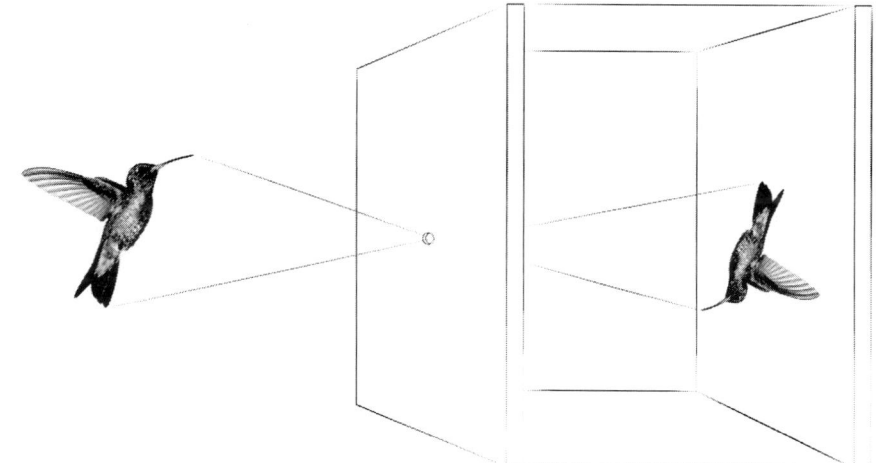

Fig. 40.- Formación de imagen en una cámara oscura. Ilustración: Lía Liñares.

---

[149] Estos **ocelos** son grupos de células pigmentadas fotosensibles.
[150] Más que de 'familia' habría que hablar del 'filo' que forman los cordados (incluidos los vertebrados).
[151] La psicóloga Lisa Feldman Barrett, en su interesante libro 'Siete lecciones y media sobre el cerebro', hace una magnífica presentación de la importancia que, desde el punto de vista de la evolución, tienen los **anfioxos**, pues las células de sus ocelos y las que forman la retina de los vertebrados ya tienen algunos genes en común.

Con esta cámara oscura podríamos decir que acaba de surgir un ojo, ciertamente muy primitivo y simple, pero que comienza a funcionar como tal. De hecho, hay ejemplos en la Naturaleza: el ojo del *Nautilus* funciona así, como una cámara oscura. Sin lente alguna, puede conseguir una imagen nítida sobre el conjunto de células fotosensibles (a modo de 'retina') simplemente ajustando la abertura de la entrada de luz.

Naturalmente, en un siguiente paso se incorporaría el empleo de una lente que mejora, sustancialmente, la formación de las imágenes sobre el fondo fotosensible o retina. Esto es objeto de estudio en la Óptica geométrica que, hoy en día, se estudia en la Física de bachillerato. Allí aprendemos que la formación de imágenes viene determinada, en una primera aproximación, por el cristalino, una lente biconvexa encargada del ajuste fino del enfoque y de la acomodación para objetos próximos; pero, ciertamente, en un mayor detalle del estudio, en la formación de las imágenes intervienen, además del cristalino, la córnea (y la esclerótica más externa), el humor acuoso y el humor vítreo. Es materia de la Óptica geométrica explicar cómo se forman las imágenes de los objetos debido a los rayos de luz que atraviesan todas esas superficies de separación[152]. Con la buena visión de un ojo emétrope, las imágenes deben formarse en el fondo del ojo, en la retina, pero conocemos alteraciones de ese conjunto de elementos que llevan a la formación de imágenes antes o después de la retina, lo que constituyen, respectivamente, la miopía y la hipermetropía.

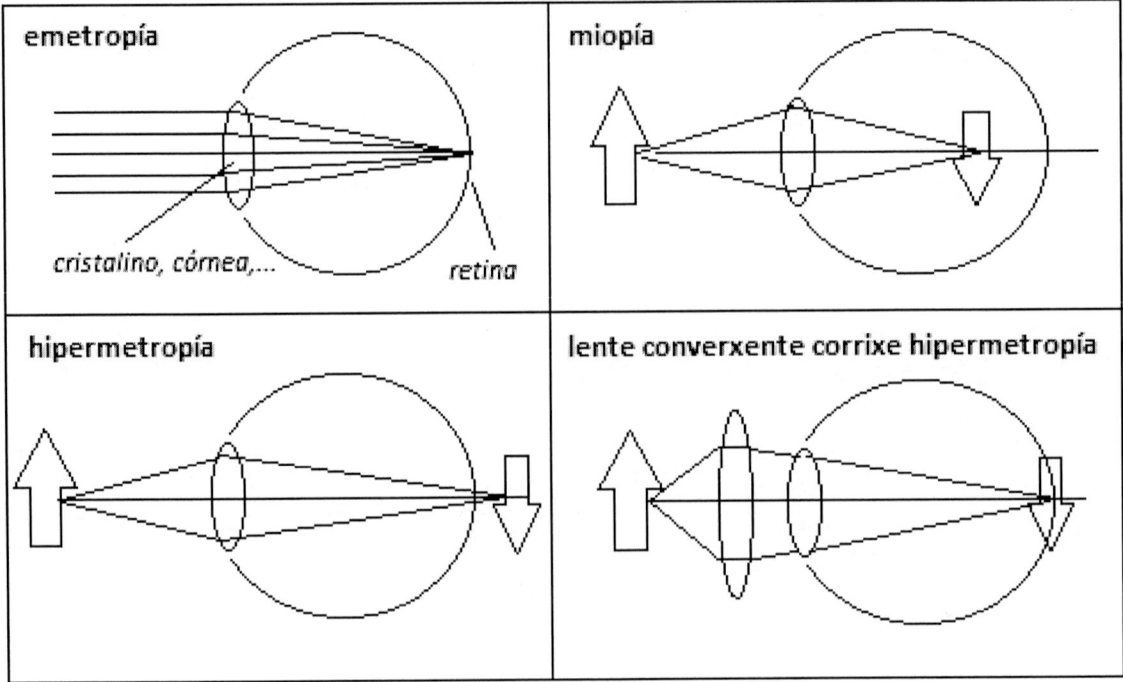

Fig. 41.- En un ojo emétrope, la imagen se forma en la retina después de que los rayos de luz que proceden del objeto sean desviados convenientemente por el sistema del cristalino-córnea, humor vítreo, humor acuoso, etc. Con miopía, la imagen se forma antes de llegar a la retina y con hipermetropía se forma más allá de la retina. La hipermetropía se corrige con una lente convergente y la miopía con una lente divergente.

---

[152] Básicamente, resultado de varias sucesivas refracciones (o cambios de dirección de los rayos de luz al pasar de un medio material a otro diferente).

Así, pues, podemos resumir el camino evolutivo comenzando con la patente existencia de sustancias fotosensibles y orgánulos celulares, pasando a la agrupación de células especializadas en esta captación de luz (por la abundancia de estos fotorreceptores) que, primeramente tendrían una estructura plana, pero luego se irían curvando para, progresivamente, ir cerrando la abertura que da acceso a la luz y, posteriormente, rematar con la incorporación de una lente esférica o, incluso, de varias lentes, pues, en otra rama evolutiva, algunas especies (como los insectos) desarrollaron un tipo de ojo, llamado compuesto, que contiene, efectivamente, varias lentes. No solo tenemos evidencias de tales evoluciones si no que sabemos que ojos parecidos (como los nuestros y los de los cefalópodos) son fruto de evoluciones paralelas e independientes.

Más allá de la cuestión anatómica anterior, aquí vamos a interesarnos por el fenómeno de la fotosensibilidad en un ojo como el nuestro (o el de cualquier mamífero próximo, mismamente un gato y casi todos los vertebrados, colibríes incluidos); y nos va a interesar, también, como es que la luz inicia el proceso de la visión, lo que implica una reacción química bien conocida, que aprovecha la diferencia de energía y de configuración espacial que presentan dos de los **isómeros** de un **aldehído** que posee dobles enlaces carbono-carbono; se trata de un derivado de los **carotenoides**, el **retinal**.

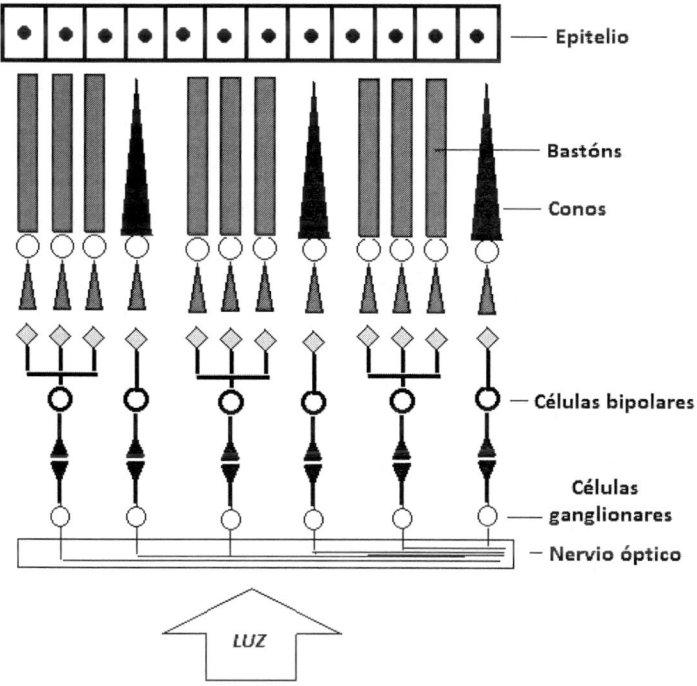

El ojo humano contiene dos tipos de células fotorreceptoras en la retina: los **conos** y los **bastones**, que responden a dos procesos algo diferentes de detección de la luz: la **visión fotópica**[153], propia de los conos y la **visión escotópica**, propia de los bastoncillos. Los primeros son los encargados de la percepción del color, abundan en las partes centrales de la retina (y en la fóvea[154]) y los hay de tres tipos, atendiendo al rango espectral en el que responden: rojos, verdes y azules. En cada ojo puede haber del orden de los siete millones de conos que, para activarse, requieren una cierta intensidad de luz, por lo que se

Fig. 42.- Esquema de una retina: con la entrada de la luz, células ganglionares y fotorreceptoras (conos y bastones).

encargan de la visión diurna (la **fotópica**), mientras que en la nocturna permanecen inactivos. Por lo contrario, los bastones, que son más abundantes en las zonas periféricas, tienen una mayor

---

[153] Precisamente, en la adaptación a la intensidad de la luz que presenta el ojo humano participan otras sustancias como, p.e., el ion calcio (Ca^{+2}), cuya concentración en los conos (que aumenta al disminuir la cantidad de la luz) afecta a la actividad de una **enzima** (la guanilciclasa), que sintetiza un nucleótido (el **GMPc**) que, a su vez, afecta a la entrada de los iones Na^+, ... estableciéndose un sutil sistema de adaptación que pasa por la dilatación de las pupilas (cuando hay poca luz) o por la contracción (al aumentar la intensidad de la luz).
[154] La fóvea es la parte central de la retina donde se enfocan los rayos luminosos en un enfoque correcto.

sensibilidad y se activan con intensidades de luz mucho más bajas, de ahí que se encarguen de la visión nocturna (**escotópica**). En cada ojo humano tenemos, aproximadamente, unos 120 millones de bastoncillos. El refrán que dice que 'de noche todos los gatos son pardos' resume muy bien esa visión con pérdida de detalles y colores, propia de la visión escotópica basada en los bastones y que en óptica recibe el nombre de **efecto Purkinje**; seguramente, también los colibríes se verían 'pardos' si volaran al anochecer, pero no disponen de la peculiaridad que permite a los gatos aprovechar la escasa luz nocturna para mantener una buena visión[155]. Pero, curiosamente, recientes estudios hechos en la Universidad de Princeton (USA), demuestran que los **colibríes** tienen cuatro tipos de conos sensibles a la radiación electromagnética: a los tres colores básicos de nuestros conos, ellos añaden un tipo de cono sensible a ciertas frecuencias propias del ultravioleta.

En cualquier caso, cada una de esas células, sea cono o bastoncillo, contiene una **rodopsina**, la sustancia que actúa como pigmento fotorreceptor[156]. Las **rodopsinas** resultan de la combinación de una proteína, conocida como **opsina**, y el ya mencionado **retinal**.

Como ya se comentó anteriormente, el **retinal** posee varios dobles enlaces carbono-carbono y, por lo tanto, varias formas de isómeros, unos en la forma *cis* y otros en la *trans* que, únicamente, se diferencian en la orientación espacial de los sustituyentes en cada uno de esos enlaces (ver recuadro sobre isomería, capítulo 2). En concreto, la forma *cis* en el doble enlace que une los carbonos 11 y 12 encaja, perfectamente, con una zona de la opsina correspondiente; pero, cuando un fotón de luz incide sobre la célula fotosensible, la energía del fotón produce la transformación de esa forma 11-cis-retinal en su isómero[157], el 11-trans-retinal. La configuración espacial de este último no encaja bien con la opsina por lo que, cuando la rodopsina absorbe ese fotón acaba rompiéndose. Precisamente, esa descomposición de la rodopsina en sus dos componentes hace que la célula en la que estaba presente provoque la excitación de otras células, células nerviosas[158]; en concreto, de las células fotorreceptoras (conos y bastoncillos), la señal pasa a unas neuronas (células bipolares) que conectan con otras, las **células ganglionares**[159], donde comienza el conocido como nervio óptico. En definitiva, una conversión de la energía radiante incidente en energía química inicia la actividad neuronal, enviando una señal al encéfalo[160], donde, verdaderamente, se va a procesar el fenómeno de la visión, al ensamblar toda la información procedente de diferentes células

---

[155] Los gatos y otros mamíferos tienen un fino tejido, el *tapetum lucidum*, justo detrás de la retina para reflejar la luz incidente, volviendo a pasar por los fotorreceptores y mejorando la visión nocturna de estos animales. Es la razón de que sus ojos brillen en la oscuridad.

[156] En cada tipo de cono (rojo, azul o verde) hay un tipo algo diferente de **opsina**, para responder a diferentes frecuencias de la luz incidente, en concreto: eritropsina, cianopsina y cloropsina (una para cada color).

[157] El salto del 11-cis al 11-trans implica romper uno de los enlaces del doble enlace C=C y la posterior isomerización.

[158] Más adelante veremos, precisamente, el mecanismo fisicoquímico de estas señales nerviosas, común a todos los sentidos y a otros sistemas de comunicación neuronal entre diferentes partes del cuerpo, con la participación de más compuestos químicos determinantes de esta señal.

[159] Hay un tipo especial de células ganglionares, conocidas como **células ganglionares intrínsecamente fotosensibles** o **fotorreceptoras**, que también poseen una **opsina** (la melanopsina) y, por lo tanto, pueden detectar directamente una mayor o menor intensidad de luz. Su principal función es participar en los mecanismos que regulan los estados de vigilia-sueño, en el conocido como **ritmo circadiano** (ver recuadro de Química del sueño, cap. 8).

[160] Como en el caso de todos los sentidos, excepto el olfato, la primera área que recibe la información es el tálamo, una pequeña estructura situada justo debajo de la corteza cerebral; pero, luego intervienen otras áreas como, p.e., el hipocampo (relacionado con la memoria), etc.

fotosensibles que fueron excitadas por varios fotones incidentes. Más allá de la detección de la luz, es justamente en el encéfalo (cerebro, hipocampo, etc.) donde verdaderamente adquirimos la percepción del color, intensidad luminosa, dirección de la que procede el foco emisor, etc. El sentido de la visión abarca ojos, encéfalo y sistema nervioso; y solo esta integración de órganos, de sensaciones y memoria va a conformar la experiencia subjetiva que conocemos como *qualia*.

Por cierto, otro grupo de reacciones se encarga de transformar el 11-trans-retinal, nuevamente, en 11-cis-retinal, volviéndose a recomponer la rodopsina, pero este proceso es algo más lento; esta es la razón de porqué las imágenes se mantienen un cierto tiempo en la retina (décimas de segundo). Inevitablemente, en este proceso de recuperación se acaba perdiendo parte del retinal, que requiere ser repuesto a partir de la vitamina A (p.e., en la forma del correspondiente alcohol, el **retinol)** presente en la sangre, de ahí la necesidad de esta vitamina para mantener una buena salud visual.

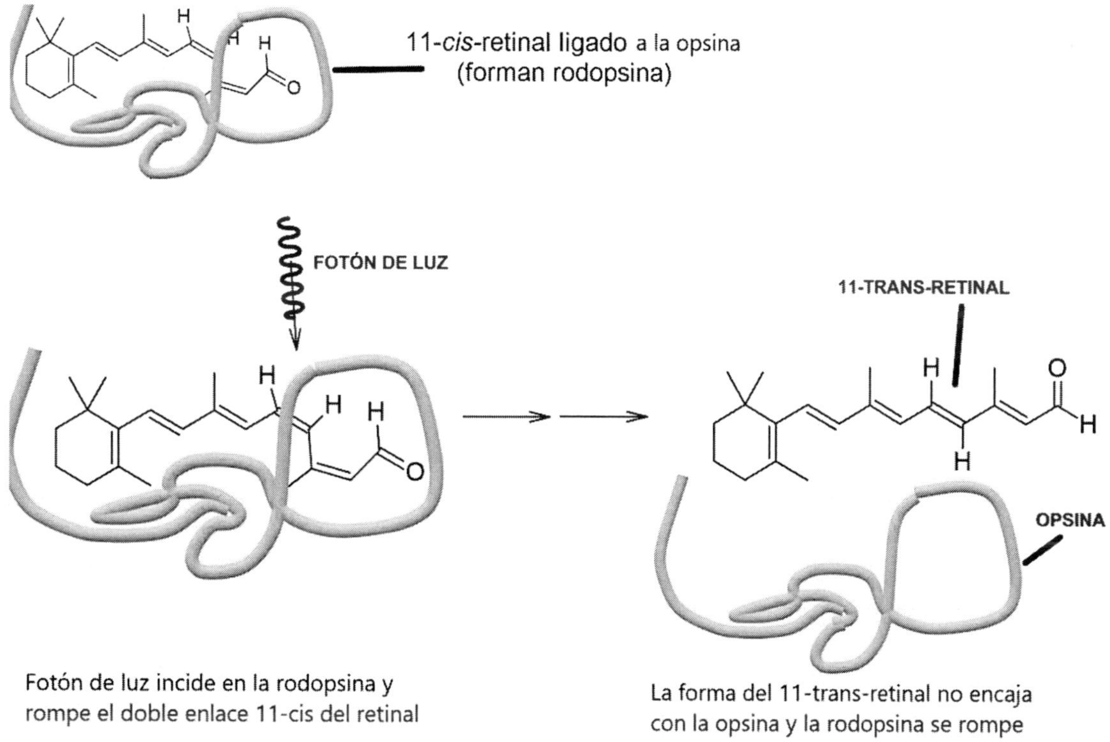

11-*cis*-retinal ligado a la opsina
(forman rodopsina)

FOTÓN DE LUZ

11-TRANS-RETINAL

OPSINA

Fotón de luz incide en la rodopsina y
rompe el doble enlace 11-cis del retinal

La forma del 11-trans-retinal no encaja
con la opsina y la rodopsina se rompe

Fig. 43.- El **11-cis-retinal** está inicialmente unido a una proteína (**opsina**) formando la **rodopsina** (esta representación no está a escala). Al incidir el fotón de luz, transforma el 11-cis-retinal en 11-trans-retinal (que pasa por la rotura de uno de los enlaces dobles, C=C). La energía química liberada va a producir la excitación.

QUÍMICA DEL OLFATO

Un cuerpo es oloroso cuando de el se desprenden moléculas, en general, pequeñas moléculas volátiles (se habla de partículas odoríferas)[161]; cuando estas llegan por el aire a la mucosa olfativa, en el fondo de nuestra nariz, primero se disuelven en el moco y, así disueltas, con la ayuda de proteínas fijadoras, pueden unirse a sus correspondientes receptores olfativos, generar señales y, de esta forma, ser detectadas. Obviamente, son reminiscencias de aquellos primeros tiempos en que comenzó la evolución de los detectores moleculares en un medio acuoso. Así, pues, al contrario de lo descrito en el caso de la visión, el mecanismo que inicia el sentido del olfato no tuvo una evolución cualitativa tan notable; seguramente, fue más cuantitativa, afinando, diversificando y/o acumulando receptores olfativos[162], con toda la diversidad y eficacia que da haber 'experimentado' durante miles de millones de años de evolución. De hecho, como veremos más adelante, de los cinco sentidos tradicionales considerados, es el único que no conecta directamente con el tálamo, pues tiene una vía propia de interlocución con el encéfalo a través del bulbo olfativo.

La dimensión química de este sentido es tan evidente que se conoce como uno de los 'sentidos químicos', junto con el sentido del gusto, en la medida en que traduce casi directamente el estímulo químico con una señal eléctrica. Seguramente, las células o receptores olfativos, que se encuentran en el fondo de nuestra nariz, identifican o responden a la forma, a la estructura molecular de los volátiles disueltos en el moco que le llegan, como ya hemos adelantado. Esa es la idea central de la conocida como **teoría estereoquímica**, presentada por J.E. Amoore, en 1949, aunque el poeta Lucrecio, en el año 60 a.n.e. en su obra *De rerum natura*, ya intuía la importancia de la forma en una relación que recordaría la correspondencia entre una llave y su cerradura. En nuestra nariz tenemos alrededor de cinco millones de células receptoras, pero es evidente que hay especies de mamíferos que nos superan ampliamente, p.e., los perros pueden alcanzar los 200 millones. En nuestra especie, con diez moléculas de una sustancia volátil se puede estimular un terminal nervioso, pero hacen falta decenas de terminales estimulados a la vez para conformar lo que, finalmente, llamamos olor.

El caso es que este sentido es ya el más desarrollado en el mismo instante del nacimiento. Además, las células receptoras olfativas una vez activadas transmiten, a través de las correspondientes fibras nerviosas, la información directamente hasta el hipocampo y a la amígdala (bien conectada con el bulbo olfativo), regiones del encéfalo que son las principales 'responsables' de gestionar las emociones, como veremos en el siguiente capítulo. De ahí la importancia de este sentido en nuestra forma de percibir el mundo que nos rodea; además, esa estrecha vinculación con el hipocampo establece también una fuerte relación entre este sentido y la memoria. De hecho, en mayo del 2023, investigadores de la Universidad de Chicago acaban de publicar, en *Alzheimer's & Dementia*, los resultados de un trabajo indicando que la hiposmia o progresiva pérdida del olfato se puede relacionar, en algunos casos, con problemas en la función cognitiva y con cambios estructurales en determinadas zonas de cerebro vinculadas al 'Alzheimer'.

---

[161] Cuando no desprende una cantidad significativa se habla de cuerpos inodoros.

[162] En nuestra especie se encontraron unos 350 genes de receptores olfativos diferentes y en otras especies de mamíferos, como algunos roedores, pasan ya de los mil. Los primeros trabajos que contribuyeron a descifrar el fenómeno del olfato se sitúan en la década de 1990, concretamente con un trabajo de Richard Axel y Linda B. Buck, sobre los receptores de aromas, descubrimiento por el que recibieron el Nobel de Fisiología de 2004.

Recordemos que el desarrollo del olfato guarda una relación directa con la detección de peligro que, para nuestra salud, puede suponer un determinado producto; solo un tiempo después, en otras zonas del cerebro y en otro nivel de análisis superior, el conjunto de la información recibida es procesado, generándose una determinada sensación de olor. Se habla de que, en nuestra especie, podemos detectar más de 10.000 'olores elementales' diferentes y, obviamente, con un número muy superior de combinaciones; aún no existe un aparato que, en la detección de sustancias muy olorosas, pueda sustituir totalmente a nuestro olfato, existiendo métodos sensoriales estandarizados para detectar esas sustancias a muy bajas concentraciones.

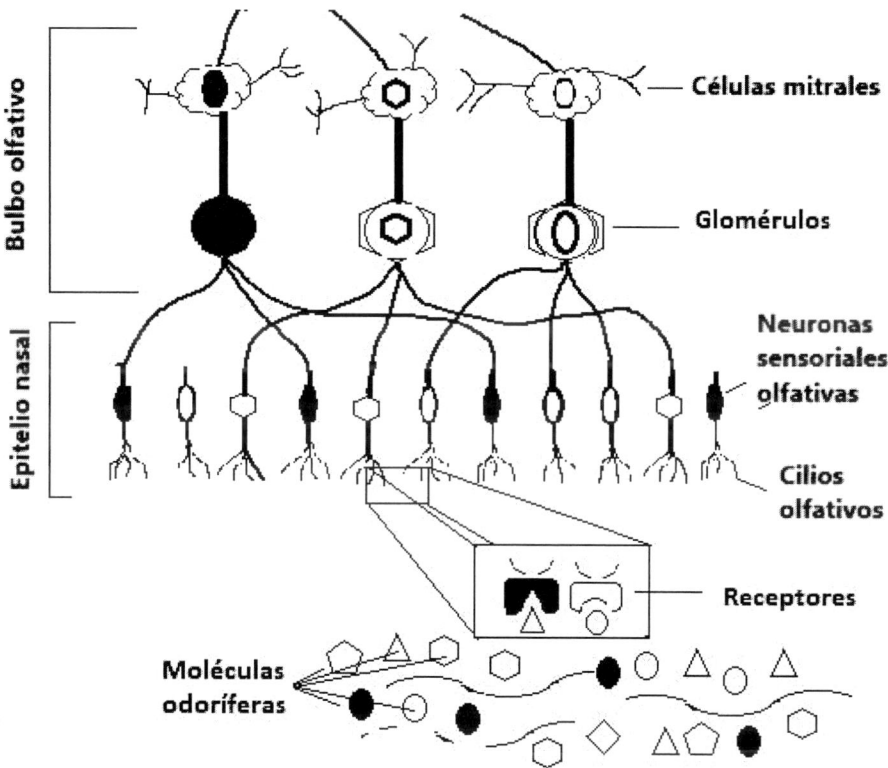

Fig. 44.- El sentido del olfato guarda una estrecha relación con la forma de las moléculas odoríferas; de los cilios receptores y de las neuronas olfativas receptoras, la señal llega directamente al bulbo olfativo.

Como ya se ha comentado, la forma de la molécula que llega hasta la mucosa nasal es determinante, de hecho, eso explicaría porque algunas parejas de estereoisómeros (más propiamente, enantiómeros), pueden tener olores tan diferentes teniendo los mismos átomos y enlaces, aunque en una configuración espacial diferente (ver el caso de los **limonenos**, en el recuadro sobre **isomerías**, cap. 2). La forma es determinante, pero no tiene la exclusiva; comparte importancia con los grupos funcionales presentes en cada molécula, vistos también en el capítulo 2. Así, la mayoría de los **ésteres**, **aldehídos** o **cetonas** (compuestos oxigenados) con más de cuatro átomos de carbono presentan aromas de frutas[163]. De signo muy diferente son los olores que generan los compuestos orgánicos derivados del nitrógeno; p.e., las **aminas** que, como la **putrescina, cadaverina** o la trimetilamina se forman por la degradación microbiana de los aminoácidos

---

[163] Se conocen más de 3.000 aceites esenciales naturales que resultan de la combinación de estos compuestos oxigenados.

presentes en los organismos y 'transmiten' un olor típico a podrido o a pescado pasado. Aunque con muchas excepciones (como, p.e., el ya citado DMS en la propia Introducción), también son muy característicos los olores de muchos compuestos orgánicos con azufre como, p.e., la allicina presente en el ajo o el 3-metil-butano-1-tiol, abundante en la secreción de las mofetas[164]; de hecho, muchos tioles (o **mercaptanos**) tienen un olor que recuerda a los huevos podridos y, como bien saben los amantes de los buenos vinos, provocan uno de los varios 'defectos' que puede presentar esta bebida. Podríamos continuar así repasando miles de olores. Lo curioso es que toda esa diversidad de olores que podemos detectar con nuestros receptores olfativos viene explicada por un único mecanismo de transducción (que veremos luego), hecho que contrasta con los diversos mecanismos que empleamos en el caso del gusto, a pesar de ser muchos menos los 'sabores básicos' identificables.

QUÍMICA DEL GUSTO

También el sentido del gusto entra en la categoría de 'sentido químico' y, también, como en el caso del olfato, la detección de las moléculas que provocan esa sensación tiene lugar cuando estas están disueltas, en este caso, en la saliva. De nuevo, una reminiscencia del origen de la vida en un medio acuoso[165]. En cualquier caso, el sentido del gusto es más modesto en su alcance que el del olfato; llega con decir que la sensación que producen los alimentos u otras sustancias en el caso del gusto, lo que llamamos sabor, viene marcada en un 80% por el propio sentido del olfato y, únicamente, el 20% es, propiamente, debido a los receptores presentes en la lengua y en el paladar[166]. En la lengua humana hay entre cinco mil y diez mil papilas gustativas y en cada papila tenemos unas cien células sensoriales.

Es habitual hablar de cinco sabores básicos: dulce, salado, ácido, amargo y umami[167]. Hasta ahora se creía que los receptores que acaban marcando cada sabor estaban localizados en zonas concretas de la lengua, pero recientes estudios parecen indicar que esas zonas indican, simplemente, cuáles son los receptores mayoritarios en cada caso: así, el sabor amargo (que contiene el mayor número de receptores) se detecta, fundamentalmente, en la zona posterior de la lengua, los sabores dulce y salado en la punta de la lengua y los otros dos (ácido y umami) en los laterales. Aunque no los percibimos de forma consciente, hay también detectores de determinados sabores en otras partes del cuerpo; de hecho, hay receptores de sabor amargo o del dulce en el

---

[164] Los compuestos inorgánicos más simples basados en el azufre presentan olores muy característicos como, p.e., el sulfuro de hidrógeno (H_2S) que recuerda a huevos podridos y abunda en las emisiones volcánicas, aguas estancadas y algunas termales, sumideros y chimeneas de refinerías, junto con otros sulfuros o mercaptanos.

[165] Los ya citados **anfioxos** (o cefalocordados), sin tener olfato ni gusto, ya presentan células en la piel que pueden detectar sustancias químicas presentes en el agua.

[166] Esta fuerte dependencia del sabor con respecto al olfato, a las veces, puede pasar desapercibida pues hay cuerpos que no presentan volátiles perceptibles (no hay una evaporación significativa a temperatura ambiente) y no dan olor, pero en la boca, a concentración de las sustancias presentes adquiere importancia para ser detectada por el olfato.

[167] **Umami** significa, en japonés, 'agradable' o 'sabroso' y fue incorporado más recientemente a los cuatro sabores más tradicionales. Algunas salsas como la de soja o la de tomate tienen un componente umami detectable, pero el más pronunciado viene dado por un aditivo alimentario, el glutamato de sodio.

intestino y, también, se tienen identificado células detectoras en los pulmones y la propia nariz. Por otro lado, algunos investigadores defienden la posible existencia de otros sabores básicos con receptores aún no identificados: p.e., la detección del ion calcio, Ca^{2+}, que determinados experimentos con topos relacionan con una proteína (conocida como T1R3) y que podría actuar como receptor gustativo específico de este ión; o el conocido ya como el sexto gusto básico, el **oleogusto**, que parece tener receptores específicos de las grasas[168]; o, incluso, hay quien postula un gusto relacionado con las bebidas con gas carbónico.

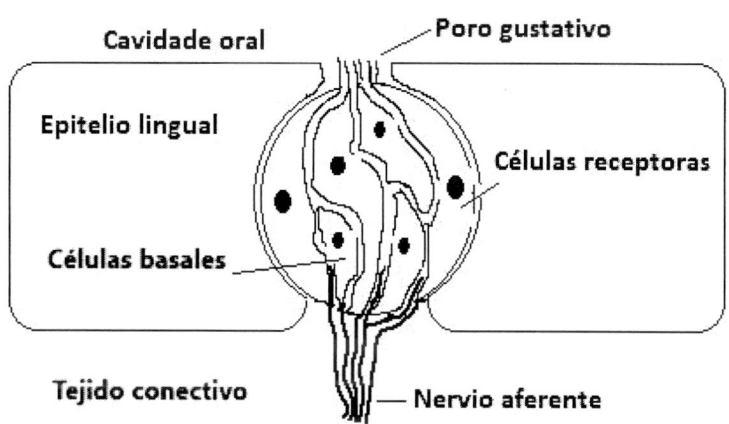

Fig. 45.- Esquema de un receptor gustativo.

Volviendo a los cinco básicos, aún no está muy claro, al detalle, el mecanismo de detección de cada sabor. Las moléculas que activan el sistema del gusto se conocen como **sápidas** y se sabe que, en el caso de los sabores ácido y salado, los sensores de las papilas gustativas detectan, respectivamente, iones oxidanio[169] (H_3O^+) e iones sodio[170] (Na^+), mediante canales iónicos que dependen de proteínas transmembrana específicas, de las que se hablará más adelante. Los otros sabores parecen guardar más relación con la forma estructural de las moléculas que disparan tales sensaciones, tal como se describe con algo más de detalle en el capítulo 9, al tratar de la cocina. Así, en 1967, R.S. Shallenbenger y su grupo de investigación han propuesto una estructura general, llamada **unidad saporífera**, que estaría presente en la molécula del compuesto dulce[171]. Esta estructura se encuentra en los azúcares simples que, efectivamente, presentan dulzura y en los edulcorantes sintéticos conocidos (cap. 9). En cualquier caso, las papilas gustativas como tales células nerviosas generan una señal nerviosa que llega al encéfalo y, nuevamente, es allí donde se conforma la sensación que conocemos como **sabor**. En todos los casos, se tienen identificado diversas proteínas que actúan como receptores[172], para uno u otro sabor básico.

---

[168] Hay estudios, p.e., de la Purdue University de Indiana, presentados en el 2015, que indicarían una específica identificación de ácidos grasos de cadena larga (en contraposición a los de cadena corta que, claramente, identificaríamos con el habitual sabor ácido).

[169] Recordemos, del Ap.F.2, que una de las definiciones más tradicionales de sustancia ácida es, precisamente, aquella que, en disolución acuosa, libera iones oxidanio (antes conocido como hidronio), H_3O^+.

[170] Obviamente, la sal común, el cloruro de sodio, tiene esa propiedad del gusto salado, pero al igual que en caso del sabor ácido, y como veremos con más detalle en el capítulo 9, también participan los aniones.

[171] Esta **unidad saporífera** estaría formada por dos heteroátomos electronegativos (generalmente oxígeno y/o nitrógeno) colocados a una distancia muy determinada uno de otro, y uno de ellos unido a un átomo de hidrógeno disponible para formar **puentes de hidrógeno** con la parte correspondiente de la proteína receptora.

[172] Para el caso del dulce hay un único tipo de receptor, que resulta de la combinación de dos proteínas (una T1R2 y una T1R3) y lo mismo ocurre para el umami (también el resultado de la combinación de dos proteínas). Por el contrario, para el caso del amargo, fueron identificados hasta 25 tipos diferentes de receptores.

Tabla 7: Algunos 'compuestos impacto' en el sabor de las frutas y verduras.

Fruta/verdura	Compuesto impacto	Fórmula química
Melocotón	undecalactona (I)	
Coco	nonalactona (II)	
Plátano	acetato de isoamilo (III) y euxenol (IV)	
Manzana	2-metilbutirato de etilo (V)	
Limón	citral (VI)	
Frambuesa	1-(p-hidroxifenil)-3-butanona (VII)	
Pera	trans-2, cis-4-decadienoato de etilo (VIII)	
Mandarina	N-metilantranilato de metilo y timol (IX)	
Pimiento	2-isobutil-3-metoxipirazina (X)	
Vainilla	Vainillina (XI)	
Cebolla	Disulfuro de dipropilo (XII)	
Ajo	Disulfuro de di-2-propenilo (XIII)	

Más allá de los sabores básicos, hay algunas sensaciones que se relacionan con el sentido del gusto pero que involucran a otros receptores y van algo más allá; p.e., las llamadas sensaciones trigeminales, que implican al nervio trigémino y que comparten, pues, información con el sentido del tacto; de hecho, en algunos casos, son totalmente manifestaciones táctiles. Así, p.e., hay:

-sustancias astrinxentes que, a su paso por la boca, producen sequedad y aspereza; es el caso de algunos vinos o de las endrinas y otras frutas muy verdes. En general esa sensación se debe a la interacción de los **taninos** presentes con algunas proteínas de la propia saliva.

-sustancias refrescantes, que producen en los tejidos orales o nasales alteraciones relacionadas con la sensación de frío como es el caso del mentol.

-sustancias picantes, que producen la conocida sensación de calentamiento o quemazón y, en algunos casos, hasta irritación. Es el caso de la **capsaicina** de los pimientos y otros compuestos de la misma familia (capsaicinoides) o, en menor medida, la allicina (del ajo) o las piperinas (de las pimientas). En el capítulo 2 se habla extensamente de la capsaicina como metabolito secundario y, también, de sus síntesis, tanto en las plantas (biosíntesis) como en el laboratorio, mientras que en el capítulo 9, sobre cocina, se presenta un recuadro con alimentos que la contienen y la **escala**

Scoville que mide su acción picante (fig. 59). En una entrevista reciente, el ya citado premio Nobel de Medicina y Fisiología de 2021, David Julius, incluía la sensación de picante como un ejemplo de dolor 'aceptado', vinculado a los receptores de la temperatura y, en general, del tacto, en el conocido como sistema somatosensorial.

QUÍMICA DEL TACTO

Refiriéndonos precisamente al **sistema somatosensorial**, es habitual hablar del sentido del tacto, que fundamentalmente localizamos en nuestra piel y que, responde a estímulos del tipo físico (texturas, presiones, vibraciones, dolor, …)[173] sin atender, en principio, a la naturaleza química de los mismos. En cualquier caso, esto es válido para la naturaleza del estímulo que inicia la sensación táctil, pero obviamente, la química interviene en todo el proceso de transmisión de la información, vía fibras nerviosas, desde las células táctiles que pueblan nuestra piel, hasta la médula espinal y, posteriormente, al encéfalo, particularmente, al tálamo.

Con seguridad, el tacto es el sentido más inmediato y, probablemente, el más antiguo; y, desde luego, no le falta variedad: desde una caricia, cosquillas, una quemadura, hormigueo, una palmada, un golpe, un pellizco, un abrazo, la picadura de un mosquito, un beso, … En su maravilloso libro *'Uma historia natural dos sentidos'*, Diane Ackerman describe el beso como *'la cumbre de la voluptosidad, es perder tiempo y expandir el espíritu en el dulce oficio del romance, es cuando los huesos tremen, la expectativa crece y la recompensa es adelantada a propósito, en un sabroso tormento, para el que se va creando un delicioso crescendo de emoción y pasión'*. En ese mismo libro comenta que según algunos especialistas, el beso podría derivar de la evolución del acto de olor el rostro de una persona, por amistad o amor, para evaluar su estado de bienestar y salud. Como derivación de un sentido químico sería, sin duda, una cumbre de la evolución de la materia. A la hora de hablar de la oxitocina, veremos algunos beneficios que pueden derivarse de los besos.

Ciertamente, hay diferentes tipos de receptores nerviosos encargados de la función táctil, como los corpúsculos de Meissner (abundantes en las áreas más sensibles como labios, clítoris, pene, yemas de los dedos, …), las células de Merkel (que responden, sobre todo a la presión), los corpúsculos de Ruffini (terminaciones nerviosas que responden al calor), los corpúsculos de Krause (sensibles al frío y abundantes en la lengua y en los órganos sexuales) o los corpúsculos de Pacini (abundantes en la zona profunda de la piel y que detectan presiones y deformaciones de la piel). Sin olvidar el tipo más visible de sensor táctil: el pelo. Pero, al final, todos esos receptores acaban produciendo una señal compleja, mezcla de toda la información que recoge una multitud de los mismos; y, al parecer, no es tan sencillo adjudicar, unívocamente, una sensación concreta y simple a cada uno de esos corpúsculos.

En cualquier caso, como veremos pronto, cada señal nerviosa producida involucra canales iónicos de las células nerviosas y proteínas que se encargan de gestionar esas señales; así, pues, la química tiene mucho que decir en esa fase a la hora de construir la sensación del tacto. Quien en

---

[173] Como se ha apuntado, la detección de la variación de temperatura, hoy en día, es considerada como algo diferente al sentido del tacto, aunque evidentemente vinculada al mismo, en el sistema somatosensorial.

algún momento fue sometido a una **anestesia** local en la boca[174], podrá recordar la sensación de distorsión de los bordes del vaso en contacto con los labios al enjuagarse, toda una alteración sensorial localizada y producida por sustancias químicas. Igualmente, podremos recordar el efecto de algunas sustancias que provocan una inmediata sensación de frío como, p.e., el mentol o la citada **capsaicina** (empleada como **analgésico** local en algunas lesiones); e incluso el propio efecto anestésico que provoca el frío intenso cuando se aplica en determinadas partes del cuerpo.

Hablando de **anestesia** y **analgesia**, es inevitable hacer una referencia a la **química del dolor**. Es un hecho que el dolor es un aviso del organismo, especialmente al sistema nervioso central (encéfalo y médula espinal), de que algo no va bien en alguna parte de nuestro cuerpo y que es necesario actuar; es como una llamada de emergencia. De esto se encargan receptores sensoriales específicos, los llamados **nociceptores,** localizados por la mayoría de los tejidos del cuerpo y que pueden ser estimulados por la acción directa sobre el tejido o, indirectamente, por la liberación de sustancias químicas especializadas (como, p.e., la **histamina**, la a**cetilcolina**, el potasio, etc.). De hecho, la **nocicepción** es el mecanismo por el que los estímulos periféricos del dolor son transmitidos al SNC[175]. Obviamente, cuando el dolor se vuelve intenso y se torna insoportable es necesario mitigarlo y de esto, de los **analgésicos y anestésicos** más importantes, así como de sus principales mecanismos de acción, se habla en el capítulo 10.

QUÍMICA DE LA AUDICIÓN Y DEL EQUILIBRIO

Dada la naturaleza del sonido, el sentido de la audición, tal como ocurre con el tacto, se inicia con las vibraciones mecánicas[176], en este caso, con las que llegan al sistema auditivo y entran en el rango del sonido audible. Como respuesta a los cambios de presión que tienen lugar en el oído, se generan las señales nerviosas que, luego, son interpretadas en el encéfalo, conformando propiamente el sentido de la audición.

Igualmente, el sentido del equilibrio, que también se gestiona en el oído interno, responde a oscilaciones y mecanismos físicos bien determinados. Así, pues, resulta evidente que los aspectos químicos tienen menor importancia en el estímulo inicial de este sentido, pero intervienen, igual que en los otros, en la señal nerviosa que, en definitiva, es lo que acaba conformando la sensación correspondiente. Incluso, cuando se trata literalmente de ruido, esta sensación desencadena toda una respuesta bioquímica en el organismo, que implica liberación de **cortisol** y otros compuestos químicos que participan de nuestra interacción con el exterior, tal como veremos al tratar de la química del estrés, en el siguiente capítulo.

Sin embargo, hay una serie de sustancias, conocidas como ototóxicas, que pueden afectar directamente, el funcionamiento del oído interno, especialmente (aunque no es necesario) cuando se combinan con la exposición al ruido intenso y/o duradero y, por lo tanto, condicionan tanto la calidad de la audición como del equilibrio corporal. Entre esas sustancias destacan diversos tipos

---

[174] P.e., con la articaína o con la lidocaína.

[175] También hay dolores no asociados a la nocicepción; recordemos que el dolor es una experiencia subjetiva.

[176] A diferencia de las **OEM** (ondas electromagnéticas), el sonido, incluidos los ultrasonidos e infrasonidos, son ondas mecánicas, vibraciones o ondas de presión que se propagan por un medio y no por el vacío.

de disolventes industriales (benceno, tolueno, estireno, disulfuro de carbono, ...), pero también algunos pesticidas orgánicos y otras sustancias como p.e., el monóxido de carbono o el arsénico.

POR FIN, UN 'GESTOR' DE LOS SENTIDOS: EL SISTEMA NERVIOSO

Anteriormente se comentaba que, a lo largo del proceso evolutivo, fueron apareciendo o perfeccionándose los sentidos y esto supuso una evidente ventaja en el reconocimiento del entorno y de los acontecimientos próximos, con una mejora en las expectativas de supervivencia de los organismos. Pero, a medida que iba progresando la evolución, el nivel de exigencia requerido a los sentidos fue aumentando; p.e., de la simple detección de la luz (su presencia, intensidad y dirección de procedencia) se pasó a la formación de imágenes y de ahí a la identificación y evaluación de las mismas, con posibles peligros o conveniencias para el organismo en cuestión, y tales operaciones requerían un mayor nivel de interpretación de la luz detectada. Por lo tanto, la evolución de los sentidos no fue, únicamente, una cuestión de formación de los órganos directamente implicados (ojos, oídos, fosas nasales, células detectoras, ...) si no, también, la evolución de un sistema nervioso capaz de conjugar y descifrar toda la información que aquellos órganos le subministran del exterior. Es más, las propias sensaciones ligadas (el gusto, el olfato, la visión, ...) no llegan a tal categoría hasta que se conforman en un nivel superior, de lo que se encarga el sistema nervioso; en la mayoría de las especies de animales, un sistema nervioso central que, también, en su inmensa mayoría, se concreta en el llamado encéfalo (y la médula espinal en el caso de los vertebrados). Por seguir con la referencia de los **anfioxos**, ya citados en la 'química de la visión' por sus **ocelos** y en la 'química del gusto' (por su elemental capacidad de detección de sustancias químicas en agua), recordemos que ya tienen una especie de 'cordón nervioso' (que podría recordar, remotamente, a la médula espinal)[177], pero aún no pueden localizar y moverse hacia la posible comida, simplemente se aprovechan de los pequeños organismos que les llegan con las corrientes marinas.

Aún hoy, podemos encontrar otro ejemplo de los más simples sistemas nerviosos en especies de animales próximas a las que en su día fueron pioneras en este sentido; son también especies de cordados (pero aún invertebrados), marinos y muy primitivos: se trata de especies de poríferos o esponjas y de tunicados o urocordados. Una buena prueba de la relación entre la aparición y evolución del sistema nervioso (junto con los sentidos) y el movimiento de los animales la tenemos en la mayoría de las especies de ascidias (tunicados): en su estado de larva presentan un sistema nervioso muy elemental, formado por un conjunto de nervios periféricos y un '**ganglio cerebral**', junto con un **ojo** muy básico. Cuando las larvas acaban fijándose en el fondo marino para el resto de su vida (donde se van a alimentar del plancton que filtran del agua), el ojo y la mayoría de los nervios que conformaban aquel sistema nervioso básico, en la forma adulta acaban desapareciendo o transformándose.

---

[177] Pero carecen de espina dorsal o columna vertebral como sí tenemos, obviamente, todos los vertebrados.

SISTEMA NERVIOSO	SISTEMA NERVIOSO CENTRAL	(Formado por Encéfalo y Médula espinal)	
	SISTEMA NERVIOSO PERIFÉRICO	**S.N. AUTÓNOMO (O VISCERAL)** Nervios que inervan a los órganos internos (vísceras), vasos sanguíneos y glándulas.	Sistema Simpático
			Sistema Parasimpático
		S.N. SOMÁTICO Nervios que inervan la piel, articulaciones y músculos de acción voluntaria.	(Sistema sensorial)
			(Sistema motriz o motor)

Fig. 46.- Clasificación del Sistema Nervioso.

Ganglios cerebrales podemos encontrar aún en insectos arácnidos y otros artrópodos, pero también algo más, pues un camino evidente en esa evolución fue la localización y centralización de los sentidos y del sistema nervioso central en lo que ahora, en la mayoría de los animales, reconocemos como la cabeza. Probablemente, esto comenzó en la llamada explosión cámbrica, donde se datan fósiles, entre otros, de moluscos y gusanos que, más allá de un **sistema nervioso periférico (SNP)**[178], ya presentan una cabeza definida. Precisamente, el **encéfalo** es la parte del sistema nervioso que se encuentra en la cabeza y que, en los vertebrados continúa, a través del bulbo raquídeo, con la médula espinal, completando lo que llamamos **sistema nervioso central (SNC)**[179].

En mamíferos y muchos otros vertebrados, el encéfalo puede incluir diferentes áreas y órganos tales como el cerebro, el cerebelo, el tálamo, el hipotálamo o la amígdala. Pero esa localización y especialización en órganos concretos no debe hacernos olvidar el gran protagonista del sistema nervioso, la unidad básica que constituye cada uno de estos órganos, las **neuronas**, las más conocidas de todas las células nerviosas.

La inmensa mayoría de animales tenemos neuronas, excepto algunos casos concretos como es el de las esponjas que, como ya dijimos, están entre las familias más antiguas del reino animal y poseen unas células que pueden sufrir contracciones ante estímulos externos; estas células, llamadas podocitos, seguramente resultan el antepasado más remoto de los sistemas nerviosos actuales. En un salto en el tiempo llegamos al gusano más empleado en los laboratorios para el estudio del sistema nervioso, el *Caenorhabditis elegans*, un nematodo que contiene unas trescientas neuronas.

---

[178] En muchos animales, incluida nuestra especie, el SNP está constituido por nervios que conectan el SNC con las estructuras periféricas (músculos, glándulas), con una gran variedad de fibras sensitivas y motoras.
[179] Precisamente, en los cordados más primitivos (como los citados **anfioxos**) encontramos un cordón nervioso que recorre todo el cuerpo del animal, de uno a otro extremo, sin esa particular diferenciación del encéfalo.

Nuestro cerebro contiene sobre 86.000 millones de neuronas y casi otras tantas células nerviosas que también juegan su papel dentro del sistema nervioso (como las **células gliales**, o de la **glía**, que actúan como elementos de soporte y casi llegan a los 70.000 millones). Al lado del cerebro, el cerebelo parece que contiene casi 50.000 millones de neuronas, también de varios tipos y habría que sumar las de otras regiones del encéfalo (tálamo, hipocampo, hipotálamo, etc.). Pero también hay neuronas en otros órganos de nuestro cuerpo; por poner un ejemplo, en nuestro estómago podemos encontrar unos cien millones de neuronas. Por cierto, aquí hay que citar a Santiago Ramón y Cajal, quien llevó el Nobel de Medicina de 1906, precisamente, por establecer la teoría que reconocía a las neuronas como unidades básicas del sistema nervioso.

Hoy sabemos que existen diferentes tipos de neuronas, pero pese a su variedad, en general, podemos decir que todas poseen unas partes bien diferenciadas: naturalmente, un cuerpo celular o **soma**, que contiene el núcleo celular y las estructuras que mantienen los procesos vitales de la propia célula (mitocondrias, aparato de Golgi, ...); además están las **dendritas** (como ramas[180] o antenas de la neurona, que reciben información de otras neuronas o de células sensoriales[181]) y el **axón**[182], un delgado tubo de longitud variable que acaba en los botones terminales, los que, a su vez, conectan con las dendritas de otras neuronas (o de fibras musculares, etc.). Los axones pueden ser tan largos como que algunos van desde la base de nuestro encéfalo hasta los dedos de los pies, es decir, del orden de un metro, aunque la mayoría miden apenas varios milímetros.

Podemos asombrarnos de la espectacular evolución llevó a la formación de órganos tan admirables, como puede ser un ojo, esos ojos con los que miramos y nos miran. Pero, sin duda, mucho más extraordinaria aún fue la evolución de los sistemas nerviosos, como resultado de la especialización de las neuronas, hasta conformar tan increíbles estructuras, capaces de construir el mundo de las emociones y llevarnos a pensar, imaginar, soñar, dando una nueva dimensión a la palabra 'vida', con multitud de propiedades emergentes que parecen muy alejadas de las simples moléculas que nos constituyen. Extraordinaria no solo por la transcendencia de tales funciones si no, también, por la exquisita forma en que se producen esas conexiones neuronales; conexiones en las que la química juega un papel fundamental, como veremos pronto.

EL IMPULSO NERVIOSO EN LA NEURONA

Cuando pensamos en la transmisión de una señal nerviosa imaginamos una corriente eléctrica convencional[183], pero ciertamente, la vida no defrauda y la naturaleza de esta señal resulta mucho más compleja y rica en matices. De hecho, analizando como se transmite, debemos distinguir entre lo que recorre cada neurona y lo que 'salta' de una neurona a la siguiente que, como veremos, es mayoritariamente una señal o transmisión que requiere mensajeros químicos, los llamados **neurotransmisores**.

---

[180] De hecho, el término proviene del griego, "dendrón", es decir, "árbol".

[181] P.e., las células bipolares, que reciben la información de los fotorreceptores presentes en la retina, tienen simplemente una dendrita (conectada al fotorreceptor) y un axón conectado a las células ganglionares.

[182] Aunque muchas tienen uno, hay neuronas con más y de diversos tipos de axones (p.e., ramificados).

[183] Convencional como el movimiento neto de electrones (corriente continua), o la propagación de una perturbación que les afecta (en las corrientes alternas) o como el movimiento de iones, etc.

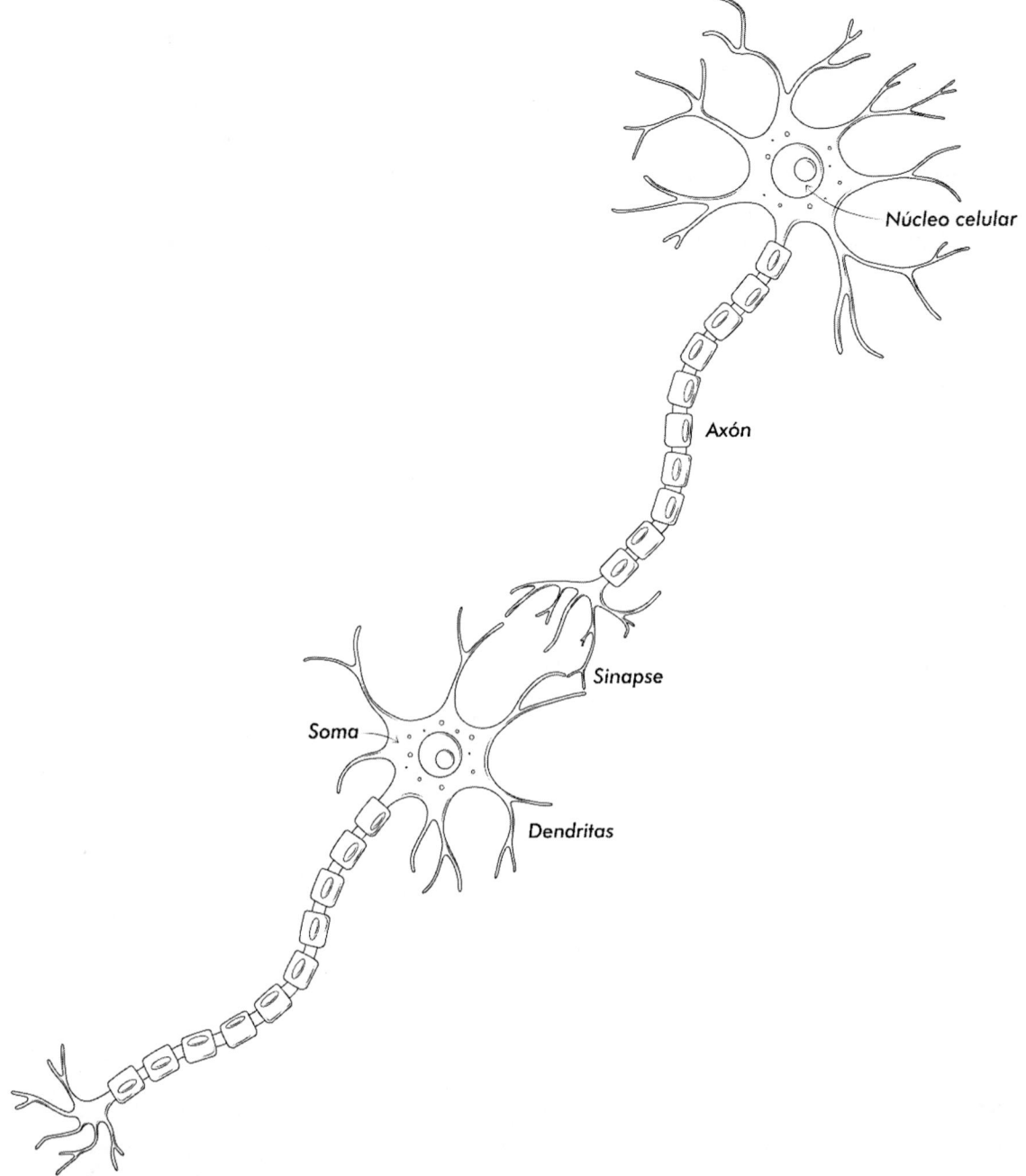

Fig. 47.- Neuronas, mostrando el cuerpo celular o **soma**, **axones**, **dendritas** y **sinapsis**. Ilustración: Lía Liñares.

Centrándonos en la naturaleza del primer tipo de señal, la que avanza por una neurona, responde a una compleja corriente en la que se propaga un potencial eléctrico, producido con la participación de varios iones (fundamentalmente iones potasio, K^+, e iones sodio, Na^+), 'jugando' a traspasar la membrana celular. De hecho, cada neurona recuerda, en este sentido, a una pila con dos polos eléctricos definidos a uno y otro lado de esa membrana (fig. 48a).

Es un hecho que la membrana celular, más propiamente la membrana plasmática[184], se encarga en todas las células de aislar su interior del medio exterior, medio que puede resultar muy hostil para la célula en la medida en que esta requiere unas condiciones muy ajustadas de acidez, de salinidad, ..., y, por supuesto, mantenerse libre de compuestos tóxicos o patógenos que pudieran dañarla. La membrana apareció ya con las primeras células procariotas, hace más de 3.800 millones de años. Y, como ya vimos, para regular el tránsito de compuestos que entran o salen de la célula a través de la membrana, a lo largo de la evolución fueron apareciendo canales formados por proteínas específicas (en general, se conocen como **conexinas**) que se encargan de transportar iones, átomos y pequeñas moléculas, en uno u otro sentido, según las necesidades vitales de la célula; son puertas que permiten, incluso transportan, el paso de unas sustancias e impiden el de otras[185]. Como vimos en el capítulo 4, las proteínas adoptan, más allá de su estructura primaria, unas formas espaciales concretas y específicas que permiten, en determinadas conformaciones, reconocer (encajar como una llave y la correspondiente cerradura) grupos químicos concretos (iones, átomos, etc.), y esto las dota de esa alta selectividad y especificidad. Por otro lado, la intervención de diferentes estímulos, tanto físicos como químicos, pueden modificar parcialmente esas formas adoptadas por las proteínas implicadas en esos canales y, por lo tanto, provocar cambios en la permeabilidad de la membrana; en definitiva, estímulos externos pueden hacer reaccionar o excitar a la célula implicada.

En condiciones de normalidad vital, es un hecho comprobable que, en el interior de las células, desde las bacterias (unicelulares) hasta las que conforman seres multicelulares (como las nuestras), hay una concentración elevada de iones potasio (K^+) mientras que, en el líquido extracelular que las rodea, lo que se requiere es una concentración de iones sodio (Na^+) más alta que en su interior[186]. Es como si las células recordaran su entorno original de hace miles de millones de años, el medio marino, pese a la multitud de cambios experimentados a lo largo de la evolución.

Un efecto de esas concentraciones diferenciales y de la selectividad de los canales de membrana es que aparecen desequilibrios iónicos y, como consecuencia de tales desequilibrios, la concentración de carga eléctrica a uno y otro lado de la membrana resulta muy diferente; en general, el interior de la célula (el **citosol**[187]) está negativamente cargado con respecto al medio exterior y esto provoca la aparición de una diferencia de potencial, lo que se conoce como **potencial de membrana**[188]. En estado de reposo, el interior de una neurona puede estar unos 65 mV (milivoltios) por debajo del que tiene en su exterior; decimos que tiene un potencial de unos -65 mV. Luego, efectivamente, podemos ver los dos lados de la membrana como los dos electrodos de una pila o batería de 65 mV: el interior es el polo negativo y el exterior el positivo. Y recordemos que, simplemente, en el cerebro, los humanos tenemos alrededor de 86.000 millones de neuronas.

---

[184] Obviamente, además de la membrana plasmática, que separa el exterior del interior celular, hay otras membranas en el interior (la nuclear, la mitocondrial, ...).

[185] En la membrana, además de esos canales específicos que permiten el paso, en uno u otro sentido, de determinadas sustancias, hay también **poros**, menos selectivos, por donde pasan ciertos gases y moléculas pequeñas. El conjunto determina la mayor o menor permeabilidad de la membrana ante cada sustancia.

[186] Por supuesto, intervienen otros iones secundarios para mantener los dos medios neutros eléctricamente; especialmente iones cloruro (Cl^-) y otros aniones, tanto inorgánicos como orgánicos.

[187] **Citosol** es el nombre que recibe el fluido acuoso que se encuentra en el interior de la célula.

[188] También cuando se corta un músculo y se coloca un electrodo en esa superficie cortada y otro en la zona sana, se puede comprobar que aparece un potencial (conocido como **potencial de lesión**). Al cortar la fibra y romper la membrana, el citoplasma y el medio exterior entran en contacto; es lo equivalente a un cortocircuito.

Ese reposo puede alterarse mediante un estímulo que provoque cambios, que anule o, incluso, invierta ese potencial de membrana. Una pequeña variación puede provocar que se abran los canales de sodio (Na^+) y permitan su entrada; decimos que la célula se va **despolarizando**[189]. Pero, como ocurre con el movimiento de un péndulo, por inercia seguirán entrando iones positivos más allá de los que llevarían al 'equilibrio' y puede llegar a alcanzar valores positivos en el interior (p.e., +40 mV, siempre tomando como cero el medio exterior). Llegará un valor en el que esta inversión del potencial de reposo crea una presión que acabará llevando a la apertura de los canales que gestionan el paso de los iones potasio (K^+), dejando salir estas cargas positivas[190]. Eléctricamente, la célula parece volver a su estado de reposo (aunque también suele pasarse de frenada y llegar, p.e., hasta los -80 mV en el interior). Lo que tenemos es, pues, una oscilación localizada en la diferencia de potencial eléctrico dentro-afuera.

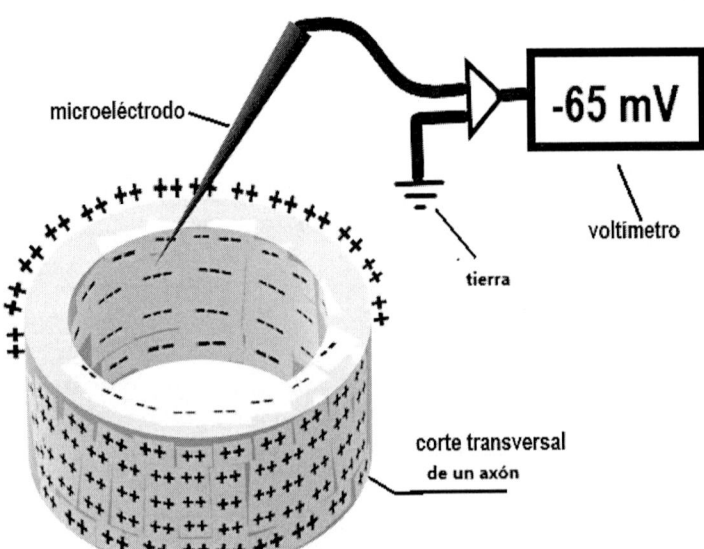

Fig. 48a.- En el estado de reposo, la membrana citoplasmática de una neurona, con desigual distribución de carga eléctrica entre el interior y el exterior, presenta una diferencia de potencial entre 60 y 70 mV (conocida como **potencial de membrana**). Actúa como una pila: la parte exterior (aquí representada por la conexión a tierra) es el polo positivo, la interior es el negativo.

En resumen, lo que interesa es que cuando se excita una neurona, lo que ocurre es que se inicia una serie de mecanismos que involucran flujos de iones, de fuera hacia dentro y viceversa, con cambios de potencial eléctrico. Y ese pico de potencial que sube con la entrada de iones sodio (Na^+) y, luego baja con la salida de iones potasio (K^+), es lo que se conoce como **potencial de acción** (fig. 48b). Pues bien, el avance de esa alteración o perturbación, punto a punto, de ese potencial de acción a lo largo del axón, es la señal eléctrica que se propaga como una onda por la célula excitada o, más bien, como un tren de ondas. El potencial de acción es prácticamente igual en todas las neuronas, tanto en amplitud y duración, y no sufre apenas reducción a medida que se propaga por el axón. Verdaderamente, son la frecuencia y la distribución de tales potenciales (si hay o no) las que

---

[189] **Despolarización** es el término empleado para indicar que el potencial de membrana pasa de su valor normal en reposo a otro menos negativo. Y, por cierto, la membrana celular en el axón puede contener miles de canales de sodio por μm^2, mientras que en el caso de las dendritas hay muchísimas menos.

[190] Recientemente, se ha descubierto que determinadas alteraciones hereditarias de tipo neurológico, como ciertas formas de epilepsia, pueden relacionarse con mutaciones en las proteínas que actúan en los canales del potasio o en los del sodio; una simple mutación que provoque el cambio de un aminoácido, entre los muchísimos que forman las largas cadenas de esas proteínas.

determinan el tipo de información que se transmite, un código binario que recuerda a lo que ocurre en un ordenador, con su complejo conjunto de bits (de unos y ceros), o, como en el código Morse (puntos y rayas). En un capítulo posterior veremos que algunos compuestos (ciertos fármacos y drogas) pueden bloquear temporalmente el potencial de acción en el axón (p.e., la cocaína o la lidocaína y otros anestésicos locales como la articaína, ...).

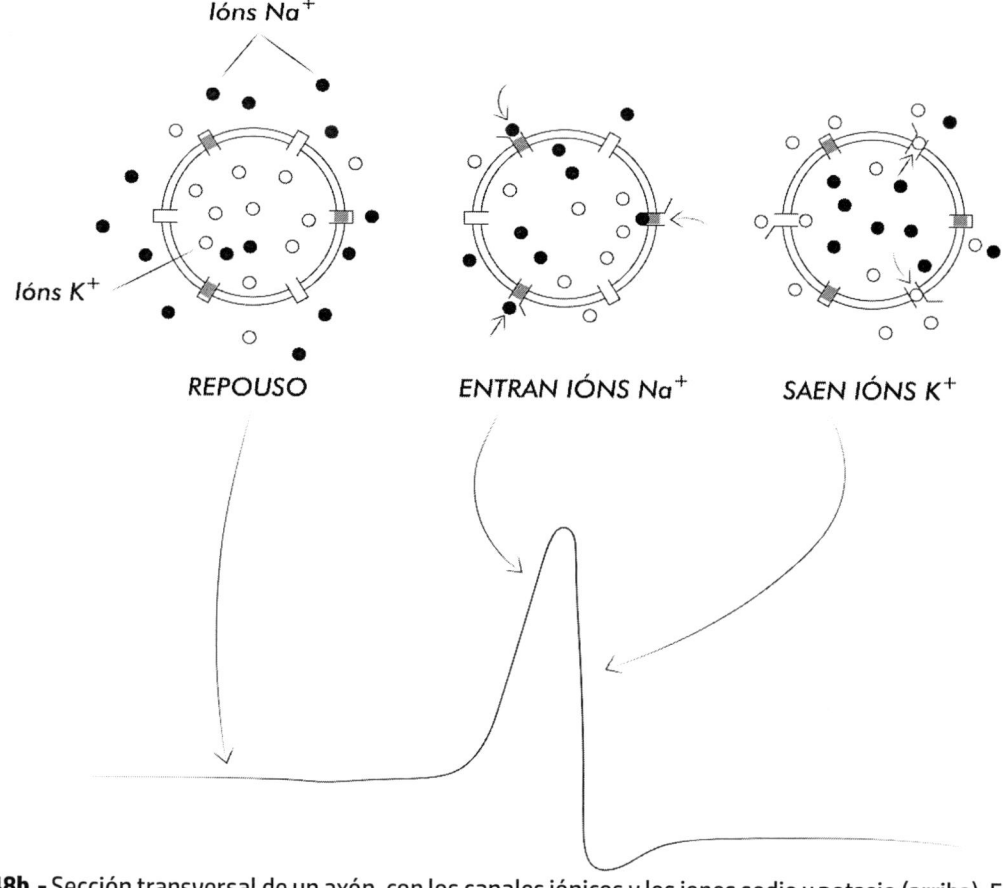

Fig. 48b.- Sección transversal de un axón, con los canales iónicos y los iones sodio y potasio (arriba). En reposo hay más iones K⁺ en el interior de la célula (en el citosol) y más iones Na⁺ en el exterior. Con la entrada del sodio aparece el pico o **potencial de acción**, que baja con la salida de los iones potasio (abajo). (Ilustración: Lía Liñares; hecha a partir de una ilustración del libro de Xurxo Mariño 'Neurociencia para Julia').

Pero no llegamos aún a la situación de partida, las concentraciones de iones Na⁺ y K⁺ están invertidas y hay que cerrar el ciclo; de hecho, podemos ver el potencial de acción como una inversión transitoria del **potencial de membrana**, el propio de la neurona en reposo. Así, pues, con el paso del potencial de acción es preciso recuperar la situación química inicial y, precisamente, de esto se encarga un mecanismo de bombeo de esos iones a través de la membrana celular, mecanismo que repone la situación en milisegundos. Es lo que se conoce como '**bomba sodio-potasio**' o '**bomba Na⁺-K⁺**'; precisamente, las neuronas de nuestros sistemas nerviosos son el resultado de una larga y progresiva evolución, en la que se especializaron en ese tipo de bombeo de iones que, básicamente, extrae iones Na⁺ de la célula y, simultáneamente[191], introduce iones K⁺. Como quiera que este

---

[191] En el balance global de este mecanismo, por cada tres iones sodio extraídos, introduce dos iones potasio.

mecanismo de reposición va contra los gradientes y los potenciales de equilibrio, requiere un buen aporte de energía y esta es obtenida de la oxidación de una molécula muy energética y ya conocida aquí: el **ATP** (o trifosfato de adenosina).

La demanda energética de este proceso es tal que, en algunos órganos específicos (como el cerebro o el corazón), representa la mayor parte del consumo energético de las células, alcanzando en ocasiones hasta el 90% del metabolismo de estos órganos. De hecho, en el caso de nuestra especie, el encéfalo requiere unas 500 kcal diarias, un 25% del gasto energético de nuestro cuerpo, cuando en masa apenas ronda el 2% del total. Precisamente, como veremos en el siguiente capítulo, la evolución del encéfalo en los primates hasta conformar el que nosotros tenemos (y que permite las capacidades intelectuales de gran abstracción que nos definen como especie), guarda relación con el empleo del fuego para cocinar los alimentos y conseguir, así, un mayor aprovechamiento de la energía que contienen.

Por supuesto, esta evolución del encéfalo fue precedida de una infinidad de pasos previos a lo largo de toda la evolución biológica. En el mundo animal, desde que a partir de los más simples ganglios cerebrales aparecieron los primeros prototipos de encéfalo, la tendencia general fue crecer en tamaño y concentración de neuronas; pero miles de millones de neuronas podían suponer, lógicamente, un problema adicional, tanto de espacio como de consumo energético. Y, en esta solución, un avance muy significativo fue la aparición de la **mielina**, una sustancia que recubre los axones de las neuronas en la mayoría de los vertebrados, dejando nódulos o zonas libres para permitir el paso de sustancias a través de la membrana[192]. La mielina, que puede recordarnos la funda plástica que rodea los cables eléctricos, evita la disipación del impulso eléctrico y mejora, notablemente, la conducción eléctrica[193], posibilitando que, en el proceso evolutivo, los axones se fueran haciendo más finos y, así, permitir encéfalos con más neuronas y más complejos. Podemos hacernos una idea de este salto, comparando el axón gigante del calamar (*Loligo pealei*), muy empleado en los estudios de neurociencia (y que puede alcanzar longitudes de 30 cm y un diámetro del orden de 1 mm) con el axón más típico de un mamífero, que suele presentar el recubrimiento de mielina y que presenta un diámetro unas cien veces menor que el de ese cefalópodo.

Por cierto, el color blanco de la mielina hace que, al observar el cerebro, podamos distinguir entre la materia blanca (formada por las fibras nerviosas, esto es, por los axones recubiertos de mielina) y la materia gris, propiamente, los cuerpos celulares de las neuronas.

La eficiencia en la conducción de los impulsos nerviosos que representa la existencia de la mielina alrededor del axón puede verse comprometida cuando esta capa aislante se deteriora por alguna razón, dando lugar a enfermedades graves. Entre ellas, una de las más conocidas es la **esclerosis múltiple**, una enfermedad del sistema nervioso central que deriva, precisamente, de la pérdida de mielina en diversas zonas del sistema y que supone síntomas que incluyen falta de coordinación, problemas de equilibrio y alteraciones visuales y de memoria, aunque obviamente dependen mucho de las zonas concretas afectadas. Otra cosa es la **esclerosis lateral amiotrófica**

---

[192] Propiamente, la mielina procede de las células gliales que emiten varias prolongaciones de forma que, cada una de ellas, va envolviendo, concéntricamente, al axón de la neurona como una especie de funda.
[193] De hecho, la mielina aumenta, significativamente, la resistencia y reduce la capacidad eléctrica del axón, aumentando la velocidad de conducción de la señal nerviosa a través del axón.

(ELA)[194], provocada por la progresiva muerte de neuronas específicas del sistema somático, encargadas del movimiento voluntario de los músculos, las llamadas motoneuronas.

ENTRE NEURONAS: SINAPSIS QUÍMICA

Hoy en día podemos encontrar seres unicelulares, como algunos paramecios, que poseen una membrana capaz de transmitir ciertos impulsos eléctricos como el que se acaba de describir, del potencial de acción; podrían ser ejemplos de antepasados de las actuales neuronas, pero hay una diferencia notable: lo que caracteriza a las neuronas es la inmensa capacidad de interacción entre ellas, cosa que no ocurre en el caso de los paramecios aludidos[195].

Las neuronas pueden estar casi en contacto, pero no forman un continuo y el paso de la señal eléctrica, de una a otra, no podría seguir las pautas descritas anteriormente; la distancia que, generalmente, separa dos neuronas contiguas (entre los 20 y 50 nanómetros, con notables variaciones) impide la continuación del potencial de acción y se hace necesaria la participación de sustancias químicas muy específicas que permitan 'saltar' (o no) de una a otra neurona (o entre neurona y fibra muscular, etc.). Podríamos visualizar tales 'saltos' como el papel que juegan los ferris cuando, viajando en coche, debemos cruzar un río o un fiordo, pero el símil no es muy exacto pues estos saltos no son una simple continuidad de la señal nerviosa, tienen una participación muy activa y, de hecho, al final la señal es aún mucho más compleja, con multitud de variaciones y mecanismos que, como veremos más adelante, pueden enriquecer las respuestas y opciones que nos pueden ofrecer los sistemas nerviosos.

Efectivamente, cuando el impulso nervioso llega al final de las múltiples ramificaciones del axón, a los botones terminales, la conexión con otras neuronas tiene lugar a través de lo que llamamos **sinapsis** y, aunque hay sinapsis propiamente eléctricas (conocidas como *union gap* o juntas comunicantes), la inmensa mayoría emplea sustancias químicas que actúan como intermediarias o mensajeras entre una neurona y las dendritas de las neuronas siguientes (receptoras), son los **neurotransmisores**[196]. Efectivamente, cuando la señal eléctrica llega a los botones terminales de la primera neurona (presináptica), puede provocar la liberación de un neurotransmisor que se difunde rápidamente en el espacio que separa a las dos neuronas (es decir, en el líquido extracelular), para luego ser reconocido por determinadas proteínas de la membrana de la célula receptora (postsináptica) y continuar, o no, con la señal por esta nueva célula.

---

[194] Seguramente, el conocido físico y cosmólogo Stephen Hawking fue una de las personas más conocidas entre las afectadas y esto contribuyó a hacer algo más reconocible esta enfermedad.

[195] Como se indica en el capítulo 6, recientemente se descubrieron células peptidérgicas (que pueden intercambiar cierta información median el uso de neuropéptidos) en especies de placozoos (y consta que ya existían hace más de 800 millones de años); esto podría considerarse el precursor más primitivo de las neuronas conocido en seres pluricelulares, aunque, en una escala infinitamente más simple; estos seres carecen de cerebro, encéfalo y cualquier otro órgano o sistema identificable, incluido sistema nervioso.

[196] Cada neurona puede recibir una o un gran número de sinapsis de otras neuronas, unas excitantes y otras inhibitorias y el resultado (el *output* que dirían en computación) va a depender de todos aquellos *inputs*. Por otro lado, en ocasiones, en una misma sinapsis pueden participar células gliales como, p.e., astrocitos, o varias neuronas o, también, neuronas (motoneuronas) y fibras musculares.

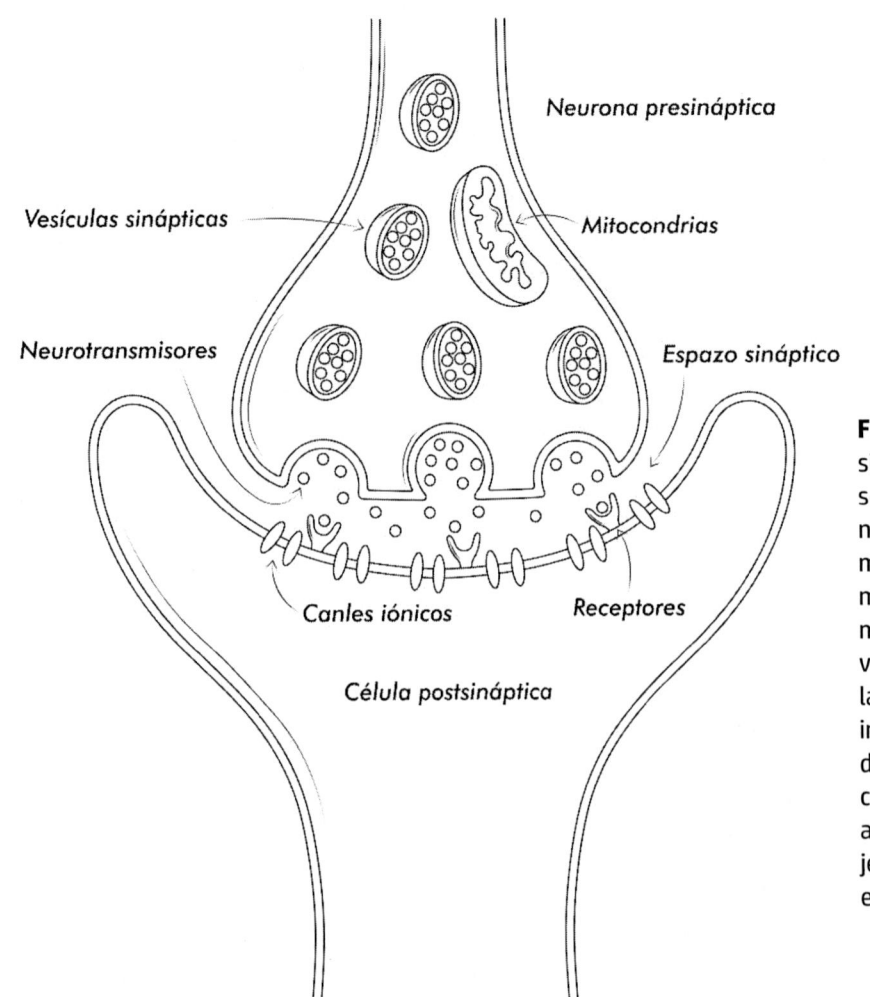

Neurona presináptica

Vesículas sinápticas

Mitocondrias

Neurotransmisores

Espazo sináptico

Canles iónicos

Receptores

Célula postsináptica

Fig. 49.- Esquema de sinapsis. Con determinadas señales, las vesículas de la neurona presináptica liberan moléculas de neurotrans- misor al espacio sináptico, moléculas que pueden acti- var receptores específicos en la célula postsináptica. Esa interacción puede abrir determinados canales ióni- cos (de sodio, calcio, etc.) o activar segundos mensa- jeros en la célula receptora, etc. Ilustración: Lía Liñares.

En la neurona presináptica, los neurotransmisores se presentan almacenados en pequeñas vesículas (vesículas sinápticas), unidos a determinadas proteínas transportadoras, hasta que son liberados en la sinapsis y en este proceso intervienen también determinados canales, entre otros, de ion calcio. En nuestra especie se tienen identificadas centenares de proteínas concretas que participan en este transporte e, igualmente, el espacio sináptico contiene otras proteínas que actúan como ligazón entre las neuronas. Por otro lado, en la célula receptora, en muchas ocasiones, puede haber un 'segundo mensajero', un compuesto químico (en general, una molécula pequeña, incluso algún ion monatómico) que continua ('transduce' es la palabra técnica más precisa) por el interior de esa célula, la señal del primer mensajero (neurotransmisor), una vez que este último activó un determinado receptor de la superficie celular (alguna proteína presente en la membrana que ve alterada su estructura al interactuar con el neurotransmisor).

Así pues, existen varias formas de provocar un **potencial de acción**[197]: a la ya descrita mediante la despolarización en el axón (causada por la entrada de iones sodio, Na^+), podemos añadir

---

[197] Incluida una de las técnicas de estudio empleada en neurociencia que, en casos concretos, usa microelectrodos.

la conexión entre un neurotransmisor que activa uno de sus receptores en la sinapsis y provocará, nuevamente, la apertura de los canales del sodio o, en otros casos, de los canales del calcio (Ca^{2+}), o, p.e., en el caso de la visión, la incidencia de la luz sobre un fotorreceptor (cono o bastón) que provoca la modificación de una **proteína G** (conocida como transducina), afectando a la conductancia de los iones Na^+, ... Existen, por cierto, diversas proteínas G, una extensa familia de proteínas que, desde los receptores a los que están acopladas, actúan como transductores de señales hasta otras proteínas que hacen de ejecutoras o efectoras (en general, enzimas que van a promover una u otra reacción química, ver fig. 50). Todas las proteínas G tienen en común que su activación depende de un **nucleótido**, el **GTP** (trifosfato de **guanosina**)[198] y, en cada organismo complejo existen muchísimos receptores acoplados a este tipo de proteínas. Por citar un ejemplo concreto, las proteínas receptoras de varios sabores básicos, como las T1R1, T1R2, T1R3 (ver química del gusto), están asociadas a una u otra proteína G[199] (excepto aquellos sabores para los que sus receptores son proteínas que actúan, directamente, como un canal iónico[200]); y, también, es una proteína G la que participa en el único mecanismo de acción del olfato, sea cual sea la sustancia odorífera que lo inicie. Así mismo, los receptores asociados a las proteínas G reconocen diversos neurotransmisores, hormonas y multitud de proteínas, participando en muchos de los procesos que veremos en los próximos capítulos.

Volviendo a las sinapsis, en general, la información avanza siempre en un único sentido, desde el axón de la neurona presináptica a las dendritas de otra neurona (postsináptica), pero no es la única opción; pueden llegar neurotransmisores hasta una célula glial próxima o a una fibra muscular (esto último, en cada movimiento muscular que efectuamos)[201] e, incluso, en ocasiones muy concretas, pueden intercambiarse los papeles entre axón y dendrita; de hecho, aunque en estas últimas, lo más frecuente es que la escasez de canales de sodio dificulte la generación de un potencial de acción, existen algunas, excepcionales, con un significativo número de canales (de Na^+, K^+, Ca^{2+}). También puede darse la llamada transmisión retrógrada, según la cual, algunos neurotransmisores específicos (p.e., los endocannabinoides o el monóxido de nitrógeno) son producidos por la neurona postsináptica y actúan sobre la presináptica, implicando también iones calcio; de este tipo de transmisores se tratará en los capítulos 8 y 10. Por lo demás, existen muchos tipos diferentes de sinapsis: en algunas puede haber un único transmisor, que actúa sobre un único receptor (más frecuentemente es el caso en el SNP), en otras pueden existir varios transmisores diferentes y, en general, diversos tipos de receptores, para diferentes transmisores, o varios para un mismo neurotransmisor. Aunque podamos resumir los efectos finales diciendo que hay sinapsis excitatorias, sinapsis inhibitorias y sinapsis moduladoras, todo es más complejo y todo esto diversifica mucho más las posibles respuestas de cada señal. Espero que se vaya comprendiendo la complejidad que alcanzó la materia orgánica en estos niveles de organización.

---

[198] Así, cuando en la sinapsis, un neurotransmisor interactúa con uno de sus receptores (de los acoplados a una proteína G), modifica la conformación de la proteína G siempre que esté ligada al GTP y, esto va a activar, p.e., el aumento de un segundo mensajero (como, p.e., el AMPc, ...).

[199] P.e., en el sabor dulce participa una proteína G (fig. 50) conocida como gustducina, que también participa mezclada con otras, en los sabores amargo y umami.

[200] Recordemos que es el caso de los sabores salado y ácido.

[201] De hecho, las sinapsis entre axones de una motoneurona y una célula muscular son de las más grandes del cuerpo y las más fáciles de estudiar.

Centrándonos en los mensajeros, se conocen más de cien neurotransmisores diferentes (junto a **segundos mensajeros** y moduladores[202]), cada uno con propiedades y funciones muy específicas, y todos derivados de una lenta y progresiva evolución, con multitud de seres vivos participantes dentro de nuestro **CITROENS**. Algunos de estos transmisores, los más sencillos químicamente, están vinculados a canales iónicos, los propios de las membranas celulares y pueden jugar, directamente, un papel de excitación, de inhibición o de modulación en la neurona receptora. Tal vez los más antiguos y habituales de todos estos neurotransmisores sean algunos **aminoácidos** muy especializados entre los que destaca, p.e., el **glutamato**, que resulta ser el principal mediador de la información sensorial, motora, emocional y cognitiva al estar presente en la mayoría de las sinapsis del cerebro (entre el 80 y el 90% del total), jugando un papel fundamental en las sinapsis excitatorias del sistema nervioso central. Pero hay otros aminoácidos también neurotransmisores como el **ácido gamma-aminobutírico (AGAB)** y la **glicina**, que destacan entre los inhibidores[203], o el **aspartato** que, como el glutamato, juega un papel especialmente excitador.

Otros neurotransmisores son simplemente **aminas**; es el caso de la **acetilcolina**[204], que fue el primer neurotransmisor identificado como tal[205] y, también, de la **adrenalina**[206] y la **noradrenalina**. La acetilcolina participa en el SNC (en mecanismos como los de la memoria o el de recompensa) y, también, en el sistema periférico, particularmente en el sistema autónomo; de hecho, prácticamente todos los receptores del sistema nervioso parasimpático (cap. 8) usan la acetilcolina como neurotransmisor en sus sinapsis, y diversos venenos (como muchos productos organofosforados o el veneno de la viuda negra) actúan sobre este neurotransmisor, tal como veremos en el último capítulo. Precisamente, las sinapsis que emplean la acetilcolina componen el llamado **sistema colinérgico** (de igual forma que las que emplean la adrenalina y/o noradrenalina constituyen el llamado **sistema adrenérgico)**. Como últimos ejemplos de este tipo, mencionar la **dopamina** y la **serotonina** que, tal como veremos en el siguiente capítulo, tienen diversas funciones en diferentes centros del encéfalo, aunque últimamente resultan reconocibles entre personas ajenas al mundo de la neurociencia, por estar muy relacionadas con los mecanismos de recompensa y de placer. Solo hay que añadir que, aunque no son aminoácidos, derivan de estos compuestos: la dopamina es biosintetizada a partir de la **tirosina** (igual que la adrenalina y la noradrenalina); la serotonina procede del **triptófano**.

Hay otro tipo de neurotransmisores constituidos por moléculas más grandes, de naturaleza peptídica, que activan receptores postsinápticos, también de naturaleza proteica. Es el caso de las **endorfinas** y **encefalinas**[207] (ver capítulo 10); o de las dinorfinas, somastotatina, etc.

---

[202] La **modulación** es otro tipo de transmisión sináptica que implica la participación y relación de dos sinapsis o más y que aquí obviaremos. En general, un neuromodulador es un neurotransmisor que puede actuar sobre otros 'modulando' sus efectos, es decir, aumentándolos o disminuyéndolos.

[203] El **glutamato** (ion del ácido glutámico) y la **glicina** son aminoácidos proteicos, pero hay otros aminoácidos que no forman parte de proteínas y son neurotransmisores como el AGAB (químicamente un derivado del glutamato) o la β-alanina (no confundir con la alanina o alfa-alanina, que sí es proteica, ver fig. 15).

[204] Químicamente, la **acetilcolina** es un éster del ácido acético y la colina, una amina con 5 átomos de carbono.

[205] Efectivamente, fue en 1914 cuando Henry H. Dale identificó este compuesto y, pronto, fue confirmado como neurotransmisor por Otto Loewi, por esos trabajos los dos recibieron el Nobel de Medicina y Fisiología en 1936.

[206] Estos compuestos, antiguamente **adrenalina** (o **epinefrina**, como se conoce ahora en el **DCI** (cap. 8) y **noradrenalina** (o **norepinefrina**), químicamente, son catecolaminas y actúan también como hormonas.

[207] Las **endorfinas** son polipéptidos (entre 16 y 31 **aminoácidos**), las **encefalinas** tienen 5 aminoácidos.

Incluso hay algunos neurotransmisores de naturaleza lipídica, como la **anandamida**, un **endocannabinoide**, también relacionado con la sensación de bienestar (capítulo 10). Y, por último, hay neurotransmisores inorgánicos como, p.e., algunos gases (**monóxido de nitrógeno** y **monóxido de carbono**, de gran importancia en diversos mecanismos, algunos relacionados con la excitación sexual) y, también, algunos iones inorgánicos, de hecho, el ion calcio (Ca^{2+}) es uno de los más importantes (pero también el cinc, Zn^{2+}, ...). Entre los **segundos mensajeros**, los más frecuentes son el **GMP cíclico** (o GMPc), el **AMP cíclico**, el mismo ión calcio, el inositol o varios fosfolípidos, presentes en la membrana celular.

Sabemos, además, que algunos compuestos pueden actuar bien como neurotransmisores, liberados en las sinapsis, o bien como **hormonas**, propagándose por la sangre. Es el caso, p.e., de la **oxitocina**, de la adrenalina y noradrenalina, etc.

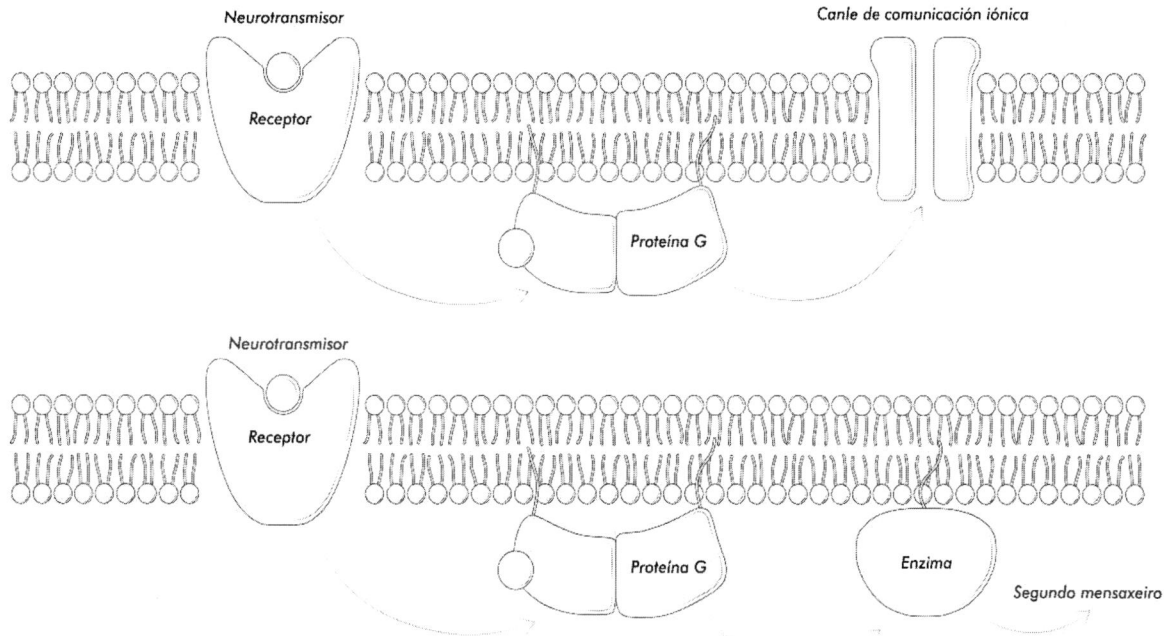

Fig. 50.- Mecanismo de **sinapsis** con un receptor acoplado a una **proteína G**. Arriba: la interacción entre el neurotransmisor y el receptor activa un canal iónico dependiente de esa proteína G. Abajo: El mecanismo activa la liberación de un **segundo mensajero** en el interior de la neurona receptora. Ilustración: Lía Liñares.

Igualmente, existe una gran variedad de receptores sinápticos, proteínas que reconocen uno u otro transmisor y ejercen una u otra acción (excitar o inhibir), así como diversas proteínas acopladas a tales receptores (como las **proteínas G,** fig. 50). P.e., para el caso del glutamato se conocen hasta seis familias de receptores. En muchos casos generalizados, los receptores pueden clasificarse en función de determinados compuestos que, experimentalmente, sabemos que pueden activarlos; así, se habla de los receptores muscarínicos de la acetilcolina, debido a que son activados por la muscarina, una toxina presente en la *Amanita muscaria,* una seta venenosa muy frecuente; los receptores nicotínicos son otro ejemplo de este tipo de clasificación.

Fig. 51.- Fórmulas de algunos neurotransmisores habituales

Nombre común	Fórmula química	Nombre común	Fórmula química
Aminoácidos			
glutamato	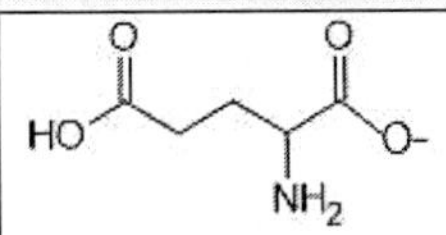	aspartato	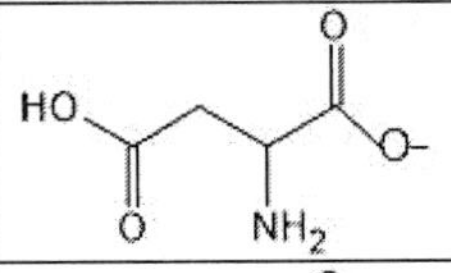
glicina	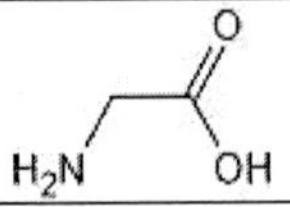	β-alanina	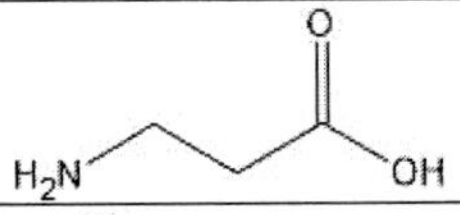
ácido γ-aminobutírico (AGAB)	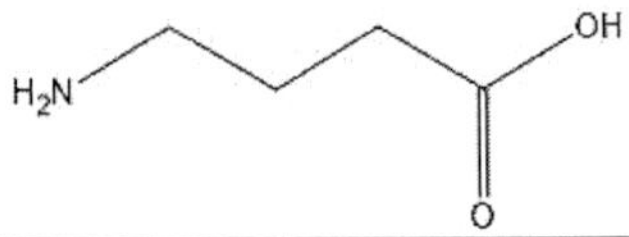	taurina	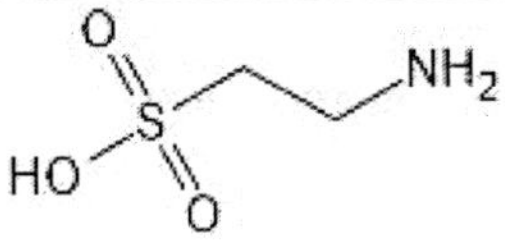
Aminas			
acetilcolina	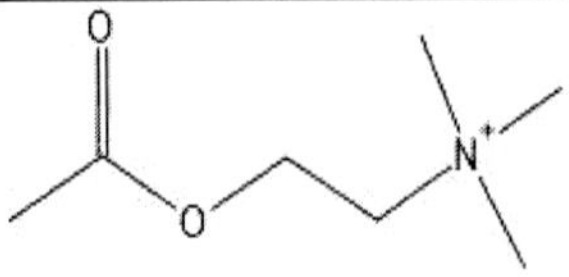	epinefrina (o adrenalina)	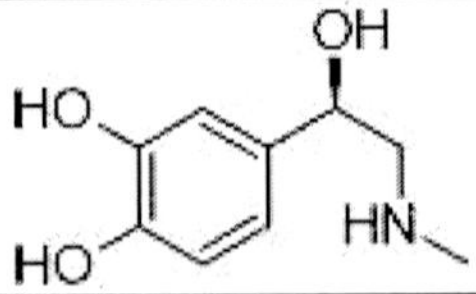
norepinefrina (o noradrenalina)	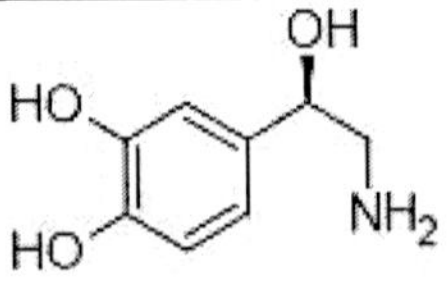	dopamina	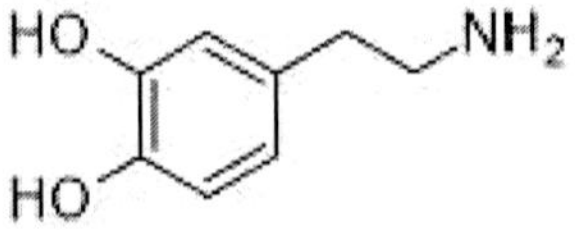
serotonina	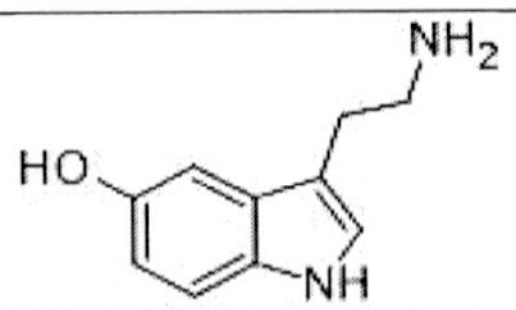	histamina	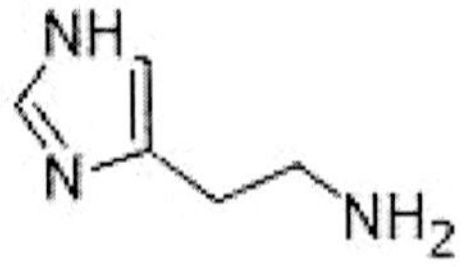
melatonina	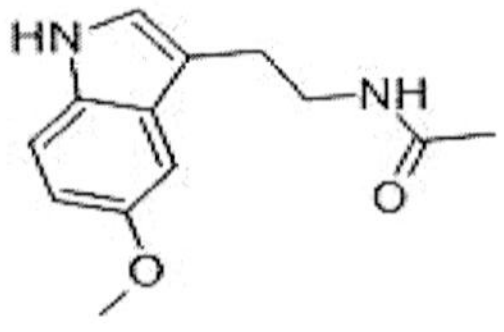	DMT o dimetiltriptamina	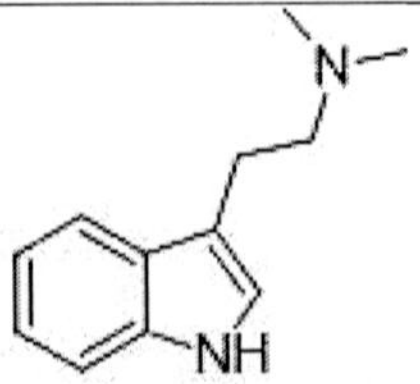
Péptidos y proteínas			
endorfinas	Varias formas (α, β, ,..) entre 16 y 31 aminoácidos	oxitocina	Oligopéptido de 9 aminoácidos
somatostatina	Varias formas, entre 14 y 28 aminoácidos	vasopresina	Oligopéptido de 9 aminoácidos
encefalinas	Dos formas de pentapéptidos: Met-encefalina: Tyr-Gly-Gly-Phe-Met Leu-encefalina: Tyr-Gly-Gly-Phe-Leu		

Naturaleza lipídica		
anandamida		ácido araquidónico
2-AG (o 2-araquidonil-glicerol)		
Compuestos inorgánicos		
monóxido de nitrógeno	NO	Ion Calcio(+2)	Ca^{+2}
monóxido de carbono	CO		
Nucleótidos y/o derivados		
adenosina		AMPc (monofostato cíclico de adenosina)
GMPc (monofosfato cíclico de guanosina)		ATP (trifosfato de adenosina)	Ver figura 32

Se ha observado que la enfermedad del Parkinson guarda cierta relación con la muerte de neuronas dopaminérgicas (las que en sus sinapsis liberan **dopamina**), presentes en la región cerebral encargada de regular el inicio de los movimientos voluntarios (conocida como *locus nigra*). Se sabe además que ese déficit de dopamina viene acompañado de un exceso de actividad de la **acetilcolina**. Por otro lado, un déficit grave de acetilcolina fue observado en el caso de enfermedades relacionadas con el Alzheimer; pero no debemos obviar la complejidad y diversidad de los procesos que pueden implicar este tipo de enfermedades. Es todo un ejemplo de los delicados equilibrios que guardan en el organismo este tipo de compuestos, tal vez muy minoritarios pero de una actividad y especificidad extraordinarias; sin duda, uno de los grandes logros de la evolución de la materia viva, pues no debemos olvidar que esta variedad de neurotransmisores sinápticos viene acompañada de una sorprendente cantidad de proteínas asociadas, presentes en las membranas y que actúan como receptores (reconociendo físicamente cada uno de esos mensajeros y activando, o inhibiendo según los casos, acciones entre células y en el conjunto del organismo), transductores, ...; y acompañada, también, de una infinidad de **enzimas**, proteínas que participan en la síntesis de los propios neurotransmisores y, por supuesto, de los correspondientes ARNs mensajeros (uno para cada péptido o proteína en cuestión), que codifican esas síntesis, y los genes en el ADN (que guardan la secuencia de esos ARNs),... ¡Un complejo mecanismo simplemente maravilloso! En determinadas células de ratón se han identificado más de mil proteínas diferentes relacionadas con estos mecanismos y en especies con sistemas nerviosos más complejos es de suponer que este número sea sensiblemente mayor.

Cabría pensar porqué la evolución escogió este camino tan complejo de la transmisión química en las sinapsis, teniendo una modalidad más simple y rápida en las señales eléctricas que se obtienen del potencial de acción. La respuesta, al ver tal variedad de neurotransmisores y proteínas receptoras aparece de forma natural pues, como ya dijimos, da lugar a una gran diversidad de interacciones y funciones. Si añadimos, además, que cada neurona de nuestro SNC puede recibir señales procedentes de miles de neuronas diferentes y que, en cuestión de milisegundos, cada neurona integra todas las señales que recibe, unas estimulantes y otras inhibidoras, y puede propagar, o no, el impulso a otras tantas, podremos comprender la complejidad que nos conforma y que sostiene la inmensa variedad de situaciones sensitivas, emocionales y cognitivas que nos definen. Algo de esto apuntaremos en el siguiente capítulo.

NEUROTOXINAS

Hay un buen catálogo de sustancias tóxicas que pueden actuar sobre el sistema nervioso, llegando a impedir la transmisión del impulso nervioso y reciben el nombre de **neurotoxinas**. Algunas actúan sobre los **canales iónicos**, bloqueando la apertura o el cierre de estos, mientras que otras actúan a nivel de las sinapsis, a veces interfiriendo la difusión de un determinado neurotransmisor (p.e., impidiendo la liberación de las vesículas que contienen el neurotransmisor) y, en otros casos, bloqueando los receptores que deberían detectar tales neurotransmisores, o los transductores, o la recaptación desde la sinapsis, etc.

Algunos de los venenos más potentes que se conocen (de los que se hablará en el último capítulo) actúan, precisamente, sobre los canales iónicos[208]. Entre las neurotoxinas destaca la **saxitoxina**[209], que bloquea los canales de sodio, provocando una parálisis al inhibir el impulso nervioso. Idéntico mecanismo de inhibición que presenta la **tetrodotoxina**, un veneno presente en el pez globo, en el pez luna y otras especies marinas. Y, de igual forma, hay neurotoxinas que actúan como inhibidores de los canales del potasio (como el tetraetilamonio), de los canales de cloro (como la clorotoxina, presente en el veneno de algunos escorpiones), o sobre los canales de calcio (como las **conotoxinas**[210], presentes en algunos caracoles marinos del género *Conidae*).

Entre todos los venenos conocidos, naturales o sintéticos, destacan también dos neurotoxinas: la **toxina botulínica A**, producida por la bacteria *Clostridium botulinum*, responsable de graves intoxicaciones alimentarias, pues su consumo accidental lleva a una peligrosa parálisis muscular al inhibir la liberación de la **acetilcolina**, un neurotransmisor fundamental en la unión neuromuscular. De la peligrosidad de esta toxina se habla en el último capítulo, al igual que de la **toxina tetánica**, responsable del tétanos, que inhibe la comunicación entre las neuronas al impedir la liberación de las vesículas que contienen neurotransmisores. Curiosamente, actúan sobre diferentes partes del sistema nervioso: la botulínica actúa en el sistema nervioso periférico mientras que la tetánica lo hace sobre el SNC; y su consecuencia básica es que la primera inhibe las contracciones musculares, pero la tetánica las induce. En cualquier caso, las dos pueden llevar a la parálisis y posterior asfixia.

---

[208] Hay fármacos como, p.e., los anestésicos locales, que también actúan sobre estos canales (especialmente los de sodio), pero con sutiles diferencias frente al modo de estas neurotoxinas (ver cap. 9).

[209] El término 'saxitoxina' puede aplicarse a un compuesto concreto, aislado de *Saxidomus giganteus*, pero también a toda una familia de toxinas químicamente emparentadas (saxitoxina, gonyautoxina, neosaxitoxina, ...), producidas por diversas especies marinas.

[210] Además de actuar sobre los canales de calcio, algunas conotoxinas pueden inhibir los de sodio o potasio.

Seguramente, los ejemplos anteriormente citados de neurotoxinas representan los casos más extremos, pero existen muchas otras sustancias que pueden actuar, bien como **agonistas** de un determinado neurotransmisor, es decir, que se pueden unir al receptor habitual de este, suplantándolo o simulando su acción (o aumentando el tiempo en que este permanece en la zona sináptica, etc.), o bien actuar como **antagonistas**, es decir, produciendo el efecto contrario al bloquear sus receptores (o acortar el tiempo de permanencia en la sinapsis,...).

Es fácil imaginar la cantidad y variedad de acciones y efectos que se pueden dar, imitando o contrarrestando los efectos e uno u otro neurotransmisor entre los muchos conocidos. Por seguir con el mismo ejemplo de las toxinas botulínicas y tetánicas, es decir, considerando el caso de la **acetilcolina** como neurotransmisor, podemos encontrar agonistas de este compuesto como la **nicotina** (presente en el tabaco) y la **muscarina** (presente en algunas setas como la *Amanita muscaria* y otras de los géneros *Inocybe* y *Clitocybe*), es decir, compuestos que incrementan la actividad de ciertos receptores de la acetilcolina (se habla de sustancias parasimpaticomiméticas o colinérgicas); y, también, podemos encontrar antagonistas de la acetilcolina (conocidas como parasimpaticolíticas o anticolinérgicas) como, p.e., la **atropina** y la **escopolamina**, presentes en determinadas plantas solanáceas, como la belladona (*Atropa belladona*), el estramonio (*Datura stramonium)*, etc. En todos los casos, ejemplos de drogas potentes y peligrosas para la salud, sobre las que se volverá en los últimos capítulos.

Por último, hay que citar la actividad neurotóxica de determinados elementos químicos como, p.e., es el caso del **mercurio**, especialmente en algún formato metalorgánico (como el dimetilmercurio), o del **arsénico** o del **plomo**, sobre los que también se volverá en el último capítulo.

Homeostasis y alostasis, o el arte de 'estar bien'

Aunque no seamos muy conscientes, nuestro organismo mantiene un delicado y complejo equilibrio interno, segundo a segundo. Y eso pese a verse continuamente sometido a una multitud de actividades (conscientes o no, en unos casos más que en otros), actividades que podrían alterar los valores de determinados parámetros que marcan los límites de lo que es compatible, o no, con la vida. Esta resistencia al cambio es lo que se conoce como **homeostasis**; atendiendo a algunos diccionarios, ese término se refiere al '*conjunto de fenómenos de autorregulación, que conducen al mantenimiento de la constancia en la composición y de las propiedades del medio interno de un organismo'*. De hecho, etimológicamente, el ´termino indicaría algo así como 'permanecer igual'.

Ciertamente, la 'resistencia al cambio' es algo que define incluso a la materia más elemental, precisamente, es lo que llamamos 'inercia' y da nombre a la 'materia inerte'; y, en versiones algo más complejas, se presenta en Química cuando estudiamos cualquier reacción, bajo el nombre de 'principio de Le Chatelier', o en Física bajo la 'ley de Lenz', de gran importancia en el estudio del electromagnetismo, etc. Pese a resultar contextos muy diferentes, en todos los casos, la idea es que los sistemas en equilibrio se resisten a los cambios. Pero, sin duda, tratándose de la vida, esa resistencia es mucho más activa, sofisticada y compleja; no podía ser de otra forma.

Es obvio que el simple hecho de 'mantenerse vivo' significa albergar en nuestro cuerpo un gran número de reacciones químicas en constante ejecución y, su simple presencia ya requiere controles en los valores de diversos parámetros como, p.e.,: la temperatura corporal (recordar que somos seres de 'sangre caliente'), la presión arterial, el pH de los muchos fluidos corporales, la presión osmótica de las membranas, las concentraciones de muchas sustancias vitales como la glucosa, el oxígeno, el dióxido de carbono, el colesterol, infinidad de proteínas, iones (Na^+, K^+, Ca^{2+}, ferro, etc.); por supuesto, concentraciones en sangre, en las células, en el líquido extracelular, ... En definitiva, multitud de parámetros que es necesario controlar.

Y, para esto se requieren mecanismos de control, con sus respectivos sensores (necesarios para detectar tales variaciones), centros de control (órganos o glándulas que puedan dar una respuesta a los cambios amenazantes que le indican los sensores) y efectores (órganos, glándulas, tejidos, ..., que puedan realizar las acciones que hagan volver al estado inicial). Los ejemplos más inmediatos y fáciles de describir, seguramente, sean el control de la temperatura y de la glucosa en sangre. Para el primer caso, tenemos termorreceptores que hacen sus mediciones, la región del hipotálamo (del que se hablará mucho en el siguiente capítulo) y que atiende al control térmico empleando los recursos del sistema nervioso y de varias hormonas de las que controla su producción y/o liberación; remata con diversas acciones efectoras o ejecutoras: sudar, tiritar, ... En el caso de la glucosa en sangre participan, como es bien sabido, órganos como el páncreas (con hormonas como la insulina y el glucagón) y el hígado (con su almacén de glucógeno).

Pero, uno de los centros de control más completo y diverso es el llamado 'sistema renina-angiotensina-aldosterona' o SRAA, ya que tiene como principal función regular la presión sanguínea, la presión osmótica, las concentraciones de iones como el sodio y el potasio o el volumen extracelular en todo el cuerpo. Y para esto dispone de una enzima como la **renina** (segregada por los riñones), que facilita la transformación de determinados compuestos en angiotensina-2, un potente vasoconstrictor que, además de fomentar la actividad del sistema nervioso simpático, se encarga de favorecer la secreción de otras hormonas (como la aldosterona por las glándulas suprarrenales o la **vasopresina**[211] por la hipófisis), responsables de la reabsorción de los iones sodio o del agua en los riñones y de provocar la sensación de sed, que nos indica que es necesario buscar y beber agua para ayudar en la homeostasis del organismo, para 'estar bien'.

Aunque el concepto es muy anterior (desde mediados del s. XIX), el término 'homeostasis' fue empleado por primera vez en la década de los 1920. Curiosamente, en las últimas décadas del s. XX surgió otro concepto que podría resultar antagónico con el de la homeostasis; se conoce como **'alostasis'** y significa algo así como 'estabilidad mediante el cambio'. Efectivamente, aparentan tener significados contrarios, incluso contradictorios; de hecho, en la bibliografía podemos encontrar puntos de vista con matices muy variados. Tal vez resulte clarificadora la presentación que de estos términos hacer Robert M. Sapolsky en su excelente libro '¿Por qué las cebras no tienen úlceras?, o la exposición como elemento central que hace la ya citada Lisa Feldman (en 'Siete lecciones y media sobre el cerebro')[212].

Según Sapolsky, la idea de la alostasis ... 'moderniza de forma brillante el concepto de homeostasis', supone una modificación de la idea original de esta última, dándole más sentido y complementándola. Efectivamente, atendiendo a la idea original de homeostasis, 'solo existe un nivel o cantidad óptima para cualquier medida dada en el cuerpo', pero obviamente los valores de un determinado parámetro pueden variar muy significativamente atendiendo a diferentes estados del organismo: p.e., la presión sanguínea ideal no es la misma mientras dormimos que en plena práctica de un deporte de alta intensidad. Y, por otro lado, en el concepto clásico de la homeostasis, hay un mecanismo regulador local para cada punto mientras que la idea de alostasis es que habrá muchas formas diferentes de alcanzar valores aceptables de un determinado parámetro, con una visión más general del organismo y con las correspondientes consecuencias.

---

[211] La **renina** es una proteína (con unos 340 aminoácidos), mientras que la angiotensina-2 y la **vasopresina** son ejemplos de péptidos de cadena más corta (10 y 9 aminoácidos, respectivamente), mientras que la aldosterona es un esteroide.

[212] El libro de Sapolsky es, sin duda, una excelente guía sobre el estrés, extraordinariamente clarificadora sobre temas verdaderamente complejos. Sobre los libros de Feldman se habla en un recuadro en el próximo capítulo.

Un ejemplo concreto, también de Sapolsky: si comenzamos a tener problemas de escasez de agua en el organismo, la solución homeostática sería que los riñones (solución local) produzcan menos orina para retener más agua; la solución alostática implicaría que el cerebro resuelva el problema de forma más global activando (y cambiando) diversos parámetros para restablecer un equilibrio dinámico aceptable: por supuesto, interviniendo en los riñones, pero además reduciendo la evaporación a través de la piel o de la boca, produciendo la sensación de sed, ... En definitiva, el citado 'sistema renina-angiotensina-aldosterona' forma parte de una trama más global que el organismo pone en marcha para afrontar el problema.

Precisamente, una idea importante que resalta Lisa Feldman en su libro ya citado es que la *'función más importante del cerebro es controlar nuestro cuerpo -gestionar la alostasis-'*. Siguiendo con esa idea, la alostasis se refiere *'a la capacidad de predecir y prepararse automáticamente para satisfacer las necesidades del cuerpo antes que estas surjan'*.

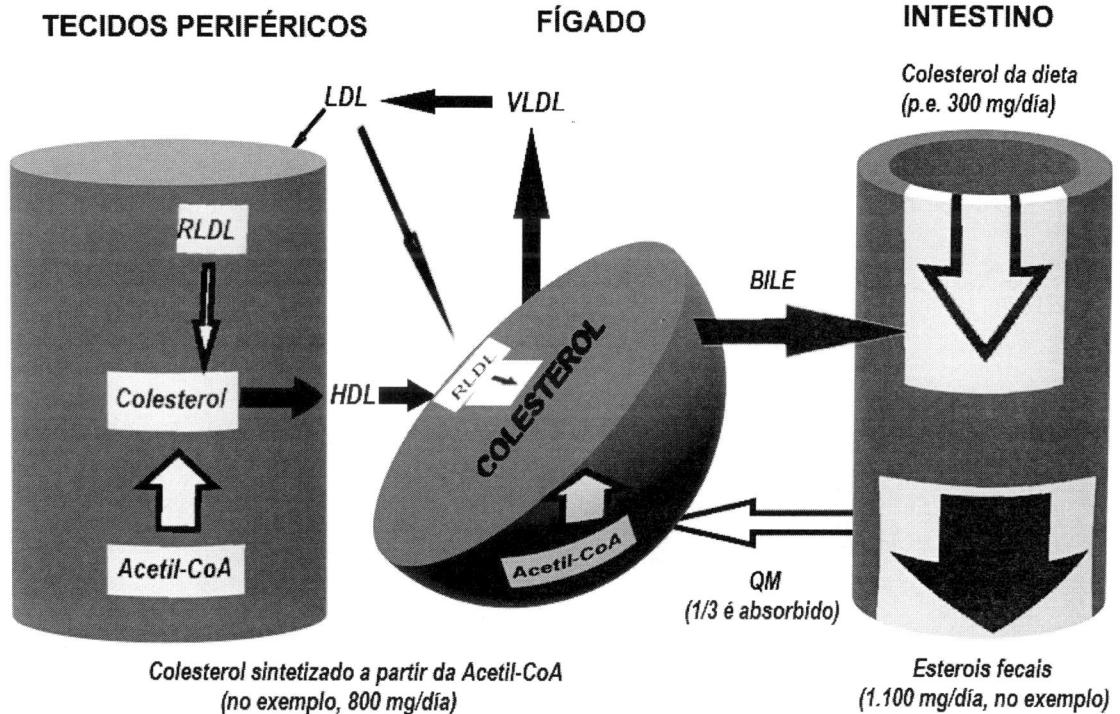

Fig. 52.- El **colesterol** puede llegar procedente de la dieta, pero mayoritariamente es sintetizado en el cuerpo (principalmente en el hígado, aunque también en el resto de las células) a partir de la acetl-CoA. Mezclado con proteínas viaja por el cuerpo (**HDL**, **LDL**, VLDL y QM o quilomicrones) y pasa del hígado al intestino especialmente formando la bilis, para ser excretado. En la figura 80 aparecen algunas de las transformaciones que sufre la molécula para resultar más soluble en agua.

LA SUBJETIVIDAD DE LOS SENTIDOS

Más allá de la objetividad que podríamos suponer para el inicio de los estímulos (forma de las moléculas en el olor, frecuencia de la radiación incidente en el caso de la visión, …), conformar la percepción requiere, como ya vimos, de la participación casi simultánea de multitud de neuronas; y en el impulso nervioso y su transmisión entre neuronas, las hay que estimulan y las hay que inhiben con la actuación de neurotransmisores y receptores específicos, lo que significa, como veremos en el siguiente capítulo, que intervienen muchos elementos emocionales que condicionan nuestros sentidos en cada momento. La percepción es subjetiva[213].

La percepción es subjetiva por varias razones. Para empezar, una longitud de onda de unos 70 nm puede corresponderse con el rojo, pero cada cual verá un 'rojo' diferente. En el olfato, la sensibilidad, mayor o menor, a cada tipo de aroma varía para cada uno de nosotros, igual que en una audiometría cada cual presenta diferentes sensibilidades ante distintas frecuencias sonoras. Y hay diversas experiencias que ponen de manifiesto como una determinada percepción viene condicionada por el ambiente, entorno o estado anterior de forma muy significativa; tal vez el ejemplo más obvio sea la típica experiencia de percepción de temperatura del agua templada contenida en un recipiente al meter las dos manos, después de tener metida, una mano en agua caliente y la otra en agua fría; o la observación de determinados colores que, acompañados de diferentes entornos, pueden engañar a nuestro sistema de visión.

Pero hay más. Aún después de la subjetividad inherente a la percepción, incrementada con la participación de las emociones, cabe añadir la intervención de nuestras experiencias pasadas y de los conocimientos acumulados en la conformación de la experiencia sensitiva, con la participación integral de diversas áreas del encéfalo (tálamo, hipocampo, amígdala, ínsula, …), de las que se habla en siguiente capítulo. Y, para rematar, tal como expone la física y neurocientífica Nazareth Castellanos, en su libro 'Neurociencia del cuerpo', clara representante de la tendencia que se conoce como 'cognición corporizada', puede que también intervengan en esas construcciones mentales otras áreas del cuerpo (como el intestino, el corazón, el útero, etc.). Así, pues, desde una perspectiva menos reduccionista y más integradora, resulta todo mucho más subjetivo de lo que podría parecer, a priori, atendiendo únicamente a los aspectos fisicoquímicos directos.

En definitiva, la forma en que percibimos el mundo que nos rodea viene determinada tanto por elementos puramente biológicos como por elementos culturales y personales. Es sabido que, al entrar en un espacio cerrado concreto, personas diferentes 'verán', con relación a sus experiencias pasadas, cosas distintas. Simplemente, el cerebro va a primar uno u otro tipo de información sensorial en función de los intereses subjetivos de cada cual; así, quien se dedique a la fotografía, seguramente, se fijará más en las luces y sombras de ese espacio, quien se dedique a la arquitectura

---

[213] En ocasiones, se emplea el término 'sensación' para referirse a los aspectos más 'objetivos', a la información que recogen nuestros sentidos y transmiten al SNC y el de 'percepción' para referirse al resultado de esa interacción entre sentidos y SNC, es decir, a los aspectos más subjetivos de la gestión de esa información. No es el propósito de este libro de divulgación, centrado en los aspectos más propios de la química que participa en estos procesos, intervenir en la reformulación de conceptos importantes en el mundo de la neurociencia, pero algunos autores cuestionan que las propias sensaciones resulten tan objetivables como se podría dar a entender con esta distinción.

resaltará las formas y estructuras, y habrá quien se percate del estado de limpieza de las superficies, … Y esto es así porque el cerebro no puede recoger toda la información que el entorno nos ofrece y, por lo tanto, se ve obligado a seleccionar, priorizar ciertos elementos de esa información. Añadir después los otros factores anteriormente citados dispersará aún más lo que observa cada individuo.

Resulta evidente que hay sentidos que se 'educan', como veremos, para el caso del gusto, en un próximo capítulo dedicado a la cocina. Sabido es que el dulce es el gusto más inmediatamente preferido; seguramente, por qué nos informa de la presencia de azúcares, un tipo de nutriente necesario para la vida. Por la contra, el sabor amargo en la Naturaleza, en principio, viene asociado a la advertencia de productos potencialmente tóxicos y, por lo tanto, va a requerir un cierto empeño el adquirir gusto por ciertos productos amargos como, p.e., una cerveza. Así mismo, se sabe que hay una memoria específica[214] que nos va a mantener en alerta durante años después de haber comido, p.e., un marisco en mal estado y haber sufrido una reacción de rechazo, haciendo desagradable la simple mención o visión de este producto, aunque ahora esté en perfecto estado. En otra escala, el elemento cultural es, también muy obvio y el llamado 'gusto adquirido' juega, por diferentes razones, un papel importante en algunos casos, como veremos en el capítulo 9, dedicado a la cocina.

Mucho más sorprendente es la influencia que sobre nuestras percepciones pueden ejercer otros campos derivados de la evolución cultural. Un ejemplo concreto es citado por el neurocientífico y divulgador científico gallego Xurxo Mariño, en su libro 'Po de estrelas' y se refiere a varios trabajos que demuestran que 'el cerebro de las personas bilingües es funcional y estructuralmente diferente al de los que solo manejan una lengua'. Efectivamente, cita trabajos que demuestran que en las personas bilingües (italiano-inglés) estudiadas, una zona del córtex parietal (implicada en la fluidez verbal) aumenta de densidad. Y otros estudios abundan en esta línea, comprobándose que el efecto es mayor en las personas bilingües desde los primeros años de la infancia y disminuye, notablemente, en las que fueron adquiriendo la segunda lengua más tarde.

Otro ejemplo de cómo la cultura, y más concretamente la lengua, interviene en nuestras percepciones guarda relación con la llamada hipótesis de Sapir-Whorf, lo que algunos estudiosos enmarcan en el relativismo lingüístico. Una versión débil de esta hipótesis[215] explicaría, p.e., porque personas de diferentes culturas lingüísticas pueden presentar algunas diferencias a la hora de valorar los colores que perciben: así, en 'Una selva de sinapsis', su autor, el médico y divulgador Ignacio Crespo, cita trabajos en los que se concluye que el verde de nuestros semáforos para los japoneses es un tipo de azul o como, para los rusos, la distinción entre azul claro y azul oscuro es tan significativa como para los europeos más occidentales es la distinción entre el rojo y el naranja.

Un último ejemplo de participación de la cultura e nuestros sentido: muchos fabricantes de productos de limpieza y de perfumes saben que las preferencias por ciertos aromas varían de país en país, tal como recoge la escritora Diane Ackerman en su extraordinario libro '*Uma História Natural dos Sentidos*': ' en Venezuela, algunos productos para limpieza del suelo pueden contener diez veces más aroma de pino que los mismos que se venden en los USA'; en general, mientras los japoneses prefieren aromas más delicados, los estadounidenses escogen olores más intensos, olores que, en algunos países de América del Sur, aún requieren mayor intensidad. Igualmente, es sabido que

---

[214] Un tipo de memoria implícita de sensibilización.
[215] Hay una versión fuerte de esta hipótesis (al parecer, poco acreditada), que considera que la lengua influye en la estructura de nuestro cerebro hasta el punto de determinar totalmente nuestra percepción del mundo.

ciertas bebidas edulcoradas poseen un contenido en azúcar muy superior en unos países que otros, y no hablemos ya de los picantes, etc.

En definitiva, con respecto a los sentidos, lo que experimentamos tiene una base fisicoquímica directa evidente, pero las sensaciones se culminan con la intervención del encéfalo (con la participación de diversas áreas) y la interpretación de las señales que le llegan procedentes de los diferentes estímulos sensoriales, lo que incrementa más la subjetividad. Esta, a su vez, se ve matizada, con el paso del tiempo, por elementos culturales a los que nos vamos exponiendo desde que nacemos. La evolución continúa por caminos diferentes, pero, sin duda, continúa. Y, si nos parece increíble hasta donde llegó aquella materia primigenia en su evolución en relación con las percepciones sensoriales, aún nos queda mucho para sorprendernos, p.e., cuando hablemos, en el siguiente capítulo, de la química de las emociones y más allá; todo un mundo de nuevas propiedades emergentes.

Capítulo 8

QUÍMICA DE LAS EMOCIONES

Los sentidos, su emergencia de la interacción de los órganos sensoriales con el SNC (que, en principio, podríamos visualizar como un 'centro de control') son las herramientas básicas para nuestra conexión con el exterior, para interpretar nuestro entorno (construyendo las percepciones)[216] y, en consecuencia, decidir acciones. Pero la entrada y gestión de la información no es tan simple y no llega con un conector con el exterior; es preciso considerar si lo que vemos es atractivo o si tenemos que huir inmediatamente, si la situación que vivimos es susceptible de transformación y/o adaptación o va a resultar una amenaza para nuestra propia supervivencia, etc. Es, tal vez, el papel de otra 'emergencia', lo que podría definirse como el mundo de las emociones, que va marcando nuestra experiencia día a día y condicionando así, en los diferentes niveles, nuestros anhelos, acciones, percepciones, sentimientos y, también, inevitablemente, los pensamientos. El prestigioso neurocientífico portugués de la Universidad Sur de California, Antonio Damasio, en su libro 'El error de Descartes', defiende que '*las emociones y sentimientos son una poderosa manifestación de impulsos e instintos, resultando básicos, también, para la nueva forma de ver la racionalidad',* afectando significativamente a los procesos de toma de decisión y de razonamiento (aunque habitualmente tendemos a pensar que pudieran ser elementos independientes, incluso contrarios, y haya personas que presumen de no 'dejarse llevar por las emociones').

En su día me impresionó leer la referencia de varios trabajos de laboratorio con roedores en los que se había observado que, al bloquear la producción de **dopamina** en ciertas zonas del encéfalo, en concreto, interfiriendo en centros neuronales que participan de lo que se conoce como **'mecanismo de recompensa'**, la motivación de esos animales por acudir a su comedero y alimentarse llegaba a desaparecer hasta el punto de morir por inanición[217]. Ante la evidencia de que el movimiento autónomo a lo largo de la evolución viene relacionado con el desarrollo de los sentidos y de un sistema nervioso (tanto central como periférico), prácticamente universal en el mundo animal, experimentos de este tipo muestran que nuevas 'propiedades emergentes', como las emociones, podrían promover esa autonomía en el movimiento. En algún momento, más allá de que fueran empujados por las corrientes de agua o de aire, algo debería llevar a los organismos a 'desear', a detectar la necesidad de moverse buscando activamente lo que cada situación puede requerir: comer cuando tienes hambre, huir o pelear cuando puedes ser comida de otro ser vivo, satisfacer el

---

[216] Recordemos que ya en el anterior capítulo se apunta una diferencia entre las sensaciones (en principio más objetivables) y las percepciones que construiríamos con la participación del SNC.
[217] En un recuadro adjunto, en este mismo capítulo y titulado 'Química del hambre', se profundiza algo más en esta relación entre dopamina, hambre y otros compuestos relacionados.

apetito sexual, buscar un lugar seco cuando llueve, etc.; en definitiva, un nuevo requisito o paso, derivado de la necesidad de moverse, ha sido tener la voluntad de tal movimiento autónomo y esto implica complejas reacciones en nuestro cuerpo, lo que identificamos como emociones. De hecho, desde una perspectiva clásica, especialistas en el tema definen (o definían) como '**emoción**'... '*una función fisiológica que dispara una serie de respuestas en el organismo*' o '*reacciones neurofisiológicas ante determinados estímulos*'.

Efectivamente, veremos pronto que las emociones juegan un importante papel en los organismos cara a las conexiones que se establecen con el exterior, pero de igual forma de esa propia definición podemos deducir que tienen reservadas diversas funciones internas en la regulación de los organismos, en muchos casos, funciones esenciales para definir los mecanismos básicos que controlan una multitud de reacciones bioquímicas y que afectan a la propia supervivencia. En un recuadro del anterior capítulo vimos la importancia de la **homeostasis** y **alostasis**, y como participan en la gestión de todos los procesos que nos mantienen con vida; y, efectivamente, varios circuitos del cerebro y de otras zonas del encéfalo (como, p.e., el hipotálamo) resultan, desde luego, fundamentales en esa gestión innata de los mecanismos reguladores básicos (como respirar, mantener un determinado ritmo en los latidos del corazón, gestionar la energía disponible en el organismo, acotar en los rangos adecuados la concentración de muchas sustancias vitales, tanto en las células como en la sangre y otros líquidos corporales, etc.); y muchos guardan relación con esos estados que llamamos emociones. De hecho, en principio, cabría pensar que las emociones podrían definir estados biunívocamente identificables con circuitos neuronales concretos y la participación de unos pocos compuestos químicos muy activos y perfectamente identificables; sirva como ejemplo lo anteriormente citado sobre la falta de dopamina en ciertas regiones del encéfalo de roedores. Pero, tal como defiende Damasio en el citado libro: '*descubrir las sustancias químicas implicadas en la neuroquímica de las emociones no es suficiente para explicar cómo nos sentimos*'. Es todo, pues, bastante más complejo; y debo reconocer que hay un cierto riesgo en centrar este tema en la 'química' que conlleva cuando, ciertamente, por mucho soporte material que esta ofrezca, cualquier emoción, sentimiento o pensamiento derivan, como propiedades emergentes, de todo un sistema, un sistema complejo, no reducible a uno u otro compuesto químico.

Resulta evidente que los sistemas reguladores anteriormente aludidos requieren, además de la intervención del sistema nervioso (y de toda su diversidad y conectividad sináptica), de multitud de neurotransmisores y moduladores (para los que diferentes neuronas tienen receptores específicos), junto con la participación de muchas glándulas endocrinas (que liberan hormonas) y de agentes propios del sistema inmune; también en las emociones participan todos esos sistemas de comunicación, digamos, directamente químicos[218]. Y al mismo tiempo, hay que indicar que las neuronas no son células que habiten exclusivamente en el encéfalo (cerebro, cerebelo y otros centros aquí citados); tenemos neuronas en el estómago, útero, ..., nuevamente, un punto a favor de la ya citada corriente conocida como 'cognición corporizada' (ver capítulo 7).

---

[218] Obviamente, como ya vimos, las vías neuronales también son comunicación química, aunque formando todo un conjunto que trabaja sincrónicamente, más allá de un compuesto químico liberado en la sangre.

A partir de la observación general, y de algunos estudios clínicos muy concretos[219], diversos enfoques (más escorados hacia la psicología o hacia la neurobiología) fueron sucediéndose a lo largo del tiempo para intentar dar una explicación de cómo se forman las emociones.

Según parece, es el propio Charles Darwin quien recoge la idea de que hay un grupo de emociones universales y que determinados gestos faciales muestran idénticos estados emocionales en todos los seres humanos, independientemente de la cultura a la que pertenezcan, es decir, que no son aprendidos. Pronto, desde el campo de la psicología y antes de acabar el s. XIX, William James y Carl Lange proponían la primera hipótesis que intentaba explicar la fisiología de las emociones; conocida como 'teoría de James-Lange', la idea era que los estímulos sensoriales percibidos (en definitiva, recibidos e interpretados en la corteza cerebral) provocaban esas reacciones fisiológicas en el organismo, las emociones: en las vísceras mediante el sistema nervioso autónomo (SNA) y, en los músculos, a través del sistema nervioso somático (SNS). Con el cambio de siglo, sería presentada una alternativa o variante importante, la conocida como teoría de Cannon-Bard[220], que imaginaba que los estímulos emocionales producían dos efectos independientes y simultáneos en el individuo: por un lado, el 'sentimiento' asociado a la emoción en el encéfalo y, por otro lado, las expresiones corporales de la emoción a través de los ya citados SNA y SNS.

A lo largo de los años han ido sucediéndose otras variantes desde el campo de la psicología, que aquí obviaremos[221], pero no sin antes indicar que, desde la neurología, serían varios los intentos de establecer un 'sistema emocional específico[222]' localizado en el encéfalo. Efectivamente, durante mucho tiempo se ha ido conformando la idea de que tenemos tres 'cerebros' diferentes y superpuestos, derivados de la evolución, el llamado 'cerebro trino'. Según esta idea, ahora desechada, pero que a mediados del s. XX, fue muy popularizada por el médico Paul McLean, el más interno y antiguo sería un cerebro de réptil sobre el que aparecerían elementos más propios de los mamíferos (que McLean identificó con el 'sistema límbico', anteriormente propuesto por el neurólogo Papez[223]); y, por encima de estos dos, una parte específica de nuestra especie, la que llamó neocórtex. Tal como comenta Lisa Feldman, esta visión parecía encajar bien con la idea de la propia evolución (suponiendo, erróneamente, que nuestra especie fuese la cumbre de ese proceso) y con algunas observaciones obtenidas a través de los métodos a los que se tenía acceso en los primeros tiempos de la neurociencia[224]. Según parece (y en esto profundiza la científica canadiense

---

[219] Es muy conocido y citado, p.e., el caso de Phineas Gage, un obrero que trabajaba en la construcción de una vía de ferrocarril en Vermont (USA) en 1848, cuando por un accidente, a la hora de perforar la roca con barrenos, una barra de hierro le atravesó el cráneo, de lado a lado (y desde abajo hacia arriba); Gage sobrevivió durante muchos años, manteniendo la consciencia, pero con graves alteraciones en su comportamiento, tal como ha dejado descrito su médico, y como describe al detalle Antonio Damasio en su libro 'El error de Descartes'.

[220] Al parecer, fue Walter Cannon quien la propuso, pero sería su discípulo, Phillip Bard, quien la completó.

[221] Pero se citarán nuevas aportaciones en un recuadro adjunto dedicado a la 'teoría de la emoción construida'.

[222] Desde que, en el 1878, el neurólogo Paul Broca hablara del 'lóbulo límbico', varias zonas o centros característicos del encéfalo (hipotálamo, tálamo, amígdala, hipocampo, …) fueron, sucesivamente, agrupados como responsables únicos de las emociones: así, fueron surgiendo conceptos como 'sistema límbico', 'cerebro visceral', 'circuito de Papez', … agrupaciones que aquí obviaremos.

[223] Al parecer, James Papez asumía la teoría de Cannon-Bard, pero llevando más allá la explicación de los efectos que, simultáneamente, son producidos por el estímulo emocional, describiendo la posibilidad de un sistema límbico en el que participarían diversos centros del encéfalo.

[224] Prácticamente, con el simple análisis de cortes muy finos, y tinciones, de cerebros (como si fuese un jamón), obviamente de animales ya muertos.

en sus libros), la incorporación de diversas y nuevas técnicas de estudio del cerebro[225], muchas de ellas *in vivo*, así como los avances en la genética y proteómica, permiten afirmar que no hay tal 'superposición de cerebros' a lo largo de la evolución; lo que ocurre es que, al ir creciendo el cerebro en el imparable proceso evolutivo, se ha ido reorganizando.

Efectivamente, ahora se piensa que el encéfalo (incluso el conjunto del sistema nervioso) forma una gran red, muy interconectada, que trabaja de forma integral, no con áreas por separado y totalmente independientes. Ante esa evidencia, hay quien hace más hincapié en ese carácter integrador, reivindicando incluso el papel del resto del organismo (recordar la 'cognición corporizada')[226], y hay quien, efectivamente, resalta el hecho de que podemos identificar algunos patrones y grados de actividad locales con determinadas sensaciones y/o emociones, aunque podrían suponer una simplificación o primera aproximación a una realidad reconocida siempre como más compleja.

Así, pues, ¿qué hace feliz a cada uno de nosotros? Y, confundiendo aún emociones con sentimientos, … ¿a un colibrí o a una gata? Sin duda, en líneas generales, en el mundo de las emociones, la materia orgánica dio un paso evolutivo más allá de la simple entrada y salida de información y, probablemente, aquí tengamos un salto cualitativo que nos distingue aún de los ordenadores, robots, androides y otros sistemas artificiales basados en el silicio u otros semiconductores (incluso, en el carbono en su forma de grafeno). Un salto cualitativo (y cuantitativo) que ha traído muchas propiedades emergentes, sobre las que queda muchísimo por entender.

Sobre la complejidad del mundo de las emociones

Cuando comencé la redacción de este libro tenía acreditadas muchas lecturas (incluso algunos trabajos concretos con fines formativos) a lo largo de años, sobre casi todos los temas que aquí se tratan, en relación, naturalmente, con el mundo de la química del carbono; de todos excepto de un tema en concreto: el que se refiere al mundo de la neurociencia y su relación con la psicología, particularmente lo que se trata en este capítulo sobre las emociones, los sentimientos, así como la memoria, el conocimiento o la propia conciencia, en definitiva, sobre todo eso que llamamos la 'mente', como 'emergente' de nuestro encéfalo y del resto del organismo. Así, pues, tuve que dedicar una buena parte de mi investigación y/o aprendizaje previo, antes y durante la elaboración de este texto, a la lectura de decenas de libros que tratan sobre este tema, tanto textos de divulgación como de formación universitaria, de muy diversa orientación y enfoque. Pude comprobar que, como imaginaba y me había indicado un especialista en la materia, resultó verdaderamente complejo. El

---

[225] También las técnicas de estudio del cerebro (por extensión, del encéfalo) están sujetas a evolución. Y, hoy por hoy, además de la observación de tejidos muertos teñidos, están disponibles técnicas como los electroencefalogramas, introducción de electrodos y de sondas (p.e., para microdiálisis), técnicas basadas en la optogenética o en la actividad (excitadora o inhibitoria) que pueden ejercer en determinadas sinapsis muchos compuestos químicos conocidos; y, por supuesto, diversas técnicas de imagen muy avanzadas como, p.e., la resonancia magnético nuclear funcional (RMNf, en inglés fMRI), la tomografía por emisión de positrones (TEP o del inglés PET), etc. A nivel de divulgación resulta brillante y muy clarificadora la exposición que de estas técnicas hace el neurocientífico Xurxo Mariño en su libro 'Neurociencia para Julia'. ¡Muy recomendable!

[226] Es muy interesante, p.e., la lectura del libro de Nazareth Castellanos, 'Neurociencia del cuerpo'.

mundo de la neurociencia ha dado pasos muy significativos y algunas ideas iniciales han ido perdiendo fuerza ante otras más innovadoras; nada inusual en la ciencia, pero esa forma tan acelerada (o tan breve el intervalo de tiempo en que se dieron tales avances) ha motivado que coexistan tanto libros como profesionales de la neurociencia con visiones muy diferenciadas, a veces incluso contrarias (por no decir contradictorias), sobre algunos de los temas aquí tratados, lo que abunda en la idea de esa complejidad anunciada. En cualquier caso, no es un propósito de este autor decidirse por una u otra descripción exacta del actual estado de la neurociencia; simplemente, se tratará de apuntar aquí algunas de las ideas que se pueden encontrar en la bibliografía actual y resaltar la importancia, como no podría ser de otra forma, de la química del carbono también en los múltiples procesos que hacen que seamos quien somos; aunque sospecho que, pese a las reiteradas advertencias, no resulte suficientemente claro a la hora de subrayar la extrema complejidad inherente al tema.

Evidentemente, en ciencia siempre es necesario usar correctamente las palabras, los términos y conceptos que definen cada ámbito de estudio; el uso afinado de las palabras en el mundo de las emociones requiere especial cuidado al tiempo de que se pueden encontrar en la bibliografía grandes matices entre diferentes especialistas y, también, significados muy 'contaminados' por el uso cotidiano de muchos de estos términos. Así, p.e., está claro que la 'emergente felicidad de un colibrí', de ocurrir así, será el resultado de complejas interacciones, quedando mucho por aprender al respecto[227]; pero, como veremos inmediatamente, tal vez sería más ajustado a los hechos comprobados referirse a la 'emergente alegría del colibrí'; tal como comenta Xurxo Mariño, el término 'alegría' se podría corresponder más con una emoción mientras que la palabra 'felicidad', en su libro 'Neuronas para la emoción', la reserva para describir un sentimiento. De hecho, tal como veremos, los propios conceptos de emoción y de sentimiento no son tan obvios e incluso hay quien cuestiona que existan emociones universales, o que resalta la evidencia de que no hay una única forma de manifestar miedo, ira o felicidad, y todo esto sugiere una necesaria revisión y afine de algunas ideas tradicionales. Decíamos que, en la mayoría de libros de neurociencia más clásicos, se definen las **emociones** como '*reacciones neurofisiológicas ante determinados estímulos*', mientras que su manifestación consciente es lo que conocemos como **sentimientos**[228]; así pues, cabe distinguir los dos términos ya que las emociones podrían hacerse más evidentes hacia el exterior y estar localizadas en un tiempo más bien corto, mientras que los sentimientos presentarían una componente aún mucho más subjetiva y privada, además de mayor duración temporal. Para algunos autores, un **sentimiento** es el resultado de combinar una **emoción** y un **pensamiento**, en definitiva, una reacción fisiológica y un componente cognitivo[229]. Así mismo,

---

[227] Para un estudio a fondo de este tema (y cualquier otro de la neurociencia general) es muy recomendable un texto como el de los profesores M. F. Bear, B. W. Connors y M. A. Paradiso: 'Neurociencia. Explorando el cerebro', donde se presentan diversas teorías sobre las emociones que se han ido sucediendo a lo largo de la historia de la neurología y las dos (teoría base y teoría dimensional de las emociones) que, actualmente, intentan explicar el mundo de las emociones; incluidas sutiles diferencias entre emoción, sentimiento, motivación, etc. Pero, sin duda, a nivel de divulgación, debo recomendar el que recientemente ha publicado el neurocientífico gallego Xurxo Mariño, 'Neuronas para la emoción'. Aunque se complementa muy bien con otros anteriores del mismo autor, su lectura me ha llevado a revisar aquí algunas expresiones e ideas, con respecto a la primera edición, en gallego, de este libro sobre 'La emergente felicidad del colibrí'.

[228] De momento, soy consciente de que las palabras pueden no definir completa y correctamente el nivel al que pueden llegar otras especies de animales en este sentido de las emociones.

[229] Tanto Damasio como Mariño explican que la aparición de una emoción (p.e., de tristeza) es siempre anterior a la aparición del sentimiento correspondiente (en el ejemplo, el de tristeza).

las emociones se hacen más evidentes y, con seguridad más características y extendidas a muchas especies animales; el hecho es que, promovidas bien por las experiencias sensoriales o por una parte, consciente o inconsciente, de nuestro encéfalo[230] , las emociones guardan fuerte relación con las zonas subcorticales (hipotálamo, ínsula, amígdala, tálamo, hipocampo, ...) y permiten definir una multitud de estados y necesidades, jugando un papel fundamental en todas nuestras acciones, repito: tanto conscientes como inconscientes.

Es evidente que las emociones juegan un papel fundamental en la evolución y en la existencia de otras especies de animales. En el último libro de Xurxo Mariño podemos encontrar referencias a diversos experimentos: desde unos en que se emborrachan moscas para estudiar los efectos del **etanol** en su comportamiento hasta otros en los que se categoriza el papel de la risa en las ratas o en los chimpancés. Tanto Xurxo como Damasio se refieren a evidencias de que las moscas pueden mostrar ira o enfado y alegría, atendiendo a diversas situaciones. Y es un hecho para muchas personas con mascotas que los animales próximos muestran emociones bien definidas. Incluso, hay quien defiende la existencia de sentimientos, más o menos simples, en diversas especies de animales, aunque, efectivamente, esto resulta mucho menos evidente (atendiendo a las descripciones dadas anteriormente). Sea como sea, la alegría (como emoción) o la felicidad (como emoción o sentimiento, según autores) del colibrí habría emergido de la propia complejidad material de su existencia. Una curiosidad muy relacionada con los estados emocionales: en el mundo de la ornitología es bien conocido el término alemán de '**zugunruhe**' que representa el estado de nerviosismo o ansiedad típico que muestran las aves migratorias justo en vísperas de iniciar sus grandes viajes (definible, pues, como una emoción). Y la mayoría de las especies de colibríes saben mucho de migración.

Aunque para dar nombre a las emociones más básicas podamos usar palabras con un significado habitual muy bien definido, cualquier emoción será, realmente, una mezcla compleja de acciones y reacciones que se manifiestan en cada organismo y contextos de forma propia, con gran importancia de los SNA y SNS y que, además, están relacionadas con interacciones sensoriales y/o cognitivas, en las que participan tanto diversas regiones del SNC como del resto del organismo.

Como punto de partida, para nuestra especie es habitual asumir la clasificación de las seis **emociones universales básicas** que, en su día, había fijado el psicólogo Paul Ekman para un estudio ya clásico en su disciplina: **miedo, alegría (o felicidad), tristeza, ira, asco y sorpresa**[231]. El ya citado Damasio considera esas emociones universales básicas y, a partir de ellas, define otras **emociones universales sutiles** derivadas: así, la euforia y el éxtasis serían variaciones de la felicidad, la melancolía y la nostalgia estarían relacionadas con la tristeza, etc. Además, de cada sentimiento basado en una de esas emociones (básicas o derivadas), propone Damasio la existencia de '**sentimientos de fondo**' originados, no en estados emocionales, si no en estados corporales. Así mismo, Mariño cita en su último libro posibles **emociones primordiales (o emociones homeostáticas)** como, p.e., el deseo o la atracción sexual.

---

[230] Y como ya se ha advertido, posiblemente con la participación de neuronas de otros órganos corporales.

[231] Según se desprende de la bibliografía, Ekman asumió las cinco primeras emociones que ya eran consideradas universales y básicas, las definió con más detalle y añadió la sorpresa. Posteriormente, en la década de los 1990, añadiría otras como la culpa, la soberbia, la vergüenza o el alivio, ...

Podemos pensar que, como ocurre con los cinco sentidos clásicos, el grupo inicial de 'emociones de Ekman' resulta una clasificación muy básica y cutre, algo obsoleta hasta para él mismo. De hecho, atendiendo a la 'teoría de la emoción construida' defendida por la ya citada psicóloga Lisa Feldman (pero también desde otras perspectivas no constructivistas), más que de emociones deberíamos hablar, tal vez, de 'categorías emocionales', pues, el miedo, la tristeza (o cualquiera otra de las citadas emociones) pueden presentar, no un único circuito neuronal o mecanismo propio en el encéfalo (como se pensaba en las teorías más clásicas), ni tan siquiera una forma de expresión facial y corporal unívoca, sino que hay una inmensa variedad de expresiones y, consecuentemente, de diversos mecanismos de interacción neuronal que afectan a toda la red del SNC y al resto del cuerpo. No hay una única forma de 'miedo', de 'ira' o de 'alegría', ... Igual que con unos pocos elementos básicos que definen una cara (dos ojos, dos orejas, una nariz y una boca) podemos encontrar una inmensa variedad de caras y personalizar, distinguiendo una persona de otra, de igual forma, la gran variedad de categorías emocionales convierte a estas últimas en experiencias individuales espontáneas. Esta es la idea que Feldman lleva más allá, hasta negar la existencia de emociones universales intrínsecas e innatas y las sitúa en un contexto más cultural e individual (ver recuadro adjunto). Siendo así, es obvio que resultaría aún mucho más difícil establecer relaciones biunívocas entre un aparente estado emocional (que desde la psicología resultaría más complicado identificar o categorizar) con la actividad en circuitos neuronales concretos, más objetivables e identificables por las nuevas técnicas de estudio de nuestro interior.

En cualquier caso, obvia decir que, surgidas complejas redes de interacciones entre individuos, especialmente entre los de una misma especie (incluida, lógicamente, las consecuencias derivadas de la evidente evolución cultural de nuestra especie), el papel de las emociones ha adquirido una relevancia vital: expresar las propias emociones o reconocerlas en otros seres vivos se ha convertido en un elemento definitorio de vida. De hecho, las dinámicas de grupos de seres vivos o las complejas relaciones entre individuos de especies que comparten un mismo ecosistema se basan en multitud de emociones que mantienen equilibrios sustentables. P.e., si no existiera el **miedo** (sea como emoción universal, categoría emocional o sensación primaria), eso que motiva huir ante un depredador, seguramente pronto se agotaría el 'juego de la vida' en ese ecosistema, por extinción de la especie depredada; de no existir el **asco** no se llegaría a aprender que cosas resultan más saludables para la vida de una determinada especie, y, sin duda, el **placer**, la **alegría** (o la **felicidad** como emoción), seguramente forman parte (relacionadas con el llamado **mecanismo de recompensa** que veremos pronto) de las motivaciones que hacen de 'motor' de todo este maravilloso engranaje que es la vida en un ecosistema, en definitiva, la vida en la Tierra. La evolución no solo llevó a la formación de individuos de diferentes especies, también a grupos de individuos en constante interacción y que conforman pautas de comportamiento; los descendientes de lo que fue solo materia orgánica se han vuelto, nos hemos vuelto, desde luego, mucho más exigentes.

Las emociones, ¿son innatas y universales? La 'teoría'[232] de la emoción construida

Como se puede comprobar, en el texto principal aparecen varias referencias a dos libros de la psicóloga canadiense Lisa Feldman: 'Siete lecciones y media sobre el cerebro' y 'La vida secreta del cerebro: cómo se construyen las emociones'. Sin duda, tales referencias podrían justificarse simplemente por la claridad de las exposiciones y lo ameno que resulta su lectura, pero hay otra razón de peso: en esos libros presenta una novedosa interpretación de las emociones, un modelo de como surgen, cuestionando que sean innatas y universales. Es lo que la propia autora, profesora de psicología en la *Northeastern University* de Boston, llama 'la teoría de la emoción construida'.

La idea central de esta hipótesis, que ella define como 'constructivista' (frente a lo que denomina 'esencialismo biológico' dominante en los modelos clásicos[233]), es que las emociones no serían una simple respuesta a los estímulos exteriores, si no que serían, propiamente, creadas o construidas como predicciones o simulaciones de nuestro cerebro y demás centros del encéfalo en interacción permanente con el resto de nuestro cuerpo. Literalmente, comenta la autora: *El cerebro crea una avalancha de predicciones, simula sus consecuencias como si fueran reales, y comprueba y corrige esas predicciones comparándolas con el input sensorial real'*. Al igual que nuestro cerebro crea todo un modelo del 'mundo exterior' (como veremos al final de este capítulo) para dar 'explicación' de todo lo que nos sucede, literalmente la autora nos dice que *'las emociones emergen como combinación de las propiedades de nuestro cuerpo, de un cerebro flexible y programado atendiendo al ambiente en el que se desenvuelve, y de una cultura y educación que proporcionan ese entorno'*.

En el centro de esa interacción entre encéfalo y el resto del cuerpo se sitúa uno de los nuevos sentidos[234] que sabemos usamos en muchos contextos: la **interocepción**, todo un conjunto de sensaciones que, consciente o inconscientemente, en todo momento nos dan información sobre el estado interno de nuestro cuerpo, haciendo las predicciones necesarias para gestionar todos los recursos que este precisa (energía y materiales específicos); desde el mundo de la neurociencia, sabemos que la interocepción guarda una relación directa con los mecanismos de **homeostasis y alostasis**, citados en el texto principal, es decir, la interocepción regula todo nuestro 'presupuesto corporal', determinando como se gastan los recursos disponibles en el organismo, de ahí la necesidad de estar constantemente haciendo predicciones de lo que va a ocurrir a continuación. De hecho, los desequilibrios que pueden aparecer en este sistema de predicciones podrían explicar, atendiendo a lo expuesto por la autora de esta propuesta, diversos desordenes, alteraciones o patologías que identificamos como ansiedades, depresiones, etc.

Como un corolario necesario de la teoría, que de esta forma considera las emociones como una creación espontánea y basada en las experiencias individuales (condicionadas por el ambiente y la cultura), la autora niega la existencia de 'circuitos emocionales', es decir, de circuitos neuronales relacionados biunívoca y exclusivamente con las 'categorías emocionales' que identifican los modelos clásicos (esencialistas), y de hecho, niega la propia universalidad de estas categorías; llega a defender que *'los conceptos de emoción son creencias construidas culturalmente'*. Precisamente, en 'La vida secreta del cerebro', Feldman cita varios ejemplos de culturas donde no existiría una u

---

[232] El calificativo de 'teoría' es usado por la autora, pero de momento tal vez sería más apropiado referirse a una hipótesis.

[233] La propia Feldman explica que el **'modelo de Ekman'** (la llamada **'teoría básica de la emoción'**), que parte de las seis emociones universales básicas, presuponen que estas son provocadas o activadas por objetos, individuos o sucesos del mundo exterior y tienen asociada una 'huella dactilar característica' en los centros activos de nuestro encéfalo (de ahí la idea de esencialismo frente al constructivismo cultural de su teoría).
Otra versión más reciente, pero también esencialista, sería la **'teoría de la evaluación'** que intercala un paso más entre nosotros y el mundo: *'el cerebro primero juzga (evalúa) la situación y luego decide si activar una emoción'*. En cualquier caso, estas teorías y las más clásicas, ya citadas en el texto principal (James-Lange, Cannon-Bard, Papez, ...), parten siempre de la idea de emociones como respuesta a estímulos exteriores.

[234] 'Nuevo sentido' en tanto no se recogía en los cinco sentidos clásicos.

otra forma de las emociones consideradas universales y básicas[235], al mismo tiempo que incluye otras circunscritas únicamente a determinadas culturas. Así, entre muchos otros, cita un término noruegues específico para la alegría intensa del enamoramiento ('*Forelsket*'), un término ruso específico para cierta angustia ('*Tocka*'), además del '*Hygge*' danés (un tipo específico de amistad), la '*saudade*' propia de la cultura galaicoportuguesa o el término alemán, recientemente incorporado al inglés, '*schadenfreude*', que define 'el placer causado por la desgracia de alguien'.

Así, pues, las emociones construidas, según la autora de esta teoría, requieren de conceptos propiamente culturales y tienen como 'base biológica' unas sensaciones muy relacionadas con el organismo (y con todos los sistemas de comunicación corporal ya descritos[236]), sensaciones mucho menos elaboradas que las propias emociones o categorías emocionales clásicas.

Desde fuera, uno podría pensar que la alta precisión que, en los últimos años, han alcanzado los estudios de neurobiología en el interior de los organismos (con técnicas de imagen *in vivo* y análisis químico en centros neurológicos muy bien localizados, etc.) no encuentran aún su correspondencia en el 'exterior', en el campo de la psicología, con la dificultad que supone el empleo de términos de difícil precisión o, incluso, cuantificación. Por ejemplo, de la lectura de los libros de Feldman podría deducirse que, cuando cuestiona la existencia de emociones universales (como miedo, tristeza, o alegría), lo que se ve cuestionado es, sin duda, la expresión de estas emociones que, efectivamente, pueden tener diferencias notables en cada individuo y cultura. Esto añade, sin duda, un plus de complejidad a la hora de establecer correspondencias 'universales', sin olvidar las propias de un cerebro que demuestra gran plasticidad y variabilidad ante diversas circunstancias.

Añadir una reflexión final sobre esta propuesta de teoría constructivista, más allá de la forma en que el cerebro (encéfalo propiamente) puede 'modelizar el mundo exterior' (y el papel de los estímulos emocionales) que, seguramente, motivará diversos trabajos en un futuro inmediato. Es obvio que la evolución cultural ha jugado, y juega, un papel importante tanto en las propias 'categorías emocionales' como en la forma en que las expresamos; a pesar de que la lluvia es un fenómeno universal (más bien, planetario), no llueve igual en todas las zonas del planeta y cada cultura ha desarrollado palabras que, con mayor o menor precisión, fueron requeridas para referirse a las precipitaciones del lugar, desde el gallego o el noruegues, con muchos términos para definir cada forma de precipitación, a otras lenguas que seguramente no requieren tanta variedad para un fenómeno, tal vez no tan frecuente o variado (al menos hasta ahora) en sus latitudes.

Comenta el ya citado neurocientífico Xurxo Mariño en su libro 'Neuronas para la emoción', que hay diversos trabajos experimentales que parecen contradecir la hipótesis de este constructivismo; además, de confirmarse esta hipótesis hasta el punto de admitir que las emociones no son innatas, sería más difícil explicar su existencia en otras especies de animales y, aún mucho más, la existencia de sentimientos. De momento, no podemos saber con seguridad si los sentimientos son algo exclusivamente humano o han podido emerger en otros animales, pero parece muy asentada la idea de que las emociones están presentes en otras especies. Cualquiera que viva con gatos o perros lo podrá comprobar, y ya hemos hablado de evidencias experimentales, p.e., de posibles emociones de ira o alegría incluso en moscas (o lo que nosotros identificamos como ira o alegría). La cuestión no es tanto si los colibríes pueden sentir alegría o felicidad (términos que empleamos los humanos para definir emociones y/o sentimientos asociados), como comprender que su vida puede estar repleta de estados emocionales (más allá del nombre que los defina)[237], e igualmente en otras muchas especies de animales, como la nuestra.

---

[235] Así, menciona la ausencia del concepto de 'miedo' entre la población ¡Kung del desierto del Kalahari o del concepto de 'tristeza' entre la población tahitiana, que emplean un término mucho más general para decir cuando están enfermos, cansados o preocupados.

[236] SNC, SNA, sistema somatosensorial, neurotransmisores y moduladores, hormonas, etc.

[237] Podemos recordar aquí el término '**zugunruhe**' que empleamos para describir un estado emocional en aves migratorias, en vísperas de emprender su viaje, pero que no aplicamos a los humanos, aunque muchas personas pudieran sentir un nerviosismo característico días antes de subirse a un avión para volar.

En cualquier caso, en las últimas décadas asistimos a grandes avances en el mundo de la neurociencia, avances que van permitiendo explicar ciertas bases fisicoquímicas de algunas emociones. Y, pese a todo lo anteriormente dicho, es evidente que la variedad que presenta el catálogo de emociones y su propia composición guarda relación con las complejas interacciones entre grupos de neuronas, con **engramas**[238] que forman, pero sobre todo con la maravillosa diversidad que podemos encontrar en las **sinapsis** que, como ya hemos visto en el anterior capítulo, conectan químicamente una neurona con otras. En el resto del capítulo simplificaremos lo suficiente como para resaltar los resultados de algunos experimentos que pretenden localizar determinados estados emocionales (básicos o derivados) con una actividad destacada en determinados centros o zonas de nuestro encéfalo o, cuando menos, asociados con el papel de un determinado neurotransmisor (actuando en las sinapsis implicadas en esos centros). Desde luego, todas y cada una de las emociones implican la participación de diversas zonas del sistema nervioso y comparten varios neurotransmisores (no siempre de forma biunívoca). Por poner un ejemplo concreto, tanto la risa (que implica decenas de músculos faciales) como el llanto implican incrementar la liberación de algunos neurotransmisores y hormonas comunes (como, p.e., la **dopamina** o la **oxitocina**), en determinadas zonas del encéfalo; pero sus efectos resuenan en muchos rincones de nuestro organismo y, a su vez, este participa en las causas que van a provocar ambas acciones. Es preciso evitar caer en el mecanicismo o reduccionismo, pues hay siempre otros protagonistas que participan en tales estados: p.e., no cabe asociar la dopamina o la serotonina por si solas con estados de felicidad o de alegría sin más, los neurotransmisores son un elemento más dentro de un mecanismo complejo; tales estados emergen del conjunto de neuronas (agrupadas en centros) que se activan y/o inactivan y donde participan, tal vez de forma determinante, esos neurotransmisores, pero también otros, e incluso otras sustancias y zonas del SNC, trabajando de forma integral, sin excluir los condicionantes del resto del cuerpo.

Por lo demás, a veces las palabras no son lo suficientemente precisas como para definirlo todo y, más allá, aún podemos encontrar otros estados parecidos, o no, a las emociones (incluso entendidas como categorías emocionales), pero que pueden tener un carácter mucho más general, como es el caso del estrés, o de estados más relacionados con patologías como formas de depresión, etc. Veamos, pues, algunos elementos de la química que puede haber detrás de las emociones básicas o de sentimientos relacionados y/o derivados, repasando algunas de las complejas redes químicas que participan en ese estado más general que conocemos como estrés, redes que involucran el descrito SNA en el recuadro adjunto. En cualquier caso, nuevamente reiterando que el mundo de la neurociencia es mucho más complejo de lo que aquí se expone (sirva el párrafo anterior), mundo, además, en permanente revisión; revisión que ocurre en toda la ciencia, pero que en este campo se hace más intensa y, aún más, en estos tiempos de grandes avances.

Algo más sobre el SN. El Sistema Nervioso Autónomo (SNA).

Seguramente, antes de pasar a analizar algunas de las emociones más básicas, será interesante recordar cómo actúa el llamado **sistema nervioso autónomo (SNA)**, la parte del **sistema nervioso periférico (SNP)** que controla, en general, las acciones involuntarias como, p.e., el ritmo cardíaco, la frecuencia respiratoria o el mayor o menor engrosamiento de los vasos sanguíneos y,

---

[238] Un **engrama** es un conjunto de neuronas interconectadas que pueden dar pie a un concepto, recuerdo, etc.

en definitiva, las funciones viscerales; de hecho, el SNA también se conoce como **sistema nervioso vegetativo** o **visceral**, en contraposición al **sistema nervioso somático**, que implica a la piel, articulaciones y a los músculos de acción voluntaria (ver fig. 46).

En buena parte, el SNA se conecta con el central a través del bulbo raquídeo (y de la médula espinal); de hecho, buena parte de las neuronas que tienen su **soma** localizado en los centros del tronco cerebral inferior (como el hipotálamo o la amígdala cerebral) van dirigidas a las vísceras de todo el cuerpo. Efectivamente, esa pequeña glándula conocida como **hipotálamo**, que puede liberar hasta nueve **hormonas** diferentes[239], actúa, junto con la amígdala, como el principal centro integrador del SNA dentro del SNC. Verdaderamente, las hormonas liberadas por las neuronas del hipotálamo pueden, a su vez, liberar o inhibir la secreción de otras hormonas en otro pequeño órgano vecino, la **hipófisis** o glándula pituitaria; del tamaño de un guisante y con un peso inferior al gramo, esta pequeña glándula endocrina es la que verdaderamente controla otras glándulas de nuestro cuerpo pues segrega una multitud de **hormonas** (entre ellas, la hormona del crecimiento o la tirotropina, estimulante de la tiroides, la prolactina y las gonadotropinas, importantes para la excitación sexual, etc.) y también almacena otras hormonas importantes que han sido segregadas por el hipotálamo como, p.e., la **vasopresina** (o hormona antidiurética, liberada cuando el cuerpo detecta falta de agua) o la **oxitocina**, un **péptido** que actúa como hormona, pero también como **neurotransmisor** en el cerebro y que, como veremos, juega un papel importante en los patrones y conductas sexuales (en el orgasmo, en la ansiedad, en el reconocimiento social y en las conductas maternales o paternales, ...).

Volviendo al SNA, fue habitual distinguir en el dos subsistemas casi contrapuestos, que se complementarían o equilibrarían: el **sistema nervioso simpático** (**SNS**), básicamente encargado de excitar ciertas respuestas en nuestras vísceras y el **sistema nervioso parasimpático** (**SNPA**), que se encargaría de inhibir tales respuestas[240]. En un símil, tal vez resulte más adecuado ver las acciones del SNS como las propias de un 'acelerador' y las del SNPA como las correspondientes al freno. Así, el simpático incrementa el ritmo cardíaco, provoca la dilatación de los bronquiolos (en los pulmones), de los vasos coronarios (en el corazón), incluso las pupilas, y también aumenta el sudor, contrae los esfínteres y desvía parte de la sangre desde el aparato digestivo a los músculos; todo esto con un 'subidón' de **adrenalina** que invade nuestro cuerpo. En definitiva, todo el catálogo de respuesta que, ante un peligro, nos prepara para luchar o huir.

Por el contrario, el parasimpático, con su catálogo de acciones en nuestro cuerpo, en general, nos lleva a una respuesta de descanso y relax: contracción de bronquíolos, vasos coronarios y pupilas, disminución del ritmo cardíaco y promoción de la función digestiva, aunque también está implicado en la estimulación de la excitación sexual y en la erección genital.

En el SNPA, el neurotransmisor encargado de culminar la señal nerviosa en las sinapsis entre neuronas es la **acetilcolina** (recordar que forma el sistema colinérgico); aunque también participa en algunos casos concretos del sistema simpático, en este caso, hay otros neurotransmisores que actúan en este último, como la **adrenalina** y la **noradrenalina**, constituyendo el sistema adrenérgico.

Según parece, desde el punto de vista evolutivo, el SNA era el medio neuronal por el que, en organismos mucho menos complejos, el cerebro o encéfalo actuaba (y actúa) en la regulación del resto del cuerpo, pero la progresiva complejidad evolutiva llevaría a desarrollar una mayor diferenciación del sistema nervioso, con la intervención del sistema nervioso somático, que permite una regulación o control más fino y voluntario de músculos y articulaciones[241].

---

[239] Recordemos que el término **hormonas** refiere a ciertas sustancias, de gran actividad, liberadas a la sangre.
[240] A esta división clásica le han ido surgiendo diversas excepciones y, actualmente, ese equilibrio entre los dos subsistemas se tiende a ver como algo más complejo, pero puede valer como iniciación y simplificación.
[241] El sistema somatosensorial, descrito en el apartado de la 'química del tacto', implica a toda la piel, que separa y protege el resto de nuestro cuerpo del exterior.

Una curiosa aplicación de las respuestas del SNA, relacionadas con los estados emocionales y que pueden ser detectables en el laboratorio, son las variaciones que puede sufrir la conductancia eléctrica de la piel ante determinados estados. Estas variaciones son efectivamente detectables conectando electrodos y un polígrafo al sujeto en estudio; otra cosa es la interpretación correcta de los estados emocionales asociados a esas variaciones que, como vimos, puede resultar mucho más difícil de establecer.

Química del ESTRÉS

Existen diferentes tipos de estrés atendiendo a las causas que lo provocan, a como se dispara en el organismo; pero en todos los casos, el mecanismo es una expresión muy relacionada con el sistema nervioso autónomo (ver recuadro anterior). Todo puede comenzar con un agente o situación estresante o, incluso, con un simple pensamiento que nos provoque el estrés. En esas situaciones, el hipotálamo segrega una hormona conocida como Hormona Liberadora de Corticotropina[242] (**HLC** o, muy frecuente en la bibliografía, de las siglas en inglés, CRH); se trata de un **péptido** de 41 **aminoácidos** que, como su nombre indica, estimula la secreción de corticotropina en la hipófisis.

La presencia en la sangre de la **corticotropina** (ACTH)[243], que es una hormona peptídica de 39 aminoácidos, a su vez estimula a las glándulas suprarrenales[244] para que liberen dos tipos químicamente bien diferenciados de hormonas, las verdaderas 'trabajadores del estrés'. Por un lado, liberan **adrenalina** y **noradrenalina**[245], que actúan casi inmediatamente en el organismo y, por otro lado, un par de **glucocorticoides**, fundamentalmente **cortisol**[246], aunque la producción y acción de estos últimos compuestos se prolonga mucho más en el tiempo[247]. De hecho, cuando se dispara una situación de este tipo por una amenaza externa, aunque unos minutos después tengamos aclarada la situación y comprobemos que ya ha pasado, puede que nuestro cuerpo se sienta cansado, agotado debido, precisamente, a la acción mucho más prolongada del cortisol.

Pero, como no podía ser menos, la química del estrés es aún mucho más compleja; en condiciones normales el hipotálamo produce **vasopresina**[248], que se acumula en la hipófisis y, precisamente, al dispararse el mecanismo del estrés, esta hormona es liberada a la sangre iniciando otra cascada de acciones químicas como, p.e., hacer que el páncreas comience a segregar glucagón, otro polipéptido que, al igual que hace el cortisol, provoca un aumento de los niveles de glucosa en sangre; el objetivo es preparar el cuerpo para conseguir energía de forma rápida y optimizar su respuesta ante el agente que provoca el estrés: huir más rápido, 'tener' más fuerza para

---

[242] Pese a su nombre, la HLC promueve la síntesis y/o liberación de otras hormonas como, p.e., la estimulante de los melanocitos y alguna **endorfina**, de las que se habla más adelante.

[243] ACTH son las siglas en inglés de la hormona adrenocorticótropa, como también se conoce a la corticotropina.

[244] Glándulas que, como indica su nombre, se encuentran justo encima de los riñones.

[245] También se conocen con los nombres de mayor uso en los USA que son, respectivamente, **epinefrina** y **norepinefrina**; son **aminas**, más concretamente, catecolaminas, que derivan químicamente de la **dopamina**.

[246] El **cortisol** o **hidrocortisona** es una hormona con estructura de **esteroide** (ver capítulo 2) que, en los organismos, provoca un incremento en los niveles de azúcar y ayuda en el metabolismo de los principales nutrientes (grasas, hidratos de carbono y proteínas), además de restringir el sistema inmunológico.

[247] En el caso del cortisol, tarda varias horas en desaparecer del cuerpo.

[248] Como ya hemos visto en el recuadro sobre **homeostasis**, la **vasopresina** es un péptido con 9 aminoácidos.

luchar, … A cambio, en esas situaciones de estrés habrá funciones que resultan inhibidas por esas mismas hormonas (y otras no citadas aquí[249]) al pulular por el sistema circulatorio. El cuerpo está en alerta y prioriza ciertas funciones sobre otras.

Así pues, el mecanismo natural del estrés, que se manifiesta en la mayoría de los animales, es un intento del organismo de optimizar su respuesta ante posibles situaciones de emergencia; diríamos que, evolutivamente, es un mecanismo beneficioso, todo un ejemplo de **alostasis**. Cuando un ratoncillo es perseguido por un gato, desatar una respuesta al estrés como la descrita permite aumentar sus posibilidades de éxito a la hora de escapar de su depredador. En la Naturaleza, ese mecanismo durará poco tiempo pues, normalmente, pronto habrá un desenlace (consigues huir o sirves de comida). Incluso, en determinadas prácticas deportivas y de ocio o diversión, hay personas que buscan cierta dosis de estrés como un elemento estimulante. Los aspectos negativos y más problemáticos del estrés en los humanos aparecen cuando se hace crónico; podemos mantenerlo e, incluso, retroalimentarlo con estados estresantes que resulten interminables y el cuerpo puede verse sometido demasiado tiempo a situaciones extremas (laborales, relaciones personales, sociales, etc.), lo suficiente como para que ese estrés pueda favorecer la aparición de auténticos daños colaterales. En su día, me pareció muy ilustrativo el título del libro de Robert M. Sapolsky, '¿Por qué las cebras no tienen úlceras?'; merece la pena su lectura para profundizar en los mecanismos del estrés y estados relacionados.

Conviene recordar, además, que no es necesaria una situación real de peligro, tristeza, etc.; el simple pensamiento evocador de una situación estresante o una preocupación persistente puede bastar para disparar el mecanismo y no sabemos hasta qué punto en otros animales el pensamiento puede jugar, también, un papel desencadenante de esta situación. Recuerdo aquí, la desdicha del animal indefinido (tal vez una especie de roedor) que protagoniza el cuento de Kafka, 'La tobera'. Inicialmente, empujado por el miedo a los depredadores va construyendo diversas galerías en su madriguera y, una vez acabada, se ve atormentado por la idea de que un depredador la destruya, por lo que, para evitar esto último, acaba durmiendo a la intemperie. Es un gran ejercicio literario que parece poco probable que responda a paranoias propias de un roedor. Pero ¿quién sabe?

Decíamos que con el mecanismo del estrés el cuerpo entra en un estado de alerta, estado que, tradicionalmente, se pensó que podría resumirse como de 'huida-lucha', dilema que destaca frente a otras posibles situaciones. Pese a que en la bibliografía más clásica se mantiene esa idea central, hoy en día se tiende a pensar que, tal vez, ese estado de binomio huida-lucha no sea el único que define tal situación. De hecho, en sus trabajos, la psicóloga Shelley Taylor viene denunciando un sesgo en las primeras investigaciones sobre este tema, que habrían ignorado significativas diferencias de comportamiento atendiendo al género de los individuos, incluidos y excluidas, en aquellos estudios. Efectivamente, se ha observado que estudiando colectivos con mayor número de hembras pueden emerger otras pautas, otras respuestas de mayor sociabilidad que la 'huida-lucha'; curiosamente, entre las hormonas participantes en la respuesta al estrés, en las hembras hay, también, una segregación de **oxitocina**[250], hormona muy relacionada con los patrones sexuales y

---

[249] P.e., la hipófisis segrega, también, **prolactina**, que se encarga de inhibir, mientras dura la situación de estrés, la actividad reproductora en el organismo.
[250] La **oxitocina** es, también, un oligopéptido que presenta varias funciones, como hormona o neurotransmisor.

con la modulación de los comportamientos sociales en humanos. Queda, sin duda, mucho por estudiar al respecto.

En cualquier caso, no debemos confundir las emociones con los estados de estrés, aunque, obviamente, presenten elementos comunes y, como veremos, puedan presentar en muchos casos relaciones evidentes: cuando el gato persigue al ratón, verdaderamente, los dos tendrán las características del estrés descritas (ritmo cardíaco alto, etc.), pero mientras en un caso es evidente que el miedo funciona como activador, en el perseguidor, seguramente, la motivación es otra[251].

Química del MIEDO

El miedo es, seguramente, una emoción bien justificada (o justificable) desde el punto de vista evolutivo. De forma natural, es evidente que tener miedo puede hacer que decidamos huir o enfrentarnos a cualquier situación de riesgo; como ya se ha comentado, si los individuos de una especie, potencialmente presas de otra, no tuviesen miedo serían cazados y devorados con excesiva facilidad y todo el ecosistema sufriría constantes desequilibrios[252]. En los humanos, incorporada la evolución cultural, todas las variantes del miedo (terror, pánico, etc.) responden, en lo básico, al mismo mecanismo biológico, aunque habrá, obviamente, diferentes grados.

Puestos a indicar un órgano responsable del miedo (con todas las prevenciones indicadas hasta ahora), diremos que su gestión pasa por las **amígdalas cerebrales**[253], dos agrupaciones de neuronas situadas, simétricamente, a los dos lados de la parte inferior del encéfalo, en los lóbulos temporales. En general, por las amígdalas pasa la información que nos va a inducir la emoción del miedo y que puede provenir de dos fuentes: los estímulos más inmediatos llegan desde el **tálamo**[254], muy bien conectado con los órganos sensoriales (excepto el caso del olfato) y, precisamente por esto, la información que envía a las amígdalas está poco elaborada, se trata de advertir sobre los riegos que detectamos con nuestros sentidos con la mayor rapidez posible y, por lo tanto, no detenerse a valorar la magnitud exacta del peligro que suponen. Así se puede activar el sistema nervioso simpático, con todos los síntomas que ya hemos descrito anteriormente (ver recuadro sobre el SNA), incluso antes de llegar a saber de qué se trata exactamente. Resulta obvio que, cuando menos en nuestra especie, esta vía puede ponernos en alerta por situaciones que, objetivamente, no serían para tanto, y que su 'disparo' puede variar mucho de un individuo a otro o, incluso, para un mismo individuo, dependerá mucho del estado de ánimo y de las circunstancias de cada momento.

---

[251] Incluso, tal como se comenta en la introducción, la motivación del propio felino podría variar mucho atendiendo a diversas circunstancias (hambre, juego sin intención de cazar 'comida', 'cultura del trofeo', …).

[252] Un ejemplo habitual es el caso del dodo (*Raphus cucullatus*), un ave no voladora propia de la isla Mauricio y que acabó en extinción debido a lo fácil que resultaba su caza, cuando tuvo los primeros contactos con los humanos, a los que no identificaba como un peligro.

[253] No se deben confundir con otras amígdalas de nuestro cuerpo como las palatinas, las faríngeas (en la cavidad bucal) o las propias de los oídos, etc. Obviamente, aquí, al hablar de amígdalas nos estaremos refiriendo siempre a las cerebrales que, también, se conocen como complejo amigdalino.

[254] El **tálamo** es, también, una estructura par, esto es, dos estructuras simétricas (conjuntos de neuronas y fibras nerviosas, etc.) situadas en el centro del encéfalo por la que pasa la información sensitiva (excepto la del olfato como ya se ha dicho) en su camino desde la médula espinal hasta la corteza cerebral.

La segunda vía de información que le llega a las amígdalas proviene de la **corteza cerebral** y, por lo tanto, resultará mucho más fiable, ya que tuvimos tiempo para procesar lo que nuestros sentidos y el encéfalo detectaron, trabajando conjuntamente, y obrar, así, en consecuencia. Esto significa, obviamente, que es más lenta y llega con cierto retraso. Luego, podrá ocurrir que esta segunda 'tanda informativa' o 'segunda edición de la portada' haga que anulemos el estado de alarma previo, o que lo confirmemos. También es cierto que la 'autopista' por la que circula esa información (corteza cerebral-amígdalas) es de doble sentido y puede ocurrir, en unas personas más que en otras, que lo desencadenado tan rápidamente en las amígdalas acabe influyendo en la percepción final que se va a registrar en la corteza cerebral.

Fig. 53.- Entre las muchas situaciones que pueden provocar miedo en algunas personas destaca el inesperado encuentro con determinados animales en su medio natural, particularmente arañas, escorpiones, serpientes u otros reptiles como saurios tipo cocodrilos, caimanes, etc.

Puede que algunos miedos sean culturales o instintivos (como el miedo a las serpientes o a otros animales), y se ha comprobado que cuando hay ciertas lesiones en las amígdalas (p.e., una calcificación que puede provocar alguna patología concreta), este tipo de miedos puede desaparecer. Pero hay, también, miedos adquiridos a lo largo de la vida, atendiendo a nuestras experiencias concretas y, por la misma razón, formas de perder esa respuesta a tales miedos. En todos estos procesos, adquisición o pérdida de la respuesta a ciertos miedos, está implicado un tipo de receptores, presentes en las sinapsis neuronales; en concreto los llamados **receptores NMDA**[255], propios del neurotransmisor **glutamato** (descrito en el anterior capítulo) y que participan activamente en los procesos de aprendizaje y de la **memoria**[256]. De hecho, en los estados de miedo, además de la amígdala juega un importante papel el **hipocampo**, centro neuronal muy relacionado con la memoria y al que el profesor Mariño califica como 'el director de orquesta de la memoria explícita', al tiempo que resalta el papel de la amígdala en la memoria emocional (una forma de la memoria implícita[257]).

---

[255] El **NMDA** (N-metil-D-aspartato) es un **agonista** del glutamato, es decir, puede sustituirlo en sus receptores.
[256] Estos receptores NMDA además de en la memoria y aprendizaje, participan en ciertas patologías neurológicas degenerativas como, p.e., el Alzheimer o el Parkinson y, también, en patologías psiquiátricas. En situación normal se encuentran bloqueados por iones magnesio, Mg^{+2}, y, para formar los recuerdos y aprendizajes es preciso que se desbloqueen en determinadas neuronas (cuando estas son despolarizadas).
[257] La memoria explícita es la que usamos conscientemente, p.e., cuando recordamos cualquier evento del pasado o 'grabamos' la lista de ríos de una zona, mientras que la implícita la utilizamos de forma inconsciente (p.e., cuando escribimos, conducimos de forma mecánica, etc.) e incluye procesos de habituación y sensibilización (ante situaciones repetitivas podemos acabar obviándolas o sensibilizarnos ante ellas) y, también procesos asociativos en diferentes niveles de aprendizaje.

En relación con el miedo pueden aparecer otros estados o emociones relacionadas, pero que, cuando menos para los profesionales sanitarios especializados, pueden resultar distinguibles. Es el caso, p.e., de ciertos tipos de **ansiedad**, en la que participa muy activamente la amígdala cerebral. Miedo y ansiedad se producen ante estímulos o situaciones diferentes y la segunda (más concretamente, la respuesta a la ansiedad) se relaciona con la forma en que interpretamos la información recibida en las amígdalas por la 'vía lenta' citada antes, es decir, siempre procede de una valoración cognitiva, relacionada con la corteza cerebral. De alguna forma, el miedo es el propio estado de alerta y la necesidad de huir de algo real, mientras que la ansiedad se relaciona más con la percepción, aún más subjetiva, de una amenaza y la capacidad que puede tener de arrastrar a nuestra propia imaginación. Las personas proclives a padecer ansiedad tienden a sobreestimar los riesgos y la probabilidad de un resultado negativo.

Así, pues, la **ansiedad** sería más una distorsión cognitiva y puede llegar a ser una patología, de hecho, una enfermedad compleja que forma parte de las llamadas 'enfermedades silenciosas', que se van extendiendo en las sociedades urbanas, las llamadas avanzadas. Ante este hecho, bien contrastado, hace tiempo que se ve muy incrementado el consumo de **ansiolíticos** o tranquilizantes menores, a los que se dedica una sección en el capítulo 10. Por otro lado, diversos estudios han demostrado cierta relación entre la tendencia a padecer trastornos de ansiedad y mutaciones en los genes relacionados con la **serotonina**, un neurotransmisor que participa en diversos mecanismos de control de las emociones, y también con ciertas alteraciones **epigenéticas** que, definitivamente, afectan a la expresión genética; y esto último por la **metilación** de algunas unidades del **ADN** (introducción de grupos **metilo**, ver cap. 4), justo en el gen que transporta la serotonina[258]. Precisamente, esta alteración fue detectada en un experimento realizado en la Universidad Duke (Carolina del Norte) en el 2014, y asociada a una mayor actividad de la amígdala en situaciones percibidas como de amenaza.

MECANISMO DE RECOMPENSA. Química del PLACER y de la FELICIDAD

Al comienzo de este capítulo se menciona un experimento en el que ratas a las que se les ha bloqueado la liberación de dopamina en determinados centros del encéfalo, en zonas subcorticales, perdían toda motivación llegando, incluso, a la muerte por inanición. Precisamente, la motivación en cualquier contexto está relacionada con un sistema o mecanismo, llamado de recompensa, encargado de dirigir el comportamiento del individuo, buscando cumplir determinados objetivos y obtener, así, las debidas recompensas; es, pues, un sistema muy ligado a la supervivencia.

Hasta hace poco, este mecanismo se confundía directamente con el del placer[259], pero, tal como comenta Xurxo Mariño en su libro 'Neuronas para la emoción', actualmente se tienden a diferenciar, sabiéndose que en el de la alegría (o de la felicidad) intervienen otros circuitos diferentes.

---

[258] Es muy interesante, p.e., el artículo de Laura M. Huiberts y Karin C.H.J. Smolders, publicado en la revista 'Sleep Medicine Reviews' bajo el título 'Effects of vitamin D on modo and sleep in the healthy population: Interpretations from the serotonergic pathway'. Se trata de un metaestudio en el que, como indica el título, se describen ciertas correlaciones entre la vitamina D, la serotonina y la melatonina, con implicaciones en el ánimo y en el sueño, entre otros estados.

[259] O de la felicidad (en referencia a la emoción asociada a este sentimiento).

Siendo así, aunque no es propiamente una de las emociones básicas de Ekman, este mecanismo de recompensa (o 'mecanismo de búsqueda y anticipación'[260] como sugiere llamarle Mariño) juega un papel fundamental en la motivación, el deseo y la anticipación de nuestros actos, determinando diversos estados y emociones e influyendo también sobre la memoria y el aprendizaje (en la medida en que tendemos a recordar y repetir acciones que generan placer y evitar otras que, anteriormente, resultaron desagradables).

Como en cualquier otro mecanismo o sistema que localicemos en un ser vivo, en el que nos ocupa participan diversas áreas y estructuras (como el área ventral tegmental, AVT, el núcleo accumbens, el cuerpo estriado o el hipotálamo), involucrando a numerosos compuestos químicos, entre ellos, varios neurotransmisores (como la **dopamina**, el **AGAB,** el **glutamato,** la **serotonina**, ...), **enzimas** (como la tirosina hidroxilasa), **vitaminas**[261], etc.

En los inicios del descubrimiento de este mecanismo hay que citar un estudio que, en 1954, llevaron a cabo James Olds y Peter Milner, sobre el control del sueño-vigilia en ratas; la idea era estimular con pequeños electrodos o sondas una zona bien determinada del encéfalo, pero según parece, accidentalmente, colocaron los electrodos en otra región próxima (conocida como el área septal). Colocando la rata en una caja, con las cuatro esquinas bien identificadas por una letra (A, B, C y D), cada vez que el animal se acercaba a la esquina identificada, p.e. como 'A', recibía un pequeño pulso eléctrico; y, para su sorpresa, observaron que esto debía producir una sensación intensamente agradable, pues la rata buscaba, obstinadamente, esa esquina; y si cambiaban la esquina donde se realizaba la estimulación, la rata se empeñaba en acercarse a la nueva esquina. Posteriormente, Olds diseñó un nuevo experimento en el que las propias ratas se podían autoestimular presionando, ellas mismas, una palanca conectada con electrodos a su área septal. Debía ser un estímulo agradable, pues los animales presionaban una y otra vez la palanca, olvidándose de otras actividades básicas (como beber, comer, aparearse, etc.). Y experimentos parecidos se realizaron con chimpancés e, incluso con humanos[262].

Después de varios trabajos relacionados con el tema, resultaba evidente que el mecanismo de recompensa (también el del placer) involucraba de forma importante a la **dopamina** que, hoy por hoy, sabemos que es un **neurotransmisor** que participa en muchas conexiones sinápticas de varios centros del SNC (los sistemas dopaminérgicos). En este mecanismo en concreto destaca la participación de dos regiones, pequeñas y bien localizadas en el fondo del encéfalo: el llamado *núcleo accumbens* y el *área tegmental ventral (ATV)*, muy bien conectada con otras que también

---

[260] Del inglés '*seeking*'. En cualquier caso, aquí mantendremos la referencia a la recompensa sin entrar en detalles que excederían el objetivo general de este libro.

[261] Como la vitamina D que participa en la biosíntesis de la serotonina y de la melatonina, habiéndose encontrado ciertas correlaciones entre el contenido de determinadas formas de esta vitamina en la sangre y ciertos estados de ánimo y de sueño (ver nota al pie en páginas anteriores).

[262] Uno de los primeros estudios con humanos que implicaba esta zona septal data, también, de aquella década (los años 50), cuando el doctor Robert G. Heath, en la Universidad de New Orleans, probó la estimulación cerebral profunda (en el área mencionada) con el objetivo de aliviar determinados síntomas negativos en pacientes con esquizofrenia. En su último libro, ya citado, Mariño explica que la estimulación funcionó correctamente en algunos pacientes tratados, pero lo más significativo fue que algunos indicaban que aquella estimulación les producía excitación sexual. Lo curioso es que, por aquel entonces, aún no se conocía el papel de los neurotransmisores en las sinapsis neuronales.

juegan su papel (como el hipotálamo, el cuerpo estriado, la amígdala y varias zonas de la corteza prefrontal), en general, conexiones de ida y vuelta.

De una forma simplista, diríamos que esa sensación de placer se da cuando la ATV proyecta o libera una buena cantidad de dopamina en el *núcleo accumbens*. Pero, obviamente, el mecanismo es mucho más complejo. Para empezar, la ATV recibe señales nerviosas de otros centros implicados, p.e., desde la corteza prefrontal a través de sinapsis excitatorias, que liberan **glutamato**, o de sinapsis inhibitorias de otros centros que pueden liberar otro neurotransmisor importante en este mecanismo (el **AGAB**)[263], e inmediatamente decide que hacer al respecto, es decir, si libera o no la dopamina. Además, el propio *núcleo accumbens* participa, también, en otras emociones como, p.e., el miedo o la ira.

A la vista de esos experimentos, no es descabellado asignarle a este mecanismo una función relacionada con la sensación de placer, como así se hizo inmediatamente. En el día a día, buena parte de nuestros actos pueden estar motivados por la búsqueda de sensaciones placenteras, dependerá del grado de hedonismo que incluya o, más bien que permite incluir, la planificación y condicionantes de nuestra vida; pero, también, el abuso de esta vía explica, al parecer, buena parte de los mecanismos de adición a las drogas, tanto en consumo de sustancias químicas como al juego (ludopatías), al sexo obsesivo o a otras actividades y situaciones que nos 'enganchan'. En determinadas circunstancias, tales adiciones surgen por la búsqueda continua y obsesiva de 'inundar nuestro *núcleo accumbens* con dopamina'.

Diversos experimentos con diferentes especies de animales (incluidas palomas) demuestran que la dopamina puede liberarse antes de llegar el propio estímulo; la simple expectación o promesa de lo que puede ocurrir, de lo que nos espera a continuación, puede provocar ya esa liberación y sensación de bienestar. Obviamente, este hecho nos mete en una situación de retroalimentación de actos y pensamientos estimuladores que hace aún más compleja nuestra visión de esta y de otras emociones relacionadas.

Para rematar, y abundando en la idea de complejidad de las emociones que modulan nuestro comportamiento (¡que no debemos olvidar!) hay que decir que la **dopamina**, aunque determinante, no tiene la exclusiva química en la producción de sensación de placer en los organismos ni en el mecanismo de recompensa; veremos a continuación que hay muchos otros neurotransmisores y centros del encéfalo que intervienen en estos procesos. A pesar de esto, se ha popularizado la idea de que la dopamina es la 'sustancia del placer o del entusiasmo' (igual que se le ha asignado a otro compuesto, la **oxitocina**, el papel de 'sustancia del amor y la empatía'). Pero no. ¡No es tan sencillo! No debemos olvidar la idea central del libro: todos los estados emocionales, sentidos, pensamientos, etc., son propiedades emergentes, propias de sistemas complejos, que no se resuelven, no se producen por un único compuesto, que surgen de la interacción compleja de muchas partes. Pese al papel que juega la **rodopsina** en la visión, nadie la considera la 'sustancia de la visión' (ver 'química de la visión, cap. 7), podemos entender que el ojo es un órgano complejo con muchos más elementos que participan en la visión.

---

[263] Incluso, en la ATV participan neuronas interconectadas directamente a través de señales eléctricas, más rápidas, eludiendo la conducción química de la señal a través de las sinapsis químicas habituales.

La química de la felicidad

Como hemos visto, el mecanismo de recompensa encuentra, desde el punto de vista evolutivo, una buena justificación como 'motor' o promotor de la motivación para el comportamiento de muchos animales y para nuestros actos. Y, naturalmente, la felicidad (emoción o sentimiento), la alegría (propiamente una emoción), o la búsqueda del placer, responden muy bien a ese mecanismo evolutivo, guardando una estrecha relación con el mecanismo de recompensa, hasta el punto de que, en los primeros años de estudio, se han confundido.

¿Qué significa la felicidad?, ¿y la alegría?, ¿o el placer? Obviamente, para cada individuo, sea un colibrí, un humano o un miembro de cualquier otra especie, estos términos pueden tener significados muy diferentes (aún sin considerar la 'teoría de la emoción construida')[264]; los objetos de deseo o de acción son muy variados, tanto como las motivaciones más transcendentes que mueven la vida o las más cotidianas, las que nos levantan del sofá o las que nos mantienen tumbados. Cada cual tendrá sus motivaciones y sus patrones de placer o de felicidad y, de hecho, lo que para un individuo puede ser placentero, para otro puede resultar, ciertamente, incómodo y desagradable, hasta el punto de desencadenar otras de las emociones aquí descritas.

En cualquier caso, aunque los circuitos neuronales implicados en la felicidad o la alegría se extienden más allá de los hasta ahora descritos como participantes del mecanismo de recompensa, este comparte también, con esas emociones, sus circuitos de dopamina (AGAB y glutamato, etc.), sus localizaciones en el *núcleo accumbens* y en el ATV, y otros muchos elementos hasta ahora no indicados. Así, más allá de los tres neurotransmisores citados, hay que decir que otro neurotransmisor, la **serotonina**, presente en decenas de funciones corporales[265], participa en esa liberación de dopamina del ATV y de forma importante. De hecho, toda una generación de **antidepresivos**, conocidos como ISRS[266] (Inhibidores Selectivos de la Recaptación de Serotonina) actúan aumentando la disponibilidad de serotonina en las sinapsis; tal como indica su nombre, bloquean los transportadores que se encargan de retirar ese neurotransmisor de los espacios sinápticos. No es de extrañar que, en algún momento, siguiendo esa tendencia reduccionista y simplificadora, algunos autores identificaran a la serotonina como la 'sustancia de la felicidad'. Pero nuevamente hay que negar tal reduccionismo.

Y hay mucho más. Tenemos la **oxitocina**, que también funciona como neurotransmisor en el SNC y como **hormona** en varias regiones del organismo[267], y participa en muchas situaciones definidas como placenteras: p.e., en la excitación sexual y en el orgasmo, en el establecimiento de

---

[264] Recordemos que, tal como indica Mariño en su libro ('Neuronas para la emoción'), las 'teorías constructivistas (como la emoción construida, que considera que las emociones básicas no son innatas) complicarían explicar cómo aparecen las emociones en otros animales (como la alegría o la felicidad, entendida como tal emoción) y, desde luego, harían verdaderamente difícil (no imposible) justificar los sentimientos en animales más allá de nuestra especie. Al menos hasta donde sabemos en estos momentos.

[265] La **serotonina** participa directamente, p.e., en el control de la temperatura corporal, en la regulación del apetito y la densidad ósea, en el equilibrio del deseo sexual y otras funciones motoras, sensoriales y cognitivas.

[266] P.e., el famoso Prozac, muy popular a finales del pasado siglo XX, cuyo principio activo es la **fluoxentina**.

[267] Como hormona, la **oxitocina** puede liberarse por la hipófisis al torrente sanguíneo por diferentes estímulos y acciones como, p.e., la succión de una mamila, la estimulación genital, el llanto, etc.; además, lógicamente, de los propiamente debidos a las señales procedentes de otros centros de control del encéfalo. Y, a su vez, su liberación puede provocar diferentes reacciones como la excitación sexual, secreción de leche en las glándulas mamarias, dilatación cervical (de hecho, también se conoce como la 'hormona del parto'), etc.

relaciones sociales y emocionales (como el enamoramiento, los lazos de pareja, etc.), regulando muchos comportamientos sociales y sentimentales que, en nuestra especie, algunos fueron innatos y muchos otros se han ido definiendo como placenteros a lo largo de la evolución cultural. Para algunos profesionales, es la hormona del contacto piel con piel y de los abrazos y besos[268], también de la empatía. La psiquiatra Marian Rojas contrapone la **oxitocina** al **cortisol**: *'En una sociedad intoxicada por cortisol ('la hormona del estrés'), la oxitocina puede estar muy apagada y, por lo tanto, la empatía'*. Pero debemos entender esto como una metáfora (o, más propiamente, una sinécdoque).

Tenemos también las **endorfinas** (del griego '**END**ógeno y **M**orfina), **péptidos opioides** endógenos que, en los vertebrados, son producidos por el hipotálamo y la hipófisis y actúan como neurotransmisores en situaciones muy variadas, pero en general de bienestar. Así, son liberadas cuando hacemos ejercicio, mantenemos relaciones sexuales y durante el orgasmo o en muchas otras situaciones placenteras. También funcionan como **analgésicos** en situaciones de dolor, intentando mitigarlo; es el caso de las **encefalinas** (también péptidos, pero más cortos que las endorfinas) y que actúan como depresoras del SNC; volveremos sobre esto en el capítulo 10.

Y, sin agotar el catálogo de sustancias que nos provocan una u otra sensación de bienestar, podemos citar a la **anandamida** (o araquidonoiletanolamida), un **lípido** que puede actuar como neurotransmisor y forma parte de los llamados **endocannabinoides**. Su propio nombre, que deriva del término sánscrito 'ananda' (='portador de paz y felicidad interna') define bien algunas de las funciones en las que participa este compuesto en el organismo, tanto en el SNC como en otras partes del SNP. Este compuesto, descubierto a comienzos de los años noventa del pasado siglo XX, parece jugar, también, un importante papel en el mecanismo de la memoria y en sensaciones como el hambre, el sueño y el alivio del dolor.

En definitiva, aunque vamos identificando mecanismos y sustancias concretas que participan en la 'química de las emociones', no es bueno simplificar en exceso. Y, más allá de algunos tratamientos farmacológicos para patologías bien identificadas con mecanismos concretos[269] (insertos en sistemas más amplios), no podemos pretender confundirnos y creer que alcanzar la felicidad puede consistir en ingerir, inyectarse o activar una determinada sustancia química. ¡No olvidemos que la vida es, por definición, complejidad!

Vimos primero lo más básico en el mecanismo de recompensa (el juego de tres neurotransmisores como la dopamina, glutamato y AGAB y dos zonas subcorticales (ATV y *núcleo accumbens*) y, ahora, acabamos de ver que hay otros neurotransmisores que participan en el proceso. Muchos comparten funciones en lo que podríamos llamar la 'química de la felicidad' y la 'química de la alegría', pero también hay que extender el protagonismo a otras zonas del encéfalo y del cuerpo para estas dos emociones y no digamos ya, si consi-deramos el correspondiente sentimiento de felicidad. En el ya citado libro ('Neuronas para la emoción'), comenta Mariño que, en la felicidad como sentimiento en huma-nos, participa de forma determinante la corteza cerebral y, en concreto, una región conocida como la **ínsula**[270], muy relacionada con las sensaciones táctiles y, muy especialmente, con la gestión del tacto afectivo. Así mismo, la emoción de la alegría podría estar

---

[268] Es sabido que entre los beneficios de los besos está el aumento de **oxitocina** y de **dopamina** (en las zonas del encéfalo donde más participa la disminución del **cortisol** (que guarda relación con el estrés).
[269] Obviamente, siempre bajo supervisión de personal con la adecuada cualificación.
[270] Como veremos más adelante, la ínsula cerebral también participa en la emoción del asco.

vinculada a determinadas zonas del encéfalo, también más allá de las que involucran al mecanismo de recompensa y el *núcleo accumbens*. Así, podría tener mucha más participación el tálamo (y núcleos concretos localizados en esta región subcortical), incluso mecanismos que implican también al tacto y, en humanos, estructuras de la corteza cerebral que se fortalecen a lo largo de los primeros años de vida a través de los juegos de infancia.

De todas formas, es sorprendente todo lo que llegamos a saber, pese a que es mucho lo que queda por aprender sobre estos temas. Aunque puedo imaginar algunas situaciones concretas, no sé qué puede conmover, verdaderamente, a un **colibrí,** qué le puede hacer feliz (seguramente como emoción, como sentimiento ¿quién sabe?), o qué le produce intenso placer: imagino que encontrar pareja (en la época que les toca[271]), encontrar un buen conjunto de flores, tal vez, flores de ceibo, apropiadas para ser libadas, ..., pero sabemos que compartimos la mayoría de los mecanismos que, en esa diminuta ave y en cada uno de nosotros, se traducen en esa sensación de alegría o de felicidad emotiva. Sabemos que no hay diferencias que nos hagan especiales a los humanos, más allá, evidentemente, de la enorme influencia que la evolución cultural fue depositando en nuestra memoria colectiva e, incluso en nuestra evolución particular como especie (lo que incluye al *Homo sapiens* y antecesores próximos) a medida que nos fuimos adaptando a diferentes medios, en definitiva, de todas las características que han ido 'madurando' en nuestra corteza cerebral. De hecho, la diferencia fundamental entre nosotros, los humanos, y el resto de los animales es el número de conexiones que nuestras neuronas consiguen establecer. ¡Así es la vida!, evolución, adaptación y más evolución.

Fig. 54.- Foto de un colibrí en las afueras de Punta del Este (Uruguay). (R.V.).

---

[271] Aunque con importantes diferencias entre especies y de género ya que la mayoría son polígamos y cada macho se aparea con varias hembras en los períodos reproductivos; y estos son muy variables según especies y hábitats, unos más estacionales que otros. En cualquier caso, son las hembras las que llevan la mayor parte de la crianza, precisamente, en especies con un largo período de incubación y, en la mayoría de los casos, con crías que nacen totalmente ciegas e indefensas, y presentan un período especialmente largo de crianza en relación con otras aves (algo que también nos ocurre a los humanos con relación a los demás mamíferos).

Química de la TRISTEZA

La tristeza es una emoción que también tiene un buen encaje desde el punto de vista evolutivo ya que, en principio, permite identificar situaciones tóxicas para un individuo. Obviamente, con la evolución cultural, este papel aún alcanza mayor importancia en nuestra especie, como un elemento comunicativo, una señal de ayuda frente a los demás individuos.

Algunos estudios relacionan la tristeza con una hormona concreta (pero ¡no en exclusiva!): la **prolactina**. Esta hormona, segregada por la **hipófisis**, además de estimular en la mujer la producción de leche en las glándulas mamarias, cuando se activa en los centros que controlan nuestras emociones, puede sumergirnos en un mar de sensibilidad y desencadenar el llanto (si, ¡en todos los humanos!). Pero la tristeza es una emoción compleja que involucra diversos centros en el encéfalo como, p.e, el córtex cingulado anterior, la propia amígdala cerebral y también la propia corteza cerebral, así como varios neurotransmisores versátiles (en concreto, puede relacionarse con 'déficits', p.e., de **dopamina** o de **serotonina**). Por cierto, el propio llanto supone una compleja actividad bioquímica en nuestro cuerpo que lleva a la liberación de sustancias como la **vasopresina**, la **oxitocina** y **endorfinas**, las dos últimas con claros beneficios, en el sentido en que ayudan a tranquilizarnos y podernos hacer con el control de la situación. Diríamos que, en ocasiones, ¡llorar es químicamente saludable!

Ante todo, no debemos confundir la tristeza con una depresión. La primera, como se ha dicho, es una emoción de alerta que nos puede afligir temporalmente y que, en parte, podríamos asociar (no necesariamente) con falta de estímulos que nos producirían sensación de placer, de alegría o felicidad; la segunda, por el contrario, es un trastorno que puede llegar a ser incapacitante y desembocar en una enfermedad mental grave, presentando otras características bien definidas por los profesionales sanitarios, aunque uno de los síntomas pudiera ser una tristeza profunda y persistente en el tiempo[272]. Precisamente, en una persona deprimida se suele dar una atenuación de sus emociones, cosa que no ocurre en el caso de la tristeza cotidiana.

Como ya se ha comentado, algunos tratamientos farmacológicos de la depresión inciden en la idea de un déficit de **serotonina** en las sinapsis, de ahí que se empleen principios activos que bloquean la recaptación de ese neurotransmisor en estas zonas, permitiendo que aumente su tiempo de actividad.

En su libro 'Neuronas para la emoción', Mariño describe otra emoción básica que se refiere al instinto de cuidado y protección de las crías. Aunque no es una emoción exclusiva de las hembras de cada especie[273], para simplificar también es referida como 'amor maternal'. Comenta el neurocientífico que ligado a esta emoción habría otra complementaria, como otra cara de una misma moneda: la ansiedad por separación o angustia de las crías ante la separación de sus cuidadores, y estas emociones comparten los circuitos que responden a la tristeza en adultos.

---

[272] Obviamente, no debemos confundir la típica alusión coloquial de 'estoy deprimido', para referirnos a un momentáneo estado de tristeza, con el diagnóstico emitido por una profesional competente.

[273] De hecho, hay muchas especies en que se comparten las tareas de la crianza y no solo se refiere a la crianza biológica, en la medida en que se puede extrapolar a otras situaciones que se dan, p.e., en la convivencia y cuidado de mascotas, gatos y perros, de forma muy frecuentemente.

Química del AMOR

Aunque en la clasificación del psicólogo Paul Eckman, que aquí empleamos como punto de referencia, no figura el amor como una de las emociones base, es seguro que, dada su importancia en la vida, no hay forma de eludir una referencia sobre los mecanismos bioquímicos asociados a este 'complejo conjunto de estados y comportamientos mentales' que llamamos 'amor', más allá de cómo lo clasifiquemos, ya que la palabra abarca, obviamente, estados muy diferentes según los individuos y culturas. En cualquier caso, sentimiento, emoción o mezcla compleja de varios estados, no se puede cuestionar que hay un amor muy específico que se relaciona directamente con el sexo y que, evolutivamente, está muy relacionado, como una 'propiedad emergente', del que en los primeros estadios tenía como objetivo la reproducción de las especies. Dedicaremos un recuadro específico al sexo, centrándonos aquí, de forma muy generalizada, en estados asociados (como, p.e., la atracción física) y/o, para el caso de los humanos, en el propio sentimiento amoroso (asociado, probablemente, a distintos estados emocionales y sentimientos).

Como ya dijimos, cualquier emoción, básica o no (como constituyente de un sentimiento o no), responde a complejos mecanismos fisiológicos y bioquímicos que, en general, se solapan; verdaderamente, emerge de ellos. Y, efectivamente, si comenzamos analizando lo que podría ser la segunda fase del amor romántico, la del enamoramiento, nos encontraremos con mecanismos semejantes a los asociados a la felicidad (dopamina, serotonina, oxitocina, endorfinas, *núcleo accumbens*, ATV, ...) y, atendiendo a situaciones concretas, con síntomas característicos de activación del **SNS**, provocados por la liberación de **adrenalina** por las glándulas suprarrenales: aumento de tensión arterial, del ritmo cardíaco y de la respiración, dilatación de pupilas, etc.; también, en un mecanismo de retroalimentación, la propia liberación de adrenalina puede estimular la producción de más dopamina en el encéfalo.

Tal vez, la novedad en esta fase de enamoramiento sean algunos síntomas más específicos y no asociados a la felicidad como, p.e.: la pérdida de apetito, sudor en las manos, dificultades a la hora de conciliar el sueño y algo parecido a 'mariposas en el estómago', etc. Y todo esto puede guardar relación con la liberación de un compuesto, la **feniletilamina**, una **monoamina** de la familia de las **anfetaminas**. Esta sustancia parece ser, efectivamente, que participa en el inicio de esta fase y en la secreción de **dopamina** con disparo del **mecanismo de recompensa** (recordar: asociado tanto al placer como a la adición) y, también, en la secreción de **oxitocina**, hormona que activa el deseo sexual. Después de observarse que muchas personas, en una fase depresiva, tienden a demandar un alto consumo de chocolate, se ha especulado que podría guardar relación con el hecho de que este alimento contiene, efectivamente, feniletilamina, pero este compuesto también está presente en otros alimentos (p.e., quesos y vinos) que no juegan el mismo papel (cap. 9).

Pero, volviendo al tema que nos ocupa, la fase de enamoramiento puede tener un final en pocos años, el organismo puede hacerse menos sensible o totalmente insensible a los estímulos que, inicialmente activaban todos los mecanismos involucrados en esa fase. Una posibilidad es continuar en una nueva fase, la tercera, una fase de apego o estabilidad en la que juegan un importante papel sustancias como la **oxitocina**, las **endorfinas** y, también, la **vasopresina**; entonces, un sentimiento de calma y bienestar al compartir la vida con la persona amada puede sustituir a la anterior fase de pasión amorosa-atracción física. Aunque en la Naturaleza, los mecanismos que operan en esta tercera fase condicionan el comportamiento de muchas especies animales[274] y garante la estabilidad de las parejas formadas, cara a una ventaja evolutiva (la de la reproducción de los individuos y la perpetuación de la especie)[275], es obvio que, en los humanos va más allá y la superposición de la evolución cultural abre muchas alternativas en función de una disparidad de objetivos vitales tanto personales como de grupo, atendiendo a diferentes sociedades y épocas históricas. Obviamente, hay una fuerte implicación de la corteza cerebral y zonas relacionadas con el aprendizaje, la memoria y los sentimientos, etc.

Pero ¡qué pasa con la primera fase?, en la que surge el deseo amoroso o la atracción. Aquí la variedad, la biodiversidad juega su papel y son muchos los parámetros y circunstancias que pueden intervenir e influir, tanto a nivel de especies (cabría hablar de dimorfismos sexuales, de los rituales de cortejo y apareamiento o de las espectaculares puestas en escena de distintas especies animales como ocurre en el caso de muchas aves, épocas de celo, migraciones, ...) como a nivel de individuos dentro de una misma especie. Químicamente, se habla de la intervención de varias hormonas sexuales (como la **testosterona** y varios **estrógenos**) pero, también, destaca, en muchas especies, la determinante participación de ciertos compuestos muy específicos, que pueden actuar como atrayentes sexuales: se trata de las **feromonas sexuales**. Como veremos con más detalle en un recuadro específico sobre el sexo, estas feromonas juegan un papel absolutamente fundamental en la atracción entre individuos en muchas especies de animales, especialmente en el mundo de los insectos, pero también en mamíferos.

Se ha especulado mucho sobre la existencia o no de feromonas sexuales que podrían activar esta fase inicial de atracción en la especie humana. De hecho, en la industria del perfume hay quien defiende tal participación y hoy en día, hay determinados perfumes en los que se anuncia la presencia de algunos compuestos que son apuntados como posibles feromonas sexuales de humanos. Es el caso de dos **esteroides**, la **androstadionona** y el **estratetraenol**. Tal como indica la raíz de su nombre (andros-), la primera fue identificada en las axilas de los hombres y en el semen, mientras que la segunda fue identificada en la orina y genitales de mujeres. Además, es curioso que, según relatan algunos estudios, el olor de la **androstadionona** solo es percibido por mujeres y algunos hombres que se declaran homosexuales (o que, previamente, les fueron inyectados estrógenos), y lo mismo ocurre con la **exaltolida**, una lactona sintética (ver tabla 8); por otro lado, según algunos estudios, el **estratetraenol** solo es percibido por hombres. Pero, también, es un hecho que, más allá de como pudieran ser los comportamientos más primitivos en el género *Homo*, después de la evolución cultural que nos ha ido conformando, nuestra especie también en las formas de atracción sexual y excitación presenta algunas diferencias notables con respecto al resto de primates primando, p.e., el sentido de la vista (tal como describe detalladamente Carole Hooven, en el ya citado libro 'Testosterona')[276].

---

[274] P.e., hay estudios sobre el papel de la vasopresina y de la oxitocina en el comportamiento monógamo de por vida en los ratoncitos de los prados. Cuando se inhibe su capacidad de segregar este compuesto en los machos de esa especie, se vuelven polígamos y lo mismo ocurre en las hembras al inhibirse la secreción de oxitocina.

[275] No olvidemos el estado de fuerte dependencia en que nos encontramos los humanos en el momento de nacer (y tiempo después), en comparación con las crianzas de muchas otras especies de mamíferos. Curiosamente, lo mismo les ocurre a los pollos de **colibríes**.

[276] Allí comenta Hooven que nuestra especie tuvo un desarrollo de los pechos femeninos y del órgano sexual masculino muy evidente, con respecto a las otras especies de primates, así como otros signos, no provisionales ni vinculados al celo, en un claro objetivo 'exhibicionista' propio de los humanos.

En cualquier caso, en nuestra especie es muy razonable suponer que la propia evolución cultural, que se ha ido solapando con la biológica, prevalezca, y que los posibles efectos de lo que, inicialmente, serían feromonas sexuales resulten menos importantes (o, incluso totalmente tapados) frente a otras características culturales y situaciones vitales que participan en el establecimiento del deseo sexual. Puede que el olor juegue un cierto papel en esta fase, pero simplemente debemos pensar en cómo han ido cambiando, a lo largo de la historia, los patrones de belleza o, p.e., el propio papel del sudor corporal, en las relaciones entre individuos de nuestra especie, para comprender la mayor importancia de la evolución cultural, que da prevalencia a otras características sobre las propias del olfato.

Química del SEXO

La invención del sexo. Sexo cromosómico y sexo gonadal

Como ya se ha comentado en el capítulo 6, la aparición de la reproducción sexual ha sido toda una revolución entre los primeros seres vivos que, probablemente, garantizaba la diversificación genética de las poblaciones. Así, pues, en aquellos primeros estadios, reproducción y sexo están íntimamente relacionados y parece lógico comenzar este apartado con la selección genética del sexo. Como es sabido, en los humanos (y en la mayoría de los mamíferos)[277], genéticamente el sexo (el '**sexo cromosómico**') viene determinado por un sistema de dos cromosomas sexuales: **X** e **Y**. En nuestra especie, de los 23 pares de cromosomas, a la hora de combinarse óvulo y espermatozoide durante la fecundación puede resultar un par **XX** que, genéticamente, es decir, de inicio, se corresponde al de una mujer, o un par **XY**, correspondiente a un hombre[278]; pero en la 'construcción de una persona participan más elementos que los propiamente genéticos y, como veremos, con la intervención de determinados compuestos u hormonas en los primeros estadios y la incorporación de elementos propios de nuestra evolución cultural, las cosas pueden resultar más complejas y, desde luego, no cabe confundir pares cromosómicos con la identificación sexual y, por supuesto, aún mucho menos, con la identificación de género.

A nivel de curiosidades, parece ser que el cromosoma **Y** surgió, en un determinado momento de la evolución (desde luego con anterioridad a la aparición de los primates), como una mutación del **X**, siendo este último mucho más grande y con muchos más genes[279]. Además, en principio, los embriones humanos son todos, inicialmente, femeninos, hasta que, en un determinado momento del desarrollo fetal (alrededor de la sexta semana), un gen del cromosoma **Y**, conocido como **SRY** (siglas del inglés, *Sex-determining Region Y*), dirige la fabricación de una proteína[280] que hace que en el embrión se puedan desarrollar testículos o ovarios (según participe o no el gen SRY). Esto sería el inicio del '**sexo gonadal**', pero no llega, requiere una continuidad y, tal como comenta la bióloga evolutiva de la Universidad de Harvard, Carole Hooven, en su libro 'Testosterona', para que

---

[277] En muchas otras especies de animales (aves, reptiles, insectos, ...), el sistema de determinación del sexo se debe a otro par cromosómico diferente e, incluso, en algunas especies (p.e., algunos reptiles y peces) puede venir determinado por la temperatura u otros condicionantes del momento.

[278] Aunque muy minoritarias, las combinaciones XX y XY no son las únicas. Puede darse un número excepcional de cromosomas (lo que se conoce como aneuploidía) y, así, aparecer un único y solitario cromosoma X (síndrome de Turner o monosomía X o X0) o combinaciones XXX (síndrome triple X). O combinaciones como XXY (síndrome de Klinefelter) y variantes de este último, aún mucho menos frecuentes, como XYY (síndrome de Jakob), XXXY o XXXXY. Algunas de estas alteraciones pueden conducir a ciertas características físicas y/o incluso enfermedades asociadas, mientras que otras pueden pasar, físicamente, desapercibidas.

[279] Mientras el alelo Y contiene unos 70 genes, el X se aproxima a los 1.000.

[280] Proteína conocida como TDF (del inglés, *Testis Determining Factor*).

el pene y el escroto se desarrollen en el feto es preciso que, en los tejidos precursores (inicialmente indiferenciados), determinados receptores resulten estimulados por dos hormonas andrógenas: la **testosterona** y, sobre todo, la **dihidrotestosterona** (DHT), mucho más potente como andrógeno y que se forma por hidrogenación de un enlace C=C de la testosterona, bajo el control de una **enzima** de nombre **5-α-reductasa**. Así, pues, hay un camino desde el genotipo de cada organismo hasta la conformación final del fenotipo.

Seguramente es más conocido el hecho de que en nuestro cuerpo hay varias hormonas sexuales: **andrógenos** (como la testosterona o la DHT), **estrógenos** (como el **estradiol**, el **estriol** o la **estrona**) y **progestágenos** (como la **progesterona**); todos ellos con estructuras de **esteroides**, derivadas del **colesterol**. Y, seguramente, está extendida la creencia de que los hombre solo tienen andrógenos y las mujeres únicamente estrógenos y progestágenos, cosa que no es exactamente así; los tres grupos de hormonas tienen funciones en el organismo de cualquier persona (de hecho, el estradiol es sintetizado en todos los organismos a partir de la testosterona y esta última deriva de la progesterona)[281]; pero, ciertamente, lo más habitual es que los niveles de andrógenos sean mucho más altos en los hombres y los de estrógenos y progestágenos en las mujeres; de ahí, los caracteres sexuales, primarios y secundarios[282], que mayoritariamente se suelen destacar.

Pero, esto tampoco llega; es preciso que estas hormonas (especialmente la testosterona) se puedan manifestar en los momentos adecuados y, para esto, es preciso la participación de los ya citados **receptores androgénicos**. Así, existen síndromes que se manifiestan, completa o parcialmente, como, p.e., el SIA (síndrome de insensibilidad androgénica) en mujeres que responden al genotipo **XY**, con testículos en lugar de ovarios, pero ocultos en el abdomen, con la testosterona que estos producen desde allí, pero sin la respuesta de los correspondientes receptores androgénicos[283]. Existen otros síndromes que muestran discordancias entre el sexo gonadal y el cromosómico como, p.e., el llamado síndrome de Swyer[284] o el de la deficiencia de 5-α-reductasa, también en personas con genotipo **XY** o el síndrome de Le Chapelle[285], con genotipo **XX**, ... Seguramente, estos ejemplos y otras alteraciones fisiológicas pueden participar, en algunos casos, pero no siempre (y junto a otras consideraciones derivadas de nuestra evolución cultural), en la diferenciación entre sexo gonadal y género, pero hay que añadir que es mucho más complejo dado que la identidad de género, como concepto cultural, responde más que a la mera anatomía corporal, a comportamientos, atributos y a una autoidentificación subjetiva.

---

[281] De hecho, además de ser producidos los andrógenos en los testículos y los estrógenos y progestágenos en los ovarios, todos ellos son producidos, ciertamente en menor cantidad, en las glándulas suprarrenales. Y, más allá de los caracteres sexuales manifiestos que se deben a todas estas hormonas, la **progesterona** participa en todos los organismos: en la regulación de los niveles de **glucosa** y, mientras que en las mujeres transforma las paredes internas del útero para acoger el óvulo fecundado, en los hombres disminuye el riesgo de la hiperplasia prostática. Por su parte, los **estrógenos** no solo controlan la menstruación en la mujer, en todos los organismos participan en el metabolismo de las grasas, especialmente en el nivel de colesterol, favoreciendo el HDL y controlando el LDL, así como en la regulación de la tensión arterial.

[282] Los caracteres sexuales primarios se refieren a los genitales, externos e internos (pene, clítoris, vagina, escroto, útero, trompas de Falopio, ...), presentes o no en el nacimiento, mientras que, los secundarios se manifiestan en la pubertad (como las mamas, comienzo de la menstruación, barba y pilosidad corporal, tamaño de las caderas, etc.).

[283] ¡Ironías de la vida!, el gen que codifica las proteínas que actúan como receptores androgénicos se encuentra en el alelo X.

[284] O disgenesia gonadal 46XY; se piensa que guarda relación con una alteración del gen SRY del cromosoma Y.

[285] También conocido como disgenesia gonadal 46XX; asociada con una deficiencia notoria de testosterona en determinados momentos.

Atracción y comportamiento sexual

A la hora de alcanzar la excitación sexual, en la especie humana hay muchos elementos comunes entre mujeres y hombres, más de los que cabría esperar ante las diferencias anatómicas más evidentes que podemos exhibir; esto no significa, obviamente, que no haya también importantes diferencias, como también es evidente que las hay entre unos individuos y otros del mismo género (aunque menos sistemáticas). En mayor o menor medida en cada caso, la excitación sexual puede ser el resultado tanto de la estimulación táctil directa, en determinados órganos o zonas erógenas, como de otros estímulos sensoriales (visuales, olfativos, etc.) y, especialmente, los psíquicos (incluidas aquí, diversas emociones[286]); de ahí que se haya afirmado que el cerebro es el mejor afrodisíaco conocido. En la respuesta sexual van a participar tanto la corteza cerebral (donde se forman los pensamientos, también los eróticos), como otros órganos del SNC, encargados de la gestión de la información sensorial y de la respuesta motora, con la evidente participación de varias hormonas, y del SNA, vía parasimpática (p.e., en la erección del pene o del clítoris) y vía simpática (p.e., en las contracciones musculares durante los orgasmos).

Así, diversos factores (excitantes), tanto en mujeres como en hombres, pueden provocar que las neuronas del hipotálamo produzcan la Hormona Liberadora de las Gonadotropinas (GnRH, de las correspondientes siglas en inglés) y esta provocará que en la hipófisis se liberen, efectivamente, varias hormonas conocidas como **gonadotropinas**: la LH (o hormona luteinizante) y la FSH (hormona foliculoestimulante)[287]. La presencia de la LH en sangre estimula la producción de testosterona en los testículos del hombre y la de estrógenos (y de testosterona para su producción) en los ovarios de la mujer, mientras que la FSH promueve, en el hombre, la maduración de los espermatozoides y, en la mujer, el desarrollo de los folículos ováricos (y también regula el ciclo menstrual)[288].

Tanto en el hombre como en la mujer, esa liberación de hormonas sexuales va a promover que las células del tejido eréctil, del pene o del clítoris, produzcan **monóxido de nitrógeno[289] (NO)**, un neurotransmisor que estimula la relajación del músculo liso de los cuerpos cavernosos y de las arterias de la zona, provocando que estas últimas presionen a las venas e impidan que la sangre que va entrando en esos órganos (pene y clítoris) pueda salir de la zona. En definitiva, la erección de estos órganos viene producida, después de una larga cadena de secreciones químicas, por la presión hidrostática. Además, en las terminaciones nerviosas del **sistema parasimpático** de estos tejidos, durante la erección se liberan cantidades importantes de **acetilcolina** y de una hormona, el **Péptido Intestinal Vasoactivo** (VIP)[290] que provoca vasodilatación; y hay un segundo mensajero del **NO**, el **GMPc**[291], que ayuda en la regulación de la contracción del músculo liso.

Obviamente, estos procesos son mucho más complejos y requieren la participación de otras sustancias mensajeras (hormonas, neurotransmisores y segundos mensajeros[292]) y resulta imposible incluir aquí todos los participantes al nivel de detalle: noradrenalina, iones calcio, miosina y actina en los músculos, diversas **enzimas**, ...

---

[286] Pensemos que hay personas que pueden practicar sexo en situaciones de riesgo, incluso les puede excitar, mientras que otras se ven fuertemente inhibidas en tales situaciones, etc.

[287] Hay otra gonadotropina, la conocida como gonadotropina coriónica humana (hCG), una glucoproteína cuya detección en sangre es empleada como prueba para confirmar una gestación.

[288] De hecho, la ausencia de GnRH antes de la pubertad hace, p.e., que no se sinteticen LH y FSH en chicas y chicos, y no se manifiesten algunos caracteres sexuales secundarios.

[289] El **monóxido de nitrógeno** es producido por el organismo a partir de un aminoácido, la **arginina**.

[290] Esta hormona es un polipéptido de 28 aminoácidos que se encuentra en varios órganos y tejidos del cuerpo.

[291] Recordemos que el GMPc, o guanosín monofosfato cíclico, es un derivado cíclico del nucléotido GTP (trifosfato de guanosina), habitual de los ácidos nucleicos.

[292] Recordemos que los 'segundos mensajeros' son compuestos que, en el interior de la célula, pueden continuar la señal de otro mensajero, extracelular, una vez que este activa ciertos receptores en la superficie.

Y, por supuesto, en el SNC se activan los mecanismos del placer que involucran neurotransmisores como la **serotonina**, la **dopamina** en el *núcleo accumbens* o **endorfinas** en la hipófisis e hipotálamo, así como la liberación de **oxitocina** (y **vasopresina**) por la hipófisis (bajo la dirección del hipotálamo). Todos estos compuestos participan como una orquesta sincronizada, de forma sinérgica, en el estadio de la excitación, pero también en el momento del orgasmo hasta que, poco después, cuando se llega a la máxima liberación de serotonina en el SNC, comienza su reabsorción, y se activa un mecanismo que inhibe la liberación de más hormonas gonadotropinas (recordar, la LH y FSH) al tiempo que una enzima, la 5-fosfodiesterasa, promueve la eliminación del GMPc para reducir o rematar la erección: es la detumescencia. Precisamente, hay un grupo de fármacos conocidos como inhibidores de esa 5-fosfodiesterasa (IPDE-5) que actúan, por lo tanto, como potenciadores de la erección (al impedir la eliminación del GMPc) y se emplean en el tratamiento de la disfunción eréctil. Tal vez el más conocido es el citrato de sildenafilo que, en su día, la farmacéutica Pfizer comercializó con el nombre de Viagra para tratar la angina de pecho; pero hay otros similares como el taladafilo, el avanafilo o el vardenafilo.

La química del sexo puede implicar aún muchos más campos de estudio. P.e., en el sexo genital sin barreras anticonceptivas, entre un hombre y una mujer, tal como describe Len Fisher en su libro 'Cómo mojar una galleta', los espermatozoides contenidos en el esperma, lanzado por los espasmos musculares desde el pene (bajo la acción del sistema simpático), inician un complicado trasvase de un medio fisiológico a otro lleno de obstáculos. Para comenzar, el plasma seminal, que es líquido en el interior del pene, una vez que sale cuaja y se transforma en una gelatina que dificulta el avance de esos espermatozoides hacia la mucosidad cervical femenina, con una viscosidad muy dependiente de la acción de los estrógenos y de la progesterona. Además, en ese viaje los espermatozoides pasan de un medio básico (el **pH** del semen oscila entre 7,2 y 8) a otro claramente ácido (el pH del flujo vaginal oscila entre 4 y 4,5, por la presencia de diversos ácidos orgánicos de cadena corta, entre ellos ácido acético, propanoico, láctico, butanoico, etc.). ¡Toda una aventura!

Feromonas

Al igual que ocurre con nuestra especie, los **colibríes** tienen el encéfalo más grande que el de cualquier otro animal de su mismo tamaño; y sabemos que tienen una memoria notable, responsable de las largas rutas de migración que recorren en América o del control de las flores que ya libaron. Pero no tenemos ni idea si tienen pensamientos eróticos que les estimulen sexualmente, como ocurre en nuestra especie. Ni tampoco si emplean otro de los sistemas de atracción sexual más frecuente en el mundo animal: el sentido del olfato[293] y el uso de feromonas sexuales. Si sabemos, en cambio, que en el mundo de los insectos (y otros artrópodos), incluso en diversos mamíferos, es la principal forma de atracción sexual.

Las feromonas sexuales son compuestos químicos que desprenden los machos o las hembras de una determinada especie para atraer a los individuos del otro sexo e incita a la cópula. Desde que, a finales de la década del 1950, se descubrió el **bombicol**, la feromona producida por la hembra de la mariposa de la seda (*Bombyx mori*), en general, fueron miles las feromonas de insectos identificadas, en comparación con el número tan bajo en el resto de las especies de animales. Puede que esto signifique que en el mundo de los insectos tienen una función más importante o, simplemente, que hay un cierto sesgo a la hora de los estudios sobre este tema: es un hecho que el comportamiento de un número significativo de insectos es mucho más fácil de estudiar y hay incentivos económicos evidentes, si pensamos en el control de plagas que pueden afectar a diversos sectores productivos (como el agropecuario), plagas en las que el uso de feromonas puede resultar muy útil. Pero, por otro lado, pensar que las cantidades producidas por cada individuo son tan pequeñas que hacen falta muchos ejemplares para aislar e identificar estos

---

[293] Sabemos que emplean el olfato para detectar la presencia de insectos en las plantas en las que van a libar.

compuestos. Como cita M. Barbier en su libro 'Introducción a la Ecología Química', en el caso ya citado de la *Bombyx* hicieron falta unos 300.000 ejemplares de hembras (obtenidas a partir de un millón de pupas) para, finalmente, obtener unos 3 mg de bombicol[294].

En cualquier caso, las numerosas referencias a feromonas sexuales en insectos indican que son muy específicas y de grupos químicos muy diversos. Entre las más frecuentes, las más sencillas son **ácidos carboxílicos** (como el valeriánico, del gusano de la remolacha) o **hidrocarburos** obtenidos por descarboxilación de los **ácidos grasos** (como el 2-metilheptadecano de la mariposa *Homomelina nigricans*), pero abundan, también, los **ésteres** (especialmente **acetatos**), **aldehídos**, **cetonas**, **alcoholes** y, más raramente, algunos **terpenos** e incluso **alcaloides**.

También entre los mamíferos se ha investigado e identificados varios ejemplos de interacciones mediatizadas por feromonas sexuales[295]. Al nivel de observación más elemental, llega con salir a caminar por un paseo frecuentado por perros y podremos ver cómo las señales olorosas juegan un importante papel en la vida social y sexual en los individuos de esa especie tan próxima a nosotros. En muchos casos, las hembras indican su estado de celo con un incremento de estrógenos en la orina y, de forma más específica, con mezclas complejas e identificables de ácidos grasos de cadena corta[296], segregados en la vagina[297]. Pero hay muchas feromonas sexuales específicas identificadas en machos de jabalíes, ciervos, civetas, ..., con estructuras típicas de **esteroides** o similares, emparentadas con las hormonas sexuales más conocidas (**testosterona, androsterona**) y que dan un fuerte y característico olor a almizcle. Es el caso, p.e., de la **civetona** o de la **muscona** (del ciervo almizclero), en los dos casos **cetonas** cíclicas muy simples (tabla 8). El tradicional uso de cerdas en la búsqueda de trufas guarda relación con el hecho de que este hongo contiene, entre los muchos volátiles que le dan olor, un compuesto semejante a una de las feromonas que produce el macho de la especie: el **androstenol**[298] y su 3-cetona correspondiente, de la familia de los esteroides.

Está en el aire la pregunta de si existen feromonas sexuales humanas. Dado el precedente en otras especies de primates y el hecho, comprobable, de que hay cierto sesgo en el olfato de mujeres y de hombres ante determinados compuestos (p.e., la **muscona** o los citados ejemplos de la **androstadionona** y el **estratetraenol**), no es imposible la existencia de tales feromonas, como en ocasiones afirman los fabricantes de perfumes. Pero, como también se comenta en el texto principal, es obvio que debemos considerar la posterior evolución cultural con toda la carga transformadora que ha supuesto para nuestra especie, muy evidente en pautas de comportamiento en situaciones concretas como puede ser el cortejo.

---

[294] En la química de los productos naturales es frecuente encontrarse con cantidades desmesuradas de muestras para conseguir cantidades ínfimas de un producto puro. En mi tesis doctoral, fueron muchos los kilogramos recogidos de *Actinia equina, Anemonia sulcata* y otras especies, para al final, conseguir miligramos de una mezcla de esteroides que después había que separar y/o identificar mediante técnicas cromatográficas o espectrométricas. En el caso de los insectos, la identificación de feromonas comienza o con la extracción de los compuestos a partir de ejemplares (muertos) con disolventes, o pasando una corriente de aire por un gran número de individuos de un determinado sexo y, luego, condensando los volátiles a muy bajas temperaturas.

[295] Varios estudios apuntan a la probable intervención de feromonas en la sincronización, con el paso del tiempo, de los ciclos menstruales de mujeres que conviven en residencias universitarias (destacan los trabajos de la psicóloga Marta McClintock); pero no ha sido identificada una sustancia responsable de esta interacción.

[296] Identificados, p.e., en hembras de varias especies de primates (mandril, mono ardilla, macaco de la India).

[297] Mezclas identificadas en el caso de los fluidos vaginales de las mujeres, con curiosas variaciones de la mezcla en función de las diferentes etapas del ciclo menstrual y otras características de cada persona.

[298] En concreto, el 5α-androst-16-en-3α-ol.

Tabla 8: Ejemplos de feromonas, alomonas y hormonas en insectos (y otros artrópodos) o mamíferos. Se indica la familia química a la que pertenece el compuesto y la especie (o una de ellas) sensible.

Compuesto	Familia, especie y papel	Fórmula
Bombicol	Alcohol lineal de cadena larga. F. Sexual de la mariposa Bombyx mori (gusano de seda)	
Ácido valeriánico	Ácido carboxílico. F. sexual. Gusano de la remolacha azucarera (*Limonius sp.*)	
Ácido *trans*-9-ceto-2-decenoico	Ácido carboxílico. F. sexual. Abejas (*Apis mellifera*)	
Civetona	Cetona macrocíclica. F. sexual de la civeta (*Nandini sp.*)	
Muscona	Cetona macrocíclica. F. Sexual. Ciervo almizclero (*Moschus sp.*)	
Androstenol	Esteroide. F. Sexual jabalí (*Sus sp.*) (también la cetona correspondiente)	
Derivado de la indolizina	Alcaloide. Marcador de rastro hormiga *Monomorium pharaonis*.	
Geraniol	Terpenoide, marcador de flores. Abejas (*Apis*)	
Undecano	Hidrocarburo. Feromona de alarma (una de varias) en *Formica sp.*	
Acetato de isoamilo	Éster. Feromona de alarma en abejas (*Apis*).	
Esparteína	Alcaloide. Atrayente de insectos como pulgón (ex. *Acyrthrosiphon sp.*)	
Morina	Flavonoides. Atrayente de comensales como el gusano de la seda (*Bombyx mori*)	
Dendrolasina	Terpenoide. Sustancia defensiva de las hormigas del género *Dendrolasius*.	
Luciferina	Un benzotiazol. Participa en la bioluminiscencia de ciertas luciérnagas como atrayente sexual (ex. *Photinus pyralis*)	

Hormona juvenil de bolboreta	Terpenoide. Hormona juvenil de la mariposa *Platysamia cecropia.*	
Juglona	Quinonas. Compuesto fitotóxico usado por el nogal (*Juglans sp.*)	
Exaltolida	Lactona sintética con un límite de percepción diferente entre hombres y mujeres (que, además, varía con el ciclo ovárico).	
Estratetraenol	Esteroide, con marcadas diferencias en los límites de percepción olorosa en humanos, según el sexo.	

Por cierto, el mundo de las feromonas no se restringe al ámbito de la sexualidad. Así, se han identificado cientos de feromonas de alarma, de rastreo, etc., también, mayoritariamente, en insectos y otros artrópodos, como se puede comprobar en la tabla 8; incluso participantes en la competencia por el terreno entre especies de vegetales.

Química de la SORPRESA

Atendiendo a las ventajas evolutivas, resulta evidente la función adaptativa que puede presentar una emoción como la sorpresa; un mecanismo que nos pueda ayudar a reaccionar rápidamente ante eventos inesperados. Pero, vistos los mecanismos más destacados de las otras emociones, no hay nada sorprendente en esta nueva emoción.

Ante una situación inesperada, probablemente, el **tálamo** envíe una orden inmediata a la **amígdala** para iniciar un mecanismo de reacción como, p.e., el que se describe en el caso del miedo y ponga en marcha la activación del sistema nervioso simpático, con los síntomas ya descritos (liberación de **adrenalina**, etc.). Pero esto dependerá mucho de nuestro estado anímico en ese momento, de cómo nos coja esa inesperada situación, el contexto en el que ocurre, etc., pues, evidentemente, habrá que discernir entre sorpresas desagradables y sorpresas que pueden resultar muy placenteras. Según indican estudios realizados en la Universidad de Columbia (New York), en los dos casos son las amígdalas cerebrales las encargadas de las primeras gestiones de esa información y presentan grupos de neuronas claramente especializadas en esta diferenciación: un grupo se activa ante las sorpresas agradables y otro ante la dañinas. En cualquier caso, se ha comprobado que las sorpresas, cuando resultan agradables, pueden suponer un extra de placer y el ***núcleo accumbens*** se verá inundado de dopamina. Así, pues, ante la sorpresa probablemente acabaremos inundados o de **dopamina** o de **cortisol.**

Este hecho de participación de neuronas de los mismos centros encefálicos (amígdala, núcleo accumbens, etc.) en mecanismos de diversas emociones es habitual y tiene un curioso ejemplo en las cosquillas. Se sabe, desde hace tiempo, que las cosquillas requieren del factor sorpresa (resulta difícil provocarnos cosquillas a nosotros mismos) y, también, de una situación, en mayor o menor grado, afectuosa (amor, amistad, etc.), con la intervención de la dopamina.

Química del SUEÑO, del HAMBRE e interacciones complejas

¿Por qué dormimos?

Tal como contábamos en un vídeo de astronomía que hicimos hay muchos años en el grupo Antares, titulado '*A danza do planeta Terra*', nuestro planeta tiene muchos ritmos o movimientos periódicos. Es un hecho que los seres vivos nos adaptamos, con diferentes estrategias, a los principales efectos de dos de esos movimientos periódicos planetarios: los más inmediatos son, sin duda, la sucesión de los días y noches, debida a la rotación terrestre, y las estaciones anuales[299], consecuencia de la traslación de la Tierra alrededor del Sol y de la inclinación del eje de rotación terrestre en relación con el plano de esa órbita de traslación.

Centrándonos en el primero de los ciclos citados y en los animales[300], es un hecho que el SNC de prácticamente todos los animales se adapta al ciclo día-noche alternando dos estados diferenciables: **vigilia-sueño**[301]. La propia evolución ha ido dotando al SNC de cada especie con los mecanismos apropiados para esta adaptación[302].

Lo curioso es que no sabemos con total certeza para que sirve exactamente el sueño, dando por hecho que para la mayoría de los animales supone un evidente estado de desprotección frente a posibles depredadores y ante otras situaciones inesperadas, pues la principal característica del sueño es la evidente reducción de la interacción y reactividad frente al exterior. Si sabemos que, en nuestra especie y en otras muchas estudiadas, se pueden distinguir diferentes fases en el sueño; seguramente la más conocida es la del sueño REM, definido entre otras características por el movimiento rápido de los ojos (de hecho, REM es el acrónimo, en inglés, de *Rapid Eyes Movement*) y la atonía muscular. En el tiempo que dormimos pasamos por diferentes fases REM y otras fases no-REM de forma cíclica. Entre las varias hipótesis que intentan explicar porque dormimos, parecen destacar aquellas que dan por hecho que, por un lado, es una forma de ahorrar energía y de descanso para el organismo, ya que la actividad de muchos órganos se ve claramente disminuida; por otro lado, particularmente en el sueño REM, es el momento de ir ajustando conexiones neuronales establecidas durante el día, como sedimentándolas, en una clara asistencia de los mecanismos de memoria, además de dedicarse (en las fases no-REM) a actividades de 'limpieza', eliminando residuos de la actividad cerebral.

---

[299] Obviaremos las estrategias de adaptación a las estaciones que afectan a casi todas las especies de animales, pero no debemos olvidar la importancia de este ciclo anual en situaciones como la reproducción (pautas de cortejo, apareamiento, crianza, ...), las migraciones, estados de hibernación, cambios de color, etc.

[300] Es obvio que también los vegetales 'sienten' el ciclo día-noche y varían sus pautas de actividad. La más inmediata es la **fotosíntesis**, pero hay otros procesos y estrategias menos evidentes y más específicas como el control de estomas en función de la humedad y temperatura, etc.

[301] Hasta los ya citados **anfioxos**, esos pequeños gusanos marinos y parientes muy alejados de los mamíferos, presentan algunas células que regulan el ciclo de vigilia-sueño.

[302] Hay especies (como, p.e., delfines) que pueden tener un hemisferio cerebral en estado de sueño y otro en el de vigilia; algunas especies duermen de pie, otras colgadas, ...

Sea cual sea la razón de que exista tal ciclo de vigilia-sueño, es un hecho que estamos sometidos a un ciclo diario, en el que se ajustan muchos, por no decir todos los órganos de nuestro cuerpo, es lo que se conoce como **ritmo circadiano** (ciclos de 'casi un día'). Este ritmo biológico de medida del tiempo afecta a muchos parámetros (temperatura, actividad motora, etc.) y a infinidad de reacciones químicas de nuestro cuerpo (con picos de máxima o de mínima producción de diversas sustancias importantes para la vida como, p.e., el **colesterol**) y se va sincronizando con los ciclos ambientales a través de varios compuestos, tal como veremos.

Seguramente, la hormona más importante y conocida entre las implicadas en la regulación de ese ritmo (y, por lo tanto, del ciclo sueño-vigilia) es la **melatonina**[303], principalmente producida en la glándula pineal[304] (a partir de un aminoácido, el **triptófano**, vía **serotonina**), bajo el control del hipotálamo. La importancia de la melatonina, como sustancia reguladora de este ciclo, radica en que su liberación se produce cuando el cuerpo detecta una disminución significativa en la intensidad de la luz (y también del tipo de luz[305]), cosa que se controla gracias a la participación de las llamadas 'células ganglionares intrínsecamente fotosensibles', presentes en la retina (ver Química de la visión, cap. 7). El aumento en la concentración de melatonina liberada en el organismo favorece el inicio y mantenimiento del sueño y, de hecho, hay varios derivados de este compuesto que se emplean en el tratamiento del insomnio y, también, para tratar problemas relacionados con el conocido efecto *jet-lag*, que pueden sufrir las personas que realizan viajes intercontinentales con importantes variaciones en los husos horarios entre destino y origen.

La melatonina no es la única sustancia que participa en la inducción del sueño, tanto en humanos como en otras especies de animales. La **adenosina** (fig. 32) (el **nucleósido** derivado de la **adenina**) es seguramente, el **neuromodulador** más importante en la inducción del sueño, particularmente del sueño no-REM. Es liberada por algunas neuronas del **hipotálamo** y participa en multitud de **sinapsis** cerebrales; de hecho, como resultado de la actividad neuronal, durante la vigilia se va acumulando y una elevación de su concentración acaba provocando el cansancio y la somnolencia. Precisamente, mientras dormimos bajan los niveles de adenosina en el cerebro, dando sentido a frases como 'poner a cero, nuevamente, el indicador diario[306]' o 'recargar pilas', aunque personalmente me ha gustado la analogía con un reloj de arena que oí hace poco en una conferencia sobre el tema; al dormir estamos dándole la vuelta al reloj que había acumulado adenosina en su parte baja durante toda la jornada. Precisamente, el café, el té y otras sustancias análogas nos mantienen despiertos, aumentan el estado de vigilia, debido a que actúan como **antagonistas** en los receptores de la adenosina. Otro compuesto que actúa como inductor interno del sueño es el **monóxido de nitrógeno**[307] **(NO)**, un **neurotransmisor** (y neuromodulador) que, dado el tamaño tan pequeño de su molécula, puede atravesar fácilmente la membrana celular; se piensa que actúa, precisamente, disparando la liberación de adenosina.

La acumulación de adenosina en determinadas neuronas acaba induciendo el sueño al actuar como disparador 'negativo' de un mecanismo complejo que incluye diversas reacciones en cadena y en paralelo; 'negativo' en el sentido en que, verdaderamente, la adenosina inhibe un complejo sistema modulador que trabaja para mantener el estado de vigilia y en el que participan, en

---

[303] Se encontró **melatonina** en todas las especies animales en las que se ha buscado su presencia, también en vegetales, hongos, bacterias y algas, siempre en concentraciones dependientes del ciclo día-noche.

[304] La glándula pineal es una pequeña estructura situada en el encéfalo, en los humanos tiene el tamaño de un grano de arroz. Y, ciertamente, durante un tiempo se pensó que era la única glándula que sintetizaba melatonina; ahora se sabe que también se sintetiza en otros órganos: en la propia retina, cerebelo, piel, etc.

[305] Efectivamente, la 'luz fría', esa luz blanca con mayor participación de las longitudes de onda más cortas (azules, violetas, …) inhibe mucho más la liberación de melatonina que la luz más cálida (rica en rojos).

[306] Obviamente, no exactamente a 'cero', más bien, en valores mínimos.

[307] Ver neurotransmisores (capítulo 6) y Química del sexo (recuadro en este mismo capítulo).

determinadas zonas del encéfalo, varios neurotransmisores: **acetilcolina, serotonina, noradrenalina, histamina,** ... Todos ellos regulados por la actividad de ciertas neuronas que tienen el **soma** en el **hipotálamo,** pero proyectan a aquellas zonas del encéfalo a través de sinapsis que emplean, como neurotransmisores, dos péptidos conocidos como **hipocretinas** (la 1 y la 2).

Así, pues, hay un complejo sistema 'endógeno' (encabezado por la **adenosina** y su acumulación propia debido a la actividad neuronal) y otro, sistema complejo, pero que intenta sincronizarse con el exterior, ajustándose a las condiciones de la luz ambiental (encabezado por la **melatonina**). Ciertamente, los desfases entre los dos sistemas pueden originar diversos problemas de salud cuando perduran en el tiempo. Hay diversas alteraciones del sueño[308] como insomnio, narcolepsia, sonambulismo, síndrome de los pies inquietos, ... Se sabe, p.e., que hay una relación directa entre la narcolepsia (una patología crónica caracterizada por una excesiva somnolencia diurna y otras manifestaciones) y alteraciones del sistema modulado por las hipocretinas. Por cierto, las **hipocretinas,** también conocidas como **orexinas,** son **péptidos** de 33 a 28 aminoácidos respectivamente y que, además de participar en la regulación del sueño, juegan un importante papel en los mecanismos del hambre.

triptófano → serotonina (hidroxilación e descarboxilación) → N-acetiltransferasa → N-acetilserotonina → hidroxilindol-O-metiltransferasa → melatonina

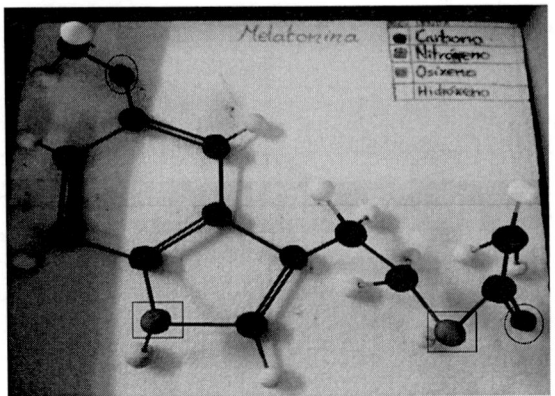

Fig. 55.- La **melatonina** es sintetizada en la glándula pineal a partir de la **serotonina** gracias a la intervención de dos **enzimas** que, a su vez, están controladas por impulsos que llegan desde la retina a través del hipotálamo. Durante la noche (baja iluminación) se activa la secreción de la melatonina mientras que con la luz del día es inhibida, marcando así el llamado **ritmo circadiano,** que controla diversas reacciones en todo el cuerpo. A la izquierda: Modelo molecular de la melatonina hecho por alumnado de 1º de Bachillerato en Ciencias do Mundo Contemporáneo, en el IES Ramón Menéndez Pidal (A Coruña).

---

[308] A mayores, algunos problemas del sueño pueden ser causa o efecto de diversos problemas que afectan al sistema inmunitario, entre otros sistemas.

Química del HAMBRE y de la SACIEDAD

Justamente, al comienzo de este capítulo, se cita un experimento con roedores a los que se les ha inhibido la producción de **dopamina** (en determinadas zonas subcorticales) y estos pueden llegar a perder, totalmente, la motivación para ingerir comida, al no funcionar el mecanismo de recompensa. Ciertamente, es conocido el papel que juega el sistema dopaminérgico como un elemento motivador a la hora de comer; cualquier ser humano tiene sus preferencias gastronómicas y puede haber platos que nos cueste parar. Pero, los mecanismos de recompensa o de placer no son suficiente; cuando estamos verdaderamente saciados, llenos de tanto comer, resultará difícil encontrar motivación o placer para seguir comiendo, excepto una patología o alteración alimentaria que lo explique. Así, pues, junto a la atracción que una determinada comida puede provocarnos a través de los diferentes sentidos, debemos tener en cuenta diversos procesos biológicos que se desencadenan en el organismo cuando la ingerimos y provocan sensación de saciedad o, por el contrario, procesos que desencadenan la sensación de hambre, que demandan que busquemos alimentos para satisfacer nuestras necesidades metabólicas (recordar los procesos de **homeostasis** y **alostasis**).

En el encéfalo, el principal encargado de regular el metabolismo es el **hipotálamo**; allí se encuentran receptores, en determinadas neuronas, que pueden reaccionar, p.e., a los diferentes niveles de **glucosa** en sangre (y, también, con menor incidencia, ante variaciones en los niveles de determinados aminoácidos). Esas neuronas, precisamente, son las que liberan las **hipocretinas**, ya citadas al hablar del sueño. Un aumento de la glucosa en sangre acabará inhibiendo la liberación de hipocretinas (favoreciendo la sensación de saciedad), mientras que una disminución significativa de azúcar en sangre le indica al hipotálamo la necesidad de liberar más hipocretinas.

Esto implica a otras hormonas que juegan su papel en la regulación de la glucosa en el sistema sanguíneo como la **insulina**, o el **glucagón** (producido en el páncreas), la **colecistoquinina** o **CCK** (producida en intestino), o la **grelina (o ghrelina)**[309], producida en el estómago, entre otros compuestos activos. Al parecer, especialmente importante resulta el papel de la grelina, que estimula la secreción de la hormona del crecimiento y, en el hipotálamo, provoca un aumento del apetito, de ahí que se conozca como la 'hormona del hambre' (naturalmente, en un nuevo ejercicio de exageración). La **grelina** es un péptido formado por 28 aminoácidos y que, al menos en los humanos, se presenta en forma de **éster** del ácido n-octanoico. Un papel importante juega también la ya citada colecistoquinina, otro péptido[310] que también funciona en determinadas neuronas del hipotálamo como neurotransmisor, liberado o no en función de las concentraciones de determinados metabolitos primarios (especialmente, aminoácidos y ácidos grasos). Los niveles de CCK suelen subir notablemente cuando acabamos de comer y se puede considerar como un inhibidor del apetito; pero, una vez más, hay que advertir que todo el proceso es mucho más complejo que una relación directa e involucra diversos mecanismos de ida y vuelta que, en un libro de divulgación, debemos obviar.

Relación entre sueño, hambre y otras sensaciones y/o emociones

En estas breves descripciones, sobre los estados de sueño-vigilia o sobre las sensaciones de hambre-saciedad, se pueden adivinar complejas redes de reacciones (en el doble sentido, químico y fisiológico), tanto en cascada como en paralelo, con la participación de los compuestos principales (aquí citados), pero también de muchos otros que no mencionamos. De igual forma será fácil intuir que esas redes deben solaparse y que sus interacciones resultan aún más complejas. ¡No podía ser menos en un ser vivo!

---

[309] Nombre derivado del inglés *'ghrelin'*, formado con las siglas de '**G**rowth **H**ormone **Rel**easing peptide'.
[310] Verdaderamente, hay varias formas activas de CCK, con un número muy diferente de aminoácidos en su cadena (estructura primaria): hay una CCK con 8 aminoácidos, otra con 33, etc.

Un ejemplo: si estamos hambrientos es difícil dormir. En esa situación de bajo nivel de glucosa en sangre, ya vimos que el hipotálamo libera más hipocretinas para reforzar el estado de vigilia; alimentarse es una cuestión de supervivencia y no podemos dormirnos entonces. Por el contrario, después de una comida copiosa, especialmente al mediodía, nos puede entrar somnolencia; pero, por la noche, y dependiendo del tipo de nutrientes ingeridos[311], podremos llegar a no conciliar el sueño, si nos pasamos con la cena. En esta relación hambre/saciedad-sueño/vigilia influyen, evidentemente, los ritmos circadianos, la pérdida de energía y el cansancio a lo largo de la jornada, junto con la síntesis de determinados compuestos participantes: p.e., la síntesis de **melatonina**, que ya vimos que juega un importante papel en el binomio sueño-vigilia, está condicionada, también, por el nivel de glucosa en el riego sanguíneo que detecte el hipotálamo.

Podemos seguir buscando solapamientos entre una y otra red de reacciones que esconden estos dos binomios. Pero lo mismo ocurre si buscamos otras redes e interacciones entre ellas; p.e., sabemos que en los estados de enamoramiento es habitual la falta de apetito, que en situaciones de ansiedad podemos sentir un apetito voraz e insaciable, etc. Y siempre encontraremos compuestos comunes a las dos o más de estas redes complejas que solapen: p.e., la CKK, ya descrita al hablar del binomio hambre-saciedad, también está involucrada en la sensación de somnolencia posterior a la comida y puede participar en ciertos estados de ansiedad. Este tipo de 'multifunción' y, por lo tanto, de interrelación entre sensaciones, emociones y otros estados, puede servir como ejemplo de muchos otros compuestos con actividad en los organismos (hormonas, neurotransmisores, enzimas, etc.) y, también, para recordarnos dos conceptos importantes para la vida, ya citados en un recuadro específico del capítulo 7): la **homeostasis** y la **alostasis**.

Química del ASCO

A lo largo de la evolución, resulta obvio el papel adquirido por el mecanismo que desata el asco ante algo que pudiera resultar tóxico, ya sea un alimento en mal estado, un ambiente muy contaminado o cualquier otro producto o situación peligrosa para nuestra salud. Podríamos decir que, en el caso extremo (y, tal vez, redundante), es una emoción de supervivencia inmediata. Así, pues, la química interviene aquí, de forma fundamental en el inicio del estímulo, a través de los sentidos del **gusto** y del **olfato** y, por supuesto, con todas las sustancias química que participan en la señal nerviosa, sinapsis incluidas y, como ya se ha comentado al hablar del sentido del **olfato**, sin intervención del **tálamo**.

El centro clave o con mayor participación en este mecanismo es la **ínsula**, una estructura situada bajo el lóbulo temporal; aunque está oculta bajo los cuatro lóbulos cerebrales tradicionales, se considera también parte de la propia corteza cerebral. En cualquier caso, en esta estructura se distinguen varias partes con funciones bien identificadas. Sin entrar en detalles, podemos decir que la ínsula participa en la percepción del gusto, del olfato y del tacto[312], en el control y regulación de las vísceras y órganos del aparato digestivo, respiratorio, entre otros; además es un área en la que, por un lado, confluyen percepciones y emociones y, por otro, emociones y conocimiento[313]. Así,

---

[311] Particularmente de las grasas ingeridas, pero también del tipo de hidratos de carbono y de aminoácidos que predominan en esa ingesta, incluso de la temperatura y presentación de la comida, etc.

[312] Como ya se ha descrito al hablar de la química de la alegría o la felicidad.

[313] La **ínsula** tiene más funciones derivadas de estas confluencias. Así, parece jugar un importante papel en el reconocimiento de emociones como, p.e., alegría, sorpresa o empatía, pero también en estados como el dolor; incluso, se le atribuye un cierto papel en procesos aditivos, particularmente, relacionados con ciertas drogas.

pues, vistas estas funciones de la ínsula, no es de extrañar que uno de los recursos de este mecanismo asociado al asco sea provocar náuseas y vómito ante situaciones que 'revuelven' nuestros sentidos o de mensajes de otra zona de la corteza cerebral que nos recuerden, repentinamente, que nos estamos exponiendo a una posible toxicidad; la idea es que nuestro organismo rechace pronto cualquier producto peligroso que haya detectado. Lo curioso es que, después de una evolución cultural actuando y conformando nuestro encéfalo, esta emoción del asco parece funcionar, también, ante personas o situaciones que nos resultan muy asquerosas, sin intervención de productos químicos desencadenantes.

Química de la IRA

Al parecer, el mecanismo de la ira no demanda un neurotransmisor que podamos apuntar en exclusiva y tampoco se conoce un centro neuronal concreto como principal protagonista de su gestión; es muy probable que intervengan diversos centros neuronales como el hipotálamo, amígdalas, entre otros.

Tampoco está muy bien explicado si hay alguna ventaja evolutiva en este estado; tal vez, es una hipótesis, pueda significar una forma de eludir los controles que, desde áreas cognitivas y emocionales específicas, nos inhiben de acometer acciones que podrían presentar un riesgo evidente, actos que únicamente en una situación de ira desenfrenada, de gran enfado, haríamos sin valorar sus pros y contras. Puede que cuando un incauto moleste hasta una situación límite al gato más tranquilo del mundo, el felino no pueda evitar dejarle una marca en la cara. Tal vez, en defensa del felino podríamos alegar que fue un momento de ira, pero para el caso del incauto, deberíamos aceptar que, desde el primer momento, actuó de forma poco inteligente. Hablando de gatos en situación de agresividad, resulta impactante la descripción que hacen los autores Bear, Connors y Paradiso (en el ya citado libro de neurociencia), sobre un experimento con gatos sometidos a estimulación del **hipotálamo**: según observaron los investigadores, al estimular el hipotálamo medio en gatos que tienen una presa delante (un ratoncillo), se producía un tipo de agresión que llaman emocional y que lleva a un ataque de amenaza, con evidentes gruñidos y bufidos; por el contrario, la estimulación del hipotálamo lateral provoca una agresión predadora, con un ataque silencioso. Es un botón de muestra más de lo complejo que resulta todo en los seres vivos y, aún más, en aspectos como los que median las emociones, los sentimientos y el pensamiento.

MÁS ALLÁ DE LAS EMOCIONES. LA CONSTRUCCIÓN DE UN MUNDO

Hemos visto que cada emoción y sentimiento esconde detrás una ensalada de reacciones químicas y, por más que simplifiquemos, siempre intervienen diversos factores, desde los estímulos que pueden desencadenar el mecanismo, a los múltiples eventos que este puede implicar y otros que, en paralelo, actúan a lo largo de todo el sistema nervioso, incluidas posibles retroalimentaciones, diversidad de mecanismos y formas de expresar tales emociones, etc.

Hasta aquí, tenemos motivos para sorprendernos de cómo, desde las primeras moléculas de carbono, aquellas que se citan en el capítulo 2, llegamos a mecanismos tan complejos, por lo demás, extendidos a buena parte del reino animal. Pero aún hay más; junto a las emociones, tenemos nuevos elementos de los que sorprendernos, tanto o más; es el caso de las capacidades cognitivas[314]: memoria, conocimiento y consciencia, esta última una de las características de nuestra especie y, posiblemente, de algunas especies de animales, aunque, en este caso, no llegaron a disfrutar de los beneficios de una evolución cultural como la que nos ha traído hasta aquí, a lo que somos ahora mismo.

Obviando el valor evolutivo de las emociones (biológica o culturalmente), de las aquí descritas y de otras muchas, pero también de los sentidos, perdería parte de su 'ventaja' si no existiese un mecanismo para aprovecharlas en nuevas experiencias. Sentir miedo o placer en determinadas situaciones tendrán más provecho en la medida en que podamos recordar esas circunstancias, para evitarlas o buscar repetirlas en el tiempo, según fuese el caso. Y esto implica a la memoria. Sin memoria, ante algo amargo o que nos diera asco, podríamos estar, día tras día, cayendo en esas desagradables experiencias.

Así mismo, recordar circunstancias del pasado supone una ventaja cuando podemos decidir nuestros siguientes pasos; estamos, pues, en plenas capacidades cognitivas, memoria y conocimiento, en definitiva, toma de decisiones; inteligencia o inteligencias, según la perspectiva que consideremos[315]. La organización de la materia orgánica, a través de una evolución de millones y millones de años que ha ido almacenando y transfiriendo información, alcanza una nueva entidad, un nivel emergente que va mucho más allá de las propiedades químicas de los compuestos y estructuras biológicas que forman nuestras neuronas. Actualmente, con el desarrollo de la informática, de la lógica proposicional y de la electrónica digital, puede que parezca menos sorprendente esa capacidad de almacenar información (a base de bits y bytes), y de tratar los datos entrantes en un sistema (p.e., un ordenador) para obtener un determinado resultado; estamos ya algo 'habituados' a manejar 'aparatos o dispositivos con memoria'. Pero la capacidad de nuestro encéfalo para tratar la información va mucho más allá y ningún sistema mecánico o electrónico puede equipararse, de momento al menos, con la gestión que hace nuestro encéfalo. A pesar de que son muchos y sorprendente los avances alcanzados, estamos lejos de reproducir, mediante los actuales sistemas electrónicos, la forma concreta en que trabaja nuestro encéfalo. Recuerdo aquí la descripción que hace Bill Bryson en su libro 'El cuerpo humano. Guía para ocupantes':

'El cerebro vive en el silencio y en la oscuridad, como un preso en un calabozo... Nunca sintió el calor del Sol ni una suave brisa. Para nuestro cerebro, el mundo es solo una corriente de impulsos

---

[314] Aunque, como ya vimos al inicio de este capítulo, la tendencia actual (recordar referencias de Antonio Damasio o de Nazareth Castellanos) es considerar la intervención de los propios estados emocionales en la toma de decisión y en otros aspectos que podríamos considerar cognitivos. En este sentido, llama la atención la advertencia que hace Lisa Feldman (en 'Siete lecciones y media sobre el cerebro') de que la separación entre 'emociones y pensamiento' es un hecho cultural, propio de las culturas occidentales, pero que no se da en todas las culturas del planeta (ella cita como ejemplo la cultura balinesa).

[315] Aunque no iremos más allá, es obvio que detrás de estos procesos encontraremos también sinapsis, neurotransmisores, **engramas,** etc., como base material. Así, sabemos que la **dopamina** juega un papel relevante en la memoria operativa y su déficit en ciertas zonas se relaciona con patologías como el TDAH.

eléctricos. Y, a partir de esa información desnuda y neutra, crea para nosotros (en el sentido más literal de crear) un universo vibrante, tridimensional y sensualmente atractivo'.

Obviamente aquí, la referencia al cerebro que hace el autor es una figura literaria, una sinécdoque, ya que, verdaderamente, el cerebro (con todas sus áreas localizadas) es una parte de ese todo, del encéfalo, el conjunto de los diversos centros que, trabajando integralmente, se encargan de tales funciones cognitivas. Y, por otro lado, igual que el 'cerebro' es quien de construir ese 'universo propio' partiendo de la información que recibe del exterior y de la que 'recicla y reutiliza' de nuestra memoria, también construye, totalmente las propias emociones (como defiende la hipótesis constructivista) o parcialmente (según otras hipótesis, incluidas las más clásicas), participando en las respuestas a los estímulos; sea como sea, no cabe ver las emociones como una respuesta simple a estímulos exteriores (como haría una máquina digital).

En cualquier caso, aunque podamos pensar que nuestra especie ocupa una cúspide en la escala de las capacidades cognitivas, puede que alguna de estas capacidades sean, también, características de diversas especies de animales; desde luego, nuestros protagonistas escogidos, tanto los gatos como los colibríes, exhiben buenas referencias de algunas de ellas (memoria seguro, pensamiento no sabemos hasta donde, ...), salvando las distancias que pudieran derivar de algunas adaptaciones biológicas y, por supuesto, de la evolución cultural que también nos ha definido como lo que ahora somos.

Tal vez, el siguiente escalón sea la consciencia que, en consonancia con las más recientes propuestas en neurobiología, parece ser, de nuevo, una propiedad emergente, precisamente, en sistemas complejos, muy complejos y con elementos muy conectados entre sí. De la misma forma que la vida ha emergido de la materia inanimada (en un largo proceso evolutivo y después de que aparecieran moléculas suficientemente complejas y capaces de almacenar información y ofrecer estructuras para los organismos), la consciencia pudiera ser la consecuencia emergente de la gran conectividad alcanzada entre los elementos que constituyen un sistema tan complejo como el encéfalo de los animales. Nadie puede dudar que el cerebro humano, que ronda los 86.000 millones de neuronas[316], es uno de los máximos exponentes de sistemas complejos conocidos (sin duda, el máximo exponente), pero el sistema nervioso de un primate o de un gato funciona con las mismas bases fisiológicas y conexiones neuronales básicas que el nuestro, exceptuando, evidentemente, un mayor grado de complejidad propio de los humanos y algunos circuitos neuronales específicos, derivados precisamente de esa complejidad evolutiva emergente.

Lo más seguro es que haya grados de consciencia, con precursores o antecedentes de la nuestra, diversos grados en función de la mayor o menor complejidad de los sistemas neuronales implicados y con diversos estados de consciencia[317]. Sabemos que hay algunas especies animales en las que sus individuos llegan a reconocerse a si mismos en un espejo, tienen autoconsciencia[318];

---

[316] A las que habrá que sumar las neuronas de otros centros del encéfalo como el **cerebelo** (con casi 50.000 millones de neuronas), el hipocampo, el hipotálamo, el tálamo, la ínsula, ..., y las neuronas del resto de órganos de nuestro cuerpo que, según parece hacerse evidente con las últimas investigaciones, todo suma en la composición de lo que conocemos como mente: la **mente emergente**.

[317] Aunque también pudiera ser que fuese una propiedad emergente a lo largo de nuestra propia evolución cultural, siendo exclusiva de nuestra especie, sin gradación en especies próximas.

[318] Al parecer, la llamada 'prueba del espejo' es superada por individuos de varias especies de primates, por especies de delfines, cuervos, urracas y otras pocas especies más de entre las estudiadas. Pero tampoco es

pero, sin duda, el conocimiento de cómo funciona la consciencia aún tiene mucho recorrido en el mundo de la neurobiología. Una reciente propuesta, conocida como 'Teoría de la Información Integrada' (TII) y presentada por el neurocientífico Giulio Tononi, de la Universidad de Wisconsin-Madison, pretende cualificar el grado de consciencia a través de un número, expresado en bits (que representan por la letra griega phi mayúscula) y que guarda relación con un concepto físico de gran importancia, también en la definición de la vida: la entropía o medida del desorden de un sistema. En esta cuantificación importa la complejidad del sistema y el grado de conexión y de integración de los elementos que participan del mismo. Otro nivel emergente de la compleja organización que alcanza la materia orgánica en nuestro planeta.

Cabría pensar que todo lo hasta aquí indicado, sujeto a las leyes de la Naturaleza, a las leyes de la Física (Química y Biología incluidas), nos sumergiría en una descripción de los individuos (humanos o animales con grados significativos de consciencia) totalmente determinista. Y esto parece ser efectivamente así. Pero, si nuestras emociones y pensamientos más abstractos dependen de potenciales eléctricos y mensajeros químicos bien identificados, ¿quedaría margen para 'pensar' con la libertad que creemos tener? Sin entrar a fondo en la cuestión del **libre albedrío**, que queda fuera de los propósitos de este libo, diremos que el tema no se agota con el evidente determinismo que se deduce de lo que sabemos; ¡ni es preciso recurrir al indeterminismo del mundo cuántico!, como se puede ver en algunos libros de divulgación (incluso algunos escritos por personas del mundo de la ciencia). Precisamente, desde que en la pasada década de los sesenta, el meteorólogo y matemático Edward Lorentz 'inauguró' los estudios de la conocida como 'Física del caos', popularizada a través del famoso 'efecto mariposa', sabemos que existen multitud de **sistemas complejos y caóticos** que, pese a estar sujetos totalmente a las leyes deterministas, evolucionan de forma imprevisible; son sistemas altamente sensibles a las condiciones iniciales y en esta categoría entran infinidad de fenómenos, de campos muy dispares, desde la predicción del tiempo meteorológico hasta el estudio de alteraciones fisiológicas como las fibrilaciones de los latidos del corazón, incluso el estudio del movimiento de los astros del Sistema Solar y, por supuesto, con el elevado número de neuronas que participan en cada emoción o pensamiento, la compleja red neuronal que sostiene nuestra consciencia[319]. No hay, pues, contradicción alguna en este sentido.

En cualquier caso, hay que advertir que la progresiva evolución de capacidades y estados aquí presentada, como si de una escalera se trátase (sentidos, emociones, memoria, conocimiento y consciencia), ni es tan simple, ni ha ido emergiendo a lo largo de la historia de la materia fielmente a esa linealidad apuntada; unas capacidades requieren y se enriquecen de las otras y, obviamente, tales emergencias son más complejas de lo que podríamos referir en este libro. Cada vez parece más claro que estas 'propiedades emergentes' no son independientes unas de las otras y su separación y clasificación nominal, como requiere la propia palabra 'análisis', guardan mucha relación con nuestra incapacidad para tratarlas de forma global y como se van hilando los estudios a lo largo de la historia. Y resulta evidente que, en nuestra especie, todas ellas tienen un fuerte componente que viene condicionado por la evolución cultural en la que estamos inmersos, pero con alguna ventaja adquirida, también, en la evolución biológica. P.e., el **lenguaje** es uno de los elementos propios de lo que, en su libro 'La conquista del lenguaje', el ya citado neurocientífico Xurxo Mariño llama la 'tríada

---

una prueba definitiva para demostrar la existencia de autoconsciencia, o hasta dónde puede llegar tal propiedad en esas especies.

[319] La propia estructura del cerebro es fractal, un tipo de organización muy relacionada con los sistemas complejos y caóticos.

virtuosa'; los otros dos elementos son el **pensamiento simbólico** y la **autoconsciencia**. Pues bien, obviamente, en los pocos miles de años que llevamos usando el lenguaje no ha habido tiempo a mutaciones que definieran tal habilidad cognitiva, pero sin duda, ha habido cambios fisiológicos que precedieron y facilitaron tal exquisita habilidad y control de nuestra laringe. El habla y las lenguas (que se han ido desenvolviendo durante la evolución cultural humana) son, en este caso concreto, la cúspide de una comunicación que ya existía, en otra escala, entre individuos de otras especies, pero han sido necesarios varios saltos biológicos que permitieran afinar el control de los músculos que trabajan en nuestra laringe y, por supuesto, diversos saltos en la esfera de la evolución cultural.

Es obvio que el lenguaje ha permitido transmitir y acumular conocimiento en nuestra especie, pero también permitió alcanzar un mundo de abstracción, de conceptos abstractos que, con casi total seguridad, resultó inédito en nuestro planeta. Así lo comentaba recientemente en un programa de radio, el neurocientífico Rodrigo Quian Quiroga, el descubridor de las conocidas como 'neuronas de concepto', que responden a estímulos muy específicos como, p.e., una imagen identificable (una persona reconocible[320], una construcción, ...). Como apunta la ya citada Lisa Feldman: *'una mente es algo que surge de una transacción entre el cerebro y el cuerpo en un entorno formado por otros cerebros en otros cuerpos, que están inmersos en un mundo físico y construyendo un mundo social'.*

Sin duda, las tres características de esa 'tríada virtuosa' se apoyan entre sí, se precisan y fueron creciendo con la evolución cultural, pero no comenzaron desde cero en nuestra especie. Tal como comenta el neurocientífico y matemático Stanislas Dehaene, existe un lenguaje matemático propio y relacionado con las propias estructuras lingüísticas que manejamos los humanos, que se ha desarrollado con ellas, pero ya había una 'intuición matemática' previa y muy anterior a tales estructuras lingüísticas; el concepto de número es muy anterior a nuestra especie y, sin duda, podrían usarlo muchas especies animales en la medida en que aparece relacionado con la gestión del espacio, con la geometría (distancias, tamaños, ...)[321] y con cierta 'numerocidad', que permite que muchos animales puedan distinguir cuando están ante uno, dos o muchos depredadores.

Sabemos que varias especies de animales poseen una estructura cerebral que permite esa referida 'intuición matemática' o 'numerocidad', agrupaciones de neuronas o **engramas** que pueden estimar cantidades; en ese grupo confirmado hay varias especies de primates, roedores y, nuevamente, los córvidos, tal como recientemente descubrió el investigador de la Universidad de Tübingen (Alemania), Andreas Nieder en cuervos[322]. El propio Dehaene encontró indicios de esa 'intuición numérica' en pollitos de gallina y, en el 2020, investigadoras de las Universidades de St. Andrews (Escocia) y de Lethbridge (Alberta, Canadá) descubrieron que **colibríes** (en concreto de la especie *Selasphorus Rufus*) son capaces de contar flores. Y, con total seguridad, tales estructuras

---

[320] Incluso con el nombre de esa persona en concreto y no con fotos o nombres de otras personas, denotando una gran abstracción implícita. Del primer estudio se había hecho famosa la activación de neuronas del hipocampo con fotos de la actriz Jennifer Aniston, inactivas ante fotos de otras personas reconocibles.

[321] Razón por la que aconsejan aparentar lo más alto posible si te encuentras con un puma u otro felino salvaje; sin duda, el tamaño es una de las medidas que muchos animales son capaces de considerar.

[322] Más exactamente, trabajando con individuos de la especie *Corvus corone*, los investigadores comprobaron que en los cerebros de esas aves hay grupos específicos de neuronas que se activan al reconocer una unidad, otros al ver 'dos unidades', etc.

podrían estar presentes en muchas otras especies, todavía no estudiadas en este sentido[323]. Otra vez, las matemáticas que nosotros empleamos son la parte emergente de esa 'numerocidad' previa, con todas las mejoras y ampliaciones debidas a la evolución cultural, lógicamente.

Los **colibríes** cuentan. No podemos imaginarnos que está pensando un colibrí mientras liba una flor, pero seguro que no les preocupan las mismas cuestiones que a una persona humana. Con la habilidad que caracteriza a un genio de la literatura, decía el escritor argentino Jorge L. Borges: *'Menos el hombre, todas las criaturas son inmortales, pues ignoran la muerte'*. Puede que sea un botón de muestra de algo que nos distingue de otras especies, o no. Más allá de si otros seres llegan a tener consciencia de la muerte o no, es seguro que sus ansiedades, miedos y otras emociones (y consecuencias) pueden diferir mucho de las nuestras, aunque, tal vez, no tanto como pensábamos. En todo caso, sabemos que todos compartimos, en la base bioquímica que soporta esos estados (y más allá de las diversas complejidades), muchos de los mecanismos que nos hacen sentir todo eso.

Conscientes de esto, podemos avanzar un poco más allá en la introspección siguiendo las líneas de la evolución cultural. En los siguientes capítulos se apuntan algunos de los flecos que derivan de esta última evolución, algunos de los más cotidianos y que nos van definiendo en este mundo de humanos, donde la materia orgánica ha llegado a adquirir la única 'autoconsciencia compartida', en la medida en que podemos transmitir experiencias entre individuos, de forma única en el planeta, gracias al lenguaje. ¡En eso sí que somos únicos! ¡Que aproveche!

---

[323]Aunque no se centra en contar, recientemente investigadores de la Universidad de Cambridge, bajo la dirección de Alexandra Schnell, publicaban un estudio sobre sepias (*Sepia officinalis*) capaces de autocontrolarse, renunciando a un inmediato bocado de cangrejo, en espera de unas más apetitosas gambas.

EVOLUCIÓN CULTURAL

Capítulo 9

EN LA COCINA, EN LA CULTURA

Como ya vimos en anteriores capítulos, hay muchísimas sustancias naturales, millones de compuestos derivados de la química del carbono, que dan sabor y aroma a los alimentos que comemos y olor a muchos productos que nos rodean. Pero, más allá de la evolución biológica, el invento del **fuego** y el proceso de **cocinar** los alimentos que comemos implica la aparición de otra gran cantidad de nuevos compuestos, naturalmente también derivados del carbono y que se forman en las innumerables reacciones químicas que tienen lugar en el proceso del cocinado.

La cuestión va más allá de una simple ampliación de la diversidad de sabores y olores. Hoy en día, muchos antropólogos creen que cocinar los alimentos supuso un hito único en la propia evolución de los homínidos. Como ya se ha comentado en el anterior capítulo, el encéfalo humano requiere, diariamente, un 25% del gasto energético de nuestro cuerpo, cuando en masa apenas ronda el 2% del total. Desde el punto de vista de la digestión, el mayor aprovechamiento de los alimentos mediante el proceso del cocinado, al aumentar la eficacia con que obtenemos esa energía, permitiría una reducción del intestino en especies del género *Homo* muy próximas, beneficiando al encéfalo que pudo ver aumentado, así, su tamaño. Así, pues, puede que toda la evolución cultural que nos trajo hasta aquí tuvo, cuando menos, cierto impulso por algo tan concreto como la utilización del fuego para cocinar los alimentos, hecho que, según parece, fue aprendiendo el *Homo erectus* en algún momento de su existencia (hace entre dos millones y cien mil años)[324]. En cualquier caso, los restos de comida cocinada más antiguos conocidos hasta el momento datan de hace unos 70.000 años, en una vivienda de neandertales, en los montes Zagros, al norte de la actual Bagdad (Irak).

Más allá de esa posible intervención en la propia evolución biológica de los homínidos, son muy evidentes las ventajas que el cocinado de los alimentos supuso para los humanos. Por un lado, permitió ampliar significativamente la cantidad de alimentos que podríamos consumir ya que, algunos productos directamente incomestibles, al ser cocinados, se transforman en productos aptos para la digestión. Un ejemplo actual de esto es el caso de las patatas: crudas, el **almidón** que contienen resulta indigerible para nuestro sistema digestivo, pero una vez sometidas a un proceso

---

[324] Más allá de las consideraciones energéticas, se piensa también que disponer de alimentos más blandos y de más fácil digestión permitió reducir el volumen de músculos implicados en el control de la mandíbula.

de cocinado, resulta perfectamente asimilable; y otro ejemplo viene marcado por uno de los platos más antiguos conocidos, las gachas o papas de cereal (con todas las actuales variantes). En este mismo sentido, otra ventaja es la transformación de algunos productos naturales que resultan tóxicos para nuestro organismo, pero que se destruyen en el proceso de cocinado como, p.e., ocurre con las berenjenas y su alto contenido en **solanina** (un **alcaloide** frecuente, en menor medida en otras solanáceas, patatas incluidas); pero, en este sentido, aún más importante que la eliminación de tóxicos químicos, el cocinado es útil en la eliminación de multitud de microorganismos potencialmente patógenos.

Y, en esa ampliación de la cantidad de alimentos disponibles, no es despreciable la mejora en las propiedades organolépticas de muchos alimentos cuando son cocinados, haciéndolos mucho más apetitosos. El cocinado puede suponer, como ya adelantamos, sustanciales cambios de sabor, olor y textura de los alimentos. Sobre los dos primeros cambios (sabor y olor), dedicaremos un apartado específico y, sobre el cambio de texturas en el cocinado resulta evidente en muchos casos, pero quizás lo más inmediato sea la maduración y ablandamiento de muchas piezas cárnicas o verduras, por citar algunos ejemplos generales.

Principales reacciones químicas en el cocinado de los alimentos

Se ha definido el proceso de cocinado como el incremento de temperatura de un alimento durante el tiempo suficiente como para producirle cambios irreversibles. En definitiva, activar, mediante el subministro de calor, un conjunto de reacciones químicas que transforman el alimento.

Pero los nutrientes que requerimos en los alimentos no son un reactivo cualquiera. Dada su evidente naturaleza (proceden de otros seres vivos), son complejas mezclas de miles y miles de compuestos químicos diferentes, aunque, como ya vimos en el capítulo 4, podamos agruparlos en unas cuantas familias bien identificables (proteínas, hidratos de carbono, lípidos, ...); y, como también es una pauta bastante general, el componente mayoritario resultará ser, en mayor o menor proporción, un compuesto inorgánico muy simple: el **agua**, que va a actuar como disolvente y como un medio de reacción muy activo.

Así, pues, al cocinar cualquier alimento de la forma más sencilla posible, el número de reacciones químicas imaginables y concretas va a ser disparatado, y debemos contentarnos con marcar grupos generales de reacciones que pueden tener lugar, condicionando el resultado final, según el tipo de alimento y el tipo de proceso (fritura, cocción, asado, ...) al que es sometido.

Un primer tipo de reacciones generales a considerar es el de las **reacciones enzimáticas** ya que todos los alimentos contienen, *per se*, **enzimas** naturales que, en muchos casos, seguirán actuando mientras no se transformen sus moléculas por la acción del calor; la mayoría de las enzimas se desnaturalizan al estar sometidas, durante unos cinco minutos, a temperaturas que superan los 70ºC. Debemos recordar que, precisamente, las enzimas son **proteínas** o polipéptidos (en definitiva, secuencias de **aminoácidos**) que actúan como **catalizadores** de multitud de reacciones bioquímicas naturales. Así, pues, se trata de una gran variedad de procesos imaginables entre los que podemos incluir, como muy evidentes, los procesos de maduración de las frutas o de las carnes (a través de reacciones de hidrólisis de sus proteínas[325], etc.), cambios de color en muchos alimentos una vez cortados. Están por todas partes: p.e., la diferencia entre un té verde y un té negro tiene mucho que ver, precisamente, con el tratamiento de esa actividad enzimática; las hojas del té verde se meten en un horno con vapor de agua para desactivar las enzimas que promueven la oxidación de los **polifenoles** mientras que, las del té negro se exponen a condiciones de humedad y temperatura adecuadas para, justamente, favorecer esa oxidación. Por citar otro ejemplo (entre miles posibles), hablar de las **damascenonas**, identificadas en varios aromas de flores (como las rosas), frutas (uvas, melocotones, tomates, ...), hasta en el café, y que derivan de la degradación de los habituales pigmentos **carotenoides** que dan color en la Naturaleza.

Durante el cocinado de los alimentos, en general, los azúcares e hidratos de carbono en presencia de agua protagonizan un grupo importante de reacciones; es lo que se conoce como la **hidrólisis de los azúcares**. La característica general es que el agua reacciona con el átomo de oxígeno que une los anillos de los azúcares, y los más complejos se descomponen en otros azúcares más simples, de un único anillo. P.e., en la preparación de dulces es muy habitual la descomposición de la **sacarosa** (un disacárido) en una mezcla de **fructosa y glucosa**; y esto tiene gustosas aplicaciones en gastronomía pues facilita ciertas reacciones de apardezamiento de los alimentos, dándole un aspecto más apetitoso en general. De hecho, algunas salsas para la carne asada contienen azúcares y algún componente que aporta acidez (como zumo de limón o vinagre) para favorecer la hidrólisis de la sacarosa; así, los monosacáridos formados reaccionan más fácilmente con los aminoácidos presentes en la carne, como veremos pronto en otro gran grupo de reacciones.

Una exposición a mayor temperatura puede provocar la ruptura de los anillos de los azúcares más simples, formándose una multitud de aldehídos y ácidos carboxílicos, muy frecuentes y que enriquecen los aromas de muchos alimentos habituales. Esa oxidación de los azúcares puede aumentar a medida que aumenta la temperatura, pasando por la fusión de los propios azúcares (y derivados) y la formación de nuevas cadenas carbonadas; por encima de los 165ºC, el alimento irá adquiriendo colores característicos (primero tonos más amarillos y luego marrones) y un aroma que recuerda al caramelo. Son, precisamente, **reacciones de caramelización**, muy típicas en la fritura y asado de patatas, boniatos y otras verduras y frutas o en el tratamiento de las mismas en la plancha y, por supuesto, en la cocción al horno de pan y otros productos con harina como bizcochos, empanadas, etc.

Sería imposible hablar de gastronomía y química sin mencionar las **reacciones de Maillard**[326], un grupo muy numeroso y diverso de complejas reacciones que se activan, a temperaturas superiores a los 120ºC, en alimentos que contengan tanto **aminoácidos** (procedentes de las proteínas y péptidos) como **azúcares** (procedentes de cualquier tipo de hidratos de carbono). Estas reacciones son las responsables, p.e, del color y sabor de la corteza del pan, del aroma de los granos de café tostado, de las carnes asadas o de las cervezas oscuras[327], etc. Dada la diversidad de azúcares y mezclas de aminoácidos posibles y sus posibles combinaciones, así como las condiciones de reacción (atendiendo a la temperatura, **ph**, contenido de agua, etc.), son muchísimas

---

[325]La **hidrólisis** de las proteínas lleva a su descomposición, parcial o total, con liberación de los aminoácidos.
[326] Llevan este nombre en recuerdo del médico Louis-Camille Maillard, que comenzó el estudio de reacciones concretas que tienen lugar entre aminoácidos y azúcares en el interior de las células, aunque, posteriormente, se ha ido ampliando el número de reacciones incluidas en este grupo.
[327] Combinadas, obviamente, con las reacciones de caramelización.

las posibles reacciones particulares que tienen lugar bajo esta denominación y aún queda mucho por estudiar pese a lo ya avanzado. Se han identificado miles de compuestos que se forman a través de estas reacciones y se sabe que, dada la alta volatilidad que, en general, tienden a presentar estos productos, resultan fundamentales en la conformación de olores y sabores del resultado final. Adquieren especial importancia en el cocinado de las carnes, particularmente asados y fritos, obviamente, en la superficie pues, en el interior de las piezas de carne más grandes no será fácil superar los 100ºC de temperatura (y, por supuesto nunca va a ocurrir en un cocido[328]). En cocina es pues interesante controlar los factores que influyen en la formación de los productos de estas reacciones ya que van a participar definitivamente en sus propiedades organolépticas. Por citar un ejemplo, concreto y muy frecuente, sabemos que se forma bis(2-metil-3-furil)-disulfuro, compuesto que, aún en muy pequeñas cantidades, da un intenso aroma a carne y, de hecho, acabó empleándose como un condimento cárnico en la industria del ramo.

Atendiendo a la secuencia más habitual de estas reacciones, en las primeras etapas lo que ocurre es la descomposición de proteínas e hidratos de carbono en los respectivos aminoácidos y azúcares simples (las ya citadas **hidrólisis**); después de pasar por la ruptura de los anillos de los azúcares y liberarse los grupos **aldehídos, ácidos**, ..., como ya vimos en anteriores reacciones, se abre por fin el camino a las muchas posibles reacciones entre estos grupos y los grupos **amino** de los **aminoácidos**. De entre los muchos compuestos formados entonces destacan, p.e., las **melanoidinas**, pigmentos nitrogenados marrones y responsables del color y textura tan característicos de la costra superficial que presentan las carnes asadas o fritas, la corteza del pan, cervezas tostadas o el café después de su tostado.

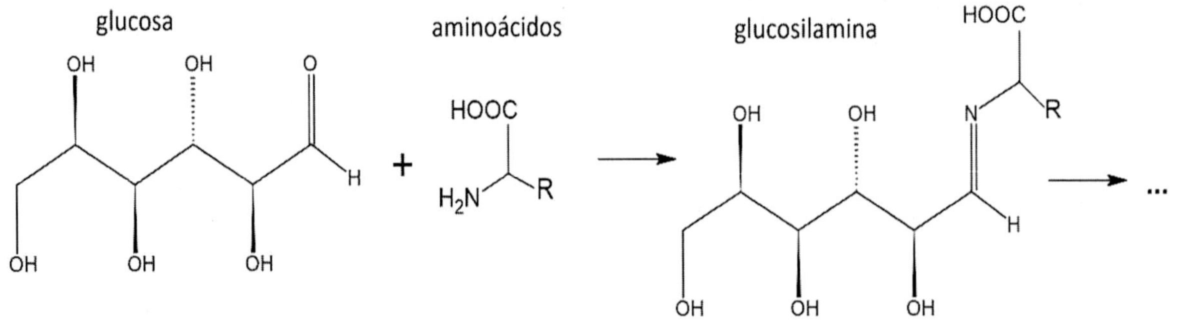

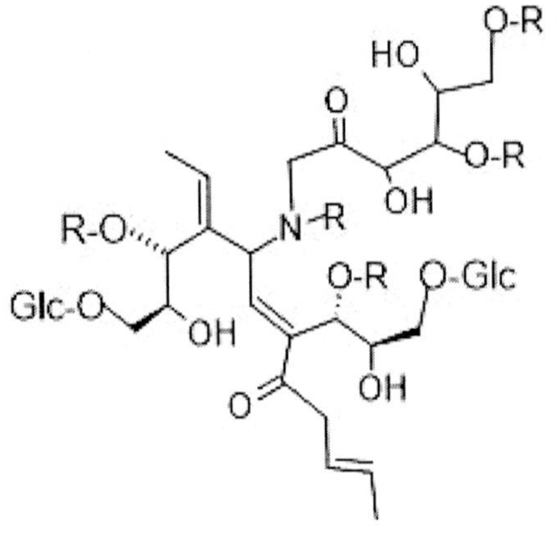

Fig. 56.- Las **reacciones de Maillard** son un grupo enorme de reacciones que tienen, como punto de partida, la combinación de los grupos ceto o aldehído de los **azúcares** con el grupo amino de los **aminoácidos** dando, inicialmente, glucosila-minas; luego, estas siguen su conversión dando diferentes productos. Un ejemplo frecuente de estos últimos es el de las **melanoidinas** de las que se ofrece un fragmento típico a la derecha, donde los **R** pueden representar átomos de H, moléculas de **glicina** (un aminoácido, fig. 15b) o, incluso, una cadena de glicinas. Las melanoidinas dan los colores marrones típicos de los tostados del pan, carnes, cafés, cervezas tostadas, etc.

---

[328] Debemos recordar que, en los medios acuosos, mientras no hierve toda el agua, la temperatura no pasará de los 100ºC (a la presión atmosférica normal).

En fases posteriores, a más de 200°C, abundará la formación de compuestos característicos que presentan muchos átomos de carbono condesados en anillos, entre los que hay que citar los **hidrocarburos policíclicos aromáticos (HPA)** y, dejando pasar el tiempo, se acabaría en la literal **carbonización**. Abundarán, pues, compuestos que van a dar un gusto amargo y, lo más preocupante, que pueden resultar cancerígenos, con acción mutagénica. En definitiva, a temperaturas tan altas, aparecen productos propios de otras reacciones más generales, como **pirólisis**[329], y, en caso extremo, la citada carbonización.

Aunque en general, ciertos productos de las reacciones de Maillard son deseables, cuando se quiere evitar la formación de estas reacciones hay que controlar, pues, que el cocinado transcurra a temperaturas más bajas; pero, también, se pueden controlar, ajustando el **pH** del medio (medios más ácidos retrasan la formación de estas reacciones) o evitando la presencia de azúcares reductores[330]. Por el contrario, una forma de potenciar estas reacciones es añadir azúcares libres al alimento en cuestión; p.e., añadiendo miel o salsa de soja a la carne, o, en un caso muy concreto, salsa de mostaza a la caballa al horno, etc.

Más allá de azúcares y proteínas, obviamente existen muchas más reacciones químicas y alteraciones físicas que pueden tener lugar a la hora de cocinar alimentos y que pueden ir desde la muy extendida **hidrólisis** de las **grasas**, que supone la liberación de **ácidos grasos** a partir de los correspondientes **glicéridos**[331], hasta reacciones mucho más específicas que involucran a compuestos propios de determinados alimentos, que no forman parte de los grandes grupos de nutrientes, como es el caso de los **metabolitos secundarios.**

Por supuesto, en la cocina pueden ocurrir muchas más transformaciones de las propiamente debidas a la aplicación de calor como, p.e., el **marinado** o 'cocinado al ácido', que puede emplear vinagre o zumo de limón para conseguir la coagulación de las proteínas[332]. Y, también, existen múltiples procesos de mezclas (como la formación de una mayonesa, en un típico ejemplo de emulsión grasa-agua, o el amasado para hacer pan, pizza o empanada, etc.) que, luego, acaban propiciando diversas y nuevas reacciones químicas; lo mismo ocurre con algunas técnicas de conservación, como es el caso del salado, macerado, fermentación, etc.; un ejemplo puntual de esto último puede ser la formación del 4-etilguayacol en vinos y cervezas (por fermentación con *Brettanomyces*)[333]. En general, abundan los procesos ácido-base, oxidaciones, hidrólisis y otros procesos químicos generales, pero en estos casos hay también diversas transformaciones físicas que tienen su importancia en el proceso culinario.

Tal vez, para ilustrar como de complejos pueden ser los procesos físicos que hay detrás de una técnica o proceso culinario concreto debamos citar el sorprendente caso del **chocolate**, uno de los grandes regalos de la Naturaleza, que muy bien supieron apreciar las culturas precolombinas que tenían acceso al cacao. Efectivamente, el componente graso de un buen chocolate (la manteca de

---

[329] A diferencia de las reacciones de Maillard, la **pirólisis** puede tener lugar con cualquier compuesto orgánico, llega con esto, con que tenga átomos de carbono y sea sometido a muy altas temperaturas.

[330] O, a nivel industrial, añadiendo sulfitos, que inhiben muchas de esas reacciones.

[331] En general, la hidrólisis de cualquier **éster** suele dar como resultado el ácido y el alcohol correspondiente.

[332] En el marinado, como concepto general, pueden entrar técnicas del tipo de los escabeches, adobos y cebiches, según la sustancia ácida empleada y el proceso en concreto seguido.

[333] El 4-etilguayacol es también habitual entre los responsables del aroma del café, como veremos en un recuadro adjunto próximo.

cacao) presenta una característica algo sorprendente para una mezcla: tiene un punto de fusión bien definido[334]. Pero ¡no un único punto de fusión!, la manteca de cacao puede presentar hasta seis estados polimórficos, seis formas cristalinas, cada una con diferentes propiedades y con punto de fusión propio. Estos se encuentran entre los 17,3ºC y los 36,4ºC y solo una forma concreta (que funde a los 33,8ºC) presenta las propiedades óptimas que definen un buen chocolate: que no se funda en la mano, pero si en la boca, que presente una superficie brillante y no resulte harinoso, ... Conseguir esa forma requiere práctica y conocer la técnica del temperamento del chocolate.

Formas de transmisión del calor y cocinado de los alimentos

Es obvio que, a la hora de pensar en las transformaciones químicas que sufren los alimentos en la cocina, es determinante la técnica escogida para su elaboración. P.e., una vez leída la información sobre las reacciones de Maillard, sabemos que no se van a dar al preparar un cocido, y no por que en esa olla falten azúcares o aminoácidos (habrá zanahorias, patatas y carnes que podrían subministrar estos reactivos). La cuestión es que, al cocerse en agua, la temperatura no va a pasar de los 100ºC (como mucho, podría alcanzar los 120ºC en una olla a presión) y esto no llega para que aparezcan tales reacciones.

Así, pues, escoger una u otra técnica de cocinado va a llevar a la prevalencia de unas o de otras transformaciones químicas; veremos, muy por encima, algunos principios básicos alrededor de las principales técnicas, pero antes tal vez sea bueno repasar, de los años de escuela, un par de conceptos relacionados con el calor y la temperatura.

Recordaremos que el calor es el flujo de energía que pasa de un cuerpo caliente[335] a otro más frío (y, obviamente, se mide en unidades de energía[336]); mientras que la temperatura es una medida relacionada con la energía cinética media de las partículas de un cuerpo[337]. Que el agua contenida en un recipiente esté caliente significa que sus partículas constituyentes (moléculas de agua) se mueven, relativamente, a gran velocidad (presentarán una energía térmica media alta). Si la velocidad de las moléculas aumenta sustancialmente, porque le llega más calor del exterior, además de que aumentará el número de las que se escapan en forma de vapor (aumenta la evaporación), irá subiendo la media hasta llegar a un punto en que habrá un paso masivo de líquido a vapor: el agua comienza a hervir. Y esto ocurre, si la presión es la atmosférica habitual (es decir, en un recipiente abierto cerca del nivel de mar)[338], alrededor de los 100ºC, pero dependerá de la presencia o no de otras moléculas entre las del agua (que dificultan el paso del vapor).

---

[334] Hay que recordar que los cambios de estado de un compuesto químico pueden estar bien definidos, pero para el caso de mezclas no ocurre así habitualmente.

[335] De caliente a frío es lo que va a ocurrir espontáneamente, pero en ocasiones podrá pasar, de forma forzada, del más frío al caliente; p.e., es lo que ocurre en una nevera, donde extraemos (con ayuda de un motor y otros elementos) calor del frío de la nevera y se echa al exterior.

[336] Unidades de energía como las kilocalorías (kcal) o los kilojulios (kJ).

[337] Técnicamente, es una medida estadística de la energía media que poseen las partículas de un cuerpo debida al movimiento de esas partículas.

[338] Obviamente, en un recipiente cerrado, como en una olla a presión, el incremento de presión en la parte gaseosa dificulta el paso de las moléculas de agua líquida a gas y esto significa que necesitarán más energía para conseguirlo; es decir, el agua va a alcanzar, en ese recipiente, una mayor temperatura antes de hervir,

Conviene recordar, también, que existen tres formas de transmisión de calor: por conducción, por convección y por radiación. Recordemos también que, en la **convección**, el calor 'viaja' con el movimiento de un fluido (líquido o gas), y transportado por el agua, aceite o aire que se mueven y lo transportan. En la **conducción**, el calor se traslada a través de un cuerpo sólido desde las zonas más calientes a las más frías; ¡ojo con el mango de la sartén! Por último, en la **radiación**, el calor es transmitido por ondas electromagnéticas, particularmente, en la región de los infrarrojos (aunque en la cocina moderna participan también las microondas). Lo habitual en una cocina es que los tres mecanismos de transmisión compitan entre ellos, con predominancia de uno u otro según los casos: p.e., en un horno es evidente que tendrá mucha importancia la radiación, pero la convección (el movimiento de aire en el interior) jugará su papel (y puede ser aire seco o húmedo).

Antes de pasar a describir, muy brevemente, los principales métodos de cocinado de los alimentos, hay que decir que existen innumerables y maravillosos textos que explican de forma fantástica lo que acontece en cada caso. En la bibliografía aparecen algunos de estos libros para profundizar más en el tema (el de This y el de McGee son excelentes ejemplos).

Cocción. Aunque no es necesariamente así, por defecto[339], entendemos que la cocción es el cocinado de los alimentos sumergidos en agua. Esta técnica, que recuerda un procedimiento habitual en el laboratorio (la extracción de productos con un disolvente) presenta diversas ventajas; a la hora de hacer sopas, caldos y muchos tipos de guisos o estofados, se emplea el agua como disolvente extractor de los diferentes nutrientes (cuando interesa, se evita o se minimiza que se pierdan muchas sustancias del interior de los alimentos sellando, previamente, su superficie con la formación de una costra). La técnica tiene la ventaja de asegurarnos que los alimentos no van a superar la temperatura de ebullición del agua, con lo que esto significa a nivel de protección de algunos compuestos térmicamente delicados; es, pues, perfecta para transformar ciertos alimentos en comestibles[340]. P.e., una proteína abundante en las carnes es el **colágeno** que, entre otras funciones, envuelve los haces de fibras musculares. Está formado por una triple hélice (tres moléculas enroscadas entre sí) y, en crudo, resulta demasiado duro para comerlo. Pero al calentarlo más allá de 70ºC, conseguimos separar las tres cadenas y romper su estructura, formando una gelatina de proteína desnaturalizadas, pero perfectamente digerible. Precisamente, los geles formados a través de una reorganización de las moléculas de proteínas desnaturalizadas o los formados a partir de los gránulos de **almidón** al hincharse en agua caliente, son dos opciones muy generalizadas cuando queremos espesar una determinada salsa.

Obviamente, en la cocción en agua no tendrán lugar las reacciones de Maillard, ni las de pardeamiento o de caramelización, entre otras. Pero hay una gran variedad de 'ajustes químicos' recomendables a la hora de cocer determinados alimentos pues, obviamente, aún son muchas las reacciones posibles y, entre ellas, son muchas las elecciones correctas desde este punto de vista. A modo de ejemplo, citaremos dos casos concretos que, tal vez, destacan por encima de la infinidad de recetas imaginables; por un lado, el uso correcto del **pH** según el tipo de producto que se quiere

---

alrededor de los 120ºC. Por otro lado, en un recipiente abierto, la presión de 1 atm es la normal a nivel del mar, pero en lugares de gran altitud será normal que la presión atmosférica se vea reducida.

[339] El término cocción también se refiere, de forma más general, a cualquier forma de aplicar calor al alimento.

[340] Precisamente, mantener la temperatura constante alrededor de los 100ºC es el objetivo de la conocida técnica del 'baño María', atribuido a María la Hebrea, la primera mujer alquimista de nombre conocido y que las referencias sitúan en Alejandría, posiblemente en años (desconocidos) situados entre los s. I y III d.n.e.

cocer y por otro, el mejor momento de salar a la hora de preparar un guiso de carne. Con respeto a esto último, habrá que considerar el objetivo de nuestra receta: salar la carne al principio va a hacer que desprenda los jugos al exterior (por efecto de la **presión osmótica**[341]) dando más sabor al caldo, pero quedando más secas las piezas de carne; salar la carne después de que se forme una pequeña costra en su superficie hará que se retengan más sustancias en el interior de esas piezas. En cuanto al control del **pH**, es sabido que a la hora de cocinar pescado resulta mucho mejor hacerlo en un medio ligeramente ácido, para reducir o eliminar ciertos aromas propios de las **aminas** o de los compuestos con azufre, derivados de las proteínas. Igualmente, en la cocción de las verduras se puede jugar con el pH (añadiendo, según los casos, algo de vinagre o de carbonato ácido de sodio, el antiguo bicarbonato sódico), para mantener los colores vivos (particularmente, los verdes de hoja) aunque existen técnicas menos drásticas como el escaldado o el 'blanqueado' previo.

Fritura. Técnicamente podríamos hablar de cocción en medio graso, normalmente, algún tipo de aceite[342]. La principal ventaja de la técnica es que se podrán alcanzar temperaturas más altas (que van a superar los 150ºC) y, consiguientemente, van a aparecer reacciones como las de Maillard, caramelización y otras que pueden dar al alimento un aspecto más apetitoso al formar costras crocantes; como es sabido, en algunos casos es habitual añadir algún tipo de harina, desde el simple enharinado a formas compuestas (rebozado, empanado, etc.), para proteger el alimento, favorecer las cortezas, evitar que se pegue, etc.

Evidentemente, un factor decisivo en esta técnica es el tipo de aceite empleado y el modo de uso. A diferencia del agua (que, como compuesto químico, tiene un determinado punto de ebullición), los aceites son mezclas complejas de diversos **glicéridos** (ver capítulo 4), **ácidos grasos** libres y otros compuestos minoritarios y, por lo tanto, no presentan un punto de ebullición definido. Vienen caracterizados por el llamado **punto de humo** (temperatura a la que comienza a humear). Al ser mezclas complejas de proporciones muy variables, cada tipo de aceite (de oliva, maíz, girasol, soja, etc.) presentará un punto de humo que también depende de su origen y tratamiento previo (refinado, primera extracción, etc.), incluido el número de veces que fue usado (el punto de humo disminuye en cada uso pues aumenta la formación de **propenal**[343] y otros compuestos que lo condicionan) y, también, de la presencia de compuestos **antioxidantes** que pueden ayudar a retrasar la degradación del aceite; es el caso del aceite de oliva virgen extra, que contiene diversos **polifenoles**. En cualquier caso, como norma general para los aceites, es razonable pensar que cuanto más puro sea el producto (aunque no el único factor que influye), antes se va a quemar, es decir, más bajo será su punto de humo.

---

[341] Más que definirla, diremos que la **presión osmótica** actúa sobre cualquier tipo de membrana que separa dos medios (por lo menos uno de ellos acuoso), con concentraciones muy diferentes en sales minerales (como la propia sal común); en esa situación, el agua puede pasar de la menos concentrada a la otra. Si cortamos una berenjena o una patata, p.e., y le añadimos abundante sal, veremos cómo, al cabo de unos minutos, ha soltado una buena cantidad de agua. La misma técnica funciona en la elaboración de las saladuras de alimentos para su conservación, tal como veremos.

[342] Claro que hay cocinas en el mundo que usan con frecuencia mantecas, grasa animal inicialmente sólida.

[343] 2-propenal (o **propenal**) es el nombre sistemático, aunque es más conocido como **acroleína**; habitualmente, es el primer compuesto que humea cuando calentamos un aceite, pero aparece también en los azúcares quemados, siendo uno de los responsables del aroma acre de estos azúcares.

Sobre la calidad de los aceites

Como ya vimos en el texto principal, los aceites comestibles son mezclas muy complejas donde predominan los **glicéridos** (**ésteres** del **glicerol** con **ácidos grasos** que pueden ser mayoritariamente triglicéridos, pero también di- y monoglicéridos); pero contienen otros productos liposolubles minoritarios, que participan o marcan, definitivamente, muchas características organolépticas del aceite y condicionan su calidad. Así, existen varios parámetros que pueden dar cuenta de su calidad.

Desde el punto de vista de la salud, ya se tiene comentado en el texto la importancia del tipo de ácidos grasos que participan en esos glicéridos y como la predominancia de los **ácidos insaturados** va a ser una referencia para una mejor salud cardiovascular; sin olvidar la importancia de evitar la presencia de ácidos **insaturados trans**, menos saludables y que, en definitiva, indicarían tratamientos de **deshidrogenación** alejados de la idea de calidad propia de un aceite comestible. El grado de insaturación de un aceite es, pues, una de sus características fundamentales, ligada al origen o tipo de aceite o grasa[344]. Para medir, de forma general, el contenido en insaturaciones de un aceite, se emplea el llamado **índice de yodo**[345]. Tal como muestra la tabla, los aceites con mayor índice de yodo (con más insaturaciones) son el de girasol o el de lino, por su gran contenido en ácidos poliinsaturados (**linoleico** y **linolénico**). Los aceites de coco y de palma tienen menor índice de yodo (indicador de muchos ácidos saturados). En la tabla se puede observar que, en general, a mayor índice de yodo (y mayor grado de insaturados presentes), el punto de fusión aproximado de ese aceite o grasa tiende a ser más bajo (ver fig. 27), pero hay excepciones pues en este punto de fusión también influye el tamaño medio de las cadenas de los ácidos que contiene (lo que se mide por otro índice más técnico, del que se hablará luego).

Un segundo parámetro de interés es el **grado de acidez de un aceite**, que no se debe confundir con su **pH** o con su propio sabor, aunque se relacionan. El grado de acidez de un aceite indica la cantidad de ácidos grasos libres que contiene y, considerando que esos ácidos libres proceden de la progresiva descomposición (**hidrólisis**) de los glicéridos, es una medida del grado de degradación de ese aceite. Técnicamente, en un aceite de oliva mide el porcentaje (en masa) del ácido oleico libre que contiene ese aceite. Así, un aceite de 0,6º indica que ese aceite contiene un 0,6% de ácido oleico libre. Pero, a la hora de leer este dato como un índice de calidad, debemos tener en cuenta de que tipo de aceite se trata, pues unos y otros recorren caminos muy diferentes: hay aceites que se obtienen, estrictamente, por medios mecánicos (presión en frío o centrifugado), como los aceites de oliva virgen (zumo de aceituna), mientras otros son obtenidos por extracción con disolventes orgánicos (p.e., el hexano) o refinados. Así, un **AOVE**[346] no puede superar los 0,8º de acidez, mientras que un AOV no puede superar los 2º (por encima de este grado se consideran lampantes y deben ser refinados y mezclados para un posterior destino en alimentación); por el contrario, un aceite de maíz refinado puede presentar un 0,25º.

Otro parámetro de calidad o conservación de un aceite es su **índice de peróxidos**, IP, que nos indica el grado de oxidación sufrido por esa grasa. Los **peróxidos** son una familia de compuestos orgánicos oxigenados y el IP mide la concentración de oxígeno activo.

Existen, obviamente, otros parámetros que pueden caracterizar un aceite como su **punto de humo** (del que se habla en el texto principal), o el **índice de saponificación**, que indica la cantidad (en mg) de hidróxido de sodio o de potasio (NaOH o KOH) necesarios para saponificar un gramo

---

[344] Crea mucha confusión la idea de relacionar, de forma muy simplista, los ácidos grasos saturados con grasas animales y los insaturados con grasas o aceites vegetales, pero no debemos olvidar que del mundo vegetal derivan aceites (como el de coco o el de palma) con un gran contenido en grasas saturadas.

[345] Lo que mide la cantidad de yodo (añadido en forma, p.e., de yoduro de potasio) que absorbe una determinada cantidad de muestra de aceite, ya que el yodo reacciona con los dobles enlaces de los ácidos grasos. Se expresa, pues, como los gramos de yodo que reaccionan con 100 g de muestra.

[346] **AOVE**, es decir, Aceite de Oliva Virgen Extra.

de grasa en cuestión, es decir, para separar el **glicerol** de los ácidos grasos que lleva unidos (provocar la hidrólisis); cuanto mayor es este índice, mayor es la proporción de ácidos de cadena pequeña que contiene. Además de estos parámetros, también hay que considerar, claro está, el contenido en determinados compuestos químicos como, p.e., **tocoferoles** (algunos de ellos actúan como la **vitamina E** y son muy buenos **antioxidantes**).

Tabla 9: Composición de algunos aceites y grasas comestibles junto con algunas propiedades fisicoquímicas (índice de yodo, punto de fusión aproximado y punto de humo). (AGS-ácidos grasos saturados, AGM-monoinsaturados como oleico, y AGP, poliinsaturados, como linolénico y linoleico).

Aceite o grasa de...	AGS (en %)	AGM (en %)	AGP (en %)	Índice de yodo	pF (aprox.)	Punto de humo[347] (aprox)
lino	8	20	60	135	-25ºC	110ºC
girasol	12-13	24-25	63	185	-17ºC	107ºC -230ºC
soja	14-15	23	58-62	130	-16ºC	160ºC-240ºC
maíz	13	25-29	58-59	125	-12ºC	160ºC-236ºC
colza (canola)	7	55-61	32-33	110	-10ºC	204 ata 240
algodón	26-27	18-20	50	105	-5ºC	216ºC
cacahuete	17-19	46-55	30-32	95	-2ºC	160ºC-230ºC
oliva	12-13	74-78	8-10	85	0ºC	AOV: 207ºC. AOVE:160ºC
arroz	20	47	33	95	10ºC	150ºC-250ºC
palma	48-53	37-40	10-11	50	22-45ºC	230ºC
cacao	60	36	3	35	22ºC	210ºC
palmiste[348]	80-82	18-15	1-2	15	32ºC	230ºC
coco	86-91	6-7	2	6-11	20-25ºC	177 ata 232
manteca	60-62	29-36	4	25-40	34-38ºC	120ºC-180ºC
manteca de cerdo	40-42	45-46	3-11	60-70	26-31ºC	140ºC-200ºC
pollo	30-39	30-45	21-25	48	32ºC	190ºC
margarina[349]	18	32	50		37ºC	150ºC
pescado[350]	27-31	18-36	33-55	95-200	26-45ºC	250ºC

Asados. En el caso de los asados pueden alcanzarse, también, altas temperaturas y, incluso, en la superficie de los alimentos, superar ampliamente las propias de las frituras; por lo tanto, van a tener lugar esas reacciones características (Maillard, caramelización, ...) que llevan a la formación de superficies crujientes. A diferencia de los métodos anteriores, la radiación será la principal forma de transmisión del calor, seguida de la convección cuando se trata de asados en el horno o en la parrilla[351], o de la conducción para los asados a la plancha. En los asados al horno o parrilla, el fluido trasmisor del calor es el aire, mucho menos eficiente en ese cometido que el agua o el aceite y, por lo tanto, el cocinado de los alimentos será más lento que en la cocción, aunque la temperatura alcanzada puede tener límites muy superiores y esta es una característica de este método de cocinado que lo hace especialmente atractivo para determinado tipo de alimentos.

---

[347] El **punto de humo** de un aceite o grasa puede variar mucho atendiendo a diversas condiciones: p.e., si es refinado o no (ver el caso de los aceites de girasol, soja, ...) o, como en el caso del aceite de oliva: el de los AOV es de 207ºC, el de los AOVE ronda los 160ºC y si es de primera presión en frío puede bajar hasta los 130ºC.

[348] Hay que distinguir entre el aceite de palma, obtenido de la cubierta del fruto, del aceite de palmiste, obtenido de la semilla de esa planta; este último tiene aún más saturados.

[349] Las **margarinas**, por definición tienen un pF máximo de 37ºC y un contenido en agua inferior al 16%

[350] Hay una gran variabilidad atendiendo al tipo de pescado, época del año, etc.

[351] Obviamente, hay cierta participación de la conducción de calor, desde la superficie al interior del alimento.

Microondas. Obviamente, predomina la radiación como forma de transmisión de calor, pero en este caso, sustituyendo el habitual infrarrojo de los hornos convencionales por otra, también electromagnética, de longitud de onda muy superior, hecho que la distingue del horno convencional. Las microondas de los aparatos comerciales suelen presentar frecuencias alrededor de los 2,45 GHz, ajustadas a la frecuencia con que vibran eficazmente las moléculas de agua que, como sabemos, es el compuesto mayoritario en casi todos los alimentos; esto hace que la energía radiada se transfiera al agua presente en el alimento y, de esas moléculas pasará la energía cinética (en nuestra escala hablamos de calor) al resto del material expuesto, por conducción.

Los anteriores métodos de cocinado están aquí muy simplificados pues, obviamente, cabe imaginar combinaciones y situaciones algo más complejas. Por poner un ejemplo, a la hora de preparar un guiso (o un estofado), habrá cocción en medio acuoso, pero podrá haber un tratamiento previo en el 'pochado' de ciertos ingredientes en aceite, grasas que se liberan, asados protegidos con papel de aluminio, etc.

Propiedades organolépticas de los alimentos

Que un alimento nos parezca atractivo, apetitoso o no, va a depender de una serie de propiedades bien definibles. Las principales propiedades organolépticas de un alimento incluyen el olor, sabor, color y textura; propiedades que, al final, vendrán determinadas, como ya vimos, tanto por el tipo de alimento como por el método de cocinado, entre otros factores.

De forma natural, la 'primera línea de sabor' de los alimentos va a depender de su contenido en ciertos nutrientes principales, como la fracción grasa (que, habitualmente, aporta sabores agradables) y/o azúcares simples presentes (potenciando el sabor dulce) y ciertos **aminoácidos** libres que transmiten sabores muy identificables. Pero, más allá de estos nutrientes, hay que recordar que, también de forma natural, existe un número muy alto de compuestos del llamado **metabolismo secundario** que serán los responsables de una buena parte de los sabores y, sobre todo, de los olores de los alimentos que ingerimos. Y, como ya vimos, una tercera contribución a estas dos propiedades será la debido a los compuestos que se forman durante el propio proceso de cocinado, o en el previo de obtención del producto a consumir (p.e., los granos de café o el chocolate), o en la degradación que experimentan con el paso del tiempo. Entre esas alteraciones naturales tenemos muchos procesos, como el enranciamiento de las grasas (que puede afectar a pescados que acaban sabiendo a rancio y, por supuesto, mantecas, tocinos, carnes, etc.); este proceso es debido a la **hidrólisis** de las grasas que producen ciertos microorganismos, liberando **ácidos grasos** de cadena corta, con olores y sabores característicos.

En un simple aroma de un té, de un vino o de un café se tienen identificado cientos de compuestos volátiles (en los tres casos se superan ampliamente los 500 compuestos)[352]; pero, obviamente, hay muchísimos más entre los no volátiles, los que permanecen disueltos en el agua o

---

[352] En la determinación de estos compuestos es habitual combinar varias técnicas cromatográficas (de gases, HPLC o líquida de alta presión, etc.) y técnicas de detección que van desde la espectrometría de masas hasta las muy específicas olfatometrías.

en suspensión hasta formar posos; pueden jugar o no un papel en las propiedades organolépticas del producto o en nuestro organismo, pero su número habla de la complejidad de la química de cualquier alimento. Como botón de muestra, en el recuadro adjunto se profundiza algo más en la química del aroma del café y en algunos compuestos que se forman en el proceso de elaboración.

Química del aroma del café

Hoy en día, se tienen identificado cerca de mil compuestos volátiles en el aroma del café y otros, que dejan picos cromatográficos, están a la espera de identificación; otros no participan en su olor y permanecen en disolución acuosa o en la borra.

El impacto olfativo de un compuesto depende de su concentración y de su límite de percepción, esto es, la concentración mínima que, de ese compuesto en cuestión, es necesaria para que su aroma sea percibido. Luego, los compuestos que más influyen en el aroma de un producto, en general (y, en el caso que nos ocupa, de un café), son los que se encuentran en mayores concentraciones y/o los que tienen el límite de percepción muy bajo, pero todos participan del aroma y cada uno, por separado, no puede despertarnos el mismo gusto.

En 1992, la ASIC (*Association for Science and Information on Coffee*) publicaba un trabajo de Blank, A. Sen y W. Grosch, donde presentan compuestos de gran olor que se pueden considerar esenciales en todo aroma de un café, sea variedad Arábiga, Robusta o mezcla de las dos. El resto de los componentes puede variar considerablemente de un tipo a otro. Entre esos compuestos esenciales del café destacan varias pirazinas (compuestos **aromáticos heterocíclicos** con dos átomos de nitrógeno, que da notas tostadas), algunos **aldehídos** y **cetonas** (con notas dulces y afrutadas los primeros y mantecosas las segundas), furanos y furanonas, con notas más acarameladas, y compuestos con azufre, de olor característico. Para hacernos una idea, en la tabla adjunta se presentan doce de estos compuestos y su origen a lo largo del proceso de elaboración.

Mario Fernández, el autor del artículo que me puso en la pista del trabajo de Blank, Sen y Grosch, trabajando en su tesis doctoral, había encontrado en el aroma del café otros compuestos complementarios, también de interés como, p.e.,: el acetaldehído (procedente de la **pirólisis** del azúcar), el 2-metilbutanal (otro **aldehído** relacionado con la fermentación), el metanoato de metilo y el 3-metilbutanoato de etilo (**ésteres** de la fermentación), la 3-hidroxi-2-butanona (una **cetona** procedente de la fermentación), etc.

Como se puede comprobar, la mayoría de los compuestos responsables del aroma guarda relación con el proceso de tostado (hay que recordar que las reacciones de Maillard también se producen en esta etapa). En general, un tostado intenso va a dar granos oleosos y con un característico sabor a tostado y cierto amargor, mientras que un tostado ligero se traduce en una bebida más ligera y ácida.

De todos los compuestos aquí citados, ninguno nos daría, por sí solo, una aproximación al aroma del café (excepto, lógicamente, experiencias muy concretas que nos hubieran marcado con alguno de ellos), pero todos en conjunto harían que identifiquemos que, cerca de nosotros, alguien está haciendo un rico café. Los cientos de compuestos no citados aquí (hasta completar casi el millar) darían características más concretas sobre el origen, maduración, forma de tostado y conservación o tipo de café. Y todo esto sin mencionar los azúcares que se les añade a los granos en los cafés torrefactos, que pueden alcanzar porcentajes muy significativos en peso de un producto.

Este ejemplo puede servir como botón de muestra para muchos otros casos de gran interés como es el de los vinos, cervezas, zumos, tés, etc. (aunque en un recuadro posterior se tratan algunos otros ejemplos).

Tabla 10.- Algunos compuestos identificados en el 'aroma' del café.		
Compuesto	**Principal característica**	**Cuando se forma**
2-metil-3-furantiol	furano azufrado	Reacción de Maillard
2-furfuriltiol	furano azufrado	Reacción de Maillard
metional	aldehido azufrado, lineal de cadena corta	Degradación (de Strecker) del aminoácido metionina
metanoato de 3-mercapto-3-metilbutilo	éster azufrado	Tostado del grano
3-isopropil-2-metoxipirazina	pirazina	Reacción de Maillard
2-etil-3,5-dimetilpirazina	pirazina	Reacción de Maillard
2,3-dietil-5-metilpirazina	pirazina	Reacción de Maillard
3-isobutil-2-metoxipirazina	pirazina	Reacción de Maillard
sotolona	lactona (éster cíclico)	Tostado del grano
4-etilguayacol	compuesto fenólico	Fermentación del tostado
5-etil-3-hidroxi-4-metil-2(5H)-furanona	lactona	Tostado del grano
4-vinilguayacol	compuesto fenólico	Tostado del grano
B-damascenona	cetona	Presente en muchas plantas
2,3-pentadiona	cetona de cadena lineal corta	En la fermentación
butanodiona	cetona de cadena lineal corta	En la fermentación
furaneol	furano con grupos cetona y alcohol	En el tostado (caramelización)

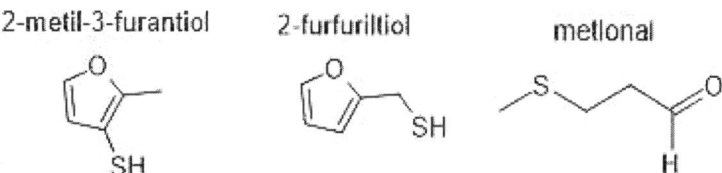

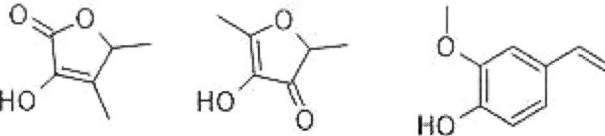

Fig. 57.- Fórmulas de algunos compuestos responsables del aroma del café (ver tabla 10).

El olor y el sabor de la química. Ya vimos en el capítulo 7 que los olores que percibimos, en los receptores olfativos, guardan relación con la estructura molecular de los volátiles disueltos en el moco, en definitiva, hay una especie de 'encaje' (tipo llave-cerradura) entre moléculas. Y son miles los registros que podemos tener acumulados en nuestro sistema de memoria sensorial.

También vimos que los sabores son mucho menos variados, que responden a las combinaciones de cinco sabores elementales y que, químicamente, también se pueden explicar atendiendo a ciertas estructuras moleculares o a la presencia de determinados iones, ligados a un sabor. Ya vimos, también, el papel determinante que juega la presencia del ion sodio, Na^+, en el sabor salado y, análogamente, para el caso del sabor ácido, la importancia que tiene la presencia del ion oxidanio, H_3O^+, formado por la combinación de una molécula de agua y el protón (H^+) que, en general, acostumbran a liberar los ácidos en medio acuoso. Aunque la lista podría ser, en teoría enorme, hay unos cuantos ácidos que podríamos denominar 'sospechosos habituales' a la hora de hablar del carácter ácido de un alimento. En frutas, y en sus zumos, destacan los **ácidos cítrico y málico**, pero pueden participar, con mayor o menor determinación, el **ácido tartárico, el oxálico, el isocítrico**, ... Igualmente, en el vino acostumbran a ser mayoritarios el tartárico, málico y cítrico (ya presentes en la uva), pero también el **acético, láctico y succínico**, que se forman durante la fermentación. Como es sabido, el ácido acético (etanoico) es el característico de los vinagres que, en definitiva, proceden naturalmente de la **oxidación** del **alcohol etílico** presente en el vino. Por otro lado, el ácido láctico es el ácido mayoritario en los productos lácteos como yogures, quesos, etc.

Conviene recordar, también del capítulo 7, la 'unidad saporífera de Shallenberger', allí citada para el caso del sabor dulce. A esa subestructura responden varios azúcares simples (hexosas y pentosas) con poder edulcorante (**glucosa, fructosa, galactosa, lactosa**, ...) y, por supuesto, la propia **sacarosa,** el disacárido que compramos como azúcar en el mercado. Aunque de naturaleza química muy diferente, esa misma subestructura básica está presente en algunos **ésteres** y, claro está, en los **edulcorantes** sintéticos no azucarados como la **sacarina, cliclamato, aspartamo, sorbitol, xilitol, eritritol,** ... de los que se habla más adelante en 'Artificios alimentarios'.

Mucho más diversificada es la forma de provocar el sabor amargo. En el mundo inorgánico, hay haluros alcalinos[353] que, dependiendo del tamaño de los átomos participantes, pueden resultar salados (como el cloruro de sodio, NaCl) o amargos (como el yoduro de potasio, KI y los haluros de magnesio o de calcio)[354]. Pero, la gran variedad aparece en la química del carbono, y muchos **flavonoides** (derivados fenólicos como los de la fig. 60) son los responsables del amargor de ciertas frutas, p.e., la naringinina, la limonina o la neohesperidosa, abundantes en diversos cítricos y zumos, o las **humulonas**, presentes en el lúpulo empleado en la elaboración de la cerveza (fig. 63). Los **taninos**, que también son flavonoides, son los responsables del amargor del té[355] (y de algunos vinos tintos). También varios **aminoácidos** y **péptidos** pueden provocar el sabor amargo y, sobre todo, diversos **alcaloides** que, como ya se ha comentado en el capítulo 3, son sustancias de defensa,

---

[353]**Haluros** alcalinos (y alcalinotérreos) es el nombre de los derivados de compuestos formados por un halógeno (F, Cl, Br o I) y uno de los elementos de la primera (y de la segunda) columna de la tabla como, p.e, yoduro de potasio (KI), bromuro de sodio (NaBr) o el cloruro de magnesio ($MgCl_2$), fluoruro de calcio (CaF_2), etc.

[354] A mayor tamaño de los átomos participantes más amargor. En el medio, el bromuro de potasio (KBr) presenta una mezcla entre los dos sabores: salado y amargo.

[355] De hecho, en Gran Bretaña, donde es frecuente el consumo de té con leche, saben que echar té a la leche fría hace que las proteínas lácteas formen un complejo con los taninos del té, restándole amargor. Si, previamente, hervimos la leche, esas proteínas se desnaturalizan y ya no van a evitar el amargo del té.

sintetizadas por muchas plantas, y que presentan un anillo heterocíclico con un átomo de nitrógeno. Son ejemplos típicos: la **nicotina,** la **cafeína**, la **quinina** (empleada en el agua tónica), la **atropina** y otros derivados propios de las solanáceas. De hecho, como ya se ha comentado en otros capítulos, se piensa que la percepción del sabor amargo fue un mecanismo desarrollado, a lo largo de la evolución, para evitar el consumo de plantas que podrían resultar tóxicas para nuestra especie y/o para otras especies de animales (de defensa, por lo tanto, para ellas).

Vimos también en el capítulo 7 que, más allá de los 'sabores elementales', existen sensaciones asociadas al gusto que se relacionan, también, con el sentido del tacto como, p.e., la astringencia y el picante; en este último caso, actuando, también, sobre los receptores del dolor.

Algunas frutas son muy astringentes cuando están verdes y otras incluso ya maduras como es caso, p.e., de las endrinas. Al parecer, es una sensación relacionada con el sabor amargo y, sin duda, resulta muy perceptible en bebidas como tés o vinos tintos. En los dos casos, los principales responsables son los **taninos**, un grupo bien estudiado de **polifenoles**. En el caso del té, destaca con mucho el galato de epigalocatequina, mientras que, en el caso de los vinos, participan varias **catequinas** y **antocianinas** (en general, **flavonoides**) que, además, contribuyen al color que caracteriza a los vinos tintos.

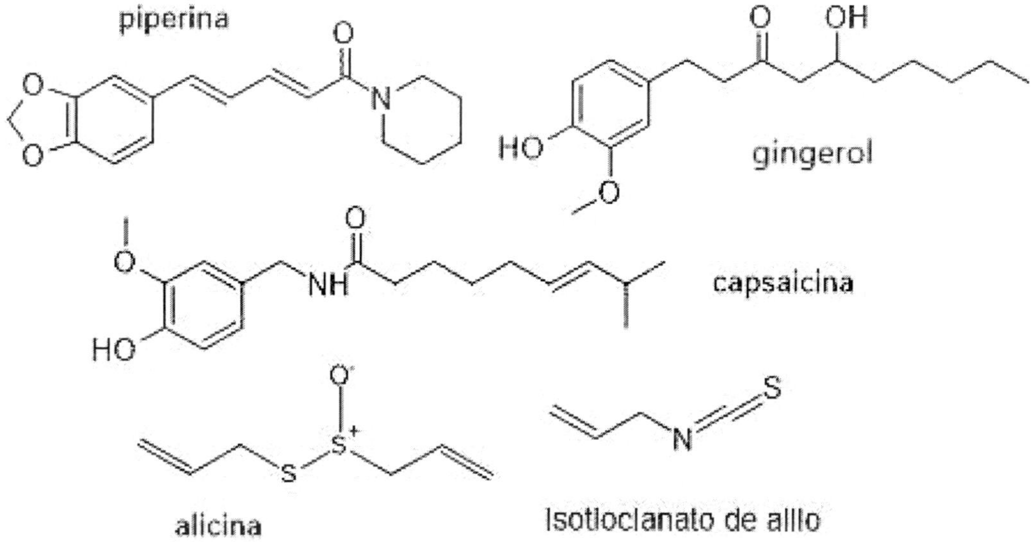

Fig. 58.- Algunos compuestos responsables del picante (aunque existen muchos derivados; en el capítulo 3 se citan, p.e., varios capsaicinoides relacionados con la capsaicina).

En el caso de los picantes, hay que destacar dos grandes grupos. Por un lado, la extensa familia del género *Capsicum*, particularmente la especie *Capsicum annuum* (que incluye un gran número de pimientos y chiles, incluidos los gallegos pimientos de Padrón) y la *Capsicum chinense* (entre los que destacan los picantes habaneros, de gran consumo en México y en el Caribe); y, por otro lado, tenemos la familia de las pimientas (negra, blanca, verde, etc.), de la especie *Piper nigrum*.

Como ya vimos en los capítulos 3, 5 y 7, los pimientos del género *Capsicum* deben su picante a los **capsaicinoides**, derivados de la **capsaicina**, un compuesto que, además tiene importantes aplicaciones como potente antiinflamatorio local. La diversidad de picantes es tan grande que existe una escala que mide el grado de picante, directamente relacionado con la cantidad de capsaicina presente en estos productos. Se conoce como **escala Scoville**[356] y va desde el cero (como el habitual pimiento verde o morrón) hasta los 15 millones (que corresponde a la capsaicina pura). En el camino encontramos los jalapeños y los pimientos de Padrón (entre 2.500 y 5.000 unidades), los muy picantes habaneros (de 200.000 a 400.000 unidades) y, últimamente, variedades extremadamente picantes, obtenidas cruzando especies, como es el caso del *Dragon's Breath* o el *Naga Viper* (en Gran Bretaña) o los *Pepper X, Scorpion y Carolina reaper* (en USA), que superan el millón de unidades.

Fig. 59.- (Arriba): Foto de diferentes tipos de pimientos picantes en un mercado. **(Abajo): Escala Scoville**.

Pungencia (en Unidades Scoville, SHU)	Producto
15.000.000	Capsaicina pura
≈3.000.000	Pepper X
≈2.500.000	Dragon's Breath (Gales)
≈2.200.000	Carolina Reaper (Carolina del Norte)
≈1.400.000	Naga Viper (Inglaterra)
900.000-1.050.000	Naga Jolokia (India y Bangladesh)
200.000-400.000	Chile habanero (Baja California, México)
30.000-50.000	Cayena o pimienta roja, chile tabasco
2.500-8.000	Jalapeños (de Jalapa, México)
1.000-5.000	Pimientos de Padrón y chile poblano (México)
100-500	Pimientos picantes
0	Pimiento verde no picante

El picante de las pimientas, del género *Piper*, se debe a la **piperina** y algunos compuestos relacionados con la misma; en cualquier caso, con un poder picante relativo muy inferior al de los capsaicinoides. En algunos alimentos existen otras 'familias de picantes' que resultan, o muy localizadas, como es el caso del gengibre, del clavo y de algunas especies de plantas *Brassicaceae*[357] (como el rábano picante y el wasabi o la mostaza, menos picante) o, simplemente, de escaso

---

[356] Fue propuesta, en 1912, por Wilbur Scoville. Inicialmente, era una medida organoléptica, subjetiva, ya que consistía en someter una disolución del extracto (del pimiento a estudiar) a sucesivas diluciones en agua azucarada, hasta conseguir que el picante desaparezca, o al menos que no sea detectado por un grupo de personas experimentadas. Actualmente, el contenido de capsaicina en la muestra se determina, directamente, con técnicas cromatográficas.

[357] Esta familia incluya también a las coles de Bruselas y otras especies próximas.

picante, como ocurre con los ajos y cebollas. Los responsables del picante del gengibre y del clavo son los **gingeroles**, de estructura muy parecida a la de la **capsaicina** y **piperina** mientras que, en el caso de las *Brassicas*, el responsable es un compuesto que contiene azufre, el isotiocianato de alilo. El grupo 'alilo' también forma parte de la **alicina**, la sustancia en la que se convierte la **aliína**, un compuesto azufrado (y derivado del aminoácido **cisteína**) presente en los ajos (*Allium sativum*), con interesantes propiedades farmacolóxicas.

En cualquier caso, como ya se comenta en el capítulo 7, en el sentido del gusto participa de forma decisiva el aroma de los alimentos. Así, en el caso de las frutas que, obviamente, pueden tener una mezcla de sabores, dulce-ácido y, a veces, amargo, hay que añadir un incontable número de compuestos volátiles que conforma su aroma y que, en conjunto, permiten identificar a cada fruta en concreto; en este sentido, las frutas deben mucho de su aroma a numerosos **ésteres, aldehídos** y diversos **terpenoides** (ver capítulo 3). En cada uno de esos aromas pueden llegar a participar cientos de compuestos, aunque, con cierto reduccionismo, hay casos en los que su identificación puede darse por la participación de un par o, incluso, de un único compuesto; son conocidos como **compuestos impacto**. Así, obviamente no es posible sintetizar una fruta, pero si hacer que un determinado yogur 'tenga sabor' a melocotón, a coco o a plátano, apenas con un aditivo característico; nuestro cerebro lo identificará con esa fruta al igual que, en diversos experimentos de percepción visual, puede rellenar los huecos que no llega realmente a ver. Algo parecido ocurre cuando de un perfume, con toda su complejidad y probablemente caro, se hacen copias baratas empleando una mezcla muy simplificada de los compuestos mayoritarios.

Por último, en la química del sabor hay que recordar que la sensación es el resultado de interacciones tan complejas que, de combinar sabores básicos, pueden interferir algunas características físicas que, a su vez, determinan variaciones en la forma en que captamos los sabores; así, p.e., cuando pasa un cierto tiempo, los helados se perciben más dulces que cuando los sacamos directamente del congelador y las cervezas resulta algo más ácidas a temperatura ambiente que frías. La percepción de ciertos sabores responde también a la edad y, además, tiene un evidente componente cultural, como veremos pronto.

El color de los alimentos. 'Comemos con la vista' es una frase hecha, pero no por eso menos cierta, y el color es uno de los atributos que influye en la percepción de los alimentos. Hay una gran variedad de pigmentos biológicos, responsables del color de las frutas, flores, verduras, carnes y cualquier otro tipo de alimentos.

Uno de los grupos más extendido, especialmente en el mundo vegetal, es el de los **carotenoides** (capítulo 3) que forman parte de los **terpenoides**, propios del metabolismo secundario. Los colores naranja y amarillo de las flores, frutas y otros productos de la huerta indican la presencia de carotenoides que, a su vez, pueden dividirse en dos subgrupos: los **carotenos** (que químicamente son **hidrocarburos**) y las **xantofilas**, que derivan de los anteriores, pero con algún átomo de oxígeno en su estructura. Entre los carotenos, que tienden a dar colores naranjas, el más simple es el **licopeno**, muy abundante en los tomates mientras que el β-**caroteno** es el mayoritario, p.e., en las zanahorias o en los mangos, aunque siempre vamos a encontrar mezclas complejas de varios carotenoides, incluso en las hortalizas de hoja verde (este color por predominio de las **clorofilas**). Entre las xantofilas, vegetales, con mayor tendencia al amarillo, predominan la **luteína**, la **zeaxantina**[358], la cantaxantina, la neoxantina,... que, junto con otras del mismo grupo, podemos encontrar en el mundo vegetal, en diversos frutos, en hojas y flores, pero que, también 'pintan el mundo animal; así, la luteína y la zeaxantina se encuentran en la yema de huevo y una xantofila, la **astaxantina**, es la principal responsable del color, tan característico, de la carne del salmón y de otros animales acuáticos; de hecho, un complejo formado por astaxantina y una proteína está detrás del color verde oscuro de las langostas que, al ser cocidas en agua y desnaturalizarse la proteína, van a tomar un color rosáceo, más propio de la astaxantina.

Otro grupo muy importante de pigmentos en la Naturaleza es el de los compuestos derivados de las porfirinas. Lo común de las **porfirinas** es que están formadas por cuatro anillos de **pirrol**, unidos de una forma muy característica entre sí, con sustituyentes laterales y, además, unidos a un determinado ion metálico. Así, a este grupo pertenecen las **clorofilas**, responsables del color verde que predomina en el mundo vegetal, pero también en las algas y en las cianobacterias, pues como se recordará, resultan fundamentales en la función de la **fotosíntesis**. Justamente, en el caso de las clorofilas, llevan magnesio como metal central unido, y el conjunto porfirínico presenta un reconocible alcohol terpénico, el fitol.

En el grupo de los derivados de las porfirinas se incluyen los grupos **hemo**, como es el caso de las estructuras que conforman (unidas a proteínas) la **hemoglobina** y la **mioglobina**, que dan las coloraciones rojas características de las carnes y tienen un ion de hierro como metal central; las dos implicadas en la gestión del oxígeno[359], en nuestro cuerpo y en el de muchas especies de animales.

Otro ejemplo es el de la **hemocianina** que, en diversos moluscos, crustáceos y arácnidos juega un papel semejante al de la hemoglobina en otros animales y a la que se parece estructuralmente, aunque sustituye el hierro por cobre, de ahí que la hemocianina oxigenada tenga un color verde azulado, en lugar del rojo de nuestra sangre. Un último ejemplo de pigmento de este grupo: la **bilirrubina**, un grupo de la degradación de la hemoglobina que presenta un color amarillo característico y que, presente en la **bilis**, ayuda en la digestión de los alimentos.

Los **flavonoides** forman otro de los grandes grupos de pigmentos naturales, en este caso, basados en una estructura concreta (la del **flavano**) y muy extendidos en el metabolismo secundario de los vegetales. Suelen adoptar diversas funciones como las de defensa ante posibles comensales herbívoros, en el transporte de **auxinas** (hormonas vegetales) y, también, en la defensa de la planta de los efectos de los rayos ultravioleta. Biosintetizados en las plantas a partir del **aminoácido fenilalanina**, el grupo engloba, entre otros subgrupos, diversas flavonas, flavanoles o catequinas, antocianinas, flavanos e isoflavonas, así como chalconas y **taninos** (fig. 60).

---

[358] En nuestros ojos tenemos zeaxantina y luteína, que se encargan de protegernos de la radiación ultravioleta.
[359] La **hemoglobina** se encarga de la transmisión del oxígeno en la sangre, mientras que la **mioglobina** almacena oxígeno en los músculos; siempre aprovechando la afinidad del oxígeno por los átomos de hierro.

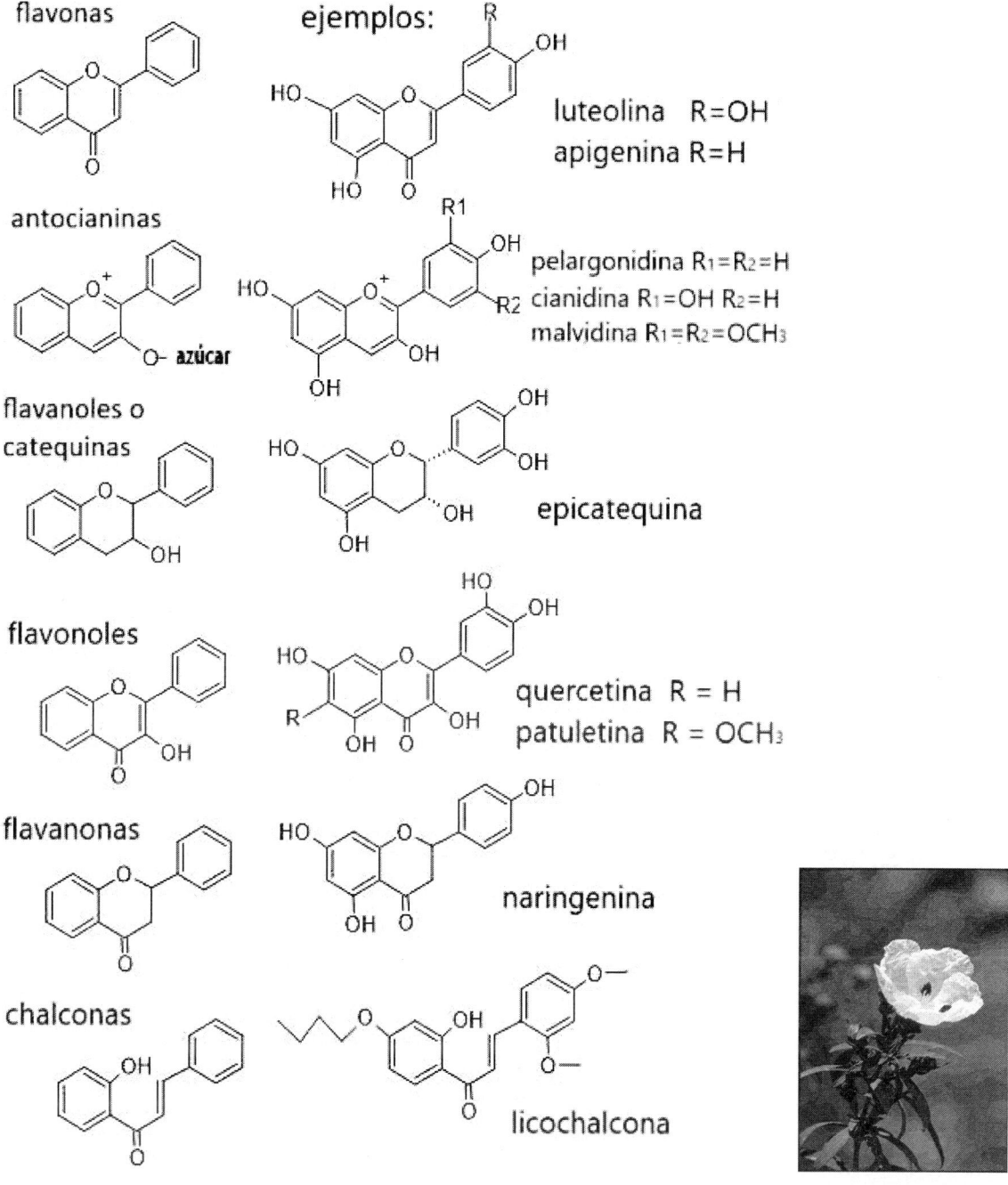

Fig. 60.- Los **flavonoides** son una extensa familia de compuestos responsables de diversas funciones en los vegetales y, también de los colores de frutas y flores (junto con los carotenoides y algunos pigmentos alcaloides); también puede contribuir al sabor y/o aroma de frutas y productos derivados (vinos, cervezas, zumos, etc.), junto a terpenos y ésteres. Las **flavonas** aquí indicadas (luteolina y apigenina) participan en el blanco de muchas flores (como los pétalos de la jara, foto adjunta); las **antocianinas** resultan de la unión de una antocianidina con un azúcar y dan diferentes colores (malva, azul, violeta, ...); la patuletina, ejemplo de **flavonol**, actúa como guía para las abejas hacia el néctar de la flor (en la región del UV). Las **chalconas** son precursoras directas del resto de flavonoides, con interesantes aplicaciones como antifúngicos, antimicrobianos o antiparásitos, y el **resveratrol** del vino (tabla 11) también es un ejemplo de esta familia. En general muchos flavonoides son buenos antioxidantes.

Las antocianinas van unidas siempre a un grupo de carbohidrato y son responsables de los colores rojo, violeta, azul, malva o rosa de infinidad de flores, frutas y hortalizas; dado que las uvas presentan una enorme variedad de antocianinas, estas se convierten en un grupo de gran interés enológico, al igual que los taninos que, también abundan en diversas cortezas de árboles. Las **catequinas**, derivados polifenólicos son, también, grandes **antioxidantes** que abundan tanto en el vino como en el té.

Nuevamente, hay que rematar recordando que, a partir de unas pocas estructuras básicas aquí presentadas (y otras no citadas por razones de espacio como las melaninas, los urocromos, etc.), la Naturaleza inabarcable, más propiamente, la evolución ha conseguido, a lo largo de millones de años, esparcir una inmensa variedad de colores que nos puede sorprender, estación tras estación, en cada rincón del planeta.

Subjetividad y cultura ante las propiedades organolépticas. Las propiedades organolépticas de un alimento y su aspecto pueden resultar decisivas para que lo tomemos o lo rechacemos, pero en esa valoración también participa, y de forma decisiva, la interpretación que de la información sensorial recibida hace nuestro encéfalo. Y esa interpretación atiende a factores subjetivos, donde pueden intervenir diversas emociones y experiencias pasadas, pero también a diversos aspectos culturales que nos fueron conformando como personas sensibles.

No es ningún secreto que oler algo en concreto puede resultar placentero para unas personas y un olor repugnante para otras, atendiendo a ciertos hábitos culturales. Si entrásemos en una cocina donde se estuvieran guisando riñones de cerdo, lo que para unos sería un olor apetitoso, para otros evocaría un WC de limpieza precaria. En principio, podríamos pensar que es una simple cuestión de gustos propios de cada individuo. Pero en esa misma línea, podríamos hablar, p.e., de algunas comidas tradicionales, de sabor muy intenso y que abundan en el norte de Europa, que responden evidentemente a un gusto adquirido, debido a la necesidad con que, a lo largo de la historia de esos pueblos, hubo que enfrentarse a la falta de recursos en los duros inviernos boreales. Así, tenemos el *haggis* escocés (hecho a base de pulmón, estómago, corazón e hígado de oveja), tradicionalmente consumido en muchas casas de Escocia cada cena del 25 de enero[360]; o el *skata* y el *hákarl (o halari)* de Islandia, platos hechos, respectivamente, a base de raya putrefacta y tiburón fermentado[361], ambos con fuerte olor a orina; o el *surströmming* sueco y el *hapansilakka* finés, arenque fermentado durante meses, de fuerte olor fétido, con preponderancia del sulfuro de hidrógeno y algunos ácidos orgánicos de bajo peso molecular (acético, propanoico, butanoico, ...).

En esta línea hay muchos más ejemplos por todo el planeta. Y no incluimos aquí platos que pudieran resultar inicialmente repugnantes para no iniciados o foráneos, pero que, objetivamente, no desprenden ningún tipo de olor o no presenta ningún sabor especialmente fuerte que diera lugar a tal repulsión; en este caso, seguramente juegan un papel relevante nuestros propios prejuicios o hábitos culturales y no es una cuestión, propiamente, de los sentidos; es el caso de culturas donde es habitual comer carne de rata, arañas, serpientes, ... o, por dar alguna referencia concreta menos fuerte, el caso de la *moronga* mexicana (a base de sangre), o de los también mexicanos *chapulines*

---

[360] Día en el que se celebra la 'cena de Burns', en conmemoración del poeta nacional escocés Robert Burns.
[361] La carne de tiburón fermenta enterrada durante un mes.

(insectos fritos) y gusanos de Maguey, o el *suri* peruano, el *lutefisk* nórdico (a base de pescados como el salmón o el bacalao tratados con sosa cáustica), etc.

Métodos de conservación de los alimentos

La complejidad de la materia que conforma a los seres vivos y la gran diversidad de reacciones químicas que le pueden afectar, así como la propia e imparable dinámica que define la vida, justifican que esta materia sea inestable y tienda a degradarse, una vez el organismo al que pertenece deje de ejercer las funciones necesarias para poder mantener el equilibrio vital. Dicho de otra forma, los alimentos tienden a deteriorarse con el paso del tiempo. El empleo del frío, especialmente hoy en día, ya sea en frigoríficos o en cámaras de congelación, consigue retardar, casi detener, las reacciones que, propiciadas por **enzimas** o microorganismos, pueden degradar un alimento. Y también hay métodos de aislamiento, como el enlatado y otras técnicas de envasado, que ayudan a conseguir estos objetivos. Pero, mucho antes, nuestra especie fue capaz de desarrollar métodos que permitían, y permiten, prolongar el tiempo de conservación de muchos alimentos.

Pese a la diversidad de métodos tradicionales existentes, que atienden a las diferentes condiciones históricas, geográficas y culturales, casi todos responden a un par de estrategias muy simples: la primera sería la **deshidratación** (extraer o capturar la mayor cantidad posible de agua del alimento para, así, minimizar la velocidad de las reacciones químicas que lo deteriorarían); la segunda consiste en intentar desactivar o eliminar y mantener alejados los elementos (sean enzimas o microorganismos) que podrían activar esa degradación.

Así, las primeras técnicas empleadas probablemente fueron el **secado**[362] y **ahumado** de los alimentos, métodos que se pierden en la oscuridad de los tiempos. Tal vez no sea tan antigua como las dos técnicas anteriores, pero sabemos que la **salazón**, especialmente de carnes y pescados, ya era empleada en el mundo antiguo. Hay referencias concretas de que tanto en el antiguo Egipto como en China empleaban esta técnica, posiblemente, ¡tres mil años antes de nuestra era!. Y llegó a ser tan importante en la conservación de algunos alimentos que, como es sabido, desde la antigua Roma daría origen al término actual de 'salario', en referencia a la cantidad de sal con que se les pagaba a los legionarios romanos. Para profundizar en esta técnica, tengo que recomendar la lectura de dos libros maravillosos que comparten autor, Mark Kurlansky; se trata de 'Sal: Historia de la única piedra comestible' y 'El bacalao. Biografía del pez que cambió el mundo'.

La técnica de la **salazón** se basa en el fenómeno de la **ósmosis**: si, p.e., cortamos una berenjena, una patata o un trozo de carne y le echamos abundante sal encima, con el paso del tiempo, el agua de las células tiende a salir para 'igualar las concentraciones de sal' a ambos lados del corte[363]. La sal tiene muy difícil atravesar la membrana celular y entrar en las células directamente, pero el agua si puede salir. En definitiva, el principal efecto de la salazón es la deshidratación parcial de los alimentos, pero también provocar la inhibición de muchos

---

[362] Según las condiciones climatológicas, en diferentes zonas geográficas llegaron a hacerse habituales formas concretas de secado: aprovechando el viento, el Sol, el aire caliente. Y, más allá de la cuestión del sabor, el propio ahumado podría considerarse como una técnica de secado.

[363] Igualmente ocurre, aunque no es tan visible, cuando sumergimos, p.e., trozos de berenjena en salmuera.

microorganismos, particularmente bacterias (ya que estas, también por ósmosis, perderán agua de su interior celular); y, por si fuera poco, la acción de la sal consigue, en muchos alimentos tratados, reforzar o modificar su sabor, como es caso del propio bacalao, de los jamones, chacinas, etc. Por supuesto, a lo largo de la historia, diferentes culturas fueron combinando estas técnicas tradicionales (secado, ahumado y salado) atendiendo, tanto a las necesidades sociales, a los recursos disponibles y a las condiciones geográficas concretas, como a la evolución del gusto (condicionado a su vez por la geografía) y del criterio de sus poblaciones.

Fig. 61.- La salazón es una técnica muy empleada en la conservación de diversos alimentos, especialmente carnes y pescados.

Para aumentar el tiempo de vida útil de algunos alimentos, especialmente frutas y verduras, hay tratamientos específicos que se parecen al salado, pero cambiando la sal por otro producto; es el caso del azúcar, en las **confituras** de fruta (mermeladas, jaleas, ...) y siropes, aprovechando las propiedades higroscópicas del azúcar que, como la sal, puede retirar parte del agua de la fruta por ósmosis e inhibir el crecimiento de muchos microorganismos. Por cierto, también la miel presenta esta propiedad y, de hecho, se tiene recogido, en textos de la antigua Roma, una receta en la que cocían miel con membrillo (término del que deriva la palabra 'mermelada'). Para el caso de algunas verduras o legumbres y algunos tipos de carnes, hay que recordar los **escabeches**, **adobos** o **encurtidos** que, según los casos, emplean aceites y/o vinagres, en algunos casos vinos y otros productos para mejorar el sabor del resultado final. En estas técnicas, se aprovecha el medio ácido del vinagre o la inmiscibilidad aceite/agua para inhibir el crecimiento de muchos microorganismos.

Obviamente, aplicado el método, llegamos al hábito de consumo de esos alimentos o bebidas hasta cogerle gusto y, hoy en día, son consumidos, no tanto por lo que representan como método de conservación, como por el propio disfrute del producto.

Estas últimas técnicas mencionadas pueden aproximarse también, según los casos, a otro de los grandes métodos de conservación que fuimos empleando a lo largo de la historia, casi de forma universal, por más que puede haber variantes locales muy interesantes, como pronto se entenderá. El método al que me refiero es el de la **fermentación**, es decir, transformar un producto en otro diferente para prolongar, así, su tiempo de consumo posible. De esta forma se obtienen productos lácteos como los quesos, yogures, kéfir, etc. Además, la fermentación puede tener otro gran mérito: hacer digerible o asimilable productos que, en general o por parte de algunas personas, no lo serían. Este puede ser el caso de los productos lácteos (para personas con intolerancia a la **lactosa**), pero también de derivados de los cereales, como el pan.

En los ejemplos de los derivados de cereales habría que añadir las cervezas y, continuando con la idea de las bebidas fermentadas, naturalmente, el vino (en este caso, procedente de la uva). Efectivamente, cerveza y vino tienen en común ser bebidas alcohólicas obtenidas por fermentación de azúcares presentes en vegetales y, más allá de su actual papel y consumo en distintas sociedades (de lo que se hablará más adelante), hubo tiempos en que jugaron un papel importante como 'sustitutos' del agua potable, compuesto absolutamente fundamental para mantener la vida y principal componente tanto del vino como de la cerveza. A nivel de supervivencia hay una regla básica llamada de las 'tres erres': de media solo podemos subsistir tres minutos sin aire, tres días sin agua y tres semanas sin comida. Pensemos, p.e., en los siglos de las grandes navegaciones oceánicas, las exploratorias, las pesqueras, ... y lo rápidamente que el agua dulce podría deteriorarse. El consumo de cerveza o vino podría, seguramente, crear hábitos y problemas de alcoholismo en los viajantes, pero cumplían entonces una función, la de aportar el agua necesaria para mantener la vida.

Al igual que ocurre con la respiración, la fermentación es, en general, un proceso de **oxidación** de ciertos productos[364], muy especialmente, de **hidratos de carbono**, pero también de ácidos orgánicos (como los **ácidos grasos** y los **aminoácidos**), etc. Pero, a diferencia de la respiración (un proceso que implica a toda célula viva y precisa del oxígeno molecular), la **fermentación** es un proceso anaerobio (se da en ausencia de oxígeno molecular) y tiene agentes concretos (bacterias, hongos y mohos, incluso algunas protistas), que se encargan del proceso, que actúan sobre alimentos concretos y dan lugar a productos concretos; y esto permite hablar de diferentes tipos de fermentación y de fermentos o levaduras.

En el caso de la leche, p.e., se trata de dos familias de bacterias: la más diversa y extendida en la Naturaleza, del género *Lactobacillus*, y un pequeño grupo del género *Lactococcus*[365]. En general, están muy especializadas en la digestión de la **lactosa**; es decir, para obtener la energía que necesitan, descomponen el principal **azúcar** de la leche y lo transforman en **ácido láctico**. Algunas especies producen, además, sustancias que inhiben el crecimiento de otras bacterias (incluidas muchas nocivas para nosotros), pero en general la propia acidez (provocada por la concentración final del ácido láctico producido) es ya un gran inhibidor de muchos microorganismos. En el recuadro se detallan algunos productos derivados de la fermentación de la leche.

En el caso del pan, tradicionalmente la buena fermentación fue el 'trabajo' del hongo unicelular microscópico, el *Saccharomyces cerevisiae*, que se encuentra ya en la propia superficie del grano del cereal, el trigo, y en las masas hechas con anterioridad (como las masas-madre[366]); pero también, previamente aislado y conservado. Para obtener la energía que necesitan, las levaduras metabolizan los **monosacáridos** (**glucosa**, **fructosa**, ...) y un **disacárido** (la **maltosa**), producidos por **enzimas** contenidas en la propia harina a partir de su **almidón**. Como producto se obtiene dióxido de carbono y **alcohol etílico**[367]. El gas desprendido, el CO_2, es el que hace 'subir' la masa en el proceso de leudado (ver el recuadro adjunto).

---

[364] Aunque, en el caso de la **fermentación**, la oxidación es incompleta y se obtiene un compuesto orgánico como producto, mientras que, en la respiración, el resultado final es dióxido de carbono y agua, agotándose el proceso. Por cierto, fue Louis Pasteur, en el s. XIX, quien demostró que en la fermentación intervienen organismos vivos, aunque, obviamente, nuestra especie llevaba mucho tiempo usando estos procesos.

[365] Se encuentran especies de *Lactobacillus* en animales (abundante en los estómagos de terneros, corderos, ..., también en nuestra boca y aparato digestivo) y en plantas; el *Lactococcus* está más localizado en plantas.

[366] En todo proceso de fermentación participan o interfieren diversos microorganismos (muchas son bacterias) y la clave de un buen pan hecho con masa madre reside, precisamente, en controlar el crecimiento bacteriano que, de forma natural, es mucho más rápido que el de los fermentos empleados.

[367] El conjunto de reacciones puede simplificarse con la ecuación química: $C_6H_{12}O_6 \rightarrow 2CH_3CH_2OH + 2CO_2$.

El mismo gas, y el correspondiente 'fermentado', se puede conseguir empleando levaduras químicas. P.e., un compuesto básico (como el bicarbonato de sodio) puede reaccionar con ácidos presentes en la masa para generar el gas que producirá el esponjado de la misma; actualmente, hay también polvos de hornear, que contienen tanto el compuesto básico como el ácido incorporado, ya que hay masas que no llegan a la acidez necesaria para producir el suficiente gas.

Productos lácteos fermentados

No es muy arriesgado decir que la leche es la única sustancia natural que tiene como finalidad exclusiva ser un alimento y, además, un alimento muy completo. Contiene los tres grupos de nutrientes en cantidades equilibradas y una buena dotación de vitaminas y sales minerales. Químicamente es una **emulsión**, esto es, una mezcla bastante estable de una parte acuosa (que tiene disueltas **lactosa**, **proteínas**[368], sales minerales y **vitaminas** hidrosolubles) y otra parte grasa (en forma de glóbulos, formados por una compleja mezcla de diversos **lípidos** y vitaminas liposolubles), las dos unidas por **fosfolípidos** específicos que actúan como **emulgentes**[369], es decir, mantienen los glóbulos grasos dispersos en el medio acuoso; sin embargo, la mayor fracción proteica de la leche, la **caseína**, está formada por fosfoproteínas que aparecen en microscópicas estructuras complejas o **micelas**[370], dispersas en el medio. Debido a fuerzas de repulsión eléctrica bien definidas, estas micelas también contribuyen a mantener los glóbulos grasos dispersos en el medio acuoso.

A la hora de clasificar los innumerables productos lácteos podremos considerar, en un primer estadio, los diferentes tipos de leche: atendiendo a la especie animal de procedencia (vaca, cabra, oveja, ...) o atendiendo a los tratamientos al que es sometido para su transporte y comercialización: leche crudo, desnatado, entero, pasteurizado, uperizado, esterilizado, ... (ver 'Otros métodos de conservación') o, también, preparados como leche concentrado, condensado, dulce de leche, etc.

En un segundo estadio, podemos incluir fracciones concretas que se separan de la leche o que se alteran significativamente como, p.e., la parte proteica o la parte grasa. En el primer caso, hay que incluir la leche cuajada[371], en el segundo destacan, naturalmente, las natas y mantequillas.

La nata, efectivamente, es una fracción de la leche, relativamente, rica en grasa y que se puede obtener por simple acción de la gravedad (o por centrifugado), agrupando los glóbulos de grasa que, de forma natural o por calentamiento suave, se van separando de la fracción acuosa[372]. Batiendo enérgicamente la nata se consiguen romper esos glóbulos grasos y alcanzar concentraciones de grasa muy superiores, esto es, hacemos mantequilla.

---

[368] Las principales proteínas hidrosolubles en la leche son lactoalbúminas, seroalbúminas e inmunoglobulinas.

[369] Los compuestos que actúan como **emulgentes** presentan moléculas tensioactivas, que presentan una parte soluble en agua y otra soluble en grasas, pudiendo actuar como 'intermediarios'; en este caso concreto, aparecen envolviendo los glóbulos grasos y los estabilizan dispersos en el agua. De igual modo, la **lecitina** de un huevo actúa como emulgente en una mayonesa y un jabón actúa como intermediario entre una mancha de grasa y el agua con que la lavamos (ver fig. 14).

[370] En la leche, las **micelas** son partículas esféricas formadas por la asociación de varios tipos de caseínas y algunas sales, especialmente de calcio y fósforo, pero en general como las que se presentan en la fig. 14.

[371] Obtenida al cuajar la caseína, normalmente por acción del cuajo o por simple acidificación de la leche.

[372] Pese a la acción de los fosfolípidos emulgentes y de la caseína, ocasionalmente los glóbulos grasos, en constante movimiento chocan y, como consecuencia de ello, se fusionan, aumentando su tamaño hasta que, alcanzado un determinado valor, se hace inevitable su progresiva separación, en la parte superior de la leche: las natas. Obviamente, al calentar la leche, la velocidad de las partículas, glóbulos grasos incluidos, aumenta y el proceso es mucho más rápido. Y, además, la caseína con las altas temperaturas se va desnaturalizando y disminuye su contribución a la estabilización inicial de los glóbulos grasos.

Un paso más allá tendríamos los productos obtenidos de la fermentación de la leche, donde destacan los productos frescos fermentados, como el yogurt, kéfir, nata agria o crema de leche, etc. En muchos casos, la principal diferencia radica en el tipo de fermento o microorganismo empleado: así, mientras en el yogurt se emplean, exclusivamente, 'bacterias del ácido láctico' (de los géneros *Lactobacillus y Streptococcus*), en el kéfir se utiliza una mezcla de bacterias del ácido láctico (*Lactococcus y Lactobacillus*) junto con bacterias del ácido acético (*Acetobacter*) y hongos (como el *Kluyveromyces marxianus*, ...) y en la nata agria, además de que el sustrato inicial es nata, se emplean bacterias de los géneros *Leuconostoc* y *Lactococcus*.

Pero, tal vez, las grandes estrellas de la fermentación láctea sean los quesos, tanto por su capacidad (en general) de conservación prolongada en el tiempo como por su variedad y adaptabilidad a zonas geográficas y climáticas dispares y, en la misma línea, por la diversidad de exquisitos y logrados sabores.

Como muy bien dice Harold McGee en su maravilloso libro 'La cocina y los alimentos', más allá de los ingredientes y pasos empleados, la leche cuajada como punto de partida y los añadidos (sal, acidez, extracción del agua formada, ...), lo esencial en un queso auténtico es el tiempo. El tiempo de maduración, donde ocurren miles de reacciones que 'construyen' el sabroso resultado final; y, tal vez, en algunos quesos en concreto, el lugar de maduración, recintos específicos que, de forma tradicional, aprendimos a usar para una óptima maduración.

El queso, junto con el pan, es la comida de la que tenemos más pruebas concretas sobre su antigüedad. En concreto, han encontrado restos de un queso sólido de hace unos 3.200 años, esto es, del s. XIII a.n.e., en la tumba de un tal Ptahmes, quien fue alcalde de la antigua ciudad de Memphis, en el antiguo Egipto.

Masas: el milagro del pan

Desde siempre, me ha maravillado la elaboración de un pan y, por extensión, la masa para hacer pasta, pizza, empanada, etc. Cómo a partir, simplemente, de harina y agua podemos conseguir pan; pero, sobre todo, sorprende como llegamos a dar con los pasos adecuados.

Naturalmente, el primer paso, moler los granos de trigo para obtener la harina, ya tiene su mérito, pero imaginar que, después de mezclarla con agua, amasar, dejar fermentar y cocinar vamos a obtener un alimento tan versátil y completo como el pan, ¡uff!, solo puedo imaginar que fue un proceso que ha llevado su tiempo completar y, en los primeros intentos, estaría lleno de descubrimientos casuales; un buen ejemplo de la evolución cultural que parece una metáfora de la propia evolución biológica. En algún momento, seguramente, supimos que el grano de trigo aplastado y humedecido, a modo de papas en frío, servía de comestible (de hecho, las gachas y papas son ejemplos de uno de los platos más antiguos conocidos). Seguramente, fue más fácil observar que fermentaba, pero solo más adelante, casualmente, alguien, en algún lugar, descubría que, calentada esa mezcla al Sol o en un fuego o brasas en el que habría caído por accidente, mejoraba sustancialmente el sabor y era mucho más fácil de digerir. Pero, a pesar de que los restos arqueológicos más antiguos, descubiertos en 2018 en Oriente Medio[373], podrían demostrar que el uso del pan tiene, como mínimo más de 14.000 años, solo recientemente, podemos explicar, con el detalle que da la ciencia actual, lo que le ocurre a la materia en todo el proceso de elaboración.

Ciertamente, sabemos que la composición de la harina de trigo guarda una buena parte del secreto y, probablemente, se fue desvelando poco a poco. Entre los múltiples compuestos que forman la harina de trigo hay que destacar la presencia de **proteínas** insolubles (las **gluteninas**, de largas cadenas peptídicas, y las **gliadinas**, unas mil veces más cortas) y de proteínas solubles

---

[373] Investigadoras de la Universidad de Copenhague, descubrieron restos de miga de pan en una chimenea al nordeste de la actual Jordania. Y hay jeroglíficos que confirman que en el Antiguo Egipto ya cocían pan.

(albuminas y globulinas); y, entre los hidratos de carbono, gránulos de **almidón**, formados por dos tipos de polisacáridos: la **amilosa** y la **amilopectina**. Los dos son polímeros de **glucosa**, el primero lineal y el segundo ramificado. Entre los diferentes tipos de harina de trigo, hay que destacar las harinas de fuerza, más ricas en proteínas.

Durante el amasado, se van desenredando las cadenas de proteínas insolubles y se forma el **gluten**; esto es, se rompen multitud de enlaces intramoleculares (**enlaces de hidrógeno** y puentes disulfuro entre átomos de la misma molécula) y se van formando enlaces intermoleculares (del mismo tipo, pero ahora entre átomos de distintas **moléculas**). A medida que vamos amasando, las moléculas se van alineando y la masa adquiere elasticidad. Por otro lado, en presencia del agua algunas **enzimas** (amilasas), que contienen la propia harina, van rompiendo las largas cadenas de almidón y liberando **dextrinas** (polímeros menores de glucosa) y **maltosa** (un disacárido, unión de dos glucosas).

Como ya se cuenta en el texto principal, en el siguiente paso, es decir, en la **fermentación,** los *Saccharomyces cerevisiae* van a producir, a partir de la maltosa y la glucosa presentes, **alcohol etílico** y dióxido de carbono, los mismos productos que en la fermentación de la cerveza. El alcohol dará sabor al pan y el CO_2 gaseoso quedará, parcialmente, atrapado en la masa, elevándola y dándole esponjosidad.

Según cuenta Hervé This, en su libro 'Los secretos de los pucheros', la levadura de cerveza se lleva

Fig. 62.- Foto de pan de Hokkaido casero (foto R.V.).

empleando en la elaboración del pan, por lo menos, desde el s. XVII; también, por el camino, se han ido incorporando otros ingredientes habituales ahora (principalmente, la sal y el aceite) para modificar el sabor del resultado final; y el mismo proceso, con pequeñas variantes, puede aplicarse en la elaboración de la masa de pizza (y su antepasado inmediato, la *focaccia*) o de las empanadas. Aunque, personalmente, en el país de la empanada gallega, yo prefiero que se fermente con las levaduras del vino, sin emplear otras levaduras.

No menos sorprendente es la elaboración de la masa de las pastas italianas: harina y huevo, aprovechando la propia agua que contiene este último para el amasado. De ahí, todo un mundo de variedades y recetas, muchas muy populares hoy en día.

En el caso de las cervezas y vinos, esa fermentación alcohólica también se lleva a cabo por *Saccharomyces*, pero puede haber muchos matices. En las cervezas se pueden emplear diferentes especies de *Saccharomyces*, atendiendo al tipo de cerveza (ale, lager, etc.) y, en el caso de algunos vinos, puede incluso iniciarse la fermentación con otro tipo de fermentos (géneros como *Pichia*, *Candida*, *Kloeckera*, ...), ya presentes en la piel de las uvas, aunque, posteriormente, acabará imperando el *Saccharomyces cerevisiae*, gracias a que 'tolera' mucho mejor la concentración de alcohol alcanzada. Por otro lado, en algunos vinos pueden tolerarse o fomentarse otros tipos de fermentaciones posteriores, que imparten características muy propias de esos vinos, tal como se comenta en el recuadro adjunto.

Cervezas y vinos. Bebidas fermentadas

Cervezas y vinos son dos bebidas fermentadas que se fueron esparciendo por el planeta y resultan populares; pero hay otras de uso más localizado como, p.e., sidra, cava y champán, hidromiel fermentado, sake japonés, chicha y chicheme americanas, ayrán del Mediterráneo oriental, guarapo, vinos de frutas o de palma y un largo etcétera.

Detrás de las bebidas fermentadas, particularmente cervezas y vinos, hay un mundo para explorar. La anterior afirmación es literal en la medida en que, las dos bebidas, se conocen desde hace miles de años[374] y los métodos de elaboración fueron evolucionando y adaptándose a las diversas condiciones geográficas (clima, altitud, horas de insolación, ...), también sociales y culturales. De hecho, las dos bebidas son ya identificables y localizables en diferentes culturas del mundo antiguo, tanto de Mesopotamia (p.e., los sumerios[375]) como del Mediterráneo (en el antiguo Egipto y en la Grecia clásica, ...) y, hoy por hoy, su producción y los sabores propios participan, junto con otros elementos materiales y gastronómicos, en la identidad cultural de muchas zonas del planeta.

El elemento común de estas dos bebidas es que se obtienen por **fermentación** alcohólica de los azúcares naturales presentes en plantas muy concretas, pero luego hay notables diferencias, tanto en el origen de esos azúcares como en la evolución del producto obtenido. El vino, como es sabido, se obtiene de la fermentación del zumo de uva (o mosto), fruto de la planta *Vitis vinífera*; la cerveza, de la fermentación del extracto (o malta) de determinados cereales, especialmente cebada y/o trigo.

CERVEZAS. El primer paso en la fabricación de una cerveza es el mateado del cereal que, con mayor frecuencia, es la cebada, aunque son muy conocidas las *Weissbier* alemanas (especialmente bávaras), que llevan una buena proporción de malta de trigo[376]. En el malteado, los granos del cereal se remojan con agua y se dejan unos días a una temperatura controlada, hasta que comienzan a germinar, es decir, se favorece que algunas **enzimas** presentes en el propio cereal vayan descomponiendo las paredes celulares del grano y transformando las macromoléculas de **almidón** en azúcares mucho más simples (y también muchas proteínas en **péptidos** más cortos). Cuando se considera oportuno, el malteado se remata con un secado y cocción (propiamente, una deshidratación) a temperaturas que pueden ir desde los 80ºC, para cervezas claras, hasta los 180ºC, cuando se quieren favorecer reacciones de Maillard, pardeamientos y caramelizados, típicos de cervezas más oscuras.

En el siguiente paso, la malta del cereal es molida y tratada con agua caliente, a temperaturas bien controladas, para reactivar los procesos de hidrólisis del almidón y proteínas aún presentes; es habitual que, previamente, en la mayoría de las cervezas industriales, a la malta molida se le añadan 'cereales adjuntos' (no malteados, como maíz, arroz y/o trigo, etc.) que aportarán, también, polisacáridos y proteínas y, consecuentemente, enriquecerán el contenido final en azúcares simples[377].

---

[374] Para el vino, las evidencias arqueológicas más antiguas se sitúan en el Cáucaso europeo, alrededor del 8.000 a.n.e., con el descubrimiento de lo que podría haber sido una bodega. Sobre la cerveza no hay una datación tan específica, pero hay indicios de que podría superar los 13.000 años de antigüedad.

[375] Se conoce un poema sumerio, de hace unos 4.000 años, dedicado a la diosa sumeria de la cerveza, Ninkasi; se refiere a la cerveza como la 'bebida de la felicidad'.

[376] No se debe confundir el cereal que se maltea en el primer paso de la fabricación de la cerveza (cebada o, mezclas de cebada y trigo), con el cereal total que se emplea (trigo, arroz, maíz, ...) y que pudo haber sido incorporado en pasos posteriores del proceso para modelar el sabor u otra característica del producto. De hecho, hoy en día a nivel planetario, arroz y maíz son componentes frecuentes en muchas cervezas.

[377] Inicialmente, los cereales adjuntos se emplean para abaratar el coste de producción, pero sin duda acaban participando en la definición de algunas características del producto final. Hoy, su empleo es una práctica

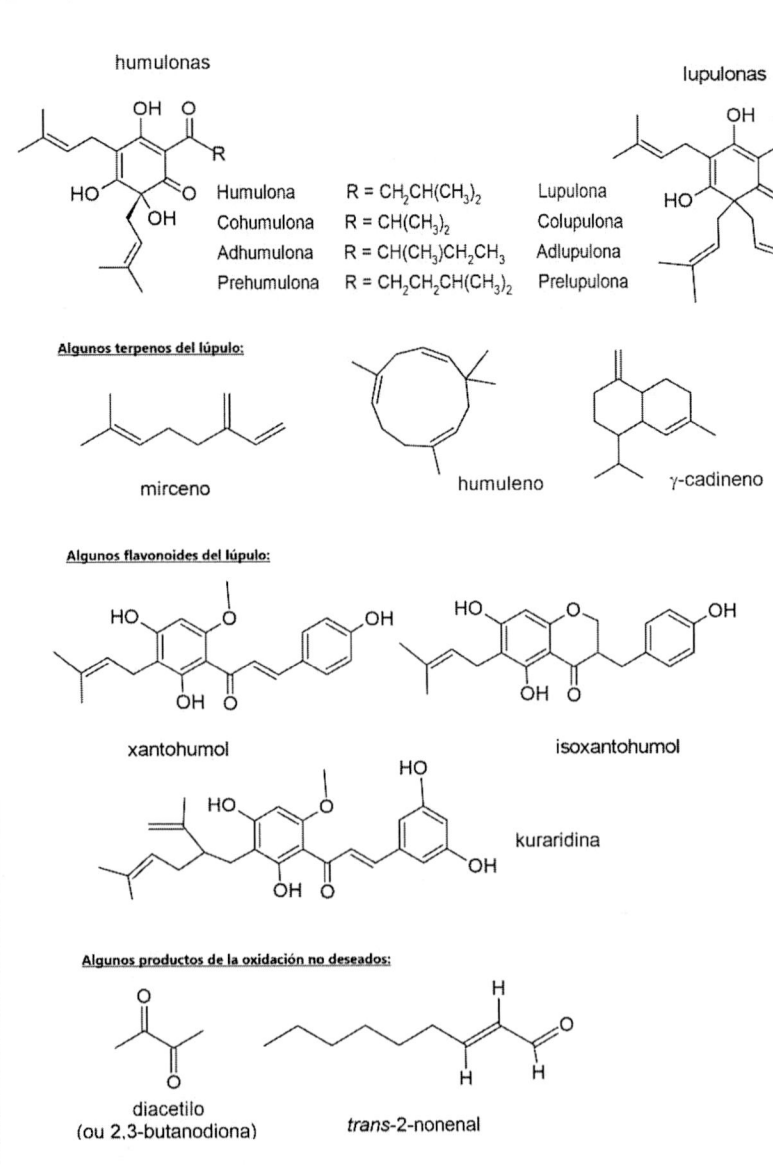

humulonas

		lupulonas	
Humulona	R = CH₂CH(CH₃)₂	Lupulona	
Cohumulona	R = CH(CH₃)₂	Colupulona	
Adhumulona	R = CH(CH₃)CH₂CH₃	Adlupulona	
Prehumulona	R = CH₂CH₂CH(CH₃)₂	Prelupulona	

Algunos terpenos del lúpulo:

mirceno humuleno γ-cadineno

Algunos flavonoides del lúpulo:

xantohumol isoxantohumol

kuraridina

Algunos productos de la oxidación no deseados:

diacetilo
(ou 2,3-butanodiona) *trans*-2-nonenal

Fig. 63.- Algunos compuestos que participan en la química de la cerveza. Del lúpulo vienen Las **humulonas** y **lupulonas** (se presentan aquí 4 ejemplos de cada tipo, según el **R** de esa estructura); estes compuestos y sus derivados guardan relación con el amargor típico de las cervezas. Hay, también **terpenos** que participan en los aromas y **flavonoides** en el color, junto con las **melanoidinas** (fig. 56b) que se forman en los tostados. Igual que en los vinos, muchos productos de la oxidación (p.e. **aldehídos** y **cetonas**) pueden aparecer en cantidades no deseadas y dar malos sabores: p.e., el diacetilo (un derivado no enzimático que puede aparecer en la cadena de fermentación de los azúcares) o el trans-2-nonenal, producido por la oxidación (catalizada por lipooxigenasas) del **ácido linoleico**, presente en las maltas y lúpulos de partida. Muchos otros compuestos participan también en las propiedades organolépticas de las cervezas y, muchos de ellos, con presencia también en vinos como, p.e.: diversos flavonoides (morina, quercetina, miricetina (o catequinas y antocianidinas), ácidos orgánicos y compuestos terpénicos como **geraniol**, **nerol**, linalool, **guayacol**, **resveratrol** (ver tabla 11).

Concluida la extracción, se separan los residuos sólidos del líquido dulce, el llamado mosto de cerveza[378]. Después se añade lúpulo, la flor de una planta trepadora (*Humulus lupulus*), que le transmite al mosto un amargor característico. El empleo del lúpulo se inició en la Edad Media, cuando se observó que prolongaba la vida media del producto final; entonces, según las zonas era habitual emplear diversas plantas aromáticas en el proceso. Pero el uso del lúpulo como ingrediente esencial de (casi) cualquier cerveza se fue imponiendo con el tiempo, y compuestos derivados de la transformación de humulonas y lupulonas (fig. 63), propias del lúpulo, incorporan

habitual: la Budweiser tiene como característica el empleo masivo de arroz y muchas cervezas americanas usan maíz, el mismo cereal que la emblemática cerveza 'Estrella de Galicia' emplea como adjunto.
[378] En muchos países americanos es habitual el consumo de este mosto de cerveza, conocido como malta, una bebida sin alcohol muy nutritiva y refrescante.

los sabores característicos de las cervezas actuales. En cualquier caso, la mezcla de mosto y lúpulo se hierve para inactivar las **enzimas**, concentrar el líquido y darle algo más de color.

En el siguiente paso, el mosto se somete a la fermentación alcohólica de los azúcares y para esto, se añaden las levaduras escogidas; en general, las cervezas tipo Ale emplean el *Saccharomuyces cerevisiae*, más tradicional, mientras que en las del tipo Lager (más recientes, de fermentación lenta y a baja temperatura) es habitual el empleo de otros *Saccharomyces*. En este paso, en el que los fermentos transforman azúcares en alcohol y CO_2 (atendiendo a la riqueza inicial en azúcares, derivada de los procesos anteriores y al tipo de fermentación escogida), se pueden obtener cervezas con un contenido en alcohol que va desde cerca del 3% hasta superar, en algunos casos, el 14% (en volumen).

Es evidente la diversidad de los compuestos químicos presentes en una cerveza y en su aroma[379], así como la complejidad de las reacciones que tienen lugar en su proceso y en su conservación. Tal vez, entre los últimos y más completos estudios sobre la composición de una cerveza debamos incluir el realizado en la Universidad Técnica de Munich (por Stefan Pieczonka y col.), en el que llegaron a identificar, en un espectrómetro de masas, hasta 7.000 iones diferentes, a partir de muestras de varias cervezas comerciales habituales; y el del Instituto de Química de São Carlos, de la Universidad de São Paulo (por Renato S. Durello y col.), sobre la química del lúpulo. Pero la fabricación de cerveza siempre estuvo unida a la historia de la Química; el propio James P. Joule, discípulo de John Dalton[380] y padre de la termodinámica, comenzó trabajando en la fábrica de cerveza familiar.

VINOS. En el caso de los vinos, la materia prima base requerida es más inmediata, son los azúcares de las uvas (propiamente, del mosto que se obtiene del prensado), y el camino teórico a la **fermentación alcohólica** parece más corto. Para esta fermentación, semejante a la de las cervezas, excepto algunos vinos que pueden emplear otros fermentos (silvestres), el habitual es emplear el *Saccharomyces cerevisiae*. Pero, a partir de este proceso, en el vino puede ocurrir una segunda fermentación, deseada o no: es la **fermentación maloláctica**. Este proceso, también de oxidación, es llevado a cabo por bacterias lácticas (de los géneros *Lactobacillus*, *Micrococcus* o *Oenococcus*), ya presentes en las propias uvas de origen[381], y consiste en la transformación del **ácido málico**, presente en el vino, en **ácido láctico** y más dióxido de carbono gas[382]. El ácido láctico formado es más suave que el málico y, además, el proceso va acompañado de otras transformaciones y aparición de nuevos compuestos como, p.e., diacetilo, que aporta aroma a mantequilla y lácteos. En resumen, el proceso puede resultar interesante para obtener vinos de menor acidez y astringencia, así como más untuosos y equilibrados; y puede controlarse bajando la temperatura del vino y/o añadiendo al mosto dióxido de azufre (SO_2) o sulfitos (**aditivos alimentarios** E220, E221, ...)[383].

En enología se distinguen los aromas primarios del vino, que provienen de la propia uva origen, de los aromas secundarios, que derivan de cómo ocurren los dos procesos de fermentación descritos (alcohólica y maloláctica); luego están los aromas terciarios, que expresan como fue el proceso de maduración posterior. En los primarios es evidente que va a influir el tipo de uva propiamente, pero también el tipo de terreno que sostiene las cepas, el clima al que se exponen,

---

[379] Hay que recordar, de la Introducción, que el DMS, un compuesto impacto del olor a mar, participa también en los aromas de algunas cervezas del tipo Lager.

[380] Dalton fue, precisamente, el primero en proponer, en el s. XIX, lo que hoy se conoce ya como teoría atómica.

[381] En algunos casos, pueden añadirse bacterias cultivadas y procesadas en laboratorio.

[382] En resumen, la ecuación química general sería: $HOOC-CHOH-CH_2COOH \rightarrow HOOC-CHOH-CH_3 + CO_2$.

[383] En algunos vinos específicos se puede dar, ya en la botella, una segunda fermentación de este tipo y dar lugar a la formación de más CO_2; son, p.e., los espumosos, pero también algunos vinos con aguja como el *'vinho verde'* del norte de Portugal.

horas de insolación, etc[384]. En los aromas secundarios, lógicamente va a influir que se permita o se inhiba la fermentación maloláctica, pero también el tipo de fermento empleado en cada uno de esos procesos, cuál fue la duración y dónde se han producido (pueden ocurrir, propiamente, en cubas de fermentación o ya en barrica, etc.).

En cuanto a los aromas terciarios, el proceso de maduración de un vino puede resultar muy complejo y, obviamente, va a depender mucho del tiempo de envejecimiento (desde un vino nuevo a crianzas y reservas), de donde ocurre el proceso (desde maduración en botella a la maduración en barrica[385] y de qué tipo de madera: nueva o vieja, de roble o de otra especie, etc.), pero también de otros procesos heredados de las anteriores etapas como es el caso de la polimerización de varios compuestos **fenólicos**.

En un vino hay muchos compuestos fenólicos que provienen de la propia uva: diversos **flavonoides** (flavonoles, flavanoles, antocianos, ..., presentes en la piel de la fruta), **taninos**, estilbenos (como el **resveratrol**, bien conocido por su capacidad antioxidante) o diversos ácidos fenólicos. En el proceso de maduración del vino, los **antocianos** (que dan color a los vinos tintos) y los **taninos** (que dan astringencia y estructura a la bebida) tienden a **polimerizarse**, esto es, pequeñas moléculas (los monómeros) se van uniendo hasta formar largas moléculas de **polímeros**, macromoléculas. Y pueden darse varias situaciones, según sean las cantidades relativas disponibles de los dos tipos de monómeros: si hay un gran exceso de taninos, habrá una polimerización tanino-tanino y esto lleva a una disminución de la astringencia y amargor del vino, pero también a cierta 'agresividad en boca'. Si hay un exceso de antocianos, se dará una polimerización antociano-antociano, lo que lleva a la pérdida del color rojizo del vino que, envejecido, va a hacer evidente la tonalidad marrón de los taninos. En los dos casos, se forman vinos no buenos para la crianza.

La situación óptima se dará, pues, cuando haya un equilibrio entre los dos tipos de compuestos y esto lleva a una polimerización antociano-tanino. En este caso, disminuye la astringencia y amargor del vino al tiempo en que se suaviza y estabiliza; se tratará, pues de un vino equilibrado y complejo. Pero todo el proceso depende, a su vez, de la cantidad de oxígeno que entra en la barrica (habitualmente por los poros de madera), y que es necesario para favorecer la oxidación de parte del alcohol (etanol) en el aldehído correspondiente (etanal), compuesto que sirve de unión entre monómeros en esa polimerización mixta. Por cierto, algunos vinos viejos presentan un sedimento característico que, en algunos casos, es el resultado de la precipitación de taninos.

Como se puede ver, la química de cualquiera de estas bebidas es muy compleja y, a pesar de que se fueron desvelando los principales secretos de los diferentes procesos implicados, hay muchos detalles que, por la diversidad y complejidad de los compuestos y reacciones que pueden intervenir, aún quedan pendientes de dilucidar.

Al igual que ocurre con la cerveza (o con el café, té, etc.), en un vino hay infinidad de compuestos químicos que pueden participar en una u otra característica del producto final, activamente o inhibiendo la acción de otros compuestos presentes, etc. Como muestra de la complejidad que, químicamente, presenta un vino, vamos a citar algunos de los principales compuestos que destacan entre los centenares, hoy en día, identificados. Obviamente, en cualquier vino, el

---

[384] Obviamente, en iguales condiciones, más horas de insolación pueden llevar a un mayor contenido de azúcares en la uva. En zonas productoras con montaña como, p.e., las gallegas de Valdeorrás (Ourense), Quiroga (Lugo) o la Ribeira Sacra, no van a ser iguales los contenidos de azúcar en vinos que proceden de uvas de ladera o de uvas de fondo de valle.

[385] Hay, p.e., una fermentación, propia de algunos vinos tintos franceses envejecidos en barrica, producida por hongos del género *Brettanomyces*. Hay quien considera los aromas que se desarrollan por este fermento como un defecto del vino y hay quien lo define como una característica que añade complejidad a ese vino. Esos mismos hongos pueden aparecer en cervezas donde, en general, es considerado un contaminante, pero también hay excepciones: algunas cervezas belgas (especialmente, varias *lambics* y *gueuzes*) deben su carácter identificador a estos aromas derivados.

compuesto ampliamente mayoritario es el agua[386] y le sigue, lejos, el **etanol** o **alcohol etílico** (normalmente, entre el 9 y el 14%). El tercer compuesto en abundancia, ya sólido disuelto, es la **glicerina** o **glicerol** (entre 5 y 15 g/L, pero hay vinos con mayor contenido); la lista de compuestos disueltos que conforman el vino se hace larga, como muestra la tabla 11.

Tabla 11: Principales componentes del vino que participan de sus propiedades organolépticas

Componentes	Aromas vinculados	Algunas fórmulas químicas
Agua	Componente mayoritario que supera, casi siempre, el 83% (v/v).	
Etanol (alcohol etílico)	Formado en la fermentación de azúcares del mosto; normalmente, entre 9 e 14 %.	
Glicerol (fig. 11)	Su contenido puede variar mucho, entre 5 e 15 g/L o más; aporta cierta dulzura y untuosidad (responsable de las típicas lágrimas, que caen lentamente por las paredes de la copa).	
Ácidos carboxílicos: Tartárico (I) Málico (fig.13) Cítrico (fig. 13) Acético (fig. 13) Láctico (fig. 13) Succínico (II) Benzoico (III) Cinámico (IV) Sórbico (V) ...	El **málico** e el **tartárico,** ya presentes en la uva y en el mosto, aportan la mayor acidez al vino y, también, el **ácido cítrico**. El **acético, succínico** y **láctico** se forman en las fermentaciones y en la maduración. El láctico proviene de la conversión del málico a través de la fermentación maloláctica, que supone rebajar la acidez del vino. Aunque en las uvas hay trazas de ellos, el **benzoico** y el **sórbico,** suelen ser añadidos, como conservantes antimicrobianos. El **cinámico** aporta un aroma a canela característico.	
Otros alcoholes: Metanol Propanol (fig.11) Isobutanol Octenoles Eritritol (VI) Inositol (VII) Sorbitol (VIII)	Al contrario del etanol, otros alcoholes, minoritarios en el vino, surgen de la descomposición enzimática de otros compuestos, p.e., de las pectinas. El **metanol** es tóxico y su concentración depende de la cantidad de semillas y tallos presentes durante la fermentación. Otros dependen del tipo de levadura presente: p.e., el **1-octen-3-ol**, (o 'alcohol de setas') es considerado un defecto del vino pues guarda relación con el contenido de uvas que comienzan la descomposición. Algunos polialcoholes (**inositol, eritritol** y **sorbitol**, ...) están ya presentes en la uva y también aportan sabor doce.	

---

[386] Obviamente, la cantidad concreta va a depender de muchas cosas, comenzando por el tipo de vino concreto, pero puede oscilar entre el 70 y el 90% (v/v).

Ésteres (tabla 7): Acetato de etilo Acetato de isoamilo **Lactonas** (tabla 7) Sotolona (fig. 57)	Pueden formarse por la esterificación directa de los ácidos con alcoholes o por otras transformaciones enzimáticas (maduración, etc.). Muchos dan sabores y aromas afrutados. Entre los más abundantes destaca el acetato de etilo, pero hay otros **ésteres etílicos**, acetato de isoamilo, … Varias **lactonas** (ésteres cíclicos) dan, también, sabores a frutas como, p.e., la sotolona, que deja un aroma dulce, típico de vinos de Porto, Jérez, Madeira o Marsala, …, y, también del café.
Polifenoles: **Flavonoides (fig. 20): Flavanoles o catequinas (IX) Antocianidinas (fig. 20), Fenoles: Resveratrol (X)**	Juegan un importante papel en la evolución del vino y en su sabor y olor; proceden, especialmente, de las simientes y piel de las uvas y sus contenidos dependen mucho del tipo de uva, clima e insolación, etc., pero también del procesado. Destacan los **taninos**, los **antocianos** y otros flavonoides, de los que se habla en texto principal. Durante la maduración en barricas se da la polimerización de las **antocianinas** y, también, la oxidación fenólica[387], desenvolviendo ciertos sabores y coloraciones finales característicos. El **resveratrol** es un derivado fenólico presente en el vino (también en las uvas) y con propiedades antioxidantes.
Sacáridos (fig. 29): Glucosa, Fructosa Otras hexosas y pentosas Polisacáridos: Pectinas, gomas	**Glucosa** y **fructosa** son, con mucho, los azúcares más abundantes, en las uvas y mosto; el resto (**arabinosa**, **xilosa**, **ramnosa**, …), aunque no sufre la fermentación, aparece en trazas, pero puede aumentar su presencia en la maduración a partir de la rotura de carbohidratos más grandes.
Aldehídos y cetonas Acetaldehído (XI) Benzaldehído (XII) Iononas (XIII) …	Productos de la oxidación, suelen afectar al color del vino ya que su presencia tiende a aclarar los tintos y oscurecer los blancos. Entre los **aldehídos** destacan el **acetaldehído**, que da un aroma a manzana y el **benzaldehído**, típico de almendras. Altas concentraciones dan aromas desagradables. El mismo ocurre con las **cetonas**, entre las que destacan las iononas, con aroma a violetas. Son características, p.e., de los *Pinot noir* e *Cabernet*.
Derivados del nitrógeno: Aminoácidos (fig. 15) Péptidos e proteínas Aminas Pirazinas (tabla 7)	La **prolina** y la **arginina** son los aminoácidos más abundantes, seguidos de la **glutamina** y **alanina**. Las **pirazinas**, como la 3-isobutil-2-metoxipirazina, participan del aroma del café, pero también del aroma del vino (como los Sauvignon).
Compuestos de azufre: (fig.16) DMS (dimetilsulfuro) Dióxido de azufre y 'sulfitos'…	El **DMS** se forma durante la maduración y aporta un aroma a 'repollo' o 'maíz cocido'. El **dióxido de azufre y** otros derivados suelen añadirse como conservantes. Cantidades anormalmente elevadas de compuestos sulfurosos dan un olor a huevos podridos o agua estancada, incluso a ajo, y son un defecto del vino, en general, debido a ciertas levaduras.

---

[387] La oxidación fenólica afecta a muchos vegetales y frutas cuando se cortan o se dañan sus tejidos.

Otros compuestos que, también, dan aroma: Furaneol (fig. 57) Guayacoles (fig. 57) Vainillina (tabla 7) **Terpenos** (fig. 17): Linalool (XIV), Nerol (XV), Hotrienol (XVI), Geraniol (tabla 8), citronelol (fig. 17)	El **furaneol** deja un aroma a fresa propio de ciertos vinos; presente en el aroma del café al igual que algunos **guayacoles**, con olor a humo (ahumados). Como en muchas plantas y frutos, las uvas contienen diversos **terpenos**, que participan en el aroma final del vino como, p.e., o **geraniol** o **citronelol**; o el **linolool**, típico do Moscatel, Riesling o Albariño, aunque en los dos últimos son más abundantes el **nerol** e el **hotrienol**, respectivamente.	
Sales minerales: Iones cloruros, sulfatos, fosfatos, carbonatos, y cationes metálicos: Fe^{3+}, K^+, Ca^{2+}, Cu^{2+}, Mg^{2+}, Mn^{2+},...		Participan en el sabor final y en otras propiedades del vino.
Geosmina (fig. 11) **TCA** (XVII), otro posible defecto del vino	La **geosmina** da olor a humedad, siendo un defecto del vino. El **TCA** (2,4,6-tricloroanisol) es responsable del conocido como 'defecto del corcho', y guarda relación con la contaminación de clorofenoles (en alcornoques y agua).	

Otras técnicas de conservación

Desde que, en el s. XIX, L. Pasteur presentó evidencias sobre la intervención de microorganismos en la degradación de la mayoría de los alimentos, fueron apareciendo métodos de conservación centrados en la eliminación o control de estos microbios, métodos que, en muchos casos, complementan a los ya citados en anteriores apartados; pero, también, surgieron algunas técnicas nuevas por evolución de las anteriores al disponer de evidentes mejoras tecnológicas. Es el caso de la **liofilización** que, como ocurría con el secado tradicional, consiste en retirar la mayor parte del agua del alimento en cuestión, pero en este caso congelando previamente el alimento y, luego, retirarle agua por **sublimación** al someterlo a una fuerte reducción de presión. Es una técnica muy empleada, p.e., en el caso del café y otros alimentos, pero también de gran utilidad en la industria farmacéutica por resultar poco agresivo con los componentes de la mezcla.

Entre las nuevas técnicas que no reducen el contenido de agua inicialmente presente en el alimento hay que comenzar a hablar de la **pasteurización** tradicional, propuesta por el propio Pasteur y aplicable, generalmente, a alimentos líquidos (leche, zumos, etc.). Consiste en someter el producto a temperaturas entre los 65°C y los 80°C, durante unos segundos (entre 15 y 30), dependiendo del tipo de producto a tratar. Tienen la ventaja de alterar muy poco el sabor del alimento y tampoco afecta a la estructura de las vitaminas más delicadas y de algunas proteínas presentes en el producto, pero, a cambio, los alimentos pasteurizados requieren mantenerse refrigerados.

Más drástica es la técnica de la **esterilización térmica**, en la que se somete el producto a conservar a altas temperaturas durante un tiempo más prolongado. P.e., en el caso de la leche esterilizado, fue sometido a temperaturas entre 110-115°C durante unos 20 minutos. Obviamente, en el proceso se desnaturalizan muchas vitaminas y proteínas, aunque el producto ya no requiere refrigeración. Menos destructiva es la **uperización** (o **UHT**), una variante de la esterilización que rebaja el tiempo de tratamiento a cambio de subir la temperatura; así, en el caso de la leche uperizada se alcanzan los 140°C (durante unos 2 segundos).

Pero nuevas técnicas de esterilización no térmica fueron desenvolviéndose en las últimas décadas, básicamente consistentes en someter los alimentos a **radiación ionizante** (rayos gamma, rayos X, electrones acelerados, etc.). Según la intensidad de la radiación empleada, se habla de **radapertización**, **radicidación** o **radurización**. La **radapertización** es la más agresiva de todas (emplea radiación ionizante que supera los 30 kGy) pues destruye, prácticamente, todos los microorganismos presentes en el alimento y permite su conservación durante años a temperatura ambiente. Tiene especial aplicación en ciertos alimentos congelados o enlatados, especialmente, en derivados cárnicos. La **radurización** es la menos agresiva de las tres, equivalente a la pasteurización térmica tradicional y resulta muy útil en la conservación de alimentos marinos, frutas y hortalizas. Por último, la **radicidación** es una técnica intermedia empleada, especialmente, en alimentos preenvasados.

Aditivos alimentarios

Un **aditivo alimentario** es cualquier sustancia que se añada a un alimento en cantidades muy pequeñas y sin valor nutricional, bien para mejorar alguna propiedad (principalmente, el sabor, el color, la textura o la apariencia, ...) o bien para dotarlo de alguna característica de la que carece, incluida también la prolongación del tiempo de conservación.

Cada aditivo autorizado tiene un número, conocido como **número E**, que lo identifica en los envases y etiquetados de los alimentos correspondientes; al menos, es lo que se requiere legalmente en la mayoría de las legislaciones vigentes. En cualquier caso, hay quien considera que el empleo de estos números E puede dificultar, en ocasiones, la identificación inmediata de lo que contiene el alimento que consumimos y que podría, en general, resultar más claro que figurase directamente el nombre de la sustancia empleada.

Los aditivos se clasifican, habitualmente, atendiendo al papel que juegan en el alimento; así, hay acidulantes, potenciadores del sabor, edulcorantes, antioxidantes, colorantes, conservantes, emulgentes, espesantes, etc. Entre ellos hay algunas mezclas complejas, obtenidas directamente de productos naturales, p.e., la goma arábiga (E414), el extracto de romero (E392), el alga Eucheuma (E407a), la betanina[388] (E162), ..., pero la gran mayoría son sustancias puras, es decir, compuestos (y un pequeño número de elementos como el E173, que es ¡aluminio comestible!); algunos de estos compuestos se obtienen, también, a partir de productos naturales y otros por síntesis química. Hay aditivos alimentarios que presentan una toxicidad relativamente alta y otros resultan totalmente inocuos; pero es importante tener en cuenta que su origen, producto natural o sintético, no determina el nivel de toxicidad de cada aditivo. Un ejemplo concreto: el espesante E407a, obtenido del alga Eucheuma, presenta una alta toxicidad, mientras que el E483, o tartrato de estearilo, es un emulgente de síntesis, del que no se conocen efectos nocivos para la salud.

Hay un grupo de aditivos sospechosos que están prohibidos en algunas legislaciones, mientras que en otras están permitidos o tolerados con reservas; es el caso, p.e., del **ciclamato de sodio**[389], el E952(ii), autorizado como edulcorante en la Unión Europea[390] mientras que su uso está

---

[388] Betanina es el nombre de un colorante obtenido de la raíz de la remolacha roja (*Beta vulgaris*).

[389] Propiamente, el ciclamato (de sodio) es el nombre común del ciclohexilsulfamato (de sodio).

[390] En la UE, a 2022, el uso del ciclamato está restringido en las legislaciones estatales de Bélgica e Irlanda.

prohibido, desde hace varias décadas, en los USA[391], Reino Unido, Nueva Zelanda, ..., y, recientemente, ha sido prohibido en otros países americanos como Chile, México, Argentina o Venezuela. Donde es autorizado, se emplea como sustituto del azúcar, en bebidas gaseosas bajas en calorías, yogures 'lights' e, incluso, en algunas pastas dentífricas. Se encuentra, p.e., en bebidas de cola tipo 'cero', muchas veces mezclado con otros dos edulcorantes (**aspartamo** y **acesulfamo K**), también sospechosos de estar relacionados con un mayor riesgo de ciertos tipos de cáncer. De hecho, la OMS acaba de publicar un comunicado, en mayo del 2023, recomendando que no se consuman productos comercializados como 'lights' que empleen este tipo de edulcorantes[392].

Tabla 12: Aditivos alimentarios

PRODUCTO	NÚMERO
COLORANTES	
Cochinilla (Ácido carmínico)	E120
Clorofilas y clorofilinas	E140
Caramelo (varios)	E150
Carotenoides (varios)	E160
CONSERVANTES	
Ácido sórbico	E200
Dioxonitrato de potasio (o nitrito potásico) (KNO_2)	E249
Dioxonitrato de sodio (o nitrito sódico) ($NaNO_2$)	E250
Trioxonitrato de sodio (o nitrato sódico) ($NaNO_3$)	E251
Ácido acético	E260
Ácido propiónico (propanoico)	E280
Propionato de sodio	E281
Ácido bórico	E284
ANTIOXIDANTES Y SINÉRGICOS	
Ácido ascórbico	E300
α-tocoferol sintético	E307
Ácido cítrico	E330
Ácido L(+)-tartárico	E334
ESTABILIZANTES, EMULGENTES, ESPESANTES Y GELIFICANTES	
Ácido láctico	E270
Lecitina	E322
Ácido algínico	E400
Agar	E406
Goma arábiga	E414
Hemicelulosa de soja	E426
Pectina	E440
Polifosfatos (varios)	E450
Celulosa (varios)	E460
Ésteres de los mono- y diglicéridos de ácidos grasos (varios)	E472

---

[391] La FDA (*Food and Drug Administration*) de los USA tiene prohibido el uso del **ciclamato** de sodio en alimentos desde el 1969, debido a estudios que relacionan su consumo con tumores de vejiga en ratas.

[392] Entre los varios estudios realizados, según parece aún no totalmente concluyentes, destaca el conocido como estudio NutriNet-Santé, iniciado en Francia en el 2009 por el Equipo de Investigación en Eipidemiología Nutriocional de la Universidad de la Sorbona (París Norte) y por el Instituto Nacional de Salud e Investigación Médica. Y, a la hora de hacer la revisión de este libro, sale en las noticias que la Agencia Internacional de Investigaciones sobre el Cáncer (con las siglas, en inglés, IARC), un órgano de la OMS acaba de clasificar, también, al **aspartamo** como posible cancerígeno, pero manteniendo el límite de la dosis diaria recomendada para consumo (en 40 mg por Kg de peso).

POTENCIADORES DEL SABOR Y EDULCORANTES ARTIFICIALES	
Sorbitol	E420
Manitol	E421
Glutamato de sodio	E621
Ácido guanílico	E626
Acesulfamo K	E950
Aspartamo	E951
Ciclamato de calcio	E952(iii)
Sacarina (varios)	E954
Xilitol	E967
REGULADORES DEL pH (acidulantes, alcalinizantes y neutralizantes)	
Acetato de calcio	E263
Ácido málico	E296
Lactato de sodio	E325
Hidróxido de calcio	E526

Artificios alimentarios

En este largo y tortuoso camino, que hace casi 4.500 millones de años inicio la materia orgánica y en el que se fue conformando y evolucionando la vida, llegamos a un punto en que una muy pequeña fracción, producto de esa evolución y que llamamos especie humana, ha comenzado a repartirse por todo el planeta con gran éxito para esta especie. Pero no sé hasta qué punto ese término de 'éxito' sería compartido por la mayoría del resto de especies, especialmente a las extinguidas en los últimos tiempos o en inminente peligro de extinción. Hoy en día, rondamos ya los 8.000 millones de seres humanos y la demanda de alimentos, de materia orgánica comestible es evidente, a pesar de que, el principal problema radica aún en una muy desigual distribución planetaria y en el desperdicio alimentario en las sociedades económicamente más enriquecidas; en cualquier caso, las previsiones para un futuro inmediato, de no haber actuaciones concretas, no parecen ser muy buenas. Hoy por hoy, hay grandes problemas de sobreexplotación en las grandes zonas pesqueras, en los grandes sistemas de ganadería intensiva (particularmente en las macrogranjas de diversas especies) y en las grandes zonas con macroplantaciones agrícolas; y todo esto, con grandes problemas de deforestación y sequías, de agotamiento de los recursos hídricos locales y de contaminación, tanto local como global. La crisis climática en la que estamos inmersos agrava, lógicamente, muchas de estas cuestiones y es alimentada por estos mismos problemas.

En esta situación, desde los conocimientos de química de los alimentos que fuimos acumulando en las últimas décadas, existe una línea de obtención de nuevos tipos de presentación de alimentos y aprovechamiento de subproductos, obtenidos en las actividades alimentarias más clásicas. Ya hay más de 2.300 años, Aristóteles distinguía entre causas formales, materiales, eficientes y finales. Con esta idea, deberemos comprender que, tal como están organizadas las actuales sociedades y dada su complejidad, algunas vías de actuación en este campo tienen como objetivo maximizar el aprovechamiento de los grandes nutrientes (proteínas, grasas, carbohidratos) disponibles, pero en muchos otros casos el objetivo, más primario, es el de abaratar costes de producción, independientemente, del mayor o menor aprovechamiento social de los recursos. No debemos olvidar que no solo estamos sujetos a una evolución biológica si no que, también, participamos de una evolución cultural y que, en la actualidad hay una tendencia planetaria de unificación de hábitos de consumo y de monocultivos a gran escala, que lleva a una pérdida de diversidad alimentaria general.

Centrándonos en lo que la Química puede aportar en este conjunto de cuestiones, veamos algunos ejemplos ya muy consolidados.

Proteínas y análogos cárnicos. Actualmente, la producción mundial de proteínas de origen animal supone alrededor del 30% del total, la mayoría pues es de origen vegetal pese a que, en muchos países, el consumo de carnes (y derivados lácteos), de diferentes especies, juega indudablemente un papel central en la alimentación más tradicional. Así las cosas, un proceso cada vez más habitual es la **texturización de proteínas**. La idea es obtener, a partir de proteínas vegetales (principalmente extraídas de soja, gluten de trigo y/o guisantes), lo que se conoce como análogos cárnicos o sustitutos de la carne. Se consigue aplicando una técnica comercial conocida como **extrusión** a alta temperatura, en alguna de sus variantes. De igual forma que peinamos un pelo muy enredado (con dolor) hasta alisarlo totalmente, la **texturización** de las proteínas consiste en desplegar la **estructura terciaria** de las proteínas vegetales (que son globulares), hasta obtener proteínas fibrosas, más propias del mundo animal; y esto implica, pues, romper enlaces intramoleculares (**enlaces de hidrógeno**, disulfuro, ...), pero sin tocar los que mantienen unidos a los monómeros (aminoácidos), y posteriormente, una vez alineadas esas largas cadenas, se establecen nuevos enlaces intramoleculares que estabilizarán la nueva estructura terciaria formada.

Grasas: mantequillas, margarinas y minarinas[393]. En el mundo de las grasas, llevamos más tiempo empleando **margarinas y** '*shortenings*', de origen vegetal, como sustitutos de las mantequillas, de origen animal[394]. Es sabido que, por razones de salud (p.e., en la prevención de problemas cardiovasculares debidos a hipercolesterolemias), es aconsejable una dieta rica en **ácidos grasos** insaturados, que abundan en la grasa de los pescados (muy especialmente en el pescado azul) y en ciertos alimentos de origen vegetal. Luego, inicialmente y en la medida de lo posible, resulta muy interesante sustituir las grasas que proceden de animales terrestres, especialmente de lácteos y sebos. Además, esas grasas vegetales o margarinas resultan más baratas que las mantequillas tradicionales.

Como es sabido, en las grasas de origen animal tienden a prevalecer los **ácidos grasos saturados** (con algunas excepciones), mientras que, en las grasas vegetales, predominan los insaturados, excepto algunos aceites como el de palma, coco y algún otro de consumo muy localizado. Esto hace, en general, que las grasas vegetales tiendan a fundir a temperaturas más bajas y hablemos de aceites en contraposición a las mantequillas animales (fig. 27). Así, pues, el proceso consiste en convertir, total o parcialmente, los **ácidos grasos insaturados** (que tienen uno o varios dobles enlaces C=C), presentes en la grasa vegetal, en saturados, es decir, en **hidrogenar** tales dobles enlaces. Esto se consigue tratando la grasa vegetal con hidrógeno gas, en presencia de un **catalizador** metálico (habitualmente, níquel) y a altas temperaturas (entre los 140ºC y 200ºC). El producto obtenido será una grasa que, por su mayor contenido en saturados, funde a mayor temperatura y, por lo tanto, a temperatura ambiente van a presentar una consistencia sólida, más propia de las mantecas que de los aceites.

---

[393] Al igual que las margarinas, las **minarinas** son **emulsiones**, principalmente de agua en aceite, hechas con grasas que, fundamentalmente, no proceden de la leche; la principal diferencia es que, en estas últimas, el contenido graso es más bajo.
[394] Concretamente, fue en el 1900 cuando Hippolyte Mege-Moutries obtuvo la primera margarina.

La cuestión es que, en la medida en que la grasa ha sido enriquecida en ácidos grasos saturados, se pierde parte de la ventaja que defendía el argumento inicial, aunque, ciertamente, tanto margarinas como mantequillas son algo más que simple grasa (recordar que son **emulsiones** de agua en grasa) y se puede jugar con los porcentajes de esas dos fracciones (acuosa y grasa): mientras que la mantequilla de vaca, p.e., posee alrededor del 80% de grasa, hay margarinas que no pasan del 70% de grasa total y, además, ciertamente, se puede rebajar algo las saturadas frente a las insaturadas. Estos dos productos (margarinas y mantequillas) se pueden distinguir también en la presencia de otros compuestos naturales; un ejemplo es el caso del **colesterol** que, seguramente, por término medio, posee en mayor cantidad la manteca de origen animal (en la de vaca ronda el 0,25% del total). Pero, sobre esto hay que decir que, paradójicamente, a la hora de controlar el colesterol que circula por nuestros vasos sanguíneos, el colesterol que contiene un alimento no es lo más relevante, ya que nuestro cuerpo sintetiza el colesterol y esta biosíntesis depende mucho más de la cantidad de grasas saturadas consumidas que del colesterol directamente ingerido (fig. 52). De hecho, se sabe que la ingesta de colesterol externo inhibe parcialmente su producción en nuestro cuerpo. Ahora bien, una cierta ventaja en favor de las margarinas podría radicar en su contenido inicial en **esteroles** de origen vegetal (**fitoesteroles**), compuestos de la familia del colesterol, pero que presentan alguna variación en su molécula y pueden ayudar en el control de la hipercolesterolemia.

Pero hay un problema. Ya a finales del pasado s. XX, se descubrió que en los procesos de **hidrogenación** parcial (y deshidrogenación), a los que se someten las grasas vegetales para obtener el producto deseado, se forman cantidades muy significativas de **ácidos grasos trans**[395] y que estos sí, efectivamente, pueden incidir muy negativamente en nuestra salud cardiovascular. En concreto, estimulan la producción del llamado 'colesterol malo', el **LDL**, y disminuyen la cantidad del **HDL** (el, popularmente, conocido como 'colesterol bueno'), aumentando además el riesgo de aparición de placas o ateromas en los vasos sanguíneos. En definitiva, un punto muy negativo a la hora de valorar el consumo de grasas vegetales hidrogenadas, pues los ácidos **grasos trans** tienen una escasa presencia en la Naturaleza, tanto en las grasas de origen animal como en las vegetales no tratadas, pues predominan, amplísimamente, los **isómeros** que presentan **dobles enlaces cis.**

En definitiva, la idea de que cualquier grasa vegetal es más sana que una de origen animal se fue extendiendo por las sociedades modernas sin tener en cuenta que hay matices en esta afirmación. De hecho, por razones de mercado (costes de producción y facilidad de concentración de la producción de la materia prima), la tendencia en los últimos años fue la de emplear, especialmente en los productos elaborados, aceites de palma y coco, que pueden presentar, ya de por sí, concentraciones muy altas de saturados; por lo tanto, debemos controlar la cantidad que consumimos de estos productos aunque, en muchos casos, en los etiquetados se resalte el 'contenido en grasas vegetales', como sinónimo publicitario de algo más saludable, sin indicar el origen concreto de tales grasas. Otra cuestión es el abuso que se da, en determinadas sociedades, en el consumo de grasas animales, consumo que, además, no se corresponde con otros hábitos sociales y actividades laborales a las que tienden estas sociedades en sus procesos de transformación, cada vez más urbanas y sedentarias. Resulta curioso que uno de los principales problemas sanitarios, la vida sedentaria y la hipercolesterolemia se da fundamentalmente en el

---

[395] Recordar del capítulo 2, que los isómeros **trans** y **cis** representan las dos formas en que se pueden orientar los átomos, en este caso de hidrógeno, que se unen a los carbonos que forman un doble enlace C=C.

llamado eufemísticamente 'primer mundo' y de hecho, tal como veremos en el capítulo 10, los medicamentos más vendidos en esta zona do planeta son para prever enfermedades relacionadas con el colesterol, mientras que, en paralelo, en algunos países subsaharianos, los monocultivos de palma (y palmiste) invaden grandes extensiones del territorio, precisamente, para satisfacer la demanda de los países más desarrollados.

Azúcares y dulce sintético. Derivado de esa alimentación no equilibrada en relación con las actividades que la población acostumbra a realizar, hay otro problema que define la tendencia a un sobreconsumo de azúcares que, en muchos casos, se intenta solucionar acudiendo a **edulcorantes** sintéticos que, con el mismo o mayor poder edulcorante que los azúcares naturales, no aportan prácticamente calorías al organismo.

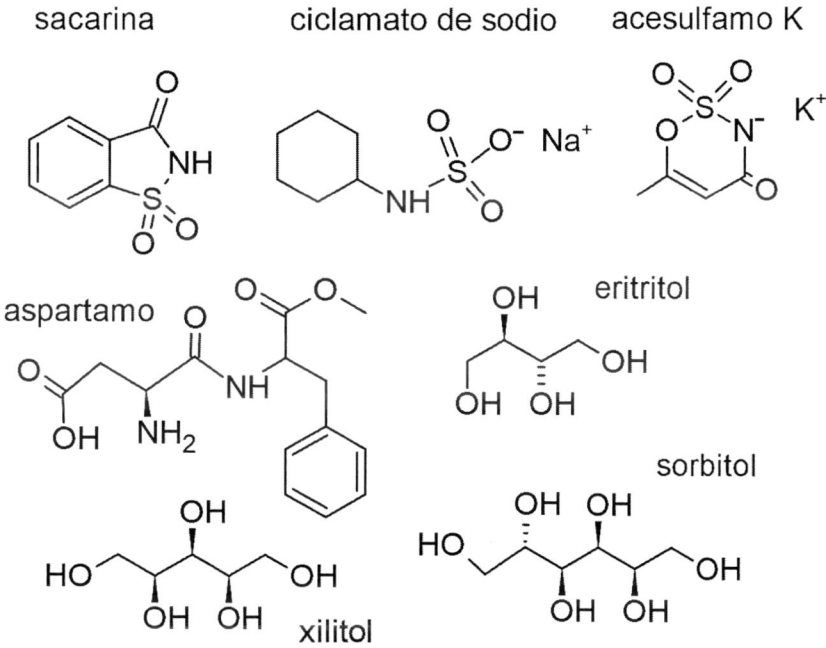

Fig. 64.- Algunos edulcorantes sintéticos son derivados nitrogenados del azufre, en general **amidas**; otros, obtenidos de diversas plantas, son polialcoholes.

Entre los edulcorantes sintéticos no azucarados destacan: la **sacarina**, una forma del benzotiazol-1,1,3-triona, que tiene un **PER (Poder Edulcorante Relativo)** unas 250 veces superior al de la **sacarosa**; pero también se emplea el **ciclamato de sodio** (con un PER de 30), el **acesulfamo K** (PER de 140) o el **aspartamo**, un derivado de dos **aminoácidos**[396], con un PER de 200. Y, también, polialcoholes lineales naturales como el **xilitol**[397] (también conocido como el azúcar de abedul y con un PER semejante al de la sacarosa) o el **sorbitol**[398] (aislado, por primera vez, de bayas del serbal de cazadores, *Sorbus aucuparia*, con un PER de 0,6). Junto con los compuestos más dulces conocidos como serían la dihidrocalcona de neohesperidina, un aditivo alimentario (E959) que presenta un PER

---

[396] El **aspartamo** es el éster metílico de la L-aspartil-L-fenilalanina.
[397] Uno de los **esteroisómeros** del pentano-1,2,3,4,5-pentol.
[398] Uno de los esteroisómeros del hexano-1,2,3,4,5,6-hexol.

de 1.000 y que, curiosamente, es un derivado sintético de un **flavonoide** muy amargo, la naringina, presente en cítricos (naranjas amargas, pomelos, ...), o el 1-N-propoxi-2-amino-4-nitrobenceno, que presenta un PER enorme (de 4.000), pero de tan alta toxicidad que, actualmente, su uso está prohibido. De hecho, como ya se indica en el apartado sobre 'Aditivos alimentarios', varios de los ya citados poseen una toxicidad relativamente alta y algunos están totalmente prohibidos en algunos países (como es el caso del ciclamato).

Sucedáneos y simuladores de sabores. Los tres casos anteriormente descritos son ejemplos de sustitución o simulación de nutrientes principales, pero hay otros ejemplos que implican tanto a esos nutrientes como a otras sustancias, presentes en cantidades mucho menos significativas, pero con gran actividad y protagonismo en el alimento al darle sabor, aroma, color, etc.

Así, podríamos hablar de los sucedáneos del chocolate, en los que la manteca de cacao es sustituida, total o parcialmente, por otras grasas vegetales comestibles; o, en otra línea, de ahumados artificiales, que aceleran el lento proceso de dar sabor a un alimento (como, p.e., embutidos), empleando 'humo líquido'; o la obtención de yogures con sabor a fresa, pero sin fresa alguna, simulando aroma y sabor (con uno o dos '**compuestos impacto**') y el color de esta fruta en el yogur, con un pigmento[399]; o preparados lácteos que simulan yogur pero que no contienen ningún microorganismo vivo en su interior (siendo, pues, un preparado lácteo distinguible del yogur), etc.

Generalización del texturizado y gastronomía molecular. Más allá del ya citado tratamiento industrial en el sector de las carnes, el **texturizado** es una técnica que se va implantando en determinados sectores gastronómicos de forma general. En este sentido, la tendencia es considerar como alimento texturizado aquel al que se le da una consistencia concreta diferente, bien por cuestiones de innovación gastronómica (muy propio de la 'nueva cocina') o bien por buscar consistencias adecuadas para que puedan comer personas que presentan problemas de masticación o de disfagia, p.e., en ciertas plantas hospitalarias, en geriatría o en el cuidado de bebés.

El concepto de **texturización** va más allá, incluye el triturado y otras técnicas que consigan alcanzar la consistencia adecuada para un determinado alimento; aunque hay mucho de innovación, hay técnicas ancestrales concretas que podríamos incluir en este concepto moderno como, p.e., la carne picada (hamburguesas, filetes rusos, tártaros) o el *surimi* que, literalmente, en japonés significa 'carne picada' y permite incorporar a la dieta proteínas de especies de pescado de difícil consumo; además, con la incorporación de azúcar permite una relativa buena conservación.

En los últimos años y en determinados círculos, más allá de la propia nutrición y alimentación, se está desenvolviendo la llamada 'gastronomía molecular', que aporta diversas ideas sobre texturas de alimentos y tratamientos particulares con posteriores amplificaciones al público en general. En muchos casos, supone la introducción en la cocina de técnicas tradicionalmente más propias de un laboratorio de química.

---

[399] Es habitual el uso de un producto obtenido de un insecto que parasita determinadas especies de cactus.

AGUA EN LA COCINA, No es H_2O

Si, como hemos dicho, algunos métodos de conservación están basados en eliminar o controlar la cantidad de agua en el alimento, es porque este líquido ofrece un medio para la vida, aunque, en estos casos, se trate de la vida microbiana que queremos, precisamente, evitar en estas situaciones concretas. Obviamente, esa importancia del agua es universal entre los seres vivos, desde los más diminutos microbios hasta los más grandes del planeta.

H_2O. Es la más pequeña de las moléculas que se pueden considerar alimenticias, pero absolutamente imprescindible y presente en todos los alimentos, en mayor o menor medida; en la mayoría de los casos, será el componente mayoritario. Ya vimos, en el capítulo 1, la importancia que este compuesto tiene para la vida en la Tierra y en su historia. Aquí, el agua en la cocina, nos centraremos en otros aspectos de interés para nuestra especie.

Antes de nada, desmentir algo evidente: lo que bebemos con este nombre no es H_2O, no es un compuesto químico puro. El agua funciona tan bien como disolvente que cualquier agua, y por supuesto la potable, va a contener, en cantidades variables según su procedencia, una gran cantidad de sustancias disueltas, especialmente sales minerales. De hecho, aunque químicamente el agua pura (la auténtica H_2O) es un compuesto neutro (**pH**=7, ver Apéndice Final), el agua de lluvia presenta una cierta acidez, debido a su contenido en dióxido de carbono; y no es lo único que contiene. Por supuesto, como veremos pronto, el pH de un agua mineral va a variar en función de los terrenos que ha mojado.

Más del 70% de nuestro cuerpo es agua y, curiosamente, también más del 70% de la superficie del planeta Tierra está cubierta de agua; pero únicamente el 2,5% es agua dulce y, de esta agua, solo el 0,5% es agua dulce de acceso directo, potencialmente potable. Las aguas naturales, provengan de ríos, lagos, pozos o capas subterráneas, arrastran y disuelven materiales de los roquedos por los que pasan y, atendiendo a la zona geográfica de procedencia, vamos a encontrar diferentes tipos de aguas. En general, las aguas superficiales llevarán disueltos gases atmosféricos (oxígeno, nitrógeno, dióxido de carbono, ...), sales minerales y, posiblemente, algunos compuestos orgánicos (p.e., ácido tánico procedente de las hojas descompuestas) e, incluso, microorganismos de muy diverso tipo.

Obviamente, para que un agua sea potable debe estar exenta de microorganismos patógenos, no contener cantidades significativas de materia orgánica que pueda resultar tóxica para el consumo y un contenido de sales y gases aceptables dentro de ciertos rangos de calidad[400].

Entre las sales presentes en el agua mineral o en la del grifo, tienen especial importancia los contenidos de sales (cloruros, carbonatos, bicarbonatos, sulfatos, ...), especialmente de metales alcalinos (en general, sodio y potasio) y alcalinotérreos (calcio y magnesio). Precisamente, un alto contenido de estos dos últimos iones (Ca^{+2}, Mg^{+2}) puede dar problemas al dejar precipitados en forma de costra en electrodomésticos (lavadoras, calderas, termos, cafeteras, etc.), tubos y grifos. Son las llamadas 'aguas duras'.

---

[400] El contenido de sales en agua de mares y océanos varía entre el 3,3 y el 4,5%, con las variaciones propias de cada zona geográfica (latitud, proximidad a ríos, ...); en una buena agua potable habrá cien veces menos.

El concepto de **agua dura** proviene de la observación de que en estas aguas el jabón apenas hace espuma (y esta resulta poco consistente), y la cocción de ciertos alimentos se hace algo más difícil. La dureza de un agua, más propiamente la llamada 'dureza total' se mide en grados hidrotimétricos que, justamente, es una forma de determinar su equivalencia en el contenido de sales de calcio y de magnesio[401]. En toda Galicia, las aguas son muy blandas (por debajo de los 15ºF), excepto en la zona del sureste (Valdeorras, Trevinca, etc.) que lo son mucho menos. En el resto de la península ibérica, las aguas más duras están en Castilla La Mancha y en las zonas más próximas al Mediterráneo.

También, relacionado con el contenido y el tipo de sales disueltas, está el pH del agua, esto es, su mayor o menor acidez[402]. La **dureza** y la **acidez** de un agua va a influir mucho a la hora de preparar ciertos alimentos. Así, a la hora de amasar y cocer pan, un agua muy ácida va a debilitar la formación del **gluten**, mientras que un agua básica la va a fortalecer; y, por otro lado, las aguas duras forman masas más firmes, precisamente, por las interacciones del calcio y del magnesio. Igualmente, al cocerse en aguas duras y ácidas, las verduras y frutas mantienen mucho más tiempo su firmeza. En un agua blanda y básica, los mismos alimentos se pondrán pastosos más rápidamente. Y, si cocemos esas verduras o frutas con agua dura y/o ácida, al añadirle sal de mesa (cloruro de sodio), el ablandamiento se acelera, pues los iones de sodio irán desplazando a los iones calcio y magnesio, presentes en las paredes celulares de los vegetales.

Obviamente, la dureza y el pH de un agua también van a influir, notablemente, en su sabor. Pero, evidentemente, también tendrá importancia su origen y el tratamiento al que fue sometida (p.e., en el caso del agua del grifo, la cloración, fluoración, posterior filtrado, etc.). De la misma forma que hay catas de vinos, cervezas o de aceites, hay personas que distinguen bien un agua de otra. Puede que no todas las personas distingan la excelencia gustosa de un agua de lluvia australiana (de las más famosas y caras que se comercializan), pero seguramente un paladar medio distinguirá, fácilmente, algunas de las cualidades descritas.

Tradicionalmente, las poblaciones humanas fueron asentándose en zonas próximas a ríos, lagos y otras fuentes de agua dulce. Pero, a medida que nuestra especie se iba expandiendo y ocupando lugares muy dispersos del planeta, el acceso al agua se ha convertido en una cuestión de gran importancia social. Actualmente, la gestión de las aguas residuales (tanto domésticas como industriales y agropecuarias), así como el acceso al agua dulce para consumo se está convirtiendo en un problema capital. Sobre aguas dulces, hay zonas geográficas cada vez más afectadas por sequías debido al cambio climático, pero también por una gestión inadecuada y relacionada, a veces, con la sobreexplotación de los recursos propios (p.e., de las aguas subterráneas en ciertas zonas), otras con la sobredimensión estacional de las poblaciones (debido al turismo dirigido) y otras por privatizaciones de los recursos (hay países donde hasta el subsuelo está totalmente privatizado).

---

[401] En el Estado Español, la unidad más empleada para medir esta dureza es el grado francés; 1ºF equivale a un agua que contendría 10 mg/L de carbonato de calcio. Existe una '**dureza temporal**', propia de la presencia de bicarbonatos y que se elimina, fácilmente, hirviendo el agua.

[402] Hay que recordar que la **escala de pH** va desde 0 hasta 14; el pH 7 se corresponde con una disolución neutra, mientras que cuanto más ácido más bajo será el pH y cuanto más algo, más básico o alcalino resultará.

Capítulo 10

FÁRMACOS, MEDICAMENTOS Y DROGAS

*[Antes de entrar en esta materia, creo que es necesario advertir que este capítulo no pretende ser un prospecto de **fármacos** o **drogas**. Los contenidos aquí expresados parten de la visión de un doctor en Química, no en Medicina y, por lo tanto, se centran en los aspectos químicos, estructurales, mecanismos de acción e historia farmacológica, no en la conveniencia de su uso que, obviamente, excepto en algunos casos puntuales y concretos fácilmente identificables, solo deberían consumirse por prescripción de una persona profesional. Aquí, el objetivo es tratar de mostrar la importancia de muchos **metabolitos secundarios** en la biosfera, conocidos y empleados como fármacos o drogas, así como de la importancia de acumular conocimiento sobre diversas estructuras que nos ofrece la Naturaleza y que, en muchos casos, se pueden estar perdiendo con la progresiva extinción de diferentes especies.*

Además, que un determinado compuesto pueda ejercer una determinada acción en una determinada zona del organismo no es suficiente. Hacen falta muchas más condiciones, de las que aquí no hablaremos. Un simple ejemplo: en general, omitimos algo tan esencial como es la farmacocinética[403]; ¿en qué medio y qué moléculas van a transportar ese compuesto activo?, o ¿cómo se va a metabolizar y/o excretar?, ,... Llega con que no tenga la solubilidad selectiva requerida para que no llegue a esa determinada zona; con que sea más liposoluble de lo necesario o, por el contrario, más soluble en agua de lo conveniente, para que no pueda atravesar determinadas barreras (de difusión, entre células, etc.) y se desvíe de su objetivo. Así mismo, la farmacodinámica incluida va a ser muy puntual, dirigida a una acción del fármaco concreto, pero en general, estos pueden actuar de múltiples formas y en varios órganos o zonas del organismo (que, en muchos casos, no mencionaremos). Es evidente que vamos a simplificar mucho para centrarnos, pues, en el objetivo básico inicialmente marcado: mostrar un aspecto más de la relación entre la diversidad de la química del carbono y la vida, sin entrar al detalle que requiere un tratado de Farmacología o Medicina. Se trata, pues, de recoger información puntual y ordenarla para poder comprender algo más, algo mejor, el mundo que nos rodea.]

MÁS VALE PREVENIR QUE CURAR

En el capítulo anterior vimos que, desde el campo de la antropología, muchos investigadores sostienen que el uso del fuego para cocinar alimentos ha podido tener una influencia decisiva en la evolución de los homínidos hasta llegar a nuestra especie tal como la conocemos hoy en día. Además, es obvio que, en paralelo a la evolución biológica (en la que seguimos inmersos), la

---

[403] En algunos manuales visualizan la '**farmacocinética**' como todo aquello que el organismo le hace al fármaco y la 'farmacodinámica' como todo aquello que el fármaco le hace al organismo.

evolución cultural nos ha llevado al mundo de las cocinas tradicionales y, consiguientemente, a la gastronomía que, con todas las variantes geográficas imaginables, resulta tan diversa y, también, exclusiva de nuestra especie. Pero cualquiera que conviva con gatos o perros puede comprobar que hay alimentos que se acogen con entusiasmo y otros que producen indiferencia. En definitiva, el 'uso del mantel' no nos echa fuera de la evolución biológica y del 'criterio de los sentidos'.

Tampoco el empleo de sustancias químicas específicas que permiten curar o prevenir posibles problemas de salud nos coloca fuera de la evolución biológica por más que, obviamente en nuestra especie, la evolución cultural nos ha llevado, ¿cómo no?, a un extraordinario y exclusivo grado de conocimiento que, en los últimos siglos, entronca con la ciencia moderna. Los actuales campos de la Química, de la Biología, de la Farmacia, de la Medicina e incluso de la Física, nos permiten, efectivamente, no solo identificar multitud de estructuras químicas activas, si no también, dar explicación de los mecanismos de actuación e, incluso, inventar nuevas estructuras más eficaces derivadas de las anteriores.

Nuevamente, cabe evitar que la intensa luz que, metafóricamente, irradian los conocimientos adquiridos por los humanos, nos ciegue y nos impida ver que hay otras formas de vida y recursos, en el mundo animal, a la hora de tratar o prevenir posibles enfermedades. En la bibliografía, hay multitud de ejemplos de animales (sistemáticamente como especies o en forma de individuos concretos localizados) que consumen determinadas sustancias (derivadas de plantas, de otros animales, de minerales, etc.) buscando la curación de una anomalía o buscando la prevención. Sin duda, podrá tratarse de situaciones puntuales; en algunos casos comportamientos innatos, no aprendidos ni procesados y, en otros, pautas adquiridas por la propia experiencia vital o transmitidas en incipientes procesos de aprendizaje, pero que, en esencia, nos remiten a la necesidad que, la propia materia viva, en sus diferentes estadios evolutivos, tiene de conocer su entorno y aprovechar los recursos disponibles.

Son muchos los ejemplos de plantas consumidas por especies de animales con un objetivo evidentemente diferente al de la alimentación. Por proximidad, tal vez los más destacados sean los relacionados con gatos y perros, incluidas sus ocasionales 'purgas' con plantas. Así, la nébeda (*Nepeta cataria*), también conocida como 'menta de los gatos', parece llevar a los felinos en general a una situación de éxtasis momentáneo y, hoy sabemos que, seguramente, será debido a que contiene un **terpenoide**, la nepetolactona, que puede producir ese efecto. Es posible que su consumo por los felinos pueda explicarse por sus propiedades digestivas, aunque no tengan conciencia de tal efecto. En el caso de los perros, hay ciertas hierbas que podrían ser consumidas de forma específica[404], pero según parece, lo más habitual es que de cuando en vez coman hierbas de forma indiscriminada, tanto para aprovechar la depuración digestiva (por el contenido en fibra que ayuda al tránsito intestinal) como para favorecer el vómito y facilitar la expulsión de alimentos no digeribles. Otra hipótesis plausible, aplicable en algunos casos, es que los perros comen hierba cuando están aburridos o en situación de estrés y/o ansiedad. En este caso, dado que el movimiento de la mandíbula provoca, entre otros efectos, un aumento en la producción de **serotonina** y de **endorfinas**, así como una reducción del nivel de **cortisol**, podríamos pensar en los efectos beneficiosos que ese consumo puede provocar en el estado de ánimo del animal.

---

[404] Es el caso de la *Agropyron repens*, una gramínea conocida en inglés como 'hierba de los perros'.

Más allá de las habituales mascotas, de fácil observación, hay muchas referencias bibliográficas recogidas por primatólogos (como Toshida Nishida, Jane Goodall o Richard Wrangham) sobre el consumo de determinadas especies de plantas (en concreto del género *Aspilia*) por parte de algunos chimpancés, con claro signo de no resultar de su gusto y, muy probablemente, relacionado con la expulsión de ciertos gusanos nematodos (que infectan sus intestinos de forma habitual), por simple arrastre mecánico, el conocido como 'efecto Velcro'[405]. Aún más sorprendente es la observación, en los montes Mahale (Tanzania), del consumo ocasional de una planta, extremadamente amarga, la *Vernonia amigdalina*[406], por una chimpancé que presentaba síntomas de evidente malestar o enfermedad y su posterior curación. Lo más sorprendente de tal descripción fue la forma en que el animal desechaba las capas más externas de los brotes seleccionados y consumía únicamente la médula interior. Y aún más curioso resulta el hecho de que esa planta es empleada por la población de la zona (mayoritariamente tongúes) para tratar ciertas enfermedades provocadas por parásitos intestinales (y también contra la diarrea y la fiebre de malaria). Se ha comprobado, posteriormente, que contiene varios compuestos (especialmente **glucósidos** y algunas **lactonas terpenoides**) que, efectivamente, presentan una fuerte actividad antiparasitaria, mientras que la corteza contiene elevadas concentraciones de uno de esos compuestos, el vernoniósido B1, en niveles de extremada toxicidad.

En la misma línea, recientemente fue noticia un orangután en las selvas del sureste asiático. Fue observado recogiendo determinadas hojas de un árbol que, tras masticarlas convenientemente, emplea como un emplasto para tratar una herida que presentaba en la cara.

Otro ejemplo, diferente, es el caso del consumo de una planta, la *Rauwolfia serpentina*, por mangostas justo antes de cazar serpientes; curiosamente puede resultar una buena fuente de antídoto contra el veneno de esas serpientes. Resulta que, al parecer, esta planta fanerógama es una de las hierbas fundamentales de la medicina tradicional china y sabemos que contiene diversos **alcaloides terpénicos** como, p.e., la **reserpina** y la rescinamina o la ajmalicina (empleados en el control de la tensión arterial) o la iohimbina (de uso en la disfunción eréctil); ver toxinas en el cap. 11.

En el mundo animal, hay también muchos ejemplos de geofagia puntual, es decir, el consumo de tierras, especialmente **arcillas**[407] y **cretas**[408] por animales que no incluyen esto como alimento habitual. Ya en s. II d.n.e., el filósofo y médico griego Galeno recogió casos de consumo de arcilla por animales heridos y está bien documentada en diversas especies de mamíferos (especialmente varias especies de primates y elefantes), aves (loros, cacatúas, etc.), réptiles (iguanas y lagartos blancos) e insectos (como algunas mariposas). En algunos casos, especialmente en el de los insectos y de los elefantes que, habitualmente, ingieren grandes cantidades de potasio en su dieta y necesitan contrarrestarlo con el sodio de ciertas zonas que buscan conscientemente); pero, en la mayoría de los casos, es sabido que la estructura de las arcillas puede absorber importantes cantidades de compuestos con cargas eléctricas en su molécula (p.e., alcaloides que

---

[405] Estas referencias aparecen mucho más desarrolladas (algunas aquí citadas y otras no) en el magnífico artículo del biólogo y químico Manuel Pijoan, 'La automedicación animal y su interés farmacológico', en Etnofarmacia.

[406] También conocida en Occidente como 'vernonia amarga' o 'hoja amarga' (en yoruba 'ewuro').

[407] Las **arcillas** son agregados de silicatos de aluminio hidratados procedentes de la descomposición de ciertos minerales de aluminio.

[408] Las **cretas** son una forma de rocas calizas, de origen sedimentario.

pueden resultar tóxicos para algunos organismos); de hecho, de la Química básica sabemos que las arcillas (entre otros minerales y resinas) pueden emplearse como buenos intercambiadores de iones. Recuerdo ahora una visita a un humilde dispensario sanitario, que llevaba un grupo de monjas vascas en una pequeña aldea del Atlas marroquí, donde nos contaban que algunas personas de la zona, especialmente mujeres, dada la pobreza y precariedad alimentaria que sufrían, consumían ciertas tierras buscando el hierro que necesitamos todos los humanos en nuestra dieta habitual.

Por último, hay que citar ejemplos de cómo algunas aves (p.e., estorninos, cigüeñas, gorriones, ...), cuando hacen su nido, seleccionan ciertas plantas de forma muy sistemática, para prevenir la infestación de ácaros y determinadas especies de piojos o de bacterias.

Así, pues, con tantos precedentes que podemos encontrar actualmente, en la Naturaleza, no es de extrañar que especies con las que estamos muy emparentados (primates y homínidos que nos antecedieron), incluidos los primeros *Homo sapiens*, practicaran la recogida y observación de diversas plantas (y otros recursos) que les brindaba su entorno y, por el procedimiento de 'prueba y error', pudieran encontrar y, colectivamente, registrar diversos remedios para las múltiples enfermedades y/o patologías que fueron apareciendo a lo largo de nuestra historia. Sin duda, y como en los otros campos del conocimiento, es uno de los milagros de nuestras estructuras lingüísticas. Y, en esa línea, llegaron a formarse auténticos 'corpus de conocimiento' y conformar algunas muy potentes medicinas tradicionales (como la milenaria china, la egipcia, la grecolatina, hindú, etc.). En cualquier caso, en la era moderna, la aplicación del método científico ha permitido, no solo incorporar diversas sustancias y compuestos de actividad en farmacia, si no también, dar explicación en muchos casos, de los mecanismos fisicoquímico-biológicos responsables de tal actividad. De esto, precisamente, trata este capítulo de introducción a los fármacos.

EN BUSCA DEL FÁRMACO

Como es natural, las primeras 'farmacopeas tradicionales' procedían de la observación ocasional y acumulación de conocimiento colectivo y se nutrían, fundamentalmente, del uso de plantas que, aún hoy en día, conocemos como 'plantas medicinales' (en forma de infusión, emplastos, etc.); aunque también se tienen catalogado sustancias de origen animal, de algas, de hongos, de minerales, etc. A todo el mundo, incluso en sociedades muy urbanizadas, le suenan ciertas infusiones (de tila, manzanilla, té, valeriana, estrella de anís, etc.) para diferentes síntomas; de forma más específica y local, ya citamos algunos ejemplos (en el anterior apartado sobre autocuración animal) como es el caso de la *Rauwolfia serpentina*, incluida en las milenarias farmacopeas china e hindú, o la vernonia amarga, empleada por la población tongüe para combatir ciertas enfermedades. En Europa, de forma tradicional durante muchos años, curanderos y curanderas (algunas en su día acusadas de brujas) empleaban diversas hierbas de su entorno, algunas de gran toxicidad como la raíz de la mandrágora (*Mandragora autumnalis*, una solanácea con múltiples aplicaciones), la belladona (*Atropa belladona*, otra solanácea), la dedalera (*Digitalis purpurea*, etc. Y, como ejemplo de otro modo de empleo, no oral, citaremos los emplastos de la corteza de sauce, tradicionalmente reconocida como analgésico local y antiinflamatorio.

A lo largo de la historia fueron incorporándose algunos métodos de extracción y de refinado como, p.e., ciertos destilados para aceites y sustancias resinosas, pero sería ya avanzado el s. XIX, con el progreso de la Química moderna (y, particularmente, de la Química del carbono), cuando se fue imponiendo el objetivo de extraer e identificar los compuestos verdaderamente activos de lo que anteriormente solían ser mezclas naturales muy complejas. Así, en los ejemplos anteriormente citados, de la *Rauwolfia* fueron extraídos diversos compuestos activos, de especial utilidad en el tratamiento de la hipertensión arterial (como la **reserpina**[409] y otros ya citados anteriormente. Igualmente, de la corteza del sauce (del género Salix) se acabó aislando el **ácido salicílico,** mucho más eficaz como analgésico y antiinflamatorio (e, incluso, por vía oral, con actividad antipirética). En el caso de las solanáceas (como las citadas belladona y mandrágora) fueron aislados, entre otros, diversos **alcaloides** (**atropina**, **escopolamina**, hiosciamina, etc.) y en el caso, también ya citado, de la dedalera, se encontró un **glicósido** cardiotónico, conocido como **digoxina.**

Obviamente, disponer de un producto activo y concentrado significa un salto cualitativo de gran importancia: por un lado, permite alcanzar, sin duda, una mayor eficacia en los tratamientos, evitando además el consumo innecesario de muchos otros compuestos químicos incontrolados pero que también están presentes en el tejido vegetal, en sus extractos, etc. Pero, por otro lado, disponer de un producto mucho más concentrado supone incrementar los riesgos de un posible consumo inadecuado y requiere, por lo tanto, una mayor precisión en el diagnóstico que motive tal consumo. Y esto ha llevado a la especialización en el amplio mundo sanitario.

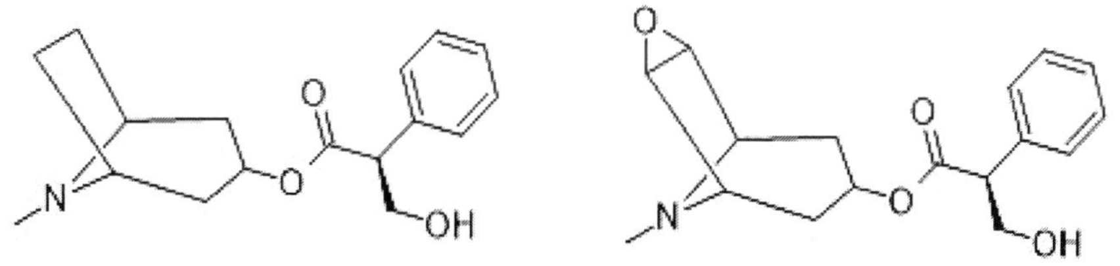

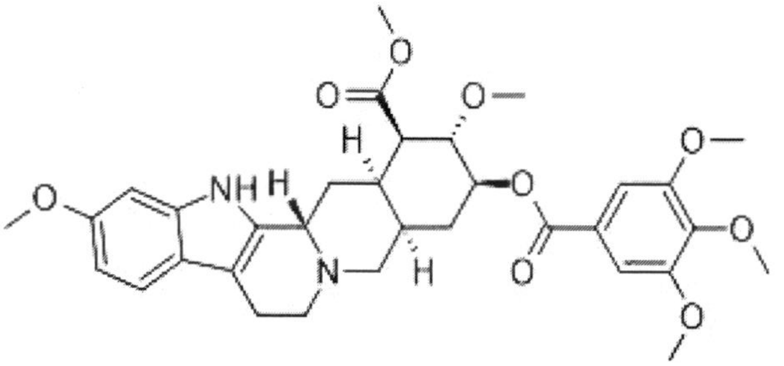

Además, los avances en la Química del carbono, en la extracción (y consiguiente concentración) de productos naturales abrió la posibilidad de identificar la estructura molecular de esos compuestos aislados y poder sintetizarlos en el laboratorio, partiendo de otros compuestos químicos de más fácil acceso, bien por razones de abundancia natural de estos últimos o por suponer un menor coste.

Fig. 65.- Arriba, estructuras de la **atropina** y de la escopolamina (observar que la única diferencia es un átomo de oxígeno presente en la segunda en forma de éter). Abajo, estructura de la **reserpina**.

Siguiendo con los ejemplos ya iniciados, la síntesis del **ácido salicílico** la obtuvo, por primera vez en 1860, Adolph W.H. Kolbe, la primera síntesis de la **atropina** ocurrió, en el 1884, en la Universidad de Kiel (Alemania); la síntesis completa de la **reserpina** se consiguió en 1956, por el equipo de R.B. Woodward en la Universidad de Harvard (USA).

---

[409] La **reserpina** fue aislada de la *Rauwolfia serpentina* en 1952 y tuvo, también, aplicación como antipsicótico, aunque, actualmente, su uso es escaso debido a los diversos efectos secundarios que puede presentar.

Conocer la estructura química de los compuestos farmacológicamente activos permite, además, introducir algunas modificaciones en su molécula de forma que mejore su eficacia o disminuya los efectos secundarios que ese compuesto presentaba inicialmente. Así, los efectos nocivos que el ácido salicílico puede tener en el aparato digestivo son, significativamente, mitigados al transformarlo en el conocido **ácido acetilsalicílico**[410] (fig. 23). Fue en el 1897, cuando el alemán Felix Hoffmann llevó a cabo esta modificación química de forma clara, la síntesis del ácido acetilsalicílico que, dos años después, sería comercializado con el nombre de Aspirina, por la compañía farmacéutica Bayer e, igualmente, varios salicilatos derivados tienen propiedades semejantes. De igual forma, para reducir los efectos alucinógenos de la **atropina** resultó eficaz sustituirla por el nitrato de N-metilatropina; la razón es que resulta mucho menos soluble en grasas (menos lipófila) y, por lo tanto, disminuye la facilidad para atravesar la barrera hematoencefálica, reduciéndose los efectos sobre el SNC.

Un paso más: las posibilidades de modificar convenientemente una determinada estructura molecular, obtenida de la Naturaleza, se ven muy incrementadas cuando podemos identificar los **receptores** o dianas a las que se dirige el fármaco en cuestión[411]. Los avances en este campo fueron sucediéndose poco a poco a lo largo de todo el s. XX, pero el gran salto tuvo lugar cuando, en la década de los 1960, se descubrió el uso de marcadores radioactivos que permiten identificar 'donde se anclan' los grupos activos del fármaco empleado. Precisamente, Rosalyn Yalow llevó el Nobel de Medicina de 1977, por abrir este camino, junto con Solomon Berson[412], al emplear, en 1960, esta idea en un estudio de radioinmunoensayo sobre la **insulina**. En la década de los 1970, fueron varios los receptores identificados gracias a esta técnica. Siguiendo con nuestros ejemplos previos, la **atropina** es un antagonista de los receptores llamados 'muscarínicos', propios de la **sinapsis** colinérgica, presenta el efecto contrario al de la **acetilcolina**, un **neurotransmisor** ya descrito anteriormente; igualmente, como veremos con más detalle pronto, el **ácido acetilsalicílico** (como otros antiinflamatorios de la misma familia) se une a una **enzima**, una ciclooxigenasa, disminuyendo su actividad como catalizador en la síntesis de **prostaglandinas**[413] a partir del **ácido araquidónico**.

Recientemente, Google presentaba un programa, basado en lo último de la inteligencia artificial, el programa AlphaFold que, al parecer, puede predecir con cierta fiabilidad, la estructura espacial de una proteína a partir de su secuencia de aminoácidos. Estos avances van a suponer, sin duda, un nuevo salto en el mundo de la identificación de receptores de fármacos. Pero antes de llegar a este punto de la bioinformática aplicada a la proteómica, ya se están aplicando los ordenadores (incluida la IA) en diversas fases de la síntesis molecular de fármacos, a partir de los datos que se van acumulando, tanto sobre compuestos químicos como sobre experimentos y estudios médicos o biológicos en muchos lugares del planeta.

---

[410] Al convertir su grupo -OH (propio de **alcoholes** o **fenoles,** como es este caso) en el **éster** del **ácido acético**.

[411] Es decir, la sustancia (en general, proteínas específicas) receptoras de la membrana que forman **canales iónicos** y están relacionadas con una u otra **enzima**, ion, etc.

[412] S. Berson había muerto cinco años atrás.

[413] Las **prostaglandinas** forman una familia de **lípidos** que juegan diversos papeles en los procesos de inflamación y en la sensibilización de determinados receptores primarios (incluidas las terminaciones nerviosas sensibles a los estímulos nociceptivos), de ahí los efectos antiinflamatorios y analgésicos derivados de inhibir la acción de la ciclooxigenasa. También actúan como protectoras, p.e., de la mucosa gástrica.

¿FÁRMACOS O MEDICAMENTOS? PONIENDO NOMBRES

Antes de describir, de modo muy general la parte de la Química médica que se centra en la catalogación y nomenclatura de las sustancias químicas que empleamos para combatir, paliar o prevenir posibles enfermedades o, en general, alteraciones de la salud, tal vez resulte interesante aclarar algunos conceptos farmacológicos que, de forma habitual, pueden confundirse en el mundo de la salud y, como tal, hoy por hoy, deberían integrarse en lo que conocemos como cultura general.

Un **fármaco** es cualquier sustancia químicamente pura[414], de composición conocida (extraída de un medio natural o sintetizada en el laboratorio, es indiferente), y que presenta una determinada actividad biológica, presumimos que beneficiosa, sobre una enfermedad. Así, el ácido acetilsalicílico, la reserpina, la atropina, anteriormente citadas como ejemplos, son fármacos. En definitiva, un fármaco es un posible **principio activo**, pero podría ocurrir (como ha ocurrido con el ácido salicílico o, 'casi' con la reserpina) que, finalmente, no tenga aplicación práctica por tener demasiados o graves efectos secundarios.

Un **medicamento**, por el contrario, se emplea con fines terapéuticos y puede contener uno o varios **principios activos** (fármacos presentes en el medicamento), junto con otras sustancias que no presentan, en sí mismas, acción farmacológica y que son los **excipientes**; en general, estos últimos pueden facilitar la dosificación o administración de los fármacos (aquí principios activos) que acompañan, o dotar al medicamento de determinadas propiedades físicas que interesan. No vamos a entrar al detalle sobre las posibles funciones que los excipientes pueden tener en un medicamento, pues son muchísimas; p.e., si la dosis requerida de un fármaco es de microgramos, necesitaremos un producto de relleno donde diluir el fármaco para que esa cantidad resulte manipulable, incluso, a veces, visible; o, para darle un aspecto sólido o determinado formato; o para facilitar la absorción del fármaco en el organismo; o para enmascarar un sabor desagradable, ...

Un **profármaco** es un compuesto poco activo que, una vez administrado, se transforma en un **metabolito** que ejerce la acción farmacológica requerida. P.e., la dexametasona, un **antiinflamatorio**, es tan poco soluble en agua que se administra como un **éster fosfato**, ya soluble y que en el organismo se hidroliza fácilmente para dar el principio activo.

El concepto de **farmacóforo** es más técnico y se refiere a la parte de una molécula de fármaco (es decir, a un grupo de átomos bien localizado) que interacciona con el receptor o diana y genera la respuesta biológica esperada; en definitiva, el grupo o grupos funcionales responsables de la actividad biológica del fármaco. Rescatando algunos de los ejemplos empleados anteriormente, un **alcaloide** como la **atropina** localiza su acción en el **grupo amina** cuaternaria y en el **grupo éster** que presenta su molécula.

Resulta evidente que es muy importante usar correctamente los nombres en un campo como el de la farmacología. Como compuestos que son, cada fármaco tiene un **nombre químico** que lo identifica perfectamente. Este nombre deriva de las nomenclaturas sistemáticas que empleamos en Química, ya sea las derivadas de la **IUPAC** (*International Union of Pure and Applied Chemistry*) y la más especializada **IUB** (*International Union of Biochemistry*), o otras como las de la influyente revista

---

[414] Fundamentalmente compuestos, aunque podríamos considerar aquí algún elemento químico.

de los **CAS** (*Chemical Abstracts*); nombres que, con precisión definen la presencia de cada átomo en la correspondiente molécula y, incluso, su orientación espacial. Pero, estos nombres pueden resultar demasiado complejos para el día a día fuera del laboratorio y, además, en ese nuevo contexto es absolutamente innecesaria una definición tan exhaustiva de la estructura[415]. Imaginemos, p.e., que fuéramos a pedir en la farmacia (o, siendo médicos, tuviésemos que prescribir) uno de los fármacos más vendidos en todo el planeta en los últimos años, usado para regular la hipercolesterolemia, esto es: el *trihidrato de la sal cálcica del ácido [R-(R,R)-2-(4-fluorofenil)-β,d-dihidroxi-5-(1-metiletil)-3-fenil-4-[(fenilamino)carbonil]-1H-pirrol-1-heptanoico.*

Ciertamente, en el supuesto e improbable caso de llegar a memorizar este nombre, puede que fuéramos muy descriptivos, pero resultaría, obviamente, innecesario; en este contexto farmacéutico o médico, no entran en juego las innumerables estructuras alternativas, posibles o imaginables, que obviamente no van a tener en la farmacia; es, pues, mucho más fácil pedir una caja de **atorvastatina[416]**, que es el **nombre farmacológico** o **nombre común** de este fármaco. Este nombre común es asignado por los organismos oficiales competentes (generalmente comités de nomenclatura nacionales o internacionales)[417]. En cualquier caso, existen ciertos criterios generales (que incluyen prefijos y sufijos compartidos) a la hora de establecer estos nombres farmacológicos. En la tabla adjunta se muestran algunas partículas (prefijos y sufijos) recomendadas en la llamada '**Denominación Común Internacional', DCI**[418], propuesta por la Organización Mundial de la Salud, OMS; la primera publicación es del 1953. Hay, sin embargo, muchas otras denominaciones alternativas como, p.e., la británica BAN o la estadounidense USAN.

Tabla 13. Algunos prefijos y sufijos empleados en la Denominación Común Internacional

Partícula	Grupo Farmacológico	Partícula	Grupo Farmacológico
-acepam	Fármacos del grupo del diacepam	Dil-, -dil	Vasodilatadores
-acetamol	Analgésicos grupo del paracetamol	-drina	Simpaticomiméticos
-aco	Antiinflamatorios gr. ibufenaco	Erg-, -erg	Alcaloides gr. Cornezuelo centeno
-asa	Enzimas	Estr-, -estr-	Estrógenos
-astina	Antihistamínicos	-filina	Derivados de la teofilina
-azepam	Benzodiazepinas (hay excepciones)	-grel	Antiagregantes plaquetarios
Andr-	Esteroides andrógenos	Guan-	Antihipertensores gr. guanidina
Barb-,-barb[419]	Barbitúricos hipnóticos	-mab	Anticuerrpos monoclonales
Bol- , -bol	Esteroides anabolizantes	-navir	Antirretrovirales, con excepciones
-buzona	Analgésicos antiinflamatorios gr. De la fenilbutazona	-olol	Bloqueantes adrenérgicos
-caína	Anestésicos locales	-pril	Inhibidores ACE[420]
Cef-	Antibióticos grupo cefalosporinas	Prost-	Prostaglandinas
-ciclina	Antibióticos grupo tetraciclina	Sulfa-	Sulfonamidas antibacterianas
-cilina	Antibióticos grupo penicilinas	-ticida	Diuréticos gr. De la clorotiacida
-conazol	Antimicóticos grupo miconazol	-vastatina	Hipolipemiantes, inhibidores de la HGM-CoA reductasa

---

[415] El tema del contexto se puede ver claramente a la hora de identificar personas: puede que en un contrato o en un aeropuerto sea necesario dar nombre y apellidos e, incluso, un número de identificación o dirección (ante la posibilidad de que haya varias personas con el mismo nombre y apellidos); pero es obvio que en su casa o en el aula, ... nadie necesitará llamar a esa persona con nombre y dos apellidos para dirigirse a ella.

[416] Como otras estatinas, se emplea para disminuir los niveles de **colesterol** (total y **LDL**).

[417] A veces, con la participación también de las propias compañías farmacéuticas.

[418] En inglés es la INN (*International Nonproprietary Name).*

[419] Se emplea el prefijo barb-, el sufijo -barb o, también, la partícula -barb-.

[420] ACE- enzima Convertidora de Angiotensina.

Cort-, -cort	Corticosteroides (con excepciones)	-verina	Espasmolíticos relac. papaverina
-coxib	Inhibidores de la cicloosixenasa-2	-vir	Antivirales en general
-onida	Esteroides uso tópico con un grupo acetal	-orex	Anorexígenos
-oxacino	Antibióticos gr. Ác. nalidígico	-nidazol	Antiparasitarios gr. metronidazol
-pramina	Fármacos gr. da imipramina	Pred-, -pred-	Derivados de la prednisolona
-profeno	Antiinflamatorios gr. ibuprofeno	-terol	Broncodilatadores, gr. fenetilamina

No hay que confundir el nombre farmacológico o común con el **nombre comercial** (o **nombre registrado)**. Este último es el que la compañía farmacéutica fabricante asigna a un medicamento concreto y que, una vez aprobada su comercialización, será propiedad legal de esa compañía, quedando 'protegido' comercialmente por los derechos derivados de las correspondientes patentes durante un determinado número de años. Transcurrido ese tiempo, si no se hacen 'trampas' para dilatarlo, otras compañías podrán comercializar medicamentos basados en el principio activo del medicamento original, pero empleando ya el nombre común del fármaco. Es la base de lo que, popularmente, se conoce como **'medicamentos genéricos'** aunque, obviamente, esto no significa que no contengan, también, excipientes; tales medicamentos se distinguen, unos de otros, añadiendo el nombre del laboratorio o compañía farmacéutica productora y otras características (dosis contenida, forma farmacéutica, es decir, si son comprimidos, cápsulas, etc.).

Como resultado de lo anterior, en la Unión Europea o en América del Norte, entre otros Estados, lo más habitual es que en el mercado, transcurrido un cierto tiempo, existan muchos medicamentos con un mismo fármaco como principio activo: seguramente varios con el nombre comercial (medicamentos de marca)[421] y otros como genéricos. Así, p.e., en el otoño del 2023, en el Vademecum (manual farmacéutico) español, encontramos 39 medicamentos con atorvastatina de 20 mg: unos de marca (Atoris, Cardyl, Prevencor, Thervan, Zarator, ...) y la mayoría como genéricos (atorvastatina + nombre del laboratorio). Para el caso de un analgésico como el paracetamol, podemos encontrar en el mismo manual, hasta 330 medicamentos que lo contienen como único principio activo.

Por cierto, actualmente, antes de ser aprobado, un medicamento se ve sometido a un largo proceso de estudio y control. Para una información específica y detallada, quien tenga interés en profundizar en las diferentes fases que puede incluir un estudio de años, es recomendable la lectura del libro de Javier S. Burgos, '*Diseñando fármacos: lo que siempre quiso saber y no se atrevió a preguntar*'. En resumen: conocida la diana a la que apunta y seleccionado el candidato a fármaco[422], este debe pasar una serie de etapas antes de llegar a los ensayos clínicos en humanos; etapas que incluyen estudios en tejidos *in vitro* y fases de experimentación animal[423]. En estas dos primeras fases se tienen referido etapas que estudian la farmacodinámica, la farmacocinética, el

---

[421] Pequeñas variaciones en el medicamento pueden suponer patentes diferenciadas.

[422] Por las vías ya mencionadas anteriormente: observación de productos naturales en bruto, modificación de alguna estructura conocida, síntesis por ordenador, etc.

[423] En las primeras pruebas de esta fase, la tendencia actual es emplear las llamadas especies de sustitución, destacan la mosca del vinagre (*Drosophila melanogaster*), un gusano (*Caenorhabditis elegans*), y el pez cebra (*Danio rerio*). Y después, mamíferos como roedores, perros, gatos, cerdos y/o primates (algunas especies de macacos, etc.). Es obvio que en el pasado hubo actuaciones que podemos catalogar como brutales o crueles, y hay muchos ejemplos. Es, pues, conveniente que se extremen los controles, se eviten situaciones de crueldad y, desde luego, se atengan a lo estrictamente necesario y debidamente justificado.

metabolismo del producto, su toxicidad (en diferentes especies) y su seguridad farmacológica. A su vez, en los ensayos clínicos podemos encontrar diferentes fases en las que se valoran, sucesivamente y en diversas condiciones, la eficacia y la seguridad del producto candidato[424].

Nadie niega el derecho a resarcir los cuantiosos gastos que supone todo el proceso de investigación, diseño y aprobación de un medicamento o de un fármaco, pero tampoco se puede ignorar las enormes desigualdades que, especialmente a nivel planetario, supone el actual sistema de patentes privadas; hecho que choca con un derecho básico, como es el de la salud, que todo ser humano debería tener garantizado... Esto también es una deriva de nuestra evolución cultural aún no bien resuelta, otra 'propiedad emergente', en este caso social, que nos llevaría más allá de la evolución de la materia orgánica, el tema que nos ocupa. Y no es seguro que se resuelva antes de que desaparezca nuestra especie del planeta.

CLASIFICANDO LOS FÁRMACOS. ALGUNOS EJEMPLOS CONCRETOS

En la primera década del s. XX, para tratar las diversas enfermedades entonces conocidas, un profesional de la medicina apenas disponía de unos veinte fármacos, pero transcurrido algo más de medio siglo, el número aumentó espectacularmente. Fueron apareciendo fármacos contra infecciones (antibióticos, antimicóticos, ...), vitaminas, hormonas, agonistas y antagonistas en el SNA, bloqueadores e inductores de enzimas específicas, antiinflamatorios, antihistamínicos, psicofármacos (estos últimos, especialmente en la década de los 1950), ... Y, ya comenzado el s. XXI, el número de fármacos empleados de forma habitual rondaba los 2.000, atendiendo a unos 400 mecanismos de acción diferentes; obviamente, el número de medicamentos, donde los hay, se ve ampliamente multiplicado[425]. En octubre del 2022, en el Vademecum español hay unos 2.559 principios activos autorizados y unos 15.308 medicamentos que incorporan esos fármacos.

Así, pues, hay que clasificar los fármacos y esto puede hacerse atendiendo a diferentes criterios. El criterio predominante atiende, prioritariamente, al tipo de enfermedades o patologías a las que se dedican y, luego, a la estructura química de los fármacos. Es el criterio que orienta el llamado **Código ATC** (acrónimo de *Anatomical, Therapeutic, Chemical classification system*), esto es, el Sistema de Clasificación Anatómica, Terapéutica y Química, propuesto por la propia OMS y adoptado en la Unión Europea.

El primer nivel de clasificación asigna una letra y atiende a un criterio anatómico, esto es, al órgano o sistema en el que debe actuar el fármaco; son los 14 grupos de la tabla 14, adjunta.

---

[424] En algunos estudios se han detectado errores debido a una selección sesgada de los participantes, no incluyendo determinados colectivos en cantidades significativas (p.e., con sesgo de género o de edad).
[425] Pero, recordemos que, solo considerando las enfermedades raras, estas ya superan las 7.000 y hay regiones del planeta donde el acceso a muchos fármacos se hace muy difícil aún hoy en día.

Tabla 14: Primer nivel del código ATC

A	Tracto alimentario (sistema digestivo) y metabolismo
B	Sangre y órganos hematopoyéticos
C	Sistema cardiovascular
D	Dermatológicos
G	Aparato genitourinario y hormonas sexuales
H	Preparados hormonales sistémicos (excluidas hormonas sexuales e insulinas)
J	Antiinfecciosos para uso sistémico
L	Agentes antineoplásicos e inmunomoduladores
M	Sistema musculoesquelético
N	Sistema nervioso
P	Productos antiparasitarios, insecticidas y repelentes
R	Sistema respiratorio
S	Órganos de los sentidos
V	Varios

El segundo nivel atiende a un criterio terapéutico y le asigna al código del fármaco dos cifras de identificación. El tercer nivel atiende a criterios terapéuticos y farmacológicos mientras que el cuarto incorpora, además, criterios relacionados con la estructura química. Cada uno de estos dos últimos niveles (3 y 4) asigna una letra del alfabeto. Por último, el quinto nivel incorpora el nombre del propio principio activo (posición que ocupa en la familia del nivel 4), añadiendo dos nuevas cifras.

Como resultado, al final se obtiene un código alfanumérico para cada principio activo, aunque hay fármacos que pueden responder a varios códigos. Veamos algunos ejemplos:

Paracetamol: N02BE01. La N indica que actúa sobre el sistema nervioso; el 02 corresponde al grupo Terapéutico principal de los Analgésicos; la B al subgrupo Terapéutico Farmacológico de Otros analgésicos y Antipiréticos; la E al subgrupo de las Anilidas, y el 01 se corresponde con el propio paracetamol (el primero de los derivados de la anilida). En los USA se conoce como acetaminofeno.

Un código del **ácido acetilsalicílico**[426] puede ser N02BA01 ya que comparte con el anterior paracetamol los tres primeros criterios o niveles, pero el cuarto pertenece al subgrupo del Ácido salicílico y derivados (A), siendo además el ácido acetilsalicílico el primero de este subgrupo A del cuarto nivel. Pero, dadas las propiedades que este fármaco tiene como antitrombótico[427], también puede responder al código B01AC06; esto es B (Sangre y órganos hematopoyéticos), 01: agentes antitrombóticos; A: agentes antitrombóticos; C: inhibidores de la agregación plaquetaria, y 06: el lugar que ocupa este ácido en la familia de inhibidores de la agregación plaquetaria.

Esta múltiple asignación (entrando además por grupos bien diferentes) lleva a un tema muy frecuente en farmacia: lo que se conoce como **reposicionamiento de un medicamento**, es decir, después de aprobarse para un determinado uso, pueden aparecer nuevas aplicaciones, anteriormente no observadas y que se evidencian con el uso masivo del fármaco. Veremos ejemplos a lo largo de este capítulo (o el ya citado caso de la famosa 'Viagra', en el recuadro sobre 'Química del sexo'.

---

[426] **Analgésico**, **antiinflamatorio** y **antipirético** del que ya se ha hablado, también en el capítulo 3.

[427] Es muy habitual que, para distintas aplicaciones, las dosis de un mismo fármaco puedan ser muy diferentes.

Otro ejemplo de múltiples códigos ATC: al ketaconazol, un antimicótico muy empleado, pueden asignársele tres entradas diferentes en la tabla, aunque en este caso, no son aplicaciones dispares. Puede ser D01AC08 (entra por Dermatológicos, siendo un antimicótico derivado del imidazol), G01AF11 (entra por el uso en el Aparato genitourinario y es un antibiótico derivado del imidazol), o J02AB02 (al considerarse como Antimicótico de uso sistémico, vía oral, aunque en el 2013, tanto en la UE como en diversos países americanos, fue restringido este uso oral por su toxicidad hepática).

Antiinflamatorios

La **inflamación** es la respuesta del organismo al daño causado en las células o tejidos por diferentes patógenos[428] e implica la participación del sistema inmunológico, tanto a nivel celular como de tejidos y órganos. Aunque, en principio, es una respuesta reparadora frente a daños, puede resultar dolorosa y/o desembocar en situaciones agudas o crónicas no deseables. En cualquier caso, el proceso puede implicar la participación de cientos de sustancias químicas que van desde inductores (que inician el proceso de respuesta) hasta los auténticos efectores (entre los que hay incluso células especializadas como linfocitos, neutrófilos, monocitos, etc.), pasando por diversos mediadores químicos. Muchos de los compuestos participantes como mediadores son de naturaleza proteica (diversas **enzimas**, citoquinas, selectinas, ...), pero hay también **lípidos** (**prostaglandinas**, leucotrienos, ...), polisacáridos (como la **heparina**) y moléculas más elementales (como la **histamina**).

Renunciando aquí a una descripción detallada del proceso general (y, por supuesto, de las muchas vías que pueden seguir diferentes tipos de procesos inflamatorios), es habitual que el proceso se inicie en la membrana de las células afectadas con la activación de varias **enzimas**, algunas de las cuales actúan sobre los **lípidos** de la membrana formando **ácido araquidónico**, el cual, a su vez y a través de dos vías metabólicas diferentes (fig. 66), puede dar lugar a **prostaglandinas** (PG) y **tromboxanos**, o a **leucotrienos**[429]; todos ellos son productos que actúan como nuevos mediadores de la inflamación. Y, en un proceso de cascada podrán acabar participando multitud de nuevos compuestos (diversas citoquinas o citocinas, selectinas, etc.) y células especializadas que se van concentrando en la zona inflamada.

Los antiinflamatorios se emplean, como su nombre indica, para combatir el propio proceso inflamatorio y, en una primera clasificación, cabe distinguir entre los que tiene estructura de **esteroide** o los que no presentan tal estructura. Entre los primeros destacan la **cortisona** (H02AB10), el **cortisol** y otros **corticoides** (o corticoesteroides) más potentes como es el caso de la dexametasona (H02AB02); pero la efectividad de los corticoides o antiinflamatorios esteroides se ve condicionada, en muchas ocasiones, por los efectos secundarios que pueden acabar presentando. De ahí que se desarrollaran diversos antiinflamatorios no esteroidales (AINEs), entre los que destacan los derivados del **ácido salicílico** (salicilatos y ácido acetilsalicílico, ya citados), derivados

---

[428] Los patógenos causantes pueden ser de muy diferente tipo: biológicos (bacterias, virus, hongos, ...), químicos (diferentes compuestos tóxicos, abrasivos, etc.), físicos (radiación, calor, ...) o mecánicos (golpes, cortes, etc.).

[429] Relacionados, p.e., con algunas afecciones pulmonares de tipo asmático.

del ácido propanoico (como el **ibuprofeno**[430] M01AE01, naxopreno M01AE02 o ketoprofeno M01AE03, etc.) o derivados de **aminas** o de **amidas** cíclicas como el **piroxicam** o el **meloxicam**, la **indometacina** (M01AB01) o el **diclofenaco** (M02AA15) y la familia del **celecoxib** (fig 67). Todos ellos actúan como inhibidores de la biosíntesis de **prostaglandinas** a partir del ácido araquidónico, pues inhiben una **enzima**, la **ciclooxigenasa, COX** (que, propiamente se presente en dos formas principales: COX-1 y COX-2), encargada de favorecer esa reacción en el organismo[431]; la restricción de la biosíntesis de prostaglandinas evita la liberación de diversos mediadores de la inflamación y evita o reduce la activación de ciertos receptores del dolor, los **nociceptores**[432], de ahí que la mayoría actúe también como **analgésico.**

Depresores del SNC

Los depresores del SNC son sustancias químicas que disminuyen la actividad de diversos centros de este sistema nervioso pudiendo incluir, de forma general, una diversidad de efectos: tranquilizantes, sedantes, hipnóticos, analgésicos, anestésicos generales, ... (ver tabla 15). Sus mecanismos de acción pueden ser también (de hecho así ocurre) muy variados; así encontramos la extensa familia de las **benzodiazepinas**, que se unen a determinados receptores del **AGAB**,

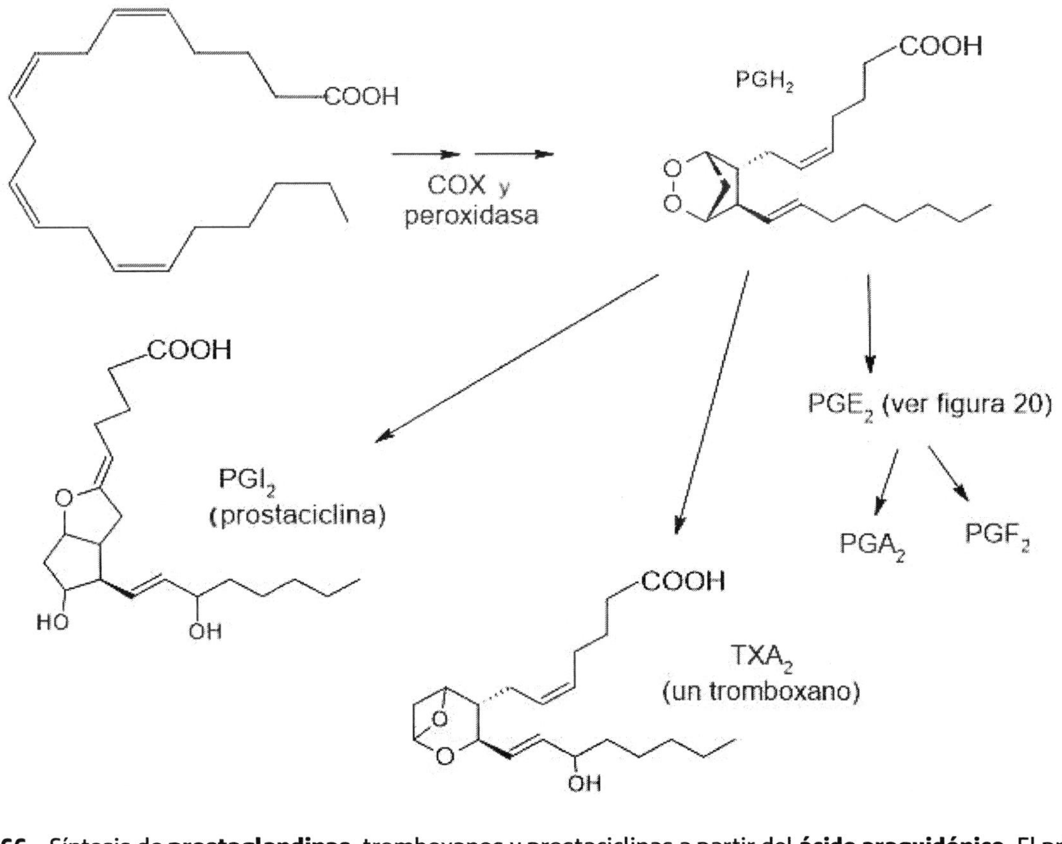

Fig. 66.- Síntesis de **prostaglandinas**, tromboxanos y prostaciclinas a partir del **ácido araquidónico**. El primer paso está catalizado por una **enzima** (COX) que es inhibida por la mayoría de los **antiinflamatorios AINEs** (como el **ácido acetilsalicílico** o el **ibuprofeno**).

---

[430] El prefijo 'ibu' indica una cadena de isobutilo en la molécula. Fue sintetizado por primera vez en 1961.

[431] Los antiinflamatorios esteroidales actúan impidiendo, directamente, la liberación del ácido araquidónico.

[432] Ciertamente, las **prostaglandinas** producidas en la inflamación sensibilizan cierto tipo de nociceptores de forma indirecta, lo que explica el efecto analgésico de los AINEs al evitar su formación.

aumentando la eficacia inhibitoria de este neurotransmisor (recordar que ese es el papel que juega en el **SNC**), lo que conduce a los efectos depresores y a una ralentización de las funciones corporales habituales, pero en otros casos, los mismos efectos depresores pueden venir provocados por el bloqueo sobre los neurotransmisores excitadores (como el **glutamato** o el **aspartato**, ...); otros actúan sobre receptores muy específicos, como es el caso de algunos analgésicos tipo **opiáceos** y **opioides** (tal como veremos más adelante).

Así mismo, los propios efectos fisiológicos de una determinada familia química de fármacos pueden variar mucho dependiendo de varios factores (la dosificación es uno de esos factores, pero no el único); p.e., tal como se puede comprobar en la tabla 15, las ya citadas benzodiazepinas pueden actuar como **hipnóticos, sedantes, anticonvulsivantes, relajantes musculares, ansiolíticos, tranquilizantes,** ... Y lo mismo ocurre, p.e., con los **barbitúricos**[433] que, inicialmente, fueron empleados como hipnóticos y/o sedantes, pero fueron perdiendo terreno y ahora tienen mayor aplicación en algunos casos muy específicos como anticonvulsivantes, también en anestesia general y, en mucha menor medida, como ansiolíticos.

Hay que advertir que mencionar algunas acciones (y sus mecanismos) y efectos sobre el SNC de estos compuestos y, a la vez, ignorar las acciones y los efectos en el SNP no debe llevarnos a la idea de que no actúan sobre este último; como siempre, todo en los organismos vivos es mucho más complejo y aquí estamos simplificando la descripción, como corresponde a una introducción general de carácter divulgativo.

Por último, indicar que en los tratados de farmacología más clásicos es habitual clasificar los depresores del SNC en selectivos o no selectivos, atendiendo a detalles que, también, vamos a obviar en esta publicación. Decir que entre los no selectivos figuran los anestésicos generales, los hipnóticos y los sedantes; los analgésicos son relativamente selectivos (y diversos en sus mecanismos), por lo que su inclusión en esta clasificación también es relativa, aunque no parece fundamental para comprender sus mecanismos y efectos[434].

Analgésicos

Lógicamente, uno de los objetos de deseo en la producción farmacéutica es el de sustancias que calmen el dolor. Los **analgésicos** son, efectivamente y tal como se indica más arriba, depresores, relativamente no selectivos, del sistema nervioso central (código NO2...), utilizados para suprimir o aliviar el dolor (excepto el dolor neuropático[435]), sin alterar la consciencia[436]. Entre los analgésicos se hizo habitual (aunque ya resulta algo obsoleto) clasificarlos en **narcóticos** (o analgésicos fuertes) y no narcóticos. La mayoría de los narcóticos con actividad analgésica son **opiáceos** u **opioides**, de los que se tratará más adelante, en el capítulo de drogas, sobre los tipos y su mecanismo de acción. Entre los que no guardan relación con los **alcaloides** derivados del **opio**, curiosamente destacan muchos de los antiinflamatorios no **esteroidales** ya citados, como es el

---

[433] Aunque difieren en su interacción con los receptores, también los barbitúricos actúan amplificando la acción del AGAB en el SNC.

[434] Observar que otras familias de compuestos (como las benzodiazepinas) aparecen en las dos categorías.

[435] El **dolor neuropático**, relacionado con determinadas patologías neurológicas y no con los centros de **nocicepción**, no responde bien a los analgésicos y, suele tratarse con antidepresivos u otros fármacos.

[436] Como veremos, aliviar el dolor con alteración de la consciencia es propio de los anestésicos generales.

caso del **ácido acetilsalicílico**, el **ibuprofeno** (y otros derivados del ácido propanoico), el **diclofenaco** o la **indometacina** (fig. 67). Uno de los analgésicos más empleados, pero que no presenta esa acción antiinflamatoria (pero si antipirética) es el **paracetamol**, sobre el que todavía hay facetas de su mecanismo de acción no bien conocidas; puede que actúe sobre una variante de la **enzima ciclooxigenasa** de forma indirecta, pues no impide la biosíntesis de **prostaglandinas** como los analgésicos antiinflamatorios; por otro lado, recientemente se ha descubierto que puede actuar sobre los receptores del sistema **endocannabinoide** (que veremos más adelante), impidiendo la recaptación de la **anandamida**.

Anestésicos generales

Entre los depresores del SNC, lógicamente dentro de la reversibilidad de esa depresión del sistema, el caso más extremo es el de los anestésicos generales, con los que se puede alcanzar la pérdida de la sensibilidad y de la conciencia junto, también, con la pérdida de la motilidad y de la actividad refleja.

Entre los **anestésicos generales** destacan, por inhalación, algunos gases (como el **ciclopropano** o el **óxido de dinitrógeno**) y varios líquidos volátiles, como el **cloroformo** y otros hidrocarburos halogenados o el **éter etílico** y otros éteres fluorados, como el sevoflurano. Hay también inyectables como el **tiopental sódico, ketamina, etomidato,** ...Antes de continuar, advertir que no guardan relación con los **anestésicos locales**, que actúan sobre el Sistema Nervioso Periférico (bloqueando la conducción nerviosa); de hecho, algunos de estos últimos pueden actuar como estimulantes del SNC (como, p.e., la **cocaína**).

Entre los anestésicos generales, lo primero que destaca es que presentan estructuras muy dispares, hasta el punto de que, en los ejemplos citados, podemos ver un compuesto inorgánico tan simple como el **óxido de dinitrógeno** (N_2O, popularmente, el gas hilarante). Esta heterogeneidad estructural, junto con el hecho de que son excretados por el organismo sin, prácticamente, cambios estructurales significativos, hizo pensar desde hay tiempo en que su acción en el SNC debe responder a un mecanismo propiamente físico, más que a la intervención de grupos químicos concretos o receptores celulares específicos que los reconozcan[437]. Un paso más adelante se ha dado con la observación de que hay una relación directa entre la **lipofilia** (afinidad por los lípidos), que siempre presentan estos fármacos, y su acción depresora del SNC (ley de Meyer-Overton). De hecho, esa liposolubilidad permite que puedan entrar con bastante facilidad en las células nerviosas, pues su membrana celular es, como ya vimos, muy rica en **lípidos**. Así mismo, se ha observado que, con el agua, los anestésicos inhalables (gases y líquidos volátiles) tienden a formar hidratos muy especiales, con estructuras cristalinas que pueden recordar a jaulas (propiamente clatratos). La formación de esos microcristales en la fase acuosa de las células nerviosas explicaría alteraciones importantes en las propiedades eléctricas de las neuronas, especialmente en las **sinapsis**, y esto podría ser la base para una posible explicación de cómo estos compuestos, químicamente diversos, provocan depresión del SNC hasta llegar a la anestesia general.

Por cierto, entre los ejemplos de gases y vapores inhalables citados, el óxido de dinitrógeno es un caso algo particular. Por un lado, se ha empleado como propelente en algunos productos de

---

[437] Aunque también se sabe que tienen cierta acción de refuerzo de los efectos inhibidores del AGAB.

alimentación comercializados y, entre los ejemplos citados, es el que presenta un menor efecto depresor del SNC, dando tiempo a que se pueda manifestar el 'efecto euforia', de ahí que reciba el nombre popular de 'gas hilarante'. Los demás anestésicos citados provocan la pérdida de consciencia antes de que pudiera aparecer esa excitación.

Algunos analgésicos frecuentes

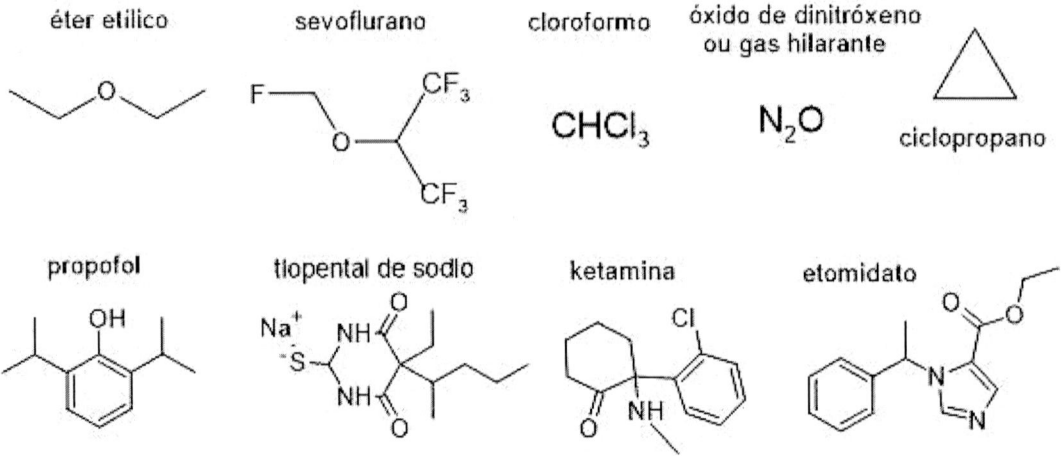

Algunos anestésicos generales

Fig. 67.- Algunos **analgésicos** frecuentes (todos antiinflamatorios excepto el paracetamol), excluidos los **opiáceos** y **opioides**. Abajo, **anestésicos generales**: unos inhalables, como el éter etílico, cloroformo, óxido de dinitrógeno (o gas hilarante) y ciclopropano, algo obsoletos; otros más recientes son el sevoflurano (también inhalable) y su familia; los cuatro que figuran más abajo son ejemplos de inyectables.

Hipnóticos y sedantes

Los **hipnóticos** son depresores no selectivos del SNC, usados para reducir la tensión emocional y, en general, con producción de sueño, mientras que los **sedantes**, estrictamente, atenúan la hiperexcitabilidad nerviosa que, a dosis adecuadas, poseen también acción hipnótica (código N05C...).

A lo largo del s. XIX, los únicos hipnóticos sedantes empleados, además de alguna planta medicinal (p.e., la valeriana en Eurasia y la pasionaria o pasiflora en América), serían el bromuro[438] y el hidrato de cloral[439] hasta que, a comienzos del x. XX, aparecieron los primeros **barbitúricos**, como el barbifonal y el fenobarbital (N03AA02). Desde entonces, llegaron a aprobarse más de 50 derivados del barbital para uso clínico, aunque debido a sus efectos secundarios[440], fue decayendo en favor de otro de los grandes grupos, en este caso depresores selectivos, como son las **benzodiazepinas**, que también se emplean como **ansiolíticos**. Al parecer, la acción hipnótica es debida a que actúan sobre determinados receptores sinápticos relacionados con el **AGAB**, potenciando la acción inhibitoria de este neurotransmisor en la señal nerviosa. Actualmente hay diversas benzodiazepinas en el mercado y seguramente un uso excesivo en algunos casos, que raya el concepto de 'droga' tal como se tratará posteriormente. No es lo mismo el uso de benzodiazepinas de acción larga (como, p.e., Diazepam N05BA01) que las de acción corta (como el Lorazepam N05BA06 o el Triazolam N05CD05), y hay diversos factores que influyen en la conveniencia de unos u otros, como la edad y factores de riesgo específicos y personales, etc. Obviamente, resulta evidente que se impone la intervención de profesionales de la salud a la hora de consumir este tipo de compuestos; asesoramiento necesario, incluso, para el empleo de los más recientes, los llamados '**fármacos z**', con menos efectos secundarios que los de las diazepinas al actuar de forma más selectiva sobre determinados receptores del AGAB. Entre ellos destacan el zaleplón y el zolpidem.

Como ya se ha comentado, la **valeriana** (*Valeriana officinalis*) y la pasionaria (*Passiflora incarnata*)[441] se vienen empleando desde la antigüedad por sus efectos sedantes e hipnóticos en casos de ansiedad, insomnio y excitabilidad, además de como analgésico, antitusivo y diurético. El uso de la valeriana es muy común y diversos estudios justifican su acción por la presencia de varios compuestos **terpénicos**, metabolitos secundarios muy activos, como, p.e., varios iridoides[442] propios de la valeriana y conocidos como valepotriatos, ácido valerénico y derivados (valeranona, valerenal, ...) y otros **monterpenos** (como el canfeno, pineno, euxenilo, ...). Aún no ha sido identificado el principio activo más significativo, pero se sabe que la actividad desarrollada sobre el SNC, tras el consumo de extractos de valeriana, guarda relación con los receptores del AGAB, tal vez con los del mismo tipo, u otros diferentes, de los propios de las benzodiazepinas. Lo mismo ocurre con la pasionaria, de la que se tienen aislado varios principios activos, particularmente **alcaloides** derivados del **indol**, como la harmana, harmina, harmol y harmalina.

---

[438] Tanto el bromuro de sodio como el de potasio fueron empleados, además, como antiepilépticos hasta que se descubrió el fenobarbital, mucho más eficiente.

[439] De fórmula CCl_3-$CH(OH)_2$, ya obsoleto, se empleó para tratar el insomnio e, incluso, como ansiolítico.

[440] Los barbitúricos, en general, presentan una toxicidad significativa y pueden crear una fuerte dependencia.

[441] La valeriana en el norte de Europa y Así, la pasionaria en la América del Sur precolombina.

[442] Los **iridoides** son un grupo muy concreto de monoterpenos que presentan como esqueleto de carbono base la estructura del iridano (1-isopropil-2,3-dimetilciclopentano).

Otro producto natural empleado en trastornos del sueño es la **melatonina** (y **agonistas** como el ramelteón), sobre la que se habla algo con más detalle en el recuadro sobre el sueño (cap. 8).

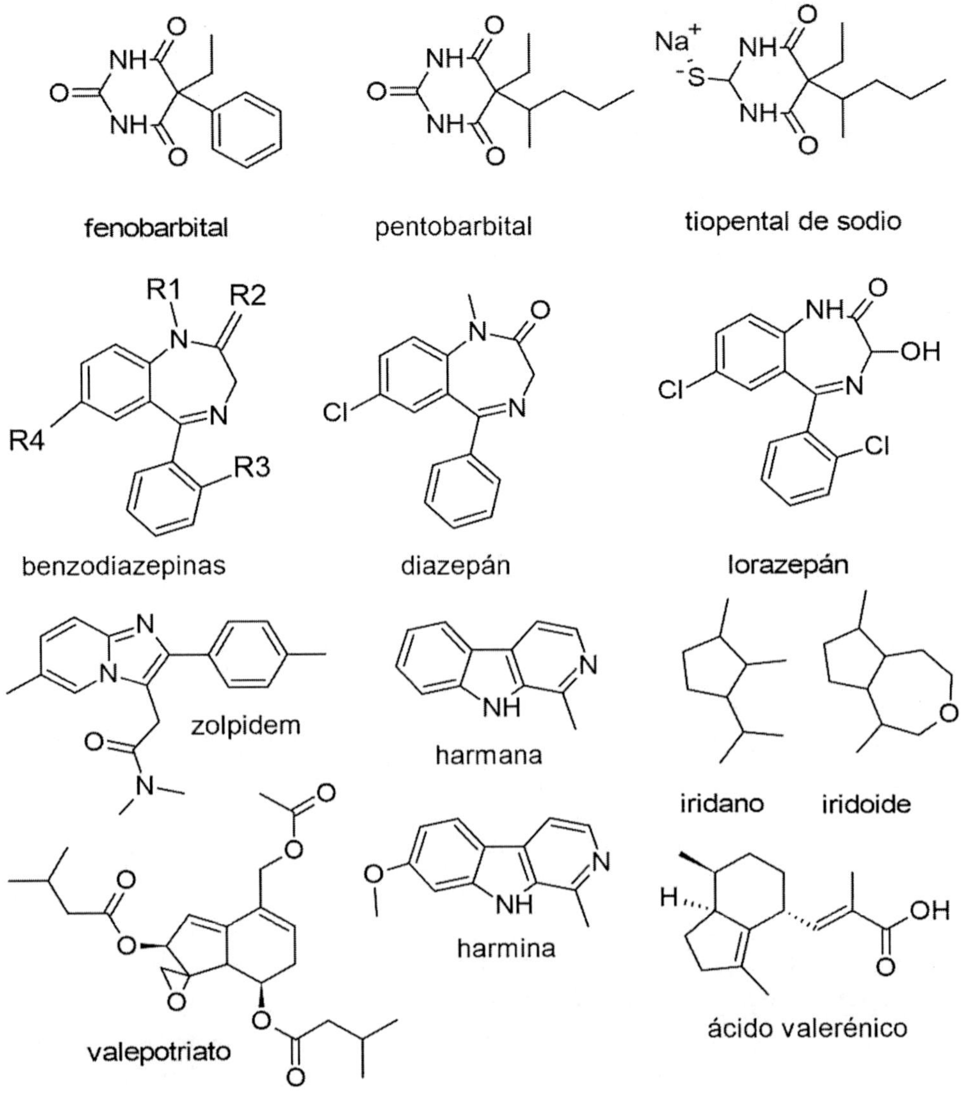

fenobarbital   pentobarbital   tiopental de sodio

benzodiazepinas   diazepán   lorazepán

zolpidem   harmana   iridano   iridoide

valepotriato   harmina   ácido valerénico

Fig. 68.- Arriba, estructura de tres **barbitúricos**. En el medio, estructura general de las **benzodiazepinas** y dos ejemplos concretos: diazepam y lorazepam. Abajo, fórmulas del zolpidem (uno de los conocidos como 'fármacos z'), del iridano y de un iridoide derivado, así como del ácido valerénico y un valepotriato, presentes en las infusiones de valeriana, y de la hermana y harmina, alcaloides presentes en la pasionaria.

Depresores selectivos del SNC

En este grupo, junto a anticonvulsivos (como la fenitoína y derivados) y algunos antitusivos, destacan los llamados fármacos psicoterapéuticos, donde se incluyen los antipsicóticos, ansiolíticos o los antidepresivos. Una muestra del complejo funcionamiento de todo el SNC es el hecho de que algunas **benzodiazepinas** funcionan como ansiolíticos a dosis bajas, pero a dosis más altas actúan como hipnóticos, como ya se ha visto. En cualquier caso, se diferencian entre sí, unas y otras, fundamentalmente, en sus características farmacocinéticas, y pueden crear farmacodependencia. En ese grupo de 'tranquilizantes menores', aplicables especialmente en ciertas neurosis, además de las benzodiazepinas, hay otros fármacos como, p.e., los relacionados con la benzoctamina.

Tabla 15: Clasificación de los fármacos del SNC

(Observar que una misma familia, p.e., las benzodiazepinas, incluso un mismo compuesto, puede actuar de diferentes formas en función de las condiciones, especialmente de la dosis).

Depresores no selectivos	**anestésicos generales**	**inhalados (gases y líquidos volátiles)**	cloroformo, N_2O, sevoflurano, ciclopropano,...
		Inyectables	tiopental, ketamina, propofol,...
	hipnóticos y sedantes	**barbitúricos**	fenobarbital, tiopental, pentobarbital
		benzodiazepinas	lorazepam, diazepam, triazolam, clordiazepóxido,...
		otros fármacos H.S.	'fármacos z': zolpidem, zaleplón,...
		plantas inductoras del sueño	valeriana, tila, melisa pasionaria,..
	analgésicos[443]	**AINEs y antipiréticos**	AINEs: derivados del salicílico (acetilsalicílico) o del ác. propanoico (ibuprofeno, naxopreno,..). Piroxicam, diclofenaco,...
		opiáceos y opioides débiles o intermedios	codeína, dihidrocodeína, tramadol,...
		opiáceos y opioides fuertes	morfina, hidrocodona, oxicodona, fentanilos,...
		no AINE ni opioide	paracetamol,...
Depresores selectivos	**anticonvulsivantes**	**inhiben los canales de Na⁺**	fenitoína, carbamazepina,..
		inhiben los canales de Ca⁺²	gabapentina,...
		potencian la acción inhibidora del AGAB	clonazepam, vigabatrina,...
	antitusivos	dextrometorfano, dimemorfano, folcodina, noscapina, codeína,...	
	psicoterapéuticos	**antipsicóticos o neurolépticos (o tranquilizantes mayores)**	fenotiazinas, butirofenonas (haloperidol), alcaloides da rauwolfia (reserpina), anisamidas (sulpirida)
		ansiolíticos	benzodiazepinas (de mayor uso), barbitúricos (menor uso), buspirona, plantas (tila, melisa, pasiflora,..),..

---

[443] Los analgésicos son depresores relativamente no selectivos del SNC y en muchas clasificaciones aparecen como selectivos, detalle técnico que, para los propósitos de este libro, obviaremos.

			antidepresivos (timoanalépticos). Ver estimulantes más abajo.	
		bloqueadores neuromusculares (miorelajantes)	sucinilcolina, bromuro de pancuronio, curare,...	
Estimulantes	**Estimulantes con predominio cerebral**	psicoanaléptico	estimulantes psíquicos o psicomotores	xantinas: cafeína, teofilina, teobromina; aminas psicotónicas: anfetaminas,..
			antidepresivos o timoanalépticos	ISRS[444] (citalopram, fluoxetina); MS (mirtazapina); ISR(DN) (vanoxerina, bupropión, venlafaxina), dibenzazepinas (imipramina); IMAO
		psicodislépticos o drogas psicomiméticas o psicodélicas (alucinógenas)	LSD, mescalina, psilocibina, DMT,...	
	Estimulantes con predominio bulbar	alcánfor, niquetamida (o dietilamina del ácido nicotínico),..		

Por el contrario, los conocidos como 'tranquilizantes mayores' o antipsicóticos no producen tal dependencia, aunque pueden provocar diversas manifestaciones relacionadas, p.e., con el sistema nervioso autónomo. Químicamente incluyen grupos muy heterogéneos, como las **fenotiazinas**, las butirofenonas (como el conocido **haloperidol**), las aniasmidas (como la sulpirida) o algunos alcaloides como la **reserpina**, ya citada al inicio de este capítulo.

Entre los antidepresivos, los más recetados en la actualidad son los que actúan como inhibidores selectivos de la recaptación de serotonina (ISRS), es decir, bloquean transportadores que recogen la **serotonina** de la **sinapsis** aumentando, por lo tanto, su disponibilidad y actividad. Es el caso de la fluoxentina (el principio activo del más conocido Prozac), de la paroxetina o del citalopram, entre otros. Aunque también son muy empleadas las benzodiazepinas (p.e., la mirtazapina, que actúa como modulador de la serotonina) y los que inhiben la recaptación de la noradrenalina y de la serotonina conjuntamente (como la duloxetina o la venlafaxina), hay otros antidepresivos, más tradicionales, como algunos inhibidores de la enzima IMAO (o monoaminooxidasa), etc.; en cualquier caso, todos presentan diversos y peligrosos efectos secundarios.

---

[444] Debemos recordar que ISRS son las siglas de Inhibidores Selectivos de la Recaptación de Serotonina; análogamente, en este mismo cuadro aparecen: ISR(De/oN) que serían Inhibidores Selectivos de la Dopamina e/o de la Norepinefrina, e IMAO, Inhibidores de la MonoAminoOxidasa, una **enzima** que cataliza la oxidación de monoaminas, participando en la degradación de varios neurotransmisores (dopamina, serotonina, etc.).

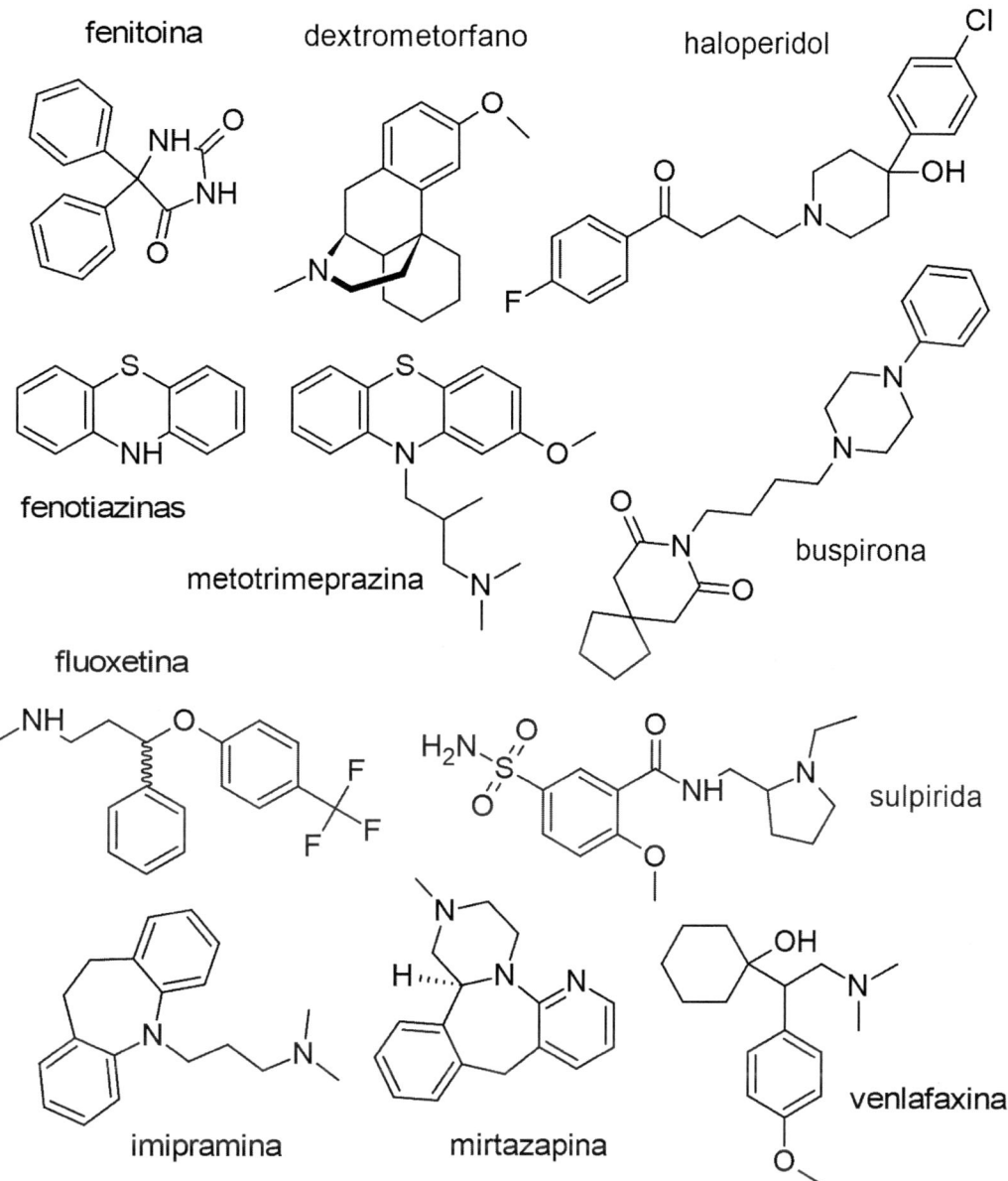

Fig. 69.- Algunos ejemplos de depresores selectivos del SNC: la fenitoína es una estructura de referencia para varios anticonvulsivantes y el dextrometorfano, con una estructura de opiáceo, es un antitusivo muy empleado. El haloperidol es un neuroléptico de amplio uso, al igual que la familia de las fenotiazinas (aquí viene la estructura general y un ejemplo concreto, la metotrimeprazina); la sulpirida es también un neuroléptico, pero con otras indicaciones habituales (p.e., en el tratamiento de determinados vértigos); la buspirona es un ejemplo de ansiolítico que no tiene estructura de benzodiazepina o de barbitúrico (fig. 67). Como ejemplos de estimulantes terapéuticos figuran varios antidepresivos: la fluoxetina (un ISRS), la Imipramina, un ejemplo (algo obsoleto) de las dibenzazepinas (ver estructura en fig. 15a), la mirtazapina, que recuerda también a la estructura anterior, pero con ciertas variantes en el anillo central, y la venlafaxina, muy empleada en Norteamérica.

Estatinas

Entre los dos mil y pico fármacos actualmente comercializados, uno de los más vendidos en los últimos años (en Europa y América del Norte), en términos estrictos, no cura una enfermedad; sirve para prevenir posibles patologías o enfermedades. Se trata de una **estatina** de código C10AA05 que responde al nombre de **atorvastatina**[445]. Efectivamente, las **estatinas** forman una familia heterogénea de compuestos que sirven para reducir los niveles de **colesterol** en sangre y, por lo tanto, prevenir posibles accidentes cardiovasculares como la ateroesclerosis.

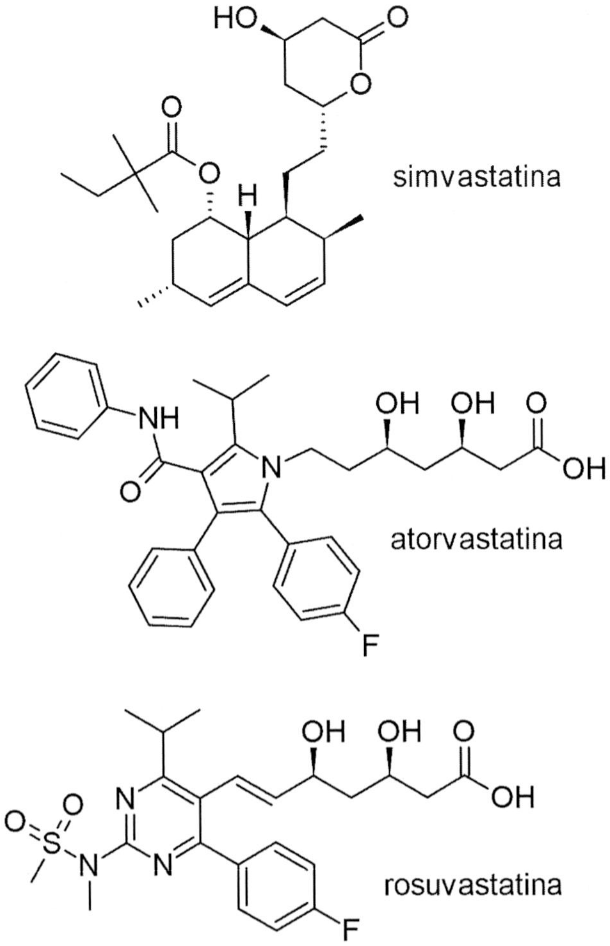

La primera estatina había sido descubierta por el japonés Akira Endo en un hongo (del género *Penicillium*), presente en un arroz caducado, y ya había demostrado su potencial reduciendo los niveles de colesterol **LDL** en sangre, pero al parecer, debido a sus efectos secundarios se suspendió la investigación y no prosperó. Posteriormente, fue la multinacional de origen alemán, la Merck, la primera en patentar y comercializar, en 1987, la lovastatina, extraída de otro hongo, el *Aspergillus terreus*. Le siguieron otras hasta que fue comercializada la primera **estatina** sintética, la **atorvastatina**, un éxito de superventas que, hoy en día, tiene una competidora en otra también sintética, la **rosuvastatina** (de código C10AA07).

Fig. 70.- Estructura de tres estatinas. La simvastatina (obtenida de un *Aspergillus*) y dos más recientes y sintéticas: la atorvastatina y la rosuvastatina.

Aunque presentan estructuras químicas muy diferentes (fig. 70), todas las estatinas actúan inhibiendo la acción de una **enzima**, la HMG-CoA-reductasa, que controla un paso clave en la biosíntesis del **colesterol**[446].

---

[445] En su libro '10 drogas...', Thomas Hager comenta que, entre 1996 y 2011, la atorvastatina (bajo el nombre comercial de Lipitor) alcanzó los 120.000 millones de dólares en ventas.

[446] Existen otros fármacos contra la hipercolesterolemia de mucho menor consumo; p.e., el ácido bempedoico, que actúa sobre otras enzimas que también participan en la síntesis del colesterol.

Colectivamente, hay un fuerte debate sobre que parte de la comercialización de las estatinas responde a una verdadera necesidad sanitaria de prevención de las enfermedades cardiovasculares (por reducción del colesterol) y que parte responde a un gran negocio de las grandes compañías farmacéuticas (el llamado 'Big Pharma'), estimulando un consumo basado, en muchos casos, más en datos estadísticos que en una verdadera urgencia sanitaria. En cualquier caso, más allá de las valoraciones globales, es obvio que cada paciente merece un diagnóstico médico correcto y, consecuentemente, las actuaciones derivadas que respondan a tales diagnósticos; y, obviamente, la prevención siempre es interesante.

Esteroides

En el capítulo 3 vimos que los **esteroides** forman una extensa familia de compuestos presentes en todos los seres vivos como **metabolitos secundarios**. Así, en el capítulo 8 se trata, brevemente, el papel de las hormonas sexuales con estructura de esteroide, tanto andrógenos (principalmente, **testosterona**) como estrógenos (**estradiol**, …) o progestágenos (como la **progesterona**) y, así mismo, a la hora de hablar de la química del estrés, se puede ver el papel del **cortisol** y otros esteroides segregados por glándulas suprarrenales en nuestro cuerpo. Y, no digamos ya, las imprescindibles funciones que desempeña el **colesterol**[447] en la mayoría de los organismos, o algunos derivados más específicos como, p.e., los **fitoesteroles** en muchas plantas. Excepto estos últimos, todos los demás aparecen en nuestro organismo y ayudan a mantener la vida como la conocemos; por lo tanto, no es de extrañar que de estas estructuras se deriven diversos fármacos para muy diferentes patologías.

Como fármacos, tal vez pueden destacar los que simulan o derivan de los segregados, de forma natural, por las glándulas suprarrenales (obviamente en concentraciones que superan o ayudan a regular la de nuestro propio organismo). Dentro de los mismos, los **glucocorticoides**[448] presentan, como ya vimos antes en este capítulo, una actividad antiinflamatoria notable, aunque tienen el problema de los efectos secundarios que pueden presentar en muchas ocasiones. Aun así, compuestos como la prednisona (A07EA03) y derivados se emplean cotidianamente en el tratamiento de diversos procesos inflamatorios, hormonales, alérgicos, autoimnunes, etc. Por citar algunos específicos: en la artritis reumatoide, en el asma bronquial, en ciertas enfermedades intestinales inflamatorias, urticarias y determinadas afecciones de la piel, etc. Cualquiera que tenga una rinofaringitis crónica, sea propenso a las rinitis agudas o presente ciertos asmas puede que reconozca, p.e., el nombre de la budesónida (R03BA02).

Obviamente, también presentan esta estructura química la mayoría de los anticonceptivos orales, pues su objetivo es, entre otras funciones paralelas, imitar las hormonas naturales del ovario (estrógenos y progestágenos) e inhibir la secreción de la GnRH (Hormona Liberadora de Gonadotropina), por el hipotálamo para, así, impedir la liberación de las hormonas gonadotropinas que estimulan la ovulación (ver recuadro Química del sexo). Pueden ser una combinación de un estrógeno y un progestágeno o un progestágeno simple. Entre los estrógenos, uno de los más empleados en la actualidad es el etinilestradiol y entre los gestágenos (derivados de la progesterona

---

[447] Ver recuadros sobre la **homeostasis** (cap. 7) y sobre el hígado (cap. 4).
[448] El nombre procede del papel que juegan en la regulación del metabolismo de los **carbohidratos** o glúcidos, pero también intervienen en el metabolismo de las grasas y de las proteínas, entre otras actividades vitales.

o de la 19-nor-testosterona) destacan la medroxiprogesterona y el acetato de ciproterona; también el levonorgestrel que se emplea como anticonceptivo de emergencia, eficaz dentro de las 72 horas después de mantener relaciones sexuales con riesgo de embarazo (fig. 71).

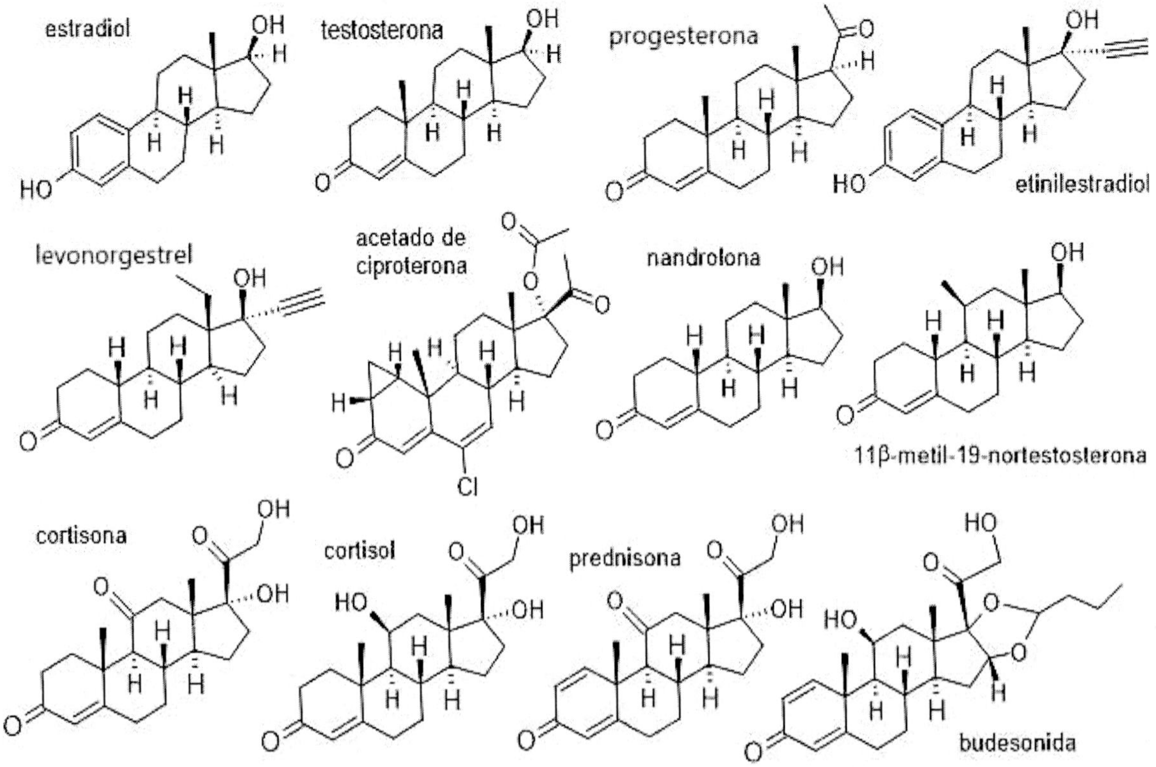

Fig. 71.- Fórmula de algunos fármacos esteroidales: el estradiol, testosterona y progesterona son tres de las más importantes hormonas sexuales presentes en nuestros organismos. Entre los anticonceptivos orales más habituales destacan el etinilestradiol (un estrógeno) y el acetato de ciproterona (un pregestágeno); el levonorgestrel se emplea, también, como anticonceptivo oral de emergencia. La nandrolona (o 19-nortestosterona) se usa como anabolizante y el 11β-metil-19-nortestestosterona es un candidato (aún no aprobado como tal) como anticonceptivo oral masculino. La cortisona y el cortisol (o hidrocortisona) juegan diversos e importantes papeles en el organismo (p.e., en el estrés, ver cap. 8) y derivados sintéticos de esos compuestos son dos fármacos empleados, con muy diferentes objetivos: la prednisona y la budesónida.

Algunos esteroides sintéticos, versiones de la testosterona (fig. 18) y otros andrógenos, son empleados como anabolizantes en el tratamiento de ciertos problemas hormonales, pero en los últimos tiempos, desgraciadamente, se ha extendido su uso para 'desarrollar músculo' y mejorar el rendimiento 'deportivo', mereciendo, obviamente, consideración más propia de una droga en su peor acepción, particularmente, considerando los serios riesgos que supone este tipo de consumo.

Por último, hay que destacar la importancia de algunos corticoides (la propia prednisona o la dexametasona, entre otros) empleados en la lucha contra algunos cánceres, integrados en determinados tratamientos terapéuticos, para reducir las náuseas y los vómitos, así como otras reacciones alérgicas graves que pueden producir algunos fármacos propios de la quimioterapia contra ese tipo de enfermedades.

Anestésicos locales

Los anestésicos locales actúan reduciendo y/o impidiendo tanto la aparición como la propagación de los **potenciales de acción** en las neuronas y esto lo consiguen al bloquear los **canales de sodio** de esas células[449]. La diferencia de algunas neurotoxinas (como la tetrodotoxina o saxitoxina, tratadas en el capítulo 7), que taponan estos canales por el exterior, los anestésicos locales lo hacen desde el interior de las células y, para esto, tienen que poder entrar primero en ella; y esto hace que su acción venga muy condicionada por el pH extracelular, determinando la naturaleza química de los compuestos que, siendo activos en este sentido, pueden ser empleados para la anestesia local. En general constan de un anillo aromático unido a un enlace **amida** o **éster** y con una cadena lateral tipo amina (es decir, de carácter básico).

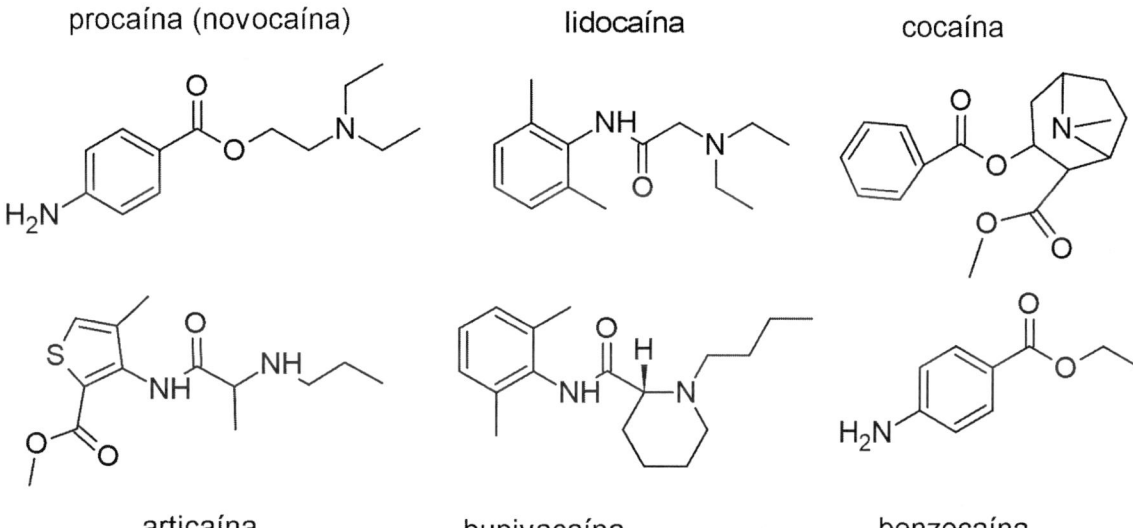

procaína (novocaína)   lidocaína   cocaína

articaína   bupivacaína   benzocaína

Fig. 72.- Anestésicos locales. A comienzos del s. XX apareció la procaína (o novocaína), el primer anestésico local sintético y, desde mucho antes, se sabía que la **cocaína**, extraída del árbol de la coca, presentaba una acción local semejante (acompañada de otros muchos efectos tanto en el SNP como en el SNC). Otros anestésicos locales frecuentes son la **lidocaína**, la bupivacaína, la **articaína** o la **benzocaína**. Todos presentan un enlace éster o amida. La articaína, de amplio uso en odontología, es el único derivado del azufre (con un anillo de tiofeno) y un grupo amida; este grupo también lo tiene la bupivacaína. La benzocaína, de poder menos intenso como anestésico es muy útil en ciertos exámenes o endoscopias y, también, en dolores bucales (como los debidos a aftas, etc.).

En la figura 72 aparecen algunos ejemplos de anestésicos locales; curiosamente, algunos de estos compuestos, depresores del sistema nervioso periférico, son al mismo tiempo estimulantes del SNC como, p.e., el caso de la cocaína y análogos (ver más adelante); un nuevo ejemplo de la complejidad que nos ocupa.

---

[449] Algunos anestésicos locales actúan sobre todo tipo de canal de sodio, pero otros son más selectivos.

Antibióticos y otros antiinfecciosos

Etimológicamente, 'antibiótico' significa 'contra la vida' y, en la acepción más estricta del término, es una sustancia química producida por un organismo vivo y capaz de matar o impedir la proliferación de otros organismos vivos, particularmente, bacterias. Atendiendo a esta definición estricta, el primer antibiótico dataría de cuando, en 1929, Alexander Fleming descubría, casi por casualidad en una placa, que la presencia de un moho, el hongo *Penicillium notatum*, inhibía el crecimiento de bacterias estafilococos[450]. Aunque se trataba de lo que hoy diríamos la 'primera penicilina', la investigación fue suspendida ante las dificultades para aislar el compuesto puro hasta que, diez años después, el bioquímico Norman G. Heatley consiguió su purificación mediante cromatografía en columna[451].

Pronto se sucedieron una serie de descubrimientos que fueron abriendo el mundo de los antibióticos a diferentes familias de compuestos químicos y con procedencia, no solo de microorganismos si no, también, de algunas plantas y animales; en paralelo, aparecerían las variantes semisintéticas. Así, fueron llegando nuevas **penicilinas**[452] (desde la bencilpenicilina a versiones semisintéticas como la **amoxicilina**), **cefalosporinas** (como la cefaloglicina), **macrólidos** (como las eritromicinas o las ansamicinas), **derivados aminoglicosídicos** (como la **neomicina** o la **estreptomicina**), **tetraciclinas** (como la doxiciclina), o el **cloranfenicol** y varios antibióticos de naturaleza peptídica (como es el caso de las polimixinas).

Se han identificado tres modos de acción de los antibióticos sobre las bacterias: unos interfieren, básicamente, en la síntesis de la pared celular de las bacterias (como las penicilinas y cefalosporinas), mientras que las tetraciclinas, derivados aminoglicosídicos, cloranfenicol y macrólidos interfieren en diferentes etapas de la síntesis de proteínas esenciales para la subsistencia de esos microorganismos. Por último, los antibióticos de naturaleza polipeptídica actúan, normalmente, sobre la membrana citoplasmática.

Ya desde el s. XIX, en microbiología, las bacterias patógenas se clasifican en función de cómo reaccionan ante la llamada tintura de Gram (desarrollada por Hans C. Gram): las **Gram positivas**, o Gram(+), adquieren una coloración azul o violeta mientras que las **Gram negativas** no reacciona o apenas muestran una débil coloración rosácea. Esta división general indica la presencia, en las Gram(-), de un gran contenido de lípidos en su pared bacteriana y, por lo tanto, una mayor dificultad de actuación sobre las mismas, así como la conveniencia de emplear uno u otro tipo de antibiótico en cada caso concreto.

Actualmente, en una acepción más amplia del término 'antibiótico', cabe incluir compuestos sintéticos y, desde este punto de vista, habría que comenzar la historia de los antibióticos con la síntesis de la arsfenamina (comercializada bajo el nombre de 'Salvarsán' en 1910) por el bacteriólogo

---

[450] Aunque el término 'antibiótico' ya existía en el s. XIX y, de hecho, los propios Louis Pasteur y Robert Koch, al parecer, llegaron a observar la actividad antibiótica de un tipo de bacilo que inhibía la proliferación de otro bacilo, el del carbúnculo bacteriano o ántrax.

[451] A pesar del descubrimiento, el primer paciente tratado con aquella 'primera penicilina' murió, en el 1941, por que la cantidad disponible del fármaco no era suficiente. El avance de la guerra y la necesidad de combatir las infecciones que se disparaban, por aquel entonces, propició los esfuerzos necesarios para encontrar un procedimiento eficaz que permitiría obtener tal compuesto en las cantidades demandadas.

[452] Actualmente, varias penicilinas biosintéticas se obtienen a partir de mutantes de *Penicillium sp.*

Paul Ehrlich y empleada para el tratamiento de la sífilis. Y, también, las **sulfamidas** (la primera en la década de los 1930), aunque no son bactericidas, si no bacteriostáticos (es decir, impiden la proliferación de las bacterias, pero no las matan). Y, más recientemente, el caso de las **quinolonas**, compuestos antibacterianos totalmente sintéticos (como, p.e., el ácido nalidíxico o el levofloxacino); las quinolonas, en general, actúan inhibiendo una **enzima** relacionada con el ADN bacteriano, de forma que interrumpen la reproducción de esos microorganismos.

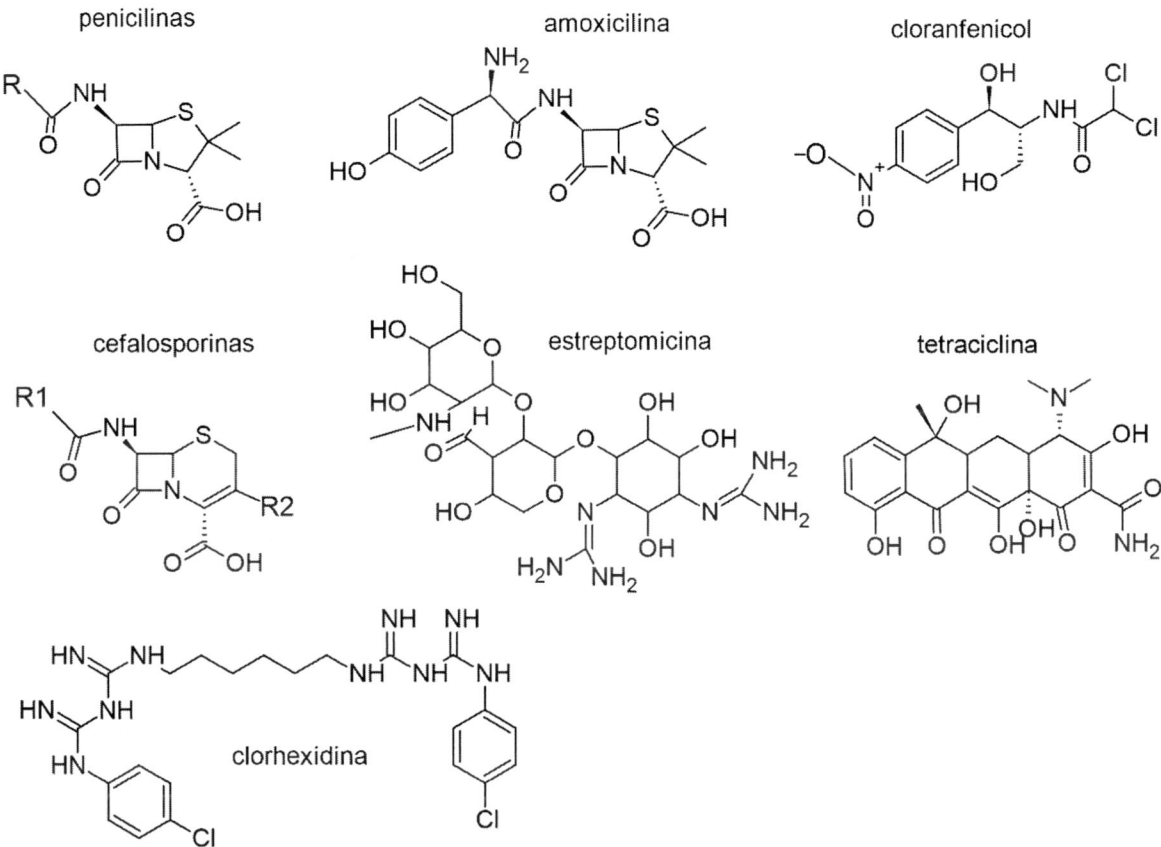

Fig. 73.- Estructura de algunos **antibióticos** (y un antiséptico). Arriba, núcleo de las **penicilinas**, donde R es la parte variable: p.e., en la amoxicilina, una penicilina sintética, R es un grupo fenólico mientras que, en la 1ª penicilina, descubierta en el hongo *Penicillium*, era un grupo **bencilo**); abajo aparece el núcleo de las **cefalosporinas**. La **tetraciclina** es la primera aislada de una bacteria (*Streptomyces*), y ha servido de punto de partida para varios derivados. Otros grupos son, p.e., el de los aminoglicosídicos (como la estreptomicina) o los que inicia el cloranfenicol. La **clorhexidina** es un bactericida y antifúngico muy empleado como antiséptico.

Abriendo aún un poco más el concepto de antibiótico a seres vivos diferentes a las bacterias, llegaríamos a antiinfecciosos como, p.e., los **antimicóticos** (tipo miconazol, ketoconazol, …) o **antifúngicos antibióticos** (tipo nistatina o anfotericinas, etc).

Desde hace unos años, el abuso en el empleo de antibióticos (uso sin receta médica o uso indiscriminado sin la previa identificación de la naturaleza del patógeno, etc.) lleva a la aparición de cepas bacterianas resistentes, capaces de sobrevivir en presencia de determinados antibióticos tradicionales que antes eran tóxicos para ellas. Esto supone cierta indefensión ante determinados microbios y la proliferación de enfermedades que parecían encaminadas a ser vencidas fácilmente.

Fármacos contra el cáncer

Cuando se habla de cáncer (o neoplasia, del griego 'nueva formación'), más que de una enfermedad, verdaderamente nos referimos a muchas enfermedades diferentes; diversas patologías que pueden tener distintos orígenes (compuestos cancerígenos o energía radiante, virus, mutaciones casuales, genética, epigenética, ...) y que pueden requerir tratamientos y expectativas diferenciadas según los casos concretos. Comparten, en general, un crecimiento no habitual de las células afectadas y/o una anormal división de esas células, división incontrolada y, en muchos casos, acelerada con producción de tumores; en los casos malignos, acompañada de una invasión del resto de tejido o de los tejidos vecinos hasta que, en la metástasis, la infiltración a vasos sanguíneos y linfáticos lleva al transporte de células malignas a otras partes más alejadas del cuerpo. El aspecto más negativo de esta tipología tan diferenciada es que dificulta la comprensión última, y con detalle, de un imaginario (y difícil) mecanismo común, que podría desencadenar estas patologías, mientras que lo más positivo es que, progresivamente, se van consiguiendo atajar y curar cánceres con mucha mayor eficacia, así como acumular experiencia que permite avanzar en el conocimiento de los mecanismos involucrados.

Ante esta tipología tan variada, obviamente, cabe pensar que la oferta de fármacos empleados para luchar contra el cáncer debería ser, también, muy dispar. Y, efectivamente, así ocurre; aunque, como **antineoplásicos**, todos comparten un mecanismo de acción general, inhibir el crecimiento de las células cancerosas, ese mecanismo en los detalles resulta mucho más diverso y da pie a una primera clasificación de los fármacos disponibles.

Los primeros compuestos empleados fueron **agentes alquilantes** que favorecen la formación de fuertes **enlaces covalentes** de **grupos alquilo** con átomos de azufre, de nitrógeno o de oxígeno presentes en determinados componentes de la célula (respectivamente, tioles, aminas, fosfatos, ...). Así, uno de los grupos con mayor reactividad ante los agentes alquilantes es uno de los nitrógenos (el número 7) de la **guanina**, un componente básico del **ADN**[453]. Las guaninas alquiladas ya no se aparean con la citosina (ver capítulo 4), tal como les correspondería, y esto provoca daños irreversibles que impiden la reproducción celular y acaban desencadenando la muerte de esa célula cancerosa. La gran ventaja de los agentes alquilantes es que funcionan en todas las fases del ciclo celular y pueden emplearse en muy diferentes tipos de cánceres, particularmente en tumores sólidos en determinadas condiciones y fases. El principal problema es que pueden afectar, también, a las células sanas, especialmente a las de la médula ósea, encargadas de la formación de nuevas células sanguíneas, y esto puede desembocar en una leucemia. Son ejemplos de este tipo de fármaco el busulfano (un derivado de los alquilsulfonatos), la procarbazina (un derivado de la hidrazina), la dacarbazina (derivada de los triazenos), pero sobre todo, compuestos derivados del platino como el cisplatino y el carboplatino (propios de complejos de coordinación de este metal) y las mostazas nitrogenadas como, p.e., la ciclofosfamida (uno de los agentes alquilantes más usados), el clorambucilo, la bendamustina o el melfalán, junto con derivados de las melaminas (como la trietilenomelamina o la altretamina). Un caso particular de agentes alquilantes es el de las nitrosoureas (como la carmustina, la estreptozocina o la lomustina) que pueden atravesar la barrera hematoencefálica y, por lo tanto, actuar sobre tumores cerebrales o de otros órganos del encéfalo.

---

[453] También son sensibles a la alquilación otros nitrógenos del ADN, como el nº 1 de **adeninas** o **citosinas**.

Los antibióticos antitumorales actúan, también, sobre la molécula de ADN de las células cancerosas, pero en este caso formando un complejo con el ADN, reversible o no, y que afecta, de alguna forma, a **enzimas** relacionadas con la replicación del ADN[454]. Las antraciclinas (como la doxorrubicina o la daunorubicina) o la actinomicina D forman complejos reversibles; un ejemplo de complejos irreversibles es el de la mitomicina que, también, puede actuar sobre el ARN.

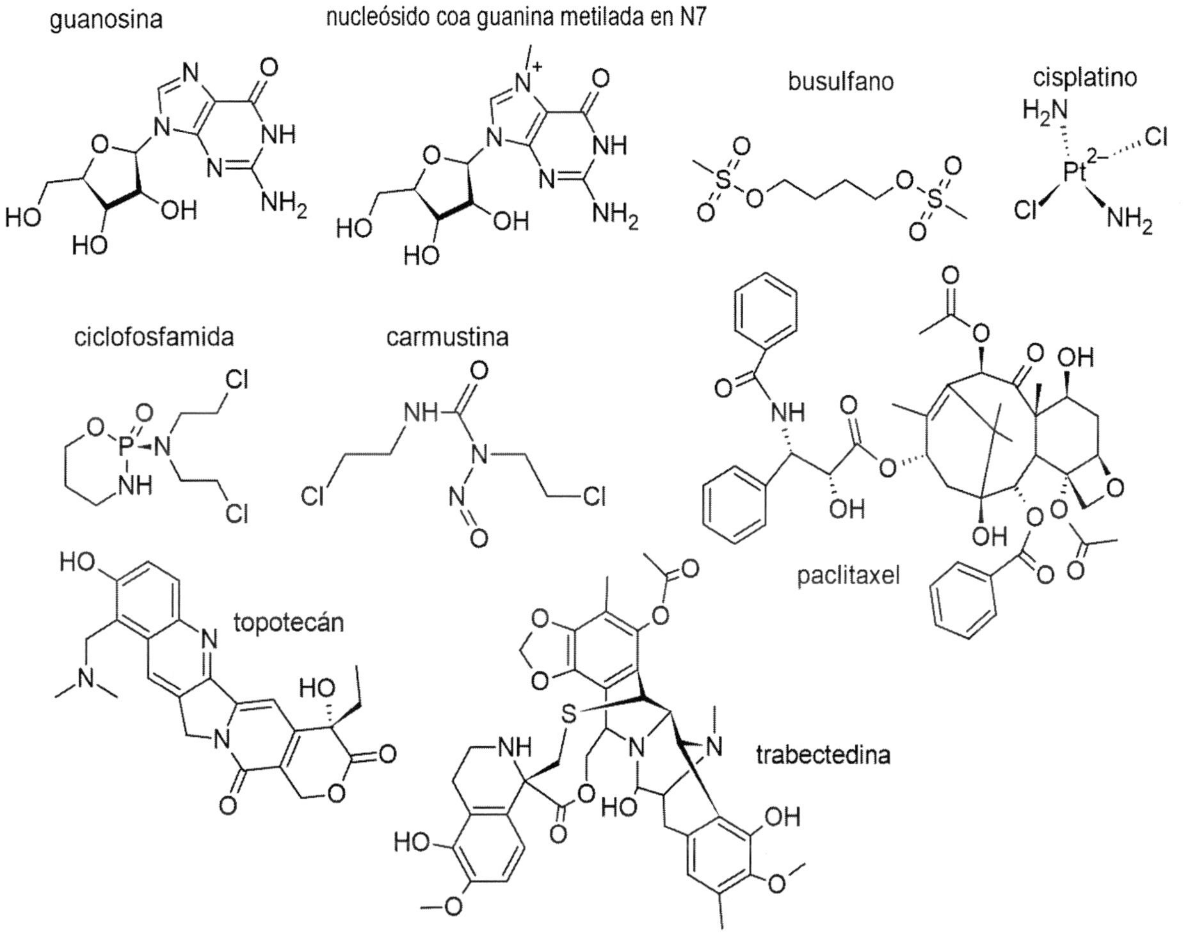

Fig. 74.- Una estrategia importante en la lucha contra el cáncer es el empleo de **agentes alquilantes**, que introducen un grupo **metilo** (-CH₃) en una de las bases de los **nucleótidos** del ADN de las células tumorales (en la figura, el **nucleósido** guanosina y el mismo metilado en el nitrógeno número 7); eso impide que se acople con su complementario, **citosina,** de la otra cadena. Ejemplos de agentes alquilantes son el busulfano, el cisplatino, la ciclofosfamida (un ejemplo de mostaza nitrogenada) y la carmustina (ejemplo de nitrosoúrea). En representación de antineoplásicos de origen natural aquí figuran: el alcaloide semisintético topotecán, una variación de otro extraído del árbol *Camptotheca acuminata*, el paclitaxel (de nombre comercial Taxol), derivado del tejo del Pacífico, y la trabectedina, obtenida de una ascidia del mar Caribe.

En la lucha contra el cáncer tienen, también, gran importancia los llamados **agentes antimetabolitos**, que son compuestos que pueden competir, inhibir e incluso substituir a un metabolito específico. Así, p.e., el metotrexato, un antagonista del **ácido fólico**, inhibe determinadas enzimas bloqueando la síntesis de las **purinas** que forman parte del ADN y ARNs. Algunos derivados

---

[454] Algunos se intercalan en la estructura del ADN, dificultando, p.e., el avance de una enzima encargada de desenrollar la macromolécula para la transcripción.

de las fluoropirimidinas (como el 5-fluorouracilo o la capecitabina), con un mecanismo algo semejante, inhiben enzimas necesarias para la síntesis de la timidina y, por lo tanto, bloquean la síntesis del ADN. Y, con mecanismos parecidos, podríamos citar otros antagonistas de las **pirimidinas** (timina y citosina) como, p.e.: azacitidina o citarabina, etc; o antagonistas de las purinas (adenina y guanina), como pentostatina, cladribina, tioguanina, …; y, incluso, antagonistas de ciertos **aminoácidos**, que es el caso de algunos antibióticos antitumorales como la L-azaserina. Y también algunos ejemplos de **agonistas** de hormonas (como la buserelina, el ya citado etinilestradiol o la pasireotida, entre otros) o **antagonistas** de hormonas (ciproterona, flutamida, toremifeno, …), junto con los inhibidores de determinadas proteínas como las tirosinacinasas (lapatinib, sunitinib, …) o pancinasas (everolimús, etc.)[455].

Existen, también, diversos **alcaloides** de origen vegetal que tienen aplicación en el tratamiento de ciertos tumores al inhibir la proliferación de las células cancerosas. Es el caso de varios alcaloides extraídos de la vinca (*Catharanthus roseus*) como, p.e., la vinblastina, la vincristina o la vindesina. Inhiben la división celular actuando sbore unas estructuras de naturaleza proteica (los microtúbulos) que forman el esqueleto celular y juegan un papel importante en la división celular o **mitosis**, de ahí que se conozcan como **antimitóticos**.

También son antimitóticos varios **terpenos** obtenidos de árboles del género *Taxus sp.*, como el *Taxus brevifolia* o tejo del Pacífico, de ahí que se conozcan como **taxanos**. Buenos ejemplos de estas estructuras son el paclitaxel (L01CD01, de nombre comercial Taxol), el docetaxel o el cabacitaxel.

Pero hay más compuestos empleados para inhibir la proliferación de las células cancerosas, aunque su mecanismo de acción es algo diferente. Están los inhibidores de las topoisomerasas (enzimas que participan en la replicación y transcripción del ADN celular); nuevamente, destacan algunos **alcaloides** como el topotecán (L01CE01) e irinotecán, que actúan sobre la topoisomerasa I y otros compuestos de la familia de las epipodofilotoxinas como el etopósido o la mitoxantrona (que actúan sobre la topoisomerasa II).

Alcaloides como la vinca y los taxanos son una muestra de los muchos productos naturales o estructuras obtenidas directamente de la Naturaleza y con actividad antitumoral, pero están también la colchicina, obtenida de plantas del género *Colchicum* (algunas de ellas empleadas como plantas medicinales desde la antigüedad) o, p.e., los procedentes de invertebrados marinos, como la plitidepsina (nombre comercial Aplidina) o la trabectedina, obtenidos de diferentes especies de ascidias[456]. Estas últimas son fruto de la investigación y comercialización de la empresa Pharmamar que, aunque hoy tiene la sede en Madrid, en su día fue una empresa gallega[457]. Un motivo más para valorar lo grave que resulta la pérdida de biodiversidad planetaria bajo la acción de lo humanos.

La diversidad de situaciones y la complejidad de distinguir entre las células cancerosas y las células sanas del organismo lleva a diversas estrategias en los tratamientos. Así, cabe hablar de

---

[455] Unos y otros actuando, respectivamente, como agonistas (o antagonistas) de hormonas o como inhibidores de proteínas, en todos los casos interrumpiendo el crecimiento tumoral.

[456] La plitidepsina fue obtenida de ejemplares de *Aplidium albicans* y la trabectedina de otra ascidia, en este caso del mar Caribe: *Ecteinascidia turbinata*.

[457] De hecho, el Departamento de Química Orgánica de la Universidad de Santiago de Compostela mantuvo, durante décadas, un área de productos naturales marinos que ha dado lugar a diversas líneas de investigación.

terapias dirigidas, terapias hormonales, inmunoterapia[458], etc. Y un ejemplo, tanto de terapias dirigidas como de inmunoterapias, es una generación, algo diferente, de nuevos fármacos: los **anticuerpos monoclonales**.

Los anticuerpos son macromoléculas proteicas que un tipo de células del propio sistema inmunitario (los linfocitos B o células B) fabrican para identificar y neutralizar cualquier cuerpo extraño y patógeno, ya sea bacteria, virus, ...o, incluso, moléculas que, por alguna razón, actúan como antígenos. Tenemos en nuestro cuerpo miles de millones de este tipo de linfocitos[459] y, cuando se activan, cada uno puede producir millones de moléculas de anticuerpo en un tiempo muy corto para combatir la invasión de un patógeno concreto; es decir, cada linfocito B activado produce un único tipo de anticuerpo (de ahí el término de monoclonal) que identifica o reconoce un antígeno concreto de forma exclusiva. Obviamente, disponer de este 'arsenal médico' tan exclusivo para combatir, p.e., células cancerosas, significa un gran paso en la lucha contra este tipo de enfermedades; la cuestión es conseguir fabricar anticuerpos monoclonales específicos para un determinado antígeno y, precisamente, esto fue lo que consiguieron, en la década de los 1970, el argentino César Milstein y el alemán Goerges J.F. Köhler en la británica Universidad de Cambridge[460], por lo que recibirían el Premio Nobel de Fisiología y Medicina de 1984. Se dio el caso de que no llegaron a patentar la técnica que desarrollaron para crear estos anticuerpos específicos y, tras compartir su descubrimiento con el resto de la comunidad científica, antes de acabar aquella década, investigadores del Instituto Wistar de Filadelfia patentaron varios anticuerpos monoclonales, fabricados según la técnica creada por Milstein y Köhler[461].

El potencial terapéutico de los **anticuerpos monoclonares** (en definitiva, glicoproteínas muy específicas que centran toda su actividad en un objetivo exclusivo) es indudable. Si de forma natural existen para combatir diversos agentes patógenos, especialmente bacterias y virus, combinados con la ingeniería genética podrían derivares para luchar contra diversas formas de cáncer o contra enfermedades relacionadas con el propio sistema inmunitario (p.e., la artritis reumatoide) y muchas otras patologías inflamatorias (ciertos tipos de asma en el aparato respiratorio, la colitis ulcerosa y la enfermedad de Crohn en el digestivo, etc.). De hecho, aunque estamos en el inicio de esta nueva estrategia de curación, ya hay muchas empresas farmacéuticas trabajando en este tema; el problema es que aún resulta especialmente costoso fabricar anticuerpos monoclonales tan específicos[462]. Actualmente, hay ya comercializados varios, identificables por el sufijo '-mab' en su nombre común, tales como el edrecolomab (L01XC01) o el cetuximab (L01XC06) en determinados tipos de cáncer; o el omalizumab (para el asma crónico grave) o el infliximab en enfermedades

---

[458] La inmunoterapia es un tratamiento que intenta estimular las defensas naturales del propio cuerpo para luchar contra el cáncer. Pueden emplearse anticuerpos monoclonales, interleuquinas, virus oncolíticos, etc.

[459] Existen otros tipos como los linfocitos T o los linfocitos NK (del inglés *Natural Killer*) o células asesinas naturales, que tienen otras funciones dentro del sistema inmunitario.

[460] Básicamente, consiguieron crear clones de una célula híbrida (que llamaron hibridoma), obtenida de la fusión de una única célula sana del sistema inmune (un linfocito) con una célula de un mieloma (y, en general, una célula tumoral).

[461] Hay diversas versiones sobre si la intención de Milstein y Köhler era, realmente, no patentar su descubrimiento, como un legado a la Humanidad, o si fue un error que llevó a un retraso irreversible en la solicitud de las patentes. En el documental 'Un fueguito: La historia de César Milstein', podemos comprender, escuchando directamente al propio científico, cuáles eran sus prioridades tanto éticas como científicas.

[462] Y, según palabras grabadas por el propio César Milstein en su día, los precios del mercado y los de producción de estos productos no guardaban ninguna relación; el negocio prima sobre el bien común.

inflamatorias intestinales ya citadas; y hay una segunda generación, que emplea anticuerpos monoclonales más elaborados como, p.e., trastuzumab, un antineoplásico, el reslizumab (en el tratamiento del asma) y, seguramente, en un futuro próximo aparecerán muchos más[463].

DRUGS y DROGAS

En el anterior apartado distinguíamos, sutilmente, entre fármaco y medicamento, pero resulta que, en ciertos contextos, el término 'droga' (p.e., el *drug* en inglés) puede confundirse con cualquiera de esos dos términos y así puede aparecer en los diccionarios más generales, como una de las acepciones menos restrictivas. Pero, en los mismos diccionarios, se acostumbra a incluir otras acepciones más afinadas para el término como, p.e., '*cualquier sustancia psicotrópica, es decir, que puede alterar el estado de ánimo, la percepción o el conocimiento*' o '*cualquier sustancia que presenta efectos estimulantes, narcotizantes o alucinógenos*'. Más allá de la química o farmacología, otras acepciones más abiertas incluyen '*actividades o hábitos repetidos en exceso hasta convertirse en vicio*'.

Por otro lado, en la bibliografía más especializada es frecuente encontrarse con definiciones de droga[464], como una '*sustancia de origen animal o vegetal que contiene, por lo menos, un compuesto con actividad farmacológica (es decir, un principio activo), pero de composición no totalmente dilucidada, con efectos menos previsibles y mucho menos regulada*'. Ciertamente, esta definición incluye algunos elementos negativos y se aproxima algo más a la idea con que se asocia el término en el lenguaje cotidiano, pero por el contrario, podemos encontrar también, ejemplos de compuestos químicos de síntesis que entrarían, perfectamente, en el uso más habitual del término, desmintiendo, por lo tanto, la referencia a una composición no conocida y a la procedencia natural; y así mismo, hay sustancias (como algunos fármacos o muchas bebidas alcohólicas), perfectamente reguladas y que también podemos llegar a considerar como droga atendiendo a sus efectos en los individuos y en las sociedades. Así, pues, cabe añadir otros atributos en la anterior definición como, p.e., sustancia psicoactiva, generalmente autoadministrada con un uso, o abuso, más recreativo que terapéutico, que a corto plazo podría producir cierto placer o mitigar cierto dolor pero que, con el tiempo, también generará dependencia o adicción, entre otros efectos negativos.

De lo que no hay duda es que la palabra 'droga' tiene una dimensión química o farmacéutica muy evidente, pero también una dimensión cultural que se debe considerar. Efectivamente, no podemos olvidar que muchas de estas sustancias psicotrópicas fueron, en algún momento de la historia, fármacos de uso médico perfectamente reglado (la morfina, la heroína, la cocaína, algunas anfetaminas, etc.) o, como en el caso de las diversas **xantinas** (cafeína, teofilina, ...), son componentes de bebidas estimulantes de gran consumo, ampliamente repartidas por toda la geografía planetaria (y, justo por esto, merecen un tratamiento por separado). Por otro lado, su aceptación en diferentes sociedades (incluidas legalizaciones y/o ilegalizaciones) fue variando, y va

---

[463] La lista actual se acerca al centenar, incluye antimigrañas, antitrombóticos, antivirales, antipsoriásicos, etc.
[464] Nos referimos a la definición química o farmacológica, pero es obvio que existen acepciones más generales que incluyen actividades que puedan crear adicción como el juego, el uso obsesivo de las redes sociales o del móvil, el sexo obsesivo, etc.

cambiando, sustancialmente con el tiempo, a veces, en función de observaciones, acontecimientos y argumentaciones objetivables (científicas, culturales y/o sociales), y otras no tanto, atendiendo más a respuestas no muy racionales o a determinados intereses económicos. De hecho, hay drogas de gran consumo que son perfectamente legales en gran parte del planeta, como la **nicotina**, el **alcohol etílico** o las **xantinas** (café, té, etc.), mientras que otras, en cualquier caso, también muy consumidas, son total (o parcialmente) ilegales en la mayoría de los Estados (como algunos **opiáceos**, **cocaína**, **cannabis** o muchas **anfetaminas**).

Ni alimento ni medicamento

Considerando lo anterior, todas la drogas (en el sentido más general del término[465]) tienen una característica común; por muy diferentes que puedan resultar, en cuanto a su naturaleza, su procedencia y a sus efectos directos, en principio, todas pueden ir acompañadas, aunque por diferentes vías, de dos efectos compartidos: a corto plazo, provocan una amplificación en la actividad de la **dopamina** en centros neuronales implicados en la sensación de placer (recordar, del capítulo 8, la ATV y el *nucleus accumbens*), en definitiva, en los centros de recompensa[466]; a medio y largo plazo, una adicción que viene definida por alteraciones adaptativas características, más o menos marcadas según los casos, y bien conocidas en la práctica médica.

En relación a la amplificación de la actividad dopaminérgica, algunas drogas pueden actuar favoreciendo la liberación de la dopamina en las sinapsis directamente relacionadas con la sensación de placer, a través de diferentes mecanismos (que, en una secuencia previa, pueden implicar a otros **neurotransmisores**, como la **serotonina**, e incluso alguna **hormona**); pero otras drogas pueden actuar, también, por diversos mecanismos que las distinguen, inhibiendo la recaptación de la dopamina ya liberada en esas sinapsis, haciendo que esta permanezca más tiempo en ese espacio, da ahí que resulte incrementada su actividad total.

Verdaderamente, y como ya vimos en el capítulo sobre las emociones, podemos encontrar miles de situaciones, actividades e incluso pensamientos, que pueden estimular la liberación de dopamina (o inhibir su recaptación), pero precisamente el concepto de 'droga' lleva algo más consigo: frente a los, relativamente, moderados incrementos que, día a día, podemos conseguir con esas múltiples actividades placenteras imaginables, en el caso de droga hay una liberación de dopamina muy superior. Y una 'invasión' tan significativa de dopamina, justamente en las sinapsis entre neuronas que involucran placer o 'recompensa' puede promover, en algunos individuos, el deseo de revivirla nuevamente cuando baja. Además, ocurre que, ante este exceso (y ante su repetición), las neuronas, para protegerse, reaccionarán volviéndose menos sensibles; luego, en los próximos consumos, habrá que disponer de una mayor cantidad de dopamina para que en esas neuronas se alcance el mismo efecto; esto implica una escalada en las dosis requeridas con el paso del tiempo, es lo que se conoce como **tolerancia**. Así entramos en un ciclo de **adicción**, que es una característica, casi general, de cualquier droga, sea una sustancia química o una actividad obsesiva.

---

[465] Es decir, tanto las sustancias así consideradas como las actividades o hábitos propios de una adicción.
[466] De hecho, en la bibliografía podemos encontrar diversos experimentos y observaciones con varias especies de animales (mosquitos de la fruta, ratas, primates, algunas aves, ...) que demuestran que buscan el consumo de productos con alcohol etílico (y como les afecta).

Es fundamental comprender que los mecanismos de acción de cada tipo de droga son, en cada caso, mucho más complejos y aquí, simplemente, vamos a esbozar una línea muy básica de actuación, omitiendo multitud de enzimas y otras sustancias (neurotransmisores, transportadores en la recaptación sináptica, hormonas, etc.) que participan en cascada en estos mecanismos. Importan las cantidades y los tiempos de actuación de varios neurotransmisores significativos, incluida la dopamina (en la medida en que es un elemento común a todas las drogas), pero hay muchos más 'participantes'. Incluso, a veces, de consecuencias paradójicas. Piénsese, p.e., que sustancias muy relacionadas con el estrés, como los ya citados **glucocorticoides**, pueden inducir la liberación de dopamina en los centros de placer cuando se trata de pequeños intervalos de tiempo: es la típica sensación placentera provocada por la liberación de **adrenalina** y cierto estrés 'razonable', (algo que caracteriza a personas que resultan especialmente 'motivadas' por el riesgo). Pero, a medio y largo plazo, esas sustancias van a producir efectos de signo contrario, que pueden llegar a ser muy desagradables, especialmente en estados de ansiedad y otros de difícil control.

La **adicción** a las drogas presenta varias características bien definibles. Ya se ha hablado de la **tolerancia**, o de la necesidad de incrementar las dosis para alcanzar los mismos efectos que en anteriores consumos, y vimos que guarda relación con la actividad de las neuronas dopaminérgicas; es, por lo tanto, casi general, aunque muy variable atendiendo al tipo de droga y, también, a las características personales y ambientales de la persona consumidora. Otra característica es la **dependencia**, física o psíquica. La dependencia psíquica es común a todo tipo de drogas (sustancia o actividad obsesiva), prácticamente forma parte de su definición más negativa. Sobre la dependencia física hay mucha variabilidad, atendiendo al tipo de droga en concreto y va desde la muy grave, en el caso de algunos opiáceos (o de la nicotina) hasta la casi inexistencia. Por último, una tercera característica, ligada a la anterior, es el **síndrome de abstinencia**, que se produce cuando se deja de consumir la droga después de un consumo crónico, pudiendo aparecer síntomas entre desagradables (ansiedad, agitación, irritabilidad, malestar general, ...) a muy peligrosos (convulsiones, etc.); es también, muy variable, según el tipo de droga y otras condiciones, como los hábitos de consumo, etc.

Un último apunte general es el tema de la **toxicidad** específica. Una observación básica de la toxicología es que no hay sustancias inocuas y sustancias tóxicas, en el fondo todo es cuestión de dosis. Obviamente, para morir por ingestión de patatas cocidas o de pan deberíamos ingerir muchos kilogramos de un tirón, mientras que una característica de todas las sustancias que participan en el metabolismo secundario, drogas incluidas, es que pueden producir efectos en dosis verdaderamente muy, muy bajas, a veces, del orden de los microgramos. Asumiendo tal variabilidad, hay drogas (como algunos opiáceos, alucinógenos y muchos estimulantes) que, en un consumo único y en determinadas situaciones, pueden provocar la muerte por sobredosis. En otros casos, el riesgo está en el consumo crónico, considerando que, por el efecto de tolerancia, las dosis se irán incrementando progresivamente, hecho que puede llevar a diversos problemas de salud, tanto físicos como de conducta. Y, por último, están las situaciones de toxicidad muy específica como puede ser el caso de los efectos secundarios del consumo habitual de cannabis o de alcohol en el sistema nervioso central de adolescentes, etc.

Sustancias narcóticas

El término 'narcótico' hace referencia al efecto depresor que producen en el sistema nervioso central. Como ya vimos, farmacológicamente, el concepto más general, el de depresores del SNC, puede incluir una diversidad de efectos (tranquilizantes, sedantes, hipnóticos hasta llegar a la anestesia general). Sin llegar a este último grado de narcosis, aparecieron los **opiáceos** y **opioides**, una extensa familia de compuestos, muchos de ellos usados como analgésicos; estas sustancias, tanto desde el punto de vista de la química como de la historia, jugaron un interesante papel en la comprensión de algunos mecanismos de acción de los fármacos en el organismo, aunque obviamente no se pueden ignorar las secuelas y catastróficas consecuencias sociales que ha significado, y aún significa, su consumo indiscriminado como drogas, es decir, como uso no terapéutico e incontrolado.

Centrándonos de momento en los aspectos farmacológicos, sus efectos como depresores del SNC prevalecen, aunque previamente pudiera parecer una muy breve fase de excitación o euforia. Esta sucesión de efectos 'contrarios' (primero excitación y luego depresión del SNC) es común a muchas drogas de diferentes signos (aunque con intervalos de tiempo para cada etapa muy diferentes); p.e., en el consumo de alcohol es sabido que, inicialmente, puede pasar por la típica desinhibición o borrachera y, posteriormente, llegar a la somnolencia profunda, dependiendo de las cantidades ingeridas, del tiempo transcurrido, etc., tal como veremos más adelante. Y lo mismo puede ocurrir con el consumo de cannabis. Otra cosa es que, en muchos casos, la fase de euforia sea extremadamente corta o, por el contrario, tan larga que parezca distorsionada esa secuencia.

Opiáceos y opioides

De forma general, se habla de opiáceos para referirse a los derivados del **opio**, un jugo viscoso y pegajoso que se obtiene a partir de ciertas especies de adormideras, particularmente, de la *Papaver somniferum*. Su consumo se pierde en los tiempos, seguramente, por sus propiedades analgésicas, narcóticas y/o sedantes (provoca pérdida o inhibición de la sensibilidad y somnolencia); de hecho, hay evidencias de su uso entre las antiguas civilizaciones mesopotámicas y en el antiguo Egipto, desde donde pudo ser llevado al resto del planeta a lo largo de la historia[467].

Cuando, en 1803, Charles Derosne aisló la **morfina**, el compuesto más activo del opio, seguramente no era consciente de las muchas vías de investigación que allí se iniciaban. Por aquel entonces, la morfina fue el primer **alcaloide** aislado de una planta y, aunque hubo que esperar hasta 1925 para conocer completamente su estructura, ya en 1817 había sido comercializado como analgésico en Europa; a lo largo del s. XIX fueron varios los alcaloides que también serían aislados del propio opio. Actualmente, superan los treinta y, químicamente, pertenecen a dos grupos: los alcaloides derivados del **fenantreno** (como la propia morfina, tebaína[468], codeína, ...) y los derivados de la **isoquinoleína** (como la papaverina, laudanosina, narcotina, narceína, etc.).

---

[467] Y, ya en el s. XIX, fue protagonista de las conocidas como 'guerras del opio', al ser empleado por el imperio británico contra la población china.

[468] La tebaína es el alcaloide más tóxico del opio natural.

Desde el punto de vista de la farmacología, uno de los caminos más interesantes que fue inaugurando el conocimiento de la estructura de la morfina fue la idea de los grupos **farmacóforos**[469] y como, a través de pequeñas modificaciones en la molécula, es posible 'confeccionar' fármacos que, con mayor precisión, potencien una determinada actividad o función (es lo que se conoce como **'modificación dirigida'**). Así, p.e., en ese mismo s. XIX, la morfina fue modificada en el laboratorio para obtener derivados con propiedades más específicas como, p.e., la **codeína**[470] (una metilmorfina, empleada como analgésico, sedante y antitusivo) o la **heroína**, obtenida por **acetilación** de la morfina en 1898, en los laboratorios de la Bayer, y empleada, inicialmente, como antitusivo (hasta que, debido a los problemas de salud que lleva asociados, fue sustituida por la ya citada codeína, menos tóxica). Ya en pleno s. XX, fueron muchos los compuestos químicos obtenidos por modificación parcial de la molécula de morfina, particularmente en la búsqueda de opiáceos y opioides liposolubles que actuaran con mayor eficacia como **analgésicos** (al atravesar más fácilmente las membranas celulares). Así aparecieron el **fentanilo**, meperidina, hidromorfona, oxicodona, difenoxilato, hidrocodona, fenazocina, pentazocina, etc. Muchos de ellos empleados como analgésicos, sedantes e incluso, algunos (como es el caso de la **naloxona** o la **naltrexona**) resultaron ser, paradójicamente, buenos antídotos frente a una sobredosis de opiáceos y opioides.

Por cierto, el término **'opiáceo'** incluye los compuestos químicos presentes de forma natural en el opio y, también, los derivados semisintéticos que se obtienen modificando parcialmente la estructura de los anteriores; para compuestos totalmente sintéticos, con estructura que difiere de las propias de los alcaloides del opio, pero con actividad similar a la de los opiáceos (así como para determinados compuestos presentes de forma natural en nuestro organismos, como las endorfinas) y que comparten los mismos receptores que los opiáceos, se emplea el término de **opioides**. Entre los opioides hay que destacar la **metadona** y la **buprenorfina** empleadas, precisamente, en la desintoxicación o terapia de mantenimiento de personas con fuerte dependencia de los opiáceos u opioides; en el lado más oscuro de los opioides, tenemos la familia de los **fentanilos,** casi 20 opioides muy potentes empleados en farmacología como analgésicos, pero que, actualmente, están provocando, como drogas de abuso, una catástrofe social en muchas zonas urbanas de América del Norte. Efectivamente, hoy en día, año 2023, seis décadas después de que fuera sintetizado en los laboratorios Jansen, el **fentanilo** (y sus variantes[471]) es una droga que causa gran número de muertes en los Estados Unidos (se calcula que más de 120.000 anuales) y convierte a miles de personas en 'zombis' que malviven, y mueren, en las calles de las grandes ciudades, de USA y Canadá.

En cualquier caso, volviendo al conjunto de opiáceos y opioides, junto a las propiedades farmacológicas buscadas, el mismo opio puede provocar, además de los efectos perversos propios de la adicción, otros efectos indeseables (vómitos, náuseas, alteraciones respiratorias, cardiovasculares, etc.) y, aún usado bajo control médico, tiene causado muertes entre los pacientes, hecho mucho más frecuente, obviamente, al derivarse como droga recreativa. Con mayor o menor intensidad, la mayoría de los opiáceos derivados pueden crear adicción y multiplicar tanto los efectos beneficiosos como los perjudiciales. Así, la etorfina, un derivado semisintético, como

---

[469] Como ya se ha visto, **farmacóforo** se refiere al grupo de átomos que, dentro de la molécula de un fármaco, juega un papel muy definido en sus propiedades.

[470] Aunque la codeína también está presente de forma natural en el opio, su síntesis, partiendo de la morfina, fue obtenida antes de dilucidarse totalmente sus respectivas estructuras.

[471] Junto al fentanilo inicial, que da nombre a la serie, fueron apareciendo variantes como el remifentanilo, sufentanilo, β-hidroxifentanilo, alfentanilo, tiofentanilo, ...

analgésico es unas 3.000 veces más potente que la morfina, pero presenta una tolerancia tan nociva que se derivó para uso exclusivo en veterinaria, en la inmovilización de grandes animales con dardos.

Históricamente, los opiáceos fueron determinantes, también, en otro campo de la farmacología, la llamada farmacodinámica. Intentando comprender su mecanismo de acción, en 1973 se descubrieron los primeros **receptores celulares** específicos a los que se unen en el organismo, ligados a proteínas muy concretas que 'reconocen' su estructura (más concretamente su grupo farmacóforo) y que se conocen como **receptores opioides**. Esto llevó a la idea de que, en

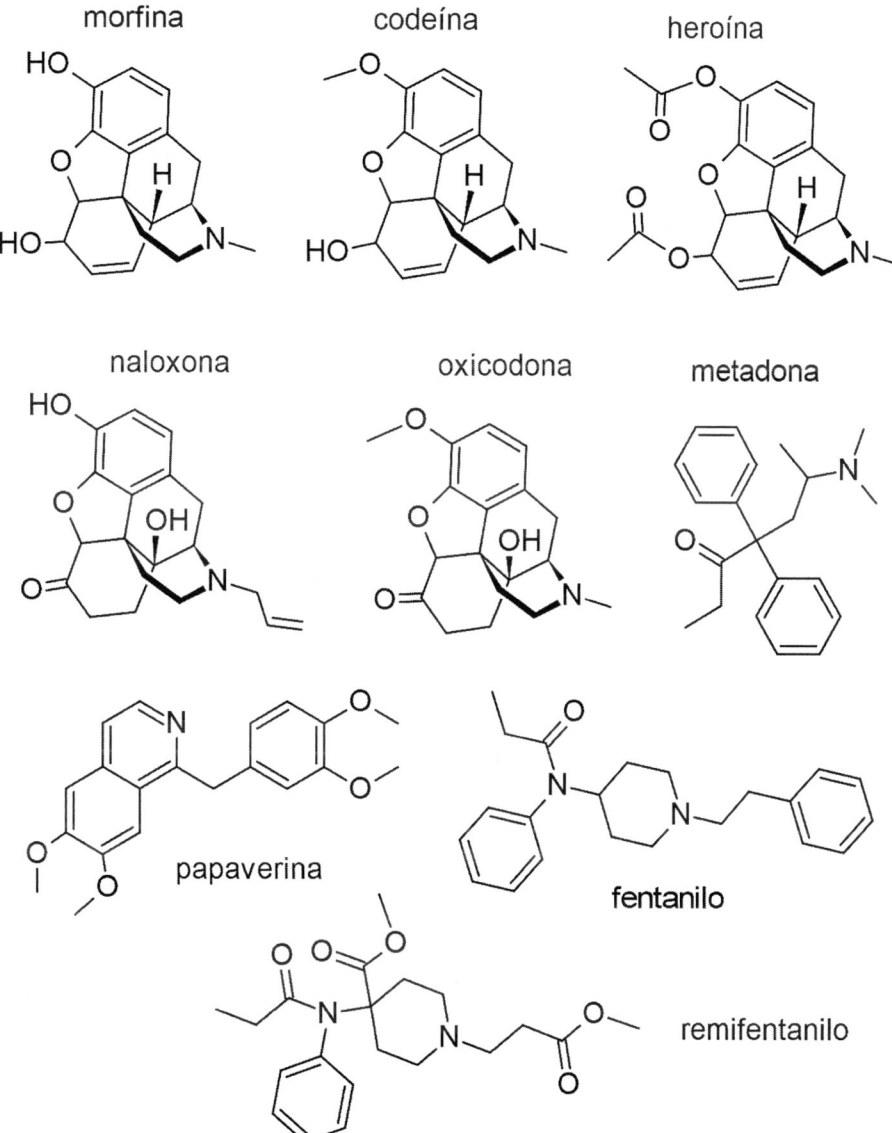

Fig. 75.- Opiáceos y **opioides**. La **morfina** destaca entre los **alcaloides** opiáceos derivados del **fenantreno**. Algunos derivados semisintéticos son la **codeína, heroína**, oxicodona y **naloxona**; esta última es un antagonista empleado como antídoto en la intoxicación por opiáceos. La papaverina es un ejemplo de la otra línea de alcaloides presentes en el opio: los derivados de la isoquinoleína. La **metadona** y los **fentanilos** son dos ejemplos de opioides: la primera se emplea en muchos tratamientos de desintoxicación de adictos; algunos fentanilos se usan como fármacos (analgésicos, anestésicos, ...), pero hoy en día preocupan enormemente los efectos de su uso como droga.

el propio cuerpo, debían existir sustancias que usan estos mismos receptores opioides como 'diana' y, efectivamente, en la misma década de los setenta, fueron descubiertos varios neurotransmisores, conocidos como **opioides endógenos**, todos ellos, de naturaleza peptídica: las **endorfinas**, de las que hay más de 20 conocidas actualmente, las **encefalinas** y, también, las dinorfinas. Como ya hemos visto, las dos primeras participan en el control de los estados de ánimo y del movimiento, así como en diversas actividades fisiológicas (respiración, digestión, ...) y en la activación de los circuitos de gratificación o recompensa, ayudando, también, en el control de la sensación de dolor.

Hoy sabemos que hay receptores opioides repartidos por el sistema nervioso, aunque son más abundantes en el encéfalo, particularmente en la ATV (recordar: el Área Tegmental Ventral) y en la médula espinal. Y sabemos que hay diversos tipos de receptores opioides, aunque tres (de momento) resultan fundamentales: el más importante, el receptor mu (μ), responde a los efectos más característicos de los opiáceos (analgesia, euforia y depresión respiratoria, así como dependencia y síndrome de abstinencia). El segundo receptor, el delta (δ), ayuda en las anteriores interacciones en algunas zonas del SNC, mientras que el tercer tipo, el receptor kappa (κ), presenta únicamente la acción analgésica, pero no los otros efectos citados[472]. Otros receptores identificados (sigma, epsilón, iota, lambda ,...) aun resultan poco conocidos.

En cualquier caso, la interacción de opiáceo con el receptor (o receptores) correspondiente(s) es solo el inicio de un largo y complejo mecanismo de acción que, como dijimos, tiene muchas ramificaciones en el organismo. Así, p.e., se sabe que, al estimular los receptores mu, la morfina reduce la liberación del **ácido gamma-aminobutírico (AGAB)**, un neurotransmisor que actúa como inhibidor y, precisamente, por esto, habrá más neuronas excitadas en la ATV, neuronas que libran más dopamina al verse desinhibidas las vías centrales de la dopamina.

Volviendo a los opioides endógenos (endorfinas y encefalinas principalmente), se sabe que pueden liberarse en diferentes partes del SNC, pero no es habitual que, en situaciones cotidianas, ocurra simultáneamente en todas las neuronas sensibles a tales compuestos endógenos. Sin embargo, esto puede ocurrir con determinadas dosis de ciertas drogas, de ahí la anomalía de su consumo y una buena parte de los riesgos de salud asociados al consumo de este tipo de sustancias.

Por cierto, la existencia de las endorfinas y encefalinas, así como el descubrimiento de su mecanismo de acción, se relaciona con los efectos analgésicos que podría presentar la **acupuntura**. De hecho, se ha observado que la **naloxona** (como ya se ha comentado, un **antagonista** de los opioides) inactiva la eficacia de esta técnica tradicional china.

Cannabis

El descubrimiento de los receptores opioides y de los propios opioides endógenos condujo a situaciones análogas en el estudio de otras drogas, que no guardan relación alguna con los opiáceos. Es el caso de los principios activos del **cannabis**, presentes en múltiples formas de consumo y con múltiples nombres: marihuana, maría, hachís, hierba, etc.

---

[472] Dado que los receptores kappa se relacionan con la analgesia, pero no con los efectos de la adicción, se podría pensar en buscar compuestos modificados que estimulen únicamente este receptor y, así, obtener un analgésico opiáceo no adictivo, pero la estimulación exclusiva de este receptor provoca depresiones severas.

El consumo de diversos preparados procedentes de la planta *Cannabis sativa*[473] es, también, muy antiguo; probablemente, comenzó en Asia Central, en el tercer milenio antes de nuestra era, pero hay diversos indicios de su consumo en pueblos de la antigua Mesopotamia y del antiguo Egipto, así como en las ancestrales culturas chinas, hindús y en pueblos de la cordillera del Himalaya; y consta que fue usado en muchos pueblos de la antigüedad en ceremonias y rituales religiosos.

Pese a ese consumo ancestral, de entre todas las drogas, seguramente el cannabis sea una de las más difíciles de clasificar por la diversidad y disparidad de sus posibles efectos. Que fuese usado en antiguos rituales parece justificado ante los propios estados de 'trance o éxtasis' que puede producir en ocasiones, lo que hoy diríamos, popularmente, sensación de 'colocados'. Estos estados evidencian una alteración de las percepciones y del ánimo, pero pueden incluir tanto euforia como somnolencia y, en los casos más extremos (productos con alta concentración de determinados principios activos, etc.), incluso puede llegar a producir alucinaciones. No es, pues, propiamente un narcótico (a diferencia de los opiáceos), aunque cuando, ya en el s. XX, se inició su ilegalización, fue incluido en ese grupo a efectos de consideraciones legales; pero tampoco es una droga esencialmente estimulante o alucinógena. Por lo demás, destacan algunos posibles efectos beneficiosos para la salud (sensación de bienestar y buen humor, cierta analgesia y sedación, control del apetito y del sueño, ...), mientras que los efectos más negativos (problemas de memoria y cognitivos, alteraciones en el ritmo cardíaco, posibles sensaciones neuróticas o, incluso, psicóticas, paranoias, ansiedad, etc.) pueden resultar, a veces, menos evidentes o inmediatas.

Químicamente, también presenta una singularidad: mientras que los principios activos propios de la mayoría de las demás drogas son **alcaloides** (es decir, sus grupos **farmacóforos** continene algún átomo de nitrógeno), los más de 110 compuestos cannabinoides, es decir, los **metabolitos secundarios** identificados en la *Cannabis sativa* que pueden actuar como principios activos, pertenecen al grupo de los **terpenoides**, con algún grupo **fenol** de protagonista. El más conocido es el **tetrahidrocannabinol** (Δ9-THC o THC)[474], principal psicoactivo de la planta con propiedades analgésicas frente al dolor moderado. Pero hay muchos más que forman parte del metabolismo secundario de la planta, partiendo del **ácido cannabidiólico** (o CBDA, abundante al comienzo de la maduración) que se van convirtiendo en **cannabidiol** (CBD), en el camino que lleva a la biosíntesis del ya citado THC, de su **isómero** (el **Δ8-THC**, fig. 76) y del **cannabinol** (CBN); ese mismo ácido lleva a la formación de otros metabolitos como el cannabixerol (CBX), la cannabidivarina (CBV), etc. Al parecer, en lo referente al poder de analgesia y de regulación del apetito y sueño, el Δ8-THC tiene propiedades semejantes a las del Δ9-THC, pero resulta menos psicoactivo y esto lo hace objeto de síntesis en laboratorio a partir de otros compuestos mayoritarios; en algunos países, la situación de clandestinidad de su producción favorece situaciones de alto riesgo por contaminación química de los productos obtenidos.

---

[473] En la bibliografía más antigua se habla también de *Cannabis indica*, pero actualmente se considera una variedad de la *C. sativa*.

[474] Químicamente, el conocido como THC es el delta-9-tetrahidrocannabinol, pero hay otro isómero minoritario, el delta-8-tetrahidrocannabinol (fig. 76).

Estudiando el mecanismo de acción, en la década del 1990, se descubrieron dos receptores celulares sobre los que actúan los cannabinoides, son el CB_1 y el CB_2. Aunque se encuentran por todo el sistema nervioso (central y periférico), incluso en otros tejidos y órganos, el primero aparece mucho más concentrado en el encéfalo y el segundo abunda en el sistema inmunológico.

Al igual que había ocurrido con los **opiáceos**, pronto se concluyó que debían existir compuestos endógenos, propios del organismo, que tuviesen estos receptores como diana. Y, efectivamente, en la misma década de 1990, fueron identificados dos **endocannabinoides**[475]: la **anandamida**[476] y el **2-AG**. Mientras que este último participa, fundamentalmente, en el sistema inmunológico, en la sensación de hambre o en la del dolor, la anandamida, que también participa en estas sensaciones de hambre o dolor, juega un importante papel en los mecanismos de regulación

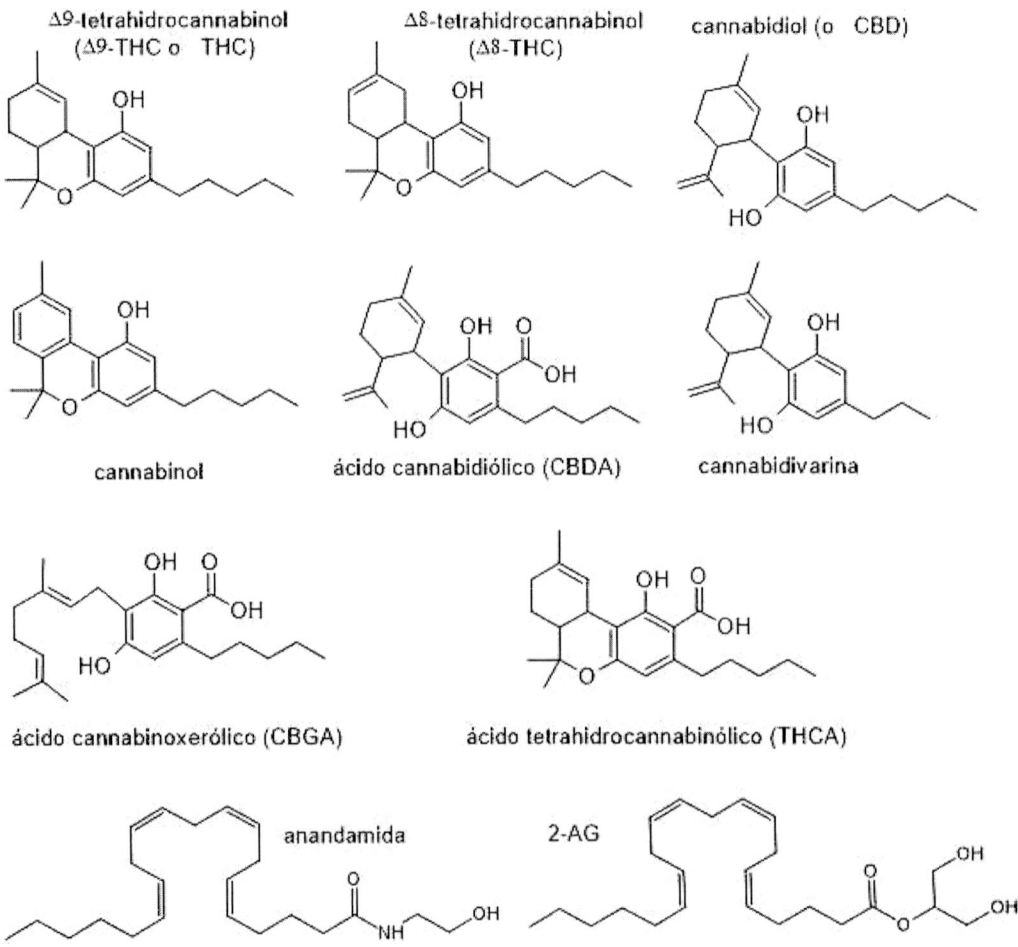

Fig. 76a.- Cannabinoides. El **THC** (propiamente, el Δ9-THC) es el principio activo más destacado del cannabis, pero no es el único; de hecho, hay un **isómero** (muy minoritario) que solo se diferencia en la posición de un doble enlace C=C (es el Δ8-THC) y hay otros compuestos, relacionados a través de su biosíntesis, que se inicia, como todos **terpenos** (y muchos otros metabolitos secundarios), partiendo del ácido acético (en su forma de acetil-coenzima A), tal como se indica en la figura 76b.

---

[475] Aunque la relación endocannabinoide-receptor no es del mismo tipo que la del endoopioide-receptor; resulta algo más compleja como para detenernos aquí en el detalle.

[476] Recordemos, del capítulo 8, que su nombre proviene del sánscrito, '*ananda*' (='felicidad').

del sueño y en la formación de la memoria, así como en el **mecanismo de recompensa** (ligado a la **dopamina**). De hecho, la alta concentración de receptores CB_1 en el hipocampo, un órgano muy relacionado con la formación de nuevos recuerdos, parece explicar los problemas de memoria a corto plazo[477] que pueden aparecer como consecuencia de un consumo habitual de marihuana; problemas que parecen más intensos cuando la persona que consume es adolescente.

A diferencia de los opioides endógenos (endorfinas y encefalinas), que eran polipéptidos, los endocannabinoides son **lípidos** basados en el **ácido araquidónico**. De hecho, la **anandamida** es el nombre común de la N-araquidonoiletanolamida (fig. 76a) y el **2-AG** es como se conoce abreviadamente al 2-araquidonilglicerol. Como anécdota, decir que la anandamida es **agonista** de un tipo de canal iónico muy específico, conocido como TRPV1 y relacionado con el dolor (entre otros estímulos); canales sobre los que actúa también la **capsaicina**, tratada en los primeros capítulos.

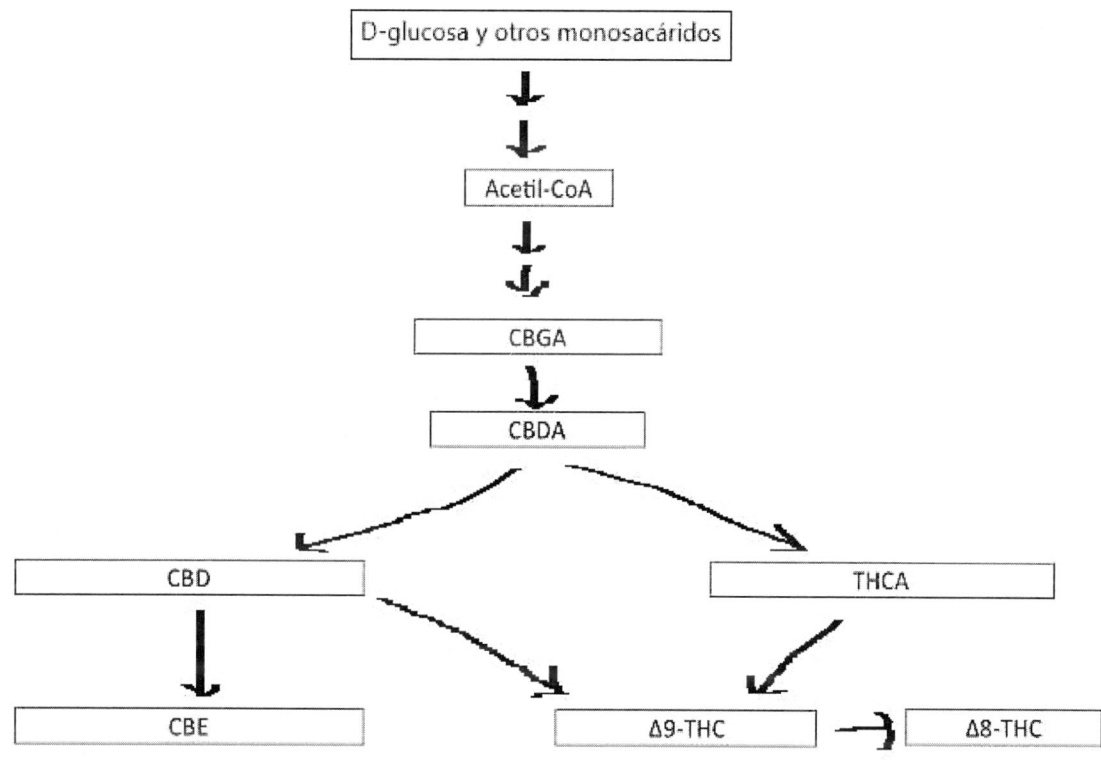

Fig. 76b.- Biosíntesis de algunos **cannabinoides**: el CBGA es el primero en formarse, luego van apareciendo, entre otros, el THCA, CBDA, cannabidiol y cannabidivarina, cannabinol, etc. Sabemos que el mecanismo de acción en nuestro cuerpo guarda relación con la existencia de receptores específicos que, a su vez, llevaron a la identificación de **endocannabinoides** (como la **anandamida** y el 2-AG) que nuestros organismos sintetizan y donde funcionan como **neurotransmisores** (fig. 51).

---

[477] Al parecer, los estudios demuestran que el consumo habitual de THC afecta a la formación de nuevos recuerdos, especialmente en adolescentes, pero no tanto a los recuerdos formados con anterioridad.

Estimulantes

En el mundo de los fármacos, los estimulantes son una extensa familia de compuestos que pueden aumentar la eficacia de diversos centros nerviosos, aunque con efectos muy dispares. Entre los que actúan sobre el cerebro destacan, sin duda, los psicofármacos que, a su vez, pueden ser estimulantes psíquicos (o psicomotores) y antidepresivos (o timoanalépticos); y de estos últimos, particularmente, de los que actúan inhibiendo la recaptación de serotonina (los ISRS), ya se ha comentado algo en la sección de fármacos específicos. Así, pues, aquí vamos a incluir los estimulantes psíquicos, tratando por separado las bebidas estimulantes ('drogas' legales, ampliamente consumidas y de gran importancia cultural) y las sustancias estimulantes que, más allá de su uso como fármacos, son consumidas ilegalmente como drogas. Posteriormente, se tratará de las drogas alucinógenas (psicomiméticas o psicodélicas), que completan el grupo de sustancias estimulantes con actuación a nivel cerebral.

Químicamente, dentro de la diversidad de estructuras que presentan, todos ellos son **alcaloides**. Puede parecer sorprendente la cantidad de sustancias estimulantes que producen las plantas. En muchos casos, lo que inicialmente es un recurso defensivo, un producto del metabolismo secundario, típico de la mayoría de los alcaloides, acabó siendo la causa del éxito de muchas plantas como especie, al conseguir que se propagaran por buena parte del planeta. Sirva como ejemplo la **cafeína**, un estimulante del SNC presente en diversas plantas como un arma defensiva frente a insectos y otros posibles depredadores y que, después de la evolución cultural de nuestra especie, ha llegado a ser el estimulante psíquico más consumido en el planeta, con gran diferencia.

Casi no hay cultura que, tradicionalmente, no tuviera un referente vegetal con presencia de un estimulante del SNC. Así, encontramos la planta del café, o del té, cacao, mate, guaraná, nuez de cola, ... Entre los cientos de compuestos activos que puede presentar cada una de estas plantas (y sus productos derivados, especialmente, infusiones), junto a la cafeína destacan la **teofilina** (etimológicamente, 'hija de los dioses') y la **teobromina** ('alimento de los dioses'); todas ellas forman parte de la familia de las **xantinas** y aunque la teofilina es más abundante en el té y la teobromina en el cacao (y de ahí, en los chocolates derivados), podemos encontrarlas en los derivados de las otras plantas de este tipo en mucha menor cantidad que la cafeína[478]. Hasta hay uno años hubo un cierto debate sobre la existencia de mateína (propia de la hierba mate[479]) y guaranina (propia del guaraná, una planta de origen amazónico), pero hoy parece quedar demostrado que no es así, que las propiedades estimulantes de estas dos bebidas se debe a la propia cafeína que contienen.

Las **xantinas** son alcaloides del grupo de la **purina**, con una estructura química muy parecida a la de la **adenina**, una de las bases nitrogenadas que forma parte de los ADN y ARN de cualquier ser vivo, obviamente, reconocible en su nucleósido, la **adenosina**[480]. Dado que las xantinas atraviesan fácilmente la barrera hematoencefálica y, dada esa semejanza estructural con la adenosina, no resultó difícil concluir que estas actúan sobre los receptores cerebrales de la adenosina[481]. Como

---

[478] En un café es habitual que la cafeína sea entre 50 y 100 veces más abundante que la teofilina o teobromina, aunque depende mucho de la procedencia del producto.

[479] El mate (*Illex paraguariensis*) es consumido en Paraguay, sur de Brasil, Argentina y Uruguay. De forma muy ceremonial en reuniones de vecin@s, amig@s, o paseando por la calle, etc.

[480] Es decir, la **adenosina** resulta de la unión de una molécula de **adenina** y una molécula de **ribosa** (un azúcar).

[481] Otra cosa es la necesidad de demostrarlo, como así ha ocurrido en varios estudios recientes.

muchas personas en el mundo podemos comprobar, día a día, no por ser legales están exentas de producir adicción, pudiendo crear una fuerte dependencia psíquica e, incluso, manifestar determinados síntomas de un típico síndrome de abstinencia.

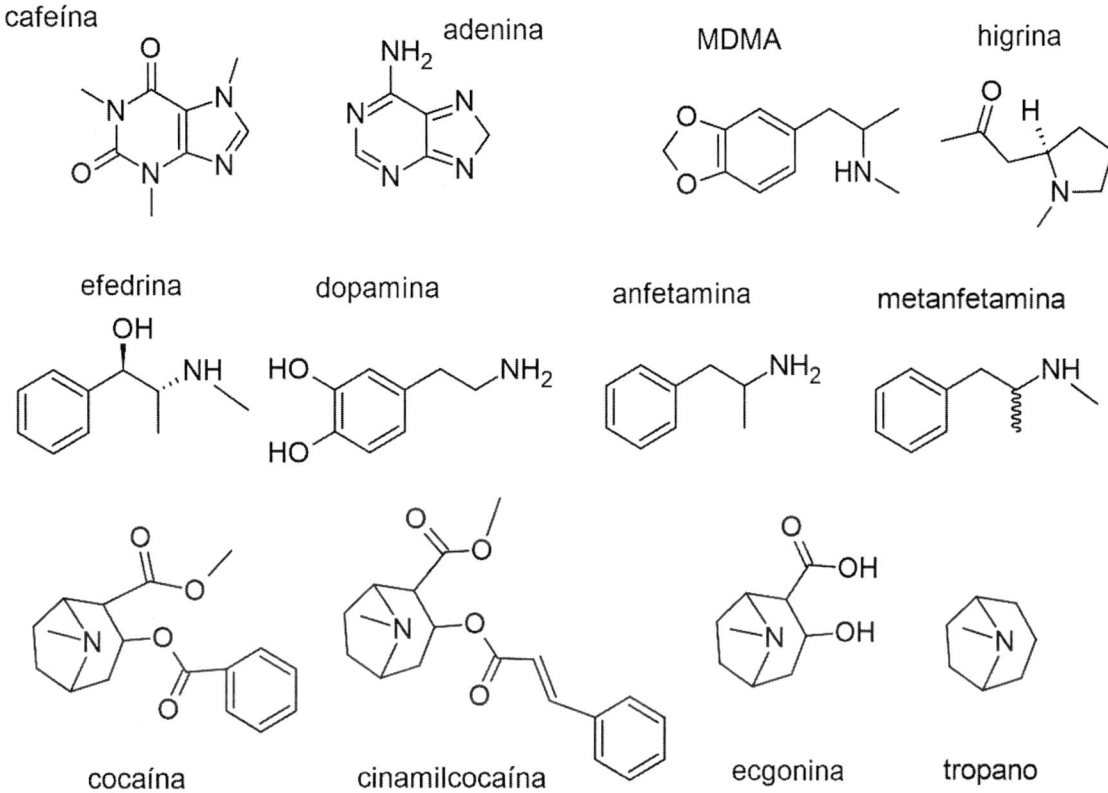

Fig. 77.- Algunos compuestos **estimulantes**. La **cafeína**, junto con la **teobromina** y la **teofilina** (ver fig. 19) tienen una estructura que deriva de la **adenina** (multipresente en los organismos, en el ADN, ATP, …). La efedrina y la **anfetamina** (junto con sus derivados, como la metanfetamina y la MDMA) tienen similitudes con la **dopamina** (un neurotransmisor que 'trabaja' en nuestro SNC). La **cocaína** y variaciones presentes en la coca (como la cinamilcocaína o la ecgonina) son derivados del **tropano**, pero en las hojas de coca hay también otros **alcaloides**, como la higrina y otros derivados del **pirrol**.

Otro estimulante del SNC, aunque de mucha menor potencia debido a que atraviesa con más dificultad la barrera hematoencefálica, es la **efedrina**, presente en un arbusto típico en China, la *Ephedra sínica*), base de una droga tradicional china, el *mahuang*. Ha resultado útil para tratar síntomas del asma, pero con una larga lista de efectos secundarios, toxicidad e incompatibilidad con otras enfermedades o síntomas. Esto ha llevado al descubrimiento de un análogo sintético[482], la **anfetamina** (o fenilisopropilamina) que, además de dilatar los bronquios, producía euforia. Poco después, en Japón, se sintetizaba otro análogo, la **metanfetamina.** Las estructuras de los tres compuestos (efedrina, anfetamina y metanfetamina) son pequeñas variaciones de varias monoaminas (**adrenalina, noradrenalina y dopamina**) que, como ya vimos en otros capítulos, son importantes neurotransmisores con diversas funciones en el organismo. De hecho, actúan estimulando el aumento de la liberación de estos neurotransmisores.

---

[482] La anfetamina fue sintetizada por primera vez en la Universidad de Berlín, por el químico rumano Lazar Edeleanu en el cambio de siglo, del XIX al XX.

Debido a su capacidad para combatir la fatiga, mantener el estado de alerta e incrementar el rendimiento físico y psíquico, durante la segunda guerra mundial, el consumo de aquellas drogas sintéticas, y otras también de diseño y que reciben el nombre genérico de **anfetaminas**[483], se disparó deliberadamente en los dos bandos, hecho que ha supuesto un desmesurado aumento del número de adictos hasta que, en la década de los pasado setenta, fueron parcialmente sustituidas por la **cocaína**, como drogas recreativas. Sin embargo, bajo nuevos preparados, se incrementó el consumo de anfetaminas en la década de los noventa y un nuevo derivado de esta familia ha entrado en escena: la **MDMA** (metilendioximetanfetamina), también conocida como **éxtasis**, que había sido sintetizada, por primera vez, por los laboratorios Merck, ya en las primeras décadas del s. XX; actúa sobre el sistema de la **serotonina**[484]. La MDMA no provoca la misma sensación de euforia que las anteriores, pero incrementa también el ritmo cardíaco y la tensión arterial, el nerviosismo típico y la sensación de energía, siendo igual o más peligrosa que las anteriores por sus muchos efectos secundarios y contraindicaciones. Por lo demás, carece de código ATC, no se emplea como principio activo de ningún medicamento, es decir, entre el productor (ilegal) y el consumidor no hay la mínima garantía de calidad; razón por la que el peligro de su consumo se ve aún más incrementado.

En las últimas décadas, tal como vimos, junto al impacto de la extensa familia de las anfetaminas, sintéticas o semisintéticas, fue emergiendo y compitiendo, como estimulante del SNC, en determinadas sociedades urbanizadas el consumo de la **cocaína**. Pero este compuesto era ya el principio activo más importante de una planta[485], la *Erythroxylon coca*, con mucha historia y tradición cultural en determinadas regiones de los Andes, en América, e, incluso, en la segunda mitad del s. XIX, por Europa se hizo popular el consumo de un vino al que se le añadían hojas de coca, era el *Vin Mariani*[486]. Y, también por aquel siglo, en los Estados Unidos comenzó a comercializarse un tónico a base de cocaína que, en poco tiempo, daría paso a una de las bebidas refrescantes (y azucaradas) de consumo más extendido por el planeta. Después de unos años de gran consumo de varios tónicos potenciados con cocaína, y de muchos casos registrados de intoxicaciones y adicciones, en 1914, una ley de Narcóticos restringió drásticamente el uso de este estimulante en bebidas comercializadas. Por lo demás, la cocaína era ya empleada, entonces, como anestésico local.

La **cocaína** es un **alcaloide** del grupo del **tropano**, al igual que muchos alcaloides de solanáceas[487] como, p.e., la **atropina**, escopolamina, hiosciamina, etc. Estos alcaloides funcionan como anticolinérgicos (verdaderamente, compiten con la **acetilcolina** en su afinidad por sus receptores), pero la acción estimulante en el SNC de la cocaína y de las anfetaminas (ver fig. 77), viene provocada por que actúan como compuestos simpaticomiméticos, bloqueando la retirada de

---

[483] Así, en la década de los pasados años 30, han ido apareciendo: la desxanfetamina (comercializada como Dexedrina), la clorfentermina, fenfluramina y otras 'anfetaminas' semejantes, o el metilfedinato, que funciona de modo semejante, con el mismo grupo **farmacóforo**.

[484] El **éxtasis** activa la liberación directa de la **serotonina**, pero hay otros fármacos relacionados que actúan retrasando la retirada de este neurotransmisor de las sinapsis afectadas.

[485] Que, como suele ocurrir, contiene cientos de compuestos y muchos principios activos además de la cocaína, como la isococaína, la cinamilcocaína, la ecgonina, la higrina (ver figura 76).

[486] Al parecer, el *Vin Mariani* había sido inventado por un químico corso, Angelo Mariani que, al sumergir hojas de coca en vino, conseguía extraer una buena parte de la cocaína presente en esas hojas.

[487] Solanáceas como la belladona (*Atropa belladona*), el estramonio (*Datura stramonium*) o el beleño negro (*Hyosciamus niger*), conocidas por su toxicidad y usadas como plantas medicinales en algunos contextos tradicionales de Europa.

monoaminas (como la **noradrenalina, adrenalina** y **dopamina**) de las sinapsis interneuronales[488]. Pero recordemos que, en el SNP, curiosamente, la cocaína actúa como **anestésico local**.

El khat o té abisinio, procedente de la planta *Catha edulis*, es de uso mucho más localizado, pues es consumido en los países africanos y de Oriente Medio[489], más próximos al llamado cuerno de África (Yemen, Etiopía, Somalia, Kenia, etc.), tanto en infusión como masticando las hojas de la planta. Contiene compuestos como la catinona, un estimulante con una estructura muy parecida a las primeras anfetaminas y a la **efedrina**, solo que contiene un grupo **cetona** en su estructura; y también contiene catina, que cambia el grupo cetona por un grupo alcohol en su molécula.

Sustancias alucinógenas o psicomiméticas

En los humanos, las sustancias alucinógenas producen tanto alteraciones mentales como emocionales y sensoriales que afectan al comportamiento, recordando algunos procesos psicóticos con desorganización de la personalidad y, propiamente, con las alucinaciones o falsas impresiones sensoriales que pueden ir, desde distorsión de las formas y/o de los colores, incluidas sinestesias, hasta ilusiones con escenas complejas. En cualquier caso, pueden ser muy diferentes entre distintos individuos, entornos, dosis, etc.

En el cine y en la literatura hay muchas descripciones reales (y a veces exageradas o fantásticas) sobre los efectos alucinógenos de estas sustancias que, también, suelen tener en común ir acompañadas de alteraciones del ritmo cardíaco y respiratorio, de la tensión arterial, así como sensación de nerviosismo y excitación psíquica, euforia y ansiedad, que suelen venir seguidas de fatiga y depresión, … El propio Albert Hofmann, quien sintetizó por primera vez el **LSD** (en 1943), experimentó los efectos en su propio cuerpo, dejando un informe muy pormenorizado de las consecuencias.

El **LSD**, conocido en la época 'hippie' simplemente como 'ácido', es la dietilamida del **ácido lisérgico** y este último es la base de diversos **alcaloides** (derivados de la ergolina), con actividad alucinógena, que son productos por un hongo parasito, el cornezuelo del centeno (*Claviceps purpurea*). De este hongo se tienen referencias ya desde la antigua Grecia, debido a sus efectos cuando se consumían vinos contaminados con el cornezuelo que acompañaba al centeno, un añadido para dar más cuerpo al vino.

La molécula de LSD, formada por cuatro anillos unidos, deriva de un **indol** (dos anillos con nitrógeno, ver fig. 78), con una estructura que recuerda mucho a la de la **serotonina**, y seguramente esto puede explicar buena parte de su mecanismo de acción, aunque también se conocen alcaloides derivados de la **feniletilamina**, con efectos parecidos.

Diversos alcaloides, derivados del indol o de la feniletilamina, actúan como principios activos en otros hongos, como la **psilocina** (y su derivado la **psilocibina**[490]), en *Psilocybe mexicana*. Pero son muchas más las plantas que contienen alcaloides con efectos alucinógenos y estructura

---

[488] Esto lo hacen, por un lado, bloqueando la actividad de las proteínas que transportan la noradrenalina para retirarla de la sinapsis y, por otro, actuando directamente sobre los propios receptores adrenérgicos.

[489] El khat también es muy consumido en el Reino Unido y en los USA, por emigrantes de esos países.

[490] Propiamente, la **psilocibina** es un fosfato de la **psilocina**.

indólica o parecida. Entre las más conocidas destacan varios cactus, como el peyote mexicano (*Lophophora williamsii*), que contienen **mescalina**[491], tradicionalmente empleados por los nativos de la zona durante miles de años; o uno de los ingredientes de la 'ayahuasca', una mezcla consumida por algunos pueblos nativos del Amazonas andino. Y hay, también, especies arbóreas del género *Anadenanthera*, esparcidas por casi toda América del Sur, que contienen **bufotenina**, otro alcaloide indólico alucinógeno; su nombre proviene de su presencia en ciertas especies de sapos, como *Incillius alvarius* o *Rhinella marina*, concretamente en la piel y en determinadas glándulas, peligrosamente empleadas como sustancias alucinógenas, pero de extrema toxicidad.

Aunque no tienen estas estructuras derivadas del indol o de la feniletilamina y no son comparables en sus efectos alucinógenos (pero si compiten en toxicidad con los anteriores), se pueden incluir algunas solanáceas que, en dosis tóxicas, pueden producir alucinaciones y están muy extendidas en el continente euroasiático: la belladona, el estramonio y el beleño negro, muy propias de las farmacopeas tradicionales (y de las conocidas en Galicia como 'herbas das meigas'); contienen diversos alcaloides como **atropina**, **hiosciamina** o **escopolamina** con una estructura derivada del **tropano** (como la **cocaína**).

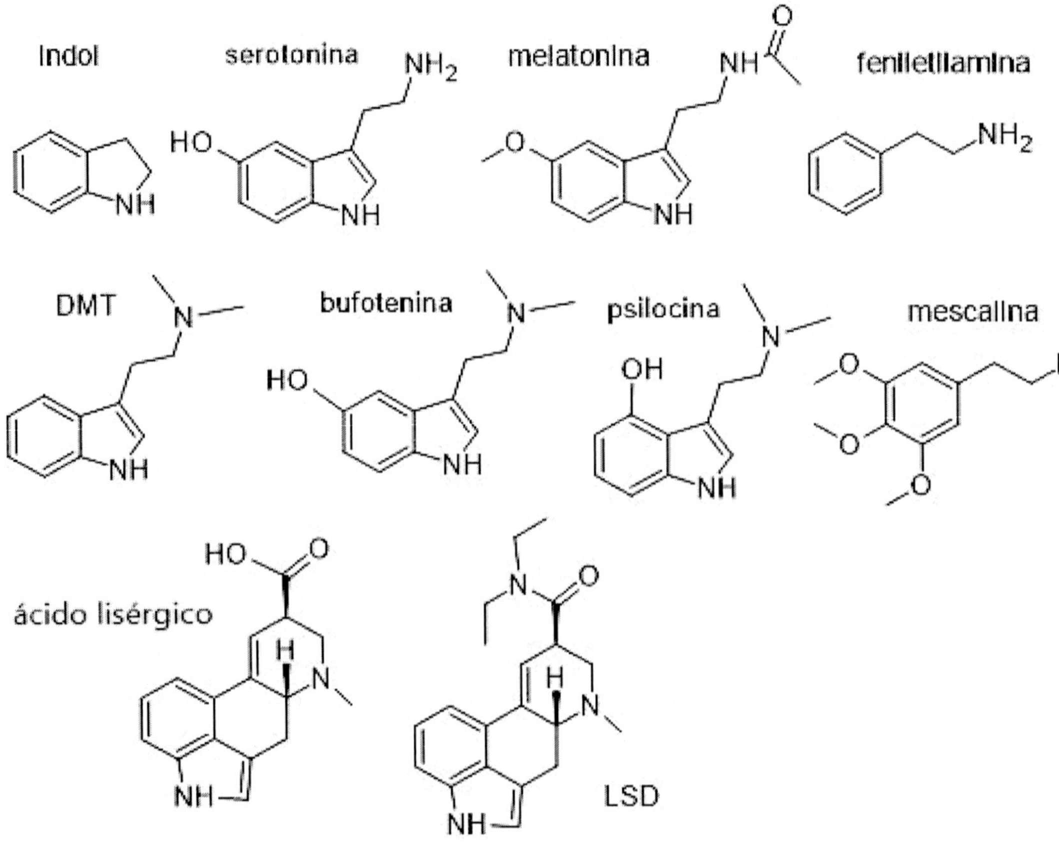

Fig. 78.- Alucinógenos. El **indol** es una **amina** heterocíclica que da pie a diversas sustancias naturales como la **serotonina** o la **melatonina**, que juegan importantes papeles en el organismo. Compuestos con propiedades alucinógenas simulan estas estructuras como, p.e., la bufotenina, la psilocina o la DMT; y, también, los derivados del **ácido lisérgico** (como el **LSD**). Otra línea estructural se basa en la feniletilamina (como la **mescalina**).

---

[491] La **mescalina** es, precisamente, un derivado de la feniletilamina (ver fig. 78).

Volviendo a la ayahuasca, es una bebida que se prepara tratando, debidamente, una mezcla de una planta (concretamente una liana, *Banisteriopsis caapi*, propiamente la ayahuasca) con otras plantas como la *Diplopterys cabrerana* o la *Psychotria viridis*. La ayahuasca contiene varios **alcaloides** indólicos, como la harmina[492], que inhibe la acción de una **enzima** (la monoamina oxidasa A) encargada de degradar las monoaminas, mientras que las otras plantas aportan otro alcaloide indólico, el **DMT** o dimetiltriptamina.

Posteriormente, el DMT fue encontrado en diversas plantas, pero también ha sido detectado, en muy pequeñas cantidades, en varios mamíferos, incluidos ratones, conejos y humanos. Al parecer, es sintetizado en la glándula pineal[493], que produce una hormona muy conocida y ya mencionada al tratar de la química del sueño: la **melatonina**. No es de extrañar, pues, que el DMT tenga un papel importante en ciertas actividades relacionadas con el sueño; parece que puede actuar sobre unos receptores opioides del tipo sigma y podría ser responsable de muchos efectos visuales relacionados con los sueños extraños o alucinaciones oníricas e, incluso, con determinadas experiencias relacionadas con la muerte (el famoso 'túnel de luz', etc.).

También hay algunos fármacos sintéticos que se emplean para diversos fines y presentan, a determinadas dosis, efectos alucinógenos. Es el caso, p.e., del **dextrometorfano**, un antitusivo con una estructura de alcaloide opiáceo, o el de la **ketamina**, empleada como **anestésico general** entre otras funciones. Se sabe que actúa como **antagonista** de un tipo específico de receptores del **glutamato**, conocidos como receptores NMDA[494] y que participan en diversos procesos relacionados con la memoria y el aprendizaje, estando asociados a diversas patologías neurológicas degenerativas; a dosis altas, estos compuestos se unen, también, a receptores opioides (particularmente los de tipo mu y sigma).

Así, pues, a lo largo del s. XX, fueron sintetizados diversos fármacos nuevos que acabarían siendo usados como drogas (especialmente derivados opiáceos u opioides y, también, estimulantes y alucinógenos); su uso no muy bien controlado (particularmente después de permitirse e, incluso, fomentarse su consumo entre soldados que participaron en las dos grandes guerras mundiales y en otras más localizadas) ha llevado a que nuevas olas de adicción por varias drogas sintéticas acabaran extendiéndose entre la población civil, muy especialmente en los Estados Unidos (recordar también las que llegaron, de rebote en el s. XIX, desde China, después de que el imperio británico las empleara como arma para degradar, o intentar degradar, a aquella población asiática, en la llamada 'guerra del opio'). Posteriormente, la vuelta a casa de muchos soldados con adicción a la heroína, procedentes de la guerra de Vietnam, sería uno de los argumentos que llevaron, en 1971, al presidente Richard Nixon a presentar un plan de 'Guerra contra las Drogas', que se iría extendiendo por todo el hemisferio occidental. Transcurrido medio siglo de aquel plan, se hizo evidente que la sola ilegalización y la simple represión non consiguen acabar con el grave problema de la drogadicción, pero si llevaron a la creación de grandes mafias narcotraficantes, extendidas por buena parte del planeta, constituyendo un negocio para estas mafias y una fuente de violencia social bien reconocible. Actualmente, cada vez son más las sociedades en las que se cuestiona esa política

---

[492] La harmina (y otros alcaloides derivados) está presente, también, en la conocida como ruda siria (*Pegamun harmala*), de ahí su nombre común.
[493] Es una pequeña glándula endocrina, del tamaño de una lenteja, situada casi en el centro del cerebro y muy relacionada con la regulación del sueño y, en esa línea, con los **ritmos circadianos** y los ritmos estacionales.
[494] NMDA es el acrónimo del N-metil-D-aspartato.

e, incluso, en algunos Estados (también dentro de los propios USA), se está revisando el tema de la ilegalización de algunas drogas, como es el caso del cannabis, con el objetivo de conseguir un mayor control de la calidad, de la producción y del consumo de esa droga.

Tabaco

Hablando de plantas consumidas con alguna función estimulante y fuertemente adictivas, entre las más extendidas por el planeta, después de las bebidas estimulantes, destaca una solanácea: la planta del tabaco (*Nicotiana tabacum*). En las culturas precolombinas americanas había tres formas de consumo: por masticación de sus hojas, por inhalación del polvo obtenido al moler esas hojas en rústicos morteros o por aspiración del humo producido en su combustión, es decir, fumándolas. La masticación se mantuvo, especialmente, en América del Norte, hasta el s. XIX en que fue perdiendo terreno frente al fumado; y la inhalación, más habitual entre los nativos de lo que más tarde sería el Brasil, tuvo cierto resurgimiento a lo largo de la historia, en lo que se ha conocido como rapé: polvos de tabaco aromatizados. Pero, sin duda, la forma que ha predominado a lo largo del planeta fue la de fumar las hojas secadas y convenientemente tratadas; aunque la expresión 'convenientemente tratadas', una vez convertido en un gran negocio y en fuente de enormes beneficios, puede resultar algo forzada teniendo en cuenta los múltiples aditivos que se le ha ido añadiendo con el objetivo de aumentar ciertas propiedades y fomentar un mayor consumo, especialmente en el segundo cuarto del s. XX. El caso es que el primer europeo conocido que fumó tabaco, Rodrigo de Jerez, un marinero que regresó a Ayamonte con Colón en 1493, fue encarcelado durante siete años, por 'echar humo por la boca'; curiosamente, cuando salió de prisión, la costumbre de fumar ya se había extendido por todo el continente europeo.

Tabla 16: Algunas sustancias abundantes y peligrosas encontradas en el humo del tabaco. En paréntesis, la concentración media (en microgramos por cigarro[495]) (ver fig. 79).

Gases inorgánicos:	
Monóxido de carbono (CO, entre 10.000-23.000); monóxido de nitrógeno (NO, 200-600); amoníaco (NH$_3$, 50-130); ácido cianhídrico (HCN, unos 450); disulfuro de carbono (CS$_2$, unos 30), …	
Metales:	
Polonio (entre 0,04 y 1); níquel (entre 0,02-0,1), cadmio (0,1); cinc, etc.	
Derivados simples del benceno e hidrocarburos lineales:	
Tolueno (160); benceno (50),….	Metano, isopreno (fig. 17),…
Hidrocarburos Aromáticos Policíclicos:	
Pireno (0,2); benzoantraceno (0,05); benzo(a)pireno (0,03); metilcolantreno, otros HAP (0,4),..	
Compuestos oxigenados:	
Acetaldehído (700); acetona (300); hidroquinona (200); fenol (100); formaldehido (90); acroleína (80); 2,4-dimetilfenol (50); cresoles (20),…	
Compuestos nitrogenados:	
Nicotina (entre 1.000-2.500); nornicotina (0,5-3); nitronornicotina; hidracina; piridinas; uretanos (o carbamatos); 1-metilindol (y otros derivados del indol); acrilonitrilo; 4,4-dicloroestilbeno; nitrobenceno; toluidina, carbazoles, naftilamina, …	
Nitrosaminas:	
Dimetilnitrosamina; etilmetilnitrosamina, nitrosopirrolidina, …	

---

[495] Intervalos o valores medios obtenidos a partir de varias publicaciones, en diferentes análisis y condiciones.

La **nicotina**, el principio activo más importante del tabaco es, por sí misma, una de las drogas psicoactivas más adictivas que se conoce; está presente, también, en cantidades muy inferiores en otras solanáceas (patata, tomate, berenjena, etc.)[496]. Aunque ciertamente, carece de los evidentes efectos de alteración mental, propios de otras drogas semejantes, la nicotina es un **alcaloide** altamente tóxico; seguramente esta es la razón por la que el tabaco no se consume en infusión como otros estimulantes de gran consumo (café, té, mate, ...). Cuando en 1928 fue aislada por primera vez de los extractos de la planta[497], por Wilhelm H. Posselt, ya fue considerada un veneno y, de hecho, fue empleada como insecticida durante años; a lo largo de la historia, hay registrados diversos accidentes mortales en su consumo disuelta en agua o en alcohol y una nueva ola de accidentes por ingestión de nicotina líquida, particularmente entre los niños pequeños, ha surgido, al parecer, con la nueva forma de consumo, lo que popularmente se conoce como 'vapeo'.

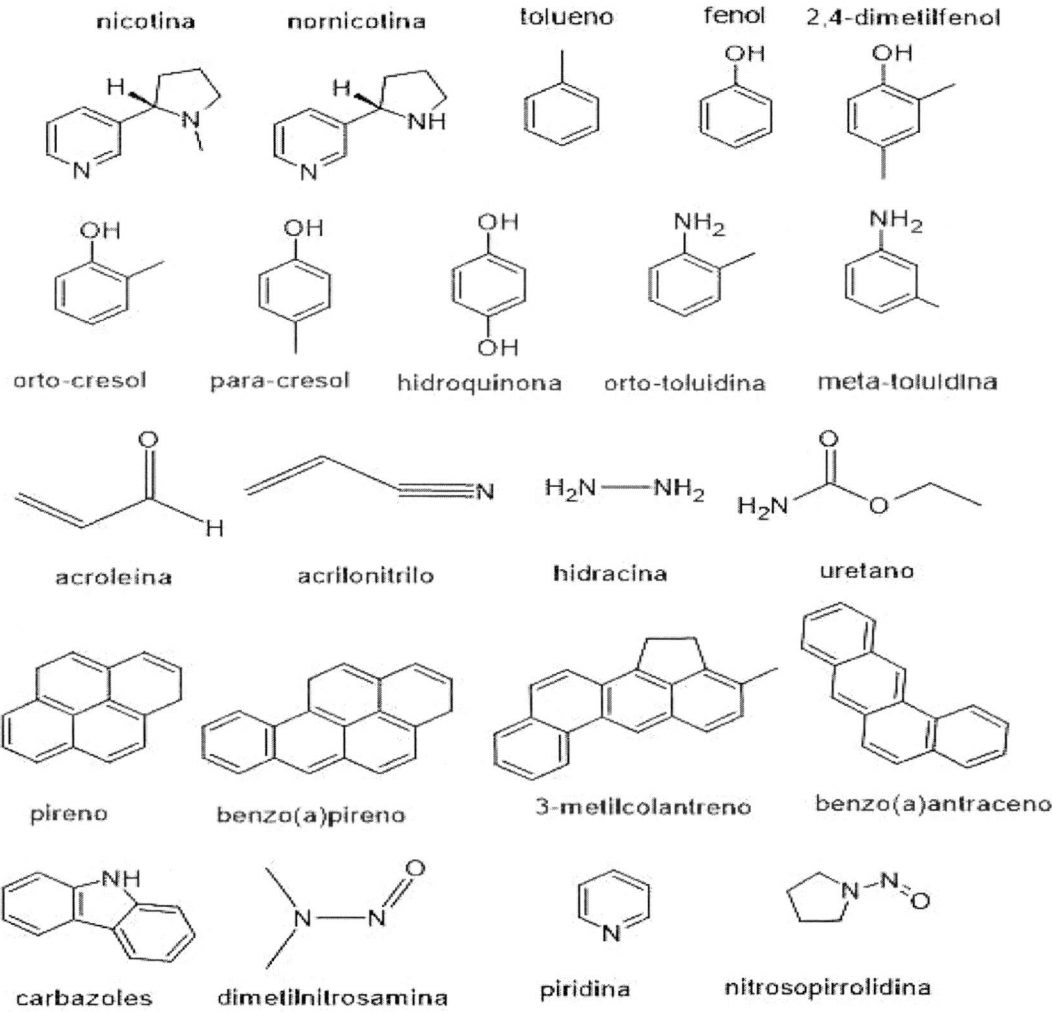

Fig. 79.- Estructura química de algunos compuestos presentes en el humo del tabaco (ver tabla 16).

---

[496] En cantidades residuales se ha encontrado nicotina en el té negro, en coliflor y en otras plantas comestibles.
[497] Y sintetizada en el laboratorio, por primera vez, en 1904.

En cualquier caso, en el humo del tabaco se han identificado casi unos 5.000 compuestos químicos diferentes (y algún elemento libre), que compiten o superan en toxicidad a la nicotina, como es el caso del **monóxido de carbono**, los **benzopirenos,** el metilcolantreno y otros **HAP**, procedentes de la combustión, o el alquitrán, etc. Sin olvidar el efecto de fijación de ciertos venenos que presenta el humo del tabaco y del que se tratará en el último capítulo.

La **nicotina,** un alcaloide con estructura derivada de la piridina y del pirrol[498], actúa como un estimulante que incrementa la capacidad de concentración mental y de alerta, así como el rendimiento cognitivo y, posiblemente, la memoria. Pero otros efectos referidos, como el de dar la sensación de tranquilidad y reducir la ansiedad, es posible que guarden más relación con ciertos actos físicos vinculados a la 'liturgia del fumar' que, propiamente, con la acción química de la nicotina. Su mecanismo de acción se inicia al unirse a receptores específicos de la **acetilcolina** y, después de una compleja cadena de efectos que implican la liberación de **glutamato**, justamente, en el lado de entrada de neuronas del ATV (área tegmental ventral), consigue provocar, a su vez, un aumento de **dopamina** en las zonas relacionadas con los **mecanismos de recompensa**.

Bebidas alcohólicas destiladas

Al contrario de lo que ocurre con la mayoría de las drogas vistas hasta ahora, que actúan sobre un grupo relativamente pequeño de receptores específicos, el mecanismo de acción del **alcohol etílico** en el organismo aparenta ser mucho más general. De hecho, durante cierto tiempo, se llegó a pensar que esta molécula tan pequeña podía actuar sobre todas las células del sistema nervioso, y que conseguiría inhibir su actividad, simplemente, alterando la estructura de su membrana celular (recordar que algo semejante ocurrió también con los **anestésicos generales** en los primeros tiempos). Resultó que no es exactamente así, aunque, efectivamente, el alcohol puede interactuar con un número muy diferente de **receptores sinápticos**, de ahí, los múltiples efectos que presenta.

Se sabe que el **etanol** (o alcohol etílico) provoca un aumento de la actividad inhibidora de los **receptores AGAB** y, al mismo tiempo, consigue disminuir la actividad excitadora de r**eceptores glutamato**. Unos y otros mantienen, en muchos circuitos neuronales del encéfalo, un sutil equilibrio inhibición-excitación y, al ingerir alcohol, este interviene, claramente, en favor de la inhibición de la actividad en estos circuitos. Además, esta acción represora del alcohol sobre los receptores glutamato es, especialmente, intensa en un tipo concreto, los ya citados (al hablar de algún alucinógeno) NMDA. Como allí se comenta, estos receptores juegan un papel muy importante en los procesos de la memoria, en concreto en la formación de nuevos recuerdos, razón por la que después de beber de más, algunas personas tienen dificultad para recordar lo que les ha ocurrido durante su estado de embriaguez.

Por otro lado, el alcohol interacciona, también, con el sistema endorfínico (receptores opioides) y provoca un aumento de **opioides endógenos** (**endorfinas**), de ahí su acción parcialmente euforizante. Y, también, provoca un incremento en la liberación de **dopamina**, posiblemente, mediada por la participación de receptores AGAB, ya citados. Pero el alcohol puede

---

[498] Esto es, en su estructura hay dos anillos: uno, la piridina, aromático de seis eslabones (y entre ellos uno es un átomo de nitrógeno), y otro, el pirrol, de cinco eslabones uno de ellos un nitrógeno.

ejercer en el organismo otras acciones, digamos de carácter más general, como p.e., intervenir sobre el sistema nervioso simpático y disminuir momentáneamente la ansiedad y el estrés mediados por la hormona **CRH**[499] que libera el hipotálamo, es decir, actuando en cierta medida como un ansiolítico; también puede actuar, directamente, sobre el sistema cardiovascular y la circulación de los fluidos en el cuerpo, hecho que provoca el típico dolor de cabeza durante la resaca. Además, interfiere, con riesgo para nuestra salud, sobre el conjunto de hormonas que se encargan de mantener estable el nivel de **glucosa** en sangre.

En el consumo de alcohol pueden observarse los cuatro períodos que, en teoría, pueden sucederse en otras muchas drogas (como se comenta en el apartado sobre **anestésicos generales**): 1) período de inducción o analgesia, 2) período de excitación, 3) período de anestesia y, 4) período de parálisis bulbar; su evidencia y duración con solapamientos, etc., va a depender, entre otros factores, del tipo de droga y de la dosis ingerida. Y, desde luego, en el caso del alcohol (como ocurre con cualquier droga), en relación con la salud, la cuestión de la dosis es fundamental.

En el capítulo 9, ya se ha hablado de las bebidas fermentadas, como es el caso de la cerveza, sidra o del vino. Bebidas de gran tradición gastronómica y cultural, con miles de años de consumo y con fuerte implantación social; y con unos contenidos en alcohol que, con excepciones, pueden oscilar entre el 3 y el 8% (en volumen) en el caso de las cervezas, y entre el 8 y el 14% (v/v) para los vinos. En estos casos, la consideración de droga en su acepción más negativa dependerá de la mayor o menor moderación u obsesión que marque su consumo (además de las condiciones concretas como, p.e., nunca beber antes de conducir vehículos). Situación radicalmente diferente es el caso de las bebidas destiladas que, en casi todas las variantes, rondan o superan ampliamente el 40% (v/v) de alcohol; obviamente, con efectos mucho más marcados en el organismo cuando se trata de consumos equiparables.

La base de los destilados parte de la previa **fermentación** de los azúcares, presentes en la planta de la que derivan para, posteriormente, mediante **destilación** (cap. 3), a veces incluso redestilación, obtener un producto con alta concentración alcohólica. Hubo que desenvolver, previamente, la técnica de la destilación antes de llegar al consumo de estos productos y esto ocurrió, en la Edad Media, en los locales de antiguos/as alquimistas.

A la anterior definición responden muchos tipos de aguardientes, con todas las variantes geográficas imaginables, en función de la materia prima empleada (frutas, cereales u otras plantas) y de los procesos de envejecimiento propios de cada desenvolvimiento histórico concreto. Así, junto a los que llevan directamente ese nombre de aguardiente (de uva, bagazo, sidra, etc.), propios de nuestros lares, encontraremos el brandy[500] (y, en la denominación de origen particular de la zona francesa del Charente, el *cognac*), procedente también de la destilación del vino, pero con un envejecimiento que le acaba dando su color pardo característico. E, igualmente, tenemos el ron, tan caribeño, procedente de la melaza o zumo de caña de azúcar, o el whisky, en cuya elaboración se pueden emplear diferentes cereales de partida, pero que, respetando la tradición, sería la malta de cebada (cebada germinada) para el escocés y el maíz para el bourbon. En la misma definición general de 'aguardiente' entraría el vodka que, curiosamente, en varias lenguas eslavas es el diminutivo de

---

[499] **CRH** es el factor liberador de corticotropina.
[500] Al parecer, el término 'brandy' procedería del neerlandés y significaría 'vino quemado', en alusión al vino destilado que se enviaba desde la península ibérica a aquellas tierras a finales de la Edad Media.

'voda' (='agua')[501], es decir, la traducción de 'vodka' sería, propiamente, 'agüita'. También entrarían en esta categoría los derivados de diversas variantes del agave mexicano como el tequila o el mezcal, o el coreano 'soju', hecho de arroz, etc.

Otra variante es el caso de la ginebra, aromatizada con los frutos del cimbro (*Juniperus sp.*) y, también, de diversos licores, en los que se maceran, en la mezcla de agua y alcohol obtenida de la destilación, diversas hierbas o frutos; es el caso, también, del anís, del ouzo griego, del raki turco, del pacharán vasco, del pastís francés, del limoncello italiano, o de la amendoiña o 'licor de almendras' portugués, ...

Más perjudicial para la salud aún era el caso de la absenta, procedente de la planta del mismo nombre (*Artemisia absinthium*) que, inicialmente producida en Suiza, pronto se hizo famosa en Francia; además de un contenido en alcohol que podía llegar, en casos extremos al 90%(v/v), contenía otros productos también de alto riesgo como es el caso de la tuyona, un potente neurotóxico que puede llegar, incluso, a ser mortal en dosis no muy elevadas. Actualmente, su producción y consumo está prohibido en la mayoría de los países europeos.

Obviamente, no cabe esperar los mismos efectos y consideraciones de una cerveza para saciar la sed un día de calor que consumir, cada fin de semana, p.e., varios 'TVG' que, tal como me comentara un alumno hay muchos años (viendo mi cara de asombro), era una mezcla de tequila, vodka y ginebra. Consumos descontrolados y exagerados demuestran, sin duda, que los mayores perjuicios y riesgos de cualquier droga están, inicialmente, en nuestras propias 'cabezas'. Con toda seguridad, un uso inapropiado de muchas de las drogas aquí citadas justificaría que se incluyesen en el siguiente capítulo, dedicado a la 'química de la muerte', pues son, en ese caso, auténticos venenos para nuestro organismo.

---

[501] 'Voda' en eslovaco, 'boda' transcrito del cirílico en ruso, 'woda' en polaco, etc.

Capítulo 11

QUÍMICA DE LA MUERTE

UNA OXIDACIÓN IMPARABLE

En esta atmosfera, rica en oxígeno, oxidarse es una tendencia general de la materia orgánica. Podemos comprobarlo cada vez que miramos un libro viejo o unas sabanas, inicialmente blancas y que, guardadas durante muchos años, van adquiriendo un tono amarillento, fruto de la combustión lenta, lentísima, pero inexorable. Las **combustiones**, tanto las de este tipo pausado como las que estamos habituados a ver con el fuego activo, son ejemplos de **oxidación**, de esas que llevan como resultado la formación de dióxido de carbono y agua.

En muchos casos, sea lenta o rápida, la **oxidación** es solo parcial y puede afectar a un grupo funcional concreto dentro de la molécula (v. Apéndice Final 2, sobre reacciones redox). Es lo que ocurre, p.e., con el **alcohol etílico** en un vino, una vez expuesto al aire, que se va transformando en **ácido acético**. En el mundo de la oxidación, es una tendencia que un alcohol se transforme en la correspondiente **cetona (o aldehído)** y, de no detenerse ahí, se convertirá en el ácido o ácidos derivados. También puede ocurrir que los ácidos orgánicos pierdan su grupo característico (-COOH) en forma de molécula de dióxido de carbono, es decir, sufran una **descarboxilación**. Hace ya décadas, cuando estaba preparando el grado de licenciatura, al analizar el contenido en determinados compuestos presentes en la fracción grasa de determinadas especies de algas frecuentes en las costas gallegas, en ciertas muestras encontré una cantidad significativa de **hidrocarburos** lineales con un número impar de átomos de carbono. Esos hidrocarburos no parecían proceder de la simple contaminación que, como es sabido, asola las costas de Galicia de cuando en vez en forma de accidente o, también, en formas más discretas y frecuentes, por pérdidas de combustible de embarcaciones o de aportes desde tierra. Esa selección tan específica de hidrocarburos, con un número impar de carbonos, debía proceder de la descarboxilación de los correspondientes **ácidos grasos** presentes en las propias algas (y demás seres vivos) que, como ya vimos en el capítulo 4, presentan, muy mayoritariamente, un número par de átomos de carbono.

En cualquier caso, la oxidación participa muy activamente en la degradación de la materia orgánica y esa línea (alcohol, cetona o aldehído, y ácido, ... hidrocarburo), aunque muy importante, es una de las varias que podríamos trazar, pero hay muchas más. No olvidemos que existen muchos otros grupos funcionales y átomos que, ocasionalmente, pueden participar en la química de la vida, especialmente átomos de nitrógeno, azufre, fósforo, etc.

Así, las grasas enrancian, con la participación del oxígeno del aire, pero también con la ayuda de diversas **enzimas** (lipasas, lipooxigenasas, etc.). Primero pueden sufrir una **hidrólisis** en la que, de los **triglicéridos**, se van separando ácidos grasos libres y, estos, particularmente los insaturados, pueden alterarse por diferentes vías; por la acción del oxígeno, sus dobles enlaces carbono-carbono pueden transformarse en diferentes tipos de **peróxidos**, detenerse ahí o llegar incluso a romper totalmente, dando los correspondientes aldehídos. En cualquier caso, con abundancia de **radicales libres** que participan en esos procesos. Un **radical libre** es un átomo o grupo de átomos que, careciendo de carga eléctrica, presenta electrones desemparejados[502].

De las proteínas, también por hidrólisis de los enlaces peptídicos, pueden separarse **aminoácidos** que, por descarboxilación, dan **aminas** lineales con nombres tan peculiares como **putrescina, cadaverina**, ... que ya nos indican olores muy definitorios de la cuestión.

En un organismo vivo, tales fenómenos de degradación no se van a presentar, al menos, tan abiertamente, pero si es cierto que, debido a algunas disfunciones del organismo, podrían hacerse evidentes; así, hay algunas necrosis (muerte de un conjunto de células localizadas en un tejido afectado) originadas por diferentes causas que pueden llevar a la putrefacción celular[503], con la consiguiente desnaturalización de las proteínas y otros procesos de degradación de esa materia[504].

En cualquier caso, igual que ocurre con los ejemplos de combustión que encabezan este capítulo, aunque no haya fuego o necrosis, hay procesos oxidativos lentos, tan lentos como el amarilleado de un papel con el paso del tiempo, y que afectan a las células por el simple hecho de ser materia orgánica e, incluso, ¡sorpresa!, por el simple hecho de estar vivas, de ejercer sus habituales funciones vitales.

La propia **respiración celular**, un proceso vital aeróbico en el que las células obtienen su energía mediante la oxidación de las moléculas combustibles por el oxígeno molecular, es un buen ejemplo. Son diversas y complejas **reacciones de oxidación y reducción** (ver Ap. Final 2) que, en las células eucariotas, en nuestras células, ocurren en las **mitocondrias**, que se comportan como auténticas 'centrales térmicas' celulares. Podemos encontrar diversas rutas metabólicas (propiamente **catabólicas**[505]), que implican la participación de un montón de **enzimas** y otros tantos sustratos o compuestos intermedios, pero la ruta principal, presente en casi la totalidad de organismos aeróbicos, comienza con la oxidación/degradación de la **glucosa**, de los aminoácidos y/o de los ácidos grasos hasta convertirlos en un compuesto clave, la **acetil-CoA** (léase 'acetil-

---

[502] Cuando presentan carga eléctrica se habla de **iones** y estos son habituales en cualquier medio vivo, como ya se ha visto en muchos mecanismos vitales en varios capítulos del libro.

[503] Existen diferentes agentes o razones que pueden provocar la necrosis en un determinado tejido como, p.e., una importante exposición a la radiación ionizantes o a determinadas sustancias químicas, o un bloqueo importante del transporte de sangre al tejido (como ocurre en casos de congelación de extremidades), o por agentes infecciosos, etc.

[504] Afortunadamente, para situaciones de este tipo muy localizadas y no severas, el organismo tiene **macrófagos**, células del sistema inmunitario que se encargan de fagocitar la mayoría de los restos celulares formados en esos procesos.

[505] El **catabolismo** o 'metabolismo destructivo' es, precisamente, cualquier proceso metabólico que produce energía a partir de la descomposición de las grandes moléculas. La respiración celular y las fermentaciones son ejemplos de procesos catabólicos. Son lo contrario del **anabolismo** o 'metabolismo constructivo', procesos en los que se forman y almacenan las grandes moléculas de la vida como proteínas, ADNs, etc.

coenzima A')[506], compuesto que, mediante el llamado **ciclo de Krebs** o ciclo de los ácidos tricarboxílicos, acaba degradándose hasta dióxido de carbono y átomos de hidrógeno. El proceso remata con el transporte de los hidrógenos liberados, mediante diversas proteínas (que implican intercambio de electrones), hasta que se combinan con el oxígeno molecular para dar moléculas de agua. Y, precisamente, en ese proceso de transporte, propiamente electrónico, tiene lugar la formación de moléculas de **trifosfato de adenosina (ATP)**[507] que, como se recordará, es un **nucleótido** fundamental que actúa como la unidad de energía en nuestros organismos, preparados para transportarla y liberarla en el momento en que la necesitemos. En resumen y literalmente, se trata de una combustión de la materia orgánica que libera CO_2 y H_2O, pero a temperaturas que no comprometen la vida celular gracias a la intervención milagrosa de muchas enzimas, como se comenta en el capítulo 5.

Existen otras rutas de oxidación, especialmente de la glucosa, el principal combustible celular, pero mucho más específicas y con objetivos concretos. Así, algunas células (presentes, p.e., en tejidos como el hígado, las glándulas mamarias o en la corteza adrenal) pueden comenzar transformando la glucosa en 6-fosfogluconato y, posteriormente, derivar en diversos procesos de degradación, y también de síntesis de otros compuestos (como, p.e., las pentosas y otros azúcares).

Pero aún hay más vías de degradación de los combustibles celulares en ausencia de oxígeno como, p.e., la muy primitiva **fermentación anaeróbica** (ya vista en el capítulo 9) o la conocida como **glucólisis**, que degrada la **glucosa** a **lactato** y que, en la mayoría de los animales funciona como un mecanismo de emergencia, durante pequeños intervalos de tiempo, para obtener energía cuando no se dispone del oxígeno necesario. Dado que es una degradación parcial de la glucosa, no aporta tanta energía como la **respiración celular** y, como es conocido, en muchas ocasiones, la acumulación de lactato, y su cristalización en determinados tejidos musculares, provoca lo que se conoce como **agujetas**.

En todos los casos citados, se trata de complejas series de reacciones de oxidación-reducción, que implican intercambio de electrones y formación de **radicales libres**, como los que ya vimos que se forman, p.e., en el enranciamiento de las grasas y que resultan nocivos para las propias células; aunque en pleno funcionamiento del organismo, en sujetos jóvenes y sanos, hay mecanismos que pueden eliminar estos radicales libres del interior celular, con el paso de los años o con la pérdida de eficacia celular (por multitud de patologías crónicas), se van acumulando en el medio celular y pueden provocar serios problemas de salud. Al igual que ocurre con las centrales térmicas o vehículos de combustión, que al quemar combustibles fósiles contaminan gravemente el medio ambiente, la 'quema' de combustible en las células tiene un precio en términos de 'contaminación química'. En cualquier caso, a diferencia de los combustibles fósiles, este tipo de contaminación celular es, en cierta medida, consustancial con la vida.

Sin embargo, en los últimos años hay constancia de que diversos compuestos, conocidos como **antioxidantes**, pueden neutralizar buena parte de los radicales libres formados, cediéndoles un electrón o un protón (es decir, un átomo de hidrógeno). Muchos de ellos son metabolitos secundarios de las plantas y, químicamente, suelen presentar grupos hidroxilo (-OH) unidos a anillos

---

[506] Aquí, el grupo **acetil**, con dos carbonos (CH_3-CO-), va unido, precisamente, a la **coenzima A**, un derivado que presenta un átomo de azufre (grupo tiol) y participa en la descarboxilación oxidativa de diversos ácidos.
[507] A partir del difosfato de adenosina (ADP) disponible y un grupo fosfato adicional.

aromáticos, es decir, muchos son **polifenoles**. Es el caso de diversos **flavonoides** (ver capítulos 3 y 9) que ya vimos que abundan en el té, en el vino (recordar, p.e., el **resveratrol**[508]) y en muchos derivados de plantas, así como **tocoferoles**, como la **vitamina E** que, con un único grupo fenólico, está presente, también en muchos alimentos vegetales ricos en grasas no refinadas (especialmente cuando abundan los ácidos grasos insaturados: determinados aceites vegetales, nueces, etc.)[509]. Se ha comprobado que la vitamina E evita la autooxidación de muchos lípidos y, de hecho, en el aceite de oliva virgen existen otros antioxidantes naturales, procedentes de la propia aceituna, como el **hidroxitirosol**, otro ejemplo de polifenol. Un ejemplo de gran antioxidante no polifenólico es la **vitamina C** o **ácido ascórbico**, un nutriente esencial para nuestra especie ya que nuestro cuerpo no es capaz de sintetizarlo, aunque, afortunadamente, abunda en muchas frutas y la mayoría de las verduras propias de la ingesta habitual. Lo mismo ocurre con varios carotenoides que presentan una acción antioxidante importante.

Otras 'causas naturales' de la degradación celular

Otro factor químico que implica una lenta degradación celular se encuentra en el propio núcleo de las células; como ya vimos en el capítulo 4, al hablar del **ADN** de las células eucariotas, en los extremos de los cromosomas aparecen unas estructuras que se repiten centenares o miles de veces y se encargan de protegerlos y estabilizarlos, de la misma forma que los cordones de los zapatos suelen tener unos pequeños plásticos protectores en sus extremos. En el caso del ADN son los **telómeros**, partes no codificantes de la macromolécula y que en el ser humano resultan de la repetición, miles de veces, de una secuencia de nucleótidos, como TTAGGG, pero en otros animales y en los vegetales pueden tener otra estructura. Curiosamente, la mayoría de las células procariotas, más primitivas, presentan cromosomas circulares y no precisan de esta protección.

En algunas células embrionarias eucariotas, hay una **enzima** activada, la **telomerasa**[510], que se encarga de alargar los **telómeros**; pero ya en las células maduras somáticas[511] esta enzima está reprimida. Esto lleva a que, en cada división celular, los telómeros se van acortando por pérdida de una o varias secuencias de estos nucleótidos y su recuento puede funcionar como un indicador del número de veces que se ha dividido la célula. Es como un reloj genético que marca el paso del tiempo (que se suma a otros que tenemos en el cuerpo[512]); cuando van quedando pocas unidades de esta secuencia repetida de **nucleótidos**, los cromosomas quedan desprotegidos, se vuelven inestables y la célula interrumpe la **mitosis** (división de sus cromosomas), llegando a la muerte celular.

---

[508] El **resveratrol** también está presente en las uvas, donde verdaderamente se sintetiza, seguramente como sustancia de defensa de la planta.

[509] En el proceso de refinado, al emplear disolventes orgánicos apolares para extraer el aceite, se pierde la mayor parte de esta vitamina, presente de forma natural en la fracción grasa del vegetal.

[510] La **telomerasa** es un complejo formado por una proteína y un ARN específico.

[511] Recordemos que las células somáticas son las que no son embrionarias (ni óvulos ni espermatozoides).

[512] Conocido es el **reloj circadiano** que guarda relación con determinadas sustancias como la **melatonina** (cap. 8, química del sueño) y que nos lleva a despertarnos día tras día casi a la misma hora. Otro, conocido como **reloj de intervalos**, es el encargado de determinar, en nuestro encéfalo, esa idea del tiempo subjetivo que nos hacemos y su percepción depende de diversas sustancias (neurotransmisores, enzimas, hormonas).

Gracias a los avances en ingeniería genética, actualmente se investiga como, empleando el ADN modificado de un virus (que actúa como vector), se podría sustituir el gen que codifica la síntesis de la telomerasa y hacer que esta recupere su actividad, alargando la vida media de los ratones empleados en estos experimentos. Los **telómeros** están pues relacionados con los procesos de envejecimiento, pero también con el cáncer ya que se ha comprobado que, en muchas células tumorales, la **telomerasa** recobra su actividad, y los telómeros pueden alargarse y facilitar la división y proliferación de clones de estas células malignas. En este caso, paradójicamente, la buena noticia es que puede haber fármacos que pueden inhibir la acción de la telomerasa en estos casos, impidiendo la proliferación de estas células malignas.

En el capítulo 4, al tratar de la **epigenética**, se cita el libro del bioquímico Carlos López-Otín, 'El sueño del tiempo'. En ese libro, el autor menciona otra forma de medir el paso del tiempo en las células. Lo que se podría llamar el **reloj epigenético** está relacionado con la progresiva **metilación**, incorporación de grupos **metilo** ($-CH_3$) a determinadas **citosinas** del ADN celular. Debemos recordar que la metilación de las citosinas de un gen supone, de forma general, que este gen no se exprese y acabe apagado. López-Otín cita el trabajo del equipo liderado por el matemático Steve Horvath que, estudiando los patrones de metilación de miles de personas de edad conocida (con sus millones de citosinas metiladas), ha conseguido identificar pautas de metilación que se repiten en centenares de localizaciones de diversos tipos de células de cada individuo, de forma que se puede predecir la edad cronológica de una persona con un error que no supera los tres años; seguramente, nuevos experimentos y datos permitirán refinar esta técnica como un buen marcador biológico del paso del tiempo por nuestras células.

Sin dejar el mundo de la genética, es sabido que, a lo largo de la vida, el material genético puede sufrir diversas mutaciones, alteraciones de algún nucleótido en la parte codificante del ADN y que pueden ser producidas por diversos agentes mutágenos que van desde radiaciones o electromagnéticas (rayos X, UV o rayos gamma) hasta una infinidad de productos químicos. La mayoría de las mutaciones puede que no resulten significativas y no tengan consecuencias, pero algunas pueden acabar desarrollando algún tipo de cáncer en el individuo o, según sean las células afectadas, podrán transmitirse en las siguientes generaciones y traducirse en alguna alteración en los organismos de los individuos afectados.

Entre las varias mutaciones que, a lo largo de mi vida, he descubierto que he heredado de mis antepasados, destaca una llamada 'Déficit de la Alfa-1-AntiTripsina' (DAAT). La AAT es una proteína que los humanos debemos sintetizar en el hígado y que, p.e., participa en el pulmón, ayudando en la regeneración de células dañadas después de un 'combate' entre un patógeno y el sistema inmunitario; su falta puede comprometer la supervivencia en el caso de una afección respiratoria seria, del tipo covid-19, neumonía, etc. Esa mutación, que ha llevado en su día a una ínfima variación en la secuencia de aminoácidos de la AAT, hace que la proteína que se produce se envuelva de forma incorrecta en el hígado[513], polimerice y se acumule tóxicamente en ese órgano. Y todo comenzó con un simple enlace químico entre dos átomos que, en un determinado momento, fue alterado en el interior de una macromolécula de ADN de miles de millones de átomos, pudiendo resultar determinante en las siguientes generaciones y afectando a miles de personas en el planeta, con predominio en algunas zonas geográficas concretas como, p.e., en este caso del DAAT, el norte de Europa; razón por la que algunos investigadores le han dado el nombre del 'gen vikingo'. Un sutil, casi

---

[513] Recordemos, del capítulo 4, la importancia de la estructura terciaria de las proteínas.

imperceptible y directo ejemplo de relación entre química y vida; como la química determina la 'forma' de las proteínas en la nanoescala y estas, a su vez, el propio transcurrir de la vida.

Más allá de los relojes o calendarios (genéticos y epigenéticos), ya mencionados, o de las mutaciones puntuales (sufridas o heredadas), el organismo tiene otros mecanismos relacionados con la química que nos 'hablan' del paso de los años. Resultan muy evidentes los relacionados con factores como la humedad, arrugas, cambios en la pigmentación, etc., que se manifiestan en nuestras pieles. Y, por supuesto, los relacionados con desgastes óseos (como artrosis, ...), con la tendencia a la acumulación de determinados compuestos en ciertas zonas o tejidos como, p.e., colesterol en las arterias, hecho que va comprometiendo el paso de la sangre que requieren todas las células del cuerpo. Pero hay otros mucho más específicos.

En la exquisita película hindú conocida en inglés como '*Lunchbox*', uno de los protagonistas comenta que, de joven, la habitación de sus abuelos tenía un olor característico, olor que ahora comenzaba a notar el en su propio cuerpo. Hoy en día sabemos que ese olor es debido a un compuesto, un **aldehído** de nombre 2-nonenal que, con el paso de los años, se vuelve más persistente en nuestra piel. Actúa como aquella hoja roja que precede al final de las papelinas en una libreta y que tan bien justifica aquel libro de Miguel Delibes, precisamente de título 'La hoja roja'. Por cierto, ese aldehído puede aparecer en algunas cervezas por acción de algunas enzimas (fig. 63).

Recientemente saltaba la noticia de que investigadores de la inglesa Universidad de Manchester crearon un método para detectar la enfermedad de Parkinson mediante un sencillo análisis de los lípidos de la piel; descubrieron que ciertos lípidos de alta masa molecular aparecen sobredimensionados en la mezcla grasa de la piel de los pacientes que desarrollan esta enfermedad. Y, al parecer, todo comenzó con la observación de una enfermera que había detectado que en su esposo hubo un cambio en el olor de su piel, justo meses antes de que le diagnosticaran el 'Parkinson'. Análogamente, se conocen casos de perros que, gracias a su olfato, pueden identificar personas que tiene ciertos tipos de cáncer.

VENENOS, TÓXICOS Y TOXINAS. GENERALIDADES

Somos frágiles. En general, la materia orgánica es frágil[514], especialmente por la complejidad que requiere cualquier organismo vivo: hay demasiados equilibrios que conservar para la vida. Y, más allá de radiaciones, altas temperaturas, etc., hay toda una colección de sustancias químicas que pueden hacernos daño, lenta o rápidamente, hasta producirnos la muerte. Son los **venenos**.

Siendo muy estrictos, cualquier sustancia puede hacernos daño, todo es cuestión de la dosis necesaria para conseguirlo. Con apenas 0,03 mil millonésimas de gramo por kilogramo de nuestro cuerpo, la toxina botulínica A puede matar a una persona, pero para morir por una ingesta de sal de mesa o de patatas cocidas, evidentemente, necesitaríamos (especialmente en el caso de las patatas) desmesuradas cantidades y, además, ingeridas en un corto tiempo. Incluso el compuesto más preciado para la vida, el agua, puede matarnos, por simple ahogamiento. Pero nadie considerará

---

[514] Lamentablemente, con alguna excepción preocupante como, p.e., algunos polímeros plásticos que pueden perdurar mucho tiempo inalterables en el medio ambiente o en organismos.

que las patatas cocidas o el agua son un **veneno**, ya que, en general, entendemos como tal, aquellas sustancias que, en cantidades no escandalosamente grandes, pueden producirnos una enfermedad o la muerte cuando entran en nuestro cuerpo. Sin embargo, la complejidad de la vida hace que las cosas no sean tan simples y, como veremos más adelante, la sal común para algunas personas podría considerarse como un veneno lento y discreto.

Por vía digestiva o respiratoria, por la propia piel o por las mucosas (incluso, en algunos casos puntuales, por vías específicamente invasivas como la hipodérmica), los venenos ponen a prueba, constantemente, nuestros sentidos y conocimientos. Pueden ser productos naturales o de síntesis y presentarse como un alimento o un fármaco en mal estado, o con un mal uso o abuso, pueden ser consumidos intencionadamente como droga o llegar a nuestro cuerpo por accidente, por contaminación de nuestro entorno o de la cadena trófica, por exposición prolongada en determinados trabajos, por otras personas con fines criminales, … Dada la variedad de circunstancias, respuestas del organismo, etc., es mas ajustado hablar, en forma general, de sustancias tóxicas (aunque, en toxicología, se suele emplear el término para referirse a sustancias que, siendo tóxicas, fueron producidas o derivan de actividades humanas, en contraposición al término de '**toxinas**', de procedencia natural).

Resulta evidente que cada sustancia nociva tiene su mecanismo de acción (o varios) en el organismo: sistema nervioso (central y/o periférico), aparato digestivo (en muchos casos en el hígado, pero también en el estómago, esófago, …), en los pulmones, etc.; y, en muchos casos, no actúa el propio tóxico ingerido si no un derivado que se forma en el propio organismo. Un ejemplo concreto: el **gas cloro**, empleado en la primera guerra mundial como arma química, al ser inhalado llega hasta los pulmones y, al contacto con la humedad de los tejidos, se transforma en **ácido clorhídrico** (HCl), que provoca un edema pulmonar y puede producir la muerte por asfixia; sin embargo, en nuestro propio estómago, diariamente producimos cantidades significativas de ácido clorhídrico para ayudar en el proceso de la digestión de los alimentos.

Visto lo anterior, habría que definir, para cada tóxico o producto químico, una dosis letal o cantidad mínima que podría provocarnos la muerte; pero no es tan sencillo si tenemos en cuenta que, en muchos casos, puede haber distintos grados de respuesta individual ante cada producto y, desde luego, como ya vimos, dependerá de la vía de entrada en el organismo y de otras circunstancias. Así, es mucho más fácil y eficaz definir la llamada **dosis letal media**, o **dosis letal 50 (DL50)**, como la cantidad de tóxico que provoca la muerte del 50% de la población animal que es sometida a su exposición. Obviamente, habrá una dosis letal 50 para cada tóxico y, en muchos casos, para cada forma de exposición; así, se habla de una dosis letal media aguda oral, DL50 oral crónica, DL50 dérmica, etc. En cualquier caso, un factor que se debe tener en cuenta, difícil de ignorar, es la variación de respuesta entre especies diferentes y, evidentemente, la determinación de una DL50 concreta se hace, en general, con especies de roedores (y otras especies de animales), con un metabolismo y genética que pueden diferir de los nuestros. Así, p.e., la **atropina**, presente en varias especies de solanáceas (como la belladona), es un **éster** que, en los conejos se puede romper (hidrolizar) para dar dos constituyentes (un ácido y un alcohol) inocuos, pero en los perros esta hidrólisis es solo parcial y en nuestra especie no ocurre, de ahí su fuerte acción tóxica en humanos.

Al igual que ocurre con la citada hidrólisis de la atropina en los conejos, otros ésteres son inactivados por esta vía en nuestro organismo y, también, otros compuestos equiparables (formados por la unión de dos más básicos) como, p.e., la **acetilcolina**, que es transformada en colina al retirarle el grupo **acético**. Y, obviamente, existen otros muchos tipos de reacciones que pueden participar en el proceso de eliminación de sustancias, sean tóxicas o no. Una de las principales vías es, sin duda, la **oxidación**. Y el campo de las oxidaciones es inmenso, como ya vimos al inicio de este capítulo: los alcoholes pueden pasar a aldehídos o cetonas y estos a ácidos orgánicos; y, en algunos casos, podrán darse oxidaciones totales. Igualmente, muchos compuestos inorgánicos pueden ser oxidados: p.e., los nitritos pueden transformarse en nitratos, de menor toxicidad.

Tabla 17: LD50 de algunas sustancias (desde las más tóxicas a otras de consumo habitual). Excepto indicación expresa, los datos se refieren a DL_{50} en ratas y vía oral. Observar que hay importantes variaciones en la toxicidad según la especie referida (caso toxina botulínica o la nicotina) o la forma de entrada (caso Po-210).

Sustancia	LD_{50} (en mg/kg)
Toxina botulínica A en humanos	$1 \cdot 10^{-9}$
Toxina botulínica A en ratas	$1 \cdot 10^{-8}$
Polonio-210 en humanos (inhalado)	$1 \cdot 10^{-8}$
Polonio-210 en humanos (ingerido)	$5 \cdot 10^{-8}$
Toxina tetánica A	$3 \cdot 10^{-6}$
Toxina diftérica	$3 \cdot 10^{-4}$
TCDD (ver dioxinas)	$2 \cdot 10^{-2}$
Muscarina (de *Amanita muscaria*)	$2 \cdot 10^{-1}$
Fentanilo	$3 \cdot 10^{-1}$
Tetrodotoxina	$3,3 \cdot 10^{-1}$
Bufotoxina	$4 \cdot 10^{-1}$
Sarín	$3 \cdot 10^{-1}$
Estricnina	$5 \cdot 10^{-1}$
Cianuro de sodio	7
Heroína	22
Capsaicina	47
Nicotina oral (rata-ratón-humano)	50-3.3-0.8
Cocaína	96
Nitrito de sodio	180
Psilocibina	280
Solanina	600
Arsénico elemental	760
Delta-9-THC	1.300
Etanol	7.000
Glucosa (en sangre)	26.000
Agua	90.000

Otro recurso de la **oxidación**, muy eficaz, es aplicable a cientos de sustancias orgánicas que ingerimos (tóxicas o no), y consiste en la introducción de grupos **hidroxilo** (-OH) en la cadena de átomos de carbono (literalmente, formar polialcoholes), que resultarán mucho más solubles en agua y, consiguientemente, serán más fácilmente eliminables (en la orina o en las heces). Precisamente, como ya se cita en el capítulo 2, en mi tesis doctoral presentaba un paso concreto de metabolización del **colesterol** en ejemplares de una especie de actinias marinas (*Actinia equina*), alimentados con mejillones que contenían un colesterol previamente marcado con carbono-14, observándose su transformación en **peróxidos**[515]; peróxidos que, luego, pasan a **alcoholes**.

---

[515] La participación de endoperóxidos semejantes está ya confirmada en otros casos de introducción de grupos oxigenados, p.e., en la formación de las **prostaglandinas** a partir del ácido araquidónico (vía endoperóxidos, PGG y PGH) o de varios **terpenos** muy activos que acaban formando dicetonas (en esponjas marinas), etc.

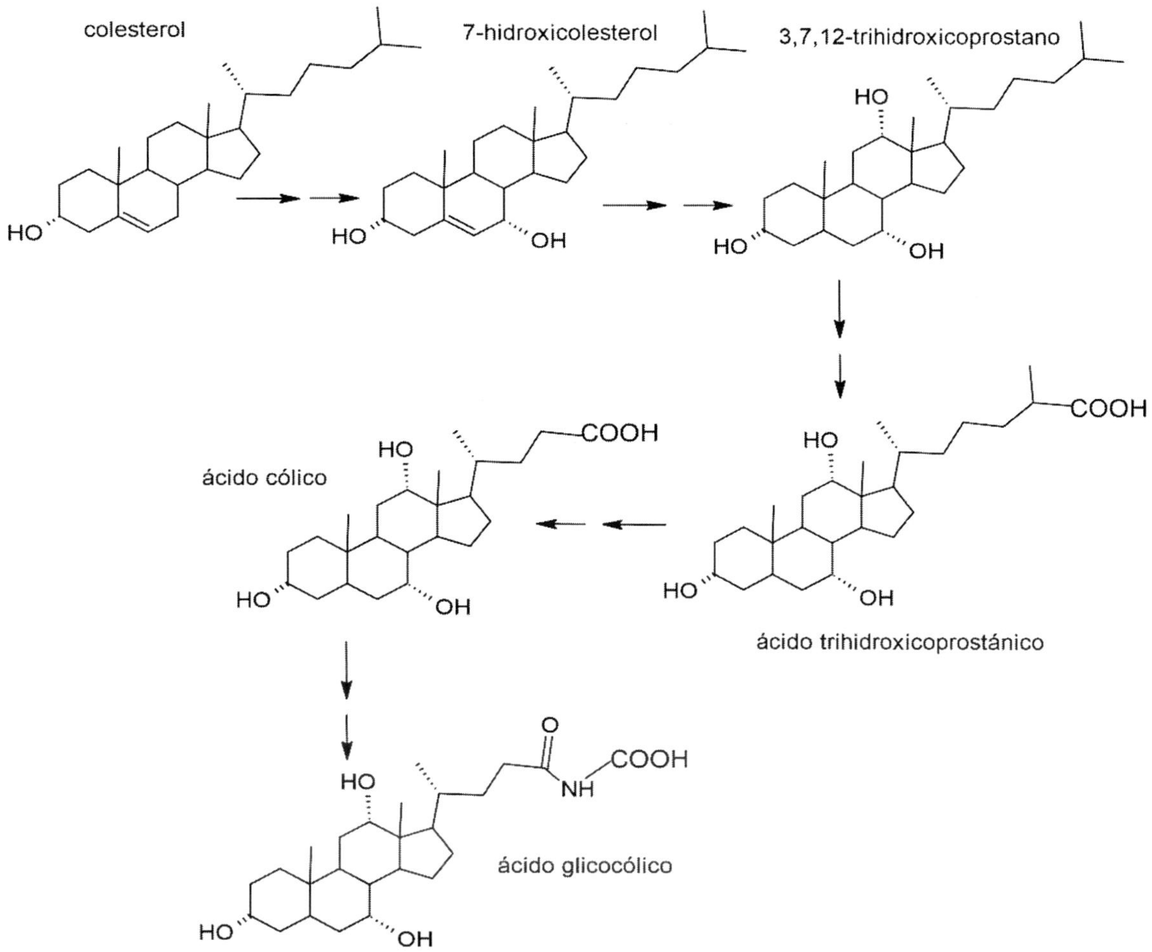

colesterol   7-hidroxicolesterol   3,7,12-trihidroxicoprostano

ácido cólico

ácido trihidroxicoprostánico

ácido glicocólico

Fig. 80.- Arriba: La transformación del **colesterol** en **ácidos biliares** en el hígado (en la figura el glicocólico) facilita su posterior eliminación al ser más hidrosolubles (aunque son parcialmente reabsorbidos en el intestino, para ayudar a la absorción de otros lípidos (ver fig. 52 y recuadro sobre el hígado). Esta vía de la hidroxilación es un ejemplo de cómo los organismos pueden eliminar algunos compuestos liposolubles. Abajo: Un paso habitual de esa hidroxilación en esteroides incluye la formación de peróxidos. Más abajo: cadenas de endoperóxidos esteroidales aislados del invertebrado marino *Actinia equina* en el trabajo de tesis del autor.

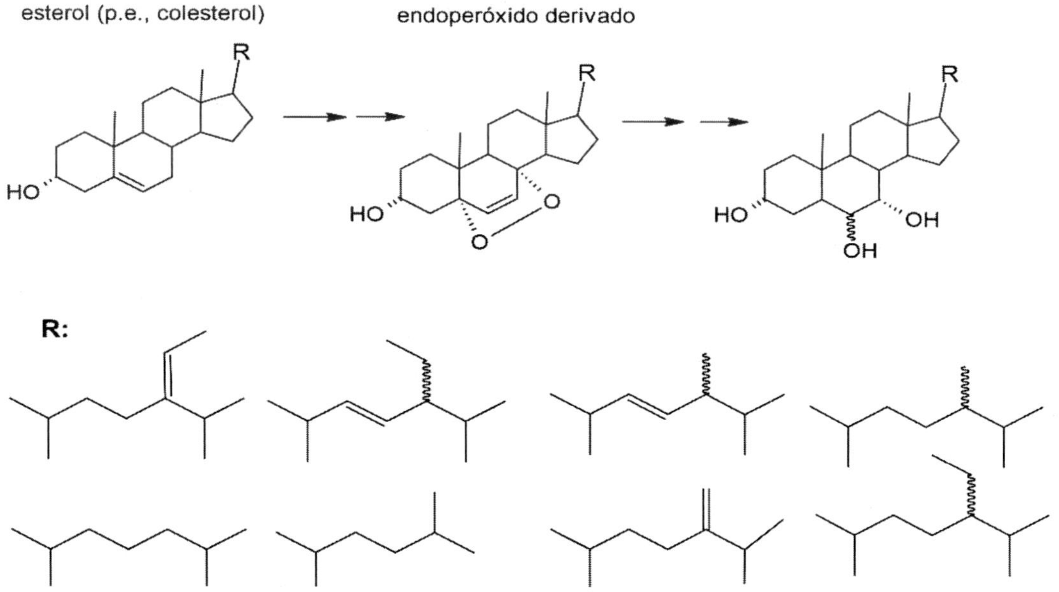

esterol (p.e., colesterol)   endoperóxido derivado

R:

En nuestro organismo se sabe, perfectamente, en que carbonos del colesterol se incorporan los grupos hidroxilos que convierten esa molécula, liposoluble, en un metabolito derivado hidrosoluble (fig. 80). De igual forma, se pueden transformar muchos compuestos aromáticos en polifenoles más fáciles de eliminar. En algunos casos, puede ocurrir lo contrario, es decir, hay compuestos que se inactivan más fácilmente por reducción; así, p.e. algunos compuestos con grupos nitro pueden ser reducidos a grupos **amino**.

Otras reacciones o recursos del organismo consisten en la **metilación** (incorporación de grupos **metilo** procedentes de la **metionina**, uno de los **aminoácidos** propios de todas las proteínas), pero también, al contrario, algunos compuestos se ven sometidos a la **desmetilación** en ese proceso de eliminación; a este último proceso se ve sometida, p.e., la **cafeína** que ingerimos en diversas bebidas y que, como ya vimos, presenta tres grupos metilo en su molécula (también, la **teofilina** y la **teobromina**, que tienen dos metilos). Lo curioso es que se ha comprobado que diferentes especies inician el proceso por diferentes metilos; en cualquier caso, perder átomos de carbono de una cadena (como los metilos) aumenta la solubilidad en agua.

Obviamente, existen muchos más mecanismos generales de 'gestión' de los compuestos en el organismo: la conjugación de compuestos (formando otros más grandes), la captura (y neutralización) de iones por proteínas, la formación de complejos, la sustitución de iones, etc. Un ejemplo de este último caso explica, p.e., el hecho de que el cloruro de sodio pueda actuar como antídoto contra la ingesta de nitrato de plata, al transformarse en cloruro de plata que es fácilmente eliminable por el organismo.

Algunos ejemplos de toxinas

Para los humanos, el veneno más potente que se conoce es una toxina (recordar que las **toxinas** son sustancias tóxicas de origen biológico). Se trata de la **toxina botulínica A** (o TB-A), producida por una bacteria, *Clostridium botulinum*, que puede proliferar en determinados alimentos conservados de forma incorrecta o mal procesados como, p.e., algunas conservas de verduras (zanahorias, judías, etc.) o carnes, especialmente de elaboración casera, contaminadas con la bacteria y que no presentan medio ácido, ya que el *Clostridium* no prospera en **pH** inferior a 4,5.

Inicialmente, en el s. XIX, el mayor número de casos identificados se relacionaba con conservas de derivados cárnicos, particularmente determinados embutidos (salchichas, etc.) y fiambres. De hecho, '*botulinum*' y 'botulismo' (como se llama la intoxicación producida) proceden del término '*botulus*' que, en latín, era 'embutido'; de ese término deriva también el nombre de 'botelo' o 'botillo' que, en las zonas más orientales de Galicia (y del Bierzo) es muy empleado en la elaboración del cocido tradicional.

Tal como se indica en el capítulo 9, para evitar la intoxicación por *Clostridium*, la mayoría de los fiambres, embutidos y otros derivados cárnicos contiene **nitritos** o **nitratos** como conservantes, que inhiben la proliferación de la bacteria. Como allí se comenta, es un ejemplo de 'mal menor' pues estos compuestos son, en determinadas dosis, cancerígenos y requieren constante vigilancia.

Químicamente, la TB-A es un **polipéptido**[516], al igual que otras siete toxinas botulínicas identificadas (hasta la TB-H), cada una con mayor o menor abundancia atendiendo a determinadas zonas geográficas; pero son todas muy tóxicas para nuestra especie excepto las formas C y D, que suelen ser más peligrosas para los animales domésticos[517]. Biológicamente, las toxinas botulínicas son **neurotoxinas**, es decir, actúan sobre el sistema nervioso; en concreto, sobre el periférico, en la unión entre el nervio y el músculo correspondiente, donde bloquean la liberación de la **acetilcolina** que, como se recordará de capítulos anteriores, es un **neurotransmisor** requerido en la contracción muscular; este bloqueo provoca una parálisis muscular que puede llevar a la muerte, por asfixia, o a graves lesiones neurológicas, por falta de oxígeno.

Curiosamente, la toxina botulínica tiene determinadas aplicaciones en medicina, p.e., como relajante muscular[518], en el tratamiento del estrabismo en oftalmología o para tratar la incontinencia urinaria en ciertos casos bien identificados. Pero, seguramente, es mucho más conocido su uso en centros de estética (especialmente las formas TB-A y TB-B), para el tratamiento de las arrugas.

En la escala de venenos más potentes, el segundo y el tercer puesto también los ocupan toxinas producidas por bacterias: la **toxina tetánica A**, producida por *Clostridium tetani*, un oportunista que aprovecha heridas no bien limpias para entrar en el organismo, y la **toxina de la difteria**, producida por *Corynebacterium diphtheriaea*; la difteria es una enfermedad infecciosa epidérmica que afecta, especialmente, a los más pequeños atacando, inicialmente, a las mucosas de las vías respiratorias y digestivas superiores. Afortunadamente, hay vacunas que pueden ayudar en la lucha contra estas dos infecciones.

Siguiendo con las toxinas, hay que citar la **tetrodotoxina** que aparece en algunos órganos del conocido como pez globo; realmente, en varias especies de Tetraodontiformes, pero también en el pulpo de anillos azules (*Octopus lunulatus*) y en otras especies marinas, incluidas ciertas bacterias y algas unicelulares. El caso es que los músculos y gónadas del pez globo no la contienen y son considerados un manjar en la cocina japonesa, pero su preparación requiere conocimientos específicos para separar las partes tóxicas, así como una gran habilidad culinaria, ya que no se elimina mediante la simple cocción del alimento. Al parecer, la habilidad de algunos especialistas es tal que se permiten dejar una cantidad mínima de este compuesto para provocar una pequeña parestesia en la boca, pero sin los graves efectos nocivos que se derivarían de su consumo no medido. Aun así, son frecuentes los accidentes que llevan a fuertes parestesias, náuseas, vómitos y debilidad muscular, pocos minutos después de su ingestión y que, sin el debido tratamiento, pueden llevar a la muerte. Es también una neurotoxina, pero, a diferencia de las TB, se trata de un compuesto cíclico poliamina y polialcohol, con solo 11 átomos de carbono (fig. 81) y actúa bloqueando los **canales de sodio** (recordar la **bomba sodio-potasio**), impidiendo, por lo tanto, la aparición y propagación del **potencial de acción**.

La **saxitoxina** es también una neurotoxina que presenta una molécula cíclica poliamina y con varios grupos alcohol. Es producida por varias especies de microalgas, concretamente dinoflagelados, que en el medio marino pueden contaminar diversas especies de moluscos bivalvos

---

[516] Dado el tamaño de este polipéptido, unos 6.760 átomos de carbono, se puede hablar de **proteína**.

[517] Al parecer, la TB-H, recientemente identificada, podría ser la más tóxica de todas las formas.

[518] De hecho, presenta un código ATC (ver capítulo 10), el M03AX01, como relajante muscular.

(mejillones, almejas, berberechos, etc.)[519]; son las conocidas como 'mareas rojas', por el color característico que adquiere el agua cuando proliferan estas algas, mareas que suelen aparecer, de cuando en vez, por las costas gallegas. También es paralizante y actúa taponando los **canales de sodio**, al unirse a las proteínas constituyentes de los mismos.

Los hongos son otra fuente de toxinas que pueden aparecer contaminando algunos alimentos; en general, se conocen como **micotoxinas**. Entre las más conocidas destacan las propias de determinadas setas venenosas, como la **muscarina**, presente en la *Amanita muscaria*, que actúa sobre determinados receptores de la **acetilcolina** en el sistema nervioso periférico (y de hecho, le da nombre a los mismos, hablándose de **receptores muscarínicos**). Pero, más allá de las propias setas, hay otros hongos y micotoxinas como, p.e., los **alcaloides** del cornezuelo del centeno y otros cereales, el *Claviceps purpurae*; en el cornezuelo, que puede contaminar harinas procedentes de cereales contaminados, se han identificado más de 20 alcaloides derivados de la **ergolina**, estructura base del **ácido lisérgico** y del isolisérgico que, como ya se ha visto en el capítulo anterior, a su vez son la base de algunas drogas y, de hecho, en la antigua Grecia, podían contaminar el vino y darle ciertas propiedades alucinógenas. También hay que citar las **aflatoxinas**, que pueden contaminar algunos frutos secos, particularmente, los cacahuetes.

También en el reino animal abundan las toxinas, en general con un papel de defensa, como es el caso de las bufotoxinas, o con la función de paralizar y matar presas como diversos venenos de serpientes, arañas[520], etc. Existen diversos tipos de **bufotoxinas** y alcaloides parecidos, correspondientes a diversas especies de sapos (y de algunas plantas) y su acción es también muy variada, encontrándose, además, compuestos **esteroidales** y con una acción directa sobre el corazón (semejante a la digitalina) o neurotóxicos, que pueden actuar, en algunos casos, sobre los canales de sodio en el músculo cardíaco o sobre diversos receptores del **SNA**. En el caso de las serpientes la variedad de venenos se dispara y también su naturaleza química y acción en los organismos. Pero en muchos casos se trata de mezclas muy complejas de **neurotoxinas** y **hemotoxinas** que, generalmente, vienen acompañadas de proteínas con fuerte acción enzimática (hidrolasas, oxidorreductasas, liasas, ...). La **cantaridina**, presente en la cantárida (*Lytta vesicatoria*), un insecto coleóptero que en pasados siglos era empleado como afrodisíaco, fue responsable de muertes por accidente en la dosis o como veneno, en el uso criminal; y otro ejemplo de proteínas neurotóxicas bien identificadas son las **latrotoxinas**, principales integrantes del veneno de arañas como la viuda negra, que actúan sobre los sistemas colinérgicos de la víctima.

Pero, sin duda, la mayor fuente de toxinas en la Naturaleza se puede encontrar entre los vegetales, donde el mundo de los **metabolitos secundarios** con carácter defensivo lleva mucho tiempo 'experimentando' como envenenar mejor, dada su imposibilidad de huir de los depredadores. Algunos de estos compuestos tóxicos, por debajo de las dosis letales, son empleados como drogas y ya ha hablado de ellos en el capítulo anterior. Y muchos, la gran mayoría, son **alcaloides**, con estructuras muy variadas que derivan, p.e.:

-de la **piridina**, como es el caso de la **cicutina** o **coniína** (presente en la cicuta[521]).

---

[519] Aunque también puede contaminarse otros crustáceos como cangrejos, camarones, gambas e, incluso, algunos peces que comen plancton.
[520] En el apartado de neurotoxinas del capítulo 7, al hablar del sistema nervioso, se citan varios ejemplos.
[521] Nombre común de varias especies del género *Conium*, que despiden un olor fétido muy característico.

-del **indol**, como p.e., la brucina y la **estricnina**[522] (dos neurotoxinas presentes en plantas del género *Strychnos*) o la yohimbina (presente en la corteza de un árbol africano, *Pausinystalia johimbe*).

-del **pirrol** y, a la vez, de la **piridina**, como ocurre con la **anabasina** y la **nicotina**, los dos presentes en plantas del género *Nicotiana*[523]. Dos alcaloides tóxicos (ver 'tabaco', cap.10) empleados tradicionalmente como insecticidas. Aunque pueda resultar habitual ver fumar tabaco con nicotina, se han reportado accidentes mortales por consumo de unos pocos gramos de tabaco en infusión.

-de la **isoquinoleína**, como la tubocurarina (presente en la planta *Chondodendron tomentosum*, una de las plantas que responden al curare, venenos empleados en las flechas por indígenas del Amazonas), la emetina (extraíble de la raíz de la ipecacuana o raíz del Brasil), que tuvo uso como amebicida, pero puede presentar serios problemas cardiovasculares, o varios alcaloides del opio (papaverina, laudanosina, narcotina, ... ver capítulo 10).

-del **fenantreno** como, p.e., la **colchicina** (presente en plantas del género *Colchicum* y que, en dosis muy bajas, tiene aplicación en medicina), o diversos alcaloides presentes en el opio (**morfina, tebaína**, etc.);

-del **tropano** como la **atropina**, **escopolamina** e **hiosciamina**, que abundan en plantas venenosas, de la familia de las solanáceas como la belladona, el estramonio o el beleño (y de las que ya se ha hablado en el apartado de drogas), o la **cocaína**, isococaína y otros componentes del *Erythroxylon coca*.

Hay también alcaloides tóxicos de muy difícil clasificación. Algunos como la veratrina o la solanidina presentan una estructura base típica de los **esteroides**, aunque conteniendo un átomo de nitrógeno. La **veratrina** está presente en plantas del género *Veratrum* mientras que la **solanidina** forma parte de un glucoalcaloide, la **solanina**[524], que se encuentra en diversas solanáceas, incluidas patatas, tomates o berenjenas. La presencia de la solanina se hace más significativa cuando la patata presenta un característico color verdoso; se sabe que en el organismo se descompone liberando los azúcares y la solanidina. Esta última puede provocar diversas alteraciones neuromusculares, actuando como inhibidor de una **enzima**, la colinesterasa, que cataliza la **hidrólisis** de la **acetilcolina** en las **sinapsis** neuronales. La **veratrina** es una potente neurotoxina que actúa inhibiendo la desactivación de los **canales de sodio** en las neuronas, un mecanismo idéntico al de la aconitina, otro alcaloide de difícil clasificación (con una compleja molécula de anillos bicíclicos y grupos oxigenados), que se encuentra en el acónito (género *Aconitum*). Apenas 2 mg de aconitina pueden provocar la muerte de una persona adulta.

---

[522] Las dos toxinas actúan estimulando el SNC, provocando gran agitación con dificultades respiratorias y convulsiones que pueden llevar a la muerte. La estricnina fue empleada, tradicionalmente, como pesticida, sobre todo como raticida.

[523] La anabasina abunda en la *Nicotiana glauca* y la nicotina en la *Nicotiana tabacum*.

[524] Un **glucoalcaloide** se forma al combinar un **alcaloide** con una cadena lateral de carbohidrato. En concreto, la **solanina** resulta de fusionar la molécula de **solanidina** con 3 azúcares: **glucosa**, galactosa y ramnosa.

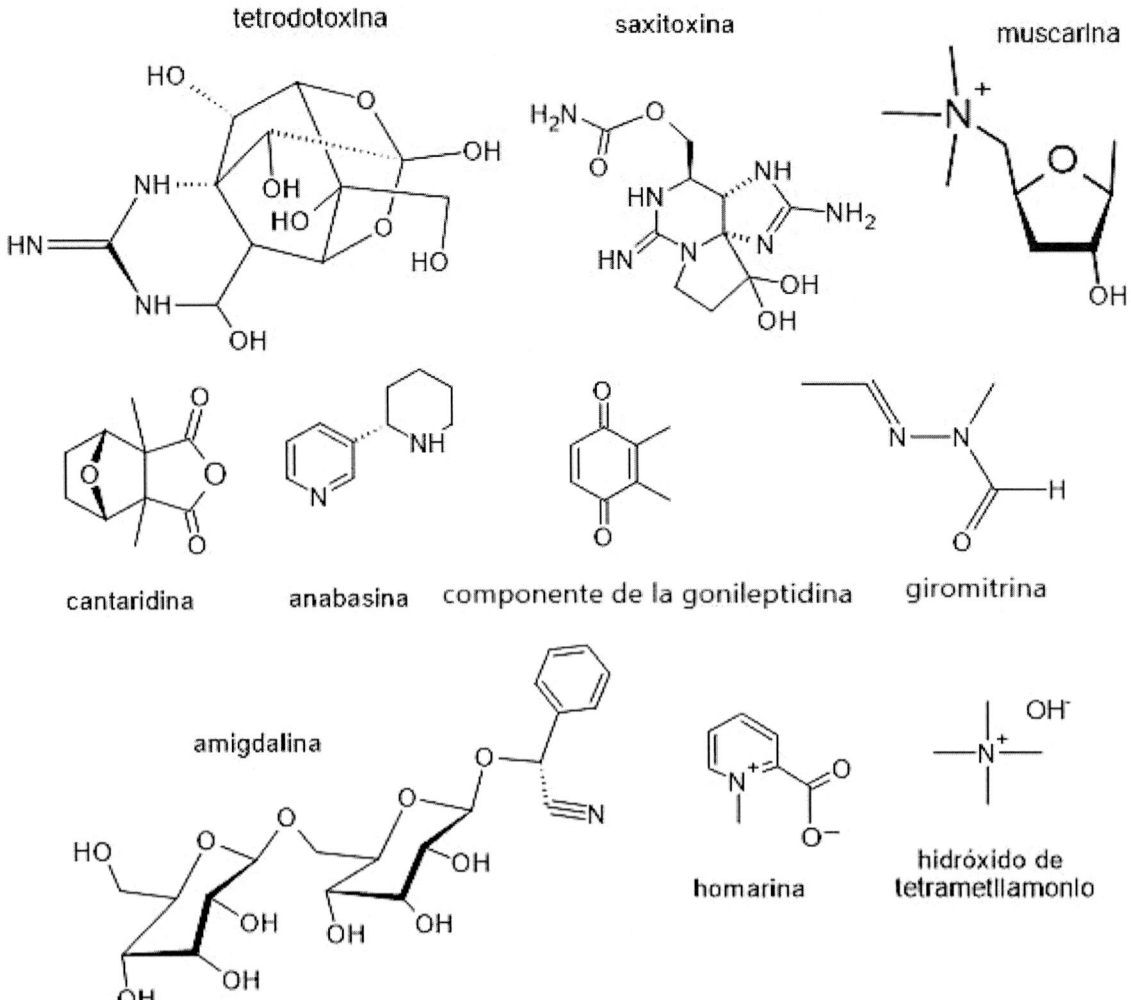

Fig. 81.- Estructuras de algunos **venenos naturales**: la **tetrodotoxina** y la **saxitoxina** son dos potentes **neurotoxinas** (ver cap. 7); la anabasina, presente en el árbol *Nicotiana glauca*, tiene una estructura parecida a la de la nicotina (fig. 79); la **muscarina** está presente en la seta *Amanita muscaria* y la **giromitrina** es propia de otra seta, *Helvella esculenta*. La cantaridina fue aislada de un coleóptero (*Lytta vesicatoria*) y la **amigdalina** es un veneno presente en las semillas de muchas plantas y frutas. La gonileptidina es una mezcla de benzoquinonas (en la figura una de ellas) y es el veneno que usan arañas de la familia *Gonyleptidae*. Por último, la **homarina**, forma parte del veneno de los cónidos marinos (*Conus geographus*) que, para los humanos, puede ser mortal. El hidróxido de tetrametilamonio, es base del tóxico que disparan las anémonas de mar (como *Anemonia sulcata* y *Actinia equina*), invertebrados muy frecuentes en la costa gallega y sobre los que el autor ha trabajado en la búsqueda de derivados esteroidales.

Aunque los **alcaloides** son la gran baza defensiva de las plantas, también hay, por supuesto, muchas toxinas de origen vegetal fuera de esta familia de compuestos nitrogenados. Así, podemos encontrar muchos **glucósidos**, estructuras que resultan de combinar uno (o varios) azúcares con otra molécula[525]. P.e., la **digitalina** o digoxina, presente en la dedalera (*Digitalis purpurea*) es una toxina que actúa sobre la **bomba sodio-potasio** en las fibras musculares cardíacas y la molécula que se une a los azúcares es de tipo **esteroide**.

---

[525] En este contexto, en general, esa molécula unida al azúcar recibe el nombre de **aglicona**.

Otro glucósido tóxico, en este caso cianogénico, es la **amigdalina**, muy abundante en el mundo vegetal, especialmente en las semillas de diversas plantas de la familia *Rosaceae*[526] como, p.e., las almendras amargas o las semillas de los melocotones, albaricoques, etc. Su presencia es responsable, precisamente, del amargor de estos productos y, químicamente, resulta de la fusión de un disacárido (la gentiobiosa) con una molécula que contiene un grupo **nitrilo** (-C≡N)[527]. Al romperse esa estructura por la acción de algunas enzimas, queda libre el **cianuro de hidrógeno** (HCN), el auténtico responsable de las intoxicaciones. Además de intoxicaciones agudas accidentales[528], el consumo de algunos vegetales muy ricos en amigdalina (como, p.e., la mandioca, ya citada en la última nota al pie) suele generar frecuentes envenenamientos crónicos por el cianuro debido a un consumo continuado, aunque se trate de dosis bajas.

Más allá de ese origen natural, las intoxicaciones por cianuros o por el ácido de referencia (el ácido cianhídrico o cianuro de hidrógeno, HCN) se han dado con mucha frecuencia y por múltiples causas. Ya sea por ingestión, inhalación del ácido (en condiciones normales es un gas) o por contacto con heridas abiertas, pueden presentar importantes problemas de toxicidad. Especialmente por inhalación, el HCN puede provocar la muerte en concentraciones más allá de los 0,3 mg por cada litro de aire e, ingerido, llega con 1 mg por kg de masa corporal. El HCN inhibe la respiración celular al bloquear varias **enzimas** que participan en ese proceso, de ahí que provoque una asfixia muy característica, particularmente debido al color azulado que adquiere la sangre.

LA QUÍMICA DE LA MUERTE Y ALGUNOS EJEMPLOS DE TÓXICOS SINTÉTICOS

Después de repasar una buena cantidad de toxinas (es decir, venenos de origen biológico), y volviendo a la lista de los venenos más potentes, el cuarto lugar en esa lista está ocupado, actualmente, por un compuesto orgánico de síntesis que responde a las siglas **TCDD**. Su nombre propio es el 2,3,7,8-tetraclorodibenzo-p-dioxina y forma parte, efectivamente, de una extensa familia de compuestos conocidos como **dioxinas**, siendo el más tóxico de esta familia (fig. 83). Más allá de las síntesis expresamente diseñadas en laboratorio, las **dioxinas** se forman en la combustión de compuestos organoclorados y son, pues contaminantes ambientales derivados de algunas actividades humanas concretas como, p.e., las plantas de incineración de basura. Suelen venir acompañadas, como fruto de esas mismas combustiones, de otros compuestos también tóxicos: los policlorobenzofuranos (PCBs). Tanto las dioxinas como los PCBs son considerados 'Contaminantes Orgánicos Persistentes' (COP) por agencias internacionales de vigilancia alimentaria como, p.e., la EFSA (Autoridad Europea de Seguridad Alimentaria); en el siguiente apartado, sobre contaminación química, volveremos pues sobre estas sustancias y su presencia en el medio y en los organismos.

---

[526] Y, también, en muchas leguminosas o, p.e., en la mandioca o yuca (*Manihot esculenta*), muy consumida en las zonas tropicales o subtropicales de África y América.

[527] En concreto, se trata de una molécula de mandelonitrilo (o 2-hidroxi-2-fenilacetonitrilo).

[528] Los accidentes alimentarios más frecuentes por el cianuro derivado de la amigdalina están relacionados con el consumo de almendras amargas, que contienen una cantidad realmente significativa de ácido cianhídrico (hasta un 10%).

Pero el **TCDD** apareció en la historia trágica de la Humanidad cuando se identificó como un producto secundario en la producción del **agente naranja**, un herbicida empleado por las tropas de los Estados Unidos en la guerra del Vietnam. Aunque en aquel conflicto se trataba de un producto secundario inesperado, en la lista de venenos potentes figuran muchos ejemplos de compuestos sintetizados expresamente como armas químicas. Entre estas hay una extensa y macabra serie de compuestos **organofosforados**, muchos de ellos declarados por la ONU como *armas de destrucción masiva*. En este grupo son clásicos, p.e., el **sarín**, el **tabún** y el somán, tres agentes nerviosos que actúan, con mucha rapidez, inhibiendo irreversiblemente la acción de la acetilcolinesterasa, la **enzima** encargada de descomponer la **acetilcolina** en las sinapsis nerviosas; como consecuencia, la persistencia de este **neurotransmisor** en esas sinapsis impide la relajación muscular, llegando a producir la muerte por asfixia.

Diversos compuestos diseñados como arma química son organofosforados, pero desgraciadamente no son los únicos, hay muchos otros ejemplos. Ya en la primera guerra mundial se emplearon sustancias como el cloro gas (Cl_2) que, incluso en la vida cotidiana, actuando como un enérgico oxidante, tiene ocasionado múltiples accidentes, especialmente laborales, tanto en la industria como en los laboratorios. A lo largo del pasado s. XX se ha diseñado (y/o, tristemente, empleado en algunos casos) varios derivados del cloro como arma química; fue el caso del **fosgeno** (CCl_2O), que también actúa como gas asfixiante, o del **gas mostaza** (agente mostaza o mostaza sulfurada), que actúa como un fuerte vesicante, o la cloropicrina (Cl_3CNO_2), un gas lacrimógeno. Por cierto, el fosgeno es muy empleado en la industria de los plásticos y la cloropicrina, además de su uso específico como antimicrobiano en farmacia, tiene también un uso frecuente en agricultura como plaguicida. Precisamente, sobre organofosforados, organoclorados y otros compuestos diseñados como plaguicidas, trata el recuadro adjunto de pesticidas.

Pesticidas

Tengan o no la consideración de 'defensa propia', muchos de los compuestos diseñados para matar pertenecen al mundo de los **pesticidas**. El propio término es un genérico que abarca insecticidas, fungicidas, alguicidas, herbicidas, acaricidas, nematocidas, molusquicidas, avicidas, rodenticidas[529], hasta los propios bactericidas. Sin duda, descartando los antibióticos (de los que ya hemos hablado en el anterior capítulo), el uso más difundido de los pesticidas o plaguicidas, aunque no exclusivo, es el agrícola. Precisamente, cuando se trata de un uso diferente al agrícola reciben también el elocuente nombre de **biocidas**[530].

Entre los más tradicionales destacan la **estricnina** (empleada como avicida y rodenticida) o varias sales de cobre (sulfato, oxicloruro, carbonatos, etc.) empleadas como alguicidas y fungicidas, junto con sales de mercurio (cloruro, fosfuro, etc.), empleadas como molusquicidas y rodenticidas. El boom de la agricultura y de otras áreas de producción (como las maderas) llevaron al desarrollo de miles de compuestos empleados en diferentes actividades y con diferentes objetivos. Al igual que ha ocurrido con las armas químicas, dos de las familias más extensas son las que abarcan los **organofosforados** y los d**erivados halogenados,** especialmente clorados. Hay ejemplos de organoclorados empleados como acaricidas, avicidas, fungicidas (diclorometano, cloropicrina,

---

[529] Los rodenticidas empleados contra roedores como, p.e. ratas y ratoncillos (raticidas) o plagas menos habituales o más localizadas de conejos, etc.

[530] Con mayor detalle, cabe distinguir entre biocidas y productos fitosanitarios.

hexaclorobenceno, ...), pero su mayor explosión se ha dado en los campos de los insecticidas y herbicidas.

Desde que, durante la segunda guerra mundial, se sintetizó el primer herbicida clorado, el 2,4-D (o ácido diclorofenoxiacético), han sido varios los compuestos diseñados en esta misma línea; en la producción de uno de ellos, del 2,4,5-T (o ácido 2,4,5-triclorofenoxiacético) es donde apareció el **TCDD** ya citado en el texto. Precisamente, el llamado 'agente naranja' (empleado en el Vietnam) era una mezcla de **ésteres** butíricos de esos compuestos. Pero en el campo de los insecticidas fue donde más organoclorados se inventaron y, también, los que más acabaron contaminando diferentes hábitats a lo largo de todo el planeta. Seguramente, resulten tristemente conocidos el **DDT**[531] y el **lindano** (uno de los **isómeros** del HCH[532]), pero serían diseñados muchos más como, p.e., ciclodienos clorados[533] (como el **aldrín**, **dieldrín**, endrín y derivados) o **terpenos clorados** (como el clordano, heptacloro, toxafeno, ...).

Es precisamente la resistencia de muchos de estos productos a ser degradados en el medio natural, junto con su fácil propagación por todo el planeta y su bioacumulación (al ser muy liposolubles pueden irse acumulando en los tejidos y grasas una vez entran en la cadena trófica), lo que los ha convertido, ciertamente, en un peligro para la vida en el planeta. Recordemos que, en mayor o menor medida, todos los pesticidas pueden considerarse tóxicos para nuestra especie y mamíferos próximos; y, de las tres categorías en que suele clasificar su toxicidad, muchos de estos organoclorados (aldrín, clordano, heptacloro, etc.) pertenecen al grupo C, el de los más tóxicos. Otro inconveniente del uso indiscriminado de pesticidas es que muchos de ellos participan en la extinción de diversas especies de polinizadores (abejas, mariposas, etc.), hecho que está llevando a la pérdida de rendimiento, incluso a la pérdida total, de cosechas de vegetales de uso en alimentación.

También fueron muchos los derivados organofosforados sintetizados con diferentes fines como, p.e.: fungicidas (pirazofos, ...), nematocidas (terracur, nemacide, ...) y diversos insecticidas y acaricidas (derivados fosfónicos y tiofosfóricos como, p.e., paratión, malatión, etc.) o herbicidas como, p.e., el glifosato (fig. 82) que acaba, de forma indiscriminada, con todas las plantas excepto las previamente tratadas con ingeniería genética para hacerlas resistentes al mismo. Pero hay otras familias extensas en el mundo de los biocidas y productos fitosanitarios como, p.e., los derivados del ácido carbámico o **carbamatos**, empleados como raticidas, fungicidas, nematocidas, insecticidas (como el carbaril), ..., los derivados de la **triazina** (empleados como alguicidas (p.e., la cibutrina), fungicidas (anilazina), herbicidas (atrazina, simazina, ...) o los herbicidas derivados de la urea (como diurón, linurón, etc.); o los derivados de **aldehídos** o **cetonas** como fungicidas o molusquicidas[534] (el metaldehído, un tetrámero del acetaldehído, es un ejemplo).

Obviamente, es imposible incluir aquí una descripción de los mecanismos, ni tan siquiera una lista exhaustiva de tantos pesticidas diseñados de forma específica[535]. Entre los aspectos más negativos habría que destacar que, en muchos casos, junto al daño que para el medio ambiente pueden suponer algunos de estos productos, está el uso indebido y no específico, precisamente, por falta de conocimientos y/o preparación de quien opera con tales productos, ante un mundo

---

[531] **DDT** son las siglas del 1,1,-di-(clorofenil)-2,2,2-tricloroetano. Prohibido en el 1972 por la EPA (Agencia de Protección Ambiental USA), aún ahora, en el 2022, salen estudios que comprueban que los efectos perjudiciales de este pesticida (que se ha llegado a 'vender' en su día como un 'benefactor de la Humanidad'), persisten cuando menos a lo largo de tres generaciones. Ver, p.e., el informe de Barbara Cohn, referido en el Investigación de Ciencia de julio del 2021.

[532] **HCH** es como se conoce el 1,2,3,4,5,6-hexaclorohexano.

[533] Su nombre no se refiere tanto a la estructura (un ciclo con dos dobles enlaces) como a la reacción empleada en su producción, llamada 'síntesis de Diels-Alder', de ahí nombres como aldrina (o aldrín), dieldrina (dieldrín).

[534] Especialmente para combatir las plagas de caracoles y babosas en agricultura.

[535] Un clásico sobre el tema es el tomo de 'Química agrícola II. Plaguicidas y fitorreguladores', de E. Primo y J.M. Carrasco. Más reciente, 'Principios de Química Medioambiental', de Miguel A. Sierra y Mar Gómez Gallego.

comercial muy competitivo y ansioso de beneficios; y, por supuesto, está la acción de la mayoría de estos compuestos en el organismo, muchos potenciales disruptores endocrinos o cancerígenos.

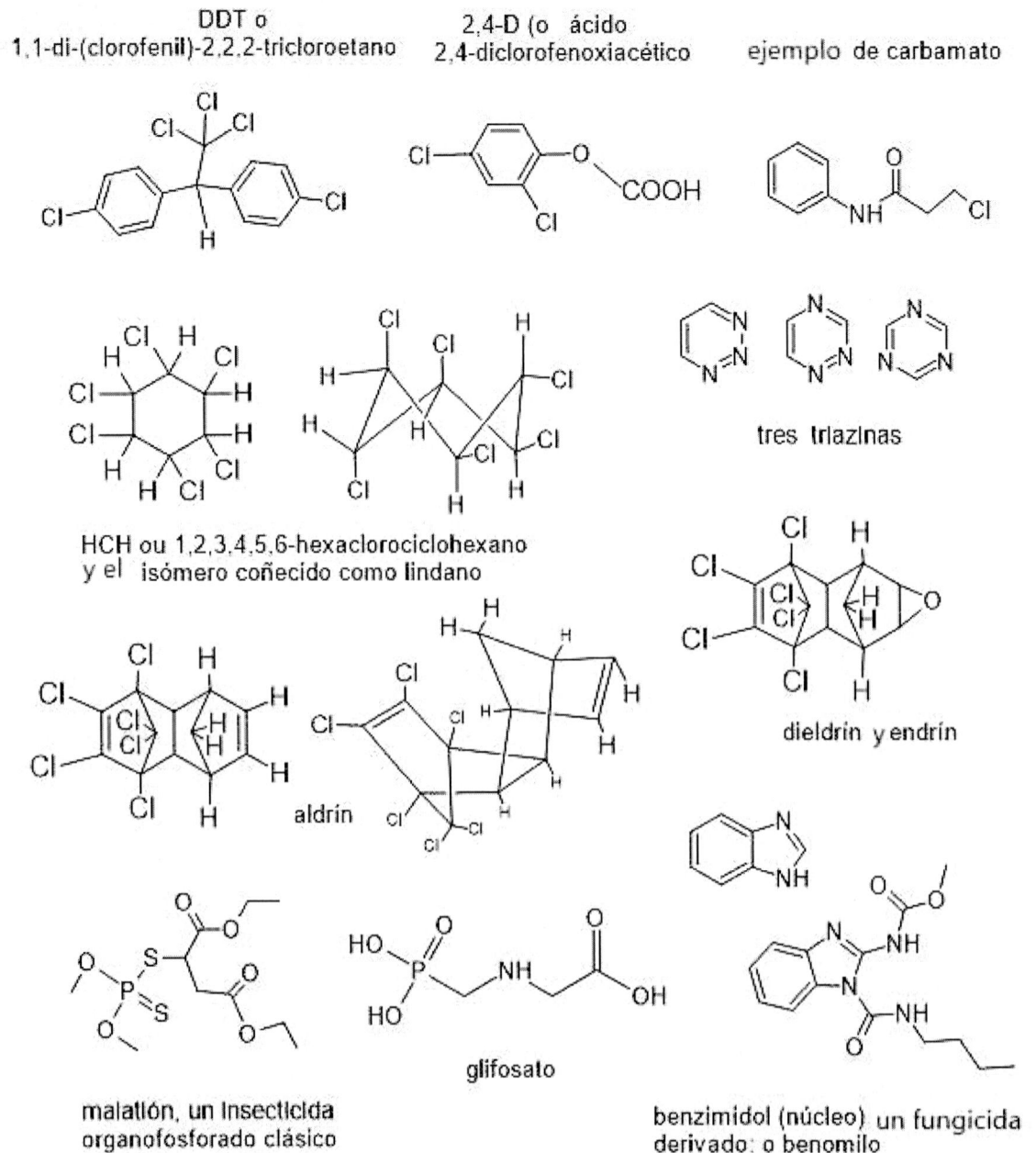

Fig. 82.- Algunos plaguicidas ya clásicos. Entre los organoclorados aparecen: el **DDT**, que acabó esparcido y contaminando muchos ecosistemas del planeta, el 2,4-D, uno de los primeros herbicidas de este tipo, el **HCH** (y el **lindano,** uno de los isómeros posibles), el **aldrín** (se da una fórmula y otra más desarrollada) y, también, la fórmula de dos isómeros: el dieldrín y el endrín. También figuran ejemplos de uretanos o **carbamatos**, empleados como **herbicidas**, las fórmulas de las posibles triazinas (que dan lugar a muchos derivados usados como plaguicidas) y del **malatión**, un ejemplo de **organofosforado** clásico. El benomilo es un derivado del benzimidazol (este núcleo se emplea como fármaco contra la enfermedad de Chagas). El controvertido **glifosato** es un organofosforado empleado como herbicida, con graves implicaciones medioambientales, pues acaba con todos los vegetales excepto los que, mediante ingeniería genética, se hacen resistentes.

Entre los aspectos más positivos hay que citar la lenta, pero progresiva, toma de conciencia de los daños colaterales de estas sustancias y el incremento del conocimiento sobre los mecanismos de actuación, hecho que está orientando la lucha contra las plagas en otras direcciones: p.e., empleando productos naturales menos agresivos y/o nuevas estrategias, como el uso de **feromonas** y/o **alomonas**, que ya se vienen empleando por diversas especies vegetales contra insectos herbívoros; feromonas sexuales empleadas para atraer a trampas a determinados insectos o feromonas y alomonas (p.e., las producidas por la citronela o la lavanda) que repelen a diversas especies de insectos, o productos y estrategias que pueden inhibir el crecimiento de ciertos depredadores, etc. Un ejemplo interesante de insecticidas naturales es el de la familia de las **piretrinas** (obtenidas de diversas especies de crisantemos) y piretroides (análogos sintéticos de las anteriores); pueden no resultar tan fuertes en su toxicidad para los insectos, pero resultan más fácilmente biodegradables, un factor que mejora su eficacia real. O, también, nuevas generaciones de herbicidas que emplean **terpenos** naturales (como el D-limoneno), vinagres, harinas especiales, aceites esenciales (como los que producen los nogales para inhibir el crecimiento de otras plantas próximas), nematocidas derivados de compuestos del ajo, etc.

Más allá de las toxinas sintetizadas en la Naturaleza (por animales, bacterias, vegetales, hongos, ...) y de los tóxicos sintetizados intencionadamente en los laboratorios por nuestra especie (en los dos casos con fines defensivos o, claramente, ofensivos), hay muchísimas otras sustancias que se forman en infinidad de procesos químicos o biológicos y que resultan, también, muy tóxicas para nuestra especie e/o para otras especies próximas. En el siguiente apartado, sobre contaminación química, se dan algunos ejemplos de este tipo de sustancias tóxicas presentes en el medio, pero algunas se forman, precisamente, al procesar alimentos que ingerimos o materiales (como plásticos, etc.) empleados para transportar o conservar los alimentos.

Ejemplos de este tipo de sustancias tóxicas son los **Hidrocarburos Aromáticos Policíclicos (HAPs)** que se forman en procesos de combustión incompleta de la materia orgánica; como contaminantes del medio se producen cantidades significativas en la combustión de la basura, de carbón o de los derivados del petróleo (gasóleo, gasolina, fuel, ...), pero como tóxicos más próximos pueden formarse durante la preparación de alimentos (especialmente carnes) asados o fritos en exceso, tostadas muy torradas, ahumados, etc.; de forma muy significativa aparecen en el humo del tabaco en todas sus variantes. Son más de cien compuestos químicos y lo habitual es que aparezcan como mezclas complejas en todos los contextos anteriormente citados, pero puestos a destacar alguno, hay que mencionar el **metilcolantreno** y los **benzopirenos**. Diversas investigaciones, particularmente con los dos mencionados, demuestran que los HAPs son cancerígenos y que, en determinadas dosis o en un consumo prolongado, pueden causar problemas de coagulación sanguínea o en el sistema inmunitario al disminuir, respectivamente, el número de plaquetas y de leucocitos en sangre[536].

Otros ejemplos de productos orgánicos tóxicos que se forman durante algunos procesados de los alimentos son el **glicidol** (2,3-epoxi-1-propanol) y el **3-MCPD** (o 3-monocloropropano-1,2-diol) que se forman, p.e., en el refinado de algunos aceites vegetales y, en general en el cocinado de alimentos ricos en grasas a temperaturas superiores a los 200ºC. La Agencia Internacional de

---

[536] Se pueden consultar las fichas que el Ministerio de Consumo presenta en su página web y en las que se da cuenta de información suministrada por la **EFSA**.

Investigación del Cáncer (IARC) incluye estos compuestos como posibles cancerígenos y consideran el glicidol (y sus **ésteres** derivados) como genotóxicos. Otro ejemplo: la **acrilamida**, un probable cancerígeno que se forma al cocinar o procesar alimentos que contienen mucho **almidón** cuando se someten a altas temperaturas como es el caso de la fritura o asado. Su formación está relacionada con las **reacciones de Maillard**, de las que ya se ha tratado en el capítulo 9, sobre alimentación. Y así podríamos seguir hablando de muchos compuestos orgánicos, cada vez más, que son o pueden resultar cancerígenos en humanos, como el **furano** (que se forma en determinados procesados de alimentos a partir de aminoácidos, ácido ascórbico, ácidos grasos, etc.) o el **etilcarbamato**, en bebidas alcohólicas destiladas y, por supuesto, algunos adictivos alimentarios que ya han sido prohibidos en algunas legislaciones o llevan tiempo bajo sospecha, como se indica en el capítulo 9.

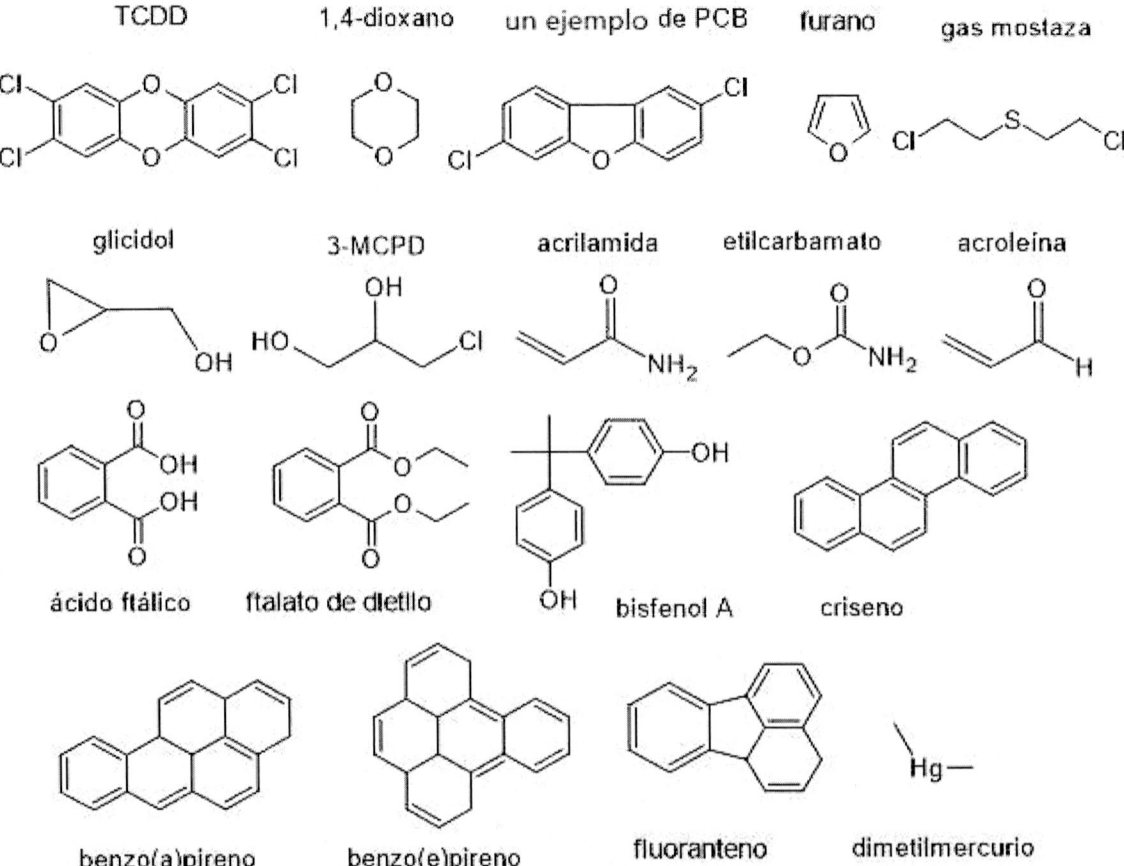

Fig. 83.- El **TCDD** y otras **dioxinas** (derivadas del 1,4-dioxano) son importantes contaminantes ambientales que se forman en la combustión de determinados productos orgánicos (p.e., en las incineradoras) cuando hay cloros disponibles. Resulta habitual incluir también en la familia de las dioxinas a los también tóxicos **PCBs** (derivados del furano). Los **HAPs**, también contaminantes que se forman en la combustión de la materia orgánica, están presentes en el humo del tabaco y en alimentos muy tostados o ahumados; aquí figuran como ejemplos de HAP: dos benzopirenos, el criseno y el fluoranteno, pero hay muchos más. También aparecen durante el cocinado de los alimentos (en cualquier modalidad) compuestos como, p.e., el **glicidol**, el 3-MCPD, la **acrilamida**, **acroleína** y **etilcarbamato**. Otros tóxicos son constituyentes de plásticos (p.e., ftalatos, derivados del ácido ftálico) o el **bisfenol A**. Sobre este último se sabe que es un potente perturbador endocrino, muy usado en la fabricación de plásticos. El **dimetilmercurio** es una de las formas orgánicas contaminantes en que se presenta el mercurio (p.e., presente en las grasas de grandes peces donde se concentra) y el **gas mostaza** (arriba) es un ejemplo histórico que nos recuerda el terrible uso de las armas químicas.

Pero no solo aparecen tóxicos alimentarios a la hora de procesar alimentos de forma inadecuada, también pueden estar presentes en los propios contenedores; así, p.e., el **bisfenol A** ha estado bajo sospecha desde la década de los 1930 y su toxicidad en los humanos está hoy bien confirmada y es uno de los varios **perturbadores endocrinos (o disruptores endocrinos)**, esto es, compuestos que pueden alterar la acción de una u otra hormona presente en el organismo; en concreto, el bisfenol A puede unirse a los receptores de **estrógenos** y causar desequilibrios graves en el sistema hormonal correspondiente. Hace poco escuché una frase adecuada a este caso: *'estos perturbadores endocrinos hackean la acción de las hormonas'*; así provocan diversas enfermedades y patologías, y varios de ellos están o estuvieron (hasta su prohibición) presentes como adictivos en algunos plásticos de uso habitual. Efectivamente, el bisfenol A es un derivado del fenol y está presente en algunos plásticos, particularmente en los policarbonatos. Otro ejemplo de este tipo de tóxicos que contaminan determinados plásticos es el de la familia de los **ftalatos**.

En un cuarto bloque de sustancias tóxicas que pueden suponer una amenaza para la vida estarían las sustancias inorgánicas (compuestos y elementos químicos) presentes en la Naturaleza y que, en determinadas circunstancias, pueden ser liberadas o concentradas. Algunas fueron venenos tradicionales, intencionada o accidentalmente, sobre todo en determinadas actividades laborales; otros derivados inorgánicos, por el contrario, son tóxicos de nueva aparición al descubrirse su utilidad en productos industriales o comerciales en nuevas tecnologías, xa sea por la presencia en los mismos o por contaminación durante el ciclo de explotación. Un ejemplo de esto último podría ser el caso del **cadmio**, metal muy empleado en la elaboración de baterías, pigmentos, plásticos y nuevas aliaciones y que se ha convertido en un contaminante (sistemático) de nuevo cuño de aguas, tierras y aire, así como en determinados niveles de la **cadena trófica**. Otro ejemplo de compuestos inorgánicos peligrosos, aunque no de aparición tan reciente, son sales de **cromo**, especialmente de cromo hexavalente (VI) (como cromatos, dicromatos y el trióxido de cromo)[537].

Para comenzar por los inorgánicos más tóxicos, habría que escoger un compuesto raro: el **tetróxido de osmio** (OsO_4), un sólido cristalino que sublima a temperatura ambiente (haciéndolo más peligroso aún). Pese a derivar de un elemento raro (el osmio), tiene diversas aplicaciones (relativamente recientes) en laboratorios (síntesis orgánica, tinciones biológicas para microscopía electrónica, síntesis de plásticos, etc.). Pero en esta línea, sin duda no podemos olvidarnos del **polonio-210** que, en los seres humanos, compite con las toxinas más mortíferas (ver tabla 17) y que, por cierto, en ocasiones aparece en el humo del tabaco, pues las plantas absorben pequeñas cantidades de la atmosfera y lo concentran[538]. Pero, atendiendo al número de accidentes que cada año provoca, hay que mencionar la intoxicación por **monóxido de carbono** (CO), que se produce cuando, por diferentes motivos, se dan combustiones incompletas en espacios cerrados, ya sea en braseros, cocinas, vehículos de combustión, etc. Dado que el CO es un gas inodoro, incoloro e insípido, su presencia no es detectable y, al ser inhalado se une a la hemoglobina de la sangre, sustituyendo al oxígeno[539], impidiendo que este llegué a las células, es la llamada 'muerte dulce'.

---

[537] Entre otras acciones, resultan cancerígenas y genotóxicas. Lo curioso es que las sales de cromo(VI) son más peligrosas debido a que pueden atravesar con mucha facilidad la membrana celular y reducirse a la forma de cromo(III), más estable y la que acaba dañando al organismo.

[538] El humo, además, puede participar en la fijación en los pulmones de trazas de polonio presentes en el aire.

[539] Se calcula que la afinidad del CO por la hemoglobina es entre 250 y 300 veces superior que la del oxígeno.

El hecho de convivir con diversos minerales a lo largo de la historia hace que muchas intoxicaciones con compuestos inorgánicos, derivados de uno u otro elemento químico, tengan un nombre específico. Así, se habla de **saturnismo**, para definir el envenenamiento con plomo (p.e., al beber agua de tuberías hechas con este metal o alimentos que lo contienen o pinturas que empleaban derivados del mismo), de **hidrargirismo** (relacionado con el envenenamiento por mercurio, especialmente en trabajadores de las minas), de **arsenicismo** o arsenicosis (por intoxicación con arsénico), de **asbestosis** (al inhalar partículas de amianto o asbesto, minerales que presentan minúsculas fibras que dañan el tejido pulmonar), de **silicosis** (también afección pulmonar, producida por la inhalación de polvo de sílice, etc.). Algunos de los elementos aquí citados (como el plomo, mercurio o arsénico) se han convertido en un problema de toxicidad específica al entrar en las cadenas tróficas, como contaminantes medioambientales y volveremos sobre ellos en el siguiente apartado. Precisamente, algunas formas orgánicas de estos metales son las más tóxicas, como ocurre con el metilmercurio[540] y, especialmente, el **dimetilmercurio**[541], o el **tetraetilo de plomo** (que llegó a ser un problema planetario al diseñarse como aditivo de las gasolinas, según se cuenta en el siguiente apartado sobre contaminación).

En el apartado de generalidades de los venenos y tóxicos se comenta que todo puede ser tóxico, es cuestión de la dosis necesaria para que se manifieste como tal. Habría que añadir un par de matices a tal afirmación: por un lado, muchos elementos químicos que pueden resultar un veneno para el organismo son requeridos por el mismo en cantidades ínfimas, es el caso, p.e., del propio arsénico; pero, por otro lado, existe un fenómeno de bioacumulación por el cual hay sustancias que absorbemos en dosis bajas o muy bajas, aparentemente inocuas para el organismo, pero que no se eliminan, se van acumulando hasta resultar realmente tóxicas. Varios metales pesados y muchos derivados orgánicos (como los derivados halogenados y organofosforados, muchos de ellos plaguicidas ya vistos en este capítulo) son bioacumulables y potencialmente suponen un grave riesgo para la salud o, directamente, para la vida en el planeta.

Por otro lado, en las sociedades actuales más desarrolladas, que van acumulando grandes sectores de población con vida muy sedentaria, el llamado 'tridente' (formado por el azúcar, la sal y las grasas saturadas) actúa como un veneno lento pero contundente, provocando o exacerbando diferentes patologías. Nutrientes básicos y necesarios para la vida que se convierten, por hábitos sociales, en potenciales venenos.

En esa misma línea, que define sustancias que inicialmente serían inofensivas (incluso que son realmente imprescindibles) pero que se pueden convertir en venenos, las hay que, atendiendo a metabolismos específicos con alguna alteración significativa, pueden acabar actuando como un veneno selectivo. Son bien conocidos algunos casos de alergias a determinados alimentos como, p.e., los cacahuetes, algunos mariscos, etc.; aunque cabe distinguir claramente este tipo de alergias, que pueden llegar a ser mortales ante un choque anafiláctico[542], de las intolerancias alimentarias,

---

[540] Que pueden sintetizar diversos microorganismos a partir del mercurio elemental y que se acumula en los tejidos grasos de diversas especies que participan de la cadena trófica.

[541] Uno de los neurotóxicos más potentes que se conocen. La inhalación de unos 0,1 mL de sus vapores puede producir la muerte de un humano.

[542] Recientemente, salía en la prensa la muerte de una adolescente al tomar café contaminado con trazas de una proteína de la leche (**caseína**), sustancia a la que era alérgica; una proteína inocua para la gran mayoría de humanos y que puede resultar mortal para algunas personas. ¡Así de compleja es la vida!

como es el caso de la enfermedad celíaca (intolerancia al gluten de ciertos cereales que puede dañar el intestino delgado y alterar la absorción de muchos nutrientes básicos) o de la intolerancia a la lactosa (por ausencia de una **enzima**, la **lactasa**, que permite su digestión).

CONTAMINACIÓN Y VIDA

En este apartado, más que de accidentes puntuales que, a veces, pueden provocar graves impactos, aunque en general geográficamente localizados, analizaremos muy brevemente el tema de la contaminación sistémica y antropogénica (producida o provocada por nuestra especie), contaminación que, en cualquiera de los medios con los que interactuamos (tierra, mar y aire), puede resultar una amenaza global para la vida. Pero esto no significa que muchos de los 'accidentes puntuales' aludidos no dejen su huella durante mucho tiempo en zonas geográficas relativamente significativas o en la población afectada; accidentes que, a lo largo de la historia reciente, están asociados a nombres propios concretos como, p.e., la catástrofe nuclear de Chernobil (Ucrania) ocurrida en abril del 1986, el incendio industrial que, en julio del 1976, liberó importantes cantidades de **dioxina** (en concreto la **TCDD**) en la población de Seveso (Italia) o la fuga de isocianato de metilo, en una fábrica de pesticidas en Bhopal (India) con el resultado de miles de muertes entre la población próxima. En esa misma categoría, las sucesivas catástrofes marítimas que tuvieron lugar en las costas gallegas, incluidos varios petroleros (hecho no ajeno a la proximidad de una de las principales rutas planetarias de este tipo de transporte)[543]; accidentes de petroleros que tuvieron muchas más efemérides y puntos negros como, p.e., marzo del 1989, cuando ocurrió el derrame del Exxon Valdez en las costas de Alaska, que derramó al mar más de 41 millones de litros de crudo, abril del 2010, con la explosión (y posterior derrame del crudo) de la plataforma Deepwater Horizon en el Golfo de México, etc. Con todo, estos accidentes, globalmente son un porcentaje muy pequeño ante la sistemática y aparentemente leve pero persistente actividad humana que, día a día, supone la pérdida y vertido de combustibles al mar, desde embarcaciones (p.e., limpiezas de sentinas, pérdidas de carga, etc.), desde la costa (industrias, poblaciones, ...) o ríos y, todo, derivado del masivo uso de los combustibles fósiles en diversas actividades. Hagamos, pues, un muy breve repaso de los principales problemas de contaminación sistémicos.

Contaminación de las aguas. Ya vimos que el agua es un compuesto fundamental para la vida. Algo más del 70% de la superficie terrestre está cubierta de agua, pero solo el 2,5% es agua dulce y, únicamente, un 0,5% es agua dulce de acceso directo para las poblaciones humanas; actualmente, ya hay entre un 25 y un 40% de los seres humanos con algún problema, estacional o persistente, de acceso al agua potable. Tenemos, pues, dos problemas con las aguas absolutamente relacionados: por un lado, la escasez de agua dulce en determinadas zonas del planeta y, por otra, la más

---

[543] Polycomander (Vigo, 1970), Urquiola (A Coruña, 1976), Andrios Patria (A Coruña, 1978), Mar Egeo (Rías del Arco Ártabro, 1992), Prestige (toda la costa gallega y más allá, 2002) y el Casón (Fisterre, 1987). Los cinco primeros, con la consecuente y devastadora **marea negra** afectando a la zona costera gallega y a uno de los pilares productivos alimentarios: la pesca. El Casón era un carguero con productos químicos como el sodio metálico, anilina, ácido sulfúrico, etc. Y, ahora, enero de 2024, se van descubriendo las implicaciones de una 'marea blanca', otro desastre provocado por pequeñas bolas de plástico, procedentes de un buque, el Toconao, con bandera de conveniencia, del que se habla más adelante.

generalizada contaminación de las fuentes que van quedando disponibles, hecho que, obviamente agrava la primera cuestión. Aun centrando la contaminación en las aguas dulces, no podemos olvidar que, en muchos casos, de estas aguas procede también la contaminación que, finalmente, acabará en los mares y océanos, afectando muy negativamente, aunque la gravedad en uno y otro caso pueda variar según las condiciones concretas. Es el caso de las contaminaciones más extendidas: sea por pesticidas y fertilizantes, por metales (y/o compuestos organometálicos), por tensioactivos o por materiales poliméricos, una de las más recientemente detectadas[544].

Efectivamente, son muchas las noticias que recogen la progresiva contaminación de aguas, incluidas las oceánicas, con micro y **nanoplásticos** procedentes, obviamente, de los residuos de la creciente población humana y no correctamente gestionados[545]. Al igual que las proteínas, polisacáridos y ácidos nucleicos, los **plásticos** son polímeros orgánicos, materia orgánica, pero evidentemente nada que ver con el concepto de vida (con el concepto de 'organismo') con que se relacionan los anteriores; son monótonos y sintéticos **polímeros**, de uno o dos monómeros[546] que se repiten millones de veces hasta formar esas macromoléculas[547], y que pueden hacerse persistentes en el medio ambiente durante años y años. Incluso llegan a formar, en los océanos, enormes islas de basura. La primera identificada y la más grande (con una extensión que ya duplica la de toda Francia continental) es la *Great Pacific Garbage Patch (Isla de plástico del Pacífico[548])* que se balancea siguiendo corrientes predominantes entre California y Hawái; acumula plásticos, metales en diferentes estados y residuos orgánicos en descomposición. Más recientemente, han sido localizadas islas de menor superficie, pero igualmente preocupantes, en el Atlántico Norte (próxima, también, a las costas de USA y México) y en el Atlántico Sur (a camino entre América del Sur y África), así como en el Pacífico Sur y en el Océano Índico[549].

Plásticos que no solo llegan al medio ambiente, ¡que ya están en nuestros organismos! Un estudio publicado en la revista *Environment International[550]*, realizado por investigadores de dos centros universitarios holandeses en el 2022, daba como resultado la presencia de micro y **nanoplásticos** en la sangre humana, en un 80% de las personas analizadas. Identificaron restos de PET (tereftalato de polietileno), polietileno, poliestireno y, en algunos casos, metacrilato de polimetilo y polipropileno.

Justamente, en el momento de la última revisión de este texto, previa a la publicación, estaban llegando a las costas de Galicia (y otras Comunidades del Cantábrico) pequeñas bolas,

---

[544] Habría que añadir otro problema frecuente: la acidificación de las aguas, que procede realmente de contaminantes atmosféricos y, por lo tanto, se tratará más adelante.

[545] Plásticos (y otros polímeros sintéticos) que se acumulan, procedentes de residuos domésticos y embalajes en todas sus versiones, así como de aditivos presentes en diversos productos de consumo directo por los humanos como, p.e., pastas dentales, productos de limpieza, etc.

[546] De alguna forma, esa diferencia entre los 'polímeros de la vida' y los plásticos me hace recordar la que, sin ser tan exagerada, podríamos establecer entre un bosque sano y un extenso monocultivo (p.e., de eucaliptos).

[547] Macromoléculas que, por cuestión de escalas, para nuestro campo de visión natural, son las constituyentes de lo que, paradójicamente, llamaríamos microplásticos o, incluso, nanoplásticos.

[548] O, literalmente, el Gran Parche de Basura del Pacífico.

[549] También se han detectado plásticos, obviamente en menor cantidad, en el Everest y en la Antártida.

[550] Artículo firmado por Leslie, Heather A. y colaboradores, en *Environment International, 163 (2022) 107199. Amsterdam, (the Netherlands)*.

pellets de plástico (al parecer polietileno con algunos aditivos[551]), procedentes de un contenedor perdido por un buque, el Toconao, en las costas de Portugal. Aunque se habla de microplásticos, el tamaño de este material plástico (entre 3 y 5 mm) no se corresponde, propiamente, con el concepto de **microplástico**, es algo más grande; el problema es que, de no retirarse debidamente, con el tiempo y bajo la erosión marina (con la ayuda del efecto abrasivo de la arena, etc.), junto con la ingesta por animales marinos, podría incorporarse como micro y nanoplástico a la cadena trófica.

Hace poco, oí en la radio a un experto en disruptores endocrinos describir un hecho muy habitual: al comprar, p.e., zanahorias o tomates en un supermercado, podemos encontrarnos que se presentan en una barqueta de **poliestireno** y envueltos en **polietileno**, envoltorio que, si no hemos tomado conciencia previamente, podremos transportar en una bolsa de **polipropileno** dentro de un carrito de compras hecho de **policarbonato**.

Sabemos que una bolsa de plástico, en muchos casos de polietileno, puede tardar varias decenas de años en descomponerse, la misma bolsa que, de media, presenta una vida útil próxima a los diez minutos. Obviamente, toca tomar conciencia de la gravedad de esta situación y cambiar, de una vez, hábitos y formas de gestión de los residuos urbanos: considerar, no como simples actos voluntaristas y personales, si no de urgente necesidad social, la incorporación de hábitos de consumo más respetuosos con la Naturaleza; y, por supuesto, aplicar las llamadas 'tres erres': Reducir, Reutilizar y Reciclar[552], así como optar por la difusión y uso de polímeros totalmente **biodegradables**: polímeros naturales como los derivados de la celulosa, almidón (p.e., de patata) o proteínas, 'orgánicos' en el sentido más vital del término, o polímeros sintéticos también biodegradables como poliésteres hechos a partir de hidroxiácidos (como, p.e., el **ácido láctico**). Lamentablemente, de los responsables sociales de esta gestión no parece que vaya a llegar muchas decisiones fundamentales, en este y en otros campos, mientras tengan como objetivo no molestar excesivamente a los principales beneficiarios del actual sistema, las grandes corporaciones.

Igualmente, toca revisar el habitual empleo (y gestión) de pesticidas (ver recuadro), fertilizantes y fitosanitarios agrícolas (así como de los excrementos y residuos generados en las macrogranjas de distintos tipos de ganadería) y, también, otros usos de compuestos orgánicos de especial actividad, p.e., **tensioactivos**[553] (como detergentes ricos en fosfatos), o la gestión de fármacos caducados o en desuso. Con respecto al empleo de fertilizantes es conocido el aumento de problemas locales con la eutrofización de aguas lacustres (a veces, incluso fluviales), relacionada con los masivos vertidos de nitratos y/o fosfatos empleados, precisamente, como fertilizantes. La **eutrofización**[554] es, seguramente, uno de los más grandes y graves problemas de contaminación de las aguas dulces en muchos lugares próximos a poblaciones y macrogranjas, por todo el planeta.

---

[551] P.e., un compuesto que protege el material plástico contra los efectos de la radiación ultravioleta, el Tinuvin-622: un éster, tóxico para los humanos, obtenido de un derivado de la piperidina (fig. 15) y el ácido succínico.

[552] Habría que añadir otras 2 Rs: Recuperar (aplicable a sistemas elaborados, como electrodomésticos, ropa, etc.) y Rechazar (p.e., el uso de bolsas de plástico y utensilios de un único y efímero uso).

[553] **Tensioactivos** que pueden ser aniónicos (como lsulfonatos de alquilbenceno o de alquilo y los carboxilatos propios de los jabones) o no iónicos (p.e., algunos alcoholes, mismamente etoxilatos de nonilfenol o glucósidos de alquilo); frecuentes en detergentes comercializados tanto en polvo como en forma líquida.

[554] **Eutrofización** que se inicia con el vertido de sustancias ricas en nitrógeno o en fósforo a las aguas (nitratos y fosfatos principalmente), continúa con la proliferación de las algas y otros microorganismos que aprovechan estas sustancias y remata con una demanda biológica de oxígeno que deja 'exhaustas' y, gravemente contaminadas, las aguas.

Y uno de los problemas últimamente identificados es el de la presencia, en diversos ríos, de fármacos (especialmente antibióticos y antidepresivos, obviamente con gran variabilidad geográfica). En un estudio del 2022, de investigadores de la Universidad canadiense de York y publicado por la revista PNAS[555], se han analizado muestras de aguas procedentes de 258 ríos del mundo (en más de 100 países) y resulta sorprendente la dispersión de contaminantes de origen farmacológico por todo el planeta. De hecho, en ese estudio, los ríos más contaminados están en Pakistán (río Ravi), Bolivia (río Seke), Etiopía (río Akaki), India (río Yamuna) y Túnez (río Medjerda), pero como dice el refranero popular: 'en todos cocen fabas'. Casualmente, cuando estaba en plena revisión final de este libro en la versión en gallego, me encontré con el anuncio de los resultados de un nuevo estudio, en este caso liderado por investigadoras de la Universidad de Milán-Bicocca (Italia) y publicado en la revista *Nature*, estudio en el que participaron tres grupos de investigación de la Universidad da Coruña; según refleja la prensa diaria, ese estudio sobre la presencia de plásticos en aguas superficiales, incluye tres masas de agua dulce en Galicia: el lago de Meirama, el embalse de Cecebre y la laguna de Doniños, las tres en la provincia coruñesa. Aunque concluyen que los contenidos no son especialmente alarmantes en estos tres espacios citados, confirma la presencia de microplásticos en los tres ecosistemas[556].

Por último, resulta también muy preocupante el incremento progresivo de metales tóxicos en las propias aguas e, incluso directamente, de su concentración en la cadena trófica a través de esas aguas. Ahí está, p.e., el tema del **mercurio** que, procedente de diversos vertidos (tal vez puntuales), se ha ido acumulando en las partes grasas de diversas especies y, escalando por la cadena trófica, ha llegado a las concentraciones que actualmente presentan algunas especies de masivo consumo humano como, p.e., túnidos o pez espada; o a la casi generalizada detección de elevadas concentraciones de **arsénico** en las aguas de arrozales en diversos lugares del planeta, etc.

Contaminación del aire. A la hora de hablar de la contaminación atmosférica, el hecho de mayor repercusión en muchas partes del planeta está siendo, obviamente, el llamado cambio climático antropogénico que, debido al '**efecto invernadero**' (provocado por varios gases derivados, muy mayoritariamente, de la actividad humana), se está acelerando desde hace varias décadas. Aunque, obviamente, los efectos del cambio climático solo pueden tener comprobación clara, precisamente, a lo largo de décadas, períodos de tiempo propios del clima, ya es evidente que sus efectos se van percibiendo o intuyendo en diversas alteraciones meteorológicas; y de hecho, junto a los estudios científicos que muestran esta evidencia en la escala propiamente climática, incluso en las escalas de tiempo más cortas, parecen acumularse, por todo el planeta, comportamientos anómalos, tanto en lo que se refiere a las temperaturas extremas como a los estados de lluvia y sequía extremos que se disparan en diversas geografías. Pero, también, resulta apreciable en las alteraciones que sufren muchas especies de seres vivos ahora mismo, y en los cambios en los modos de vida que afectan, e irán afectando, a buena parte de los humanos en un futuro inmediato.

---

[555] PNAS son las siglas, en inglés, de 'Actas de la Academia Nacional de las Ciencias' ('*Proceedings of the National Academy of Sciences*') de los USA.

[556] Según aparece en la prensa, el estudio abarca 38 sistemas (entre lagos y embalses) de 23 países y, en algunos casos, se han detectado altas concentraciones de partículas de material plástico.

Dado que sobre la acción en la atmosfera[557] del **dióxido de carbono** y del **metano**, como gases invernadero que son, ya se ha tratado en anteriores capítulos, aquí vamos a centrarnos en los efectos de otros gases que, en muchos casos, también se producen en la quema de combustibles fósiles en diferentes medios de transporte (aéreos, marítimos y terrestres), centrales térmicas, incendios, etc. Dos de esos efectos son, sin duda, la **lluvia ácida** y diferentes tipos de **smog** que, de cuando en vez, cubren muchas ciudades del planeta.

Más que de 'lluvia ácida' habría que hablar de 'lluvia más ácida', pues, de forma natural, el agua de lluvia tiene una cierta acidez, precisamente, debido a la presencia habitual del **dióxido de carbono** en el aire, donde forma, al combinarse con el agua presente, **ácido carbónico** (H_2CO_3); de hecho, el **pH** del agua de lluvia habitual puede llegar hasta el 5,6. Ahora bien, más allá del incremento de CO_2 de origen antropogénico, particularmente de la quema de combustibles en centrales térmicas y en motores de combustión, los principales responsables de lo que conocemos como 'lluvia ácida' son los **óxidos de nitróxeno** (NO_x, habitualmente NO y NO_2) y **óxidos de azufre** (especialmente el SO_2); todos ellos también ligados, en general, a la quema de combustibles fósiles: los de nitrógeno con la oxidación del propio nitrógeno del aire (N_2) con las altas temperaturas alcanzadas, y el SO_2, formado en la combustión especialmente del carbón, a partir del azufre y sulfuros contenidos, en porcentajes muy variables según el tipo y procedencia, pero siempre en cantidades significativas[558]. Con la participación del propio oxígeno del aire, mayoritariamente unos y otros acaban en formas más oxidadas que, con la propia humedad del aire dan, respectivamente, **ácido nítrico** (HNO_3) y **ácido sulfúrico** (H_2SO_4), los que realmente hacen bajar el pH en cantidades mucho más importantes. En zonas muy afectadas por estos efectos[559], el pH del agua de lluvia puede alcanzar valores que rondan el 4,0 y, en algunos casos extremos, se han alcanzado los 2,1. Sin llegar a tales extremos de acidez, la acción de esa lluvia ácida se hace muy evidente en diversas construcciones ya que participa, muy activamente, en la corrosión de metales y muchos tipos de materiales de construcción (particularmente, mármoles y piedra caliza); pero, por supuesto, donde más obvio resulta el problema de esta acidez para la vida es en lagos, lagunas, ríos, etc., donde se deposita y donde la acidificación puede comprometer la existencia de buena parte de la fauna propia de esos ecosistemas. Y, de hecho, ese incremento de acidez ya está afectando también a los propios mares y océanos[560], al dificultar la formación de conchas y exoesqueletos, propios de animales como, p.e., diversos moluscos bivalvos (mejillones, almejas, etc.) y otros artrópodos marinos, hechos con materiales básicos (particularmente, de carbonato de calcio).

Otro tipo de contaminación, también de carácter oxidativo y, también, en muchos casos relacionado con la quema de combustibles fósiles es el **smog**, término que procede del inglés (de la fusión de '**sm**oke' y '**f**og', respectivamente, humo y niebla). De hecho, el **smog** es esa niebla espesa y corrosiva que se forma sobre muchas ciudades de cierto tamaño, especialmente debido a la

---

[557] Con mucha mayor incidencia, lógicamente, en la troposfera que habitamos.

[558] Hay que añadir una parte minoritaria de dióxido de azufre procedente de las erupciones volcánicas y otra del contenido en combustibles derivados del petróleo (fuel, gasóleos o gasolinas, etc.).

[559] Especialmente afectadas han sido el norte de los Estados Unidos y de Escandinavia, en general por la contaminación de centrales térmicas muy alejadas de esas zonas. En las tierras más próximas a una central térmica, el mayor contaminante es el formado por pequeñas partículas sólidas, las **pavesas**.

[560] En los mares y océanos, esa acidez procede tanto de la lluvia que cae en ellos como en las propias reacciones químicas que tienen lugar en las aguas de esos ecosistemas, en la absorción de CO_2 atmosférico y la consiguiente formación del ácido carbónico.

emisión masiva de humos propios de los vehículos de combustión y de las chimeneas de calefacción, muy favorecida por determinadas condiciones geográficas (p.e., cuando se trata de una ciudad encajada en un valle rodeado de montañas y sin la brisa marina propia de determinadas horas del día, particularmente, cuando se alcanzan altas temperaturas y otros factores meteorológicos específicos). Sea como sea, este tipo de nubes de contaminación pueden provocar diversos problemas de salud, entre los más inmediatos, diversas irritaciones (ocular y/o de garganta, p.e.,) y, entre los más graves, problemas respiratorios que afectan a los bronquios. En estas nubes de contaminación abundan determinados compuestos **oxidantes**, particularmente, el **ozono**[561] (O_3) y el **PAN** o nitrato de peroxiacetilo ($CH_3CO_3NO_2$), pero también los **óxidos de nitrógeno** (especialmente el NO_2) y partículas de **hidrocarburos**. Tanto el ozono como el PAN se forman a partir de contaminantes primarios (los ya comentados óxidos de nitrógeno e hidrocarburos ligeros que escapan de la combustión) a través de complejas, pero bien conocidas, reacciones en las que participan diversos **radicales libres** y la propia radiación solar; de hecho, por esto último, es habitual referirse a estas nubes como **'smog fotoquímico'**.

Más allá de estas nubes, bien identificables y localizables, la **fotoquímica** o conjunto de reacciones químicas en las que interviene la radiación solar juega un papel muy importante a la hora de generar compuestos y otras especies químicas presentes en la atmosfera. De hecho, la especie reactiva más importante, entre todas las que pululan la troposfera, es un radical libre, el **radical hidroxilo** ($HO\cdot$), que se forma, principalmente, a partir del ozono (O_3) y del agua, a través de una cascada de reacciones fotoquímicas. Así, pues, su concentración puede variar bastante en función de la intensidad y del tipo de radiación solar actuante y de la humedad, además de las actividades humanas que puedan participar en la formación del ozono troposférico. El caso es que este radical hidroxilo es una especie muy activa y reacciona con infinidad de compuestos que pasan por la troposfera, tanto orgánicos como inorgánicos, generando muchísimas reacciones químicas derivadas y muchos otros **radicales libres**.

Por supuesto, hay otros contaminantes presentes en el aire de forma habitual entre los que habría que destacar, dentro de los orgánicos, **formaldehido** y **acetaldehído**[562] (derivados de determinados materiales empleados en construcción), benceno y otros hidrocarburos (como los ya presentados **HAP** o hidrocarburos aromáticos policíclicos) y diversas partículas (**pavesas**), especialmente procedentes de la combustión de motores Diesel y chimeneas.

Pero entre los más famosos están, sin duda, dos tipos de compuestos que tienen en común la particularidad de haber sido 'ideados' por una misma persona, con nombre y apellidos bien identificables. El nombre de la persona es Thomas Midgley, un ingeniero químico estadounidense, que ha llegado a reunir más de cien patentes y en los años treinta del pasado siglo presidía la Sociedad Química Norteamericana. Según comenta Graham Farmelo, en su maravilloso libro 'Fórmulas elegantes', alguien habría calificado a Midgley como '*el organismo aislado de efecto más*

---

[561] Curiosamente, el **ozono troposférico** es un peligroso contaminante y su concentración va en aumento, mientras que el **ozono estratosférico** (en la capa inmediatamente superior) es un componente importante que actúa como filtro natural de la radiación solar ultravioleta, peligrosa para la vida, ya que puede producir, p.e., diversas alteraciones en las moléculas de ADN y ARN (mutaciones), al promover roturas de enlaces químicos.

[562] En la nomenclatura sistemática, formaldehido y acetaldehído son, respectivamente, el metanal y el etanal.

destructivo en la atmosfera en toda la historia del planeta[563]. Y no es para menos, ya que entre sus inventos hay que citar la molécula del **plomo tetraetilo**, un aditivo empleado para mejorar determinadas propiedades de las gasolinas en los motores, inicialmente (allá por el 1921) una virtud que se transformó en pesadilla cuando se convirtió en uno de los principales focos de contaminación por plomo, tanto del aire (al salir disparado por los tubos de escape de millones de vehículos en todo el planeta) como de las aguas y diversos productos de la agricultura. Pero, por si fuera poco, una década después, fue esta misma persona la que ideó los primeros **CFC (clorofluorcarbonados)**, compuestos organohalogenados empleados como refrigerantes y como propelentes en multitud de aerosoles en todo el mundo. Inicialmente vendidos como la panacea, dado que eran (o parecían ser) extremadamente inertes (no reactivos) y estables, fáciles de fabricar, baratos y no particularmente tóxicos, acabaron siendo la principal presencia (y permanencia) de **cloro** en la atmosfera que, actuando como **catalizador**, provocó la disminución de la concentración de **ozono** estratosférico (lo que popularmente se conoce como 'capa de ozono'); ozono que actúa como filtro que impide el paso de la radiación solar ultravioleta especialmente peligrosa para los seres vivos en la medida en que, como ya hemos dicho, tiene la energía suficiente para romper numerosos enlaces químicos y provocar, p.e., diversas mutaciones al actuar sobre macromoléculas como las de los ADNs y ARNs. Afortunadamente, identificados los CFCs como los principales responsables de ese descenso del ozono en la estratosfera (los primeros signos aparecieron sobre el cielo de la Antártida) y, dado que se llegó a tiempo en las tareas de concienciación social que motivaron una relativamente rápida prohibición internacional y la correspondiente sustitución por otros compuestos menos agresivos[564], los famosos (en el último cuarto de siglo) 'agujeros de ozono' tuvieron una solución satisfactoria, ya entrado este siglo, al contrario de lo que no ocurre con los gases invernadero.

También, de forma muy triunfal se vendieron, en su día, las incineradoras de residuos, hasta el punto de que, en determinados foros (principalmente con intereses económicos relacionados), se llegaba a hablar de 'valorización energética' en referencia al uso de la quema de residuos para obtener electricidad. Pero es un hecho que estas incineradoras son importantes fuentes de **dioxinas** (como el **TCDD**), ya presentadas en el apartado sobre venenos. Ahora, con cierto entusiasmo se está a fomentar la idea de los combustibles sintéticos o **e-fuel** que se consideran, en ciertos círculos (nuevamente, aquellos bien relacionados con el poder económico), como ambientalmente 'neutros' en la 'idea' (esperemos que no sea 'ingenua idea') de que serán obtenidos partiendo del hidrógeno, exclusivamente procedente de la electrólisis del agua mediante fuentes renovables, y del dióxido de carbono, exclusivamente extraído del propio aire.

---

[563] Efectivamente, aunque los mayores estragos se hacen en el anonimato de la especie, hay personas bien identificadas por sus actos de carácter destructivo para los ecosistemas. Hace poco conocí la historia, un tanto peculiar, de un miembro de la *American Acclimatization Society* que, en el 1890, se le habría ocurrido introducir especies de todas las aves citadas en las obras de Shakespeare en América del Norte y llegó a liberar sesenta estorninos en Central Park, en el corazón de New York; hoy esta especie es una plaga que, cada año, supone miles de millones de dólares en gastos en la agricultura de todo ese semicontinente. Y, en relación a los **colibríes,** hay referencias de que a finales del s. XIX fueron exportadas millones de pieles de estas avecillas para adornar, con sus plumas, sombreros y vestidos o para la confección de cuadros y otros ornamentos. Hay documentos, p.e., sobre una puja de 1888 en Londres: allí se llegaron a vender más de 37.000 pieles de colibríes. Algunas especies desaparecieron para siempre.

[564] Pues, entonces sí, a finales del pasado s. XX, resultaban agresivos en un determinado eslabón de la compleja cadena de equilibrios químicos que forman la vida en su conjunto planetario.

CONTAMINACIÓN EN TIEMPOS DEL ANTROPOCENO

Por supuesto, al igual que se ha tratado la contaminación del aire y de las aguas, podríamos citar diversas actividades que acaban creando problemas de contaminación en tierra firme (en el suelo e, incluso, en el subsuelo). La cuestión es que, obviamente, los tres medios son sistemas absolutamente interrelacionados y, al igual que la contaminación de los suelos puede acabar incorporándose a las aguas (fluviales, lacustres, subterráneas o de los mares) o al aire, la contaminación de estos medios, dependiendo del contaminante concreto, suele acabar afectando al suelo. P.e., el uso de abonos nitrogenados empleados en la agricultura, junto con los residuos de las granjas de diversos tipos de ganadería, especialmente las macrogranjas (avícolas, porcinas, etc.) pueden concentrar determinado tipo de contaminación en el suelo de zonas muy localizadas, pero una buena parte acabará incorporándose a las aguas, y, al mismo tiempo, por vía aérea llega al suelo una fracción importante de nitrógeno antropogénico (en distintas formas, generalmente oxidadas), procedente, ¿cómo no?, de la quema de combustibles fósiles. Se calcula que, anualmente, llegan a los ecosistemas terrestres del planeta más de 140 millones de toneladas de ese nitrógeno derivado de las actividades humanas, que interfiere en el equilibrio derivado del ciclo natural del nitrógeno; ciclo que supone diversos flujos entre los tres medios, con la fijación por parte de determinados organismos del suelo, descomposición de restos orgánicos, acción de las tormentas eléctricas, ... Igualmente, podríamos hablar de las múltiples y diversas actividades de la minería a lo largo de todo el planeta, algunas de especial acción contaminante por tierra, mar y aire. O, también, de la contaminación con materiales radioactivos procedentes de la minería del uranio (incluso, de pruebas nucleares a través de la atmosfera).

En cualquier caso, más que detallar los diversos y múltiples problemas medioambientales, uno a uno, el verdadero problema que tenemos en los ecosistemas terrestres a nivel planetario es el de la 'ocupación del espacio' que, de forma exponencial, venimos practicando como especie en los últimos siglos, con efectos disparados desde el pasado s. XX; ocupación del terreno que va dejando poco espacio para el resto de especies y que se manifiesta en muchísimos aspectos: deforestaciones, avance de la desertización y más incendios por otro lado, más infraestructuras viarias, construcciones urbanas, paseos marítimos, ... Y todo lleva a la lenta sustitución de una sustancial fracción del medio natural por más cemento, asfalto y otros materiales inertes, con poco espacio para árboles y bosques y otros hábitats naturales; y, como consecuencia, la desaparición, extinción propiamente, de muchas especies de animales y la desestabilización de delicados equilibrios naturales que ha llevado millones de años establecer.

Evidentemente, el principal responsable de tal ocupación del territorio es el espectacular crecimiento, exponencial, de la población humana en los últimos siglos. Se calcula que al comenzar la época del **Holoceno** (hace unos 11.700 años), cuando entramos en este largo período interglaciar y las temperaturas fueron suavizándose, apenas habría un millón de 'homo sapiens' paseándose por el planeta y hace unos 2.000 años, ya podrían rondar los 200 o 250 millones. Pero, si después hubo que esperar unos 1.800 años para alcanzar los primeros 1.000 millones de habitantes, a comienzos del s. XX ya se superaban los 1.650 millones; y, en la primera parte de la década de los 1960 ya se había casi duplicado esta cantidad (ver tabla anexa); solo llevaría unos 40 años más volver a duplicar la cifra. En los últimos 11 años, los que separan el 2011 del 2022, la población humana pasó de los 7.000 a los 8.000 millones; por supuesto, con desigual dinámica según los continentes y con flujos migratorios marcados por las leyes del mercado y algunos acontecimientos históricos que dejaron hondas heridas y cicatrices, especialmente, diversos conflictos y guerras, mundiales o locales.

Tabla 18: Explosión demográfica de la especie humana en el planeta.

Tiempo	Población (en millones)	
Hace unos 11.700 años, comienzo del Holoceno	1	
Hace unos 2.000 años,	200-250	
Mediados del s. XVIII	1.000	
Comienzos del s. XX	1.600	
Década de 1960	3.200	
Año 2011	7.000	
Año 2022	8.000	

Pero, además, junto al crecimiento de la población mundial, crecen las ansias de consumo; incluso, la propia lista de las que se consideran necesidades básicas ha ido engordando y, consiguientemente, la demanda de materiales y recursos en un planeta que es, obviamente, finito. Junto al evidente e inevitable 'metabolismo endosomático', el habitual y propio de cualquier organismo vivo, en ecología se considera también el llamado '**metabolismo exosomático**' que, en relación con nuestra especie, se refiere al conjunto de materiales y energía que consume cada uno de nosotros habitualmente para mantener unas determinadas condiciones de vida[565]; y este consumo, muy relacionado con los hábitos sociales, se va disparando en las llamadas sociedades desarrolladas. Un planeta con límites físicos que en otros momentos de la Historia podrían no resultar próximos, pero que en los tiempos actuales son visibles e incluso alguno ya ha sido superado: cuenta atrás para acabar con el carbón y con el petróleo, para agotar aguas subterráneas en muchos lugares del planeta, para agotar explotaciones de minerales de gran importancia en el desenvolvimiento de la vida urbana o en determinados hábitats, para agotar tierras fértiles, ...

Seguramente, si un observador del espacio exterior analizase la forma en que se han ido expandiendo por la superficie del planeta las construcciones humanas con materiales inertes (cementos, asfaltos, etc.), a cuenta de la desaparición de bosques y otros entornos naturales, podría llegar a la conclusión de que nuestra especie es una plaga, al estilo de lo que podemos encontrar nosotros cuando miramos como crece una colonia de bacterias en una placa[566]. Atendiendo a estas transformaciones antropogénicas, en el año 2000, el premio Nobel de Química Paul Crutzen propuso el término de **Antropoceno**, como un nuevo 'período geológico' que daría relevo al **Holoceno** desde finales del s. XVIII, coincidiendo con el inicio de la Revolución industrial. Sea adoptado o no como época, serie o evento geológico[567], el Antropoceno puede definir bien un cambio sustancial que solo

---

[565] Pongamos el **agua** como ejemplo concreto: a la que consumimos cada día (bebidas y alimentos, aseo, etc.) hay que añadir una gran cantidad 'invisible', pero que ha sido consumida al cultivar los vegetales, criar el ganado para la carne que consumimos, fabricar la ropa que usamos, etc.

[566] Somos los propios humanos quienes estamos ampliando en la superficie del planeta el mundo inorgánico (cementos, asfaltos, etc.) en detrimento de la materia orgánica.

[567] En el mundo de la Geología no hay acuerdo sobre la adopción de este nuevo período en tan corto intervalo de tiempo como para merecer ese apellido de 'geológico'.

nuestra especie fue capaz de emprender en exclusiva, sin ayuda (voluntaria al menos) de ningún otro tipo de organismo vivo o geológico; la crisis climática antropogénica es solo un ejemplo de nuestro impacto en el planeta. Y esto debería dar que pensar.

Antes de confirmarse muchas de las actuales observaciones sobre nuestra huella destructiva en el planeta, en pleno s. XIX, el químico y bacteriólogo Louis Pasteur[568] dejó escrito:

'Es necesario que la fibrina de nuestros huesos, la urea de nuestra orina, la leña de los vegetales, el azúcar de las frutas, la fécula de los granos, ... se reduzcan poco a poco al estado del agua, del amoníaco y del ácido carbónico, a fin de que los principios elementales de estas materias orgánicas complejas puedan ser recuperados por las plantas[569], elaborados de nuevo y, así, servir de alimento a nuevos seres, semejantes a los que les dieron vida, y así de forma perpetua durante el resto de los siglos'.

Tal vez la 'realidad social', construida por nuestra especie a lo largo de su evolución cultural, junto a las maravillosas construcciones (materiales e inmateriales) comienza a ocultarnos la 'realidad física' que muchas personas ignoran o quieren ignorar, pero que, inevitablemente, va a determinar su futuro. Puede que en el día a día, la mayoría de la población viva inmersa en una 'realidad ficticia', tan vital para su existencia que, en pleno Antropoceno y estandarización de los hábitos de vida, para la mayoría de la población, la materia orgánica sea, simplemente y como comienza este libro, una fracción a la hora de clasificar los residuos. Puede que la Química del silicio (y/o de otros semiconductores) y una propiedad que nosotros hemos hecho emerger de ella, la Inteligencia Artificial, vaya ocupando su lugar en la evolución del planeta. En cualquier caso, la adaptabilidad y la supervivencia continuarán marcando la evolución.

En su día, ya decía John Lennon que *'La vida es aquello que te va sucediendo mientras estás ocupado haciendo otros planes'.* Después de observar lo maravillosa que es la vida, como se ha ido organizando, partiendo de la simple materia inerte, y hasta donde llegan las 'propiedades emergentes', parecen coger más fuerza algunas de las reflexiones que Lynn Margulis y su hijo Dorion Sagan incluyeron en el ya citado libro '¿Qué es la vida?:

'La vida es una exuberancia planetaria, un fenómeno solar...'

'La vida es una organización única y en expansión...'

'La vida es materia indisciplinada, capaz de escoger su propia dirección con vistas a retrasar indefinidamente el inevitable momento del equilibrio termodinámico...'

'La vida es su propia e inimitable historia'.

---

[568] Conocido por el desenvolvimiento de la vacuna de la rabia o por el método de 'pasteurización' (cap. 9), fue también quien observó, por primera vez, la propiedad que presentan los organismos vivos de distinguir entre **isómeros ópticos**. En concreto, observó que el **ácido tartárico** presente en el vino era ópticamente activo (es decir, desvía el plano de polarización de la luz polarizada cuando lo atraviesa), mientras que el sintetizado en el laboratorio no lo hace (debido a que se obtiene una mezcla de los dos isómeros ópticos al 50%).
[569] Obviamente, actualmente deberíamos añadir a 'esas plantas': hongos, bacterias y otros microorganismos u organismos **saprófitos**, que obtienen su energía de la materia orgánica 'muerta'.

Epílogo:

EL SENTIDO DE LA VIDA

Nuestro cerebro, más propiamente nuestro encéfalo, construye una realidad propia, llena de emociones, pensamientos y sensaciones, inventa una 'vida'. Desde que se disparó la evolución cultural en nuestra especie, las conexiones y comunicaciones entre nuestros sistemas nerviosos han permitido construir, colectivamente, diversas realidades sociales que fueron evolucionando y alimentándose de diversas ficciones y mitos. Pero, toda realidad, social o individual, va a estar supeditada, inevitablemente, a la realidad física, a su entorno. Si nos cae un meteorito de 30 kg de masa en la cabeza, no hay ficción capaz de evitar lo inevitable. Mientras tanto... ¡vivimos! Y nos preguntamos por el 'sentido de la vida[570]'.

En gran parte, la vida es una ficción maravillosa, pero tiene como soporte a la materia y a las leyes de la Naturaleza, leyes físicas, con una inmensidad de 'propiedades emergentes', que han ido adquiriendo categoría propia hasta definir entes muy alejados de las simples e iniciales moléculas de las que estamos hechos.

El título de este libro, 'La emergente felicidad del colibrí', podría referirse, efectivamente, a una emoción que pudiera sentir esa extraordinaria avecilla, infinidad de reacciones químicas que están detrás de ese pequeño organismo vivo; pero, también, conjuga varias de las ideas aquí expresadas sobre las propiedades emergentes y la vida, incluida la emoción que sostiene la felicidad que provoca en mi cada encuentro con una de estas aves. Los **colibríes** tienen muchas virtudes, objetivables (varias de ellas comentadas a lo largo del texto) y no es de extrañar que para los mayas fueran los mensajeros de los dioses, pero aquí debo confesar que simplemente son un símbolo de vida escogido de forma muy subjetiva. Bien podría haberme centrado en muchas otras especies con las que compartimos planeta: en nuestra especie (aunque deliberadamente quise evitar el plus de antropocentrismo que nos rodea), en un gato o en otro felino, en un árbol de los tantos que me reconfortaron a lo largo de la vida o en otras aves que, en algún momento, han sido uno de los pretextos para algunos viajes (fue el caso de los frailecillos o arao papagayo, *Fratercula arctica*, y su búsqueda por las costas más salvajes del Norte, desde Islandia y Escandinavia hasta el Canadá). Pero, aunque subjetiva, la elección del colibrí como símbolo no fue, tal vez, aleatoria ni accidental; como ya he comentado, forman la familia de aves con mayor número de especies de toda América y se distribuyen habitando todos los ecosistemas imaginables (desiertos, montañas, costas, selvas, ...), siempre que haya flores con néctar y agua para sobrevivir. Pero más allá de los datos, diferentes especies de colibríes me conectan con mi propia historia vital, con la geografía de mi infancia en el

---

[570] No he podido resistirme a recordar la gran película de los Monty Python's, de 1983, que justo lleva ese título.

Uruguay, y con el ceibo, ese árbol típico de mi país que, siguiendo una vieja y hermosa tradición de aquellas tierras, cada vez que se inaugura una escuela rural, es costumbre plantar uno de estos árboles en sus alrededores. De nuevo, la 'realidad social' que construimos y, a la vez, que nos construye a cada uno de nosotros. El recuerdo de los colibríes me conecta, también, con los reiterados viajes por las Montañas Rocosas, desde Alberta y la Columbia Británica canadienses hasta California, guardados en mi memoria como un tesoro del tiempo; o, en otra anécdota, breve y jocosa, con las estaciones de servicio de las autopistas portuguesas que emplean el nombre de esta ave; nombre que, en inglés ('*Hummingbird*'), también da título a una canción de Wilco, con un estribillo en el que se repite:

'Remember to remember me   *(Recuerda recordarme*
Standing still in your past   *aún en tu pasado*
Floating fast like a hummingbird'   *flotando rápido como un colibrí)*

Este libro aspira a colaborar en la divulgación de la ciencia y ayudar en la lucha contra la ignorancia y la superstición. Aunque, como es bien sabido, son muchas las ficciones que ocupan nuestra vida, la ciencia es un elemento cultural que debemos reivindicar. Pero, desde esta perspectiva, es obvio que no tiene sentido pretender dar una respuesta única y definitiva al 'sentido de la vida'. No hay recetas y en la evolución no caben las respuestas teleológicas simples, más allá de las leyes físicas que marcan determinados límites. Tal como se comenta ya en la propia introducción de este libro: un ser vivo, por si solo, no podría cumplir el objetivo de la supervivencia; esta requiere intercambio de materia, requiere de la química y de la física y muchas acciones globales pueden no resultar evidentes a nuestros ojos, pero son necesarias. En la fertilidad de los exuberantes vegetales que crecen en la selva del Amazonas participa el hierro que, periódicamente, le llega desde el desierto del Sahara atravesando el Atlántico gracias a los vientos alisios. Y un importante factor físico responsable de la calidad y sabor del marisco de las costas gallegas se inicia muy lejos, en el Golfo de México; allí las aguas calientes superficiales se mueven hacia el Norte y, por la rotación del planeta, acaban calentando las costas noroccidentales de Europa, enfriándose. Más frías resultan más densas y se convierten en una corriente de agua profunda que baja por el Atlántico y que, en determinadas condiciones, aflora en las costas gallegas aportando nutrientes que son aprovechados por mejillones, navajas, percebes, almejas y otras muchas especies bien instaladas en las costas gallegas. Toda una 'cinta transportadora planetaria', de la que forma parte el ACNA (la Corriente del Atlántico Norte) que, junto con la distribución del calor por esta zona del planeta, participa en lo que acaba siendo una delicia gastronómica, de lo que, seguramente, no somos plenamente conscientes en la cocina. Sin duda, la vida es un hecho colectivo y complejo; es la única forma de contemplar todo el intercambio de materia orgánica a nivel planetario (aunque, con el ajetreo de lo cotidiano parece que cada vez somos menos conscientes de ello).

Hemos visto que de la interacción entre átomos diferentes surgen las moléculas y, con ellas, propiedades emergentes, una química diferente a la de los átomos aislados; luego, de la interacción entre moléculas aparecen macromoléculas y de la interacción de todo ese conjunto (macromoléculas, moléculas y átomos) fueron apareciendo nuevos entes, que acabamos considerando seres vivos, primero unicelulares y, más tarde, pluricelulares, en todos los casos, con nuevas propiedades emergentes que les caracteriza como seres vivos; y evolucionaron dando lugar, aún, a la aparición de nuevas emergencias.

Ante esta visión global y desde mi subjetividad, únicamente puedo llamar la atención sobre algunas propiedades emergentes que han aparecido con la cultura: la solidaridad, la empatía, la colaboración y el respeto entre nosotros, los seres humanos, pero también para con el resto de nuestros compañeros de planeta, con los que formamos este extraordinario 'CITROENS'. Y, asumiendo los objetivos básicos de la vida, seguramente, sea fundamental condimentarlos con la multitud de instantes mágicos que van llenando nuestra memoria y nuestra vida. Esas 'microvidas' que, aparentemente insignificantes para el resto de las personas, resuenan en nuestra cabeza y, de cuando en vez, rescatamos de alguna región de nuestro encéfalo: una mirada furtiva llena de promesas, un paseo por la vieja Gdansk bajo un fino orballo y la sorpresa de oír, en aquellas latitudes y de repente, los violines y el contrabajo de un cuarteto de cuerda que, desde el soportal en el que se refugian de la lluvia, interpretan un tango que reconoces y te evoca momentos pasados en otras lejanas latitudes; el encuentro con un alce en la soledad de un bosque perdido o, propiamente, con un colibrí en otro bosque muy diferente, pero también silencioso, la percepción de un aroma identificable que nos transporta a otro momento del pasado; tal vez una sonrisa, una caricia o un beso que 'guardábamos' en algún 'rincón mental' o combinación de neuronas ...; cada quien tendrá sus propias joyas vitales, las objetivamente declarables y las múltiples microvidas que nos fueron haciendo hasta ser lo que somos, seres vivos impregnados de subjetividad. **Cada uno de nosotros es, en sí mismo, una 'propiedad emergente' que le ha salido a la evolución de la materia,** un 'fueguito', como diría Eduardo Galeano[571].

Pero, precisamente, aunque inmersos o perdidos en las 'realidades sociales' que construimos, estamos sujetos a las leyes de la termodinámica que siempre marcan límites a la gestión de la energía y que, como sabemos de la Física (gracias a los trabajos, entre otros de la matemática Emmy Noether), se relaciona con el paso del tiempo. Hace años, entre estudiantes de ciencia, circulaba una reinterpretación de esas tres leyes, entre broma y filosofía, que venía diciendo:

Primer principio: 'Nunca puedes ganar' (no se puede obtener energía de la nada).
Segundo principio: 'Ni tampoco empatar' (siempre se pierde algo de la energía invertida, en forma de calor, etc.; cosa de la entropía).
Tercer principio: 'No puedes dejar el juego'.

Rematamos con los mismos versos que dan comienzo a aquel poema del gran José Agustín Goytisolo (posteriormente musicado por el también grande Paco Ibáñez), aquel 'Palabras para Julia':

'Tú no puedes volver atrás

Porque la vida ya te empuja

Como un aullido interminable

Interminable...'

---

[571] Recordar 'El libro de los abrazos' de Galeano, en el que emplea esa metáfora del 'mar de fueguitos', ya citado en la Introducción.

Apéndice Final 1:   ÁTOMOS, MOLÉCULAS Y FÓRMULAS QUÍMICAS

El objetivo de este libro es la divulgación científica básica y no requiere conocimientos previos de Química. Para aquellas personas que, efectivamente, no están familiarizadas con esta materia es posible que les pueda servir de ayuda un repaso rápido a unos pocos conceptos muy básicos que rigen las leyes de la Naturaleza y sobre algunos formalismos de nomenclatura muy simples; ese es el objetivo de este Apéndice.

Conviene recordar que todo lo que vemos está formado por **átomos** y que estos podemos imaginarlos formados por un núcleo atómico, donde se concentra la carga positiva (al poseer **protones**, partículas con carga positiva, y **neutrones**, sin carga eléctrica); fuera del núcleo, los **electrones**, partículas mucho más pequeñas y con carga negativa, se mueven atrapados por el núcleo, siguiendo determinadas pautas de energía, perfectamente reguladas por la Química cuántica (que, lógicamente, obviaremos).

Para nuestro objetivo, lo único importante sobre los átomos que deberemos saber es que son las partículas más pequeñas en que aún podríamos identificar cada uno de los 118 elementos químicos conocidos en la actualidad, y que todos los átomos de un mismo elemento tienen un número fijo de protones en su núcleo (todos los átomos de hidrógeno tienen un único protón, los de helio tienen 2, los de carbono tienen seis, … tal como podemos ver en cualquier tabla periódica de los elementos). Así mismo, puede haber átomos de un mismo elemento con distinto número de neutrones, los llamamos **isótopos**. En cualquier caso, para un isótopo dado, el número de protones y de neutrones es fijo, salvo que ocurra una reacción nuclear; pero podríamos decir que el 'juego de la química' responde con mucha más facilidad a lo que ocurre fuera del núcleo. Precisamente, en la corteza, los electrones se ordenan en sucesivas capas de energía hasta igualar el número de protones que hay en el núcleo, siendo esta la razón de que, normalmente, los átomos sean neutros. Pero en cualquier reacción química, se pueden ganar o perder electrones y formar un ion: si tiene más electrones que protones hay en el núcleo se formará un ion negativo, en el caso contrario, un ion positivo. Por último, la tendencia de todos los átomos (excepto los primeros de la tabla) es presentar en su última capa electrónica, ocho electrones y, precisamente por esto, unos átomos reaccionan con otros formando **enlaces químicos**, excepto los llamados gases nobles que, como ya tienen ocho electrones en su capa externa, es difícil que reaccionen con otros átomos.

Existen diferentes formas de enlace químico, que atienden a distintas estrategias a la hora de completar esa capa electrónica externa, pero las dos más habituales son: o la formación de **enlaces iónicos** o de **enlaces covalentes.** En el primer caso, unos átomos ganan electrones y otros los pierden y, al formarse iones de signo contrario, unos y otros se atraerán eléctricamente formando estructuras, en general, típicas de sólidos cristalinos (a temperatura ambiente) con gran número de participantes (en un pequeño cristal de sal común hay cuatrillones de iones Cl^- y de Na^+) . Por el contrario, en el **enlace covalente**, dos átomos comparten un par de electrones (lo habitual es que cada átomo aporte uno de los electrones del par); este par electrónico compartido mantiene a los dos átomos unidos, no hay cargas eléctricas libres, es decir, iones, y es un enlace mucho más abundante en la Química del carbono, dando lugar a **moléculas**[572].

---

[572] Una molécula puede tener, como mínimo dos átomos participantes, unidos por un enlace covalente, pero con más enlaces más átomos habrá. Precisamente, en el caso del carbono pueden formarse moléculas con millones y millones de átomos en largas cadenas.

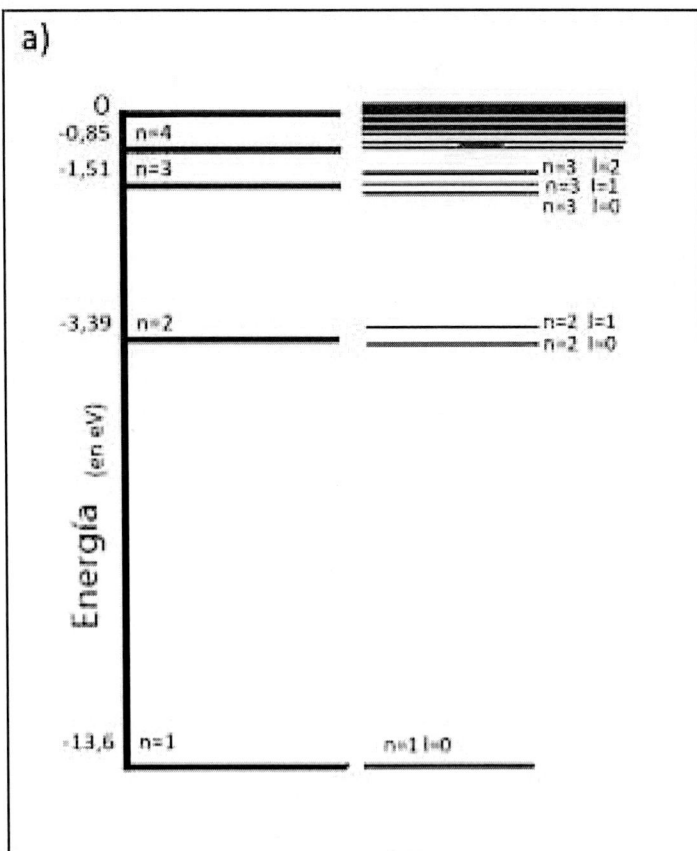

Fig. 84.- En el interior del átomo, los electrones aparecen ordenados ocupando preferentemente los niveles energéticos más bajos que quedan libres y, en cada nivel solo entra un número determinado de electrones. En a) aparecen los primeros niveles de un átomo, indicados por el número 'n'; los valores de energía son los correspondientes al átomo de hidrógeno (que solo contiene un electrón). Cada nivel energético (excepto n=1) aparece desdoblado en subniveles, pero obviaremos los detalles. En b) vemos como cada tipo de átomo tiene un número de electrones en el último 'nivel energético', representados por puntos y guarda relación con las columnas de la tabla periódica; su tendencia es, excepto los primeros elementos, a alcanzar 8 electrones en ese nivel, como ya tienen los gases nobles (menos el helio que tiene 2). Según su entorno, para completar el último nivel, los átomos pueden adoptar dos estrategias básicas formando enlaces químicos, ver c) y d).

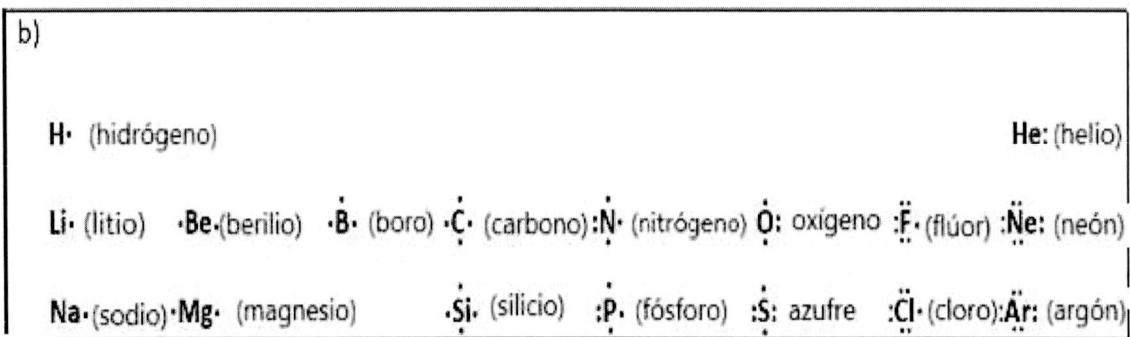

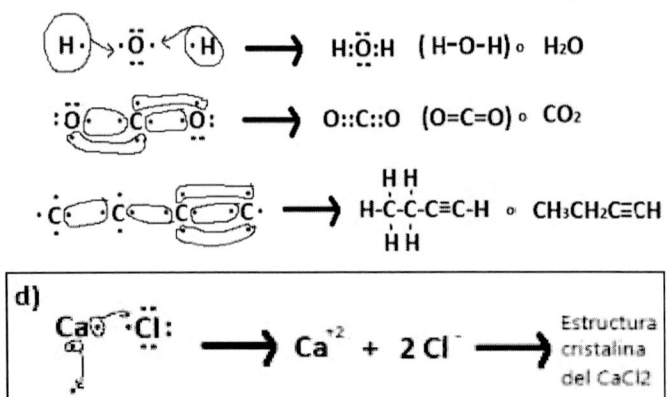

En c) la estrategia es compartir electrones, formar enlaces covalentes y dar moléculas (mayoritarios en la química del carbono). En d) la estrategia es que unos átomos ganen electrones a costa de otros, formándose iones (+ y -) que, posteriormente, por atracción eléctrica dan enlaces iónicos (generalmente con estructuras cristalinas muy sólidas). Pero existen muchas situaciones intermedias, que aquí obviaremos.

Dado que el átomo de carbono (C) tiene cuatro electrones en su última capa, su tendencia habitual es la de formar cuatro enlaces covalentes con otros tantos átomos, al igual que el nitrógeno (N) o el oxígeno (O) tienden a formar, respectivamente, tres y dos enlaces (el N tiene cinco electrones en esa capa externa y precisa tres, mientras que el O tiene seis, necesitando ganar solo dos); en el caso de los átomos de hidrógeno (H) que, excepcionalmente, tiende a completar la última capa con dos electrones y ya tiene uno, lo esperable es, pues, que forme un único enlace químico con otro átomo. Tal como se comenta en el capítulo 2, una de las propiedades del átomo de carbono es formar cadenas o anillos de diferentes tamaños muy estables y que tienen como esqueleto átomos de carbono que se van enlazando cada uno con sus vecinos inmediatos.

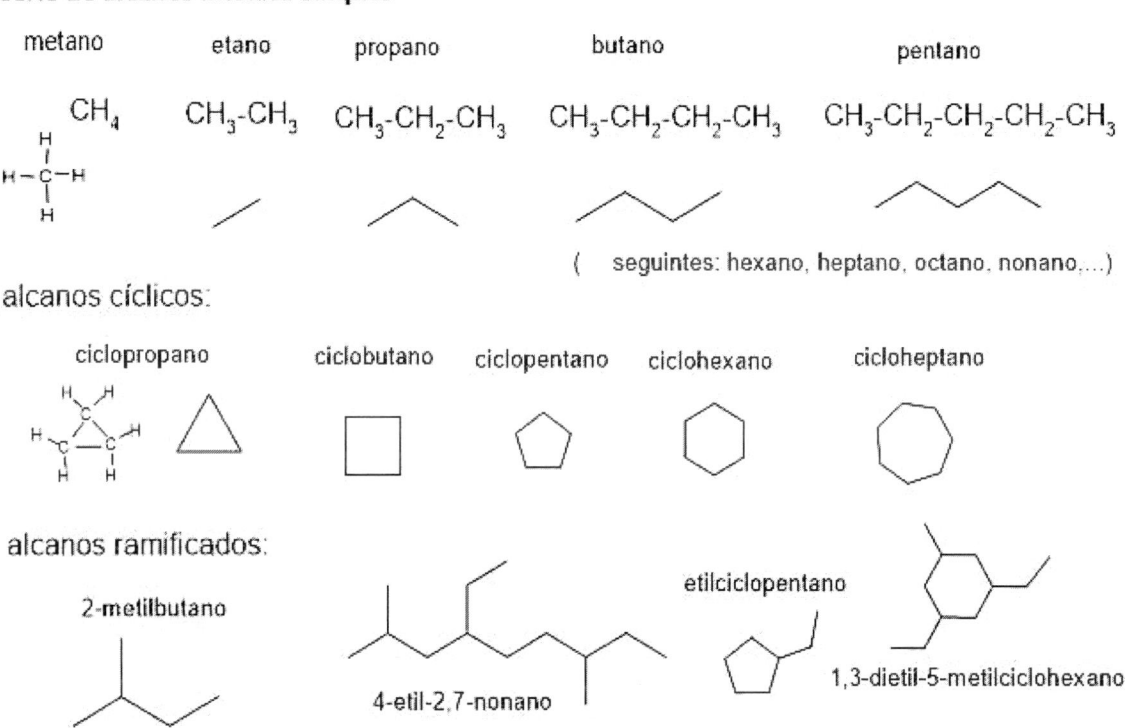

Fig. 85.- Arriba: Entre los hidrocarburos, los **alcanos lineales** más simples forman una serie: **metano** (1 carbono), **etano** (2 C), **propano** (3 C), **butano** (4 C), **pentano** (5 C), **hexano, heptano, octano,** ... Abajo, los **alcanos cíclicos** comienzan, obviamente, con 3 C y se nombran anteponiendo el prefijo 'ciclo-': ciclopropano, ciclobutano, etc. Más abajo: Los **alcanos ramificados** se nombran igual que los anteriores lineales, pero anteponiendo las ramas correspondientes (acabadas en '-il', de 'ilo') e indicando su posición en la cadena principal: p.e., 2-metilbutano (un butano que en el carbono número 2 lleva un grupo **metilo**), ...

Así, pues, comenzando por el caso de los compuestos orgánicos más simples, los hidrocarburos (que se repasan en el capítulo 2), el más simple de la serie sería el **metano**, formado por un único átomo de carbono que se une a cuatro átomos de hidrógeno (comparte un par de electrones con cada H) y su fórmula general será, pues, CH_4 (ver figura 3a); el siguiente en esa serie más simple es el **etano**, formado por la unión de dos átomos de carbono con un enlace simple (C-C) y, para completar sus capas electrónicas, cada carbono acaba unido a tres átomos de hidrógeno; lo representamos por la fórmula CH_3-CH_3 o, de forma más simplificada, como C_2H_6 (fig. 85). Continuando en la serie, podemos definir el **propano**, **butano**, **pentano**, **hexano**, ..., todos compuestos lineales formados, exclusivamente, con enlaces entre átomos de carbono y entre carbonos e hidrógenos (cada C completa cuatro enlaces y cada hidrógeno un enlace); forman la serie de los **alcanos lineales**. Igualmente, hay **alcanos ramificados** y **alcanos cíclicos**, atendiendo a las disposiciones de los átomos de carbono que hacen de esqueleto estructural (fig. 85).

Por cierto, a la hora de representar compuestos de carbono cíclicos, lo más habitual es simplificar el anillo que forman por una figura geométrica (ver figuras 85 y 86). Cada vértice de esas figuras representa un átomo de carbono de la estructura y los átomos de hidrógeno que lleva (para completar los cuatro enlaces preceptivos de cada carbono) se omiten (pero sabemos que están ahí).

De la misma forma podríamos definir hidrocarburos en los que hay carbonos contiguos que, entre sí, presentan un **doble enlace** (C=C), formando la serie de los llamados **alquenos**. Para su nombre empleamos los mismos prefijos de cantidad (met-1, et-2, prop-3, but-4, pent-5, etc.), pero rematando el nombre en '-eno' en lugar de '-ano' (fig. 86). Cuando es necesario, indicamos la posición del doble enlace con el número de carbono más bajo entre los dos participantes. Y, con el mismo criterio formaremos la serie de los **alquinos,** que tienen como característica la presencia de un **enlace triple** entre carbonos; pero su nombre se forma rematando con el sufijo '-ino'. En los dos casos, podremos encontrar, lógicamente, alquenos y alquinos ramificados.

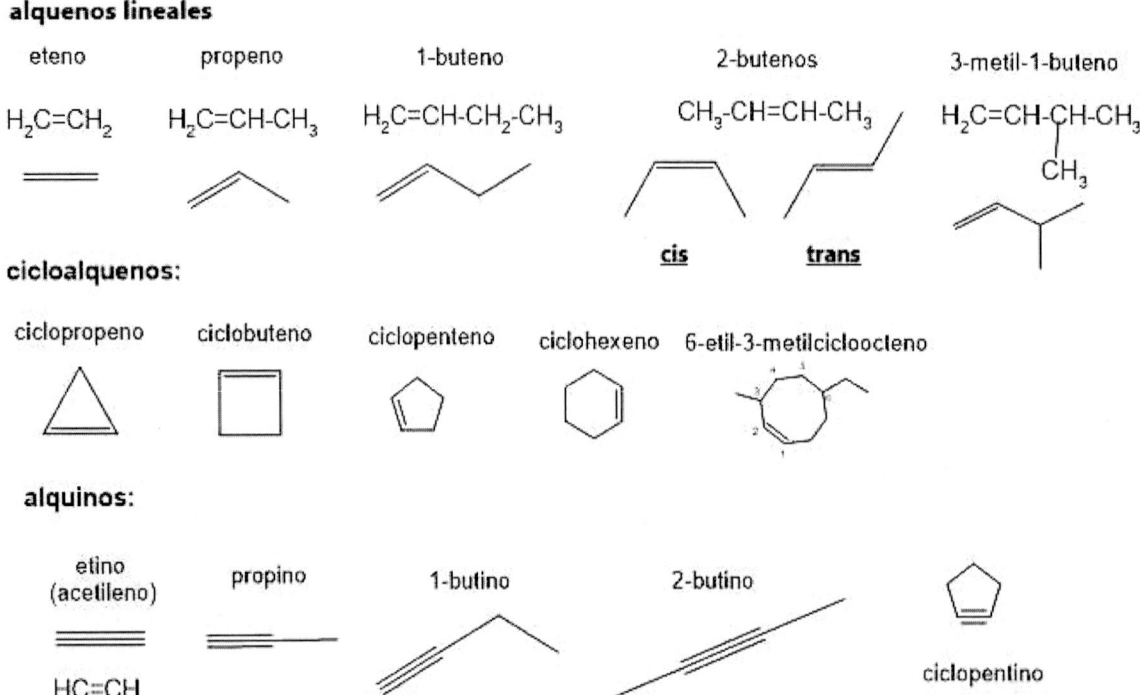

Fig. 86.- La serie de los **alquenos lineales** más simples comienza con el **eteno** (2 carbonos), **propeno** (3 C), los **butenos** (con 4 C): 1-buteno y 2-buteno, etc. La geometría plana de los dobles enlaces (ver fig. 87) hace que no puedan rotarse como los enlaces simples, por esto hay dos tipos de 2-buteno: el cis-2-buteno y el trans-2-buteno. Los ramificados se nombran de forma parecida a los **alcanos**, pero la posición del doble enlace prioriza a la hora de escoger la cadena principal. Más abajo: en el caso de los **alquinos** se emplea el sufijo '-ino'.

Es importante decir que las fórmulas o estructuras que representan los compuestos de carbono son simples representaciones en el papel, pero no indican la geometría real de esos compuestos, de sus moléculas. Verdaderamente, en los enlaces simples entre carbonos, cada uno de estos átomos es como un **tetraedro** (donde su núcleo ocuparía el centro de esta figura, extendiendo sus cuatro enlaces hasta los vértices). Por el contrario, para el caso de los dobles enlaces C=C, la estructura geométrica es plana: podemos visualizarla situando el núcleo de cada carbono en el centro de un triángulo que extiende sus enlaces hasta los tres vértices. Por último, en el caso de los enlaces triples, se da una estructura lineal (fig. 87).

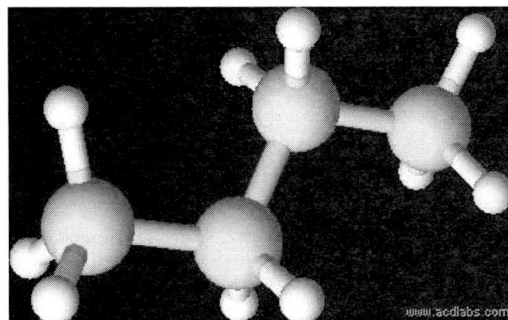

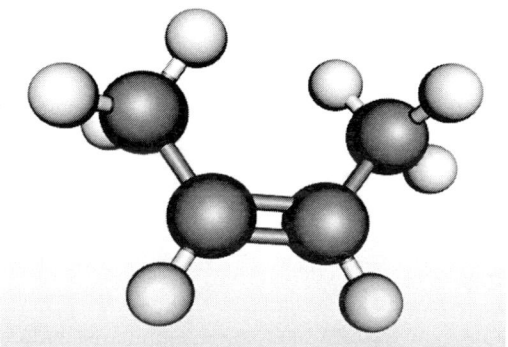

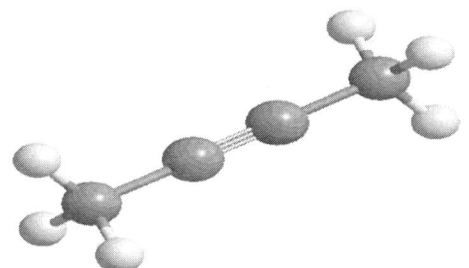

Fig. 87.- Estructura tridimensional del **butano**, un **2-buteno** y el **2-butino**. En el primero se puede comprobar que cada carbono es el centro de un imaginario tetraedro (son cuatro enlaces equivalentes casi con los mismos ángulos entre enlaces). En el 2-butino (más abajo), el triple enlace forma una estructura lineal (una recta imaginaria pasa por los cuatro átomos de carbono). Pero, en el caso del 2-buteno (figura central), el doble enlace y los dos carbonos que lo forman determinan un plano (que contiene también a los dos H unidos a estos carbonos y, también a los otros dos C; en este caso, como el doble enlace no puede rotarse sobre sí mismo, hay dos formas de unir los dos átomos de hidrógeno y los dos grupos metilo extremos a los C centrales, dando lugar, como se comenta en la fig. 86, a dos compuestos diferentes, con los mismos átomos de C y de H (ver, también, recuadro de **isomería** en el capítulo 2). Aquí aparece el **cis-2-buteno**.

Siguiendo las tendencias definidas para cada tipo de átomo, se pueden formar diferentes grupos de átomos, muy característicos, que se llaman **grupos funcionales** en la medida en que, con su presencia, permiten definir cada tipo de compuesto orgánico. Los principales grupos funcionales aparecen en la tabla 19 adjunta. Para nombrarlos empleamos el prefijo que indica el número de átomos de carbono de la cadena y un sufijo, propio del grupo funcional que

Tabla 19.- Principales grupos funcionales, con sufijos (y algunos prefijos) usados para nombrarlos

Clase de compuesto	Grupo funcional característico; (lor R son el resto de la cadena)	Sufijo del nombre/y algunos prefijos (cuando es necesario)
alcano	-	**-ano** / ...il-
alqueno	$R_1R_2C=CR_3R_4$	**-eno** / ...enil-
alquino	$R_1C≡CR_2$	**-ino** /...inil-
haloalcano	RX	**Haluro** de...-ilo
alcohol	ROH	**-ol** / hidroxi-
éter	R_1OR_2	**-éter** / ...iloxi-
aldehido	RCOH	**-al** / formil- u oxo-
cetona	R_1COR_2	**-ona** / oxo-
ácido	RCOOH	**-oico (-ico)** / carboxi-
éster	R_1COOR_2	**-ato** de ...-ilo
amina	R_1NH_2 R_1NHR_2 $R_1NR_2R_3$	**-amina** /amino-
amida	$R_1CONR_2R_3$	-amida

lleva (tabla 19): p.e., el **etanol** es un **alcohol** (-ol) con dos átomos de carbono, mientras que la **pentanona** sería una **cetona** (-ona) con cinco carbonos.

A la hora de representar los compuestos cíclicos, cuando un vértice está ocupado por otro tipo de átomo distinto del carbono (un N, O, ...) es preciso indicarlo, son los llamados **compuestos heterocíclicos** o **heterociclos** (fig. 88).

Existe un grupo muy especial de compuestos cíclicos que, en su estructura, alternan enlaces dobles y simples adquiriendo una especial estabilidad química. Cuando solo participan átomos de carbono (y los correspondientes hidrógenos) se habla de hidrocarburos aromáticos (fig. 89), pero la aromaticidad (como propiedad química) se extiende, también a heterociclos.

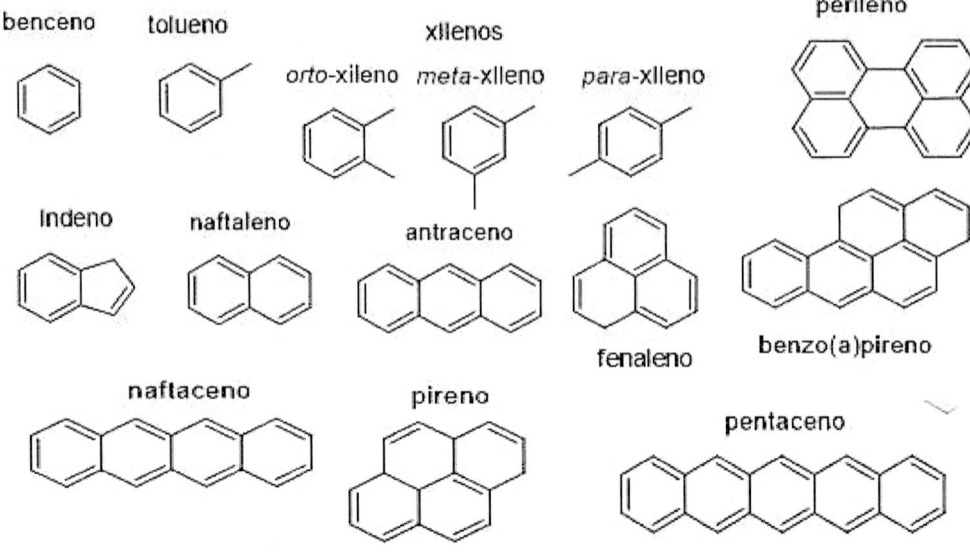

Fig. 88 (izquierda).- Algunos compuestos heterocíclicos frecuentes. El plural (p.e., de pirrrolinas) indica que hay varios isómeros posibles. Algunos de estos compuestos son también aromáticos (ver fig. 89 y texto).

Fig. 89 (abajo).- Ejemplos de hidrocarburos aromáticos de un único ciclo (**benceno**, **tolueno** y xilenos); en estos últimos, según la posición de los sustituyentes son: **orto** (contiguos), **para** (opuestos) o **meta** (tercera opción). Aparecen, además, ejemplos de **hidrocarburos aromáticos policíclicos** (HAP).

Apéndice Final 2:

Reacciones Ácido-Base y Reacciones de Oxidación-Reducción

Seguramente, en otro contexto, el término 'ácido' nos lleva en general a uno de los sabores elementales que podemos detectar con nuestro sentido del gusto. Pero en Química, ese término, '**ácido**', en su concepción más clásica, se refiere a cualquier sustancia que, en medio acuoso puede liberar protones, es decir, iones H^+. Por el contrario, según la misma teoría, '**bases**' son aquellas sustancias que, en medio acuoso, captan iones H^+ o liberan su complementario en el agua (H-OH), es decir, iones hidroxilo (OH^-) como, p.e., el hidróxido de sodio (NaOH) o sosa cáustica, o el hidróxido de calcio o cal muerta, $Ca(OH)_2$. Aunque posteriores definiciones (y teorías más globales) ampliaron estos conceptos, la aquí citada puede servir perfectamente para una primera aproximación[573].

En general, los ácidos reaccionan con las bases (y viceversa) neutralizándose, de ahí que se conozcan como **reacciones de neutralización**. Es obvio que todos los ácidos carboxílicos (ácido acético del vinagre, láctico de la leche, cítrico, etc.) son, en primera aproximación eso, ácidos, al responder a la fórmula general R-COOH (dando el correspondiente ion, $R\text{-}COO^-$, y el protón, H^+, que requiere esa definición); mientras que los alcoholes (R-OH) y aminas (p.e., las primarias, $R\text{-}NH_2$) son bases. Pero, las definiciones son relativas y, dependiendo de las sustancias presentes en el medio pueden admitir

Más básico	14	Disolución concentrada de hidróxido de sodio
	13	Lejías; blanqueador
	12	Amoníaco
	11	Agua de cal (hidróxido de calcio disuelto)
	10	Leche de magnesia
	9	Carbonato ácido de sodio (bicarbonato)
	8	Agua de mar
Neutro (químico)	7	Agua pura
	6	Lluvia limpia
	5	Zumo de zanahoria
	4	Lluvia ácida
	3	Zumo de naranja
	2	Zumo de limón o vinagre
	1	Zum gástrico
Más ácido	0	Ácidos fuertes (ácido de baterías)

Fig. 90.- Escala de pH.

matices: así, p.e., en presencia de una base fuerte (como la sosa cáustica), un alcohol como el etanol puede comportarse como un ácido dando: $CH_3CH_2OH \rightarrow CH_3CH_2O^- + H^+$; mientras que un ácido débil en presencia de un ácido fuerte puede comportarse como una base.

Los términos 'débil' o 'fuerte', aplicados a un ácido o a una base, ya nos indica que el grado de acidez puede medirse, y clasificar las sustancias según esta medida. Precisamente, la conocida como **escala pH** mide la 'fuerza' de estas sustancias; es una escala logarítmica que nos indica la concentración de protones (H^+) presentes en el medio. En medio acuoso químicamente neutro, el pH tiene el valor 7, lo que indica que hay tantos iones H^+ como OH^-(que juntos forman H_2O). Cuanto más

---

[573] Así, el ácido clorhídrico (presente, p.e., en nuestro estómago), en medio acuoso se descompone según: $HCl \rightarrow H^+ + Cl^-$. Por el contrario, el hidróxido de calcio daría: $Ca(OH)_2 \rightarrow Ca^{+2} + 2\,OH^-$. Ampliando el concepto, el amoníaco, NH_3, es una base pues, en medio acuoso, daría: $NH_3 + H_2O \rightarrow NH_4^+ + OH^-$.

se desciende en esa escala, más ácido es el medio, mayor será la concentración de iones H^+ (y menor la de OH^-), por el contrario, cuanto mayor sea el pH, más básico es el medio. En la figura 90 se muestra el pH aproximado de determinadas sustancias habituales en nuestro entorno. Y, por cierto, el pH de la piel humana oscila entre 4,7 y 5,7, es decir, es ácida[574] mientras que el de la sangre es ligeramente básico, con valores muy estrictos[575], entre 7,35 y 7,45.

Otro tipo general de reacciones, muy frecuente en Química, es el de las **reacciones de oxidación-reducción** o **reacciones redox**. En este caso, vienen definidas por la transferencia de electrones entre dos o más especies químicas que reaccionan[576]. La que pierde electrones decimos que se **oxida,** mientras que la que los gana se **reduce.** Por su acción, la especie que se oxida se conoce como '**agente reductor**' (pues provoca la reducción de la otra especie, con la que reacciona); mientras que la especie que se reduce es el '**agente oxidante**'. Cuando una especie (compuesto químico, elemento, ión, …) gana electrones, su 'estado de oxidación' disminuye y, cuando los pierde, aumenta dicho estado; así, el hierro metálico (Fe) puede oxidarse, perdiendo 2 o 3 electrones, para dar respectivamente los iones Fe^{+2} o Fe^{+3}; también, el ion Fe^{+2} puede oxidarse pasando a ion Fe^{+3}…

Seguramente, junto con la típica **corrosión** de los metales (como la anteriormente referida al hierro), las reacciones redox más importantes sean las **combustiones** y la **respiración celular**. La **combustión** en general afecta a cualquier compuesto orgánico, pudiendo ser oxidados en presencia del oxígeno (el oxígeno es, por supuesto, un gran agente oxidante, que se reduce, pero hay otros). En las combustiones, la oxidación será, en general, total (o casi), dando como resultado dióxido de carbono y agua cuando se trata de hidrocarburos (con la correspondiente liberación de energía en forma de calor y de radiación). Si es un compuesto orgánico con heteroátomos (como N, P, S, …) además dará como productos los derivados oxidados de esos átomos (óxidos de nitrógeno, de fósforo, de azufre, etc.). Podemos decir que el caso de la **respiración celular** es otro ejemplo de combustión (aunque ocurre en otras condiciones, en el interior de las mitocondrias de las células, de forma muy controlada por diversas **enzimas**). En este caso, la glucosa (u otros nutrientes como aminoácidos o grasas) reacción con el oxígeno que le llega a la célula para dar, también, dióxido de carbono y agua, pero por una vía más compleja.

Pero en la Química orgánica son muy frecuentes las **oxidaciones parciales** como, p.e., aquellas reacciones en las que un determinado compuesto incorpora uno o varios átomos de oxígeno en la molécula sin llegar, en muchos casos, a romper los enlaces carbono-carbono presentes. P.e., en determinadas condiciones, un **alcohol** puede dar, en presencia de oxígeno (u otro oxidante específico) los correspondientes **aldehído** o **cetona** (fig. 91) o, un paso más allá, dar los ácidos derivados, … Una oxidación muy sufrida por aquellos que disfrutan del buen vino es la transformación en vinagre, al oxidarse parte de su alcohol (**etanol**), convirtiéndose en **ácido acético**; popularmente decimos que el vino se ha acidulado o picado, pero la gente que hace una cata de vinos dirá que 'está oxidado'.

---

[574] En ocasiones, podemos ver anuncios de jabones y champús que hablan de productos 'biológicamente neutros', refiriéndose a que su pH es parecido al de la piel, es decir, que son ligeramente ácidos químicamente.
[575] Por el contrario, el pH de la orina puede oscilar mucho más ampliamente, entre 4,6 y 8,0.
[576] Tanto las reacciones ácido-base como las redox responden, en última instancia, a causas electromagnéticas, pero con los matices propios de una nueva escala, la que implica la Química.

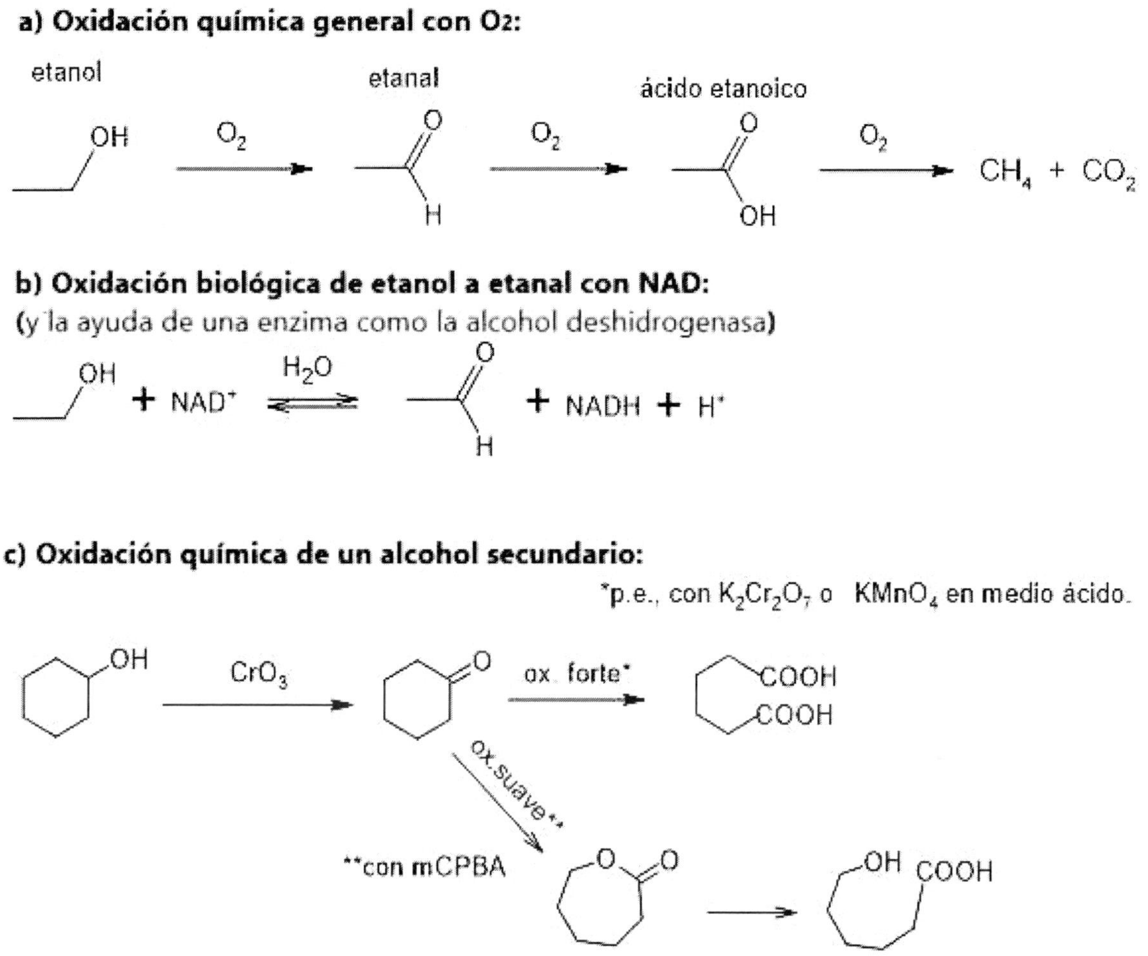

a) Oxidación química general con O₂:

b) Oxidación biológica de etanol a etanal con NAD:

(y la ayuda de una enzima como la alcohol deshidrogenasa)

c) Oxidación química de un alcohol secundario:

*p.e., con $K_2Cr_2O_7$ o $KMnO_4$ en medio ácido.

Fig. 91.- En a) En una atmosfera oxidante como la terrestre actualmente, la ruta habitual de oxidación de un alcohol pasa por aldehídos o cetonas (según el tipo de alcohol) y puede continuar hasta los ácidos que, posteriormente, pueden perder una molécula de dióxido de carbono. Aquí se representa la oxidación del alcohol etílico para dar ácido acético (lo que ocurre, p.e., en los vinos que se acidulan o avinagran). Este esquema general, luego requiere condiciones concretas según los casos. P.e., en **b)** en las oxidaciones biológicas, además de agua o oxígeno, participan enzimas (aquí, la alcohol-deshidrogenasa) y coenzimas (en este caso, el NAD) que aceleran la reacción y permiten condiciones mucho más suaves que las de laboratorio. Tal como demuestran experimentos con etanol (o agua) marcados con isótopos radioactivos, es una reacción muy selectiva. En **c)** un ejemplo de oxidación de un alcohol secundario (el ciclohexanol) que puede dar ciclohexanona y/o continuar, según el tipo de oxidante empleado (y otras condiciones escogidas): si es fuerte dará un diácido, pero si la oxidación es suave puede dar un éster cíclico (lactona) que se podría romper, después, dando un ácido y un alcohol. El mCPBA (ácido meta-cloroperoxibenzoico) es un oxidante suave muy usado en los laboratorios para este objetivo, en la llamada reacción de Baeyer-Villiger.

Apéndice Final 3: Estrategias en la Síntesis Química de la capsaicina de los pimientos (ampliación)

En la figura 25b, podemos ver diversas vías para sintetizar **capsaicina** en el laboratorio. Como primer paso, una buena opción sería transformar el **benceno** de partida en clorobenceno mediante una simple 'reacción de sustitución' (cambiar uno de los hidrógenos del anillo por un átomo de cloro). Para esto se hace reaccionar el benceno con cloro gas (Cl_2) en presencia de tricloruro de hierro. Como se indica en la figura 92a, en el siguiente paso, el clorobenceno formado puede hacerse reaccionar con una disolución de hidróxido de sodio en agua a 350ºC y alta presión para sustituir[577] el átomo de cloro por un grupo -OH y obtener, así, el **fenol** correspondiente[578].

El siguiente paso sería formar un compuesto que contenga, exactamente en el carbono vecino y no en otro, un grupo metiléter. Y, para esto, hay varias opciones: una podría consistir en hacer reaccionar el fenol anterior con ácido nítrico diluido para dar un nitroderivado. La experiencia nos dice que, en este tipo de reacción, obtendríamos una mezcla de dos compuestos **isómeros** con el grupo nitro en posiciones diferentes: el rendimiento del que queremos (en el carbono vecino o **posición** *orto*, es decir, el **orto**-nitrofenol), sería de un 40%, aunque en menor proporción se formaría también un nitrofenol en posición **para** (fig. 89). Antes de continuar con la secuencia de reacciones químicas, deberíamos pues, separar los dos compuestos formados y trazas de otros isómeros que, también, se podrían haber formado en esas condiciones. Esto es, hay muchos procesos intermedios.

Una vez separado el compuesto que nos interesa (el orto-nitrofenol) del resto, podríamos transformar su grupo -OH en un metiléter aprovechando una reacción conocida como '*síntesis de Williamson*'. En general, consiste en hacer reaccionar un fenol con sulfato de dimetilo, $(CH_3)_2SO_4$, en presencia de hidróxido de sodio acuoso y calor, para obtener el metiléter correspondiente. En este caso concreto obtendríamos el orto-nitroanisol, más un sulfato de deberemos separar del medio. ¡Más pasos de purificación! Luego, transformaremos el grupo nitro de ese compuesto en un grupo amino (se habla en química de 'reducción') y para esto, hacemos reaccionar el compuesto con hidrógeno gas (H_2) empleando platino como catalizador. La **amina** formada se puede pasar al alcohol correspondiente empleando un tipo de reacciones muy habituales que tienen como paso intermedio la formación de una sal de diazonio. Para esto se hace reaccionar la amina con nitrito de sodio en un medio ácido (ácido sulfúrico normalmente) para obtener la sal de diazonio (con un grupo -N_2 muy inestable) que, posteriormente, será reemplazado por un grupo -OH al tratarse con agua en medio ácido y calor. Tendremos así un compuesto conocido como **guayacol** (ver figura 92).

Obviamente, podríamos llegar al guayacol por otras muchas vías. P.e., tratando el fenol inicial con peróxido de hidrógeno (H_2O_2) obtendríamos el 1,2-dihidroxibenceno o catecol y, posteriormente, podríamos transformar uno de los dos grupos alcohol en el metiléter deseado. El problema aquí sería como hacer que reaccione uno de ellos y no los dos. Seguramente habría que adaptar una estrategia de protección de uno de esos -OH y esto exigiría varias etapas intermedias. Es decir, perderíamos eficacia y tiempo; el coste se dispara.

---

[577] Precisamente, este tipo de reacción es muy habitual en síntesis de compuestos y se conoce como una 'sustitución nucleofílica aromática'.

[578] 'Fenol' es el término que empleamos en Química para referirnos a un alcohol sobre un anillo de benceno.

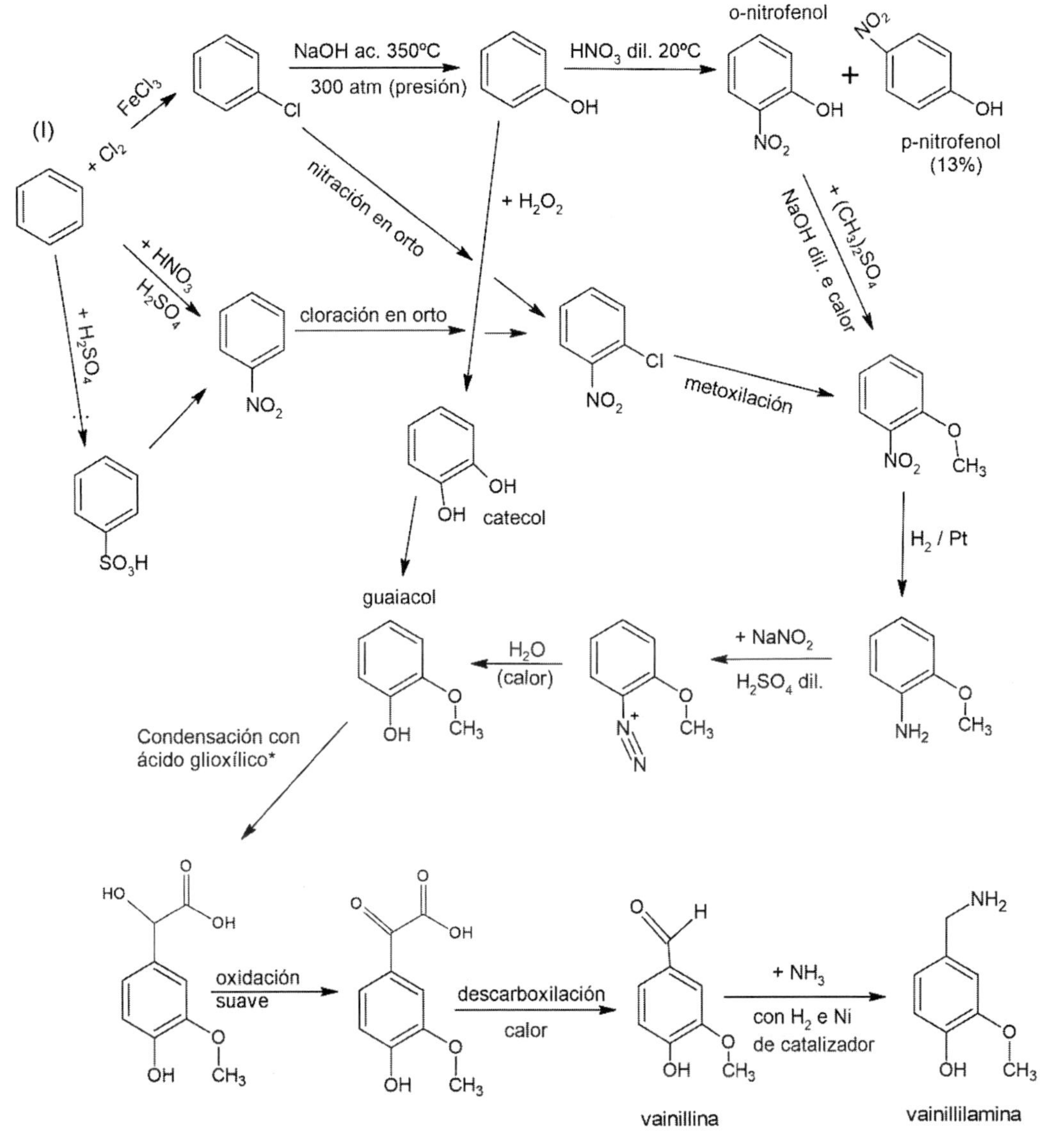

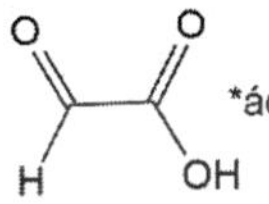

Fig. 92a.- Hay una infinidad de vías a seguir en la síntesis de la vainillilamina partiendo del benceno. En detalle figura la que comienza con la cloración del benceno (parte superior izquierda); observar que, en el laboratorio, hay pasos con condiciones incompatibles con la vida (muy altas temperaturas, medios muy ácidos o muy básicos, etc.), condiciones que, en el interior de los organismos (en este caso, plantas de pimientos, chiles, etc.), consiguen evitar las **enzimas** que catalizan la biosíntesis.

En cualquier caso, para continuar la ruta camino de la vainillina a partir del guayacol podríamos emplear la forma más simple que sería tratarlo con cloroformo ($CHCl_3$) e hidróxido de sodio acuoso a una temperatura de 70°C y, posteriormente, con ácido clorhídrico (HCl), podríamos conseguir meter, un grupo aldehído; pero, por este camino tendríamos un problema: aunque es una vía muy habitual en la formación de aldehídos (conocida como *reacción de Reimer-Tiermann*), sería muy mayoritaria la formación del derivado con aldehído en posición *orto* (frente a la posición *para* que estamos buscando ahora), así pues, hay que escoger otra vía más compleja para llegar hasta la vainillina; en la práctica se emplean dos posibles caminos: abreviando, lo más eficaz según indica la figura 92a, se hace reaccionar el guayacol con ácido glioxílico (ver parte inferior de la figura) para obtener un derivado del ácido mandélico que, luego, oxidando el alcohol próximo al grupo ácido y, tras una posterior descarboxilación (pérdida de un grupo CO_2), dará como resultado la vainillina[579]. Por fin, la vainillina se puede convertir en la vainillilamina transformando ese aldehído en un grupo amino. Para esto se hace reaccionar con amoníaco (NH_3) en presencia de hidrógeno, empleando níquel metálico como catalizador.

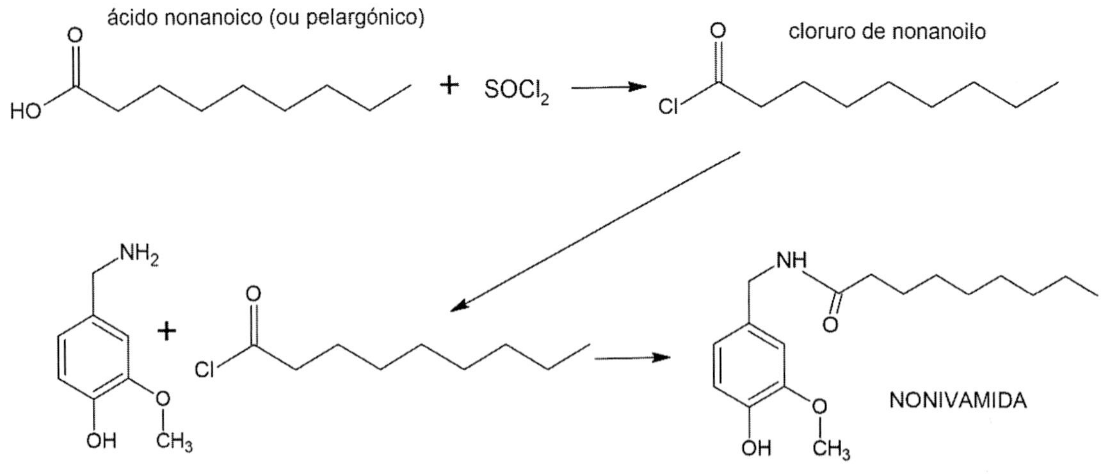

Fig. 92b.- Conseguida la vainillilamina (ver fig. 92a), se puede combinar con un derivado del ácido nonanoico para dar la **nonivamida**, un capsaicinoide sintético con propiedades parecidas a la **capsaicina**.

Hasta aquí conseguimos componer la primera de las dos subestructuras que identificamos inicialmente (ver fig. 24). Quedaría, pues, sintetizar por separado la otra subestructura y luego hacer reaccionar entre si los dos productos obtenidos. Para no ser muy exhaustivos (y, además, seguramente abaratando costes), vamos a emplear una estructura alternativa en esta vía, empleando el cloruro del ácido graso más simple (el ácido pelargónico): el cloruro de nonanoilo. Cuando este se hace reaccionar con la vainillilamina, en presencia de bicarbonato de sodio acuoso y cloroformo, obtendríamos un **capsaicinoide** conocido como la **nonivamida** (fig. 92b), parecido pero diferente a la natural capsaicina. Este capsaicinoide sintético, la nonivamida, se emplea también como analgésico en tratamientos contra la artritis y otros dolores, p.e., de origen muscular, teniendo, además un cierto uso como aditivo alimentario para dar sabor picante a ciertas especias que resultan de mezclar varios componentes.

En definitiva, la biosíntesis en la planta de pimientos es mucho más eficaz y económica, al tiempo que las reacciones no implican grandes variaciones de temperatura ni valores de esta incompatibles con la vida, como si ocurre en el laboratorio. La Naturaleza, en definitiva, la vida ¡gana por goleada!

---

[579] El otro camino de obtención de la vainillina a partir del guayacol emplea la urotropina (o hexametilentetramina) y un compuesto oxidante, pero con un rendimiento muy inferior.

BIBLIOGRAFÍA

ACKERMAN, DIANE. *Uma História Natural dos Sentidos.* Temas & Debates. Lisboa. 1998.

BARBIER, MICHEL. **Introducción a la Ecología Química**. Alhambra ed. Madrid. 1986.

BARHAM, PETER. **La Cocina y la Ciencia**. Ed. Acribia. Zaragoza.2003.

BARTHÉLEMY G., CONCEPCIÓN; CORNAGO R., PILAR; ESTEBAN S., SOLEDAD e GÁLVEZ M., M. MAGDALENA. **La química en la vida cotidiana**. Cuadernos UNED. Madrid. 2007.

BEAR, MARK F.; CONNORS, BARRY W. e PARADISO, MICHAEL A. **Neuroscienze. Esplorando il cervello**. Edra S.p.A. Trento. 2023.

BURGOS, JAVIER. **Diseñando Fármacos**. Next Door Publishers S.L. Pamplona. 2021.

BYLINSKY, GENE. *La vita nell'Universo di Darwin*. Arnoldo Mondadori Editore. Milano. 1983.

CASTELLANOS, NAZARETH. **Neurociencia del Cuerpo**. Ed. Kairós. 2022.

CEPA, JORDI. **Cosmología Física**. Akal ed. Madrid. 2007.

CLARAMUNT, ROSA MARÍA. **Introducción a la Química terapéutica. Los fármacos y su modo de acción.** Apuntes de la UNED para un curso de especialización. 1983.

COULTATE, T.P. **Manual de Química y Bioquímica de los Alimentos**. Ed. Acribia. Zaragoza. 1998.

CRESPO, IGNACIO. **Una selva de sinapsis**. Paidós. Ed. Planeta. Barcelona. 2020.

FELDMAN BARRETT, LISA. **La vida secreta del cerebro: Cómo se construyen las Emociones**. Houghton Mifflin Harcourt, 2017.

FELDMAN BARRETT, LISA. **Siete lecciones y media sobre el cerebro**. Ed. Planeta. Barcelona. 2021.

FRUMENTO, A.S. **Biofísica**. Mosby/Doyma Libros. Madrid.1995.

HAGER, THOMAS. **Diez drogas: Sustancias que cambiaron nuestras vidas**. Drakontos. Ed.Planeta. 2021.

HAINES, DUANE E. E MIHAILOFF, GREGORY A. **Principios de Neurociencia**. Aplicaciones básicas y clínicas. (5ª ed.). Elsevier. Barcelona. 2019.

HANSON, J.R. *Natural Products: the Secondary Metabolites*. The Royal Society of Chemistry. London. 2003.

HARBONE, J.B. **Introducción a la Bioquímica Ecológica**. Alhambra ed. Madrid. 1985.

HOOVEN, CAROLE. **Testosterona**. Arpa &Alfil Ed.S.L. Barcelona. 2021.

KNOLL, ANDREW H. **Breve historia de la Tierra.** Pasado & Presente. Barcelona. 2022.

KUHN, C., SWARTZWELDER, S. E WILSON, W. **Colocados**. DeBolsillo. Barcelona. 2012.

LEHNINGER, ALBERT. **Bioquímica**. Ed. Omega. Barcelona. 1978.

LONGAIR, MALCOLM. **Los orígenes del Universo**. Alianza Universidad. Madrid. 1992.

LÓPEZ PIÑERO, J. MARÍA. **Breve historia de la medicina**. Alianza Ed. Madrid. 2000.

LÓPEZ-OTÍN, CARLOS. **La vida en cuatro letras**. Paidós. Ed. Planeta. Barcelona. 2019.

MADROÑERO PELAEZ, R. **Química Médica**. Alhambra ed. Madrid. 1980.

MARCO, J. ALBERTO. **Química de los productos naturales.** Editorial Síntesis. Madrid. 2006.

MARGULIS, LYNN e SAGAN, DORION. **¿Qué es la Vida?** Metatemas. Tusquets ed. Barcelona. 1996.

MARIÑO, XURXO. **La conquista del lenguaje.** Shakleton Books S.L. 2020.

MARIÑO, XURXO. **Neurociencia para Julia.** Ed. Laetoli. Pamplona. 2012.

MARIÑO, XURXO. **Neuronas para la emoción.** Shackleton books. Barcelona. 2023.

McGEE, HAROLD. **La cocina y los alimentos**. Círculo de Lectores. Barcelona. 2007.

MOREAU, FERNAND. **Alcaloides y plantas alcaloideas**. Oikos-tau. Barcelona.1973.

MORRISON, R.T. e BOYD, R.N. **Química Orgánica**. Pearson Educación. Addison W. Longman. México. 1998.

OPARIN, A.I. **Origen de la Vida sobre la Tierra**. Tecnos Ed. Madrid. 1973.

ORGEL, L.E. **Los orígenes de la vida**. Alianza Universidad. Madrid. 1979.

RANG, HUMPHREY P. and col. **Rang and Dale's Pharmacology.** 9ª ed. Elsevier Ltd. Barcelona. 2020.

SAPOLSKY, ROBERT M. **¿Por qué las cebras no tienen úlcera?.** Alianza Editorial. Madrid. 2013.

SCHNEIDER, E. e SAGAN, D. **La Termodinámica de la Vida.** Metatemas. Tusquets ed. Barcelona. 2008.

SCHRÖDINGER, ERWIN. **¿Qué es la vida?** Metatemas. Tusquets ed. Barcelona. 1997.

SNYDER, CARL H. *The Extraordinary Chemistry of Ordinary Things*. John Wiley & Sons. New York. 1995.

STEVENS, CRAIG W. **Farmacología básica.** 6ª ed. Elsevier Ltd. Barcelona. 2023.

SUCUNZA, DAVID. **Drogas, Fármacos y Venenos.** Guadalmazán Ed. 2021.

THIS, HERVÉ. **Los secretos de los pucheros.** E. Acribia. Zaragoza. 2003.

TURNEY, JON. **La Biblia de la Neurociencia**. Gaia Ed. Madrid. 2018.

VACLAVIK, VICKIE. **Fundamentos de ciencia de los alimentos**. Ed. Acribia. Zaragoza. 2002.

VILALTA L., RAMÓN. **O modelo do Big Bang e a xestación do Universo**. Bubok ed. Madrid. 2020.

VILALTA, RAMÓN; GUILLÍN, JUAN JOSÉ e VARELA, ANTONIO. **Dicionario de Química**. UDC. A Coruña. 2011.

VILALTA, RAMÓN; CID, MANUEL e VARELA, ANTONIO. **Física e Química. 1ª bacharelato**. ANT. Vigo. 1997.

VILALTA, RAMÓN **Esteroides y Endoperóxidos esteroidales en algas y cnidarios de las costas de Galicia.** Tesis doctoral. Universidade de Santiago de Compostela. 1987.

VILLAR, RAÚL; LÓPEZ, CAYETANO E CUSSÓ, FERNANDO. **Fundamentos Físicos de los Procesos Biológicos.** Editorial Club Universitario. Alicante. 2013.